U0892832

21 世纪高等学校电子信息类专业规划教材

网络技术基础与 Internet 应用

王冀鲁　编　著

清 华 大 学 出 版 社
北京交通大学出版社
·北京·

内容简介

本书全面系统地介绍了计算机网络的基础理论及各种Internet应用技术，内容包括：计算机网络概述、Internet技术基础、接入Internet、WWW浏览与信息搜索、电子邮件、文件传输与下载、网络交流与娱乐、电子商务技术、Windows操作系统的网络功能、计算机网络安全和Dreamweaver网页设计。

本书取材新颖、论述严谨、内容全面、图文并茂，具有很强的知识性、实用性和实践性，注重计算机网络和Internet的基本知识与实用技术的密切结合，同时力图反映出计算机网络及其应用的发展方向。

本书适合于高等院校各有关专业选用，可作为电子信息类的大学本科生和专科生使用的Internet课程教材，也可作为学习Internet应用的工程技术人员的自学教材。

本书封面贴有清华大学出版社防伪标签，无标签者不得销售。
版权所有，侵权必究。侵权举报电话：010－62782989　13501256678　13801310933

图书在版编目（CIP）数据

网络技术基础与Internet应用/王冀鲁编著. —北京：清华大学出版社；北京交通大学出版社，2009.8（2011.1重印）
（21世纪高等学校电子信息类专业规划教材）
ISBN 978－7－81123－596－8

Ⅰ. 网…　Ⅱ. 王…　Ⅲ. ①计算机网络－高等学校－教材　②因特网－高等学校－教材　Ⅳ. TP393

中国版本图书馆CIP数据核字（2009）第143537号

责任编辑：郭东青
出版发行：清华大学出版社　邮编：100084　电话：010－62776969
北京交通大学出版社　邮编：100044　电话：010－51686414
印 刷 者：北京交大印刷厂
经　　销：全国新华书店
开　　本：185×260　印张：28.5　字数：705千字
版　　次：2009年8月第1版　2011年1月第2次印刷
书　　号：ISBN 978－7－81123－596－8/TP·520
印　　数：4 001～7 000册　定价：42.00元

本书如有质量问题，请向北京交通大学出版社质监组反映。对您的意见和批评，我们表示欢迎和感谢。
投诉电话：010－51686043，51686008；传真：010－62225406；E-mail：press@bjtu.edu.cn。

前　言

如今，计算机应用已经深入到各个领域，计算机网络的发展，特别是 Internet 的迅速发展，大大扩展了计算机的应用范围。计算机网络正在改变着人们的工作和生活方式，正在进一步引起世界范围内产业结构的变化，促进全球信息产业的发展，并在各国的经济、文化、科研、军事、教育和社会生活等领域内发挥着越来越重要的作用。因此计算机网络技术引起了人们的高度重视。Internet 是覆盖全球的信息基础设施之一，对于广大 Internet 用户来说，它就像一个庞大的广域计算机网络。用户可以利用 Internet 来实现全球范围内的电子邮件、WWW 信息浏览、电子新闻、文件传输等功能，它对推动世界科学、文化、经济和社会发展有着不可估量的作用，是人类所拥有的最大的知识宝库之一。

生活在这个信息爆炸年代的人们，要适应现代化的工作、学习和生活环境，都离不开计算机网络，掌握计算机网络和 Internet 应用技术是现代人必备的基本技能之一。计算机和计算机网络及其应用软件正朝着功能越来越强大、操作使用越来越简便的方向发展。本书用通俗易懂的语言和大量的插图，系统全面地讲解了计算机网络基础知识和 Internet 的基本原理以及各种应用，内容全面，系统性强，既有理论讲解又有实际应用操作，易于人们快速掌握和使用。

全书从应用的角度出发，突出操作能力的培养。内容深入浅出，讲解清晰，举例明确，是一本全面介绍计算机网络基础理论和应用的教材。其主要内容如下：

第 1 章介绍了计算机网络的基础知识，主要包括计算机网络的发展、计算机网络系统的基本结构与组成及分类、计算机网络体系结构、数据通信基础知识、计算机网络性能指标和数据交换方式等内容。

第 2 章介绍了 Internet 的基础知识，包括 Internet 的起源和发展、Internet 的主要功能和应用、Internet 与 Intranet 的关系、TCP/IP 的工作过程、IP 地址的含义和分类、域名系统和 Internet 的工作模式等内容。

第 3 章介绍了 Internet 接入技术，包括电话拨号接入、ADSL 专线接入、共享接入、无线接入和通过局域网接入等方式。

第 4 章介绍了 WWW 相关基本概念及工作过程、万维网动态和静态文档、IE7 的配置和使用、搜索引擎的工作机理、百度和谷歌搜索引擎的使用技巧和方法，并对 Firefox 浏览器做了初步介绍。

第 5 章介绍了电子邮件的基本组成、工作原理、电子邮件的收发方式，重点介绍通过 Outlook Express 和 Foxmail 客户端软件收发电子邮件的配置和使用。

第 6 章介绍了文件传输的基本概念和 Internet 下载文件的主要方式、FTP 文件传输原理和 CuteFTP 软件的使用、流媒体技术及其下载方法、基于 P2P 技术的 BT 类软件 BitComet 的使用，最后介绍 FTP 服务器软件 Serv－U 的安装和使用。

第 7 章介绍了 P2P 技术和网络应用，指出 P2P 技术成为目前网络交流和娱乐所采用的主要技术，各种网络交流和娱乐基本都是基于 P2P 技术的。使读者了解 QQ、MSN、Skype 等主流网络即时通信工具、BBS 登录方式、网络多媒体应用如 PPLive、Real Player、WINAMP、龙卷风收音机等的使用；介绍 SNS 理论及其相关应用如同学网、FaceBook、播客、博客等等。

第 8 章介绍了电子商务的基本概念、电子商务的主要模式和相关应用、电子货币和网上支付、电子商务安全等知识。

第 9 章介绍了 Windows 操作系统的网络功能，包括如何创建与管理用户和组、共享目录和网络打印机，使用 Windows 操作系统网络监控功能等。

第 10 章介绍了计算机网络安全基本知识，主要包括计算机网络安全的基本概念、网络系统脆弱因素、计算机病毒的定义和防护措施和网络中的恶意代码的防备方法；杀毒软件的使用、防火墙的功能和分类、典型防火墙的使用；介绍计算机的安全使用方法和 Windows 操作系统的安全设置，最后介绍几款常用的工具软件。

第 11 章介绍了 Dreamweaver 8 网页设计，主要包括网站设计和规划、网页制作语言 HTML；介绍经典网页制作软件 Dreamweaver 8 的使用，包括插入文字、插入图像、创建链接、插入 Flash、创建表格、使用布局视图设计页面布局、创建框架网页等网页设计方法。

本教材由王冀鲁编写和审定。在编写过程中得到了北京外国语大学计算机中心何胜利教授和各位同事的鼎力支持和帮助，在此表示衷心的感谢！

感谢北京市交通学校的周璐教师对本书部分章节进行修订，感谢众多对本书的编写提出了许多宝贵意见的研究生和本科生，还要感谢本书参考和引用过的书籍、文章和软件的作者，是他们为本书的编写奠定了基础，本书才得以完成。

在此特别感谢北京交通大学出版社对作者的鼓励和支持，尤其是责任编辑郭冬青老师对本教材进行了细致的编辑工作，使得本书能够完美付梓发行。

感谢读者选择使用本教材。由于时间仓促，作者水平有限，教材的内容及文字会有许多不妥之处，敬请各位读者批评指正。为配合本书的教学，本书提供了电子教案，如有需求请到北京交通大学出版社网站（http：//press. bjtu. edu. cn）下载。

编　者

2009 年 8 月

目　　录

第1章 计算机网络概述

1.1 计算机网络的形成与发展

1.1.1 计算机网络的定义

在计算机网络发展过程的不同阶段中，人们对计算机网络提出了不同的定义。不同的定义反映了当时网络技术发展的水平，以及人们对网络的认识程度。

从技术上讲，计算机网络是计算机技术和通信技术结合的产物，通过计算机来处理各种数据，再通过各种通信线路实现数据的传输。从组成结构来讲，计算机网络是通过外围设备和连线，将分布在相同或不同地域的多台计算机连接在一起所形成的集合。从应用的角度讲，只要将具有独立功能的多台计算机连接在一起，能够实现各台计算机间信息的互相交换，并形成可共享计算机资源的系统便可称为网络。

比较公认的“计算机网络”的定义：为了实现计算机之间的通信交往、资源共享和协同工作；采用通信手段，将地理位置分散的、各自具备自主功能的一组计算机有机地联系起来，并且由网络操作系统进行管理的计算机复合系统就是计算机网络。

这个定义能比较准确地描述计算机网络的基本特征。它主要表现在如下几方面。

（1）资源共享为基本目的。建立计算机网络的主要目的是为了实现通信的交往、信息资源的交流、计算机分布资源的共享，或者是协同工作。计算机资源主要指计算机硬件、软件与数据。

（2）自主性。一个计算机网络可以包含有多台分布在不同地理位置的具有“自主”功能的计算机。互连的计算机之间可以没有明确的主从关系，所谓的“自主”，是指这些计算机可以连网工作，也可以脱网独立工作，连网计算机可以为本地用户提供服务，也可以为远程网络用户提供服务。

（3）有机连接。人们构成计算机网络时需要使用通信的手段，把有关的计算机（节点）“有机”地连接起来。所谓“有机”地连接，是指连接时彼此必须遵循所规定的约定和规则。这些约定和规则就是通信协议。连网计算机之间的通信必须遵循共同的网络协议。

1.1.2 计算机网络的功能与应用

计算机网络之所以得到如此迅速的发展和普及，归根究底是因为它具有非常明显和强大的功用，主要表现在以下几个方面。

1. 资源共享

资源共享是指实现计算机的硬件资源、软件资源和数据与信息资源的共享。硬件为各种处理器、存储设备、输入/输出设备等，可以通过计算机网络实现这些硬件的共享，如打印机、硬盘空间。软件包括操作系统、应用软件和驱动程序等，可以通过计算机网络实现这些软件的共享，如多用户的网络操作系统、应用程序服务器。数据与信息包括用户文件、配置文件、数据文件等，可以通过计算机网络实现这些数据的共享，如通过网络邻居复制文件、网络数据库。

2. 数据传输

计算机网络还能为用户提供强有力的通信手段和尽可能完善的服务，从而极大地方便用户。这里的数据是指数字、文字、声音、图像、视频信号等媒体所存储信息的计算机表示。数据传输是计算机网络各种功能的基础，有了数据传输，才会有资源共享，才会有其他的各种功能。

3. 实现协同工作

计算机之间或计算机用户之间的协同工作，可达到均衡使用网络资源，发挥共同处理能力的目的。在有多台计算机的环境中，这些计算机需要处理的任务可能不同，经常有忙闲不均的现象。有了计算机网络，可以通过网络调度来协调工作，把“忙”的计算机上的部分工作交给“闲”的计算机去做。

4. 提供服务

随着 Internet 的普及，通过计算机网络可以向全球用户提供各类社会、经济、情报和商业信息。有了计算机网络，才有了现在风靡全球的电子邮件、网上电话、网络会议、电子商务等，它们给人们的生活、学习和娱乐带来了极大的方便。网络新技术层出不穷，不断有新的服务使人们从中受益。

计算机网络在不同领域发挥着不同的作用，相信随着计算机网络技术的发展和用户需求的增加，计算机网络会增添更多功能和应用，使用更加方便和快捷。

1.1.3 计算机网络发展的四个阶段

一般认为计算机网络的发展分为以下四个阶段。

1. 面向终端的第一代计算机网络

第一代计算机网络是面向终端的计算机网络。面向终端的计算机网络又称为联机系统，建于 20 世纪 50 年代初，是第一代计算机网络。它由一台主机和若干个终端组成，较典型的有 1963 年美国空军建立的半自动化地面防空系统（SAGE），其结构如图 1-1 所示。在这种联机方式中，主机是网络的中心和控制者，终端（键盘和显示器）分布在各处并与主机相连，用户通过本地的终端使用远程的主机。

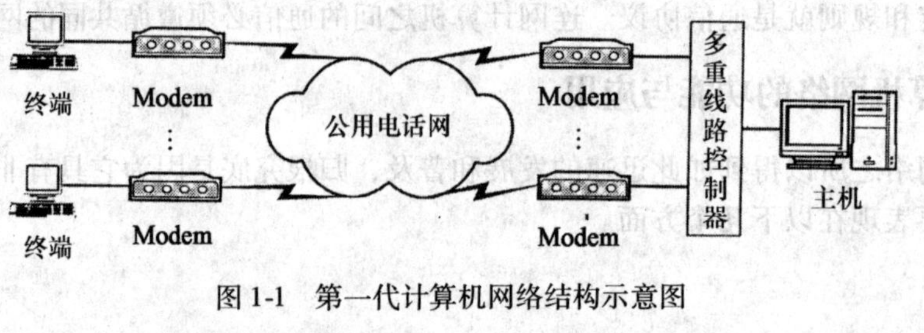

图 1-1 第一代计算机网络结构示意图

分布在不同办公室，甚至不同地理位置的本地终端或者是远程终端通过公共电话网及相应的通信设备与一台计算机相连，登录到计算机上，使用该计算机上的资源，这就有了通信与计算机的结合。这种具有通信功能的单机系统（见图1-2（a））或多机系统（见图1-2（b））被称为第一代计算机网络——面向终端的计算机通信网，也是计算机网络的初级阶段。严格地讲，这不能算是网络，但它将计算机技术与通信技术结合了，可以让用户以终端方式与远程主机进行通信了，所以我们视其为计算机网络的雏形。

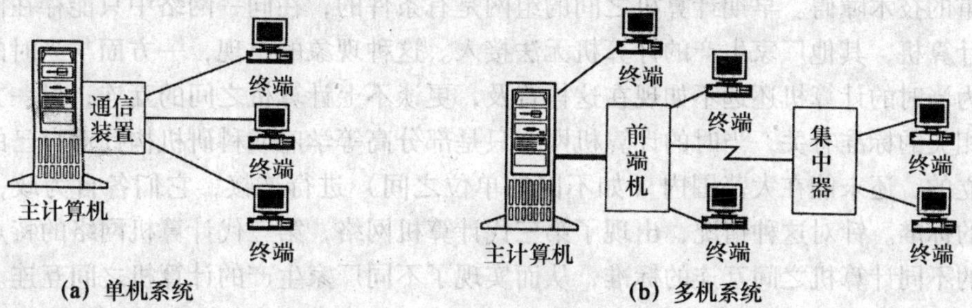

图1-2 具有通信功能的系统

2. 以分组交换为核心的第二代计算机网络

第一代计算机网络是面向终端的，是一种以单个主机（计算机）为中心的星状网络，各终端通过通信线路共享主机的硬件和软件资源。而第二代计算机网络则强调了网络的整体性，用户不仅可以共享与之直接相连的主机的资源，而且还可以通过通信子网共享其他主机或用户的软、硬件资源，如图1-3所示。

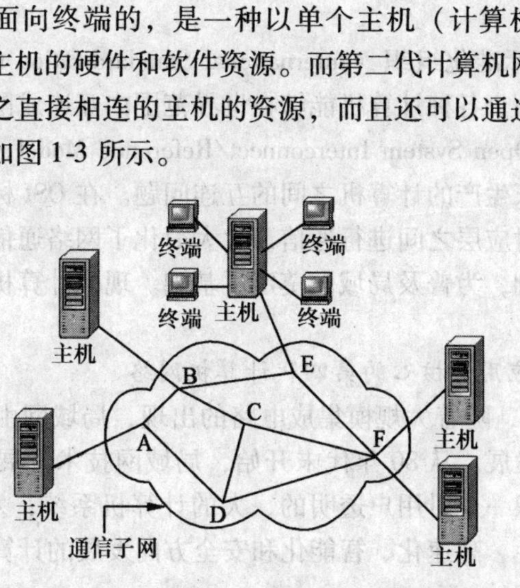

图1-3 使用通信子网的计算机网络

在谈到第二代计算机网络时，必须强调分组交换（packet switching）概念。分组交换也称为包交换，它产生于第二代计算机网络，同样是现代计算机网络的技术基础。然而，在分组交换出现之前，计算机网络还使用过电路交换（circuit switching）的通信方式。

这一阶段研究的典型代表是美国国防部高级研究计划局（Advanced Research Projects Agency，ARPA）的ARPANET（通常称为ARPA网）。

ARPANET研究成果对世界计算机网络发展的意义是深远的。同时，还出现了一些研究试验性网络、公共服务网络与校园网。当时的计算机网络还只有广域网。广域网的结构可以分成资源子网与通信子网两个部分，通信子网可以由电信部门来统一组建，用户可以在通信子网的基础上组建自己的资源子网。20 世纪 70 年代中期，世界上出现了由邮电部门或通信公司统一组建和管理的通信子网，即公用数据网（Public Data Network，PDN）。早期的公用数据网采用模拟通信的电话交换网，新型的公用数据网则采用数字传输技术与分组交换方法。

3. 以 OSI 为核心的第三代计算机网络

随着计算机网络技术的日益成熟，网络应用也越来越广泛。这时在发展过程中就出现了一些严重的技术障碍。早期计算机之间的组网是有条件的，在同一网络中只能存在同一厂家生产的计算机，其他厂家生产的计算机无法接入。这种现象的出现，一方面与当时的条件有关，因为当时的计算机还远不如现在这样普及，更谈不上计算机之间的互连；另一方面也与未建立相关的标准有关，当时的计算机网络只是部分高等学府或科研机构针对自己的工作特点而建立的，还未能在大范围内（如不同的单位之间）进行连接，它们各自为政，缺乏一个统一的标准。针对这种情况，出现了第三代计算机网络，第三代计算机网络的特点是制订了统一的不同计算机之间互连的标准，从而实现了不同厂家生产的计算机之间互连。

计算机网络系统是非常复杂的，计算机之间的通信涉及许多复杂的技术，为实现计算机网络的通信，采用了分层的方法来解决复杂的问题。其中比较著名的有 SNA 和 OSI。SNA 是一种使用较为普遍的网络体系结构模型。尽管现在 SNA 模型被认为是一种旧网络模型，但仍然得到了普遍发展。

1977 年前后，国际标准化组织（International Standardization Organization，ISO）成立了一个专门机构，提出了一个各种计算机能够在世界范围内互连成网的标准框架，即著名的开放系统互连参考模型（Open System Interconnect/Reference Model，OSI/RM）。OSI 参考模型的提出，解决了不同厂家生产的计算机之间的互连问题。在 OSI 标准中规定，在这七个层次中，计算机之间只能在对应层之间进行通信，大大简化了网络通信原理，是公认的新一代计算机网络体系结构的基础，为普及局域网奠定了基础。现代计算机网络便是以 OSI 参考模型为标准进行工作的。

4. 以高速和多媒体应用为核心的第四代计算机网络

20 世纪 70 年代后期，随着大规模集成电路的出现，局域网由于投资少、方便灵活而得到了广泛的应用和迅猛发展。从 80 年代末开始，局域网技术发展成熟，出现了光纤及高速网络技术，整个网络就像一个对用户透明的、大的计算机系统，发展为以 Internet 为代表的网络，并逐步向着综合性、高速化、智能化和安全方向发展的计算机网络，这就是直到现在的第四代计算机网络时期。

综合化是指采用交换的数据传送方式将多种业务综合到一个网络中完成，业务综合化的实现依赖于多媒体技术。网络中综合了如语音、视频、图像和数据等多种媒体信息。例如，人们一直在使用一种与计算机网络很不相同的电话网传送语音信息，但是，现在已经可以将多种业务，如语音、数据、图像等信息以二进制代码的数字形式综合到一个网络之中进行传送。

网络高速化可以有两个特征：网络宽频带和传输低时延。使用光纤等高速传输介质和高速网络技术，可实现网络的高速率；快速交换技术可保证传输的低时延。网络的高速化在近年来显得非常突出。例如，以太网的速率，在短短的十几年间就从当初的 10 Mbps，发展到后来的 100 Mbps、1 000 Mbps，现在运行速率达到 1 Gbps、10 Gbps 甚至更高速率的以太网也得到了广泛应用。

网络向综合化和高速化发展关键有两个原因：技术发展和应用需求。其中，进入20世纪90年代后期，计算机技术、通信技术及以互联网络为基础的计算机网络技术得到了突飞猛进的发展；另外，1994年9月美国政府提出了建立全球信息基础设施（GII），建议将各国的国家信息基础设施（NII）互连起来组成世界范围的信息基础设施，从而极大地推动了计算机网络的发展。

1.2 计算机网络的基本结构与组成

1.2.1 计算机网络的基本结构

计算机网络要完成数据处理与数据通信两大基本功能，因此计算机网络从逻辑功能上可以分成两个部分：资源子网与通信子网。图1-4给出了典型的计算机网络结构。

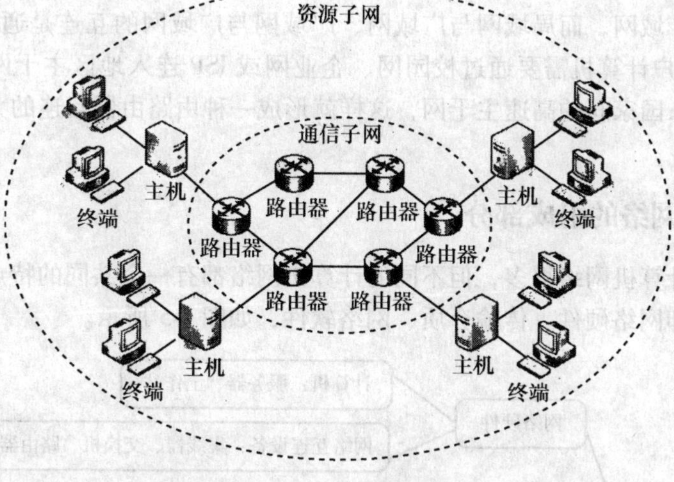

图1-4 计算机网络的基本逻辑结构

1. 资源子网

资源子网由主机系统、终端、终端控制器、连网外设、各种软件资源与信息资源组成。资源子网负责全网的数据处理业务，向网络用户提供各种网络资源与网络服务。早期的主机系统主要是指大型机、中型机与小型机。

主机系统（Host）是资源子网的主要组成单元，它通过高速通信线路与通信子网的通信控制处理机相连接。普通用户终端通过主机系统连入网内。主机系统为本地用户访问网络其他主机设备与资源提供服务，同时为网中远程用户共享本地资源提供服务。

终端（Terminal）是用户访问网络的界面。终端可以是简单的输入、输出终端，也可以是带有微处理机的智能终端。智能终端除具有输入、输出信息的功能外，本身具有存储与处理信息的能力。终端可以通过主机系统连入网内，也可以通过终端控制器、报文分组组装与拆卸装置或通信控制处理机连入网内。

2. 通信子网

通信子网由通信控制处理机、通信线路与其他通信设备组成，负责完成网络数据传输、转发等通信处理任务。

通信控制处理机在网络拓扑结构中被称为网络节点。它一方面作为与资源子网的主机、终端连接的接口，将主机和终端连入网内；另一方面又作为通信子网中的分组存储转发节点，完成分组的接收、校验、存储、转发等功能，实现将源主机报文准确发送到目的主机的作用。在早期的 ARPANET 中，承担通信控制处理机功能的设备是接口报文处理机（Interface Message Processor，IMP）。IMP 相当于当前网络中广泛使用的路由器。

通信线路为通信控制处理机与通信控制处理机、通信控制处理机与主机之间提供通信信道。计算机网络采用了多种通信线路，如电话线、双绞线、同轴电缆、光纤电缆、无线通信信道、微波与卫星通信信道等。

在现代的广域网结构中，随着使用主机系统用户的减少，资源子网的概念已经被淡化了。目前，通信子网由交换设备与通信线路组成，它负责完成网络中的数据传输与转发任务。交换设备主要是指路由器与交换机。随着微型计算机的广泛应用，大量的微型计算机是通过局域网连入广域网，而局域网与广域网、广域网与广域网的互连是通过路由器实现的；在 Internet 中，用户计算机需要通过校园网、企业网或 ISP 连入地区主干网，地区主干网通过国家主干网连入国家间的高速主干网，这样就形成一种由路由器互连的大型的、层次结构的互连网络。

1.2.2 计算机网络的组成部分

尽管现在的计算机网络很多，但不同的计算机网络都有一个共同的特点，就是它们都由三个部分组成，即网络硬件、传输介质、网络软件，如图 1-5 所示。

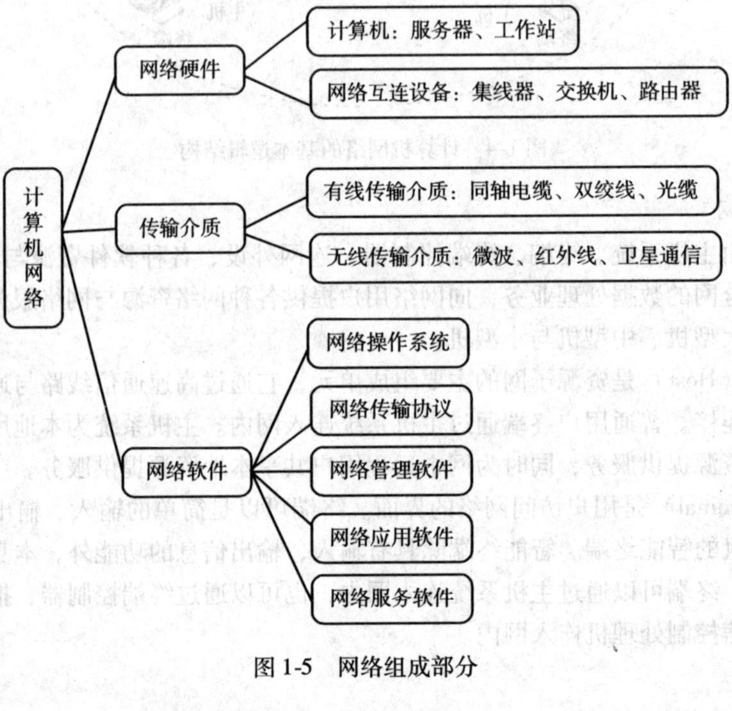

图 1-5 网络组成部分

1. 网络硬件

网络硬件是构成网络的节点，包括计算机和网络互连设备。作为网络硬件的计算机可以是服务器，也可以是工作站。网络互连设备包括集线器、交换机、路由器等。

(1) 服务器。服务器（Server）是计算机网络中最重要的设备，因为它担负着整个网络服务的提供和管理任务。服务器其实也是一台计算机，它与我们平常所用的PC还是有许多区别的。服务器是计算机网络中向其他计算机或网络设备提供服务的计算机，并按提供的服务被冠以不同的名称，常用的服务器有文件服务器、打印服务器、数据库服务器、邮件服务器、信息浏览服务器和文件下载服务器等。

(2) 客户机。客户机是与服务器相对的一个概念。在计算机网络中享受其他计算机提供的服务的计算机称为客户机。

(3) 调制解调器。在频带传输系统中，计算机通过调制解调器与电话线路连接。在发送端，调制解调器将计算机产生的数字信号转换成电话交换网可以传送的模拟数据信号；在接收端，调制解调器将接收到的模拟数据信号还原成数字信号传送给计算机。在全双工通信方式中，调制解调器应具有同时发送与接收模拟数据信号的能力。计算机通过调制解调器与电话交换网实现远程通信的结构如图1-6所示。

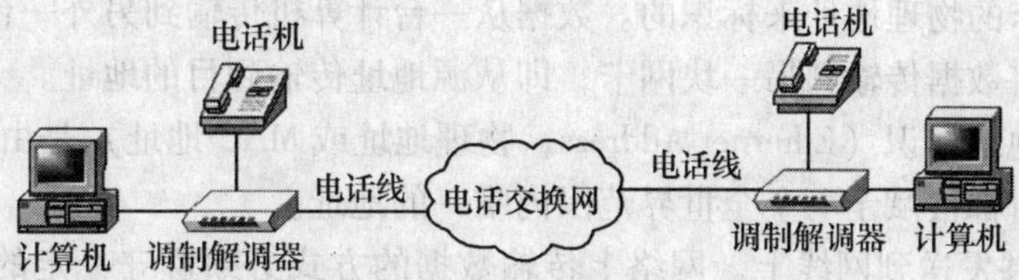

图1-6 调制解调器的设置

(4) 网卡和网线。网络适配器，又称网络接口卡（Network Interface Card，NIC）。它是组建局域网最基础的网络设备，几乎所有的网络连接都要用到网卡（当然也有不用的，如串/并行电缆直连）。图1-7（a）所示是台式机网卡结构示意图。网卡主要由三个部分组成：处理器芯片、扩展总线和传输介质接口。其中，扩展总线插入计算机中的扩展总线插槽，传输介质接口连接局域网中的传输介质。

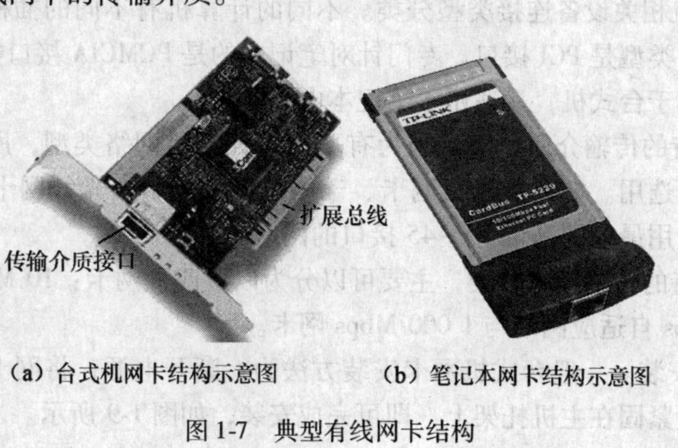

（a）台式机网卡结构示意图　（b）笔记本网卡结构示意图

图1-7 典型有线网卡结构

网卡是计算机与计算机之间或计算机与其他网络设备之间互连的接口，如图1-7所示。

当然这只是有线网络的网卡，在无线局域网络中，也有适用于不同接口连接的网卡，如图 1-8所示的两种无线网卡的接口类型就分别是 PCMCIA、PCI。

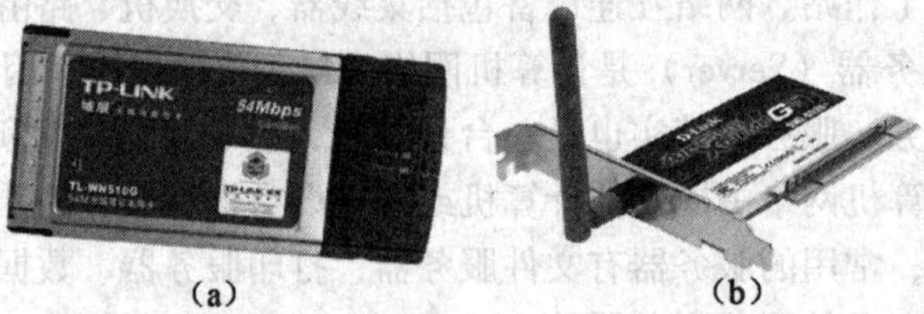

(a)　　(b)

图 1-8　典型无线网卡

① 网卡的作用。在计算机网络中，网卡一方面负责接收网络上的数据包，通过和自己本身的物理地址相比较决定是否为本机应接信息，解包后，将数据通过主板上的总线传输给本地计算机；另一方面将本地计算机上的数据打包后送出网络。所以网卡的主要作用可以分为：固定网络地址、数据转换并发送到网线上、接收数据并转换数据格式。

● 固定网络地址。在计算机网络通信过程中，一台计算机中的数据传输到另一台计算机，必须确定计算机的标识。例如，一封邮件发送时，必须填写发信人和收信人的地址。而计算机就是靠网卡的物理地址来标识的。数据从一台计算机传输到另外一台计算机时，也就是通过一块网卡将数据传输到另一块网卡，即从源地址传输到目的地址。

网卡的物理地址标识（Ethernet Address，物理地址或 MAC 地址）是由十六进制表示的，每个网卡在出厂时都被赋予一个全世界范围内唯一的地址。

● 数据转换并发送到网线上。网络上传输数据的方式必须遵守一定的数据格式（通信协议）。所以计算机将数据传输到网卡时，网卡会自动将数据转换成网络可以识别的数据格式，然后再将数据通过网线发送到目的计算机的网卡。

● 接收数据并转换数据格式。在网络通信时，网卡具有双重功能：一方面将本计算机上的数据进行格式转换送入网络；另一方面接收网络上传输过来的数据包，对数据进行解包及反向转换。

② 网卡的分类。

● 按与计算机相关设备连接类型分类。不同的计算机有不同的插槽接口类型，最常见的计算机网卡接口类型是 PCI 接口。专门针对笔记本的是 PCMCIA 接口类型网卡。还有 USB 接口的，它既适用于台式机，又适用于笔记本电脑。

● 按网卡支持的传输介质分类。因为有不同的计算机网络类型，所以计算机网卡类型也不同，不能随便选用。如标准以太网卡、千兆位以太网卡、光纤网卡、ATM 网卡及无线网卡等。目前，使用最多的是带 RJ－45 接口的网卡。

● 按网卡支持的传输速率分类，主要可以分为以下四种网卡：10 Mbps 网卡、100 Mbps 网卡、10/100 Mbps 自适应网卡与 1 000 Mbps 网卡。

③ 以太网卡安装。一般台式机网卡安装方法为：断开电源，将网卡插入网站主机的扩展槽位内。用螺丝紧固在主机托架上，即可完成安装，如图 1-9 所示。

图1-9 台式机网卡安装

网卡的物理连接完成后，需要正确安装驱动程序后才可以正常工作，最好安装相应网卡对应的驱动程序（可以到相应网卡厂商的网站上下载）。现在的 Windows 系统中已自带了许多主流网卡的驱动程序，所以在安装系统时，如果已物理地安装了网卡，系统就会自动安装网卡的驱动程序，等安装完系统后即可正常使用网卡进行网络连接了。

现在还有一个趋势就是，随着计算机网络的普及，网卡似乎已成为计算机硬件系统的标准配置，所以许多主板（主要是主板芯片组）就已集成了网卡芯片，这样就不用另外购买了。现在主流的桌面型双绞线以太网卡是 10/100 Mbps 自适应型的，而且在新的笔记本电脑和台式机主板中都有集成 1 000 Mbps 网卡。

④ 网线的制作。制作以太网线所需材料及工具主要包括：双绞线、RJ－45 水晶头、剥线钳、双绞线专用压线钳等。

● 双绞线（Twisted-Pair Cable，TP）。双绞线是由不同颜色的 4 对 8 芯线组成的，每两条按一定规则绞织在一起，成为一个芯线对。图 1-10 中所示的左侧的双绞线为一段非屏蔽超五类双线示意图，而右侧的双绞线为一段屏蔽的双绞线。除非有特殊需要，通常在综合布线系统中只采用非屏蔽双绞线。

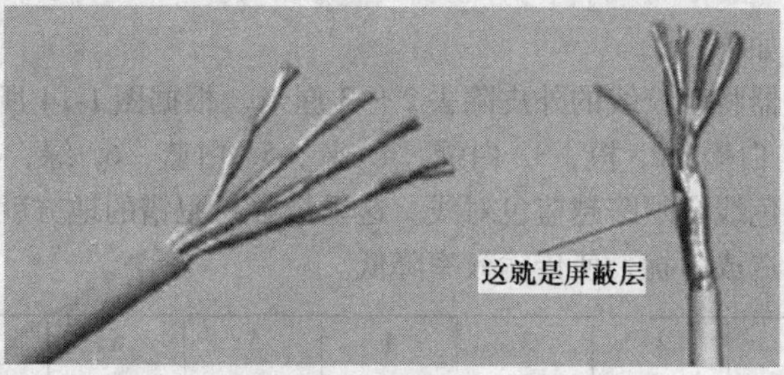

图1-10 双绞线

● RJ－45 水晶头。之所以把它称之为“水晶头”，是因为它的外表晶莹透亮的原因而得名的吧。双绞线的两端必须都安装 RJ－45 插头，以便插在网卡、集线器（Hub）或交换机（Switch）RJ－45 接口上。如图 1-11（a）所示是单个的水晶头，图 1－11（b）是一段做好网线的水晶头。

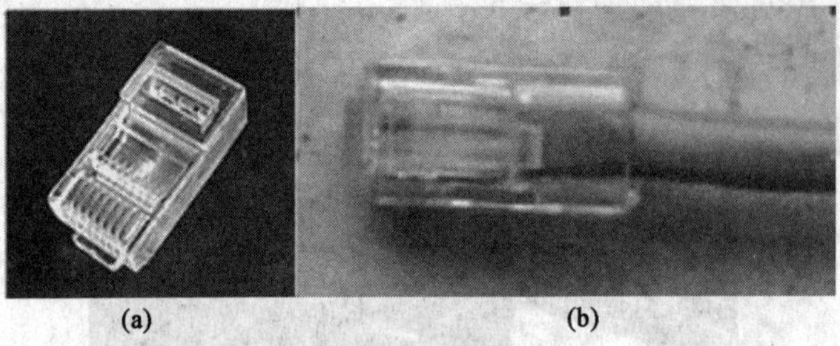

图 1-11　RJ－45 水晶头

● 压线钳，如图 1-12 所示。它可以完成剪线、剥线和压线三种用途。

图 1-12　压线钳

在了解了网线的制作工具后就可以开始制作网线了，网线一般有两种类型：直通线（正线）与交叉线（反线），两者的区别如图 1-13 所示。

● 正线，即直通线（T568B）：两端线序一样，从左至右线序是：白橙，橙，白绿，蓝，白蓝，绿，白棕，棕。

● 反线，即交叉线（T568A）：一端为正线的线序，另一端从左至右为：白绿，绿，白橙，蓝，白蓝，橙，白棕，棕。

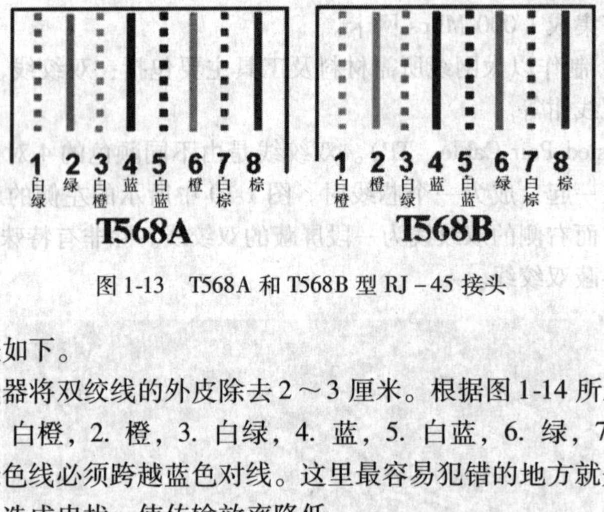

图 1-13　T568A 和 T568B 型 RJ－45 接头

网线的制作过程如下。

利用双绞线剥线器将双绞线的外皮除去 2～3 厘米。根据图 1-14 所示，将双绞线按一定的颜色顺序排列（1. 白橙，2. 橙，3. 白绿，4. 蓝，5. 白蓝，6. 绿，7. 白棕，8. 棕）。需要特别注意的是，绿色线必须跨越蓝色对线。这里最容易犯错的地方就是将白绿线与绿线相邻放在一起，这样会造成串扰，使传输效率降低。

线路线号	1	2	3	4	5	6	7	8
线路色标	白橙	橙	白绿	蓝	白蓝	绿	白棕	棕
引脚定义	Tx^+	Tx^-	Rx^+			Rx^-		

图 1-14　双绞线编号

对好线后，把线码整齐，将裸露出的双绞线用专用钳剪下，只剩约 15 mm 的长度，并剪齐线头，将双绞线的每一根线依序放入 RJ－45 接头的引脚内，第一只引脚内应该放白橙色的线，其余类推。

确定双绞线的每根线已经放置正确之后，就可以用 RJ－45 压线钳压接 RJ－45 接头。因为网卡与集线器之间是直接对接，所以另一端 RJ－45 接头的引脚接法完全一样。完成后的连接线两端的 RJ－45 接头要完全一致。

在把水晶头的两端都做好后即可用网线测试仪进行测试，如图 1-15 所示。测试时将做好的网线与测试仪连接好，打开测试仪开关后，如果测试仪上 8 个指示灯都依次为绿色闪过，证明网线制作成功。通常软件测试最常用的办法就是采用 Windows 自带的 Ping 命令。如果工作站得到服务器的响应，则表明线路正常和网络协议安装正常，而这正是网络应用软件能正常工作的基础。

图 1-15 网线测试仪

注意 在计算机网络的设备连接过程中，不同设备之间及相同设备之间所使用的网线都不相同。例如，计算机和交换机之间的连接使用的网线为直通线。而交换机之间连接或者两台计算机直连使用交叉线，等等。目前最新的网卡一般都具有自适应功能，对直连线和交叉线都能自动识别转换，所以对这两种网线的要求不再像以前那样苛刻。

(5) 中继器（Repeater）。中继器是物理层的连接设备，可通过不同的电缆连接网段而扩展网络长度。中继器的作用就是对信号进行整形和放大，但不对信号做校验等其他处理，故即使是一个错误的信息包或信号中含有噪声，它都照样整形放大。

一个中继器只包含有一个输入端口和一个输出端口，所以它就只能接收和转发数据流。此外，中继器只适用于总线拓扑结构的网络（总线状网络）。用中继器的好处是扩展网络的成本较低廉。

(6) 集线器。集线器就是我们常见的"Hub"，是计算机网络中连接多台计算机或者其他设备的连接设备。集线器基本上是一个共享设备，其实质是一个中继器，主要提供信号放大和中转的功能。它把一个端口接收的全部信号向所有端口分发出去。它是最早的计算机网络集线设备，现在基本上已淘汰出市场了。

(7) 交换机。交换机，英文为 Switch，是专门为计算机之间能够相互高速通信且独享带宽而设计的一种包交换的网络设备。交换机的主要功能包括物理编址、网络拓扑结构、错误校验、帧序列及流控。目前交换机还具备了一些新的功能，如对 VLAN（虚拟局域网）的支持，对链路汇聚的支持，甚至有的还具有防火墙的功能。

从广义上来看，交换机分为两种：广域网交换机和局域网交换机。广域网交换机主要应用于电信领域，提供通信基础平台。而局域网交换机则应用于局域网络，用于连接终端设备，如 PC 及网络打印机等。按照不同的标准，还可以将交换机分为许多种类。

① 交换机的特点。

- 端口带宽的独享。交换机不同于集线器，交换机的端口可以带宽独享。同时可以在多个端口之间传输数据，每个端口都是一个独立的冲突域，连接在其上的网络设备独自享有全部的带宽，不需要同其他设备竞争使用。而集线器的每个端口共享一条带宽，在同一时刻只能有两个端口传输数据，其他端口只能等待。
- 识别网络接口地址，并封装转发数据包。交换机的另一个特点，就是可以识别网络接口地址，还可以将其存放在内部地址表中，通过在数据帧的源地址和目标地址之间建立临时的交换路径，使用数据帧直接由源地址到达目的地址。

● 网络分段。如果用户使用带有 VLAN 功能的交换机，可以把网络“分段”，通过对照地址表，交换机只允许必要的网络流量通过交换机。通过交换机所具有的过滤和转发功能，可以有效地隔离广播风暴，减少误包和错包的出现，避免共享冲突。

交换机实质是多端口并行网桥技术的实现，它主要完成 OSI 参考模型中物理层和数据链路层的功能。交换机有效地将网络分成小的冲突域，为每个计算机提供了更高的带宽。

② 交换机和集线器的区别。从 OSI 体系结构来看，集线器属于 OSI 的物理层设备，而交换机属于 OSI 的数据链路层设备。这就意味着集线器只是对数据的传输起到同步、放大和整形的作用，对数据传输中的短帧、碎片等无法有效处理，不能保证数据传输的完整性和正确性；而交换机不但可以对数据的传输做到同步、放大和整形，而且可以过滤短帧、碎片等。

从工作方式来看，集线器是一种广播模式，也就是说，集线器的某个端口工作的时候其他所有端口都能收听到信息，容易产生广播风暴。交换机就能够起到这种作用，当交换机工作的时候只有发出请求的端口和目的端口之间相互响应而不影响其他端口，那么交换机就能够隔离冲突域和有效地抑制广播风暴的产生。

从带宽来看，集线器不管有多少个端口，所有端口都共享一条带宽，在同一时刻只能有两个端口传送数据，其他端口只能等待；同时集线器只能工作在半双工模式下。而对于交换机而言，每个端口都有一条独占的带宽，当两个端口工作时并不影响其他端口的工作，同时交换机不但可以工作在半双工模式下，也可以工作在全双工模式下。

（8）路由器。路由器的英文名为“Router”，它是一种连接多个网络或网段的网络设备，对相连的网络发来的数据信息进行“翻译”、“转换”，使它们能够彼此接收和识别对方的数据，从而构成一个更大的网络。每一台路由器都可以被指定以执行不同的任务，但所有的路由器都可以完成下面的工作：连接不同的网络，解析第三层信息，选择最优传输路径。

路由器连接的物理网络可以是同类网络，也可以是异类网络。如果是多协议路由器，还可以支持多种不同的网络层协议。例如，路由器可以实现局域网与局域网、局域网与广域网、广域网与广域网等多种网络连接形式。

路由器可以连接多个逻辑上分开的网络（所谓逻辑网络，即代表一个单独的网络或者一个子网）。当数据从一个子网传输到另一个子网时，可以通过路由器来实现。

路由器属于 OSI 模型的第 3 层，负责两个局域网之间传输数据分组。路由器具有智能性，并且也很稳固。路由器不仅能追踪网络的某一节点，还能和交换机一样，选择出两节点间的最近、最快的传输路径。路由器可将众多大型局域网和广域网连接成非常大的网络。例如，Internet 就是依靠遍布全世界的几百万台路由器连接起来的。

路由器和交换机进行比较，表面上看，两者似乎都是对数据包进行转发和过滤，但两者最本质的差别有两点。

● 交换机工作在 OSI 参考模型的第二层（数据链路层），它基于站点或 MAC 地址；而路由器工作在 OSI 参考模型的第三层（网络层），基于网络地址即 IP 地址。

● 交换机可以减少网络上不必要的流量并将冲突发生的可能性降至最低，而路由器还可以对网络上数据传送的最佳路径做出智能判断，更重要的是可以抑制广播风暴。

（9）网关。网关不能完全归为一种网络硬件。用概括性的术语来讲，它们应该是能够连接不同网络的软件和硬件的结合产品。特别地，它们可以使用不同的格式、通信协议或结构连接起两个系统。网关实际上通过重新封装信息以使它们能被另一个系统读取。为了完成这项任务，网关必须能运行在OSI模型的几个层上。

网关可以设在服务器、微机或大型机上。由于网关具有强大的功能并且大多数时候都和应用有关。另外，由于网关的传输更复杂，它们传输数据的速度要比网桥或路由器低一些。然而，在某些场合，只有网关能胜任工作。常见的网关如下。

- 电子邮件网关：通过这种网关可以从一种类型的系统向另一种类型的系统传输数据。例如，电子邮件网关可以允许使用Eudora电子邮件的人与使用Group Wise电子邮件的人相互通信。
- Internet网关：这种网关允许并管理局域网和Internet间的接入。Internet网关可以限制某些局域网用户访问Internet，反之亦然。
- 局域网网关：通过这种网关，运行不同协议或运行于OSI模型不同层上的局域网网段间可以相互通信。

2. 传输介质

传输介质是把网络节点连接起来的数据传输通道，包括有线传输介质和无线传输介质。同轴电缆、双绞线、光缆都是有线传输介质；微波、卫星通信、红外线都是无线传输介质。传输介质是网络数据传输的通路，所有的网络数据都要经过传输介质进行传输。因此，一个网络所选用传输介质的种类和质量对网络性能的好坏有很大的影响。

图1-16是电信领域使用的电磁波的频谱。

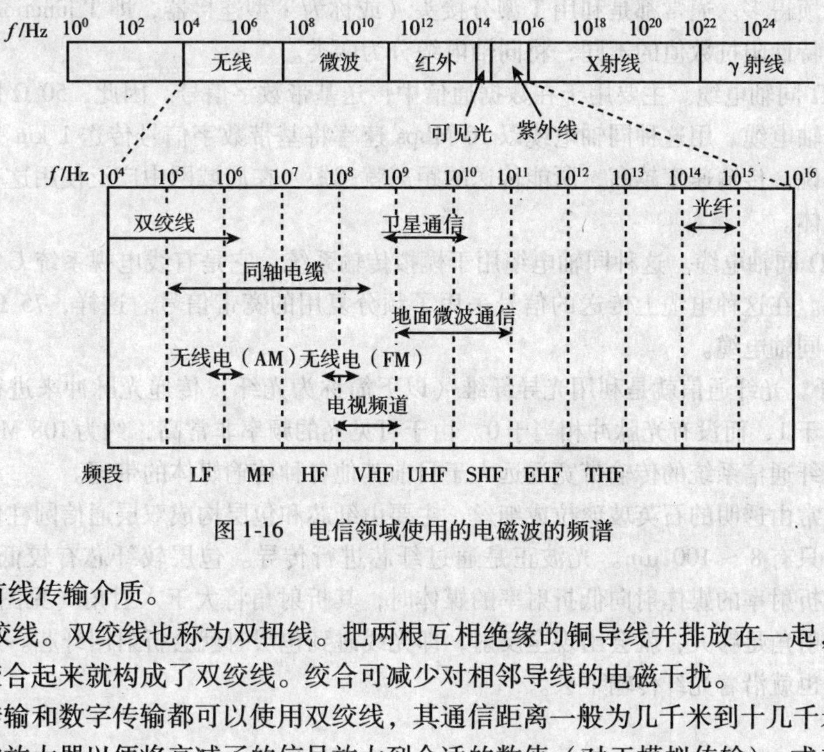

图1-16 电信领域使用的电磁波的频谱

（1）有线传输介质。

① 双绞线。双绞线也称为双扭线。把两根互相绝缘的铜导线并排放在一起，然后用规则的方法绞合起来就构成了双绞线。绞合可减少对相邻导线的电磁干扰。

模拟传输和数字传输都可以使用双绞线，其通信距离一般为几千米到十几千米。距离太长时就要加放大器以便将衰减了的信号放大到合适的数值（对于模拟传输），或者加上中继器以便将失真了的数字信号进行整形（对于数字传输）。

为了提高双绞线的抗电磁干扰的能力，可以在双绞线的外面再加上一个用金属丝编织成的屏蔽层。这就是屏蔽双绞线（Shielded Twisted Pair，STP）。它的价格当然比非屏蔽双绞线（Unshielded Twisted Pair，UTP）要贵一些。图 1-17 是无屏蔽双绞线和屏蔽双绞线的示意图。

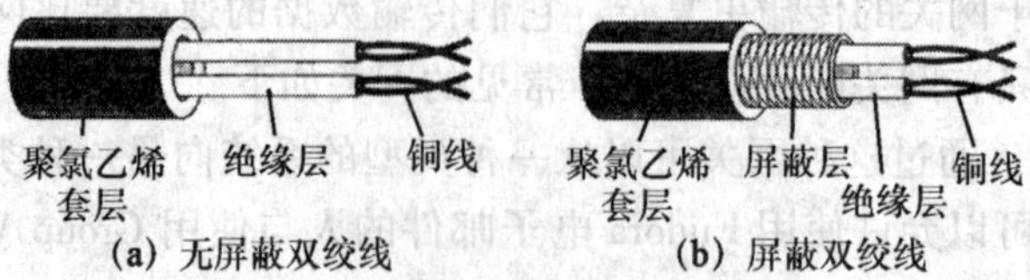

图 1-17　双绞线的示意图

1991 年，美国电子工业协会 EIA 和电信工业协会联合发布了规定用于室内传送数据的无屏蔽双绞线和屏蔽双绞线的标准。此标准规定了 5 个种类的 UTP 标准（从 1 类线到 5 类线）。对传送数据来说，现在最常用的 UTP 是 5 类线（Category 5 或 CAT5）。

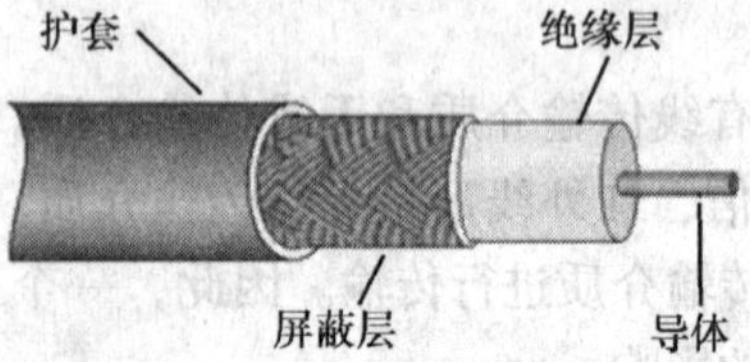

图 1-18　同轴电缆的结构

② 同轴电缆。同轴电缆由内导体铜质芯线（单股实心线或多股绞合线）、绝缘层、网状编织的外导体屏蔽层（也可以是单股的）以及保护塑料外层所组成（见图 1-18）。由于外导体屏蔽层的作用，同轴电缆只有很好的抗干扰特性，现被广泛用于传输较高速率的数据。

当需要将计算机连接到同轴电缆上的某一处时，比用双绞线要麻烦得多。通常都是利用 T 型分接头（或称为 T 型连接器，即 T junction）。

通常按特性阻抗数值的不同，将同轴电缆分为两类。

- 50 Ω 同轴电缆。主要用于在数据通信中传送基带数字信号。因此，50 Ω 同轴电缆又称为基带同轴电缆。用这种同轴电缆以 10 Mbps 速率将基带数字信号传送 1 km 是完全可行的。一般来说，传输速率越高，所能传送的距离就越短。在局域网中广泛使用这种同轴电缆作为物理媒体。
- 75 Ω 同轴电缆。这种同轴电缆用于模拟传输系统，它是有线电视系统 CATV 中的标准传输电缆。在这种电缆上传送的信号采用了频分复用的宽带信号。这样，75 Ω 同轴电缆又称为宽带同轴电缆。

③ 光纤。光纤通信就是利用光导纤维（以下简称为光纤）传递光脉冲来进行通信。有光脉冲相当于 1，而没有光脉冲相当于 0。由于可见光的频率非常高，约为 108 MHz 的量级，因此一个光纤通信系统的传输带宽远远大于目前其他各种传输媒体的带宽。

光纤通常由透明的石英玻璃拉成细丝，主要由纤芯和包层构成双层通信圆柱体。纤芯很细，其直径只有 8 ～ 100 μm。光波正是通过纤芯进行传导。包层较纤芯有较低的折射率。当光线从高折射率的媒体射向低折射率的媒体时，其折射角将大于入射角（见图 1-19）。因此，如果入射角足够大，就会出现全反射，即光线碰到包层时就会折射回纤芯。这个过程不断重复，光也就沿着光纤传输下去。

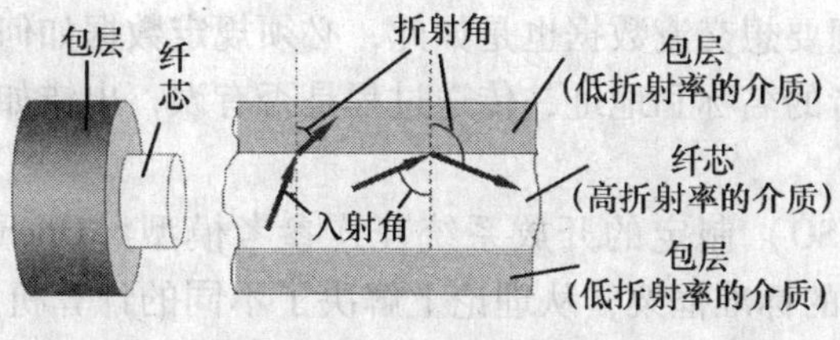

图 1-19 光线在光纤中的折射

(2) 无线传输介质。前面介绍了三种有线传输介质。但是，若通信线路要通过一些高原或岛屿，有时就很难施工。即使是在城市中，挖开马路铺设电缆也不是一件很容易的事。当通信距离很远时，架设电缆既昂贵又费时。但利用无线电波在自由空间的传播就可较快地实现多种通信。由于这种通信方式不使用上面介绍的各种有向传输介质，因此就将自由空间称为“无线传输介质”。

无线传输所使用的频段很广。从图 1-16 可以看出，人们现在已经利用了好几个波段进行通信。紫外线和更高的波段目前还不能用于通信。图 1-16 的最下面还给出了 ITU 对波段取的正式名称。例如，LF 波段的波长是从 10 km 到 1 km 对应于 30 kHz 到 300 kHz。LF、MF 和 HF 的中文名字分别是低频、中频和高频。更高的频段中的 V，U，S 和 E 分别对应于 Very，Ultra，Super 和 Extremely，相应频段的中文名字分别是甚高频、特高频、超高频和极高频，最高的一个频段中的 T 是 Tremendously，目前尚无标准译名。在低频 U 的下面其实还有几个更低的频段，如甚低频 VLF、特低频 ULF、超低频 SLF 和极低频 ELF 等，因都不用于一般的通信，故未画在图中。

3. 网络软件

网络软件是负责实现数据在网络硬件之间通过传输介质进行传输的软件系统，包括网络操作系统、网络传输协议、网络管理软件、网络服务软件、网络应用软件。

(1) 网络操作系统。网络操作系统是指在计算机或其他网络硬件上安装的、用于管理本地及网络资源和它们之间相互通信的操作系统。它是负责管理整个网络资源和方便网络用户的软件的集合。

网络操作系统有集中式和对等式两种。集中式网络操作系统安装在网络服务器上，集中管理网络资源；对等式网络操作系统平等地安装在所有网络节点上，没有服务器。最典型的对等式网络操作系统是 Windows 98，常见的集中式网络操作系统有 Windows 2000/2003、Windows XP、Linux、Netware 和各种 UNIX（Solaris、AIX、HP UNIX、FreeBSD 等）。其中 Windows 系列的操作系统比较适合个人用户的 PC 机和中小型网络的服务器，UNIX 比较适合作为大型的 Internet 服务器。Linux 是 UNIX 操作系统在 PC 机上的实现，因其免费开放的特性，研究使用的用户比较多，许多网络管理人员都是从使用 Linux 开始的。而且，Linux 还可以作为经济实用的企业服务器操作系统。

(2) 网络传输协议。协议是一组规则的集合，是进行交互的双方必须遵守的约定。在网络系统中，为了保证计算机之间能够正确地进行通信，针对通信中的各种问题，制订了一整套约定，将这套约定称之为通信协议。通信协议是一套语义和语法规则，用来规定有关功能部件在通信过程中的操作。这类似于人与人之间说话，一个人说英语，一个人说德语，一个人说汉语，谁也不知道对方在说些什么，只有大家都说一种互相都能听懂的语言，彼此之间才能交流。计算机之间要想交流数据也是如此，必须规定数据如何编码，如何找到信息的头和尾，如何识别收发者的名称和地址，传送过程是否有误，出错如何处理，收发速率不一致如何处理等。

国际标准化组织（ISO）制定的开放系统互连参考模型（Open System Interconnection，OSI）定义了计算机连网的标准框架，从理论上解决了不同的计算机及外部设备和不同的计算机网络之间相互通信的问题，成为世界上所有计算机或计算机网络通信生产厂商和所有计算机网络软件生产厂商共同遵守的标准。目前占主导地位的网络传输协议就是Internet采用的TCP/IP协议。

（3）网络管理软件。网络管理软件是能够通过对网络节点进行管理，以保障网络正常运行的管理软件。网络管理软件有免费的，也有商业的。网络管理系统能够对网络业务进行监控和管理，包括对系统、业务应用的拓扑展示、关键文件和进程的监控、实时的性能监控、故障告警、故障分析、定位和处理等方面。通过网络管理提高了网络的服务能力和服务质量。因此，网络管理软件的应用越来越广泛。作为与操作系统、数据库系统并列的重要系统级软件之一，网络管理软件因其技术含量高，开发难度大，致使在全球网管市场中一直是IBM Tivoli、CA Unicenter、HP Open view、BMC PATROL等产品占有绝对优势。

（4）网络服务软件。网络服务软件是运行于特定的操作系统下，提供网络服务的软件。在Windows XP/2003下，Internet信息服务（Internet Information Server，IIS）可以提供WWW服务、FTP服务和SMTP服务等。Apache是在各种Windows和UNIX系统中使用频率很高的WWW服务软件。Serv-U FTP是功能很强大的运行于Windows系列操作系统的FTP服务器。

（5）网络应用软件。网络应用软件是能够与服务器进行通信，直接为用户提供网络服务的软件。用户需要网络提供一些专门服务时，要使用相应的网络应用软件。例如，要去Internet上漫游，需要使用Internet Explorer或Firefox浏览器；要收发电子邮件、阅读或粘贴网络新闻，需要使用Outlook Express或Eudora。随着网络应用的普及，将会有越来越多的网络应用软件为用户带来很大方便，这些软件也必将推动网络的普及。

（6）网络信息。计算机网络上存储、传输的信息称为网络信息。网络信息是计算机网络中最重要的资源，它存储于服务器上，由网络系统软件对其进行管理和维护。提供给网络中的用户浏览和使用。

1.3 计算机网络的分类

1.3.1 按使用范围分类

根据使用范围的不同，可以将计算机网络分为公用网和专用网两类。

（1）公用网。公用网（public network）是为公众提供各种信息服务的网络系统，如Internet，只要用户能够遵守网络服务商的使用和管理规则，都可以申请使用。我国的公用网通常由电信部门负责建设和营运，许多国家则是由政府和私营企业建设和营运。

（2）专用网。专用网（private network）由组织、系统或部门根据实际需要自己投资建立，只为网络拥有者提供服务。例如，军队、公安、铁路、电力等系统均拥有本系统的专用网。

随着技术的发展，公用网和专用网在某些方面开始共存。例如，通过频分复用、时分复用等信道共享技术，可以实现公用网和专用网共享同一条数据链路。

1.3.2 按连接范围分类

根据网络连接范围的大小，可以将计算机网络分为局域网和广域网两种。

1. 局域网

局域网（Local Area Network，LAN）也称为局部网络，一般是将一个相对较多小区域（一般在几百米到几千米以内）内的计算机通过高速通信线路相连后所形成的网络。它的特点是分布距离近（通常在 1 000～2 000 m 范围内），传输速度高，连接费用低，数据传输可靠，误码率低。

2. 城域网

城域网（Metropolitan Area Network，MAN）也称为市域网，它是在一个城市内部组建的计算机网络，提供全市的信息服务。城域网是介于广域网与局域网之间的一种高速网络，其覆盖范围可达数百千米，传输速率从 64 kbps 到几 Gbps，通常是将一个地区或一座城市内的局域网连接起来构成城域网。城域网一般具有以下几个特点：采用的传输介质相对复杂；数据传输距离相对局域网要长，信号容易受到干扰；组网比较复杂，成本较高。

城域网基本上是一种大型的 LAN，通常使用与 LAN 相同的技术。所以，目前在按连接范围分类时可直接分为局域网和广域网，而不再有城域网。它既可能是公用网，也可能是私用网。MAN 可以支持数据和语音，还可能涉及有线电视网。

3. 广域网

广域网（Wide Area Network，WAN）也称为远程网络，它的连网设备分布范围很广，通常为几十千米到几千千米。简单地说，广域网是将多个局域网互连后所产生的范围更大的网络，各局域网之间既可以通过速度较低的电话线进行连接，也可以通过高速电缆、光缆、微波天线或卫星等远程通信方式连接。广域网一般具有以下几个特点：地理范围没有限制；传输介质复杂；由于长距离的传输，数据的传输速率较低，且容易出现错误，采用的技术比较复杂。

1.3.3 按局域网的拓扑结构分类

网络拓扑结构是计算机网络节点和通信链路所组成的几何形状。由于计算机局域网和广域网的连接范围不同，所采用的技术、连接方式也不一样，所以网络拓扑结构也存在一定的区别。计算机网络有很多种拓扑结构，最常用的网络拓扑结构有：总线状结构、环状结构、星状结构、树状结构、网状结构和混合状结构。

1. 总线状结构

总线状结构采用一条单根的通信线路（总线）作为公共的传输通道，所有的节点都通过相应的接口直接连接到总线上，并通过总线进行数据传输。例如，在一根电缆上连接组成网络的计算机或其他共享设备（如打印机等），如图 1-20 所示。由于单根电缆仅支持一种信道，因此连接在电缆上的计算机和其他共享设备共享电缆的所有容量。连接在总线上的设备越多，网络发送和接收数据就越慢。

总线状网络使用广播式传输技术，总线上的所有节点都可以发送数据到总线上，数据沿总线传播。但是，由于所有节点共享同一条公共通道，所以在任何时候只允许一个站点发送数据。当一个节点发送数据，并在总线上传播时，数据可以被总线上的其他所有节点接收。各站点在接收数据后，先分析目的物理地址再决定是否接收该数据。粗、细同轴电缆以太网就是这种结构的典型代表。

总线状拓扑结构具有如下特点。

- 结构简单、灵活，易于扩展；共享能力强，便于广播式传输。
- 网络响应速度快，但负荷重时性能迅速下降；局部站点故障不影响整体，可靠性较高。但是，总线出现故障，则将影响整个网络。
- 易于安装，费用低。

2. 环状结构

环状结构是各个网络节点通过环接口连在一条首尾相接的闭合环状通信线路中，如图 1-21所示。每个节点设备只能与它相邻的一个或两个节点设备直接通信。如果要与网络中的其他节点通信，数据需要依次经过两个通信节点之间的每个设备。环状网络既可以是单向的也可以是双向的。单向环状网络的数据绕着环向一个方向发送，数据所到达的环中的每个设备都将数据接收经再生放大后将其转发出去，直到数据到达目标节点为止。双向环状网络中的数据能在两个方向上进行传输，因此设备可以和两个邻近节点直接通信。如果一个方向的环中断了，数据还可以以相反的方向在环中传输，最后到达其目标节点。

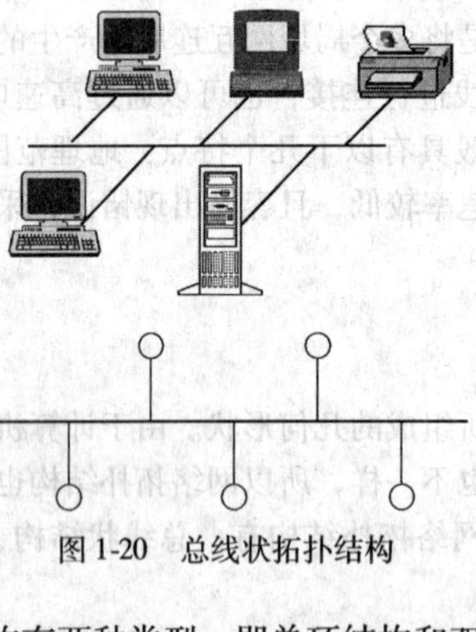

图 1-20　总线状拓扑结构

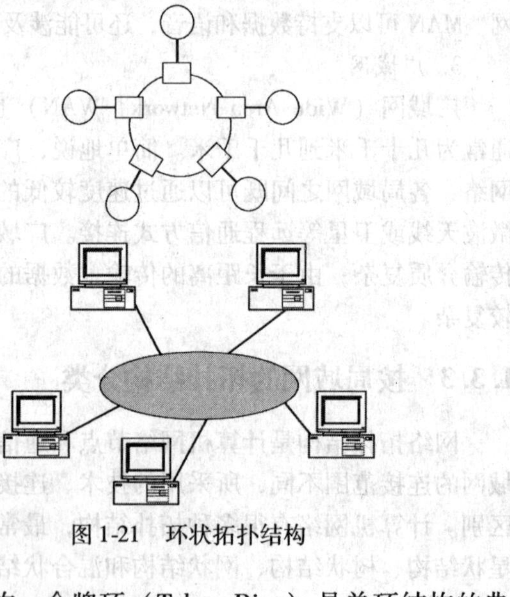

图 1-21　环状拓扑结构

环状结构有两种类型，即单环结构和双环结构。令牌环（Token Ring）是单环结构的典型代表，光纤分布式数据接口（FDDI）是双环结构的典型代表。

环状拓扑结构具有如下特点。

- 在环状网络中，各工作站间无主从关系，结构简单；信息流在网络中沿环单向传递，延迟固定，实时性较好。
- 两个节点之间仅有唯一的路径，简化了路径选择，但可扩充性差。
- 可靠性差，任何线路或节点的故障，都有可能引起全网故障，且故障检测困难。

3. 星状结构

星状结构的每个节点都由一条点对点链路与中心节点（公用中心交换设备，如交换机、集线器等）相连，如图1-22所示。星状网络中的一个节点如果向另一个节点发送数据，首先将数据发送到中央设备，然后由中央设备将数据转发到目标节点。信息的传输是通过中心节点的存储转发技术实现的，并且只能通过中心节点与其他节点通信。星状网络是局域网中最常用的拓扑结构。

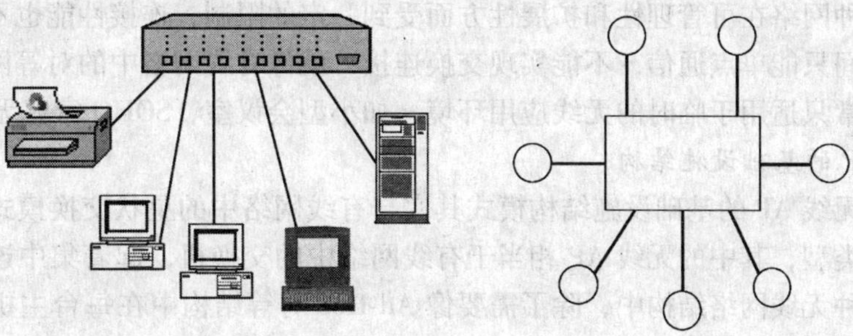

图1-22　星状拓扑结构

星状拓扑结构具有如下特点。

- 结构简单，便于管理和维护；易实现结构化布线；结构易扩充，易升级。
- 通信线路专用，电缆成本高。
- 星状结构的网络由中心节点控制与管理，中心节点的可靠性基本上决定了整个网络的可靠性。
- 中心节点负担重，易成为信息传输的瓶颈，且中心节点一旦出现故障，会导致全网瘫痪。

4. 树状结构

树状结构是从总线状和星状结构演变来的。网络中的节点设备都连接到一个中央设备（如集线器）上，但并不是所有的节点都直接连接到中央设备，大多数的节点首先连接到一个次级设备，次级设备再与中央设备连接。图1-23所示是一个树状总线网络。

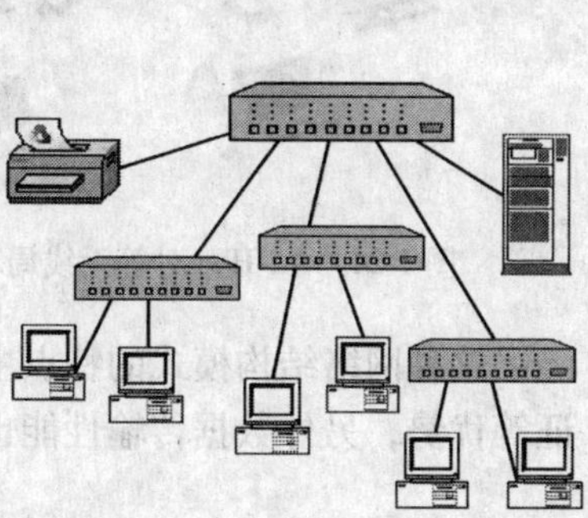

图1-23　树状结构网络

树状拓扑结构的主要特点如下。

- 易于扩展，故障易隔离，可靠性高；电缆成本高。
- 对根节点的依赖性大，一旦根节点出现故障，将导致全网不能工作。

1.3.4　无线局域网的拓扑结构

在无线局域网WLAN中，主要网络结构只有两种：一种是类似于对等网的Ad-Hoc结构；另一种则是类似于有线局域网中星状结构的基础设施结构。

1. 点对点Ad-Hoc结构

点对点Ad-Hoc对等结构相当于有线网络中的多机（一般最多是3台机）直接通过网卡互连，中间没有集中接入设备（没有无线接入点AP），信号是直接在两个通信端点对点传输的，如图1-24所示。

在有线网络中，因为每个连接都需要专门的传输介质，所以在多机互连时，一台计算机中可能要安装多块网卡。而在 WLAN 中，没有物理传输介质，信号不是通过固定的传输介质作为信道传输的，而是以电磁波的形式发散传播的，所以在 WLAN 中的对等连接模式中，各用户无须安装多块 WLAN 网卡，相比有线网络来说，组网方式要简单许多。

Ad-Hoc 对等结构网络通信中没有一个信号交换设备，网络通信效率较低，所以仅适用于较少数量的计算机无线互连（通常是在 5 台主机以内）。同时由于这一模式没有中心管理单元，所以这种网络在可管理性和扩展性方面受到一定的限制，连接性能也不是很好。而且各无线节点之间只能单点通信，不能实现交换连接，就像有线网络中的对等网一样。这种无线网络模式通常只适用于临时的无线应用环境，如小型会议室、SOHO 家庭无线网络等。

2. 基于 AP 的基础设施结构

这种基于无线 AP 的基础设施结构模式其实与有线网络中的星状交换模式差不多，也属于集中式结构类型，其中的无线 AP 相当于有线网络中的交换机，起着集中连接和数据交换的作用。在这种无线网络结构中，除了需要像 Ad-Hoc 对等结构中在每台主机上安装无线网卡外，还需要一个 AP 接入设备，俗称“访问点”或“接入点”。这个 AP 设备用于集中连接所有无线节点，并进行集中管理。当然一般的无线 AP 还提供了一个有线以太网接口，用于与有线网络、工作站和路由设备的连接。基础结构网络如图 1-25 所示。

图 1-24　Ad-Hoc 对等无线局域网结构

图 1-25　基础设施结构无线局域网结构

这种网络结构模式的特点主要表现在网络易于扩展、便于集中管理、能提供用户身份验证等优势，另外数据传输性能也明显高于 Ad-Hoc 对等结构。

1.4　计算机网络的体系结构

1.4.1　网络体系结构概述

1. 计算机网络体系结构

怎样构造计算机网络的通信功能，才能实现不同系统之间，尤其是异种计算机系统之间的相互通信呢？这就是网络体系结构要解决的问题。网络体系结构通常采用层次化结构定义计算机网络的协议、功能和提供的服务。

计算机网络体系结构的概念及内容都比较抽象，为了便于理解，先以两大城市（如广州和大连）民间邮寄信件的工作过程为例来说明。首先，人们写信时要采用双方都理解的语言、文体、格式（称谓、落款）等，这样在对方收到信后才能看懂内容，知道写信人及写信时间等。当然，还可以有其他一些特殊约定，如编号、密码等。信写好装入信封后，投递给当地邮政局的信箱或邮筒等待寄发。这样寄信人与邮局之间就形成了一种约定，这就是规定信封的书写格式和给付足额的邮资（邮票）。邮局收到信后，要进行信件的分拣和分类，然后再装成更大的包裹交付有关运输部门（如民航、铁路或公路交通部门）负责运输。这时，邮政部门与运输部门也要有约定，如到站时间、地点、包裹形式、费用等。信件到目的地后进行相反的过程，最终将信件送到收信人手中。收信人是按照与寄信人的约定读懂信的内容的。

在信件邮寄的整个过程中，主要涉及三个子系统：用户子系统、邮政子系统和运输子系统，如图 1-26 所示。

由本例可以看出，各种约定都是为了达到将信件从源点送到目的点这个目标而设计的。可以将这些约定分为同等机构间的约定（如用户间约定、邮局间约定等）和不同机构间的约定（如用户与邮局间的约定、邮局与运输部门间的约定）。虽然两个用户、两个邮局、两个运输部门分处两地，但它们分别对应于同等机构（属相同层次），同属一个子系统；而同处一地的不同机构（属不同层次）则不在一个子系统，它们之间的关系是服务与被服务的关系。很显然，这两种约定是不同的，前者是同等层次间的约定，后者是不同层次间的约定。还有，处于一地的不同层次间（垂直）的关系是直接的，处于两地的同等层次之间（水平）的关系是间接的。

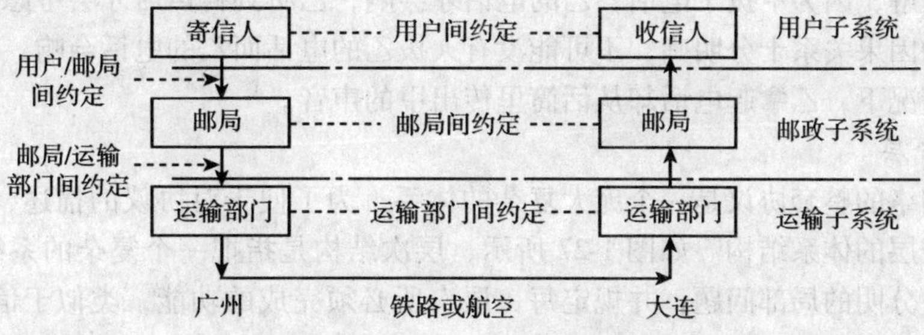

图 1-26 邮政系统分层模型

在计算机网络环境中，两个端点的两个进程之间的通信过程类似于信件的投递过程。网络体系结构是计算机网络的分层、各层协议、功能和层间接口的集合。不同的计算机网络具有不同的体系结构，其层的数量、各层的名称、内容和功能及各相邻层之间的接口都不一样。然而，在任何网络中，每一层都是为了向它的邻接上层提供一定的服务而设置的，而且每一层都对上层屏蔽如何实现协议的具体细节。这样，网络体系结构就能做到与具体的物理实现无关，哪怕连接到网络中的主机和终端的型号及性能各不相同，只要它们共同遵守相同的协议就可以实现互连和互操作。

需要强调的是，网络体系结构只精确定义了计算机网络中的逻辑构成及所完成的功能，实际上是一组设计原则，它包括功能组织、数据结构和过程的说明，以及为用户应用网络的设计和实现的基础。网络的体系结构与网络的实现不是一回事，前者是抽象的，仅告诉网络设计者应“做什么”，而不是“怎样做”，而后者是具体的，是需要硬件和软件来完成的。

2. 计算机网络协议

计算机网络中各实体（如计算机）之间经常要进行各种通信和对话。这些通信实体的情况千差万别（如机型可能是大型机、小型机和 PC 机，操作系统则可能是 Windows Server、Linux、OS/2 等），如果没有统一的约定，就好比一个城市的交通系统没有任何交通规则，大家为所欲为，各行其是，其结果肯定是乱作一团。要想在 Internet 上实现共享资源，交换信息，必须遵循一些事先制定的规则标准，这就是协议（Protocol）。

计算机网络中，协议的定义是计算机网络中实体之间有关通信规则约定的集合，有如下三个要素。

（1）语法（Syntax），数据与控制信息的格式、数据编码等。

（2）语义（Semantics），控制信息的内容，需要作出的动作及响应。

（3）时序（Timing），事件先后顺序和速度匹配。

协议的三个要素看起来十分抽象，但通过一个简单的例子，就很容易对它们有一个清晰的认识。下面以两个人打电话为例来说明协议的概念。甲要打电话给乙，首先甲拨乙的电话号码，对方电话振铃，乙拿起电话，然后甲乙开始通话，通话完毕后，双方挂断电话。在这个过程中，甲乙双方都遵守了打电话的协议。其中，电话号码就是“语法”的一个例子，一般电话号码由固定长度的一串阿拉伯数字组成，如果是长途要加拨区号，国际长途还有国家代码，等等；甲拨通乙的电话后，乙的电话会振铃，振铃是一个信号，表示有电话打进，乙选择接电话，这一系列动作包括控制信号、响应动作等，就是“语义”的例子；“时序”的概念更好理解，因为甲拨了电话，乙的电话才会响，乙听到铃声后才会考虑要不要接，这一系列事件的因果关系十分明确，不可能没有人拨乙的电话而乙的电话会响，也不可能在电话铃没响的情况下，乙拿起电话却从话筒里传出甲的声音。

3. 协议分层

计算机网络的整套协议是一个庞大复杂的体系，为了便于对协议的描述、设计和实现，现在都采用分层的体系结构。如图 1-27 所示，层次结构是指把一个复杂的系统设计问题分解成多个层次分明的局部问题，并规定每一层次所必须完成的功能，类似于信件投递过程。层次结构提供了一种按层次来观察网络的方法，它描述了网络中任意两个节点间的逻辑连接和信息传输。

同一系统体系结构中的各相邻层间的关系是：下层为上层提供服务，上层利用下层提供的服务完成自己的功能，同时再向更上一层提供服务。

系统的顶层执行用户要求做的工作，直接与用户接触，可以是用户编写的程序或发出的命令。除顶层外，各层都能支持其上一层的实体进行工作，这就是服务。系统的底层直接与物理介质相接触，通过物理介质使不同的系统、不同的进程沟通。

系统中的各层次内都存在一些实体。实体是指除一些实际存在的物体和设备外，还有客观存在的与某一应用有关的事物，如含有一个或多个程序、进程或作业之类的成分。实体既可以是软件实体（如进程），也可以是硬件实体（如某一接口芯片）。不同系统的相同层次称为同等层（或对等层），如系统 A 的第 n 层和系统 B 的第 n 层是同等层。不同系统同等层之间存在的通信叫同等层通信。不同系统同等层上的两个正通信的实体叫做同等层实体。

同一系统相邻层之间都有一个接口（Interface），接口定义了下层向上层提供的原语（Primitive）操作和服务。同一系统相邻两层实体交换信息的地方称为服务访问点（Service

Access Point，SAP），它是相邻两层实体的逻辑接口，也可说 n 层 SAP 就是 n+1 层可以访问 n 层的地方。每个 SAP 都有一个唯一的地址，供服务用户间建立连接之用。相邻层之间要交换信息，对接口必须有一个一致遵守的规则，这就是接口协议。从一个层过渡到相邻层所做的工作，就是两层之间的接口问题，在任何两相邻层间都存在接口问题。

图 1-28 所示的例子用来说明层次结构的网络通信原理。这是有关两位公司的经理对话的例子。他们每个人都雇用了一位高级助理。由于公司较大，业务繁忙，高级助理又聘用了秘书。这样，每个公司都形成了三个层次的机构。甲方经理对乙方的供货不满意，希望对乙方经理表达退货的意思，于是他让自己的高级助理起草一份文件发送出去。这位高级助理按照业界的惯例写了一份正式公函，然后把它交给秘书发送出去。秘书拿到公函，按照公司通信录查到乙公司的传真号码，整理好后发给了乙公司。乙公司的秘书接到传真后将有用的公函部分呈交给高级助理，而高级助理经过分析后，将关键内容汇报给了经理。乙公司经理对公文格式不感兴趣，当然他更不会关心最初收到的信息是传真、电子邮件还是邮寄信函，他所见到的只是甲公司经理的意见。这里，甲乙公司都可以看做是网络节点，而经理、助手和秘书是一个个的通信实体。处于不同节点的相同层次的实体叫做对等实体。而协议实际上是对等实体之间的通信规则的约定。比如两个公司的秘书之间就有收发传真、电子邮件和普通信函的协议，高级助理之间都遵照标准公函的协议，经理之间当然也有协议，不过那就是商人们的事情了。

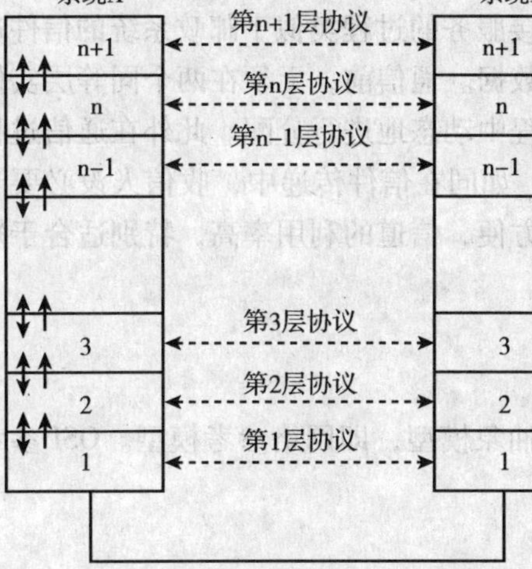

图 1-27 网络的层次结构

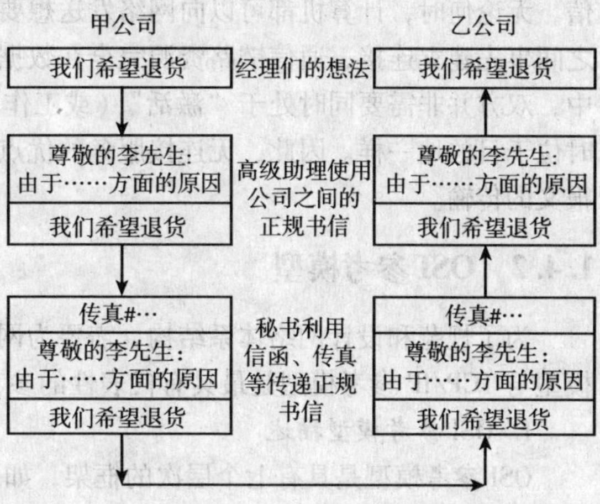

图 1-28 协议层次实例

4. 网络服务

网络协议是作用在不同系统的同等层实体上的。在网络协议作用下，两个同等层实体间的通信使得本层能够向它相邻的上一层提供支持，以便上一层完成自己的功能。这种支持就是服务。网络服务是指彼此相邻的两层间下层为上层提供通信能力或操作而屏蔽其细节的过程。上层可看成是下层的用户，下层是上层的服务提供者。

由于网络分层结构中的单向依赖关系，使得网络的底层总是向它的上层提供服务，而每一层的服务又都是借助于其下层及以下各层的服务能力。

(1) 服务原语。层间的服务在形式上是由一种原语（或操作）来描述的，如库函数或系统调用等。在同一系统中，n+1 层实体向 n 层实体请求服务时，服务用户和服务提供者之间要进行信息交互，交互的信息即为服务原语。这些原语通知服务提供者采取某些行动或报告某个同等实体的活动，供用户和其他实体访问该服务。服务原语可分为四类。

① 请求（Request）。用以使服务用户能从服务提供者那里请求一定的服务，如建立连接、发送数据、释放连接、报告状态等。

② 指示（Indication）。用以使服务提供者能向服务用户提示某种状态，如连接指示、输入数据、释放连接指示等。

③ 响应（Response）。用以使服务用户能响应先前的指示原语，如接受连接或释放连接等。

④ 证实（Confirmation）。用以使服务提供者报告先前请求是否成功。

(2) 服务形式。在网络体系结构中，下层向上层提供两种不同类型的服务：面向连接的服务和无连接的服务。

① 面向连接的服务（Connection-oriented Service）。所谓“连接”，是指在同等层的两个同等实体间所设定的逻辑通路。利用建立的连接进行数据传输的方式就是面向连接的服务。面向连接的服务思想来源于电话传输系统，即在计算机开始通信之前，两台计算机必须通过通信网络建立连接，然后开始传输数据。待数据传输结束后，再撤销这个连接。面向连接的服务比较适合于数据量大、实时性要求高的数据传输应用场合。

② 无连接的服务（Connectionless Service）。无连接服务的过程类似于邮政系统的信件通信。无论何时，计算机都可以向网络发送想要发送的数据。通信前，无须在两个同等层实体之间事先建立连接，通信链路资源完全在数据传输过程中动态地进行分配。此外在通信过程中，双方并非需要同时处于“激活”（或工作）状态，如同在信件传递中，收信人没必要当时位于目的地一样。因此，无连接服务的优点是灵活方便，信道的利用率高，特别适合于短报文的传输。

1.4.2 OSI 参考模型

为了规范和设计网络体系结构，需要为网络设计抽象模型，即网络参考模型。OSI 参考模型与 TCP/IP 参考模型是最具有代表性的参考模型。

1. OSI 参考模型描述

OSI 参考模型是具有七个层次的框架，如图 1-29 所示，自底向上的七个层次分别是物理层、数据链路层、网络层、传输层、会话层、表示层和应用层。

(1) 物理层。在 OSI 参考模型中，物理层（physical layer）是参考模型的最底层。该层是网络通信的数据传输介质，由连接不同节点的电缆与设备共同构成。该层建立在物理信道基础上，实现设备之间的接口，规定与物理传输介质有关的通信设备的机械、电气、功能和规程特性。物理层的主要功能是：利用传输介质为通信的网络节点之间建立、管理和释放物理连接，实现比特流的透明传输，为数据链路层提供服务。物理层的数据传输单元是比特(bit)。

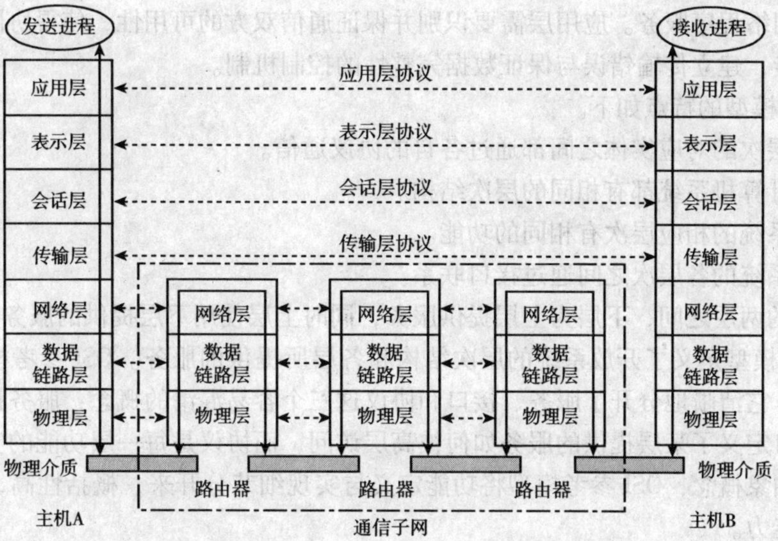

图 1-29 OSI 参考模型示意图

（2）数据链路层。在 OSI 参考模型中，数据链路层（Data Link Layer）是参考模型的第 2 层。数据链路层的主要功能是：在物理层提供服务的基础上，数据链路层在通信的实体间建立数据链路连接，传输以“帧”为单位的数据包，并采用差错控制与流量控制方法，使有差错的物理线路变成无差错的数据链路。

（3）网络层。在 OSI 参考模型中，网络层（Network Layer）是参考模型的第 3 层。网络层的主要功能是：为数据在节点之间传输创建逻辑链路，通过路由选择算法为分组通过通信子网选择最适当的路径，以及实现拥塞控制、网络互连等功能。它的功能属于通信子网，它通过网络连接交换传输实体发出的数据，网络层把上层来的数据组织成分组在通信子网的节点之间交换传输。对于一个通信子网来说，最多只有到网络层为止的最低 3 层。网络层的数据传输单元是分组（Packet）。

（4）传输层。在 OSI 参考模型中，传输层（Transport Layer）是参考模型的第 4 层。传输层的主要功能是：向用户提供可靠的端到端（End-to-End）服务，处理数据包错误、数据包次序，以及其他一些关键传输问题。传输层向高层屏蔽了下层数据通信的细节，因此，是计算机通信体系结构中关键的一层。

（5）会话层。在 OSI 参考模型中，会话层（Session Layer）是参考模型的第 5 层。会话层的主要功能是：负责维护两个节点之间的传输链接，以便确保点到点传输不中断，以及管理数据交换等功能。

（6）表示层。在 OSI 参考模型中，表示层（Presentation Layer）是参考模型的第 6 层。表示层的主要功能是：为应用层提供可以选择的各种服务，主要用于处理在两个通信系统中交换信息的表示方式，主要包括数据格式变换、数据加密与解密、数据压缩与恢复等功能。表示层以下各层只关心如何可靠地传输数据，而表示层所关心的是所传数据的表现方式、它的语法和语义。

（7）应用层。在 OSI 参考模型中，应用层（Application Layer）是参考模型的最高层。应用层的主要功能是：为应用程序提供了网络服务，例如，文件服务器、数据库服务、电子邮件与其他网络程序服务。应用层需要识别并保证通信双方的可用性，使得协同工作的应用程序之间同步，建立传输错误与保证数据完整性的控制机制。

OSI 参考模型的特点如下。

- 每个层次的对应实体之间都通过各自的协议通信。
- 各个计算机系统都有相同的层次结构。
- 不同系统的相应层次有相同的功能。
- 同一系统的各层次之间通过接口联系。
- 相邻的两层之间，下层为上层提供服务，同时上层使用下层提供的服务。

OSI 参考模型定义了开放系统的层次结构和各层所提供的服务。OSI 参考模型的一个成功之处在于，它清晰地分开了服务、接口和协议这三个容易混淆的概念：服务描述了每一层的功能，接口定义了某层提供的服务如何被高层访问，而协议是每一层功能的实现方法。通过区分这些抽象概念，OSI 参考模型将功能定义与实现细节分开来，概括性高，使它具有了普遍的适应能力。

OSI 参考模型本身并不是网络体系结构。按照定义，网络体系结构是网络层次结构和相关协议的集合。OSI 参考模型并没有精确定义各层的协议，没有讨论编程语言、操作系统、应用程序和用户界面，只是描述了每一层的功能。但这并不妨碍 ISO 组织制定各层的标准，只不过这些标准不属于 OSI 参考模型本身。

2. OSI 模型中的数据传输

如图 1-30 所示的是 OSI 参考模型中数据的传输方式。数据单元是指各层传输数据的最小单位。图最左边一列的交换数据单元名称，是指各个层次对等实体之间交换的数据单元的名称。协议数据单元（Protocol Data Unit，PDU）就是对等实体之间通过协议传送的数据。应用层的协议数据单元叫做 APDU（Application Protocol Data Unit），表示层的用户数据单元叫做 PPDU（Presentation Protocol Data Unit），以此类推，直到网络层的协议数据单元 NPDU（Network Protocol Data Unit）。除了 NPDU 外，通常把上述协议数据单元称为数据分组或数据包（Packet），数据链路层是数据帧（Frame），物理层是比特（bit）。图 1-30 中自上而下的实线表示的是数据的实际传送过程。发送进程需要发送某些数据到目标系统的接收进程，数据首先要经过本系统的应用层，应用层在用户数据前面加上自己的标识信息（H7），叫做头信息。H7 加上用户数据一起传送到表示层，作为表示层的数据部分。表示层并不知道哪些是原始用户数据、哪些是 H7，而是把它们当做一个整体对待。同样，表示层也在数据部分前面加上自己的头信息 H6，传送到会话层，并作为会话层的数据部分。这个过程一直进行到数据链路层，数据链路层除了增加头信息 H2 以外，还要增加一个尾信息 T2，然后整个作为数据部分传送到物理层。物理层不再增加头/尾信息，而是直接将二进制数据通过物理介质发送到目的节点的物理层。目的节点的物理层收到该数据后，逐层上传到接收进程，其中数据链路层负责去掉 H2 和 T2，网络层负责去掉 H3，一直到应用层去掉 H7，这样就把最原始用户数据传递给了接收进程。

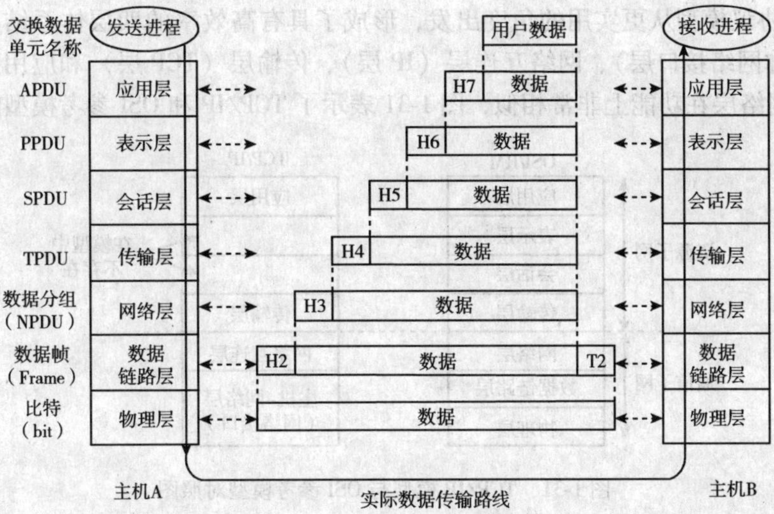

图1-30 OSI参考模型中的数据传输

这个在发送节点自上而下逐层增加头（尾）信息，而在目的节点又自下而上逐层去掉头（尾）信息的过程叫做封装（Encapsulation）。封装是在网络中很常用的手段。

协议数据单元主要用于描述同一层次中的对等实体之间的虚连接，如图中的横向带箭头虚线所示。那么，纵向传输的数据用什么来表示呢？答案是接口数据单元（IDU）。接口数据单元指相邻层次之间通过接口传递的数据，它分为两部分，即接口控制信息和服务数据单元。其中接口控制信息只在接口局部有效，不会随数据一起传递下去；而服务数据单元是真正提供服务的有效数据，它的内容基本上与协议数据单元一致。用简单的公式表示就是：接口数据单元 = 控制信息 + 服务数据单元。

不妨将控制信息、服务数据单元与C语言里的局部变量和全程变量作一个类比。接口数据单元的控制信息就好比局部变量，只在特定的某两层接口有效，如二、三层接口的控制信息与三、四层接口的控制信息完全不同；服务数据单元就好比全程变量，从应用层到物理层一直传递下去，而且每层都要加一些自己的内容进去。如图1-28所示的例子中，经理层要求的服务是表达“我们希望退货”的意思，而助理要求秘书的服务就变成了发送一封完整的公文信函。

服务数据单元与协议数据单元的关系是怎样的呢？服务数据单元是用于层与层接口的概念。而协议数据单元是用于描述同一层次对等实体之间交换的数据，是一个逻辑上的概念。实际上，第n层的协议数据单元要作为n层与n－1层接口的服务数据单元传递给n－1层。

1.4.3 TCP/IP参考模型

1. TCP/IP参考模型描述

TCP/IP（Transmission Control Protocol/Internet Protocol，传输控制/网际协议）是目前被广泛应用的网络协议，几乎所有的厂商和操作系统都支持它。TCP/IP协议也是Internet的基础协议，它是Internet事实上的标准协议。

TCP/IP 协议模型从更实用的角度出发，形成了具有高效率的四层体系结构，即主机－网络层（也称网络接口层）、网络互连层（IP 层）、传输层（TCP 层）和应用层。网络互连层和 OSI 的网络层在功能上非常相似，图 1-31 表示了 TCP/IP 和 OSI 参考模型的对应关系。

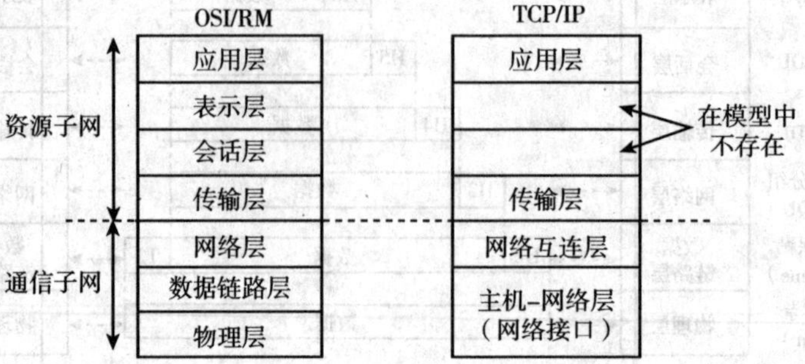

图 1-31　TCP/IP 模型与 OSI 参考模型对照图

如图 1-32 所示，TCP/IP 模型包含了一组网络协议，TCP 和 IP 是其中最重要的两个协议，它们虽然都不是 OSI 的标准协议，但事实证明它们工作得很好，已经被公认为事实上的标准，也是事实上的 Internet 标准协议。

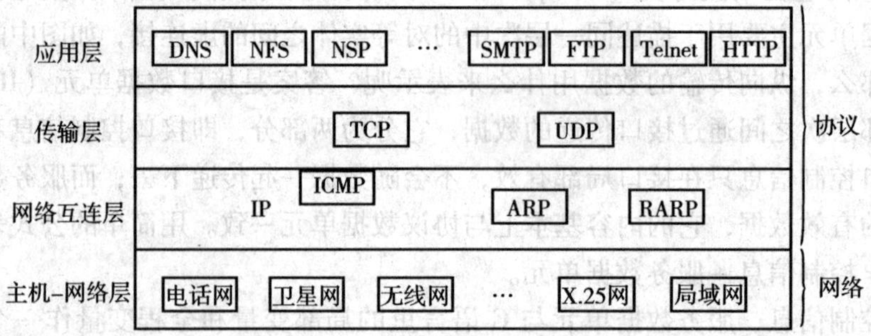

图 1-32　TCP/IP 模型中的协议与网络

（1）主机－网络层（网络接口层）。在 TCP/IP 参考模型中，主机－网络层是参考模型的最底层，是实际的网络硬件接口。它负责通过网络发送和接收 IP 数据报。该层对应于 OSI 参考模型的物理层和数据链路层。在 TCP/IP 参考模型中只指出主机必须通过某种协议连接到网络，但 TCP/IP 参考模型允许主机连入网络时使用多种现成的与流行的协议，例如局域网协议或其他一些协议。

在 TCP/IP 的主机－网络层中，包括各种物理网协议，如局域网的 Ethernet、局域网的令牌环、分组交换网的 X. 25 等。当这种物理网被用做传送 IP 数据包的通道时，就可以认为是这一层的内容。

主机－网络层的任务如图 1－33 所示。

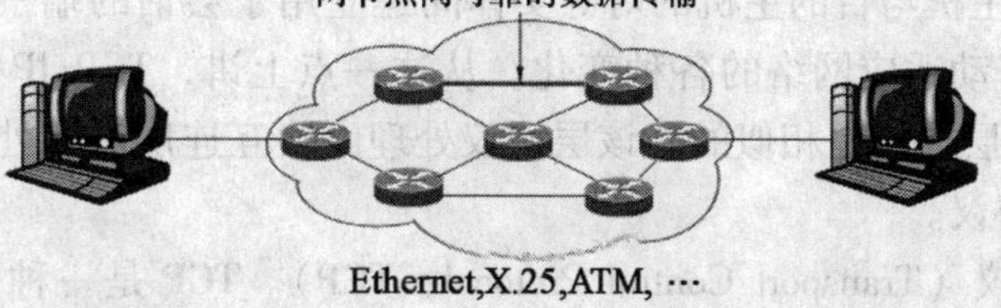

图 1-33 主机－网络层的任务

(2) 网络互连层（IP 层）。在 TCP/IP 参考模型中，网络互连层是参考模型的第二层，它对应于 OSI 参考模型网络层的无连接网络服务。网络互连层负责将源主机的报文分组发送到目的主机，源主机与目的主机可以在一个网上，也可以在不同的网上。网络互连层可以把主机发送的分组报文发往任何网络，并使各分组独立地传向目的地（中途可能经由不同的网络）。这些分组到达和发送的顺序可能不同，因此当需要按顺序发送和接收时，高层必须对分组排序。分组路由和拥塞控制是网络互连层的主要设计问题。

网络互连层的主要功能包括以下几点。

① 接收到分组发送请求后，将分组装入 IP 数据报，填充报头并选择发送路径，然后将数据报发送到相应的网络输出线。

② 接收到其他主机发送的数据报后，检查目的地址，如需要转发，则选择发送路径，转发出去；如目的地址为本节点 IP 地址，则除去报头，将分组交送传输层处理。

③ 处理互连的路径、流控与拥塞问题。

TCP/IP 参考模型中网络互连层的协议是 IP（Internet Protocol）协议。IP 协议是一种不可靠、无连接的数据报传送服务的协议，它提供一种“尽力而为（best effort）的服务”，IP 协议的协议数据单元是 IP 分组。IP 协议提供统一的 IP 分组格式，以消除各通信子网的差异，从而为信息发送方和接收方提供透明的传输通道。IP 协议可以使用广域网或局域网技术，以及高速网和低速网、无线网和有线网、光纤网等几乎所有类型的计算机通信技术。

网络互连层的其他重要协议有：ICMP（Internet Control Message Protocol）用于传递控制消息、ARP（Address Resolution Protocol）用于为已知的 IP 地址确定相应的 MAC 地址、RARP（Reverse Address Resolution Protocol）用于为已知的 MAC 地址确定相应的 IP 地址、IGMP（Internet Group Management Protocol）用于多播组管理。

网络互连层的任务如图 1－34 所示。

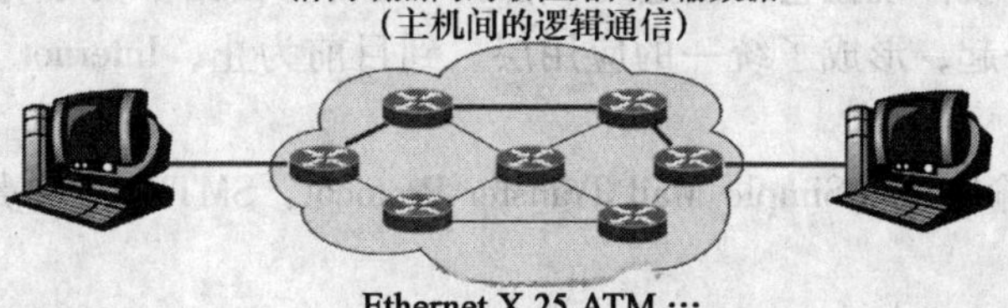

图 1-34 网络互连层的任务

(3) 传输层（TCP 层）。在 TCP/IP 参考模型中，传输层是参考模型的第 3 层，它负责在源节点和目的节点的两个进程实体之间提供可靠的端到端的数据传输。传输层的主要目的是：在Internet的源主机与目的主机的对等实体间建立用于会话的端—端连接，保证通信连接的可靠性，能够自动适应网络的各种变化。从这一点上讲，TCP/IP参考模型的传输层与OSI参考模型的传输层功能是相似的。该层协议处理网络互连层没有处理的通信问题，传输层定义了以下两种协议。

① 传输控制协议（Transport Control Protocol，TCP）。TCP是一种可靠的面向连接的协议，以建立高可靠性的消息传输连接为目的。它允许将一台主机的字节流（byte stream）无差错地传送到目的主机。它负责把输入的用户数据（字节流）按一定的格式和长度组成多个数据报进行发送，并在接收到数据报之后按分解顺序重新组装和恢复用户数据。TCP协议将应用层的字节流分成多个字节段（byte segment），然后将一个个的字节段传送到互连层，发送到目的主机。当互连层将接收到的字节段传送给传输层时，传输层再将多个字节段还原成字节流传送到应用层。为了完成可靠的数据传输任务，TCP协议具有数据报的顺序控制、差错检测、校验及重发控制等功能。

TCP协议同时要完成流量控制功能，协调收发双方的发送与接收速度，达到正确传输的目的，以避免快速的发送方“淹没”低速的接收方而使接收方无法处理。

② 用户数据报协议（User Datagram Protocol，UDP）。UDP是一种不可靠的无连接协议，它主要用于不要求分组顺序到达的传输中，分组传输顺序检查与排序由应用层完成。它被广泛地应用于那些对可靠性要求不高，但要求网络的延迟较小的场合，如语音和视频数据的传送。

传输层的任务如图1－35所示。

图1-35 传输层的任务

(4) 应用层。位于传输层之上的应用层包含所有的高层协议，为用户提供所需要的各种服务。需要指出的是，TCP/IP模型中的应用层与OSI/RM中的应用层有较大的差别，它不仅包括了会话层及上面三层的所有功能，而且还包括了应用进程本身。因此，TCP/IP模型的简洁性和实用性就体现在它不仅把网络层以下的部分留给了实际网络，而且将高层部分和应用进程结合在一起，形成了统一的应用层。到目前为止，Internet上的应用层协议有下面几种。

① 简单邮件传输协议（Simple Mail Transfer Protocol，SMTP），负责Internet中电子邮件的传递。

② 超文本传输协议（Hyper Text Transfer Protocol，HTTP），提供WWW服务。

③ 远程登录协议（Telnet），实现远程登录功能，常用的电子公告牌系统BBS使用的就是这个协议。

④ 文件传输协议（File Transfer Protocol，FTP），用于交互式文件传输，下载软件使用的就是这个协议。

⑤ 网络新闻传输协议（Network News Transfer Protocol，NNTP），为用户提供新闻订阅功能，它是网上特殊的一种功能强大的新闻工具，每个用户既是读者又是作者。

⑥ 域名系统（Domain Naming System，DNS），负责机器名字到IP地址的转换。

⑦ 简单网络管理协议（Simple Network Management Protocol，SNMP），负责网络管理。

⑧ 路由信息协议（Routing Information Protocol/Open Shortest Path First，RIP/OSPF），负责路由信息的交换。

其中，网络用户经常直接接触的协议是SMTP、HTTP、Telnet、FTP、NNTP；另外，还有许多协议是最终用户不需直接了解但又必不可少的，如DNS、SNMP、RIP/OSPF等。随着计算机网络技术的发展，还不断有新的协议加入。

应用层协议可以分为三类：一类依赖于面向连接的TCP协议；一类依赖于面向连接的UDP协议；而另一类则既可依赖于TCP协议，也可依赖于UDP协议。其中，依赖TCP协议的主要有网络终端协议、电子邮件协议、文件传输协议等；依赖UDP协议的主要有简单网络管理协议、简单邮件传输协议等；既依赖TCP协议又依赖UDP协议的主要有域名系统等。

2. 比较OSI参考模型与TCP/IP参考模型

虽然OSI参考模型和TCP/IP参考模型都采用了层次结构的概念，但是它们的差别却是很大的，不论在层次划分还是协议使用上，都有明显的不同。它们有各自的优缺点。

(1) OSI参考模型与TCP/IP参考模型的对照关系。OSI参考模型与TCP/IP参考模型都采用了层次结构，但OSI采用的是七层模型，而TCP/IP是四层结构（实际上是五层结构）。

TCP/IP参考模型的主机-网络层实际上并没有真正的定义，只是一些概念性的描述。而OSI参考模型不仅分了两层，而且每一层的功能都很详尽，甚至在数据链路层又分出一个介质访问子层，专门解决局域网的共享介质问题。

TCP/IP参考模型的网络互连层相当于OSI参考模型网络层中的无连接网络服务。

OSI参考模型与TCP/IP参考模型的传输层功能基本类似，都负责为用户提供真正的端到端的通信服务，也对高层屏蔽了底层网络的实现细节。所不同的是TCP/IP参考模型的传输层是建立在网络互连层基础之上的，而网络互连层只提供无连接的服务，所以面向连接的功能完全在TCP协议中实现，当然TCP/IP的传输层还提供无连接的服务，如UDP（User Datagram Protocol）。相反，OSI参考模型的传输层是建立在网络层基础之上的，网络层既提供面向连接的服务，又提供无连接服务，但传输层只提供面向连接的服务。

在TCP/IP参考模型中，没有会话层和表示层。事实证明，这两层的功能确实很少用到。因此，OSI中这两个层次的划分显得有些画蛇添足。

(2) OSI参考模型与TCP/IP参考模型的优缺点比较。OSI参考模型的抽象能力高，适合于描述各种网络，采取的是自上向下的设计方式，先定义了参考模型，再逐步定义各层的协议，由于定义模型的时候对某些情况预计不足，造成了协议和模型脱节的情况。而TCP/IP正好相反，它是先有了协议之后，人们为了对它进行研究分析，才制定了TCP/IP参考模型，当然这个模型与TCP/IP的各个协议吻合得很好，但不适用于描述其他非TCP/IP网络。

OSI参考模型的概念划分清晰，详细地定义了服务、接口和协议的关系，优点是概念清晰，普遍适应性好；缺点是过于繁杂，实现起来很困难，效率低。TCP/IP在服务、接口和协议的区别上不清楚，功能描述和实现细节混在一起，因此TCP/IP参考模型对采取新技术设计网络的指导意义不大，这就使它作为模型的意义逊色很多。

TCP/IP 的主机－网络层并不是真正的一层，在数据链路层和物理层的划分上基本是空白，而这两个层次的划分是十分必要的；OSI 的缺点是层次过多，事实证明会话层和表示层的划分意义不大，反而增加了复杂性。

总之，OSI 参考模型虽然一直被人们所看好，但由于没有把握好时机，技术不成熟，实现起来很困难，因而迟迟没有一个成熟的产品推出，大大影响了它的发展；相反，TCP/IP 虽然有许多不尽如人意的地方，但近三十年的实践证明它还是比较成功的，特别是近年来 Internet 的飞速发展，也使它获得了巨大的支持。

1.5 数据通信基础

1.5.1 基本概念

1. 数据通信基本概念

数据（data）是运送信息的实体。而信号（signal）则是数据电气的或电磁的表现。无论数据或信号，都既可以是模拟的也可以是数字的。通常，数据需要编码转换成电信号的形式才能从一点传到另一点。由于存在两种不同的数据类型，相应的电信号也有两种相对应的形式：模拟信号和数字信号。传播这两种不同信号的通路称做模拟信道和数字信道。

（1）信息（Information）。通信的目的是交换信息，信息的载体可以是数字、文字、语音、图形或图像。计算机产生的信息一般是字母、数字、语音、图形或图像的组合。

（2）数据。“数据”一般可以理解为“信息的数字化形式”或“数字化的信息形式”。在计算机网络系统中，数据通常被广义地理解为在网络中存储、处理和传输的二进制数字编码。

数据在信道中是以电信号的形式传送的，电信号分为“模拟信号”和“数字信号”两种，“模拟信号”是连续变化的电压或电流波形，而“数字信号”是一系列表示数字“0”或“1”的电脉冲（又称“码元”）。同模拟传输相比，数字传输的质量高，是今后数据通信的发展方向。

数据的单位有如下几种。

- 位 b（bit）：一个 0 或 1。
- 字节 B（Byte）：8 个码元。1 KB＝1 024 B；1 MB＝1 024 KB；1 GB＝1 024 MB

（3）信号。信号是数据在传输过程中电信号的表示形式。模拟信号（Analog Signal）的信号电平是连续变化的，如图 1-36 所示；而数字信号（Digital Signal）用两种不同的电平来表示 0、1 比特序列的电压脉冲信号，如图 1-37 所示。按照在传输介质上传输的信号类型，通信系统分为“模拟通信系统”与“数字通信系统”两种。

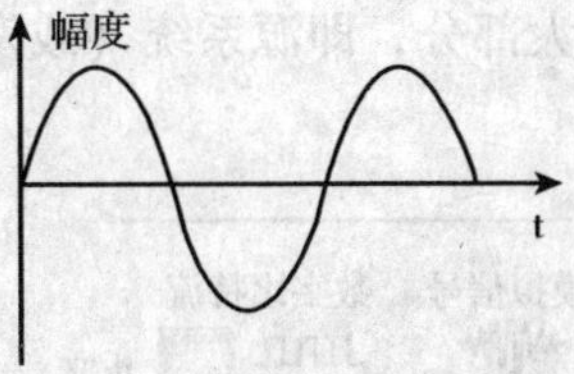

图 1-36 模拟信号波形

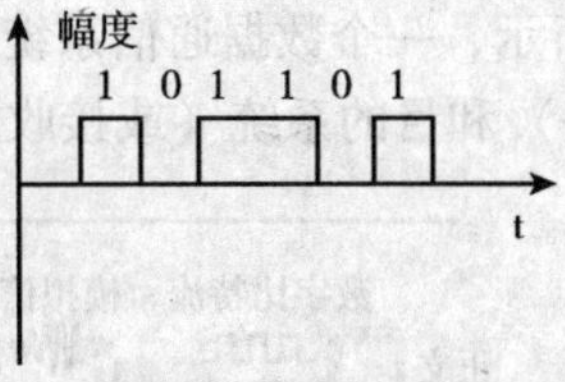

图 1-37 数字信号波形

模拟信号与数字信号可以混合应用，也可相互转化来应用。具体如图 1-38 所示。

虽然数字化已成为当今的趋势，但这并不等于说：使用数字数据和数字信号就一定是“先进的”，而使用模拟数据和模拟信号就一定是“落后的”。数据究竟应当是数字的还是模拟的，是由所产生的数据的性质决定的。例如，当我们说话时，声音大小是连续变化的，因此传送话音信息的声波就是模拟数据。但数据必须转换成信号才能在网络媒体上传输。可是有的传输媒体只适合于传送模拟信号。因此，即使数据是数字形式的，有时仍要将数字数据转换为模拟信号方能在这种媒体上传输。

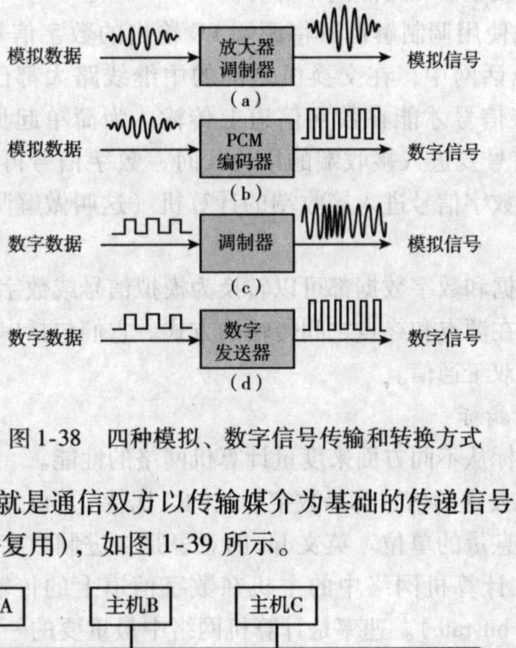

图 1-38 四种模拟、数字信号传输和转换方式

(4) 信道。“信道”就是通信双方以传输媒介为基础的传递信号的通路。一条传输媒介上可以有多条信道（多路复用），如图 1-39 所示。

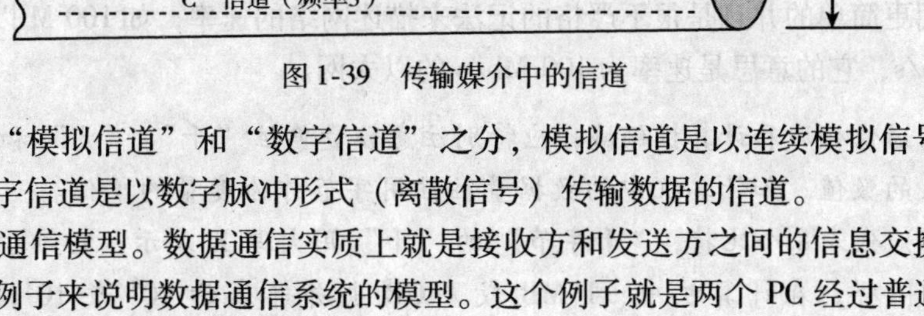

图 1-39 传输媒介中的信道

信道也有“模拟信道”和“数字信道”之分，模拟信道是以连续模拟信号形式传输数据的信道。数字信道是以数字脉冲形式（离散信号）传输数据的信道。

(5) 数据通信模型。数据通信实质上就是接收方和发送方之间的信息交换。下面通过一个最简单的例子来说明数据通信系统的模型。这个例子就是两个 PC 经过普通电话机的连线，再经过公用电话网进行通信。

如图1-40所示，一个数据通信系统可划分为三大部分，即源系统（或发送端）、传输系统（或传输网络）和目的系统（或接收端）。

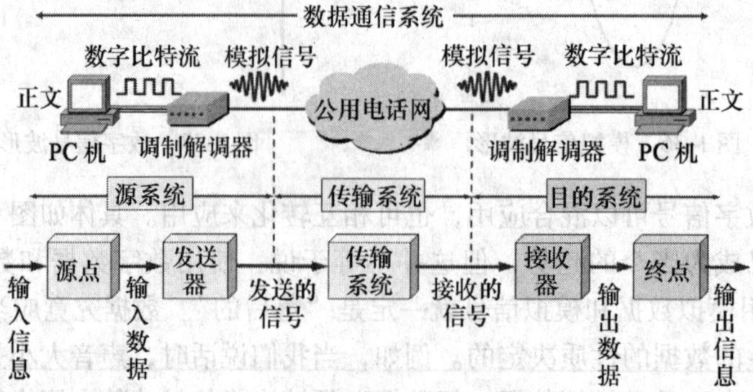

图1-40 数据通信系统的模型

源系统一般包括源点和发送器两个部分。

目的系统一般包括接收器和终点两个部分。

数据通信时，首先使用调制解调器将源端PC输出的数字信号转换为模拟信号发送至公用电话网。在公用电话网中，在交换机之间的中继线路大都已经数字化了。因此模拟信号还必须转换为数字信号才能在数字信道上传输。为简单起见，这部分信号的变化在图中没有画出。等到信号要进入接收端的用户线时，数字信号再转换为模拟信号。最后再经过调制解调器转换为数字信号进入接收端的计算机（这叫做解调），经计算机的处理，再恢复成正文。

一般来说，模拟数据和数字数据都可以转换为模拟信号或数字信号。除了上述基本通信模型外，还有几种数据在源点和终点之间传输的方式。它们包括串行和并行通信、同步、异步和等时通信及单工和双工通信。

2. 计算机网络性能指标

计算机网络性能指标从不同方面来度量计算机网络的性能。

（1）速率。计算机发送的信号都是数字形式的。比特（bit）是计算机中数据量的单位，也是信息论中使用的信息量的单位。英文bit的意思是二进制数字中的一个0或1。网络技术中的速率是指连接在计算机网络中的主机在数字信道上的传输速率，它也称为数据率（data rate）或比特率（bit rate）。速率是计算机网络中最重要的一个性能指标。速率的单位是bps（比特每秒或bit/s，有时也写为b/s，即bit per second）。当数据率较高时，就可以用kb/s（$k = 10^3$ = 千）、Mb/s（$M = 10^6$ = 兆）、Gb/s（$G = 10^9$ = 吉）或Tb/s（$T = 10^{12}$ = 太）。现在人们常用更简单的并且是很不严格的记法来描述网络的速率，如100 M以太网，而省略了单位中的b/s，它的意思是速率为100 Mb/s的以太网。

注意 在通信领域和计算机领域，应特别注意数量单位“千”、“兆”和“吉”等的英文缩写所代表的数值。如计算机中的数据量往往用字节作为度量的单位。一个字节（byte，记为大写的B）代表8个比特，“千字节”的“千”用大写K表示，它等于2^{10}，即1024，而不是10^3。同样，在计算机中，1 MB或1 GB也并非表示10^6或10^9，而是表示2^{20}（1 048 576）或2^{30}（1 073 741 824）个字节。

（2）带宽。“带宽”（bandwidth）有以下两种不同的意义。

① 带宽本来是指某个信号具有的频带宽度。信号的带宽是指该信号所包含的各种不同频率成分所占据的频率范围。例如，在传统的通信线路上传送的电话信号的标准带宽是3.1 kHz（从300 Hz到3.4 kHz，即话音的主要成分的频率范围）。这种意义的带宽的单位是赫（或千赫兹、兆赫兹、吉赫兹等）。在过去很长一段时间，通信的主干线路传送的是模拟信号（即连续变化的信号）。因此，表示通信线路允许通过的信号频带范围就称为线路的带宽（或通频带）。

② 在计算机网络中，带宽用来表示网络的通信线路所能传送数据的能力，因此网络带宽表示在单位时间内从网络中的某一点到另一点所能通过的“最高数据率”。本书中在提到“带宽”时，主要是指这个意思。这种意义的带宽的单位是“比特每秒”，记为b/s。在这种单位的前面也常常加上千（k）、兆（M）、吉（G）或太（T）这样的倍数。

“带宽”的两种表述，前者为频域称谓，而后者为时域称谓，其本质是相同的。也就是说，一条通信链路的“带宽”越宽，其所能传输的“最高数据率”也越高，所以在计算机网络环境中对带宽和数据传输速率不做严格区分。

注意 带宽和宽带的概念是有所区别的。宽带是相对的概念，并没有绝对的标准。宽带线路是指可通过较高数据率的线路。目前，对于接入到Internet的用户线来说，每秒传送几个兆比特就可以算是宽带速率。

在网络中有两种不同的速率：一是信号（即电磁波）在传输介质上的传播速率（m/s，或km/s），这个速度对于使用相同传输介质的网络是相同的；二是计算机向网络发送比特的速率（b/s），这个数值对于不同带宽的网络是有区别的，这两种速率的意义和单位完全不同。具体来说，无论在宽带链路还是窄带链路上，比特的传播速率是一样的，不同的是对于宽带线路每秒有更多比特从计算机注入到线路上。这就好比汽车在公路上运输时，如图1-41所示。宽带和窄带线路的车速一样，只是宽带线路上车距缩短。

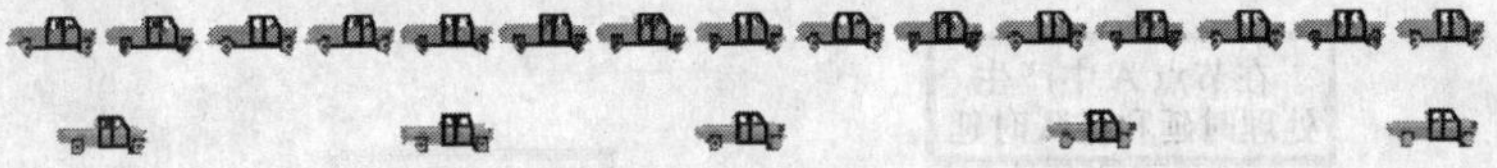

图1-41 宽带和窄带的区别

一种错误概念是认为“宽带”相当于“多车道”，实际上在通信线路上通常都采用串行传输方式（但ADSL是例外的）。

（3）吞吐量。吞吐量（throughput）表示在单位时间内通过某个网络（或信道、接口）的数据量。吞吐量更经常地用于对现实世界中的网络的一种测量，以便知道实际上到底有多少数据量能够通过网络。显然，吞吐量受网络的带宽或网络的额定速率的限制。例如，对于一个100 Mb/s的以太网，其额定速率是100 Mb/s，那么这个数值也是该以太网的吞吐量的绝对上限值。因此，对100 Mb/s的以太网，其典型的吞吐量可能也只有70 Mb/s。请注意，有时吞吐量还可用每秒传送的字节数或帧数来表示。

（4）时延。时延（delay或latency）是指数据（一个报文或分组，甚至比特）从网络（或链路）的一端传送到另一端所需的时间。时延是个很重要的性能指标，它有时也称为延迟或迟延。

需要注意的是，网络中的时延是由以下几个不同的部分组成的。

① 发送时延：发送时延（Transmission Delay）是主机或路由器发送数据帧所需要的时间，也就是从发送数据帧的第一个比特算起，到该帧的最后一个比特发送完毕所需的时间。

发送时延又称为传输时延，它的计算公式是：

发送时延 = 数据块长度 / 信道带宽

信道带宽就是数据在信道上的发送速率，它也常称为数据在信道上的传输速率。

② 传播时延：传播时延是电磁波在信道中传播一定的距离所需要花费的时间。传播时延的计算公式是：

传播时延 = 信道长度 / 电磁波在信道上的传播速率

电磁波在自由空间的传播速率是光速，即 3.0×10^5 km/s。电磁波在网络传输媒体中的传播速率比在自由空间要略低一些：在铜线电缆中的传播速率约为 2.3×10^5 km/s，在光纤中的传播速率约为 2.0×10^5 km/s。例如，1 000 km 长的光纤线路产生的传播时延大约为 5 ms。

从以上讨论可以看出，信号传输速率（即发送速率）和电磁波在信道上的传播速率是两个完全不同的概念，因此不能将发送时延和传播时延弄混。

③ 处理时延：这是数据在交换节点为存储转发而进行一些必要的处理所花费的时间。

在节点缓存队列中分组排队所经历的时延是处理时延中的重要组成部分。因此，处理时延的长短往往取决于网络中当时的通信量。当网络的通信量很大时，还会发生队列溢出，使分组丢失，这相当于处理时延为无穷大。有时可用排队时延作为处理时延。

这样，数据经历的总时延就是以上三种时延之和：

总时延 = 传播时延 + 发送时延 + 处理时延

图 1-42 画出了三种时延所产生的地方，希望读者能够更好地分清这三种时延。

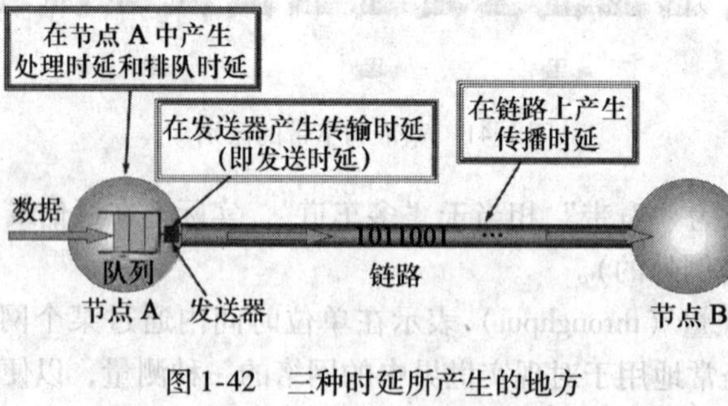

图 1-42　三种时延所产生的地方

必须强调指出，初学网络的人容易产生这样错误的概念，就是“在高速链路（或高带宽链路）上，比特应当跑得更快些”，但这是不对的。我们知道，汽车在路面质量很好的高速公路上可明显地提高行驶速率。然而对于高速网络链路，我们提高的仅仅是数据的发送速率而不是比特在链路上的传播速率。荷载信息的电磁波在通信线路上的传播速率（这是光速的数量级）与数据的发送速率并无关系。或者说，比特的传播时延与链路的带宽无关。提高链路带宽只是减小了数据的发送时延。

还有一点也应当注意，就是数据的发送速率的单位是每秒发送多少个比特，是指某个点或某个端口上的发送速率。而传播速率的单位是每秒传播多少千米，是指传输线路上比特的传播速率。因此，通常所说的“光纤信道的传输速率高”是指向光纤信道发送数据的速率可以很高，而光纤信道的传播速率实际上还要比铜线的传播速率略低一点。这是因为经过测量得知，光在光纤中的传播速率和电磁波在铜线（如5类线）中的传播速率分别为每秒20.5万km和每秒23.1万km。上述这个概念请读者务必弄清。

（5）往返时间RTT。在计算机网络中，往返时间RTT（Round-Trip Time）也是一个重要的性能指标，它表示从发送方发送数据开始，到发送方收到来自接收方的确认（接收方收到数据后便立即发送确认），总共经历的时间。在互联网中，往返时间还包括各中间节点的处理时延、排队时延及转发数据时的发送时延。

显然，往返时间与所发送的分组长度有关。发送很长的数据块的往返时间，应当比发送很短的数据块的往返时间要多些。

1.5.2 数据传输类型和传输方式

常见的数据通信种类按照通信方式分为并行通信（Parallel Communication）和串行通信（Serial Communication），其中串行通信分为同步通信和异步通信；按照通信的方向，数据通信分为单工、半双工和全双工；按照通信时对信道的使用方式，数据通信分为共享通信和点对点通信。

1. 并行通信和串行通信

信号经由信道从发送方到达接收方的过程就是数据通信方式。有两种通信方式，即并行通信和串行通信，如图1-43所示。

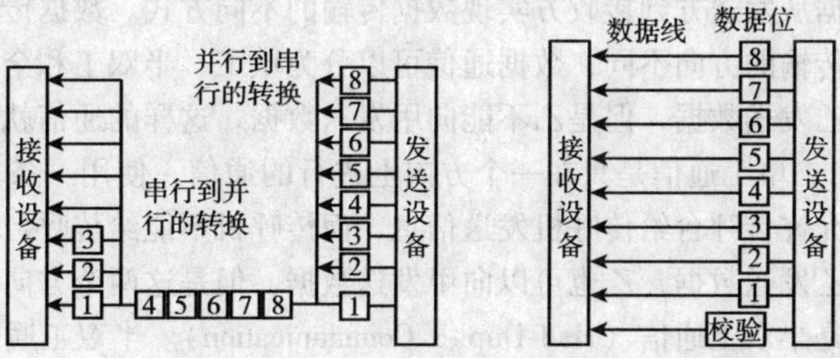

图1-43 两种通信方式

（1）并行通信是指使用独立的通信线路同时传输多组数据。即代表字符的所有比特在各个单独的信道上同时传输。与串行通信相比，并行的链路每次传输一组比特。

并行通信普遍应用于两个短距离设备之间的通信。最常见的例子是计算机和外围设备之间的通信，如计算机和打印机之间的通信。

（2）串行通信是指使用一条通信线路，依次传送多组数据。即代表数据字符的比特在单个通信信道上，以每次一个比特的方式顺次地传输。串行通信受限于线路的速度。

它具有成本低、适合长距离传输等优点。因为它每次只能发送一个比特位，显然在同等条件下其速度比并行通信慢。串行通信的线路简单，因为它只需要一根传输线。

串行通信中收到的信号代表什么数据？这就是字符格式的问题。为此需要规定每一个数据单位（例如每个字节）有多少位，各位的含义是什么，以及位数据的传送顺序等。串行通信解决上述问题有两种不同的方法，对应有两种基本通信方式——异步传输与同步传输。

2. 异步和同步传输

异步传输指数据的传送以一个字符为单位。一个字符所包含的位数可以是 8 位、7 位或 6 位、5 位，可根据具体需要来确定。根据需要还可以选择是否设置奇偶校验位，如果设置了校验位，还需选择是采用奇校验还是偶校验等。异步通信的速率在 50～19 200 波特之间，它常用于主机与 CRT 终端和字符打印机之间的通信，以及分布式控制系统中上位机与下位机之间的通信等。

同步传输方式是指把若干个要传送的数据字符顺序连接起来，组成一个数据块（通常称为一帧），在数据块的开头加上同步字符。同步字符的格式和个数可以根据需要来确定，它被接收器作为确定数据字符块的起始界限。同步传输常用于计算机之间的通信和计算机与外设之间的通信。

异步通信是以字符为单位，把每个字符看做一个独立的信息，用起始位和停止位作为字符开始和结束的标志，在每个字符起始处同步。异步通信仅要求发送器和接收器的时钟能够在一段时间内保持同步，而各个字符之间的发送间隙时间长度不受限制，因此比较容易实现，所需设备也简单。同步通信方式以数据块为单位，许多字符组成的数据块使用公共的成帧字符（同步字符及校验字符），仅在数据块的起始处同步，字符之间没有间隙，也不加起始位和停止位等成帧信号。因此，同步传送的速度高于异步传送。但同步通信要求接收器与发送器的时钟严格保持同步，不仅频率相同，而且要求相位一致，这就需要采取一系列保证措施，硬件比较复杂。

3. 单工、半双工和全双工通信

前面介绍了数据从发送方到接收方实现数据传输的不同方式。数据传输的过程有明确的方向性，根据数据传输的方向不同，数据通信可以分为单工、半双工和全双工。

如果甲可以向乙发送数据，但是乙不能向甲发送数据，这样的通信就是单工通信（Simplex Communication）。单工通信是只在一个方向上进行的通信，使用一条单方向的信道。这类似于传呼机，只允许传呼台给传呼机发送信息，而传呼机不能给传呼台发送信息。

如果甲可以向乙发送数据，乙也可以向甲发送数据，但是这两个方向的通信不能同时发生，这样的通信就是半双工通信（Half-Duplex Communication）。半双工通信是不能同时在两个方向上进行的通信，使用一条双向的信道。这类似于架线工人使用的无线步话机，一个人在说话时，另外一个人只能听。

如果甲可以向乙发送数据，乙也可以同时向甲发送数据，这样的通信就是全双工通信（Full-Duplex Communication）。全双工通信是可以同时在两个方向上进行的通信，使用两条双向的信道。这类似于用手机说话时，双方都可以说话（只是在一般情况下不会那样做而已），如图 1-44 所示。

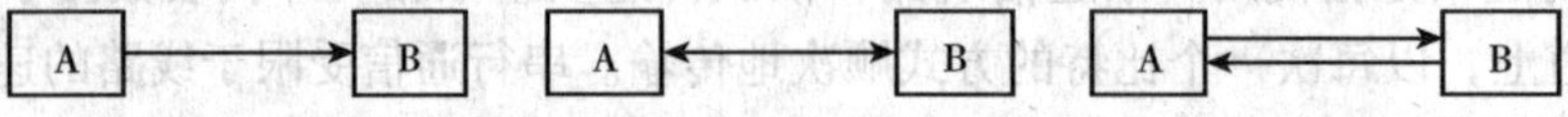

（a）单工　（b）半双工　（c）全双工

图 1-44　3 种通信方式

单工通信是最简单的，也是通信效率最低的。全双工通信是最复杂的，其通信效率最高。双向通信比较复杂，特别是在网络上。协议必须确保信息能被正确而有序地接收，并允许设备有效地进行通信。网络设备中集线器是半双工的，多数交换机都是全双工的。早期的网卡是半双工的，现在的网卡多数是全双工的。

4. 共享通信和点对点通信

网络通信都离不开传输介质。根据对传输介质的使用方式，可以把数据通信分为两类：共享通信和点对点通信。

共享通信指许多节点（多于两个）可以共享传输介质进行通信。因为多数通信都会独占整个信道，共享通信事实上就是通过一定的分配策略把传输介质分配到多个节点轮流使用，这是通过介质访问控制协议实现的。

点对点通信是指两个节点独占传输介质的通信。类似于地下铁路系统，在一条线路上的列车都是从一个始发站到同一个终点站的。这种情况下不会有冲突发生，是最高效的通信，现在的交换网络使用的都是点对点通信，如图1-45和图1-46所示。

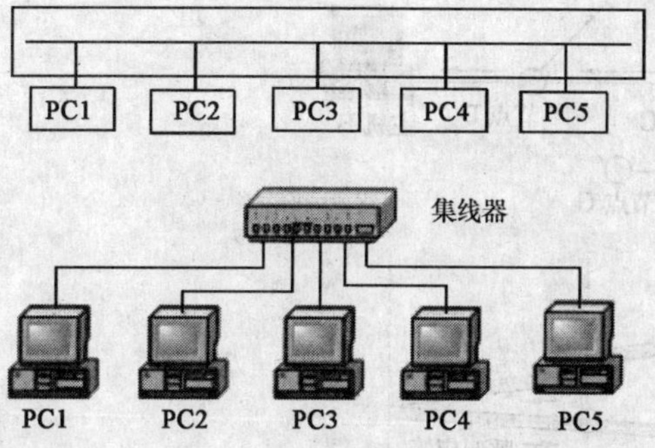

图1-45　共享通信

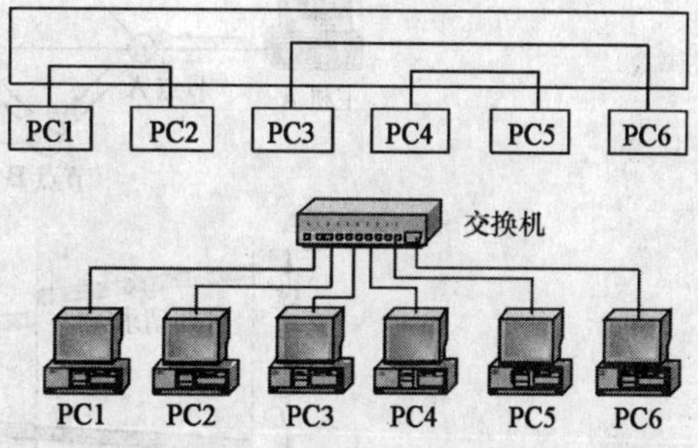

图1-46　交换网络中点对点通信

通常共享传输介质的网络，其可用带宽只是最大带宽的30%，并且网络中的节点数目越多这个值就会越小。点对点的通信要比共享通信性能好得多，其可用带宽会很接近最大带宽，可以超过90%。随着网络技术的发展和网络设备价格的下降，人们为了提高网络性能，逐渐用交换机替代集线器，用点对点通信的交换网络替代共享网络。

1.5.3　数据交换方式

数据如何通过通信子网，实现资源子网中两台连网计算机间的数据交换？在早期的广域网中，数据通过通信子网的交换方式分为两类：电路交换方式、存储转发交换方式。存储转发交换又可以分为报文存储转发交换（报文交换）和报文分组存储转发交换（分组交换）。一般把基于电路交换的网络称为电路交换网络，基于分组交换的网络称为分组交换网络。

1. 电路交换

在电路交换网络中，在进行任何数据传输之前，必须在源节点和目的节点之间建立一条专用的物理线路。而且，在传输期间，这条线路必须始终保持。公众电话系统，正式的称为公共交换电话网络（Public Switched Telephone Network，PSTN），是电路交换网络的一个很好的例子。

（1）电路交换方式的通信过程。图1-47给出了电路交换的工作原理。电路交换方式的通信过程分为三个阶段。

① 线路建立阶段。如果主机 A 要向主机 B 传输数据，首先要通过通信子网在主机 A 与主机 B 之间建立线路连接。

② 数据传输阶段。当主机 A 与主机 B 通过通信子网的物理线路连接建立后通过该连接实时、双向交换数据。

③ 线路释放阶段。在数据传输完成后，就要进入线路释放阶段。主机 A 向主机 B 发出“释放请求包”，主机 B 同意结束传输并释放线路后，向交换机 D 发送“释放应答包”，然后按交换机 C、交换机 B、交换机 A、主机 A 的次序，依次将建立的物理连接释放。至此，本次通信结束。

（2）电路交换方式的特点。电路交换的一个特色是它促进了链路的共享。但是，有一个限定。共享不能同时发生，因为在某个特定传输期间，通信信道为特定的发送者—接收者对独占。

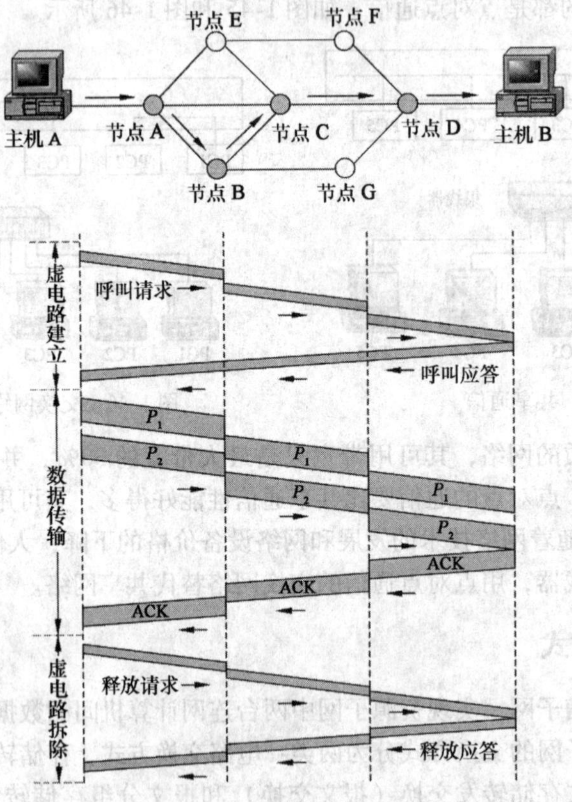

图 1-47　电路交换的工作原理

电路交换方式的优点是：通信实时性强，适用于交互式会话类通信。电路交换方式的缺点是：对突发性通信不适应，系统效率低；系统不具有存储数据的能力，不能平滑交通量；系统不具备差错控制能力，无法发现与纠正传输过程中发生的数据差错。在进行电路交换方式研究的基础上，人们提出了存储转发交换方式。

2. 存储转发交换方式

（1）存储转发的基本概念。存储转发交换（store and forward exchanging）是指发送的数据与目的地址、源地址、控制信息按照一定格式组成一个数据单元（报文或报文分组）进入通信子网；通信子网中的节点是通信控制处理机，它负责完成数据单元的接收、差错校验、存储、路选和转发功能。

存储转发方式的优点主要有以下几点。

- 由于通信子网中的通信控制处理机可以存储报文（或报文分组），因此多个报文（或报文分组）可以共享通信信道，线路利用率高。
- 通信子网中通信控制处理机具有路选功能，可以动态选择报文（或报文分组）通过通信子网的最佳路径，同时可以平滑通信量，提高系统效率。
- 报文（或报文分组）在通过通信子网中的每个通信控制处理机时，均要进行差错检查与纠错处理，因此可以减少传输错误，提高系统可靠性。
- 通过通信控制处理机，可以对不同通信速率的线路进行速率转换，也可以对不同的数据代码格式进行变换。

正是由于存储转发交换方式有以上明显的优点，因此，它在计算机网络中得到了广泛的使用。

（2）存储转发的分类。存储转发交换方式可以分为两类：报文交换（message exchanging）与报文分组交换（packet exchanging）。因此，在利用存储转发交换原理传送数据时，被传送的数据单元相应地可以分为两类：报文（message）与报文分组（packet）。

如果在发送数据时，不管发送数据的长度是多少，都把它当做一个逻辑单元，那么就可以在发送的数据上加上目的地址、源地址与控制信息，按一定的格式打包后组成一个报文。另一种方法是限制数据的最大长度，典型的最大长度是 1 000 或几千比特。发送站将一个长报文分成多个报文分组，接收站再将多个报文分组按顺序重新组织成一个长报文。报文分组通常也被称为分组。报文与报文分组结构的区别如图 1-48 所示。

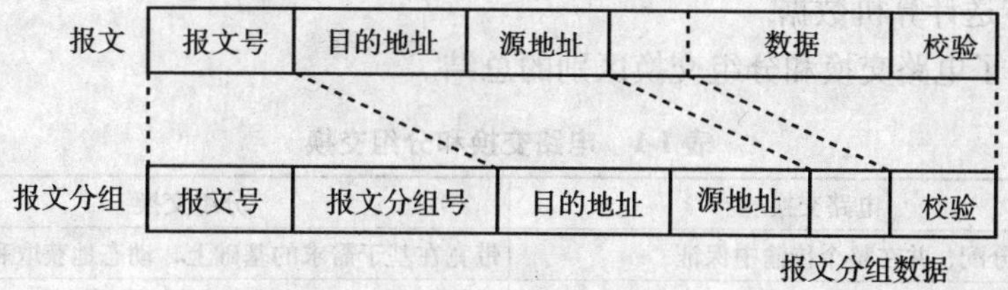

图 1-48 报文与报文分组

由于分组长度较短，在传输出错时，检错容易并且重发花费的时间较少，这就有利于提高存储转发节点的存储空间利用率与传输效率，因此成为当今公用数据交换网中主要的交换技术。

① 分组交换。在分组交换网络（packet-switched network）中，不是为每个点到点通信使用专用的物理线路，节点之间通过虚电路共享通信信道。

在分组交换网络中，消息被分割成更小的称为分组的信息，分组可能包括只有几百字节的数据及附带的寻址信息和序列号。分组表示能在特定网络中传输的最小的数据单元。图 1-49 表达的是把一个报文划分为几个分组的概念。通常把要发送的整块数据称为一个报文（message）。在发送报文之前，先把较长的报文划分成为一个个更小的等长数据段，例如，每个数据段为 1 024 b。在每一个数据段前面，加上一些必要的控制信息组成首部（header）

后，就构成了一个分组（packet）。分组又称为“包”，而分组的首部也可称为“包头”。分组是在Internet中传送的数据单元。分组中的“首部”是非常重要的，正是由于分组的首部包含了诸如目的地址和源地址等重要控制信息，每一个分组才能在Internet中独立地选择传输路径。

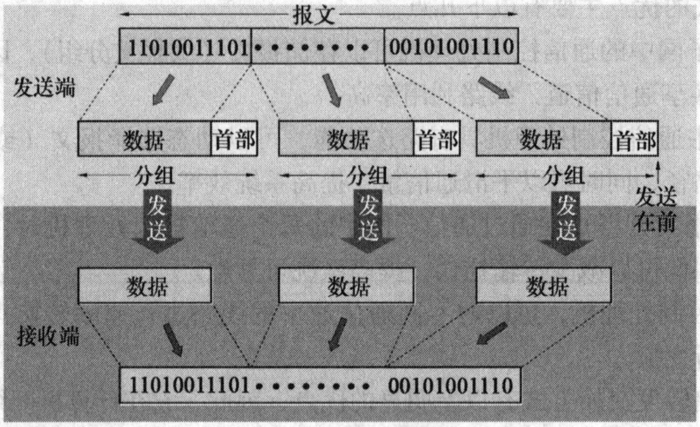

图1-49　分组的概念

分组交换在传送数据之前不必先占用一条端到端的通信资源。分组在那段链路上传送才占用这段链路的通信资源。分组到达一个路由器后，先暂时存储下来，查找转发表，然后从另一条合适的链路转发出去。分组在传输时就这样一段段地断续占用通信资源，而且还省去了建立连接和释放连接的开销，因而数据的传输效率更高。

为了提高分组交换网的可靠性，Internet的核心部分常采用网状拓扑结构，使得当发生网络拥塞或少数节点、链路出现故障时，路由器可灵活地改变转发路由而不致引起通信的中断或全网的瘫痪。此外，通信网络的主干线路往往由一些高速链路构成，这样就可以较高的数据率迅速地传送计算机数据。

表1-1给出了电路交换和分组交换区别的总结。

表1-1　电路交换和分组交换

电路交换	分组交换
带宽事先分配，并在整个传输中保证	带宽在基于需求的基础上，动态地获取和释放
一旦电路建立，电路的全部容量都可以使用，且电路的容量不因其他网络活动而减少	使用虚电路，节点间可在相同的物理信道上发生几个通信
电路费用独立于传输的数据量，因浪费了未用的带宽	当分组交换网络因过多的业务量而超载时，将引入延时和拥塞
	分组交换网络比电路交换网络更节约费用，并提供更好的性能

分组交换技术在实际应用中，又可以分为以下两类：数据报方式（DataGram，DG）和虚电路方式（Virtual Circuit，VC）。

- 数据报方式。数据报是报文分组存储转发的一种形式。与电路交换方式相比，在数据报方式中，分组传送之间不需要预先在源主机与目的主机之间建立“线路连接”。源主机所发送的每一个分组都可以独立地选择一条传输路径。每个分组在通信子网中可能是通过不同的传输路径，从源主机到达目的主机。典型的数据报方式的工作过程如图1-50所示。

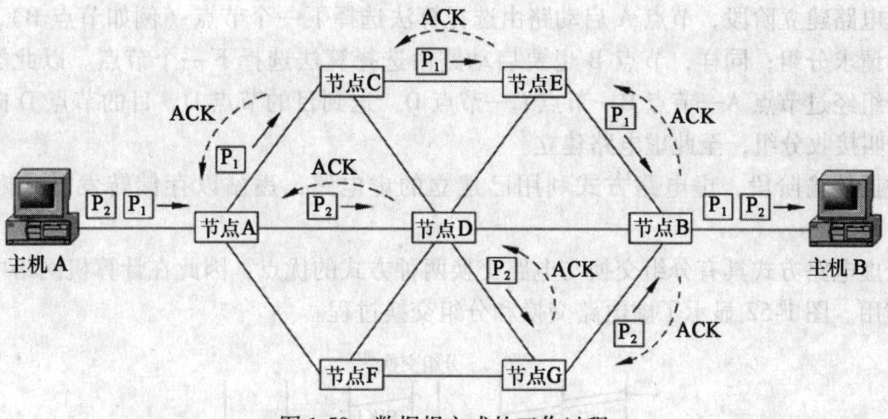

图 1-50 数据报方式的工作过程

源主机 A 将报文 M 分成多个分组 P_1，P_2，…，P_n，依次发送到与其直接连接的通信子网的通信控制处理机 A（即节点 A）。

节点 A 接收到分组 P_1，P_2，…，P_n 后，要为每个分组进入通信子网的下一节点启动路由算法。由于网络通信状态是不断变化的，因此同一报文的不同分组通过子网的路径可能是不同的。

报文分组通过通信子网中多个节点存储转发，最终正确地到达目的主机 B。

- 虚电路方式。虚电路方式试图将数据报方式与电路交换方式结合起来，发挥两种方法的优点，达到最佳的数据交换效果。虚电路方式在分组发送之前，需要在发送方和接收方建立一条逻辑连接的虚电路。典型的虚电路方式的工作过程如图 1-51 所示。

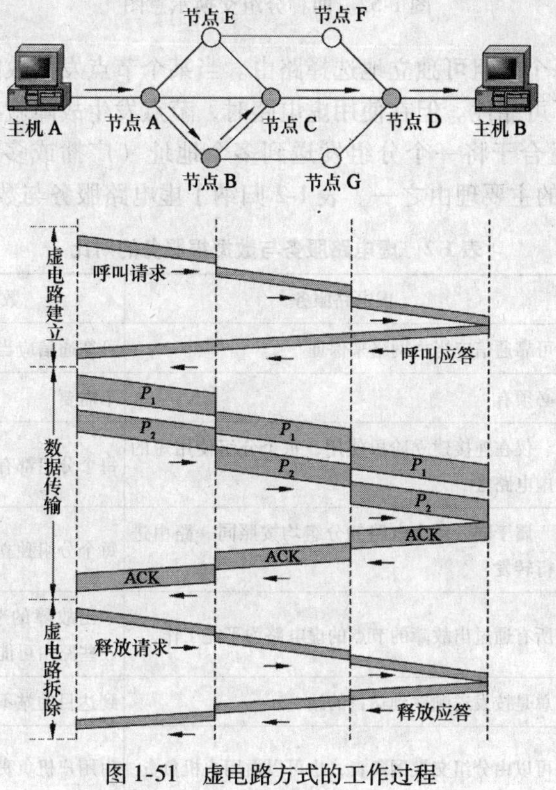

图 1-51 虚电路方式的工作过程

在虚电路建立阶段，节点 A 启动路由选择算法选择下一个节点（例如节点 B），向点 B 发送呼叫请求分组；同样，节点 B 也要启动路由选择算法选择下一个节点。以此类推，呼叫请求分组经过节点 A—节点 B—节点 C—节点 D，送到目的节点 D。目的节点 D 向源节点 A 发送呼叫接收分组，至此虚电路建立。

在数据传输阶段，虚电路方式利用已建立的虚电路，逐站以存储转发方式顺序传送分组。

由于虚电路方式具有分组交换与电路交换两种方式的优点，因此在计算机网络中得到了广泛的应用。图 1-52 显示了虚电路交换和分组交换过程。

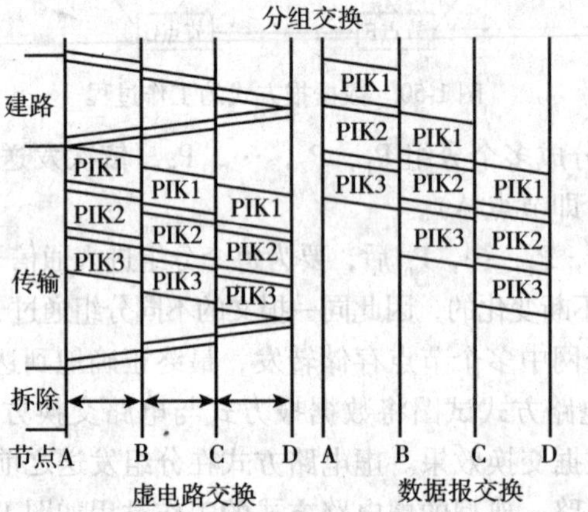

图 1-52 两种分组交换示意图

数据报服务中的每个分组可独立地选择路由。当某个节点发生故障时，后续的分组就可另选路由，因而提高了可靠性。但在使用虚电路时，节点发生故障就必须重新建立另一条虚电路。数据报服务也适合于将一个分组发送到多个地址（广播或多播）。这一点正是当初 ARPANET 选择数据报的主要理由之一。表 1-2 归纳了虚电路服务与数据报服务的主要区别。

表 1-2 虚电路服务与数据报服务的对比

对比的方面	虚电路服务	数据报服务
思　路	可靠通信应当由网络来保证	可靠通信应当由用户主机来保证
连接的建立	必须有	不需要
目的站地址	仅在连接建立阶段使用，每个分组使用短的虚电路号	每个分组都有目的站的全地址
分组的转发	属于同一条虚电路的分组均按照同一路由进行转发	每个分组独立选择路由进行转发
当节点出故障时	所有通过出故障的节点的虚电路均不能工作	出故障的节点可能丢失分组，一些路由可能会发生变化
分组的顺序	总是按发送顺序到达目的站	到达目的站不一定按发送顺序
端到端的差错处理和流量控制	可以由分组交换网负责，也可以由用户机负责	由用户机负责

从本质上讲，这种断续分配传输带宽的存储转发原理并非是完全新的概念。自古就有的邮政通信，就其本质来说也是属于存储转发方式。而在20世纪40年代，电报通信也采用了基于存储转发原理的报文交换（message switching）。在报文交换中心，一份份电报被接收下来，并穿成纸带。操作员以每份报文为单位，撕下纸带，根据报文的目的站地址，拿到相应的发报机转发出去。这种报文交换的时延较长，从几分钟到几小时不等。现在的报文交换已经很少人使用了。分组交换虽然也采用了存储转发原理，但由于使用了计算机进行处理，这就使分组的转发非常迅速。

② 报文交换。报文交换方式的数据传输单位是报文，报文就是站点一次性要发送的数据块，其长度不限且可变。当一个站要发送报文时，它将一个目的地址附加到报文上，网络节点根据报文上的目的地址信息，把报文发送到下一个节点，一直逐个节点地转送到目的节点。

每个节点在收到整个报文并检查无误后，就暂存这个报文，然后利用路由信息找出下一个节点的地址，再把整个报文传送给下一个节点。因此，端与端之间无须先通过呼叫建立连接。一个报文在每个节点的延迟时间，等于接收报文所需的时间加上向下一个节点转发所需的排队延迟时间之和。

图1-53表示电路交换、报文交换和分组交换的主要区别。图中A和D分别是源点和终点，而B和C是在A和D之间的中间节点。$P_1 \sim P_4$表示四个分组。

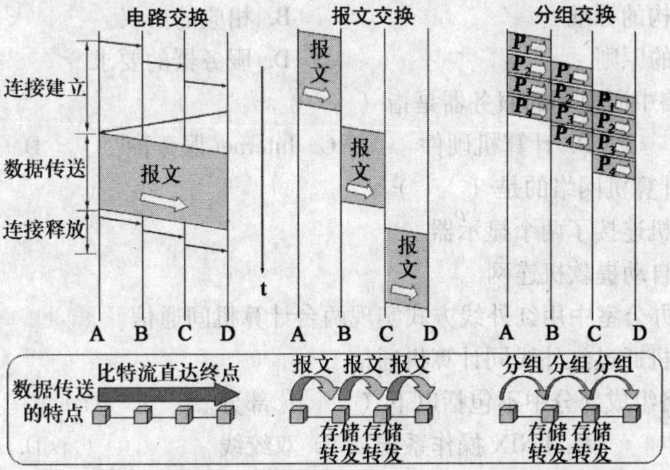

图1-53　三种交换的比较：电路交换；报文交换；分组交换

● 电路交换：整个报文的比特流连续地从源点直达终点，好像在一个管道中传送。

● 报文交换：整个报文先传送到相邻节点，全部存储下来后查找转发表，转发到下一个节点。

● 分组交换：单个分组（整个报文的一部分）传送到相邻节点，存储下来后查找转发表，转发到下一个节点。

从图1-53可看出，若要连续传送大量的数据，且其传送时间远大于连接建立时间，则电路交换的传输速率较快。报文交换和分组交换不需要预先分配传输带宽，在传送突发数据时可提高整个网络的信道利用率。由于一个分组的长度往往远小于整个报文的长度，因此分组交换比报文交换的时延小，同时也具有更好的灵活性。

习题

一、填空题

1. 计算机网络的发展和演变可概括为________、________、________和下一代网络体系结构四个阶段。

2. 在数据通信过程中进行数据传输时，有串行传输和________两种方式。其中串行数据通信又有三种不同方式，即单工、________和________。

3. 常用的网络操作系统有________、________和________。

4. 计算机网络采用了多种通信介质，如________、________、同轴电缆和无线通信通道。

5. 按交换方式来分类，计算机网络可分为报文交换网、电路交换网和________。

二、选择题

1. 计算机网络中的计算机是（　　）。
   A. 台式计算机　　B. 相互独立的计算机
   C. 自治的计算机　　D. 开关机会影响其他计算机的计算机

2. 计算机在连网时，必须遵守（　　）。
   A. 总线结构的标准　　B. 相应的协议
   C. 高效率的原则　　D. 服务器的要求

3. 计算机网络中所提到的服务器是指（　　）。
   A. 计算机　　B. 计算机硬件　　C. Internet 服务商　　D. 通信协议

4. 下面属于计算机网络的是（　　）。
   A. 一台主机连接了两个显示器
   B. 银行的自动提款机连网
   C. 在一间办公室中用红外线方式实现两台计算机间通信
   D. 一部手机通过红外线同计算机通信

5. 计算机网络组成部分中不包括以下（　　）部分。
   A 路由器　　B. UNIX 操作系统　　C. 双绞线　　D. office 软件

6. 从逻辑上计算机网络的基本结构是（　　）。
   A. 逻辑子网和通信子网　　B. 中心网络和边缘网络
   C. 电信子网和用户子网　　D. 逻辑子网和电信子网

7. 以下（　　）包括了 OSI（开放系统互联）模型的各个层次。
   A. 物理层、数据链路层、网络层、运输层、会话层、表示层和应用层
   B. 物理层、数据链路层、网络层、系统层、运输层、表示层和应用层
   C. 物理层、数据链路层、网络层、转换层、会话层、表示层和应用层
   D. 物理层、数据链路层、连接层、运输层、会话层、表达层和应用层

8. 在局域网中，由于距离近及数字电路器件价格的下降，所以更具优越性的传输技术是（　　）。

A. 模拟传输　　B. 数字传输
C. 模拟－数字混合传输　　D. 以上均不对

9. 在 TCP/IP 体系结构中，TCP 和 IP 所提供的服务层次分别为（　　）。
A. 应用层和运输层　　B. 运输层和网络层
C. 网络层和链路层　　D. 链路层和物理层

10. 若网络形状是由节点和连接节点的链路组成的一个闭合环，则称这种拓扑结构为（　　）。
A. 星状拓扑　B. 总线拓扑　C. 环状拓扑　D. 树状拓扑

11. 在下列给出的协议中，（　　）是 TCP/IP 的应用层协议。
A. TCP　B. ARP　C. FTP　D. IP

12. 采用全双工通信方式，数据传输的方向为（　　）。
A. 可以在两个方向上同时传输
B. 只能在一个方向上传输
C. 可以在两个方向上传输，但不能同时进行
D. 以上均不对

13. 计算机网络按其覆盖的范围，可划分为（　　）。
A. 以太网和移动通信网　　B. 电路交换网和分组交换网
C. 局域网、城域网和广域网　　D. 星状结构、环状结构和总线状结构

14. 计算机网络的目标是实现（　　）。
A. 数据处理　　B. 文献检索
C. 资源共享和信息传输　　D. 信息传输

15. 下列不属于网络拓扑结构形式的是（　　）。
A. 星状　B. 环状　C. 总线　D. 分支

16. （　　）是指在有限地理范围（例如一幢大楼、一个单位或部门）内，将各种计算机与外设互连起来的网络。
A. 广域网　B. 城域网　C. 局域网　D. 公用数据网

17. 网络层主要任务是为分组通过通信子网选择适当的（　　）。
A. 传输路径　B. 传输协议　C. 传送速率　D. 目的节点

18. 以下关于网络体系结构的描述中，错误的是（　　）。
A. 网络体系结构是抽象的，而实现是具体的
B. 层次结构的各层之间相对独立
C. 网络体系结构对实现所规定功能的硬件和软件有明确的定义
D. 当任何一层发生变化时，只要接口保持不变，其他各层均不受影响

19. TCP/IP 参考模型中，网络接口层与 OSI 参考模型中的（　　）相对应。
A. 物理层与数据链路层　　B. 网络层
C. 传输层与会话层　　D. 应用层

20. 以下关于 TCP/IP 协议的描述中，错误的是（　　）。
A. TCP/IP 传输层定义了 TCP 和 UDP 两种协议
B. TCP 协议是一种面向连接的协议

C. UDP 协议是一种面向无连接的协议
D. UDP 协议与 TCP 协议都能够支持可靠的字节流传输

21. 以下关于计算机网络特征的描述中，(　　) 是错误的。
A. 计算机网络建立的主要目的是实现计算机资源的共享
B. 网络用户可以调用网中多台计算机共同完成某项任务
C. 连网计算机既可以连网工作也可以脱网工作
D. 连网计算机必须使用统一的操作系统

22. IP 服务不具有以下特点（　　）。
A. 不可靠　　B. 面向无连接　　C. 服务质量保证　　D. 尽最大努力

23. 以下关于 OSI 参考模型的描述中，说法错误的是（　　）。
A. OSI 参考模型定义了开放系统的层次结构
B. OSI 参考模型定义了各层所包括的可能的服务
C. OSI 参考模型定义了各层接口的实现方法
D. OSI 参考模型作为一个框架协调组织各层协议的制定

24. 传输速率的单位是 bps，表示（　　）。
A. 帧/秒　　B. 文件/秒　　C. 位/秒　　D. 米/秒

25. 在 OSI 模型中，第 N 层和其上的 N+1 层的关系是（　　）。
A. N 层为 N+1 层提供服务
B. N+1 层将从 N 层接收的信息增加了一个头
C. N 层利用 N+1 层提供的服务
D. N 层对 N+1 层没有任何作用

26. 一个局域网，其网络硬件主要包括服务器、工作站、网卡和（　　）等。
A. 计算机　　B. 网络协议　　C. 传输介质　　D. 网络操作系统

27. 在不同的网络之间实现分组的存储和转发，并在网络层提供协议转换的网络互连设备称为（　　）。
A. 转接器　　B. 路由器　　C. 网桥　　D. 中继器

28. 以下关于网络操作系统的描述中，说法错误的是（　　）。
A. 屏蔽本地资源和网络资源之间的差异
B. 具有硬件独立特性，支持多平台
C. 提供文件服务和打印管理
D. 客户和服务器的软件可以互换

29. 计算机网络拓扑主要是指（　　）。
A. 主机之间连接的结构　　B. 通信子网节点之间连接的结构
C. 通信线路之间连接的结构　　D. 资源子网节点之间连接的结构

30. 目前网络传输介质中传输速率最高的是（　　）。
A. 双绞线　　B. 同轴电缆　　C. 光缆　　D. 电话线

三、简答题

1. 计算机网络的定义是什么？
2. 计算机网络的发展阶段是如何进行划分的？

3. 计算机网络的基本结构是什么样的？

4. 计算机网络的基本组成包括哪些部分？

5. 计算机网络的类型是如何进行划分的？

6. 计算机网络的体系结构是如何进行定义的？OSI体系结构包括几个部分？各部分的基本功能是什么？

7. TCP/IP参考模型与OSI参考模型的区别和联系有哪些？

8. 计算机网络的性能指标有哪些？各自是如何进行定义的？

9. 数据传输类型和传输方式有哪些？

10. 计算机网络的数据交换方式有几种？各自的特点是什么？

四、实验

1. 网络环境和设备的认知。了解网络实验室中的各种网络组成的硬件设备、软件系统，校园网的拓扑结构。

2. 网卡的安装、网线的制作。掌握台式机网卡的安装过程，使用工具完成网线的制作和测试。

第2章 Internet 技术基础

2.1 Internet 的综述

Internet 是一个以 TCP/IP 网络协议连接各个国家、各个地区、各个机构的计算机网络的数据通信网。

Internet 的前身是 ARPANET，它是由美国国防部的高级研究计划局（ARPA）资助的，其核心技术是分组交换技术。现在的 Internet 就是在 ARPANET 的基础上经过不断发展变化而形成的。1969 年，美国国防部国防高级研究计划署资助建立了一个名为 ARPANET（即"阿帕网"）的网络，这个网络把位于洛杉矶的加利福尼亚大学、位于圣芭芭拉的加利福尼亚大学、斯坦福大学，以及位于盐湖城的犹他州州立大学的计算机主机连接起来，位于各个节点的大型计算机采用分组交换技术，通过专门的通信交换机（IMP）和专门的通信线路相互连接。这个 ARPANET（阿帕网）就是 Internet 的雏形。

最初的 Internet 用户一般只限于教育和学术研究领域，其目的是从事教育和科学研究而不是谋求利润。到 20 世纪 90 年代初期，Internet 上的商业活动开始缓慢发展。1991 年，美国成立了商业网络交换协会，允许在 Internet 上不加限制地发布商业信息，各个公司也逐渐意识到 Internet 在信息传播、产品推销和电子商贸等方面的价值，于是 Internet 上的商业应用便迅速发展起来，其用户数量已经超出学术研究用户的一倍。随着 Internet 规模的扩大、用户增加、应用发展和技术更新，使得 Internet 几乎深入到社会生活的每个角落，成为一种全新的工作、学习与生活方式。

随着计算机网络的不断发展，各种类型网络相继诞生，在 Internet 形成后，它们相继并入其中，成为 Internet 的一个组成部分。由此逐渐形成了全世界的各种网络的大集合，形成了今天的 Internet。

2.1.1 Internet 的主要功能

1. 网络信息服务

网络信息服务主要指信息查询服务和建立信息资源服务。信息资源是 Internet 上最核心的内容。Internet 上集中了全球的信息资源，是存储和发布信息的地方，也是人们查询信息的场所。

2. 电子邮件服务（E-mail）

电子邮件又称电子信箱，是 Internet 的一项基本功能。通过用户的信箱地址，人们可在互联网上快速、简便、廉价地交换电子邮件。

3. 文件传输（FTP）

文件传输也是 Internet 的基本功能之一。FTP 可在 Internet 上传输任何类型的文档，例如文本文件、二进制文件、图像文件、声音文件和数据压缩文档等。

4. 远程登录服务（Telnet）

Internet 用户可使用 Telnet 命令使自己的计算机进入远程主机系统上。用户使用 Telnet 命令与远程主机建立连接后，就可像直接在远程主机上操作一样，使用远程主机的资源和应用程序。

5. 电子公告板（BBS）

电子公告栏是 Internet 上的一种电子信息服务系统。它提供一块公共电子白板，可按不同的主题形成多个布告栏，每个用户都可在上面发布信息并提出自己的观点。

6. 新闻组（Usenet）

新闻组是针对某个主题的邮件组，可使趣味相投的人们通过电子邮件讨论共同关心的问题。当加入某个新闻组后，可浏览新闻组中的文章，回复别人的文章，也可发布自己的文章。

7. 电子商务

电子商务（Electronic Commerce/Electronic Business，EC/EB）的概念有广义和狭义之分。狭义的电子商务主要是指利用 Internet 进行的商务活动。电子商务系统作为一种新型的商务形式具有商务性、低成本、电子化、服务性、集成性、可扩展性、安全性等特征。

8. WWW（World Wide Web）的浏览和访问服务

WWW，也被称为 Web，其中文译名为万维网或环球网。WWW 的创建巧妙地解决了 Internet 上信息传递的问题。它提供了一种交互式的查询方式，通过超文本链接功能将文本、图像、声音和其他 Internet 上的资源紧密地结合起来，并显示在浏览器上。

9. 网上电话

用户可在 Internet 上打长途电话，费用比一般的长途电话要少得多。在使用前，用户需要正确安装声卡、音箱、麦克风并运行相应软件（如 IP Phone）。利用 Internet，用户还可收发传真，在高速宽带的网络环境下收看广播视频节目等。

10. 网络视频会议

人们可以使用各种软件，如 NetMeeting 等，实现实时网络电视会议。

11. 网络游戏

通过 Internet 网络，人们可以连接到世界上任何一个游戏网站，使得网络上的游戏迷之间通过网络大过游戏之瘾。

Internet 上还提供了网上的即时通信、地图、天气预报、购物商城、交易、远程教学……，总之，Internet 提供的各种服务是与人们生活密切相关的。

2.1.2　Internet 的基本结构

1. Internet 的基本结构

Internet 连入了分布在世界各地的计算机，按照“全球统一”的规则为每台计算机命名，通过“全球统一”的协议来协调计算机之间的通信。TCP/IP 为任何一台计算机连入 Internet 提供了技术上的保障，任何人、任何团体都可以加入到 Internet 中。

从Internet结构的角度来看，它是一个使用路由器将分布在世界各地的、数以万计的、规模不一的计算机网络互连起来的网际网。图2-1所示是Internet的逻辑结构，从逻辑上看，Internet由逻辑子网和通信子网构成。而从Internet使用者的角度来看，Internet是由大量计算机连接在一个巨大的通信系统平台上，进而形成的一个全球范围的信息资源网。接入Internet的主机既可以是信息资源和服务的使用者，也可以是信息资源和服务的提供者。Internet的使用者不必关心Internet的内部结构，他们面对的只是Internet所提供的信息资源和服务。

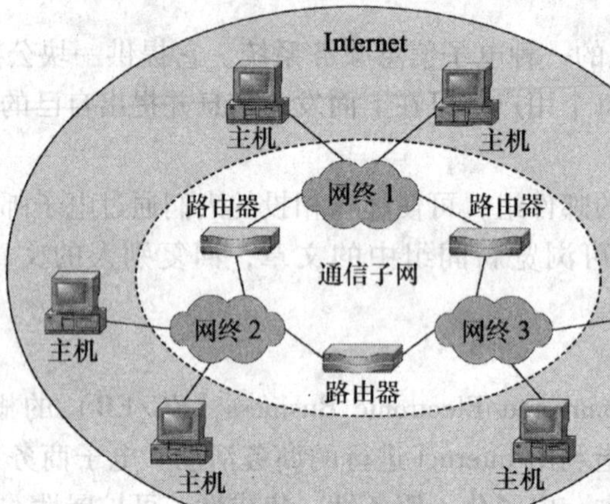

图2-1 Internet的逻辑结构

图2-2只能说是给出了Internet理想的和概念性的网络结构示意图，包括主干网、地区主干网、企业或校园网和各种局域网及其终端用户。

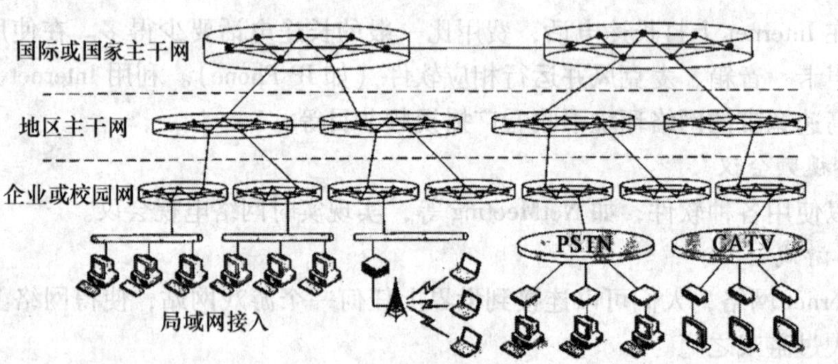

图2-2 Internet 网络基本结构

2. Internet的组成

Internet的拓扑结构虽然非常复杂，并且在地理上覆盖了全球，但从其工作方式上看，可以分为Internet边缘部分和核心部分两大块。图2-3给出了这两部分的示意图。

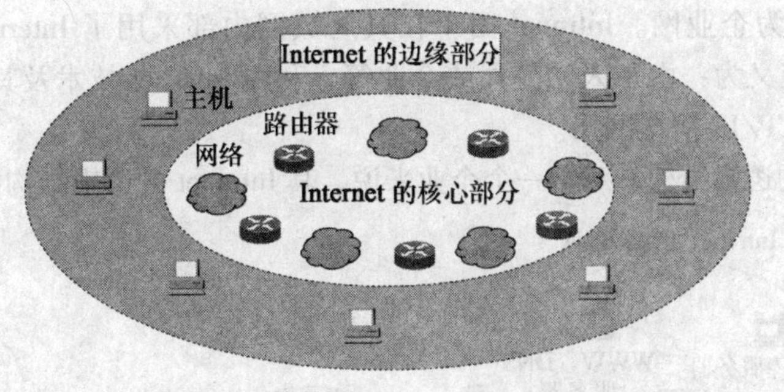

图 2-3　Internet 的边缘部分与核心部分

Internet 边缘部分由所有链接在 Internet 上的主机组成，这些主机又称为端系统（end system），“端”就是“末端”的意思（即 Internet 的末端）。这部分是用户直接使用的。

边缘部分利用核心部分所提供的服务，使众多主机之间能够互相通信并交换或共享信息。

Internet 核心部分由大量网络和连接这些网络的路由器组成。这部分是为边缘部分提供服务的（提供连通性和交换）。

（1）通信线路。通信线路是 Internet 的基础设施，它负责将 Internet 中的路由器与主机连接起来。Internet 中的通信线路可以分为两类：有线通信线路与无线通信信道。通信线路的最大传输速率与它的带宽成正比。通信线路的带宽越宽，它的传输速率也就越高。

（2）路由器。路由器是 Internet 中最重要的连接设备之一，它负责将 Internet 中的各个局域网或广域网连接起来。当数据从一个网络传输到路由器时，它需要根据数据所要到达的目的地址，通过路径选择算法为数据选择一条最佳的输出路径。如果路由器选择的输出路径比较拥挤，路由器负责管理数据传输的等待队列。当数据从源主机发出后，往往需要经过多个路由器的转发，经过多个网络才能够到达目的主机。

（3）主机。主机是 Internet 中不可缺少的成员，它是信息资源与服务的载体。Internet 中的主机既可以是大型计算机，也可以是普通的微型机或便携机。按照在 Internet 中的用途，主机可以分为两类：服务器与客户机。服务器是信息资源与服务的提供者，它一般是性能比较高、存储容量比较大的计算机。客户机是信息资源与服务的使用者，它可以是普通的微型机或便携机。

（4）信息资源。信息资源是用户最关心的问题，它会影响 Internet 受欢迎的程度。

在 Internet 中存在着很多类型的信息资源，例如，文本、图像、声音与视频等多种信息类型，并涉及社会生活的各个方面。通过 Internet 可以查找科技资料、获得商业信息、下载流行音乐、参与连机游戏或收看网上直播等。

2.1.3 Intranet 与 Internet

Intranet 是使用 Internet 技术的企业内部信息网络，很多用户都是通过自己单位的 Intranet 来接入和使用 Internet 资源与服务的。此外，很多企业还将自己的产品和资源信息发布到 Internet 上，因此 Intranet 与 Internet 是密切相关的。

1. Intranet 的概念

（1）Intranet 的定义。Intranet 通称为企业内联网，又称企业内部网，虽然它并非只用于企业，但却被简称为企业网。Intranet 由于在其局域网内部采用了 Internet 技术而得名。因此，Intranet 可以定义为：由私人、公司或企业等，利用 Internet 技术及其通信标准和工具建立的企业内部的 TCP/IP 信息网络。

（2）Intranet 的逻辑结构。对于一个企业来说，其 Intranet 的逻辑结构如图 2-4 所示。

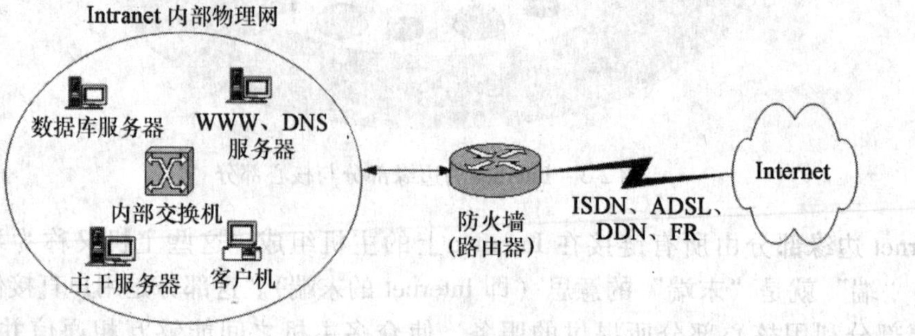

图 2-4　Intranet 的逻辑结构

（3）Intranet 的技术。一般来说，Intranet 都要连入 Internet，有一些 Intranet 虽然没有连入 Internet，同样使用了 Internet 的通信标准、工具和技术。例如，某公司组建的内部网络与 Internet 一样都使用了 TCP/IP 协议，安装了 WWW（Web）服务器，用于内部员工发布公司业务通信、销售图表及其他的公共文档，但公司员工使用 Web 浏览器也可以访问其他员工发布的信息，这样的网络也称为 Intranet。Intranet 的基本技术特点包括以下几个方面。

① Intranet 是把 Internet 技术应用于企业内部管理的网络。

② Intranet 提供了几项基本的服务：文件共享、目录查询服务、打印共享管理、用户管理、电子邮件和网络管理。

③ Intranet 具备了 Internet 的开放性和灵活性，它在服务于内部信息网络的同时，还可以对外开放部分信息。

④ Intranet 一般具有安全防范措施。例如，企业内部的信息一般分为两类，一类是供企业内部使用的保密信息；另一类是向社会开放的公开信息，如产品广告和销售信息等。为了保证企业内部信息及网络的安全性，通常需要使用防火墙等安全设备。

2. Internet 和 Intranet 的关系

（1）Internet 和 Intranet 的联系。Intranet 是利用 Internet 技术组建的企业内部网络，Intranet 要与 Internet 互连才能更好地发挥作用，才能成为开放的计算机信息网络。Intranet 所使用的主要技术与 Internet 一致。因而，Intranet用户可以方便地访问 Internet 上提供的各种服务和资源；同时 Internet 用户也可以方便地访问 Intranet 上允许访问的各种资源。

总之，二者使用了相同的技术和应用方式，Intranet 只有通过与 Internet 互连才能更加充分地发挥自身的作用。

（2）Internet 和 Intranet 的区别。Intranet 是属于某个企事业单位部门自己组建的内部计算机信息网络，而 Internet 是一种面向全世界用户开放的不属于任何部门所有的公共信息网络，这是两者在功能上的主要区别之一。

Internet 允许任何人从任何一个站点访问其中的资源，而 Intranet 上的内部保密信息则必须严格地进行保护，为此，Intranet 一般通过防火墙与 Internet 相连。

2.2 Internet 地址

Internet 地址能够唯一地确定 Internet 上每台主机的位置，地址有两种表示形式：IP 地址与域名。

在 Internet 上有千百万台主机，为了区分这些主机，人们给每台主机都分配了一个专门的地址，称为 IP 地址。通过 IP 地址就可以访问到每一台主机。

2.2.1 IP 地址构成和分类

1. IP 地址组成

就像电话号码分为区号和具体号码一样，把 IP 地址分为两个部分：网络地址（net ID，网络号）和主机地址（host ID，主机号）。其中，网络号用来标识一个逻辑网络，主机号用来标识网络中的一台主机。分配给这些部分的位数随着地址类别的不同而不同。通过 IP 地址可将来自源地址的数据通过路由而传送到目的地。图 2-5 说明了 IP 地址的组成。

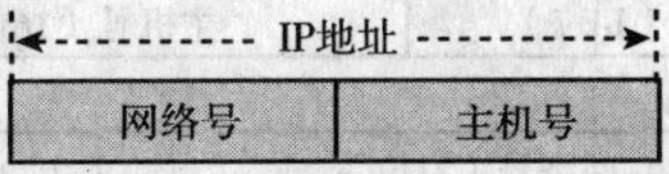

图 2-5 IP 地址的结构

IP 地址是由 32 位的二进制（0 和 1）构成的，例如“10000011011010110000011100011011”。为了方便用户理解与记忆，通常采用 x.x.x.x 的格式来表示，每个 x 为 8 位。例如，202.113.29.119，每个 x 的值为 0 ～ 255 之间。这种格式的地址常称为点分十进制（dotted decimal）地址。使用点分隔的十进制地址，每个 32 位地址编号被视作 4 个不同的分组，每组 8 位。由 8 个连续位组成的 4 个分组之一被称做“八位字节”。

如图 2-6 所示是一个八位字节中每一位的位置及等价的十进制数的科学表示法。

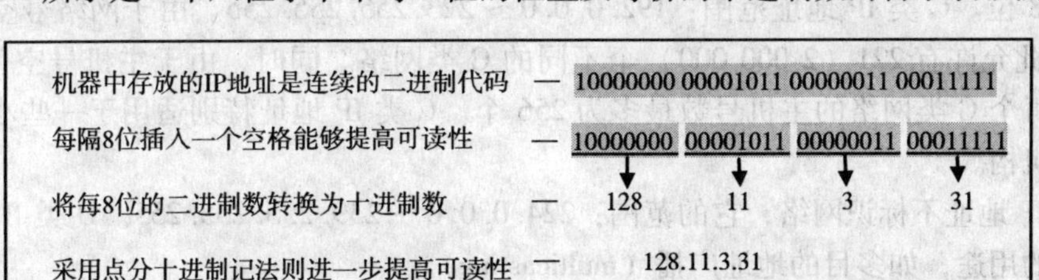

图 2-6 IP 地址表示形式

2. IP 地址分类

根据不同的取值范围，IP 地址可以分为 5 类。5 类 IP 地址的区别如图 2-7 所示。IP 地址中的前 5 位用于标识 IP 地址的类别，A 类地址的第 1 位为“0”，B 类地址的前两位为“10”，C 类地址的前 3 位为“110”，D 类地址的前 4 位为“1110”，E 类地址的前 5 位为“11110”。其中，A 类、B 类与 C 类地址为基本的 IP 地址。由于 IP 地址的长度限定于 32 位，类标识符的长度越长，则可用的地址空间越小。

对于 A 类 IP 地址，其网络号的最高位必须是 0，地址空间长度为 7 位，主机号空间长度为 24 位。A 类地址范围：1. 0. 0. 0～127. 255. 255. 255。由于网络号空间长度为 7 位，因此允许有 126 个不同的 A 类网络（网络号为 0 和 127 保留用于特殊目的）。同时，由于主机号空间长度为 24 位，因此每个 A 类网络的主机号数多达 224（即 16 000 000）个。A 类 IP 地址结构适用于有大量主机的大型网络。

对于 B 类 IP 地址，其网络号的最高位必须是 10，地址空间长度为 14 位，主机号空间长度为 16 位。B 类 IP 地址范围：128. 0. 0. 0～191. 255. 255. 255。由于网络号空间长度为 14 位，因此允许有 214（16 384）个不同的 B 类网络。同时，由于主机号空间长度为 16 位，因此每个 B 类网络的主机号数多达 216（65 536）个。B 类 IP 地址适用于一些国际性大公司与政府机构等。

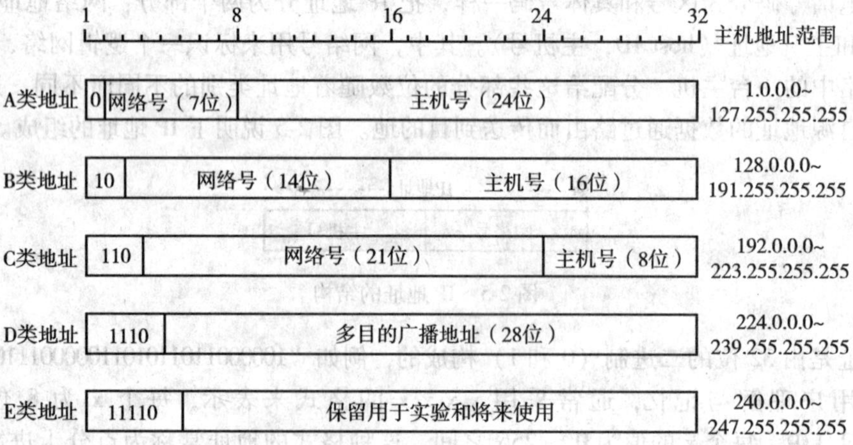

图 2-7 IP 地址分类

对于 C 类 IP 地址，其网络号的最高位必须是 110，网络号空间长度为 21 位，主机号空间长度为 8 位。C 类 IP 地址范围：192. 0. 0. 0～223. 255. 255. 255。由于网络号空间长度为 21 位，因此允许有 221（2 000 000）个不同的 C 类网络。同时，由于主机号空间长度为 8 位，因此每个 C 类网络的主机号数最多为 256 个。C 类 IP 地址特别适用于一些小公司与普通的研究机构。

D 类 IP 地址不标识网络，它的范围：224. 0. 0. 0～239. 255. 255. 255。D 类 IP 地址用于其他特殊的用途，如多目的地址广播（multicasting）。

E 类 IP 地址暂时保留，它的范围：240. 0. 0. 0～247. 255. 255. 255。E 类 IP 地址用于某些实验和将来使用。

使用点分十进制编址很容易识别是哪类 IP 地址。例如，从第一个十进制数，很容易判定“15. 0. 0. 0”是 A 类地址；“130. 22. 0. 5”是 B 类地址；“195. 0. 48. 66”是 C 类地址。根据 IP 地址的分类进而可以判断网络 ID 号和主机 ID 号。

Internet 上最高一级的维护机构为网络信息中心，它负责分配最高级的 IP 地址。它授权给下一级的申请成为 Internet 网点的网络管理中心，每个网点组成一个自治系统。网络信息中心只给申请成为新网点的组织分配 IP 地址的网络号，主机号则由申请的组织自己来分配和管理。自治域系统负责自己内部网络的拓扑结构、地址建立与刷新。这种分层管理的方法能够有效地防止 IP 地址的冲突。

Internet IP 地址由 NIC（Network Information Center）统一负责全球地址的规划、管理；同时由 Inter NIC、APNIC、RIPE 三大网络信息中心具体负责美国及其他地区的 IP 地址分配。IP 地址还有以下的分类。

- 固定 IP：固定 IP 地址是长期固定分配给一台计算机使用的 IP 地址，一般是特殊的服务器才拥有固定 IP 地址。
- 动态 IP：因为 IP 地址资源非常短缺，通过电话拨号上网或普通宽带上网的用户一般不具备固定 IP 地址，而是由 ISP 动态分配暂时的一个 IP 地址。普通人一般不需要去了解动态 IP 地址，这些都是计算机系统自动完成的。
- 公有地址（public address）由 Inter NIC（Internet Network Information Center，Internet 信息中心）负责。这些 IP 地址分配给注册并向 Inter NIC 提出申请的组织机构。通过它直接访问 Internet。除了私有地址以外的地址都是公有地址。
- 私有地址（private address）属于非注册地址，专门为组织机构内部使用，只能在局域网内使用，广域网中是不能使用的。以下列出留用的内部私有地址：

A 类 10.0.0.1 ～10.255.255.254；

B 类 172.16.0.1 ～172.31.255.254；

C 类 192.168.0.1 ～192.168.255.254。

注意 当网络中有多个 IP 地址时，网络号用于标识 IP 地址是否在同一个网段，如果网络号不同，则需要路由器连接。网络号部分的二进制数不可以全是 1 或 0。

主机号用于标识同一网段内的不同计算机的地址，主机号部分的二进制数是不可以全为 1 或 0 的。如果主机号全为 0 则代表是本网段的网络号，全为 1 则代表本网段的广播地址。

3. 端口

(1) 端口的概述。在 Internet 上，各主机间通过 TCP/IP 协议发送和接收数据包，各个数据包根据其目的主机的 IP 地址来进行互联网络中的路由选择。我们知道，一台拥有 IP 地址的主机可以提供许多服务，比如 Web 服务、FTP 服务、SMTP 服务等，这些服务完全可以通过一个 IP 地址来实现。那么，主机怎样区分不同的网络服务呢？显然不能只靠 IP 地址，因为 IP 地址与网络服务的关系是一对多的关系。实际上是通过“IP 地址 + 端口号”来区分不同的服务的，如图 2-8 所示。

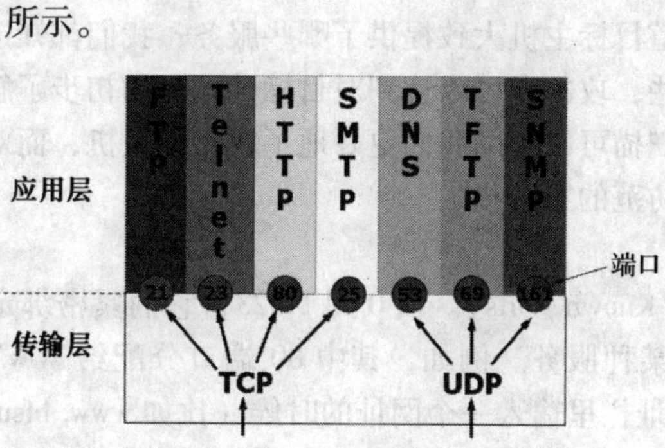

图 2-8 端口

TCP/IP 协议中的端口，是逻辑意义上的端口。如果把 IP 地址比作一间房子，端口就是出入这间房子的门。真正的房子只有几个门，但是一个 IP 地址的端口可以有 65 536 个之多！端口是通过端口号来标记的，端口号只有整数，范围是从 0～65 535。

我们知道，大多数操作系统都支持多应用程序（调入内存运行后一般称为进程）同时运行，本地操作系统会给那些有需求的进程分配端口，每个协议端口由一个正整数标识，如：80 139 445，等等。当目的主机接收到数据包后，应该把接收到的数据包传送给众多同时运行的进程中的哪一个呢？将根据报文首部的目的端口号，把数据发送到相应端口，而与此端口相对应的那个进程将会领取数据并等待下一组数据的到来。

例如，当用户的主机同时开启了 FTP 与 WWW 服务的时候，那么别人送来的数据包，就会依照 TCP 上面的端口号来给 FTP 这个服务或者是 WWW 这个服务来处理。

端口其实就是"队"，操作系统为各个进程分配了不同的"队"，数据包按照目的端口被推入相应的"队"中，等待被进程取用，在极特殊的情况下，这个"队"也是有可能溢出的，不过操作系统允许各进程指定和调整自己的"队"的大小。

不光接收数据包的进程需要开启它自己的端口，发送数据包的进程也需要开启端口，这样，数据包中将会标识有源端口，以便接收方能顺利地回传数据包到这个端口。需要注意的是，端口并不是一一对应的。比如用户的计算机作为客户机访问一台 WWW 服务器时，WWW 服务器使用"80"端口与用户的计算机通信，但用户的计算机则可能使用"3456"这样的端口。

计算机之间相互通信的时候，分为两种方式：一种是发送信息以后，可以确认信息是否到达，也就是有应答的方式，这种方式大多采用 TCP 协议；一种是发送以后就不管了，不去确认信息是否到达，这种方式大多采用 UDP 协议。对应这两种协议的服务提供的端口，也就分为 TCP 端口和 UDP 端口。TCP/IP 传输层的 TCP 和 UDP 两个协议是两个完全独立的软件模块，因此各自的端口号也相互独立。比如 TCP 有 235 端口，UDP 也可以有 235 端口，两者并不冲突。

（2）端口在入侵中的作用。有人曾经把服务器比作房子，而把端口比作通向不同房间（服务）的门。入侵者要占领这间房子，势必要破门而入（物理入侵另说），那么对于入侵者来说，了解房子开了几扇门，都是什么样的门，门后面有什么东西就显得至关重要。

入侵者通常会用扫描器对目标主机的端口进行扫描，以确定哪些端口是开放的，从开放的端口，入侵者可以知道目标主机大致提供了哪些服务，我们都知道，提供服务就一定有服务软件的漏洞，根据这些，攻击者可以达到对目标计算机的初步了解，为进一步的攻击奠定了基础。因此对端口的扫描可以帮助我们更好地了解目标主机，而对于管理员，扫描本机的开放端口也是做好安全防范的第一步。

（3）端口分类。

① 公认端口（Well Known Ports）。从 0 到 1 023，它们紧密绑定于一些服务。通常这些端口的通信明确表明了某种服务。例如，其中 80 端口分配给 WWW 服务，21 端口分配给 FTP 服务等。在 IE 的地址栏里输入一个网址的时候（比如 www. bfsu. edu. cn）是不必指定端口号的，因为在默认情况下 WWW 服务的端口号是"80"。

网络服务可以使用其他非公认的端口号，如果不是默认的端口号，则应该在地址栏上指定端口号，方法是在地址后面加上冒号"："（半角），再加上端口号。比如使用"8080"作为 WWW 服务的端口，则需要在地址栏里输入“www. bfsu. edu. cn：8080”。

但是有些系统协议使用固定的端口号，它是不能被改变的，比如 139 端口专门用于 NetBIOS与 TCP/IP 之间的通信，不能手动改变。

② 注册端口（Registered Ports）。从 1 024 到 49 151。它们松散地绑定于一些服务。也就是说有许多服务绑定于这些端口，这些端口同样用于许多其他目的。

③ 动态端口（Dynamic Ports）。之所以称为动态端口，是因为它一般不固定分配某种服务，而是动态分配。动态分配是指当一个系统进程或应用程序进程需要网络通信时，它向主机申请一个端口，主机从可用的端口号中分配一个供它使用。当这个进程关闭时，同时也就释放了所占用的端口号。动态端口范围从 49 152 到 65 535。理论上，不应为服务分配这些端口。实际上，机器通常从 1 024 起分配动态端口。但也有例外：SUN 的 RPC 端口从 32 768 开始。

（4）保护端口。刚接触网络的用户一般都对自己的端口很敏感，总怕自己的计算机开放了过多端口，更怕其中就有后门程序的端口，但由于对端口不是很熟悉，所以也没有解决办法，上起网来提心吊胆。其实保护自己的端口并不是那么难，只要做好下面几点就行了。

① 查看。经常用命令或软件查看本地所开放的端口，看是否有可疑端口。

查看端口有两种方式：一种是利用系统内置的命令，一种是利用第三方端口扫描软件。

- 用“netstat-anb”查看端口状态。在 Windows 2000/XP 中，可以在命令提示符下使用“netstat-anb”查看系统端口状态，可以列出系统正在开放的端口号及其状态和显示创建包含于每个连接或监听端口的可执行组件。
- 用第三方端口扫描软件。第三方端口扫描软件有许多，界面虽然千差万别，但是功能却是类似的。“Fport”在命令提示符下使用，运行结果与“netstat-anb”相似，但是它不仅能够列出正在使用的端口号及类型，还可以列出端口被哪个应用程序使用。

② 判断。如果开放端口中有你不熟悉的，应该马上查找端口大全或木马常见端口等资料，看看里面对你那个可疑端口的作用描述，或者通过软件查看开启此端口的进程来进行判断。

③ 关闭。如果真是木马端口或者资料中没有这个端口的描述，那么应该关闭此端口。对于个人用户来说，用户可以限制所有的端口，因为用户根本不必让自己的机器对外提供任何服务；而对于对外提供网络服务的服务器，需把必须利用的端口（比如 WWW 端口 80、FTP 端口 21、邮件服务端口 25、110 等）开放，其他的端口则全部关闭。

可以用防火墙来屏蔽此端口，详细设置参照后面章节中防火墙的设置，对于采用 Windows 2000 或者 Windows XP 的用户来说，不需要安装任何其他软件，可以利用“TCP/IP 筛选”功能限制服务器的端口。具体设置如下。

右击“网上邻居”，选择“属性”，然后双击“本地连接”，打开“本地连接属性”对话框，在“常规”选项卡中找到“Internet 协议（TCP/IP）”，双击它打开该协议的属性设置对话框。单击右下方的“高级”按钮，进入“高级 TCP/IP 设置”。如图 2-9 所示。

在“选项”中选中“TCP/IP 筛选”并双击进入其属性设置。如图 2-10 所示。这里可以设置系统只允许开放的端口，假如架设的 FTP 服务器端口为 21，先选中“启用 TCP/IP 筛选（所有适配器）”，再在 TCP 端口选项中选择“只允许”，单击“添加”按钮，输入端口号“21”，单击“确定”按钮即可。这样，系统就只允许打开 21 号端口。要开放其他端口，继续添加即可。这可以有效防止最常见的 139 端口入侵。缺点是功能过于简单，只能设置允许开放的端口，不能自定义要关闭的端口。如果你有大量端口要开放，就得一个个地去手工添加，比较麻烦。

这样，用户就可以自己添加或删除 TCP、UDP 或 IP 的各种端口了。添加或者删除完毕，重新启动机器以后，用户的服务器就被保护起来了。

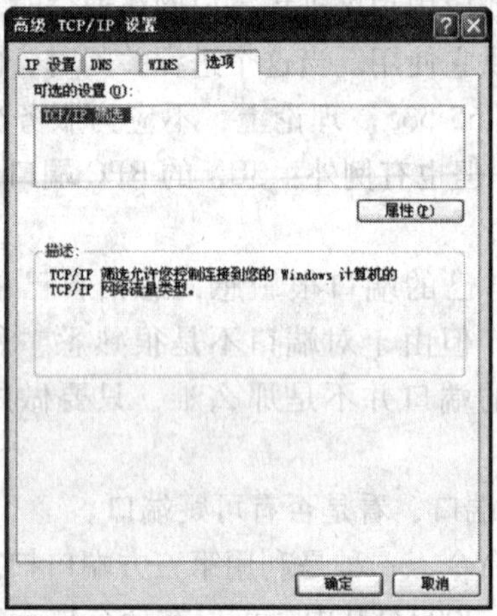

图 2-9 “高级 TCP/IP 设置”对话框

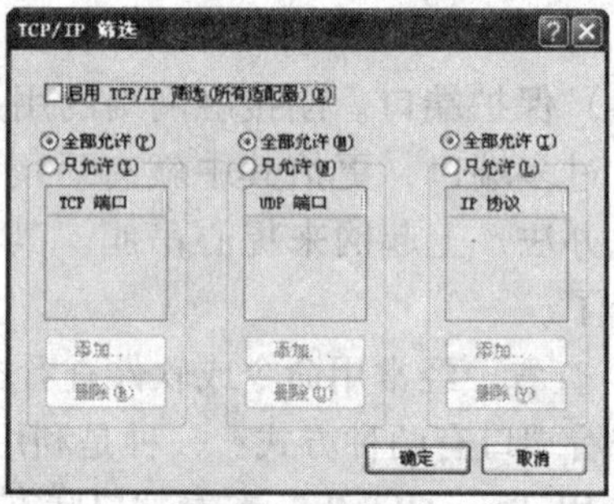

图 2-10 “TCP/IP 筛选”对话框

2.2.2 子网掩码

1. 划分子网的必要性

在讨论 TCP/IP 的产生与发展过程时，我们已经看出：在建设 ARPANET 的初期，设计者并没有预见到网络的发展速度如此之快。当时个人计算机与局域网尚未出现。所以，研究者在设计 Internet 编址方案时，主要是针对大型机互连的网络结构。IP 地址设计的最初目的是希望每个 IP 地址都能唯一地、确定地识别一个网络与一台主机。但是，这种方法同时也存在着下面两个问题。

(1) IP 地址的有效利用率问题。随着个人计算机的广泛应用和局域网技术的发展，大批个人计算机通过局域网连入 Internet。初期的 Internet 编址方案已经很难适应目前数量如此之多的局域网。按照标准分类的 IP 地址，如果只有两台主机的网络，它只要连接到 Internet 上，就需要申请一个 C 类 IP 地址。那么这个 C 类 IP 地址的有效利用率只为 2/255 = 0.78%。而有 256 台主机的网络，它就需要申请一个 B 类 IP 地址。那么这个 B 类 IP 地址的有效利用率只为 256/65 535 = 0.39%。IP 地址的有效利用率问题总是存在的，并且人们发现 B 类 IP 地址空间浪费问题更为突出。

(2) 路由器的工作效率问题。在讨论路由器的工作效率时也会发现：分配的 IP 地址越多，路由器的工作效率越低。因为路由器在执行路由选择算法时，需要通过查询存储的路由表来确定分组的输出路径。使用的 IP 地址越多，路由表越大，路由器查询速度越慢，路由器的工作效率就越低。因此从提高路由器的工作效率的角度，也要考虑寻找一个更有效的分配网络地址的方法。

为了解决这些问题，人们提出了子网（subnet）和超网（supernet）的概念。构成子网就是将一个大的网络划分成几个较小的网络，而每一个网络都有其自己的子网地址。构成超网则是将一个组织所属的几个C类网络合并成为一个地址范围更大的逻辑网络。当一个网络划分为多个子网时，每个子网就变得更易于控制。每个子网的用户、计算机及其子网资源可以让不同的管理员进行管理，减轻了由单人管理大型网络的管理任务。

2. 子网掩码与子网地址的划分

（1）子网的基本概念。子网的概念延伸了地址的网络部分，以允许将一个网络分解为一些逻辑段（子网）。

设计子网的基本思想是：允许将网络地址划分成多个部分，供内部子网使用，对于外部网络来说这些子网仍然像一个网络一样。

（2）划分子网的地址结构。IP地址是层次型结构的，它的长度是32位。标准的A类、B类与C类IP地址是包括net ID与host ID的两层结构。划分子网技术的要点如下：

① 三层结构的IP地址是：net ID-subnet ID-host ID；

② 同一个子网中所有的主机必须使用相同的网络号——子网号（net ID-subnet ID）；

③ 子网的概念可以应用于A类、B类或C类中任意一类IP地址中；

④ 子网之间的距离必须很近；

⑤ 分配子网是一个组织和单位内部的事，它既不要向Internet地址管理部门申请，也不需要改变任何外部的数据库。

⑥ 在Internet的文献中，一个子网也称做一个IP网络或一个网络。

要求“子网之间的距离必须很近”主要是从子网地址划分与提高Internet路由器工作效率角度考虑的。使用子网最好是在一个大的校园或公司中，因为校园或公司的外部节点只要知道具有共同网络地址，就可以通过校园或公司连入Internet的路由器，方便地访问校园或公司内部的多个子网。在路由器中只要在路由表中保持一个记录，就可以快速地找到校园或公司内部的某个网络。

（3）子网掩码的概念。IP地址在没有相关的子网掩码的情况下是不能存在的。当三层结构IP地址提出后，一个很现实的问题是：如何从一个IP地址中提取出子网号。为了解决这个问题，人们提出了子网掩码（subnet mask）或掩码的概念。

子网掩码是由32位的二进制构成的。子网掩码中的二进制位构成了一个过滤器，子网掩码位为1（二进制）的部分为网络ID位，子网掩码位为0（二进制）的部分为主机ID位。可以说子网掩码的主要作用是判断IP地址的网络ID和主机ID。它仅仅通过应该解释为网络号或主机号的IP地址的那一部分。完成这个任务的过程称为按位求与。按位求与是一个逻辑运算，它对地址中的每一位和相应的掩码位进行。AND运算的结果是：

$$1 \text{ AND } 1 = 1;\ 1 \text{ AND } 0 = 0;\ 0 \text{ AND } 0 = 0$$

IP地址的每一类都具有默认的子网掩码，它定义了每个地址类别中，IP地址的多少位用于表示没有子网的网络号。A类地址默认的子网掩码是255.0.0.0，B类地址的默认子网掩码是255.255.0.0，C类地址的默认子网掩码是255.255.255.0，详细内容如图2-11所示。

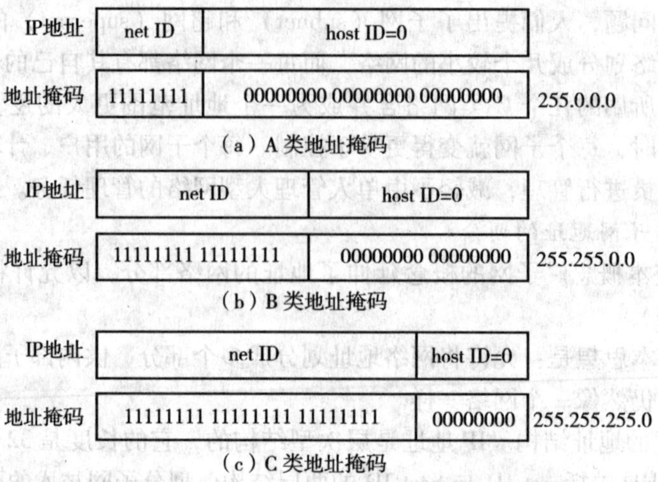

图 2-11　A 类、B 类或 C 类地址默认子网掩码

如果路由器处理的是一个标准的 IP 地址，那么它只要判断 IP 地址的前两位值。如果路由器在处理划分子网之后的三层结构 IP 地址，需要给它 IP 地址和子网掩码。它需要通过标准地址的前 3 位判断该地址是 A 类、B 类或 C 类地址，同时根据子网掩码来判断出子网号。图 2-12 中表示的是一个 B 类地址分为 64 个子网的例子。在这个例子中可以看出，标准的 B 类地址的 16 位的网络号是不变的，如果需要划分出 64 个子网，那么就可以借用原 16 位主机号中的 6 位，该子网的主机号就变成了 10 位。

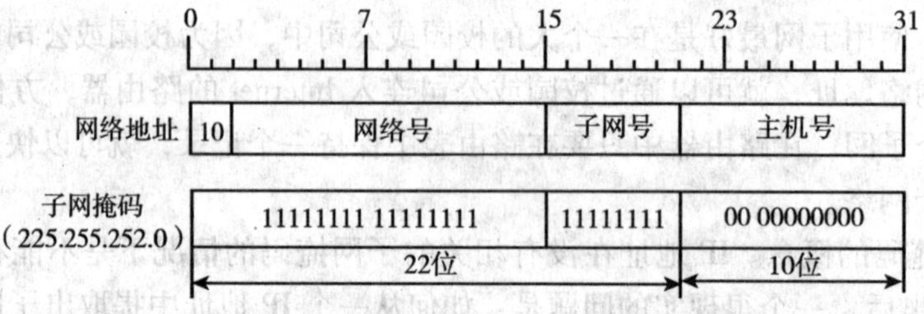

图 2-12　一个 B 类地址划分为 64 个子网的例子

（4）子网规划与地址空间划分的基本方法。以下例子可以对子网规划与地址空间的划分方法进行说明。

例如，一个校园网拥有一个 B 类 IP 地址。如果按照传统的两层结构方法编址，整个学校的所有主机都在一个网络上，图 2-13 给出了未划分子网的结构示意图。按照这种编址方法，学校的主机只要少于 65 536 个，它们都可以处于一个网络之中。

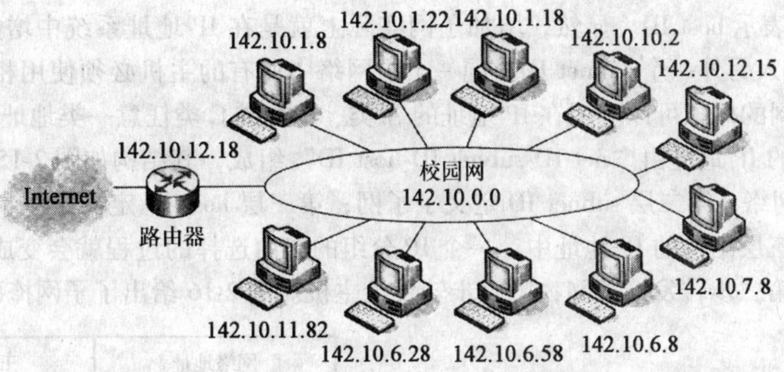

图 2-13　未划分子网的结构

如果网络中的主机数量超过限制，或者网络管理人员从管理的角度希望将主机分组，那么他们可以将一个大的网络划分成更小的子网。图 2-14 给出了划分为 3 个子网的结构示意图。

在以上的例子中，如果没有划分子网，外部 Internet 用户发送一个目的地址为 142. 10. 2. 18 的分组时，图中的路由器将把它理解为标志校园网中一个主机的 B 类 IP 地址，按照（142. 10）作为网络号，（2. 18）作为主机号去寻址。

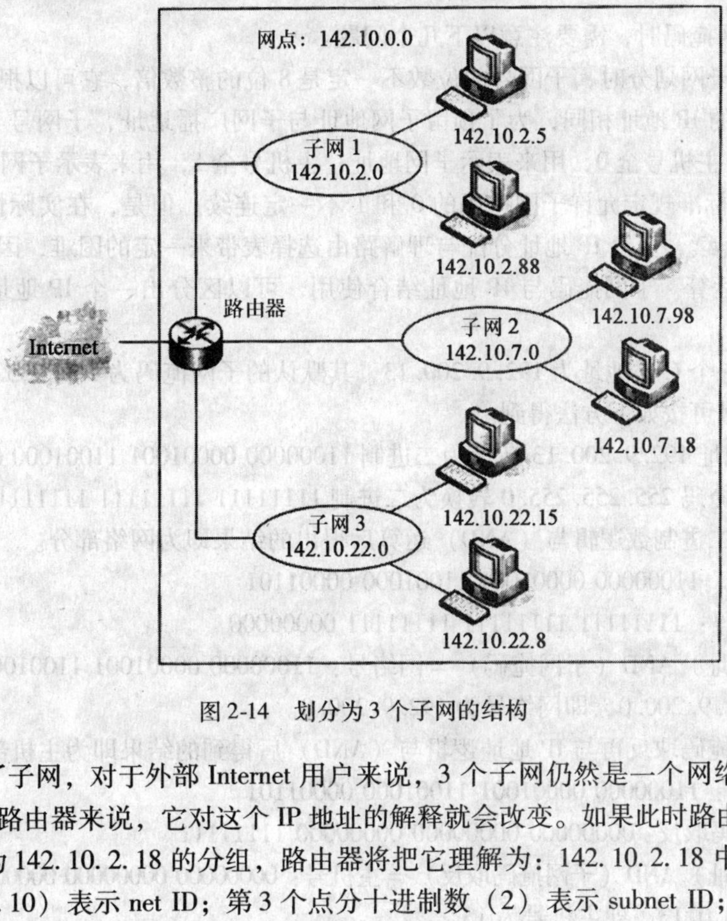

图 2-14　划分为 3 个子网的结构

如果划分了子网，对于外部 Internet 用户来说，3 个子网仍然是一个网络。但是，对于连接 Internet 的路由器来说，它对这个 IP 地址的解释就会改变。如果此时路由器同样接收到一个目的地址为 142. 10. 2. 18 的分组，路由器将把它理解为：142. 10. 2. 18 中的前两个点分十进制数（142. 10）表示 net ID；第 3 个点分十进制数（2）表示 subnet ID；第 4 个点分十进制数（18）表示 host ID。显然，增加子网实际上就是在 IP 地址系统中增加了一个层次，在 IP 地址中引入另外一个 subnet ID。同一个子网络中所有的主机必须使用相同的 net ID 与 subnet ID。子网的概念可以应用在 IP 地址的 A 类、B 类或 C 类任意一类地址中。

三层结构的 IP 地址由 “net ID-subnet ID-host ID” 组成，其结构如图 2-15 所示。第一层 net ID 定义了网络；第二层 subnet ID 定义了子网；第三层 host ID 定义了主机和路由器到网络的连接。在三层结构的 IP 地址中，一个 IP 分组的路由选择的过程就会变成三步：第一步转发给网络；第二步转发给子网；第三步转发给主机。图 2-16 给出了子网掩码的表示方法。

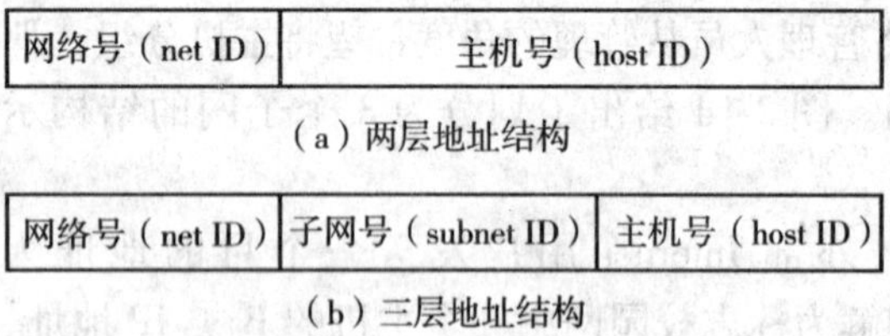

图 2-15　三层结构的 IP 地址

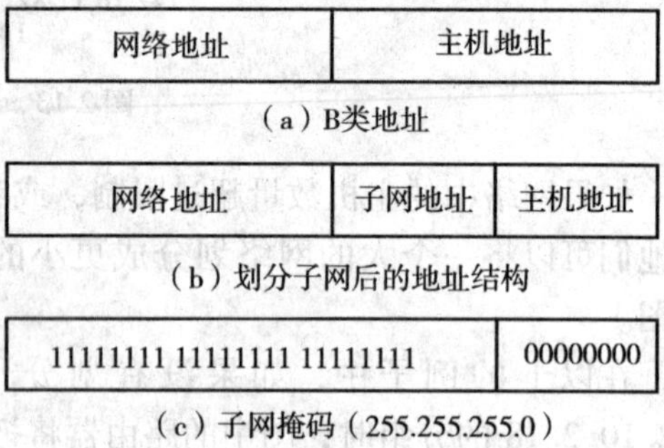

图 2-16　子网掩码的表示方法

在讨论子网掩码时，需要注意以下几个问题。

① 在进行子网划分时，子网号的位数不一定是 8 位的整数倍，它可以根据需要来选择。

② 与标准的 IP 地址相同，为了预留子网地址与子网广播地址，子网号与主机号不允许是全 1 或全 0。主机号全 0，用来表示子网地址；主机号全 1，用来表示子网广播地址。

③ IP 协议标准规定允许子网掩码的 0 和 1 不一定连续。但是，在实际情况下，子网掩码的 0 和 1 不连续，会给 IP 地址分配与理解路由选择表带来一定的困难，因此建议不使用。

（5）掩码运算。子网掩码与 IP 地址结合使用，可以区分出一个 IP 地址的网络号和主机号。

例如，有一个 C 类地址为 192. 9. 200. 13，其默认的子网掩码为 255. 255. 255. 0，则它的网络号和主机号可按如下方法得到。

① 将 IP 地址 192. 9. 200. 13 转换为二进制 11000000 00001001 11001000 00001101。

② 将子网掩码 255. 255. 255. 0 转换为二进制 11111111 11111111 11111111 00000000。

③ 将两个二进制数逻辑与（AND）运算后得出的结果即为网络部分。

- IP 地址：11000000 00001001 11001000 00001101
- 子网掩码：11111111 11111111 11111111 00000000
- （IP 地址）AND（子网掩码）= 网络号：11000000 00001001 11001000 00000000

结果为 192. 9. 200. 0，即网络号为 192. 9. 200. 0。

④ 将子网掩码取反再与 IP 地址逻辑与（AND）后得到的结果即为主机部分。

- IP 地址：11000000 00001001 11001000 00001101
- 子网掩码取反：00000000 00000000 00000000 11111111
- （IP 地址）AND（子网掩码取反）= 主机号：00000000 00000000 00000000 00001101

结果为 0. 0. 0. 13，即主机号为 13。

通过掩码运算，可以得到IP地址所属的网络号及主机号。以下列出A、B、C三类网络子网数目与子网掩码的转换表，以供参考。

A类

子网数目	占用位数	子网掩码	子网中主机数
2	1	255.128.0.0	8 388 606
4	2	255.192.0.0	4 194 302
8	3	255.224.0.0	2 097 150
16	4	255.240.0.0	1 048 574
32	5	255.248.0.0	524 286
64	6	255.252.0.0	262 142
128	7	255.254.0.0	131 070
128	8	255.255.0.0	65 534

B类

子网数目	占用位数	子网掩码	子网中主机数
2	1	255.255.128.0	32 766
4	2	255.255.192.0	16 382
8	3	255.255.224.0	8 190
16	4	255.255.240.0	4 094
32	5	255.255.248.0	2 046
64	6	255.255.252.0	1 022
128	7	255.255.254.0	510
256	8	255.255.255.0	254

C类

子网数目	占用位数	子网掩码	子网中主机数
2	1	255.255.255.128	126
4	2	255.255.255.192	62
8	3	255.255.255.224	30
16	4	255.255.255.240	14
32	5	255.255.255.248	6
64	6	255.255.255.252	2

2.2.3 IP地址与MAC地址

在局域网中，计算机的硬件地址又称为物理地址或MAC（Media Access Control，介质访问控制）地址。MAC地址是烧录在网卡（NIC）里的地址，是由48位长（6字节）、十六进制的数字组成。网卡的物理地址通常是由网卡生产厂家写入网卡的EPROM（一种闪存芯片，通常可以通过程序擦写），它存储的是传输数据时真正赖以标识发出数据的计算机和接收数据的主机的地址。也就是说，在网络底层的物理传输过程中，是通过物理地址来识别主机的，它一般也是全球唯一的。

比如以太网卡，其物理地址是48bit（位）的整数，如：44-45-53-54-00-00，以机器可读的方式存入主机接口中。以太网地址管理机构（IEEE）将以太网地址，也就是48 bit的不同组合，分为若干独立的连续地址组，生产以太网网卡的厂家就购买其中一组，具体生产时，逐个将唯一的地址赋予以太网卡。形象地说，MAC 地址就如同身份证上的身份证号码，具有全球唯一性。因此：

- 假定连接在局域网上的一台计算机的网卡坏了而我们更换了一个新的网卡，那么这台计算机的局域网的“地址”也就改变了，虽然这台计算机的地理位置一点也没有变化，所接入的局域网也没有任何改变；
- 假定将位于南京的局域网上的一台笔记本电脑转移到北京并连接到北京的某个局域网，虽然这台计算机的地理位置改变了，但只要计算机中的网卡不变，那么该计算机在北京的局域网中的“地址”仍然和它在南京的局域网中的“地址”一样。

（1）获取本机的 MAC 地址。在 Windows 2000/XP 中，依次单击“开始”→“运行”→输入“CMD”，回车，输入“ipconfig /all”，回车，即可看到 MAC 地址。或者是依次单击“开始”→“运行”→输入“CMD”，回车，输入“getmac”，回车，即可快速获取 MAC 地址了。

（2）IP 地址与硬件地址的关系。在学习 IP 地址时，很重要的一点就是要弄懂主机的 IP 地址与硬件地址的区别。

图 2-17 说明了这两种地址的区别。从层次的角度来看，物理地址是数据链路层和物理层使用的地址，而 IP 地址是网络层和以上各层使用的地址。

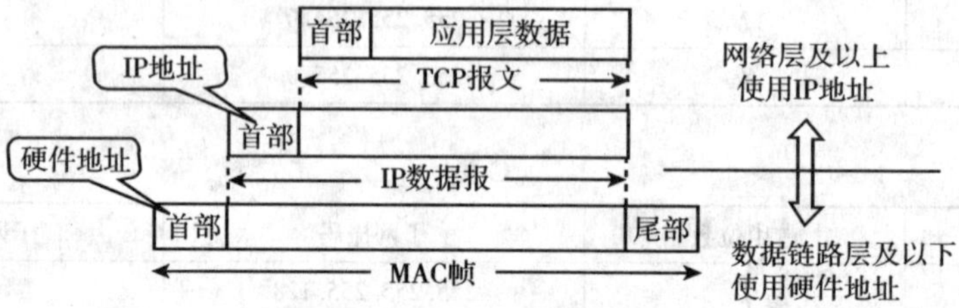

图 2-17 IP 地址与硬件地址的区别

在发送数据时，数据从高层下到低层，然后才到通信链路上传输。使用 IP 地址的 IP 数据报一旦交给了数据链路层，就被封装成 MAC 帧了。MAC 帧在传送时使用的源地址和目的地址都是硬件地址，这两个硬件地址都写在 MAC 帧的首部。

连接在通信链路上的设备（主机或路由器）在接收 MAC 帧时（见图 2-18），其根据是 MAC 帧首部中的硬件地址。网卡从网络上每收到一个 MAC 帧就首先用硬件检查 MAC 帧中的 MAC 地址。如果是发往本站的帧则收下，然后再进行其他的处理。否则就将此帧丢弃，不再进行其他的处理。

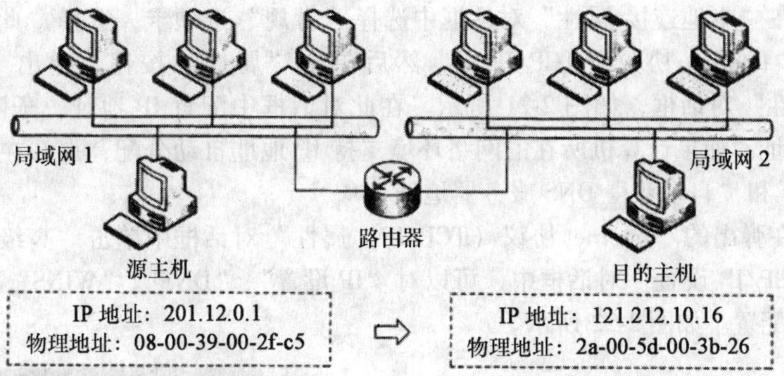

图 2-18　用网卡上的硬件地址标志局域网上的计算机和路由器

当网卡接收发往本站的数据帧后，由于在数据链路层看不见隐藏在 MAC 的数据中的 IP 地址。只有在剥去 MAC 帧的首部和尾部后将 MAC 层的数据上交给网络层后（这时 MAC 层的数据就变成了 IP 数据报），网络层才能在 IP 数据报的首部中找到源 IP 地址和目的 IP 地址。

总之，在局域网的数据传输过程当中，IP 地址放在 IP 数据报的首部，而硬件地址则放在 MAC 帧的首部。在网络层和网络层以上使用的是 IP 地址，而数据链路层及以下使用的是硬件地址。在图 2-17 中，当 IP 数据报放入数据链路层的 MAC 帧中以后，整个的 IP 数据报就成为 MAC 帧的数据，因而在数据链路层看不见数据报的 IP 地址。

2.2.4　TCP/IP 的属性配置与检测

1. TCP/IP 的属性配置

在计算机网络协议、网卡及其驱动程序安装完毕后，就要对 TCP/IP 的属性进行配置，正确配置好属性后就可以通过网线连入 Internet 了。配置步骤如下。

步骤 1：右击“网上邻居”，选择“属性”，打开“网络连接”窗口。如图 2-19 所示。然后双击“本地连接”，弹出“本地连接 属性”对话框，如图 2-20 所示。

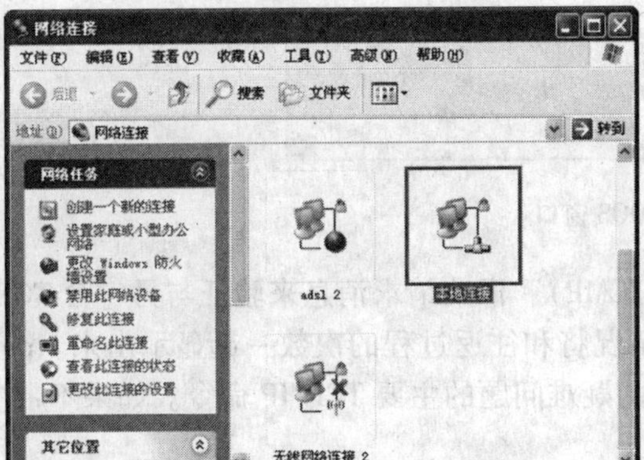

图 2-19　“网络连接”窗口

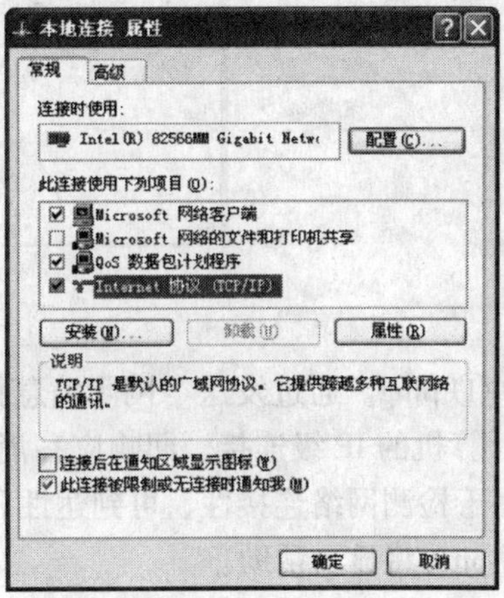

图 2-20　“本地连接 属性”对话框

步骤 2：在“本地连接 属性”对话框中选择“常规”选项卡，选择“此连接使用下列项目”中的“Internet 协议（TCP/IP）”，然后单击“属性”按钮，弹出“Internet 协议（TCP/IP）属性”对话框，如图 2-21 所示。在此对话框中配置 IP 地址、子网掩码、网关、DNS 服务器地址。如果计算机所在的网络环境支持 IP 地址自动分配，那么在此选择“自动获得 IP 地址”和“自动获得 DNS 服务器地址”。

步骤 3：在弹出的“Internet 协议（TCP/IP）属性”对话框中单击“高级”按钮。在弹出的“高级 TCP/IP 设置”对话框中，可以对“IP 设置”、“DNS”、“WINS”和“选项”选项卡进行相关配置。如图 2-22 所示。

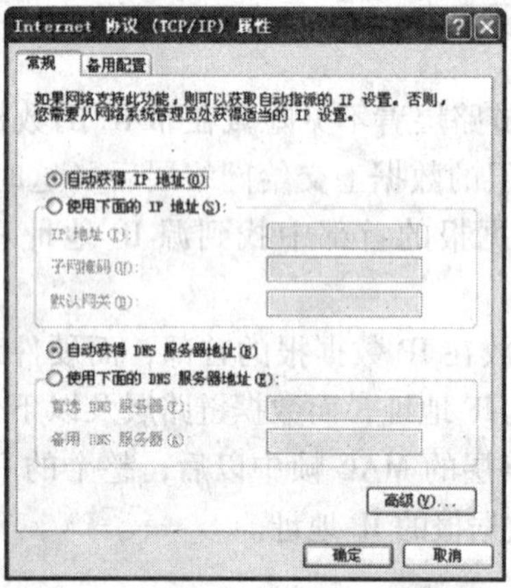

图 2-21 “Internet 协议（TCP/IP）属性”对话框

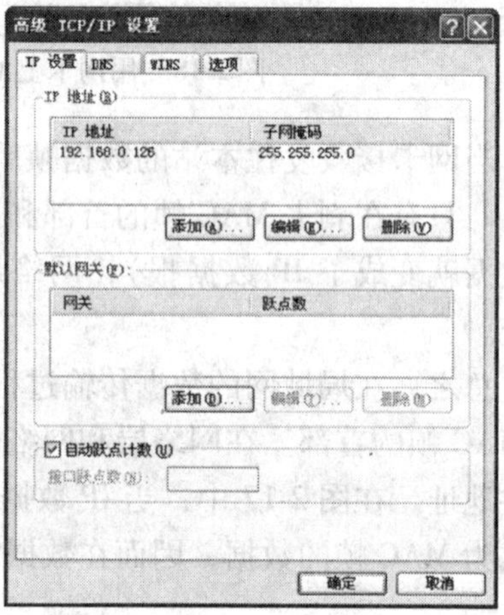

图 2-22 “高级 TCP/IP 设置”对话框

2. 网络常用命令

Windows 操作系统自带的一些网络命令简单实用，为我们更好地使用网络提供方便。网络命令在使用时的环境是 DOS 窗口，可以通过单击“开始”→“运行”，输入“CMD”后回车打开运行命令的 DOS 窗口。如图 2-23 所示。

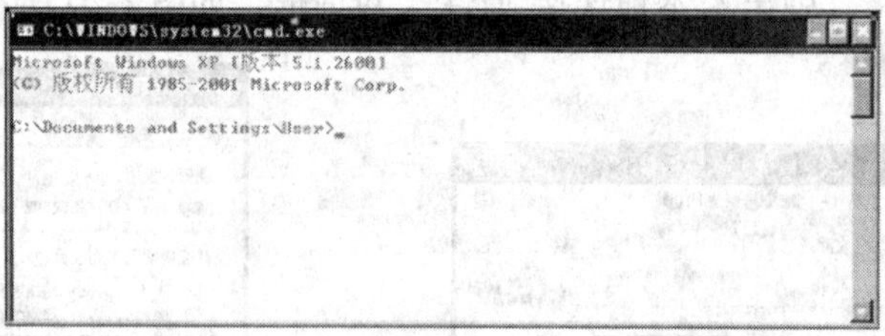

图 2-23 DOS 窗口

① ping。通过发送“网际消息控制协议（ICMP）”回响请求消息来验证与另一台 TCP/IP 计算机的 IP 级连接。回响应答消息的接收情况将和往返过程的次数一起显示出来。ping 是用于检测网络连接性、可到达性和名称解析的疑难问题的主要 TCP/IP 命令。如果不带参数，ping 将显示帮助。

以下范例显示 ping 的输出：

```
C:\ping example.microsoft.com
```

```
Pinging example.microsoft.com [192.168.239.132] with 32 bytes of data:
Reply from 192.168.239.132: bytes =32 time =101ms TTL =124
Reply from 192.168.239.132: bytes =32 time =100ms TTL =124
Reply from 192.168.239.132: bytes =32 time =120ms TTL =124
Reply from 192.168.239.132: bytes =32 time =120ms TTL =124
```

如果要验证目的地 10.0.99.221 并解析 10.0.99.221 的主机名，请输入：ping-a 10.0.99.221。

② ipconfig。显示所有当前的 TCP/IP 网络配置值、刷新动态主机配置协议（DHCP）和域名系统（DNS）设置。使用不带参数的 ipconfig 可以显示所有适配器的 IP 地址、子网掩码、默认网关。

要显示所有适配器的基本 TCP/IP 配置，请输入：ipconfig。

要显示所有适配器的完整 TCP/IP 配置，请输入：ipconfig /all。

③ cmd。启动命令解释器 cmd. exe 的新实例。如果在不含参数的情况下使用，则 cmd 显示 Windows XP 的版本和版权信息。

④ tasklist。显示运行在本地或远程计算机上的所有任务的应用程序和服务列表，带有进程 ID（PID）。

⑤ net user。添加或修改用户账户或者显示用户账户信息。

要显示本地计算机上所有用户账户的列表，请输入：netuser。

要查看用户账户 jimmyh 的信息，请输入：netuser jimmyh。

⑥ net start。通过“net start”命令可以看到系统提示“已经启动以下 Windows 服务”，然后从其列表中看是否有不明服务在运行。如果有的话，可以继续输入“net start 服务名”来查看有关该服务更加详细的信息。确认是非法运行的服务，那么只需要运行“net stop 服务器”命令，在询问是否继续操作时按“Y”键进行确认即可停止该服务。

⑦ taskkill。taskkill 命令的作用是结束一个或多个任务或进程。可以根据进程 ID 或图像名来结束进程。系统中运行的程序，都会有一个与之对应的进程。木马、病毒同样如此。一些用户在“任务管理器”的“进程”选项卡中经常会发现一些来历不明的进程，但是在终止的时候却出现了问题，无法关闭这些正在运行的进程！使用以下措施可强制关闭这些进程。

• 普通进程——使用 taskkill 命令。对于一般的病毒，在无法直接终止时，可以在任务管理器的进程列表中记录下进程的名称。再打开“运行”窗口，输入“CMD”回车打开命令提示符窗口，在命令提示符下输入“taskkill /im /f 要关闭的进程名”，输入之后回车，就会看到成功终止进程的提示信息，再返回“进程”选项卡中，已经看不到该进程了。

• 顽固病毒——使用 ntsd 命令。使用 taskkill 结束进程时，有时会碰到一些比较顽固的病毒，其生成的进程很难被关闭。这时，就可以试试借助 ntsd 命令来解决。

首先在任务管理器中打开“查看”菜单下的“选择列”命令，在打开的窗口中选中“PID（进程标志符）”，保存设置后返回任务管理器，在“进程”选项卡中找到要关闭的进程，并记录下 PID 列该进程的值。

按照前面的方法打开命令提示符窗口，输入“ntsd-c q-p 进程的PID值”，回车之后即在一个弹出的 DOS 窗口中强制关闭该进程。

通过上面的两招，我们再也不用担心那些顽固的病毒对系统造成破坏了，不过在这里要提醒你，如果怀疑中了病毒、木马，仅仅是关闭进程并不能彻底解决问题，因为重新启动后进程又会重新运行，最好的方法就是借助专门的杀毒软件和木马清除工具进行清查。

2.2.5 下一代的 IP 协议 IPv6

1. IPv4 的应用现状

IP 地址是人们在网络上的“身份证”，随着网络的普及和智能家电的广泛使用，不管是上网的用户，还是智能产品的信息终端，都需要拥有自己的 IP 地址。目前的全球 Internet 所采用的协议是 TCP/IP 协议。IP 是 TCP/IP 协议中网络层的协议，是 TCP/IP 协议族的核心协议。目前 IP 协议的版本号是 4（简称为 IPv4），发展至今已经使用了三十多年。

IPv4 的地址位数为 32 位，也就是最多有 2 的 32 次方的计算机可以连到 Internet 上。近十年来由于互联网的蓬勃发展，IP 地址的需求量愈来愈大，使得 IP 地址的发放愈趋严格，各项资料显示全球 IPv4 地址可能在很短时间内即将消耗殆尽，最根本的解决办法还是扩大 IP 地址，采用 IPv6 方案，从 32 位的 IPv4 地址位过渡到 128 位的 IPv6 地址位。

2. IPv6 的特点及发展

IPv6 是下一版本的互联网协议，也可以说是下一代互联网的协议，它的提出最初是因为随着互联网的迅速发展，IPv4 定义的有限地址空间将被耗尽，地址空间的不足必将妨碍互联网的进一步发展。为了扩大地址空间，拟通过 IPv6 重新定义地址空间。IPv6 采用 128 位地址长度，一个 IPv6 的 IP 地址由 8 个地址节组成，每节包含 16 个地址位，以 4 个十六进制数书写，节与节之间用冒号分隔。在 IPv6 的设计过程中除了一劳永逸地解决了地址短缺问题以外，还考虑了在 IPv4 中解决不好的其他问题，主要有端到端 IP 连接、安全性、多播、移动性、即插即用等。

2.3 域名系统 DNS

2.3.1 域名系统概述

域名系统 DNS（Domain Name System）是 Internet 使用的命名系统，用来把便于人们使用的机器名字转换为 IP 地址。

用户与 Internet 上某个主机通信时，显然不愿意使用很难记忆的长达 32 位二进制主机地址。即使是点分十进制 IP 地址也并不太容易记忆。相反，大家愿意使用比较容易记忆的主机名字。

为什么机器在处理 IP 数据报时要使用 IP 地址而不使用域名呢？这是因为 IP 地址的长度是固定的 32 位（如果是 IPv6 地址，那就是 128 位，也是定长的），而域名的长度并不是固定的，机器处理起来比较困难。

从理论上讲，整个 Internet 可以只使用一个域名服务器，使它装入 Internet 上所有的主机名，并回答所有对 IP 地址的查询。然而这种做法并不可取。因为 Internet 规模很大，这样的域名服务器肯定会因过负荷而无法正常工作，而且一旦域名服务器出现故障，整个 Internet

就会瘫痪。因此，早在1983年Internet就开始采用层次树状结构的命名方法，并使用分布式的域名系统DNS。

Internet的域名系统DNS被设计成为一个联机分布式数据库系统，并采用客户－服务器方式。DNS使大多数名字都在本地进行解析（resolve），仅少量解析需要在Internet上通信，因此DNS系统的效率很高。由于DNS是分布式系统，即使单个计算机出了故障，也不会妨碍整个DNS系统的正常运行。

域名到IP地址的解析是由分布在Internet上的许多域名服务器程序（可简称为域名服务器）共同完成的。域名服务器程序在专设的节点上运行，而人们也常把运行域名服务器程序的机器称为域名服务器。

2.3.2 Internet的域名结构

任何一个连接在Internet上的主机或路由器，都有一个唯一的层次结构的名字，即域名（domain name）。这里，“域”（domain）是名字空间中一个可被管理的划分。域还可以划分为子域，而子域还可继续划分为子域的子域，这样就形成了顶级域、二级域、三级域，等等。

从语法上讲，每一个域名都是由标号（Label）序列组成的，而各标号之间用点“.”隔开。例如，下面的域名就是中央电视台用于收发电子邮件的计算机（即邮件服务器）的域名，它由三个标号组成，其中标号com是顶级域名，标号cctv是二级域名，标号mail是三级域名。

mail. cctv. com

三级域名．二级域名．顶级域名

DNS规定，域名中的标号都由英文字母和数字组成，每一个标号不超过63个字符（但为了记忆方便，最好不要超过12个字符），也不区分大小写字母（例如，CCTV或cctv在域名中是等效的）。标号中除连字符（－）外不能使用其他的标点符号。级别最低的域名写在最左边，而级别最高的顶级域名则写在最右边。由多个标号组成的完整域名总共不超过255个字符。各级域名由其上一级的域名管理机构管理，而最高的顶级域名则由ICANN进行管理。用这种方法可使每一个域名在整个Internet范围内是唯一的，并且也容易设计出一种查找域名的机制。

需要注意的是，域名只是个逻辑概念，并不代表计算机所在的物理地点。变长的域名和使用有助于记忆的字符串，是为了便于人来使用。而IP地址是定长的32位二进制数字则非常便于机器进行处理。这里需要注意，域名中的“点”和点分十进制IP地址中的“点”并无一一对应的关系。点分十进制IP地址中一定是包含三个“点”，但每一个域名中“点”的数目则不一定正好是三个。

据2006年12月的统计，现在顶级域名TLD（Top Level Domain）已有265个，分为以下三大类。

- 国家（地区）顶级域名nTLD：采用ISO 3166的规定。如：cn表示中国，us表示美国，uk表示英国，等等。国家（地区）顶级域名又常记为ccTLD（cc表示国家（地区）代码country-code）。到2006年12月为止，国家（地区）顶级域名总共有247个。

● 通用顶级域名 gTLD：到 2006 年 12 月为止，通用顶级域名的总数已经达到 18 个。最常见的通用顶级域名有 7 个，即：com（商业企业），net（网络服务机构），org（非营利性的组织），int（国际组织），edu（美国专用的教育机构），gov（美国的政府部门），mil 表示（美国的军事部门）。

其余 11 个通用顶级域名是：aero（航空运输企业），biz（公司和企业），cat（加泰隆人的语言和文化团体），coop（合作团体），info（各种情况），jobs（人力资源管理者），mobi（移动产品与服务的用户和提供者），museum（博物馆），name（个人），pro（有证书的专业人员），travel（旅游业）。

● 基础结构域名（infrastructure domain）：这种顶级域名只有一个，即 arpa，用于反向域名解析，因此又称为反向域名。

在国家（地区）顶级域名下注册的二级域名均由该国家（地区）自行确定。例如，顶级域名为 jp 的日本，将其教育和企业机构的二级域名定为 ac 和 co，而不用 edu 和 com。

我国把二级域名划分为"类别域名"和"行政区域名"两大类。

● "类别域名"共 7 个，分别为 ac（科研机构）；com（工、商、金融等企业）；edu（中国的教育机构）；gov（中国的政府机构）；mil（中国的国防机构）；net（提供互连网络服务的机构）；org（非营利性的组织）。

● "行政区域名"共 34 个，适用于我国各省、自治区、直辖市。例如：bj（北京市），js（江苏省），等等。

值得注意的是，我国修订的域名体系允许直接在 cn 的顶级域名下注册二级域名。这显然给我国的 Internet 用户提供了很大的方便。例如，某公司 abc 以前要注册为 abc. com. cn，是个三级域名。但现在可以注册为 abc. cn，变成了二级域名。据统计，到 2006 年 6 月底为止，直接在 cn 顶级域名下注册的二级域名已经超过 66 万个。

关于我国互联网发展现状及各种规定（如申请域名的手续），均可在中国互联网网络信息中心（CNNIC）的网址上找到。

用域名树来表示 Internet 的域名系统是最清楚的。图 2-24 是 Internet 域名空间的结构，它实际上是一棵倒过来的树，最上面的是根，但没有对应的名字。根下面一级的节点就是最高一级的顶级域名（由于根没有名字，所以在根下面一级的域名就叫做顶级域名）。顶级域名可往下划分子域，即二级域名。再往下划分就是三级域名、四级域名，等等。图 2-24 列举了一些域名作为例子。凡是在顶级域名 com 下注册的单位都获得了一个二级域名。图中给出的例子有：中央电视台 CCTV，以及 IBM、惠普（HP）等公司。在顶级域名 cn（中国）下面举出了几个二级域名，如：bj、edu 及 com。在某个二级域名下注册的单位可以获得一个三级域名。图中给出的在 edu 下面的三级域名有：tsinghua（清华大学）和 pku（北京大学）。一旦某个单位拥有了一个域名，它就可以自己决定是否要进一步划分其下属的子域，并且不必由其上级机构批准。图中，cctv（中央电视台）和 tsinghua（清华大学）都分别划分了自己的下一级的域名 mail 和 www（分别是三级域名和四级域名）。域名树的树叶就是单台计算机的名字，它不能再继续往下划分子域了。

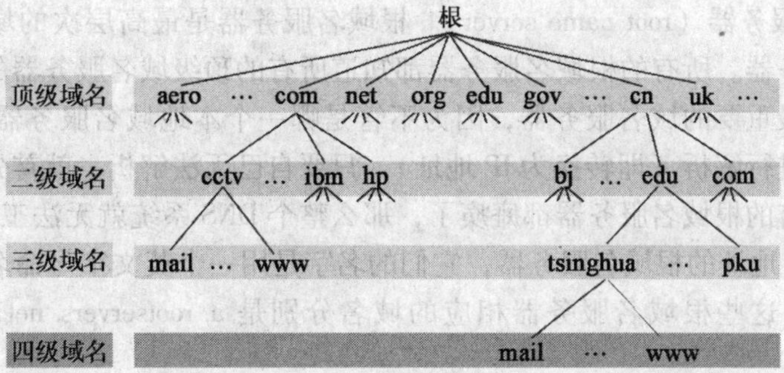

图 2-24　Internet 的域名空间

应当注意，虽然中央电视台和清华大学都各有一台计算机取名为 mail，但它们的域名并不一样，因为前者是 mail. cctv. com，而后者是 mail. tsinghua. edu. cn。因此，即使在世界上还有很多单位的计算机取名为 mail，但是它们在 Internet 中的域名却都必须是唯一的。

这里还要强调指出，Internet 的名字空间是按照机构的组织来划分的，与物理网络无关，与 IP 地址中的“子网”也没有关系。

2.3.3　域名服务器

上面讲述的域名体系是抽象的，具体实现域名系统则需使用分布在各地的域名服务器。从理论上讲，可以让每一级的域名都有一个相对应的域名服务器，使所有的域名服务器构成和图 2-24 相对应的“域名服务器树”的结构。但这样做会使域名服务器的数量太多，域名系统的运行效率降低。因此 DNS 就采用划分区的办法来解决这个问题。

一个服务器所负责管辖的（或有权限的）范围叫做区（zone）。各单位根据具体情况来分自己管辖范围的区。但在一个区中的所有节点必须是能够连通的。每一个区设置相应的权限域名服务器（authoritative name server），用来保存该区中的所有主机的域名到 IP 地址的映射。总之，DNS 服务器的管辖范围不是以“域”为单位，而是以“区”为单位。区是 DNS 服务器实际管辖的范围。区可能等于或小于域，但一定不可能大于域。

从图 2-25 可看出，Internet 上的 DNS 域名服务器也是按照层次安排的。每一个域名服务器都只对域名体系中的一部分进行管辖。根据域名服务器所起的作用，可以把域名服务器划分为以下四种不同的类型。

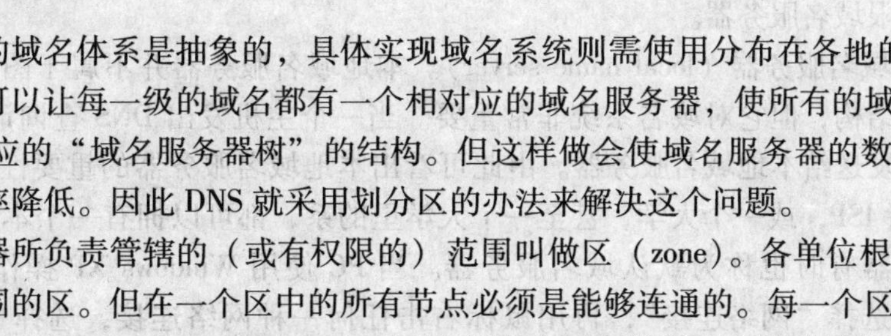

图 2-25　树状结构的 DNS 域名服务器

（1）根域名服务器（root name server）。根域名服务器是最高层次的域名服务器，也是最重要的域名服务器。所有的根域名服务器都知道所有的顶级域名服务器的域名和 IP 地址。根域名服务器是最重要的域名服务器，因为不管是哪一个本地域名服务器，若要对 Internet 上任何一个域名进行解析（即转换为 IP 地址），只要自己无法解析，就首先要求助于根域名服务器。假定所有的根域名服务器都瘫痪了，那么整个 DNS 系统就无法工作。在 Internet 上共有 13 个不同 IP 地址的根域名服务器，它们的名字是用一个英文字母命名，从 a 一直到 m（前 13 个字母）。这些根域名服务器相应的域名分别是 a. rootservers. net，…，m. rootservers. net。

需要注意的是，在许多情况下，根域名服务器并不直接把待查询的域名直接转换成 IP 地址（根域名服务器也没有存放这种信息），而是告诉本地域名服务器下一步应当找哪一个顶级域名服务器进行查询。

（2）顶级域名服务器（即 TLD 服务器）。这些域名服务器负责管理在该顶级域名服务器注册的所有二级域名。当收到 DNS 查询请求时，就给出相应的回答（可能是最后的结果，也可能是下一步应当找的域名服务器的 IP 地址）。

（3）权限域名服务器。这就是前面已经讲过的负责一个区的域名服务器。当一个权限域名服务器还不能给出最后的查询回答时，就会告诉发出查询请求的 DNS 客户，下一步应当找哪一个权限域名服务器。

（4）本地域名服务器（local name server）。本地域名服务器并不属于图 2-25 所示的域名服务器层次结构，但它对域名系统非常重要。当一个主机发出 DNS 查询请求时，这个查询请求报文就发送给本地域名服务器。由此可看出本地域名服务器的重要性。每一个 Internet 服务提供者 ISP，或一个大学，甚至一个大学里的系，都可以拥有一个本地域名服务器，这种域名服务器有时也称为默认域名服务器。当 PC 使用 Windows XP 操作系统时，打开“控制面板”，选择“网络连接”，再用鼠标右击任何一种网络连接，选择“属性”、“网络”，然后选择“Internet 协议（TCP/IP）”，再选择“属性”，就可看见有关 DNS 地址的选项（自动获取或指定地址）。这里的 DNS 服务器指的就是本地域名服务器。本地域名服务器离用户较近，一般不超过几个路由器的距离。当所要查询的主机也属于同一个本地 ISP 时，该本地域名服务器立即就能将所查询的主机名转换为它的 IP 地址，而不需要再去询问其他的域名服务器。

为了提高域名服务器的可靠性，DNS 域名服务器都把数据复制到几个域名服务器来保存，其中的一个是主域名服务器（master name server），其他的是辅助域名服务器（secondary name server）。当主域名服务器出故障时，辅助域名服务器可以保证 DNS 的查询工作不会中断。主域名服务器定期把数据复制到辅助域名服务器中，而更改数据只能在主域名服务器中进行。这样就保证了数据的一致性。

2.3.4 域名解析

下面简单讨论一下域名的解析过程。这里要注意两点。

（1）主机向本地域名服务器的查询一般都是采用递归查询（recursive query）。所谓递归查询就是：如果主机所询问的本地域名服务器不知道被查询域名的 IP 地址，那么本地域名服务器就以 DNS 客户的身份，向其他根域名服务器继续发出查询请求报文（即替该主机继续查询），而不是让该主机自己进行下一步的查询。因此，递归查询返回的查询结果或者是所要查询的 IP 地址，或者是报错，表示无法查询到所需的 IP 地址。

（2）本地域名服务器向根域名服务器的查询通常是采用迭代查询（iterative query）。迭代查询的特点是这样的：当根域名服务器收到本地域名服务器发出的迭代查询请求报文时，要么给出所要查询的 IP 地址，要么告诉本地域名服务器：“你下一步应当向哪一个域名服务器进行查询”。然后让本地域名服务器进行后续的查询（而不是替本地域名服务器进行后续的查询）。根域名服务器通常是把自己知道的顶级域名服务器的 IP 地址告诉本地域名服务器，让本地域名服务器再向顶级域名服务器查询。顶级域名服务器在收到本地域名服务器的查询请求后，要么给出所要查询的 IP 地址，要么告诉本地域名服务器下一步应当向哪一个权限域名服务器进行查询。本地域名服务器就这样进行迭代查询。最后，知道了所要解析的域名的 IP 地址，然后把这个结果返回给发起查询的主机。当然，本地域名服务器也可以采用递归查询。这取决于最初的查询请求报文的设置是要求使用哪一种查询方式。图 2-26用例子说明了这两种查询的区别。

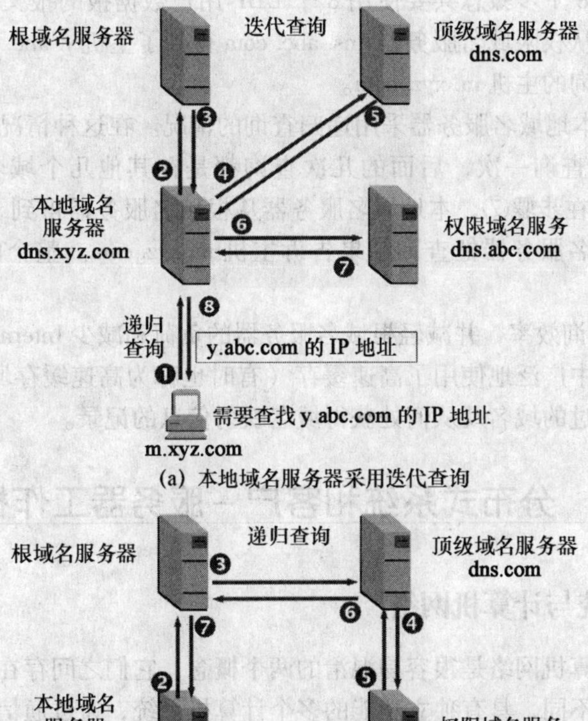

(a) 本地域名服务器采用迭代查询

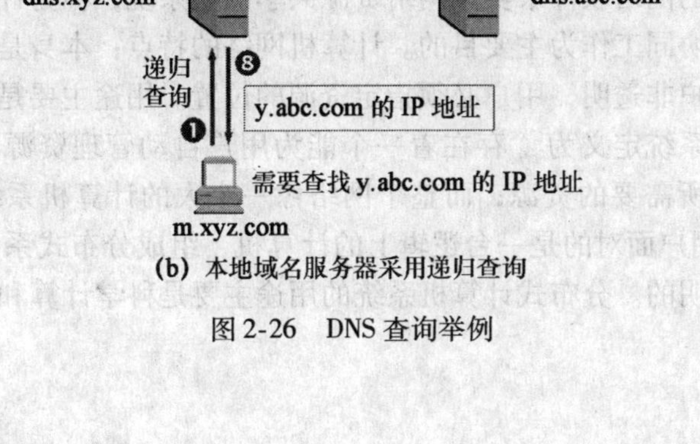

(b) 本地域名服务器采用递归查询

图 2-26 DNS 查询举例

假定域名为 m. xyz. com 的主机想知道另一个主机（域名为 y. abc. com）的 IP 地址。例如，主机 m. xyz. com 打算发送邮件给主机 y. abc. com。这时就必须知道主机 y. abc. com 的 IP 地址。下面是图 2-26（a）的几个查询步骤。

① 主机 m. xyz. com 先向其本地域名服务器 dns. xyz. com 进行递归查询。

② 本地域名服务器采用迭代查询。它先向一个根域名服务器查询。

③ 根域名服务器告诉本地域名服务器，下一次应查询的顶级域名服务器 dns. com 的 IP 地址。

④ 本地域名服务器向顶级域名服务器 dns. com 进行查询。

⑤ 顶级域名服务器 dns. com 告诉本地域名服务器，下一次应查询的权限域名服务器 dns. abc. com 的 IP 地址。

⑥ 本地域名服务器向权限域名服务器 dns. abc. com 进行查询。

⑦ 权限域名服务器 dns. abc. com 告诉本地域名服务器，所查询的主机的 IP 地址。

⑧ 本地域名服务器最后把查询结果告诉主机 m. xyz. com。

我们注意到，这 8 个步骤总共要使用 8 个 UDP 用户数据报的报文。本地域名服务器经过三次迭代查询后，从权限域名服务器 dns. abc. com 得到了主机 y. abc. com 的 IP 地址，最后把结果返回给发起查询的主机 m. xyz. com。

图 2-26（b）是本地域名服务器采用递归查询的情况。在这种情况下，本地域名服务器只需向根域名服务器查询一次，后面的几次查询都是在其他几个域名服务器之间进行的(步骤③至⑥)。只是在步骤⑦，本地域名服务器从根域名服务器得到了所需的 IP 地址。最后在步骤⑧，本地域名服务器把查询结果告诉主机 m. xyz. com。整个的查询也是使用 8 个 UDP 报文。

为了提高 DNS 查询效率，并减轻根域名服务器的负荷和减少 Internet 上的 DNS 查询报文数量，在域名服务器中广泛地使用了高速缓存（有时也称为高速缓存域名服务器）。高速缓存用来存放最近查询过的域名及从何处获得域名映射信息的记录。

2.4 分布式系统和客户 - 服务器工作模式

2.4.1 分布式系统与计算机网络

分布式系统与计算机网络是很容易混淆的两个概念，它们之间存在着许多差异。

我们将地理位置不同，具有独立功能的多个计算机系统，通过通信设备和线路互相连接起来，使用功能完整的网络软件来实现网络资源共享的大系统，称为计算机网络。它是以共享资源、数据通信和协同工作为主要目的。计算机网络的特点：本身是非协调性的、松散耦合的。各计算机对用户非透明，用户必须指定资源的位置。用途主要是资源共享。

而分布式计算机系统定义为“存在着一个能为用户自动管理资源的网络操作系统，由它调用完成用户任务所需要的资源，而整个网络像一个大的计算机系统一样对用户是透明的”，如并行计算。用户面对的是一台逻辑上的计算机，组成分布式系统的各计算机怎样协同工作，对用户是透明的。分布式计算机系统的用途主要是科学计算和事务处理。特点可以概括如下：

（1）系统拥有多种通用的物理和逻辑资源，它们可以被动态地分配任务；
（2）系统中分散的物理和逻辑资源通过计算机网络进行信息交换；
（3）系统存在着一个以全局方式管理系统资源的分布式操作系统；
（4）系统连网的各计算机相互合作又各自独立自治；
（5）系统内部结构对于用户而言是完全透明的。

计算机网络和分布式系统的差异在于：计算机网络是松耦合系统，分布式系统是紧耦合系统，计算机网络为分布式系统提供了基础，分布式系统是计算机网络的高级形式。

分布式系统往往是基于计算机网络来实现的，但是分布式系统并不等同于计算机网络。使用分布式系统的资源时，不需要指明资源所在的位置，只要说明资源的名称就可以了，系统将自动为你寻找到该资源并提供给你使用。

使用计算机网络的资源时则不然，必须指明资源所在的位置，然后到该位置调用该资源，系统并不自动为你服务。这就是二者最根本的差异。

2.4.2 网络应用的工作模式

在计算机网络的终端用户系统中运行的程序之间的通信方式通常可划分为两大类：对等方式（P2P方式）和客户-服务器方式（C/S方式）。

注意 P2P方式表示Peer-to-Peer方式，C/S方式表示Client/Server方式。有时还可看到另外一种叫做浏览器-服务器方式，即B/S方式（Browser/Server方式），但这仍然是C/S方式的一种特例。

下面分别对这两种方式进行介绍。

1. 对等连接方式

对等连接（Peer-to-Peer，P2P）是指两个主机在通信时并不区分哪一个是服务请求方哪一个是服务提供方。只要两个主机都运行了对等连接软件（P2P软件），就可以进行平等的、对等连接通信。这时，双方都可以下载对方已经存储在硬盘中的共享文档。因此这种工作方式也称为P2P文件共享。在图2-27中，主机C，D，E和F都运行了P2P软件，因此这几个主机都可进行对等通信（如C和D，E和F，以及C和F）。实际上，对等连接方式从本质上看仍然是使用客户-服务器方式，只是对等连接中的每一个主机既是客户同时又是服务器。例如主机C，当C请求D的服务时，C是客户，D是服务器。但如果C又同时向F提供服务，那么C又同时起着服务器的作用。

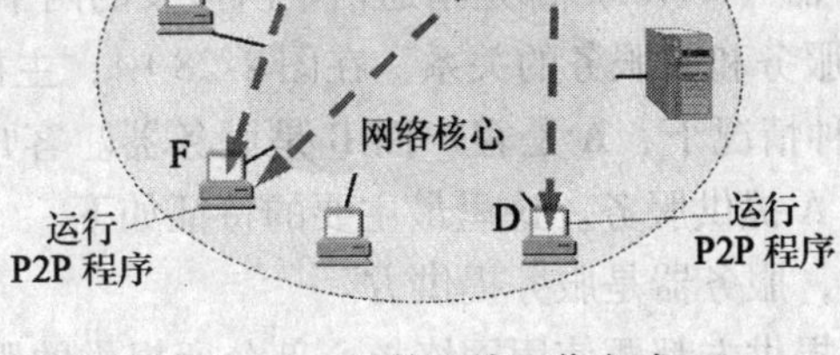

图2-27 对等连接工作方式

对等连接工作方式可支持大量对等用户（如上百万个）同时工作。它打破了传统的 C/S 模型中的网络逻辑结构。那就是 P2P 网络中的每个节点（Peer）的地位都是对等的，每个节点既充当服务器，为其他节点提供服务，同时也享用其他节点提供的服务。

P2P 网络结构模型的主要特点体现在以下几个方面。

（1）非中心化。网络中的资源和服务分散在网络中的所有节点上，信息的传输和服务的实现都直接在节点之间进行，可以无须经过中间环节和服务器，避免了网络连接中可能存在的瓶颈。P2P 的非中心化基本特点，带来了其下面将要介绍到的可扩展性、健壮性等方面的优势。

（2）可扩展性好。P2P 网络用户之间基本上不存在管理与被管理的角色，所有用户都是平等的，可以随时加入，也可以随时退出，用户的增加又不会增加网络中任何其他节点的负担，使得网络扩展性非常好。

（3）健壮性好。P2P 结构天生具有耐攻击、高容错的优点。由于服务是分散在各个节点之间进行的，而且都是对等的，所以部分节点或网络遭到破坏对其他部分的影响很小（所受的影响就是不能访问到这些被攻击的节点了）。

（4）良好的负载均衡性。P2P 网络环境下由于每个节点既是服务器，又是客户机，减少了对传统 C/S 结构服务器计算能力、存储能力的要求，各种复杂的运算和数据处理任务由网络中相应连接的各计算机共同完成。同时因为资源分布在多个节点，更好地实现了整个网络的负载均衡，没必要单独配置高性能的 PC 或服务器。

（5）高性价比。采用 P2P 结构可以有效地利用 Internet 中散布的大量普通节点，将计算任务或存储资料分布到所有节点上。利用其中闲置的计算能力或存储空间，达到高性能计算和海量存储的目的。

（6）隐私保护。在 P2P 网络中，由于信息的传输分散在各节点之间进行而无须经过某个集中环节，用户的隐私信息被窃听和泄露的可能性大大缩小。

以上是 P2P 网络的一些主要优势，绝大部分是从广域网应用方面来考虑的。P2P 网络模型在局域网中的主要不足就是管理能力差，它体现在网络数据、网络用户、网络安全策略等许多方面。也正因如此，P2P 网络模型在局域网中的应用反而不及在广域网中。

2. 客户－服务器方式

在这种工作模式中，网络中的各计算机地位不是平等的，而是由一台或者多台计算机担当整个网络的管理角色，称之为“服务器”，为整个网络中的计算机提供服务和管理；而其他计算机是受这些服务器管理的，这些计算机称之为“客户机”。

这种方式在 Internet 上是最常用的，也是传统的方式。在上网发送电子邮件或在网站上查找资料时，都是使用客户－服务器方式。

客户（client）和服务器（server）都是指通信中所涉及的两个应用进程。客户－服务器方式所描述的是进程之间服务和被服务的关系。在图 2-28 中，主机 A 运行客户程序而主机 B 运行服务器程序。在这种情况下，A 是客户而 B 是服务器。客户 A 向服务器 B 发出请求服务，而服务器 B 向客户 A 提供服务。这里最主要的特征如下。

- 客户是服务请求方，服务器是服务提供方。
- 服务请求方和服务提供方都要使用网络核心部分所提供的服务。

在实际应用中，客户程序和服务器程序通常还具有以下一些主要特点。

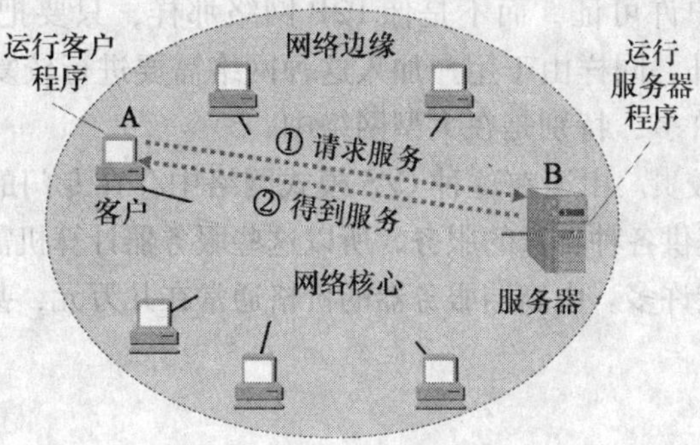

图2-28　客户－服务器方式

客户程序主要特点如下。

（1）它被用户调用后运行，在通信时主动向远地服务器发起通信（请求服务）。因此，客户程序必须知道服务器程序的地址。

（2）不需要特殊的硬件和很复杂的操作系统。

服务器程序主要特点如下。

（1）它是一种专门用来提供某种服务的程序，可同时处理多个远地或本地客户的请求。

（2）系统启动后即自动调用并一直不断地运行着，被动地等待并接受来自各地的客户的通信请求。因此，服务器程序不需要知道客户程序的地址。

（3）一般需要强大的硬件和高级的操作系统支持。

客户与服务器的通信关系建立后，通信可以是双向的，客户和服务器都可发送和接收数据。而其服务器可以接受多个客户机的请求。如图2-29所示。

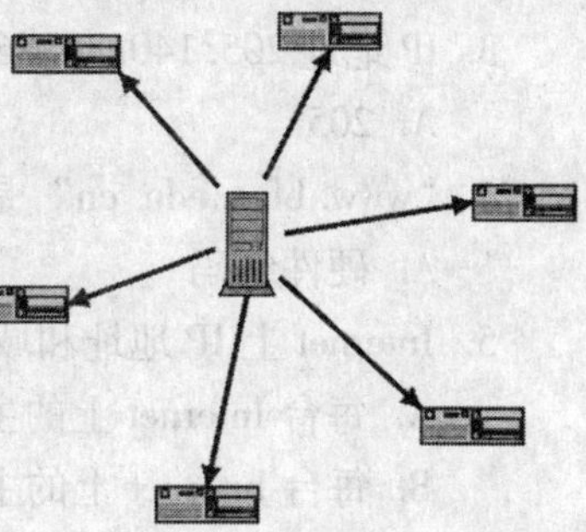

图2-29　多客户机访问服务器

需要注意的是，上面所说的客户和服务器本来都指的是计算机进程（软件）。使用计算机的人是计算机的“用户”（user）而不是“客户”（client）。

这种C/S模式的网络与P2P模式相比，主要具有以下几方面的特点。

（1）计算机地位不平等。网络中各计算机的地位不再平等，而是由“服务器”计算机担当管理角色，“客户”计算机被服务器管理，这不仅是从资源角度来看，更重要的是从用户对象权限、安全策略等角度看。

（2）便于网络管理。在这种网络中，整个网络的管理工作交由少数服务器担当，所以整个网络的管理非常集中、方便，这一优势在大规模网络中更加明显。在对等网中，用户账户和权限没有统一管理者，全由使用者自己做主，这就给网络安全带来极大的威胁。

（3）网络配置复杂。相比对等网来说，这种网络配置较为复杂，这主是由于在这种网络中的服务器中所安装的是专门的网络操作系统，如Windows NT Server、Windows 2000 Server/Advanced Server、Windows Server 2003企业版的各UNIX和Linux系统等，而不像对等网络那样，各主机采用什么操作系统纯粹由使用者自己决定。

（4）扩展困难。因为C/S中需要专门的服务器对用户进行管理，所有服务器系统通常需要购买相应数量的用户许可证，而不是像 P2P 网络那样，只要把网络一连即可加入，没有用户许可证限制。另外，同样由于用户加入这种网络需要进行较复杂的配置，所以，用户的扩展相对来说要困难许多，特别是在大型网络中。

（5）网络构建费用较贵。由于在这种 C/S 模式网络中存在专门的服务器，负责整个网络的管理，并对整个网络提供各种特殊的服务，所以这些服务器计算机需要有较高的配置，这就决定了它的价格相对要贵许多。中高档服务器的价格通常在几万元，甚至几十、上百万元。

习题

一、填空题

1. IP 地址由________位二进制组成，分为网络号和主机号两部分。其中网络号表示________，主机号表示________。
2. 常见的 Internet 服务有________、________、________等。
3. 在局域网中，计算机的硬件地址又称为物理地址或________地址。
4. 在计算机网络的终端用户系统中运行的程序之间的通信方式通常可划分为两大类：________和________。

二、选择题

1. 因特网（Internet）的起源可追溯到它的前身（　　）。
   A. ARPANET　B. DECnet　C. NSFNET　D. Ethernet
2. 因特网使用的协议是（　　）。
   A. IPX 协议　B. TCP/IP 协议　C. AppleTalk 协议　D. NetBEUI 协议
3. IP 地址 205. 140. 36. 86 的（　　）表示主机号。
   A. 205　B. 205. 140　C. 86　D. 36. 86
4. “www. bfsu. edu. cn”是 Internet 中主机的（　　）。
   A. 硬件编码　B. 密码　C. 软件编码　D. 域名
5. Internet 上 IP 地址和域名之间的关系是（　　）。
   A. 每台 Internet 上的主机必须有 IP 地址，不一定有域名
   B. 每台 Internet 上的主机必须同时有 IP 地址和域名
   C. 每台 Internet 上的主机必须有域名，不一定有 IP 地址
   D. 域名与 IP 地址没有关系
6. 下列各项中，非法的 IP 地址是（　　）。
   A. 126. 96. 2. 6　B. 190. 258. 38. 8
   C. 203. 113. 7. 15　D. 203. 226. 1. 68
7. 下列四项内容中，不属于 Internet（因特网）基本功能的是（　　）。
   A. 电子邮件　B. 文件传输　C. 远程登录　D. 实时监测控制
8. IP 地址 205. 140. 36. 86 表示主机号的是（　　）。
   A. 205　B. 205. 140　C. 86　D. 36. 86
9. 下列 IP 地址中属于 B 类地址的是（　　）。
   A. 98. 62. 53. 6　B. 130. 53. 42. 10

C. 200.245.20.11　　D. 221.121.16.12

10. 下列各项中，不能作为域名的是（　　）。

A. www.aaa.edu.cn　　B. ftp.buaa.edu.cn

C. www.bit.edu.cn　　D. www.lnu.edu.cn

11. 下列 URL 错误的是（　　）。

A. html：//abc.com　　B. http：//abc.com

C. ftp：//abc.com　　D. telnet：//abc.com

12. 关于 Internet 的域名系统，以下说法错误的是（　　）。

A. 域名解析需要借助于一组既独立又协作的域名服务器完成

B. 域名服务器逻辑上构成一定的层次结构

C. 域名解析总是从根域名服务器开始

D. 域名解析包括递归解析和反复解析两种方式

13. IP 数据报在穿越 Internet 过程中有可能被分组。在 IP 数据报分组以后，通常由以下设备进行重组（　　）。

A. 源主机　　B. 目的主机　　C. 转发路由器　　D. 转发交换机

14. 以下命令用于查看主机的 IP 地址的是（　　）。

A. cmd　　B. ipconfig　　C. netstat　　D. ping

15. WWW 的进程端口号一般是（　　）。

A. 80　　B. 25　　C. 23　　D. 21

三、简答题

1. 简述 Internet 的发展。

2. Internet 的基本结构和组成是什么？

3. 阐述 Internet 和 Intranet 的区别和联系？

4. TCP/IP 协议的定义是什么？叙述遵循 TCP/IP 协议的数据传输过程。

5. IP 地址的定义是什么，是如何进行分类的？

6. Internet 为什么要使用域名系统？域名是如何进行解析的？

7. 分布式系统与计算机网络有什么区别？

8. 计算机网络的应用模式有哪些？

四、实验

1. IP 地址的分配情况。了解网络实验室局域网、全球范围的广域网内各种类型 IP 地址的分配情况。

2. IP 地址的设置与查看。设置主机的 IP 地址、子网掩码和 DNS，使用 ipconfig、ping 等命令查看 IP 地址的设置和网络的连通性。

3. 端口的设置。通过 Windows 操作系统的 TCP/IP 属性设置对计算机端口进行配置。

4. P2P 和客户－服务器工作方式。了解 Internet 主要的工作方式及其典型应用。

第3章
Internet 接入

3.1 Internet 接入方式概述

3.1.1 引言

Internet 接入技术主要是指一台计算机或局域网与 Internet 相连接的技术。这里主要是指用户利用电话线或数据专线等方式，将个人或单位的计算机系统与 Internet 连接，进而使用其中的资源。

对于 Internet 的用户来说，要连入 Internet，首先必须将自己的计算机与 Internet 连接设备相连，如交换机、调制解调器；完成相应的网络设置或拨号连接后，才能接入 Internet 并利用 Internet 的各种应用软件实现对网上资源的访问。本章将在简单介绍 Internet 接入方式的分类之后，详细介绍个人用户普遍使用的电话拨号入网方式、ADSL 接入方式、共享接入和无线接入操作方法。

3.1.2 Internet 服务提供商

Internet 服务提供商（Internet Service Provider，ISP）就是为用户提供 Internet 接入和 Internet 信息服务的公司和机构。由于接入 Internet 需要租用国际信道，其成本对于一般用户是无法承担的，而 ISP 提供接入服务的中介，需投入大量资金建立中转站，租用国际信道和大量的当地电话线，购置一系列计算机设备，通过集中使用、分散压力的方式，向本地用户提供接入服务。从某种意义上讲，ISP 是全世界数以亿计的用户通往 Internet 的必经之路。

1. ISP 简介

最常见的接入方式是通过 ISP 接入 Internet，它允许用户通过拨号方式将家中的计算机接入 Internet。可以说，ISP 是用户接入 Internet 的入口点。ISP 主要有以下两个作用：一是为用户提供 Internet 接入服务；二是为用户提供各类信息服务。

图 3-1 是 ISP 的工作原理示意图。不管采用哪种方式接入 Internet，首先都需要连接到 ISP 的主机。从用户的角度来看，ISP 位于 Internet 的边缘，用户首先通过某种通信线路连接到 ISP，然后通过 ISP 的连接线路接入 Internet。

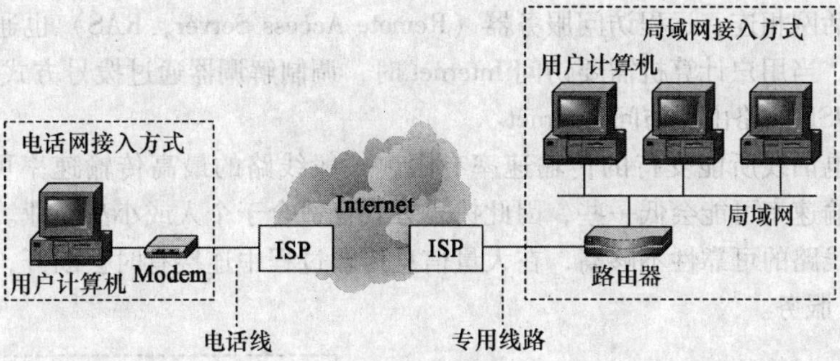

图3-1 ISP的工作原理

2. ISP应提供的信息

如果选择通过拨号方式接入Internet，则首先要通过拨号方式连接到ISP，然后才能通过ISP的线路接入Internet。任何想通过ISP访问Internet的用户，在使用前必须向该ISP申请一个Internet账号。

如果用户已经选定ISP，并向ISP申请入网，那么ISP应该向用户提供一些信息。采用不同的接入技术提供的信息不同，以采用Modem（调制解调器）拨号为例需提供的信息有：

（1）ISP入网服务电话号码（Modem接入时呼叫的电话号码）；

（2）用户账号；

（3）密码；

（4）ISP服务器的域名；

（5）所使用的域名服务器的IP地址；

（6）ISP的SMTP服务器地址（邮件服务器的IP地址）。

这些信息是接入Internet的必需信息，在以后安装配置使用Internet软件工具时使用。

3.1.3 各种Internet连接技术

网络接入方式的结构，统称为网络的接入技术，其发生在连接网络与用户的最后一段路程，网络的接入部分是目前最有希望大幅提高网络性能的环节。

目前，Internet接入技术有很多种，按大类分为窄带接入和宽带接入。采用Modem通过电话线拨号接入一般认为属于窄带接入，其他接入方式都可以认为是宽带接入。随着Internet的迅猛发展，宽带接入技术也日益成熟，并成为Internet接入的主流技术。目前接入技术分为以下几类。

1. 电话网接入

对于众多个人用户来说，要把在家里或单位使用的计算机连入Internet，最简单的方式是利用传统电话网，即公用交换电话网（PSTN）连入。

电话网接入方式又可以分为三种类型：拨号接入、ISDN和ADSL宽带接入方式。拨号接入与ISDN和ADSL宽带接入的区别在于使用的接入设备不同，而且ISDN和ADSL宽带接入速率比拨号接入要高。

（1）拨号上网。拨号上网是指用户计算机使用调制解调器，通过普通电话线与ISP建立连接，然后通过ISP的线路接入Internet。图3-2是拨号上网的接入方式。用户计算机通过调制解调器与电话网相连，远程访问服务器（Remote Access Server，RAS）也通过调制解调器与电话网相连。当用户计算机需要访问 Internet 时，调制解调器通过拨号方式与 RAS 建立连接，然后通过 ISP 的路由器访问 Internet。

由于目前电话线所能支持的传输速率有限，一般线路的最高传输速率可达到 56Kbps，较差线路的传输速率可能会低一些，因此拨号方式仅适合于个人或小型企业。由于技术方面的原因，拨号线路的可靠性不够高，在大量信息传输过程中连接有时会断开，这种方式不适合提供 Internet 服务。

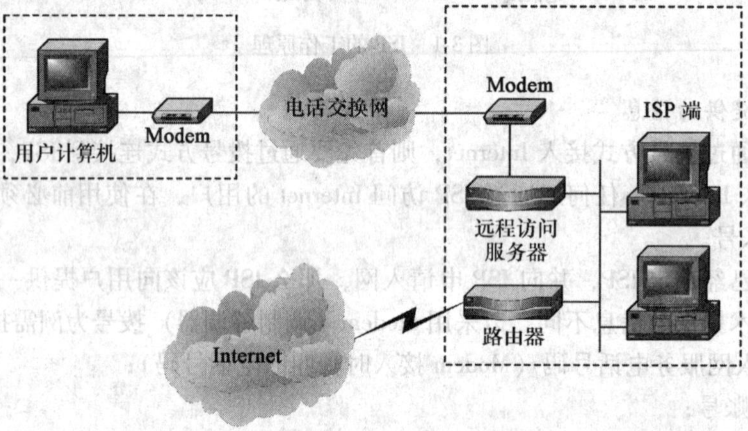

图 3-2　拨号上网的接入方式

（2）ISDN。ISDN（也称为一线通）与 PSTN 相比，它能提供端到端的数字连接，而且上网的速率更快。由于一条 ISDN 至少可提供两条传输信道，所以在一条电话线路上可同时打电话和上网。目前这种方式已被 ADSL 接入方式逐步取代。

（3）ADSL。ADSL（Asymmetrical Digital Subscriber Line，非对称数字用户线路）是一种能够通过普通电话线提供宽带数据业务的技术，也是目前极具发展前景的一种接入技术。

ADSL 虚拟拨号（也称为超级一线通）是利用分频技术，把传统电话网的线路所传输的低频信号和高频信号分离。3 400 Hz 以下的低频部分供电话使用，3 400 Hz 以上的高频部分供上网使用，也就是说，在一条电话线上可同时传输语音信号和数据信号。

图 3-3 所示是宽带上网的接入方式。用户计算机通过 ADSL Modem 与电话网相连；远程

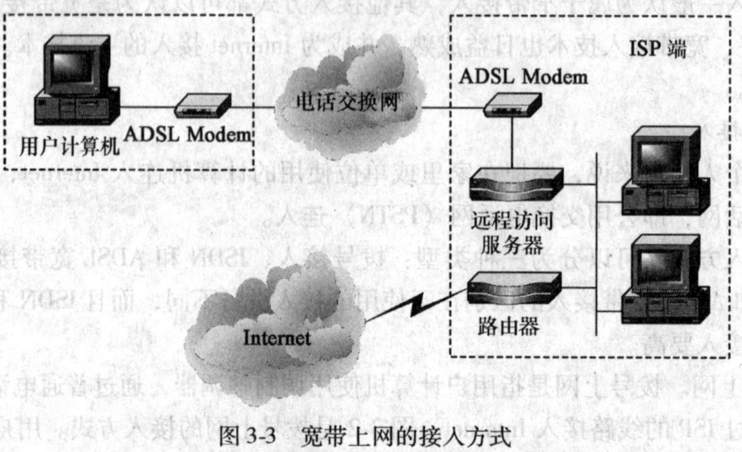

图 3-3　宽带上网的接入方式

访问服务器（RAS）也通过 ADSL Modem 与电话网相连。当用户计算机需要访问 Internet 时，用户端的 ADSL Modem 通过 ISP 端的 ADSL Modem 与 RAS 建立连接，然后通过 ISP 端的路由器访问 Internet。

ADSL Modem 可以直接发送与接收数字信号，而不用完成数字信号与模拟信号之间的转换。普通电话线上传输的语音信号只占线路带宽的一小部分，ADSL 技术充分利用电话线中没使用的带宽，这就是采用 ADSL 方式比拨号方式传输速率高的原因。

2. 专线连接

计算机与 Internet 连接的专门数据业务，包括公用数字数据网（DDN），HFC、帧中继网，无线网络和卫星网络等。不过由于在专线连接中，DDN 专线使用最广泛，所以目前人们经常所说的专线连网，一般均指利用 DDN 专线上网。

（1）DDN。DDN（Digital Data Network，数字数据网），是利用光纤、数字微波或卫星等数字信道，提供永久或半永久性电路，以传输数据信号为主的信号网络。它区别于传统模拟电话专线，其显著特点是数字专线、传输质量高、时延小、通信速度可以根据需要在 2.4 kbps～2 Mbps之间选择。用 DDN 方式接入 Internet，传输速率可以达到 64 kbps～2 Mbps。采用专线连接的方式而不必选择路由，直接进入主干网络，所以时延小、速度快。采用点对点或点对多点的专用数据线路，特别适用于业务量大、实时性强的用户。

（2）HFC。HFC（Hybrid Fiber Coaxial，光纤同轴电缆混合网），它是一种新型的宽带网络，采用光纤到服务区，而在进入用户的最后一段采用同轴电缆。最常见的就是有线电视网络。Cable Modem（电缆调制解调器，或称线缆调制解调器）是一种将数据终端设备（计算机）连接到有线电视网（Cable TV），以使用户能进行数据通信、访问 Internet 等信息资源的设备。主要用于有线电视网进行数据传输。通过有线电视宽带网（即 HFC 网络）接入有线电视数据网，有线电视数据网再和 Internet 高速相连，用户即可在家中高速连入 Internet 网。利用 Cable Modem接入 Internet 可以实现 10 Mbps～40 Mbps 的带宽，下载速度可以轻松超过 100 kbps，有时甚至可以高达 300 kbps，用它可以非常舒心地享受宽带多媒体业务，而且 Cable Modem 可以绑定独立的 IP。

（3）帧中继。帧中继（Frame Relay）是在 OSI 的第二层上用简化的方法传送和交换数据单元的一种网络互连技术。它的传输率从 19.2 kbps 到 2 Mbps。帧中继主要运用在企业局域网之间的互连，以及局域网连入 Internet，帧中继是一种经济、方便、灵活、投资少的企业级的网络解决方案。

（4）无线接入。无线接入技术是指在终端用户和交换局间的接入网部分全部或部分采用无线传输方式，为用户提供固定或移动的接入服务的技术。作为有线接入网的有效补充，无线接入技术有系统容量大、语音质量与有线一样、覆盖范围广、系统规划简单、扩容方便、可加密码或用 CDMA 增强保密性等技术特点，可解决边远地区、难以架线地区的信息传输问题，是当前发展最快的接入网之一。无线接入的方式有很多。

如果一个局域网已经接入 Internet，其他计算机可以通过无线的方式加入该网络并访问 Internet，称之为无线局域网上网。除此之外，常用的无线上网方式还有移动通信（GPRS、CDMA）方式。

- 无线局域网上网。如果要将计算机加入到无线局域网中享受 WLAN 带来的无“线”精彩，必须满足基本的硬件要求——安装无线网卡。对于 Windows XP 版本以上的操作系统，系统会自动安装完成对无线网卡的安装与配置。

对于笔记本电脑来说，并不是所有的笔记本电脑都内置了无线网卡，如果笔记本预留了天线并且有 MINI PCI 的插槽，可以自行加装无线网卡，或者更简单地就是使用 PC 卡式的外置无线网卡。

目前，许多公共服务场所提供的无线接入服务，例如宾馆、饭店。这些场所的无线网络一般不设置安全机制，用户可以直接接入该网络。而对于许多单位的无线网络来说，为了网络安全或防止被陌生用户接入该网络，通常会启用网络密钥功能。启用网络密钥功能后，要接入该网络就必须提供密码。虽然其“移动性”和覆盖范围有局限性，但由于带宽的增大，从上网速率到娱乐性上来说，无线局域网都是目前无线上网方式中最强的。

● 移动通信上网。除通过无线局域网上网之外，目前使用最普遍的无线上网方式是移动通信上网，即通过手机拨号上网。移动通信上网一般应用于笔记本上。移动通信上网有两种方式，即中国联通 CDMA 方式和中国移动 GPRS 方式。

手机拨号上网与普通电话拨号上网的原理类似，不同的是，一个是无线、一个是有线。虽然移动通信与无线局域网上网相比在上网速度上明显处于劣势，但由于其信号覆盖范围广和一直在线的优势而受到许多笔记本用户的欢迎。要使用移动通信上网，需要到中国联通或中国移动营业厅购买上网的 CDMA SIM 卡或 GPRS SIM 卡，并插入到笔记本电脑相应的插槽中，或者通过传输介质（电缆、红外线或蓝牙）将笔记本电脑与具有 GPRS 功能的手机相连接。安装驱动程序后，就可以像普通 Modem 一样拨号上网了。

3. 局域网连入 Internet

以太网是在 20 世纪 80 年代发展起来的一种局域网技术，其带宽为 10 Mbps，最初是共享型，需要防止碰撞或冲突，这就限制了其使用效率和传输距离。20 世纪 90 年代的交换型以太网，解决了上述问题，并先后推出了快速以太网（Fast Ethernet）（100 Mbps）和千兆以太网（Gigabit Ethernet）（1 000 Mbps）。以太网由于具有使用简单方便、价格低、速度高等优点，很快成为局域网的主流。随着 Internet 的快速发展，以太网被大量使用，目前全世界有 6 亿个以太网端口。随着千兆以太网 GbE 的成熟和万兆以太网 10GbE（10 Gbps）的出现，以及低成本在光纤上直接架构 GbE 和 10GbE 网技术的成熟，以太网开始进入城域网 MAN 和广域网 WAN 领域。目前，10GbE 已经成为宽带 IP 城域网的首选方案，也已经开始用于 WAN。现在宽带入驻小区，就是采用这种接入方式的。

局域网接入是指局域网中的用户计算机使用路由器，通过数据通信网与 ISP 相连接，再通过 ISP 的线路接入 Internet。图 3-4 所示是局域网接入的工作方式示意。数据通信网有很多种类型，如 DDN、X. 25 与帧中继等，它们都是由电信运营商来运行与管理的。目前，国内数据通信网的经营者主要有中国电信、中国移动与中国联通等。

用户采用局域网接入方式时，花费在租用线路上的费用比较昂贵，用户端通常是有一定规模的局域网，例如一个企业网或校园网。

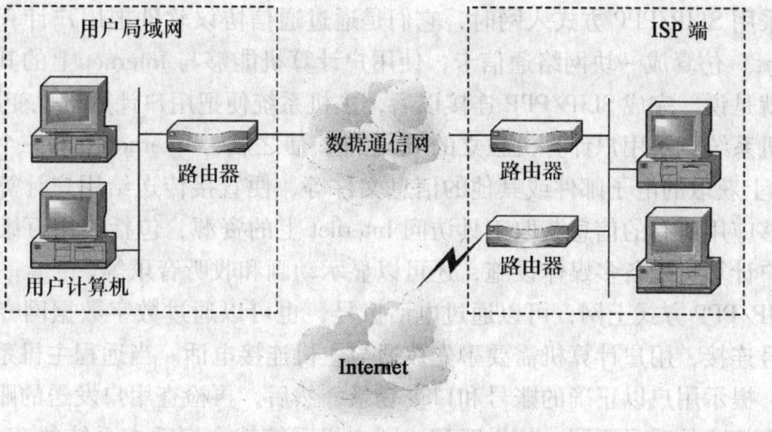

图 3-4 局域网接入的工作方式

3.2 电话拨号连入 Internet

在电话拨号连入 Internet 中，主要是通过 TCP/IP 协议访问的方式实现的。

3.2.1 电话拨号方式下的 TCP/IP 协议访问

使用 TCP/IP 协议访问 Internet，与终端仿真访问方式不同，它是通过 TCP/IP 协议将用户计算机变成了 Internet 的一部分。在通信方式的选择上，TCP/IP 访问方式要比终端仿真访问方式灵活得多。从物理连接上看，它仍然是用 Modem 和电话线，将用户计算机与连入 Internet 的主机连接起来，如图 3-5 所示。尽管这两种访问方式都采用拨号上网，但它们与主机通信的方法是不相同的。终端仿真方式利用的是通信软件，而 TCP/IP 方式则是利用 TCP/IP 协议。前者仅仅是作为一个远程终端，所有的应用程序均在登录的主机上运行。而后者则是一台独立的计算机，所有的应用程序均在它上面运行。

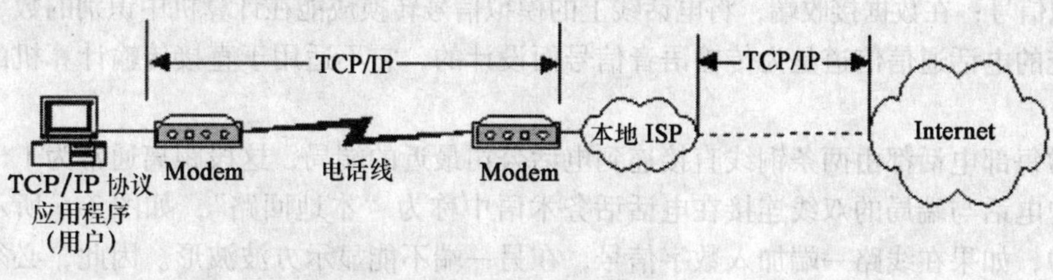

图 3-5 Modem 和电话线连接方式

3.2.2 TCP/IP 访问的两种接口协议

TCP/IP 协议访问方式在具体实现时，又可以分为两种类型，即串行线 IP 协议（Serial Line Internet Protocol，SLIP）和点对点协议（Point-to-Point Protocol，PPP）。这两种类型的协议，在功能方面基本相同，PPP 是由 SLIP 发展而来的。具体选择哪一种，需要看用户的 ISP 能提供哪一种方式。

当用户采用SLIP/PPP方式入网时，它们是通过通信协议软件把用户计算机的串行通信口（serial port）仿真成一块网络通信卡，使用户计算机能够与Internet上的其他主机系统直接通信。也就是说，完成SLIP/PPP连接以后，主机系统便把用户计算机也变成了Internet的一部分，主机系统赋予用户计算机独立的IP地址，使之成为Internet上的一个仿真节点。用户从Internet上获取的电子邮件或其他的信息文件等，便直接传送给用户计算机。同时，用户计算机能够应用所有的信息获取工具访问Internet上的资源，包括使用万维网系统的浏览器。如果用户计算机配备多媒体设施，还可以显示动画和收听音乐等。

采用SLIP/PPP方式上网，可以通过电话拨号，也可以通过数字数据网专线连接。如果利用电话拨号连接，用户计算机需要事先拨通与主机连接电话。当远程主机系统监测到用户的请求以后，提示用户以正确的账号和口令登录，然后，再检查用户发送的账号和口令是否与主机系统中相应的项目匹配。如果匹配，则主机系统就会启动本系统的SLIP/PPP驱动程序，设置网络接口；在用户计算机中，也启动相应的SLIP/PPP驱动程序，并设置相应的网络接口。至此，用户计算机就可以开始访问Internet了。

在SLIP/PPP方式中，入网用户的IP地址分配有静态和动态两种。静态IP地址是ISP提供给用户使用的一个固定的IP地址，用户每次上网时均使用这个IP地址。动态IP地址是指入网用户没有固定的IP地址，每次拨号上网时，主机系统会自动将未被使用的IP地址分配给这个用户使用。大多数SLIP连接均有静态的IP地址。对于PPP连接，远程主机系统可以为用户提供一个动态的IP地址。

3.2.3 使用Modem通过电话拨号连接方式的硬件配置

调制解调器又称为Modem，是拨号上网的用户必须使用的设备。用户在进行电话拨号上网前需要准备好个人计算机、Modem、一条电话线和ISP提供的电话拨号上网账号和密码。

1. 调制解调器的作用

调制解调器的具体作用是：在数据发送端，将计算机中的数字信号转换成能在电话线上传输的模拟信号；在数据接收端，将电话线上的模拟信号转换成能在计算机中识别的数字信号。

传统的电话通信信道是为传输语音信号而设计的，它不适用于直接传输计算机的数字基带信号。

通常每部电话都由两条铜线直接连到电话公司最近的端局，这段距离通常为1～10 km。这种用户电话与端局的双线连接在电话话务术语中称为“本地回路”，如图3-6所示。在本地回路中，如果在线路一端加入数字信号，在另一端不能显示方波波形。因此，必须利用调制解调器将数字基带信号转换成模拟信号，才能在电话线中传输。

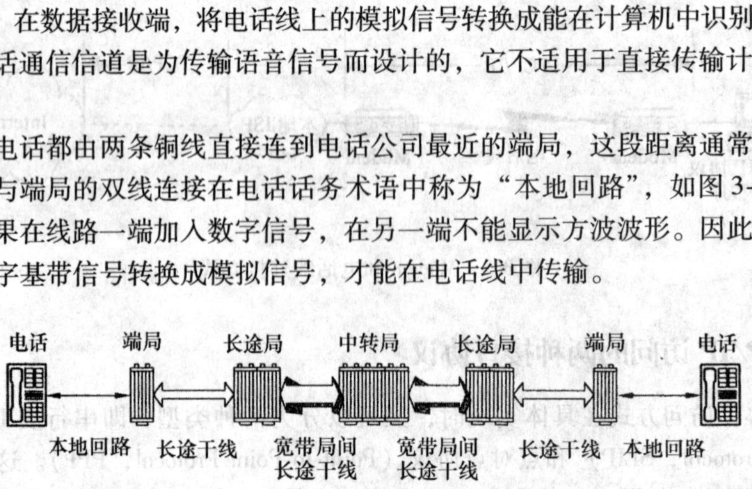

图3-6 一个典型的中距离电话线路

2. 调制解调器的安装

调制解调器尽管已经出现了很多年，但是它的发展速度仍然比较快。按照不同的分类方法，可以将 Modem 分成许多类型。调制解调器在选择和安装时需要注意如下一些问题。

（1）内置还是外置 Modem。Modem 通常分为内置与外置两种。内置 Modem 是指插在计算机扩展槽中的 Modem 卡，外置 Modem 是指通过串行口连接到计算机的 Modem。

（2）传输速率多高。在选择 Modem 时，传输速率是衡量 Modem 性能的重要指标。Modem 的传输速率越高，传输数据所花费的时间就越少，也就能节省更多的电话费。目前，Modem 的传输速率主要是 56 kbps。

（3）是否有附加功能。有的 Modem 除具有基本的拨号功能外，还具有一些可有可无的附加功能，例如传真、语音与数据压缩等功能。Modem 的附加功能越多，价格也相应越贵。

（4）连接调制解调器。下面以外置 Modem 为例，介绍如何将 Modem 与计算机连接起来，如图 3-7 所示。内置式和外接式 Modem 都有两个信号接口：Line 和 Phone。其中，标有“Line”的接口接电话外线，标有“Phone”的接口接电话机。外置 Modem 通常都有以下四个端口。

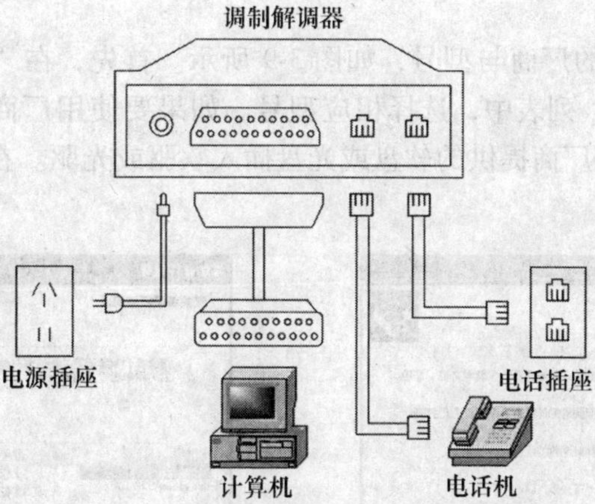

图 3-7 调制解调器的连接

- 计算机连接端口（DTE）：用来连接计算机的串行通信端口。
- 电源线连接端口（Power）：用来连接电源。
- 电话线连接端口（Line）：用来连接电话线。
- 电话机连接端口（Phone）：用来连接电话机。

3.2.4 在 Windows XP 下接入 Internet 的软件安装和设置

对于采用电话拨号方式上网的用户来说，除了需要一台计算机、一个 Modem 和一条电话线之外，还需要三种软件一起工作，才有可能访问 Internet。这三种软件分别是 TCP/IP 驱动软件、SLIP/PPP 拨号连接软件及提供访问 Internet 的应用软件。只有通过拨号软件建立与主机的连接以后，才能利用浏览器或电子邮件等软件对 Internet 进行访问。

由于在 Windows XP 下无须安装拨号网络适配器和 TCP/IP 协议，所以用户只要正确配置 Modem 网络通信协议及为拨号网络创建连接等，就可以利用拨号网络拨号上网。下面将详细介绍各项安装和设置的具体操作步骤。

1. 安装Modem的驱动程序并进行设置

在正确安装Modem之后，还需要安装Modem的驱动程序并进行一系列的设置，才能利用它拨号上网。全部过程包括：Modem驱动程序的安装、检测和诊断；检查串口与设置通信参数等。

Windows操作系统具有自动搜索即插即用硬件的功能。一般来说，从市场购买的Modem均属于即插即用设备，所以用户只要将Windows XP的安装盘插入CDROM，系统将会自动安装Modem驱动程序。但是在实际使用中发现，对于某些Modem，Windows操作系统有时无法正确安装它的驱动程序，此时用户就必须在Windows XP平台下，一步一步进行安装。

（1）安装Modem驱动程序。为调制解调器安装驱动程序，可以按以下步骤进行操作。

① 在“控制面板”窗口中，双击“调制解调器”图标，将会弹出“调制解调器属性”窗口。这时，单击“添加”按钮，将会弹出“安装新调制解调器”对话框，如图3-8所示。如果不想让系统检测调制解调器的型号，选中“不要检测我的调制解调器，我将从列表中选择”复选框；否则，系统会查找合适的调制解调器型号。在完成选择后，单击“下一步”按钮。

② 选择调制解调器的厂商与型号，如图3-9所示。首先，在“厂商”列表中，选择生产商；然后，在“型号”列表中，选择相应型号。如果要使用厂商提供的驱动程序，单击“从磁盘安装”按钮，将厂商提供的软盘或光盘插入软驱或光驱。在完成选择后，单击“下一步”按钮。

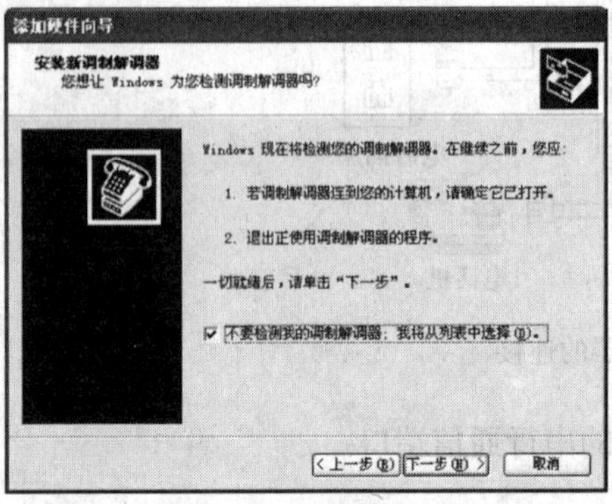

图3-8 “安装新调制解调器”对话框

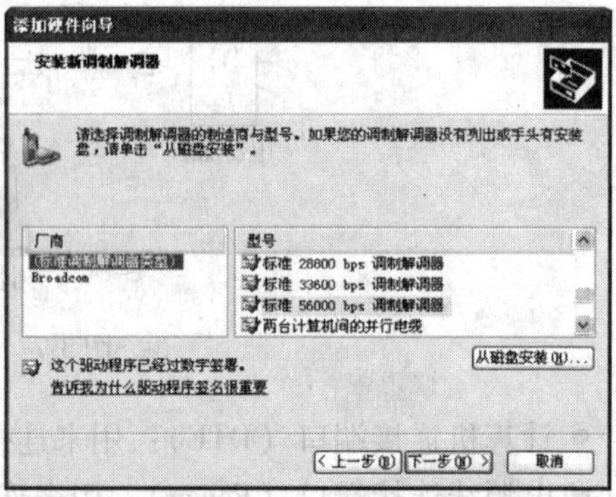

图3-9 选择调制解调器的制造商与型号

③ 选择调制解调器使用的端口，如图3-10所示。如果将调制解调器连接到计算机的COM5端口，则在“选择您想安装调制解调器的端口”组合框中选择通信端口“COM5”。在完成选择后，单击“下一步”按钮。

④ 这时，系统显示“已完成调制解调器的安装”，如图3-11所示，单击“完成”按钮。

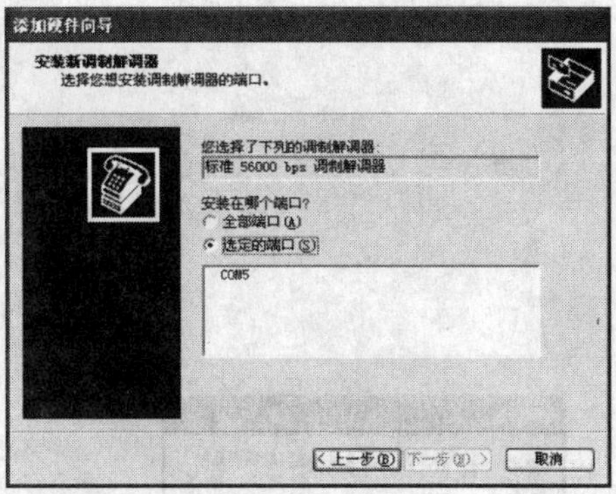

图 3-10　选择调制解调器所使用的端口

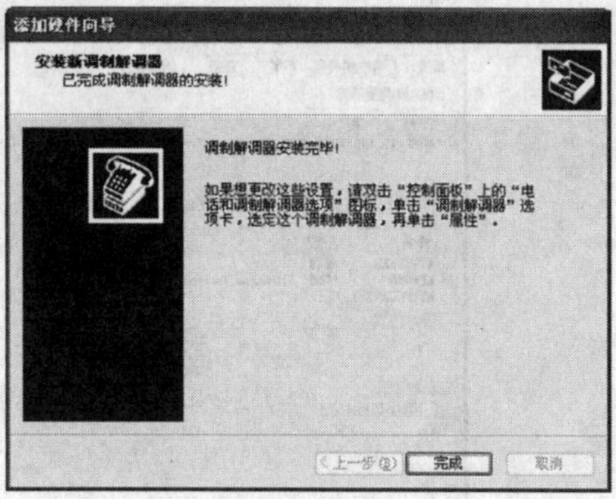

图 3-11　已完成调制解调器的安装

（2）Modem 的设置和诊断操作。在 Modem 驱动程序安装完成以后，需要对调制解调器属性进行设置，以使调制解调器能更好地工作。同时还必须对调制解调器进行诊断，才能使调制解调器与系统建立通信关系。具体的诊断操作步骤如下。

① 在“控制面板”窗口中，双击“调制解调器”图标，将会打开“电话和调制解调器选项”对话框，如图 3-12 所示。在“常规”选项卡中，将会列出已安装好的调制解调器。在“本机安装了下面的调制解调器”框中，选中要设置的调制解调器（例如“ThinkPad Modem”），单击“属性”按钮。

② 在弹出的“ThinkPad Modem 属性”对话框（见图 3-13）中，在“调制解调器”选项卡中，可以设置拨号控制、扬声器音量、最大端口速度等属性。

图 3-12　“电话和调制解调器选项”对话框

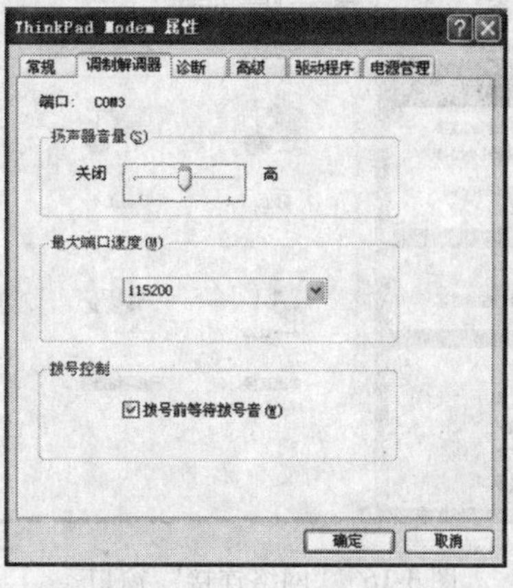

图 3-13　“ThinkPad Modem 属性”对话框

③ 在图 3-14 中单击“查询调制解调器”按钮，弹出如图 3-15 所示的“请稍候”对话框，系统正在与调制解调器建立通信联系。经过几十秒至几分钟，在图 3-14 所示的“诊断”选项卡中，将会显示调制解调器命令集的某些命令行。只要能显示某些命令行，就表明系统与调制解调器之间已经建立了正常通信关系，说明连入 Internet 的用户端通道工作正常。

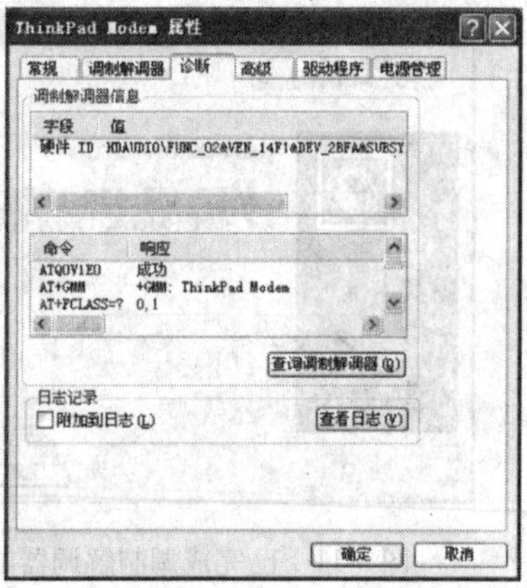

图 3-14 “诊断”选项卡　　图 3-15 “请稍候”对话框

2. 安装“网络和拨号连接”

用户如果使用的操作系统是 Windows 2000/XP 或更高版本，则无须安装拨号网络适配器和 TCP/IP 协议，而且网络和拨号连接也是由系统预先安装好了的。所以安装“网络和拨号连接”的操作要相对简单一些，具体操作步骤如下。

(1) 在“控制面板”上，双击“网络连接”图标，弹出如图 3-16 所示的“网络连接”窗口。双击“创建一个新的连接”选项，弹出如图 3-17 所示的“新建连接向导”对话框。

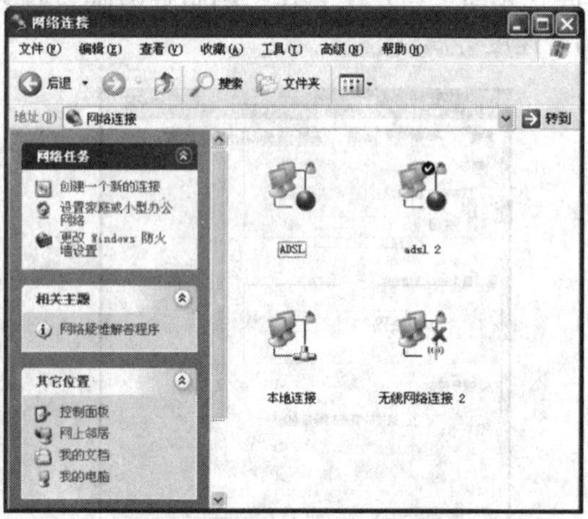

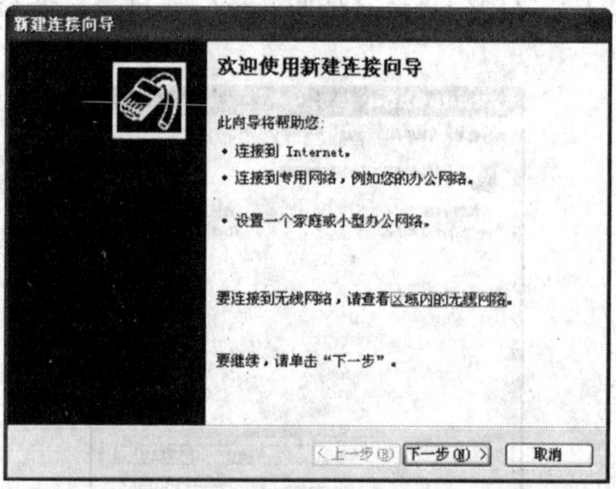

图 3-16 “网络连接”窗口　　图 3-17 “新建连接向导”对话框

(2) 单击“新建连接向导”对话框中“下一步”按钮，弹出如图 3-18 所示的“网络连接类型”窗口。在图 3-18 中，选择“连接到 Internet”单选按钮，单击“下一步”按钮，弹出如图 3-19 所示的“准备好”对话框，在此用户应当选择“手动设置我的连接”单选按钮。

(3) 在图 3-19 所示的对话框中，单击“下一步”按钮，弹出如图 3-20 所示的“Internet 连接”对话框，选择“用拨号调制解调器连接”单选按钮，单击“下一步”按钮，弹出如图 3-21 所示的“连接名”对话框。

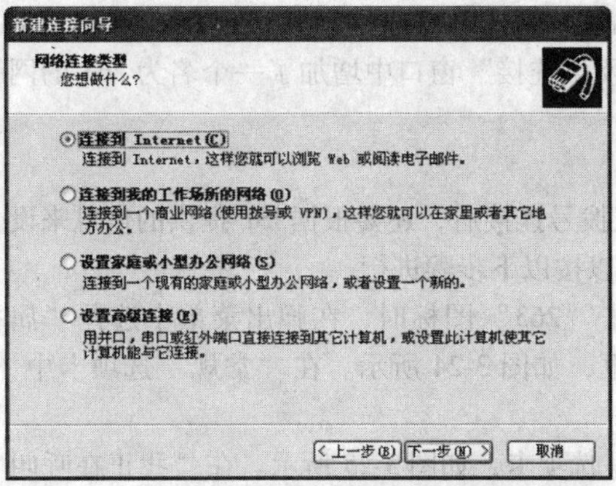

图 3-18 “网络连接类型”对话框

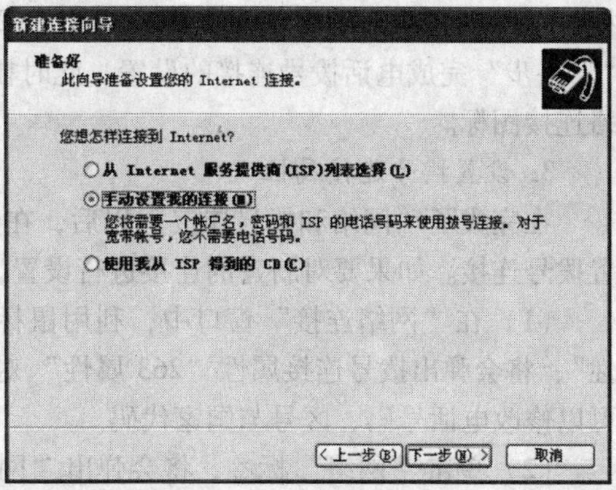

图 3-19 “准备好”对话框

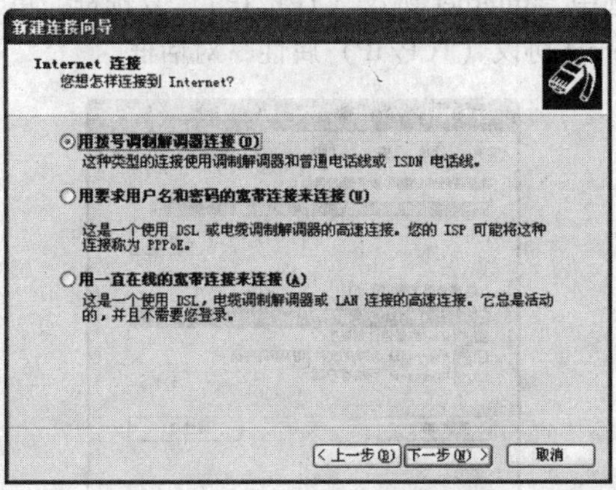

图 3-20 “Internet 连接”对话框

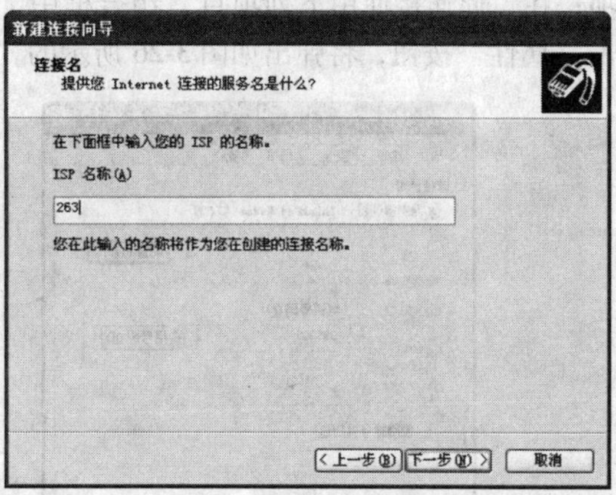

图 3-21 “连接名”对话框

（4）在图 3-21 所示的对话框中，填写 ISP 名称如 263，然后单击“下一步”按钮，弹出如图 3-22 所示的“要拨的电话号码”对话框。

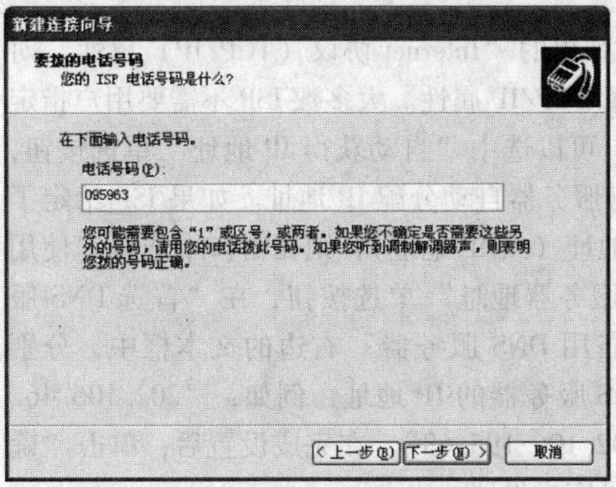

图 3-22 “要拨的电话号码”对话框

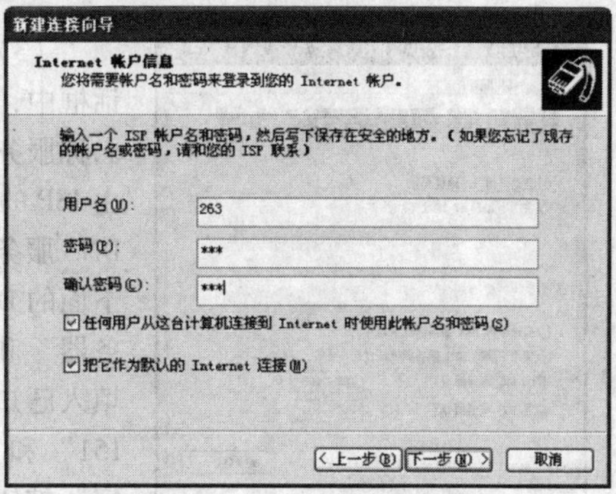

图 3-23 “Internet 账户信息”对话框

（5）在图 3-22 所示的对话框中，在“电话号码”文本框内，填入 095963，然后单击“下一步”按钮，此时系统将显示“Internet 账户信息”对话框，如图 3-23 所示。在该对话框显示用户名、密码等信息。用户可以选择对此连接的用户选择和默认连接选择；单击“下一步”完成电话拨号连接的设置。此时在“网络连接”窗口中增加了一个名为 263 的网络连接图标。

3. 设置拨号连接属性

在完成了“网络和拨号连接”以后，在建立拨号连接后，还要根据 ISP 提供的信息来设置拨号连接。如果要对新建的连接进行设置，可以按以下步骤进行。

（1）在“网络连接”窗口中，利用鼠标右击“263”图标时，在弹出菜单中选择“属性”，将会弹出拨号连接属性“263 属性”对话框，如图 3-24 所示。在“常规”选项卡中，可以修改电话号码、区号与国家代码。

（2）单击“网络”标签，将会弹出“网络”选项卡，如图 3-25 所示。在“我正在呼叫的拨号服务器的类型”下拉列表中，选择“PPP：Windows 95/98/NT4/2000，Internet”选项；在“此连接使用下列项目”组合框中，只选中“Internet 协议（TCP/IP）”复选框，单击“属性”按钮，将弹出如图 3-26 所示的“Internet 协议（TCP/IP）属性”对话框。

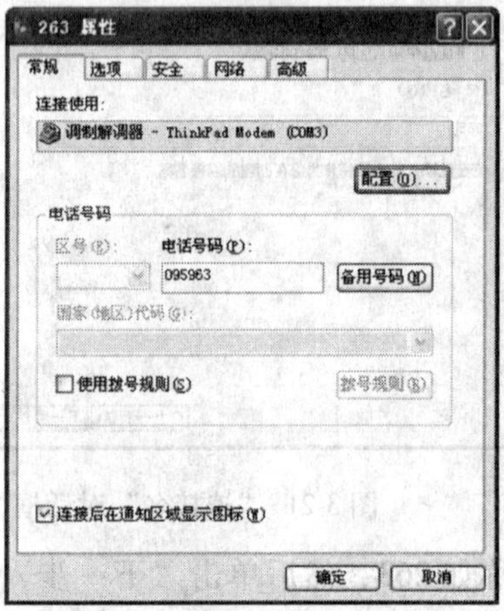

图 3-24 “263 属性”对话框

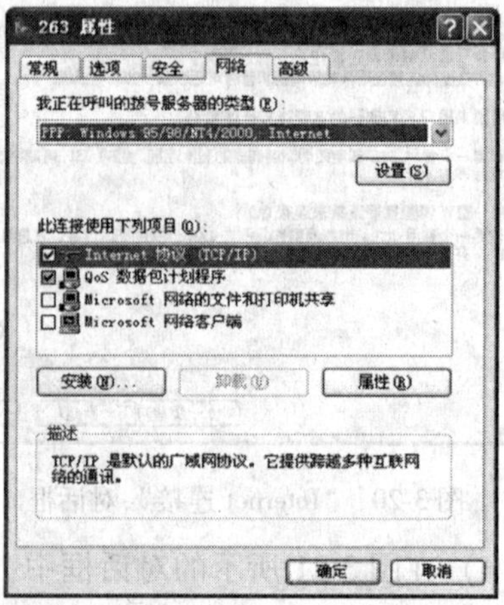

图 3-25 “网络”选项卡

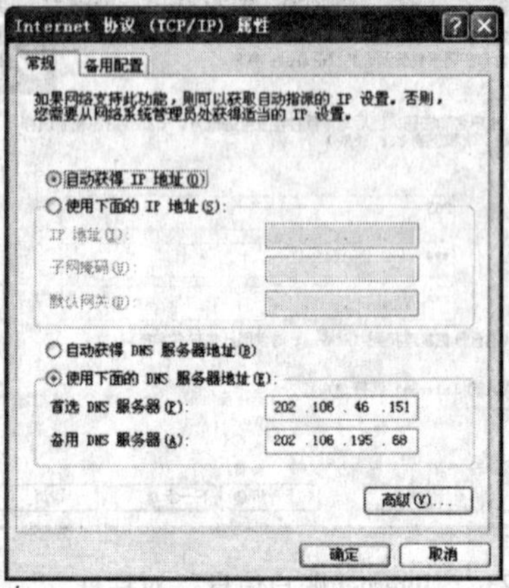

图 3-26 “Internet 协议（TCP/IP）属性”对话框

（3）在弹出的“Internet 协议（TCP/IP）属性”对话框中，设置 TCP/IP 属性。大多数 ISP 不需要用户指定名称服务器，可以选中“自动获得 IP 地址”单选按钮，由 ISP 的拨号服务器自动分配 IP 地址。如果 ISP 给定了 DNS 服务器地址（或 IP 地址），则在窗口中选择“使用下面的 DNS 服务器地址”单选按钮，在“首选 DNS 服务器”和“备用 DNS 服务器”右边的文本框中，分别填入已知 DNS 服务器的 IP 地址，例如，“202. 106. 46. 151”和“202. 106. 195. 68”。在完成设置后，单击“确定”按钮即可完成设置。

4. 使用拨号连接

在创建新的拨号连接后，就可以使用拨号连接开始拨号上网。在拨号上网完毕时，需要手工断开拨号连接，以免无谓地浪费昂贵的电话费。

要使用拨号连接，可以按以下步骤进行。

① 在“网络连接”窗口中，双击要使用的拨号连接（例如“263”），将会弹出“连接263”对话框，如图3-27所示。在“密码”对话框中，输入用户名对应的密码。如果计算机只是自己使用，可以选中“保存密码”复选框。单击“连接”按钮，系统开始进行拨号。

② 这时，将会弹出“正在连接263”对话框，如图3-28所示。如果要停止拨号，可以单击“取消”按钮。与ISP成功建立连接后，这个对话框将会自动关闭。

图3-27 拨号连接的开始界面

图3-28 “正在连接263”对话框

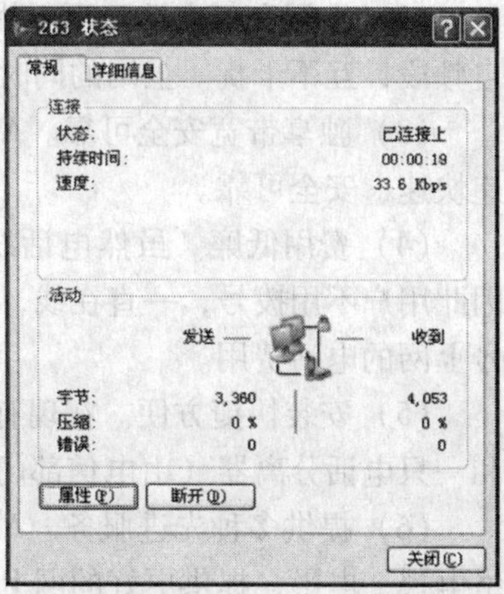

图3-29 “263状态”对话框

③ 成功连接后在Windows操作系统右下角的状态栏中，将会出现“拨号连接”图标。双击“拨号连接”图标，将会弹出“263状态”对话框。如图3-29所示，列出了当前的连接速度、连接时间等。如果要断开与ISP的连接，则单击“断开连接”按钮。

3.3 通过ADSL连接Internet

3.3.1 什么是ADSL

1. ADSL技术简介

ADSL（Asymmetrical Digital Subscriber Line，非对称数字用户环线）使用一对电话线，在用户线两端各安装一个ADSL调制解调器，该调制解调器采用频分复用（FDM）技术，将带宽分为三个频段：最低频段部分为0～4 kHz，用于普通电话业务；中间频段部分为20 kHz～50 kHz，用于速率为16 kbps～640 Mbps的上行数据信息的传递；最高频段部分为150 kHz～550 kHz或140 kHz～1.1 MHz，用于1.5 Mbps～8.0 Mbps的下行数据信息的传递。这意味着在下载文件的同时还可以在网上观赏点播的影片，并且通过电话和朋友对影片进行评论，而且这一切都是在一根电话线上同时进行的。

ADSL的具体工作流程是：经ADSL调制解调器编码后的信号通过电话线传到电话局后，

再通过一个信号识别/分离器，如果是语音信号就传到交换机上，如果是数字信号就接入Internet。

ADSL对于不同质量的线路，其表现也有较大的差异。ADSL的速率与线路的长度和质量有很大关系。由于信号的衰减，一般离开电话局交换机距离超过4 km的用户基本上没有办法使用ADSL服务。

2. ADSL的优点

（1）高传输速率。ADSL具有下行2 Mbps～8 Mbps，上行64 kbps～640 kbps的传输速度，为普通拨号Modem的百倍以上。

（2）上网和打电话互不干扰。ADSL数据信号和电话音频信号以频分复用原理调制于各自频段，互不干扰。上网的同时可以使用电话，避免了拨号上网的烦恼。

（3）独享带宽安全可靠。ADSL利用电话网络可独享2 Mbps～8 Mbps的带宽，信息传递快速、安全可靠。

（4）费用低廉。虽然电话线同时传递电话语音和数据，但数据并不通过电话交换机，因此用户不用拨号，一直在线，属于专线上网方式。这意味着使用ADSL上网不需要缴纳拨号上网的电话费用。

（5）安装快捷方便。在现有电话线上安装ADSL，只需在用户端安装一台ADSL Modem和一只电话分离器（由电信部门免费提供），用户线路不用改动，极其方便。

（6）提供多种先进服务。ADSL可提供多种先进服务，如建立个人网站，提供真正的网络电视、电影，提供更好的网上游戏服务等。

3.3.2 ADSL的安装与设置

1. ADSL的申请和安装

ADSL接入Internet有两种主要方式：专线接入和虚拟拨号，在硬件连接完成以后，对软件的安装设置也有所不同。专线接入方式是由ISP提供静态IP地址、主机名称、DNS等入网信息，软件的设置和安装局域网一样，安装好TCP/IP，直接在网卡上设定好IP地址、DNS服务器等信息，就可以连接到Internet网。由于这种设置方式技术性较强，并且占用ISP有限的IP地址资源，所以目前主要针对企业用户。虚拟拨号方式以PPPoE（Point-to-Point Protocol over Ethernet）形式入网，不占用IP地址资源，所以这种方式主要针对的是家庭用户。本节主要介绍家庭用的虚拟拨号方式的ADSL接入。

当用户去申办ADSL时，工作人员会给用户一个密码封，里面有用户名和账号的密码，另外，用户的计算机还应该配备网卡或者有空闲的USB接口，以确定是使用以太网口的ADSL Modem还是USB口的ADSL Modem。下面主要介绍使用以太网口的ADSL Modem的安装和设置。

如图3-30所示，安装人员会装一个ADSL Modem的滤波分离器（又叫滤波器）。这个分离器是用来将电话线路中的高频数字信号和低频语音信号分离的。低频语音信号由分离器接电话机，用来传输普通语音信息；高频数字信号则接入ADSL Modem，用来传输上网信息和VOD视频点播节目等。

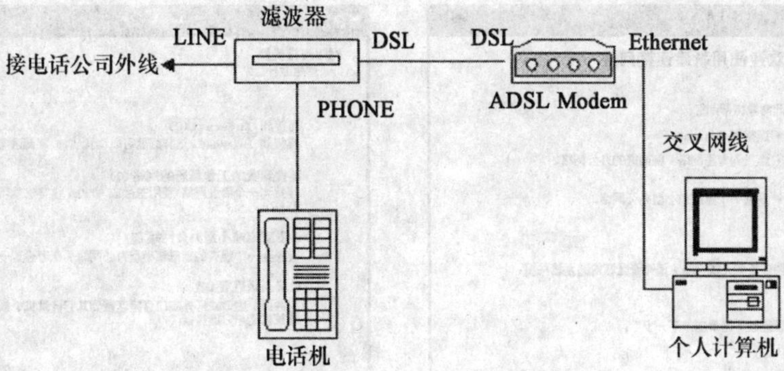

图3-30 ADSL硬件连接示意图

安装时先将来自电信局端的电话线接入信号分离器的输入端，然后再将一根电话线的一头连接信号分离器的语音信号输出口，另一端连接用户的电话机，此时电话机应该已经能够接听和拨打电话了；用另一根电话线的一头接信号分离器的数据信号输出口，另一头连接ADSL Modem的Line（外线）接口上；然后再用一根五类双绞线，这是一根交叉双绞线，一头连接ADSL Modem的Ethernet接口，另一头连接计算机网卡中的网线接口。这时打开计算机和ADSL Modem的电源，如果两边连接网线的接口所对应的灯都亮了，就说明硬件连接成功了。

2. ADSL软件概述

当完成硬件的连接后，还需要进行必要的软件设置。虚拟拨号方式是以PPPoE形式入网，与所使用的PPPoE软件有很大关系，所以要先确定所使用的PPPoE软件。这里需要说明的是，由于虚拟拨号方式入网的用户都遵守PPPoE协议，所以可以不使用ISP所提供的PPPoE软件，而由用户自行选定一种PPPoE软件，目前使用在Windows上的PPPoE软件主要有EnterNet 300、EnterNet 500、RasPPPoE、NetVoyager等。

ADSL用户可以不安装任何其他PPPoE软件，直接使用Windows XP的连接向导就可以轻而易举地建立ADSL虚拟拨号上网文件，实际使用效果和Windows操作系统下的其他PPPoE软件完全一样，由于与操作系统更加紧密结合，使用更方便。不少宽带服务提供商建议用户直接使用Windows XP系统内置的PPPoE功能上网。针对安装ADSL时ISP的推荐，下面以Windows XP下使用内建的PPPoE为例讲解如何接入Internet，与使用EnterNet 300等其他软件接入方法类似。

3. Windows XP下使用内建的PPPoE

（1）选择“开始”→“所有程序”→“附件”→“通讯”→“网络连接”，在“网络连接”窗口，选择“创建一个新的连接”后弹出“新建连接向导”对话框，如图3-31所示。

（2）单击“下一步”按钮，选择网络连接类型，如图3-32所示，在此选择“连接到Internet”，并单击“下一步”按钮，打开如图3-33所示的对话框。

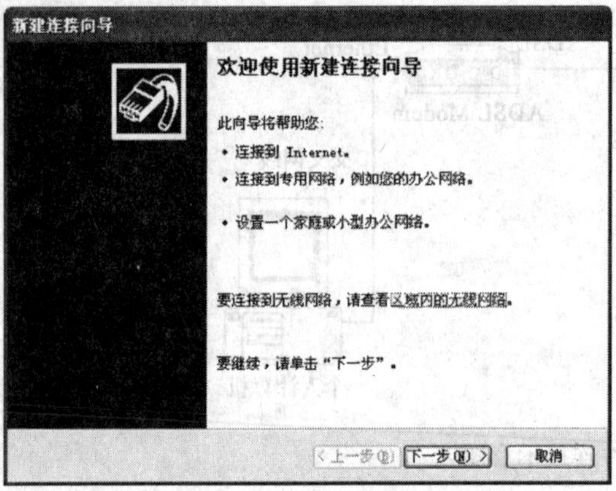

图 3-31　新建连接向导

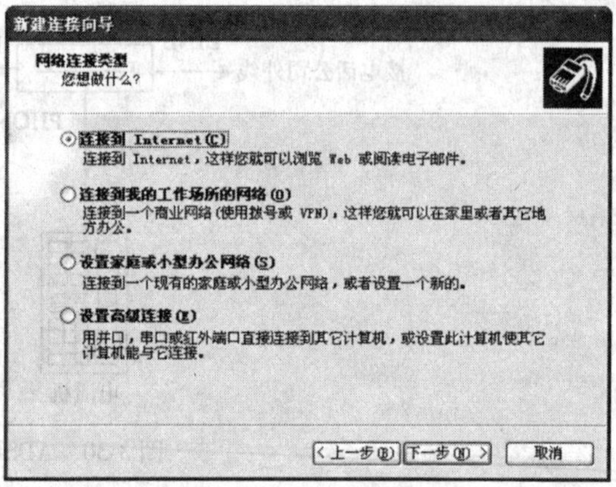

图 3-32　选择网络连接类型

（3）在图 3-33 所示的对话框中，选择“连接到 Internet”，并单击“下一步”按钮，打开如图 3-34 所示的对话框。

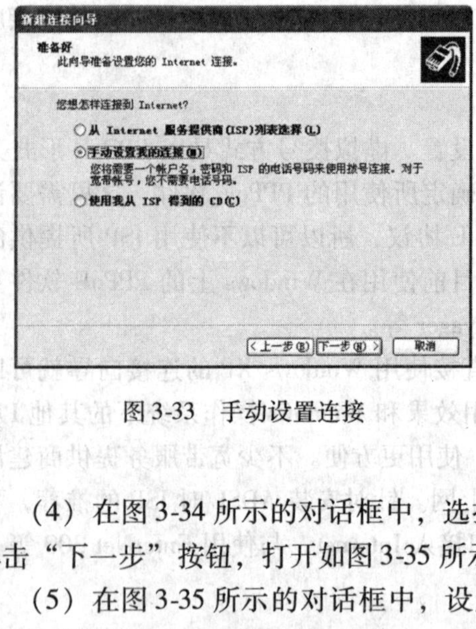

图 3-33　手动设置连接

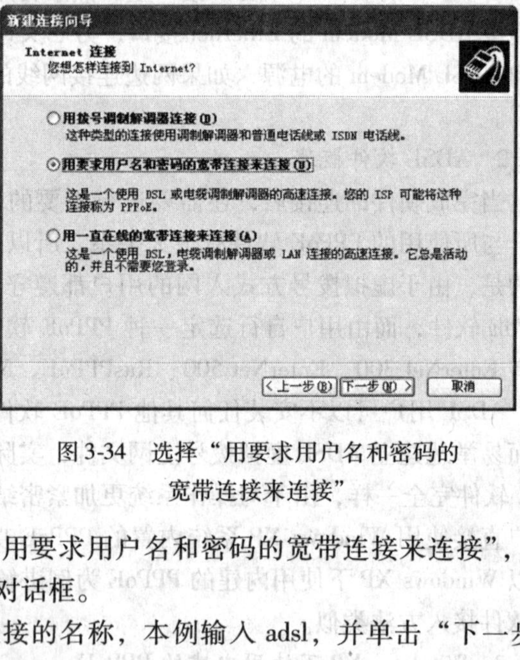

图 3-34　选择“用要求用户名和密码的宽带连接来连接”

（4）在图 3-34 所示的对话框中，选择“用要求用户名和密码的宽带连接来连接”，并单击“下一步”按钮，打开如图 3-35 所示的对话框。

（5）在图 3-35 所示的对话框中，设置连接的名称，本例输入 adsl，并单击“下一步”按钮，打开如图 3-36 所示的对话框。

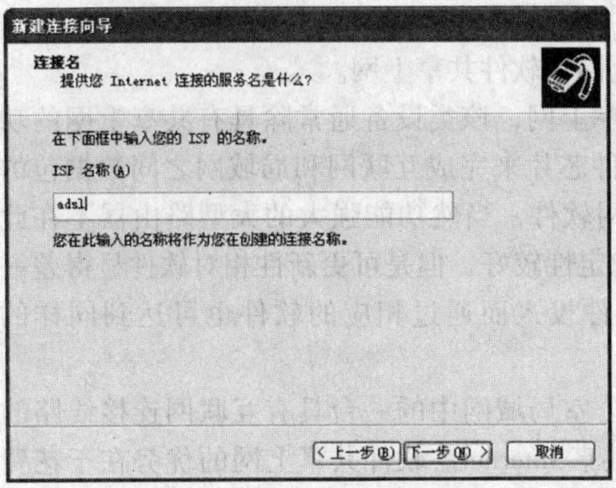

图 3-35 设置连接名

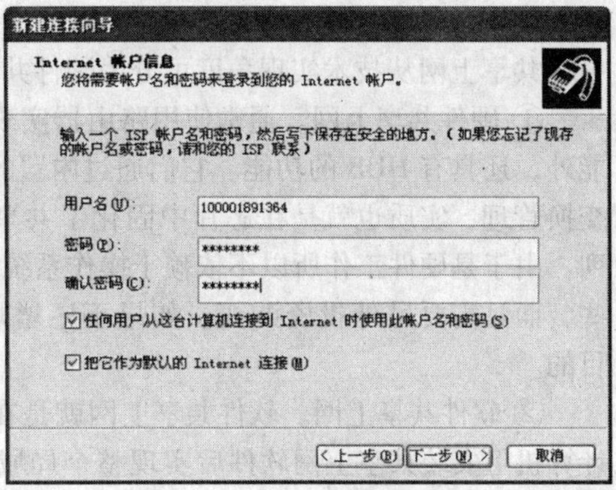

图 3-36 输入用户名和密码

（6）在图 3-36 所示的对话框中，输入用户名和密码。第一次填入的就是在 ISP 处设置的用户名和 ISP 所给的初始密码。

这样虚拟拨号连接配置完成，今后只需双击命名为 ADSL 的这个连接，就可以打开如图 3-37 所示的对话框进行虚拟拨号接入 Internet。

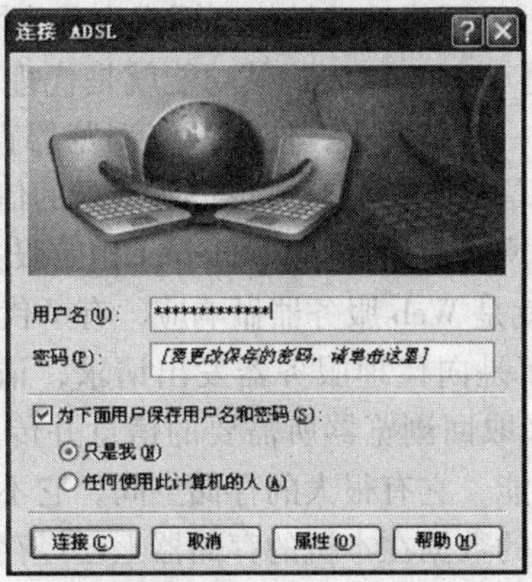

图 3-37 拨号连接上网

3.4 通过 ADSL 接入共享上网

3.4.1 共享上网概述

如果在局域网中必须为每台计算机提供访问 Internet 的方式，从经济实用的角度出发局域网中所有计算机共享一个账号上网是一种比较好的方式，这就是共享上网。

共享上网其中最主要的功能，是针对内部已经实现连网的企业，让所有连网的计算机一起共享上网账号和线路，既满足工作需要又大幅度节约经费，也许有人会问，如果用 56 K 拨号上网，几个人用一条电话线上网会不会慢呢？答案并不是绝对的，其实一个人用一条电话线上网浪费了不少资源，例如当你在阅读网页的时候，其实线路是很空闲的。

1. 共享上网实现的方法

共享上网从技术实现角度可分为硬件共享上网和软件共享上网。

① 硬件共享上网。通常使用路由器实现共享上网，该类设备通常除具有共享上网的功能外，还具有 HUB 的功能。它们通过内置的硬件芯片来完成互联网和局域网之间数据包的交换管理，实质也就是在芯片中固化了共享上网软件，当然功能强大的大型路由器不在此列。由于是硬件工作所以不依赖于操作系统，稳定性较好，但是可更新性相对软件显得差一些，而且需要另外投资购买。如果不愿增加硬件投入而通过相应的软件也可达到同样的目的。

② 软件共享上网。软件共享上网就是在办公室局域网中的一台具有互联网连接线路的计算机上安装共享上网软件后实现整个局域网共享 Internet。软件共享上网的优势在于花费低廉，并且有些共享上网软件甚至是免费的，而且软件更新较快，可以比较快地适应互联网新的接入技术和应用协议，缺点就是需要专门使用一台计算机作为共享上网服务器，为其他计算机提供上网能力，并且这台计算机的性能不能太低。另外，它依赖于操作系统，是一个标准的应用程序，所以稳定性相对硬件方式略差。

2. 共享上网软件类别

目前用于小规模局域网共享上网的软件大体分为两类，分别是 Proxy 代理服务器类型和 NAT 网络地址转换型，其中 NAT 网络地址转换型通常也称为网关型。

① 代理服务器英文全称是 Proxy Server，其功能就是代理网络用户去取得网络信息。它就好比是网络信息的中转站。一般情况下，使用网络浏览器直接去连接其他 Internet 站点取得网络信息时，都是送出请求信号，然后对方再把所请求的信息传送回来。

代理服务器是介于客户机网络应用程序和 Internet 相应服务器之间的一台服务器。例如，客户机是浏览器则 Internet 上就是 Web 服务器做响应，有了代理服务器之后，浏览器不是直接到 Web 服务器去取回网页而是向代理服务器发出请求，请求信号会先送到代理服务器，由代理服务器向 Web 服务器来取回浏览器所需要的信息并传送给你的浏览器。而且，大部分代理服务器都具有缓存的功能，它有很大的存储空间，它不断将新取得数据储存到本机的存储器上，如果浏览器所请求的数据在本机的存储器上已经存在而且是最新的，那么它就不从 Web 服务器取得数据，而直接将存储器上的数据传送给用户的浏览器，这样就能显著提高浏览速度和效率。由于互联网存在多种应用协议 Web，FTP，POP3 等，所以代理服务器一般都具有同时支持多种应用的能力。

局域网使用代理服务器方式具有以下几个优点：代理服务器具有缓存功能，可以加快对网络的访问速度，由于代理服务器对每一种网络应用都是独立进行代理工作，所以对用户具有很强的控制管理能力，但是这同时也是代理服务器方式的缺点，对新出现的网络应用无法支持，对每一种网络应用都需要进行正确的配置，每个客户端的每种网络应用软件都需要进行配置。

② NAT 是 Network Address Translation 的缩写，采用网络地址转换技术，局域网内部的“非法互联网 IP 地址”通过 NAT 可以转化成“合法互联网 IP 地址”，实现对外界网络如 Internet的合法访问。NAT 的实质其实可以这样理解，就是一个在数据包底层的 Proxy 代理，它不再单独为每一种互联网应用协议如 HTTP，FTP，Telnet 做代理工作，它做的是每个 TCP/IP 数据包的代理。

采用地址转换技术，NAT 将内部客户机发出的每一个 IP 数据包地址进行检查和翻译，把包内的请求端 IP 地址数据记录并重新打包成合法的互联网外部 IP 地址发送到互联网。然后 NAT 把由互联网获得的数据包根据请求端记录把目的 IP 地址在数据包内部进行重组，使其转换为局域网客户端的 IP 地址，然后发送到客户端。

NAT 共享上网的优势在于内部的机器只需要设置共享服务器的地址为客户端机器的网关，服务软件就完成所有转换工作，客户端就好像一台具有真正连接互联网能力的机器一样，由于 NAT 针对每一个数据包转换，也就不存在不同网络应用协议需要分别代理和处理的问题，用户不需要考虑根据每一种网络应用程序进行连接代理的配置工作，使用起来无拘无束，所以有时叫"透明代理"。NAT 由于其全透明、全底层的工作方式，所以对客户机所使用的网络应用程序在控制管理能力上比 Proxy 类型就差了一些，但是随着开发公司对 IP 数据包研究的加深，控制管理能力也在逐步增强，现在的 NAT 共享上网软件控制管理能力比刚出来的时候已经强大了很多。

无论是使用 Proxy 还是 NAT 类型共享上网，还有一个好处是具有防火墙功能，当外界主动连接局域网的时候，由于局域网对外只具有一个合法 IP 地址，外界连接的只是用于共享上网的那台代理服务器，内部其他的客户机是无法访问的，无法访问当然也就无法入侵。所以比较各台计算机独立上网方式，共享上网大大提高了计算机的数据安全。

目前局域网共享上网所使用的软件有很多，这些软件都可以运行于 Windows XP 和 Windows 2000 作为共享上网服务器。Proxy 类型的主要有 WinGate、WinProxy 等软件；NAT 类型主要有 WinRoute、SyGate 和 Windows 2000、Windows XP 自带的 ICS（Internet Connection Share）。

上述两种软件工作时所扮演的角色是不一样的。网关类软件一定要在网络中设置网关，并且在浏览器中禁止 Proxy；代理服务器类软件则刚好相反。网关类软件的设置比较简单，代理服务器类软件的设置和使用相对来说要复杂一些，但其功能更为强大。但无论是软件还是硬件方式，其工作原理都是把局域网内部的网络请求做转换处理以后从连接互联网的线路发送到互联网，然后把从互联网接收到的数据在处理以后发送到发出该请求的内部计算机上。

3. 软件方式共享上网

由于软件方式只需要在现有办公室局域网上增加一个软件，不需要额外的资金投入，所以是目前主流的共享上网方式。使用软件方式让局域网内的多台计算机共享一个 ADSL 账号上网，那么 ADSL Modem 在局域网中的连接方法有两种。

① 在服务器上增加一块 10 M 或 10/100 M 自适应的网卡。把 ADSL Modem 用 Modem 附送的网线连接在这块网卡上，这时服务器上应该有两块网卡，一块连接 ADSL Modem，另一块连接局域网。只要在这台计算机上安装设置好代理服务器，如 SyGate、Wingate、Windows ICS 等软件，就可以共享上网。

② 将 ADSL Modem 连接在局域网络的集线器上。方法也有两种，一种是用连接 ADSL Modem 的网线直接接在集线器的普通 RJ-45 接口上，这时需要用到交叉线。第二种方法是用连接 ADSL Modem 的网线直接接在集线器的 UP-LINK 口上（有些集线器没有提供 UP-LINK 口），这时不需要交叉线，使用 Modem 原配的网线（直通线）即可。

两种方法各有优缺点，如果只有两台计算机互连，用第一种方法较好，因为只需要增加一块 10 M 网卡，可以省下一个集线器。两台计算机互连的网卡可以通过上述方法所做的交叉线使两台计算机互连，因此可以省下一个集线器。但这个方法的缺点是安装需要打开机箱增加网卡，对于不熟悉计算机的朋友，安装设置两块网卡并且保证两块网卡不冲突、能够正常运作可能有点难度。对于局域网内有多台计算机通过集线器互连的朋友，建议采用第二种方法。因为原来已经有集线器，可以延用，不用增加网卡。而且可以在局域网的任意一台计算机上装代理服务器软件，比较灵活。

3.4.2 使用无线路由器共享上网

在市场经济条件下，精明的厂商早已制造出带有路由功能的 ADSL Modem，只要用户能够正确配置相关参数就可以实现路由共享，根本不需要另加设备。

下面以 TP-LINK 的一款具有路由功能的无线 ADSL 用户端设备 TD-W89541G 为例，说明无线共享上网的配置，其他路由设备的设置也大同小异，主要功能设置基本相同。TD-W89541G 作为新一代无线 ADSL 路由器，可支持 ADSL（电话线）、LAN（小区宽带）两种接入方式，用户可根据自身实际情况，选择合适的接入方式。由于有 DHCP 功能，所以其他主机只须设置自动获得 IP 即可，无须人工配置 IP、掩码、网关等参数，是新手共享上网最好的方法。

TD-W89541G 无线 ADSL 用户端设备提供给用户一个 LINE 接口，可接语音分离器，同时内部集成四口交换机，提供四个 10/100 M 口或 WAN 口，其余三个均为 LAN 口。如图 3-38 所示。

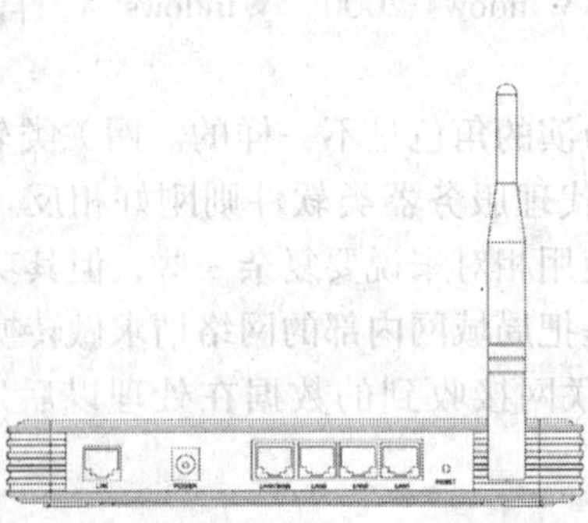

图 3-38　TD-W89541G 无线 ADSL 用户端设备

该路由器的三种共享上网模式可以进行不同类型的设置：

- 无线 ADSL 路由模式安装（ADSL 宽带接入，多机共享上网）；
- 无线 ADSL 桥模式安装（ADSL 宽带接入，单机拨号上网）；
- 无线路由模式安装（小区宽带、有线通等网线直接到家接入，多机共享上网）。

1. 安装准备

（1）主机配置。下面以 Windows XP 系统为例，介绍配置方法。

步骤 1：选择连接 ADSL 路由器的计算机对应的“本地连接”，右击“属性”→“常规”→“Internet 协议（TCP/IP）”，单击“属性”。如图 3-39 所示。

步骤 2：在弹出的对话框中选择“使用下面的 IP 地址”、“使用下面的 DNS 服务器地址”。如图 3-40 所示。

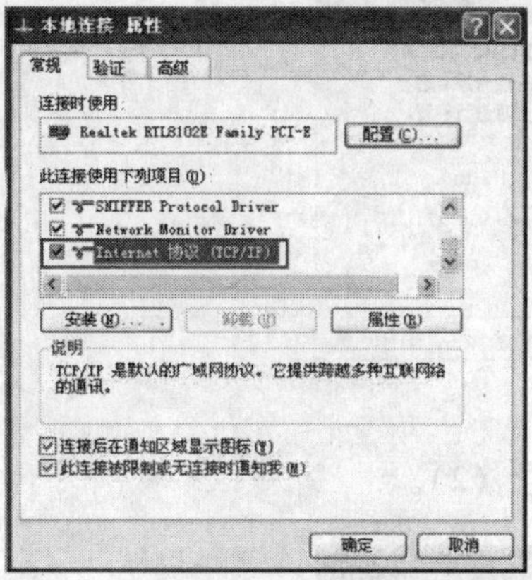

图 3-39 “本地连接 属性”对话框

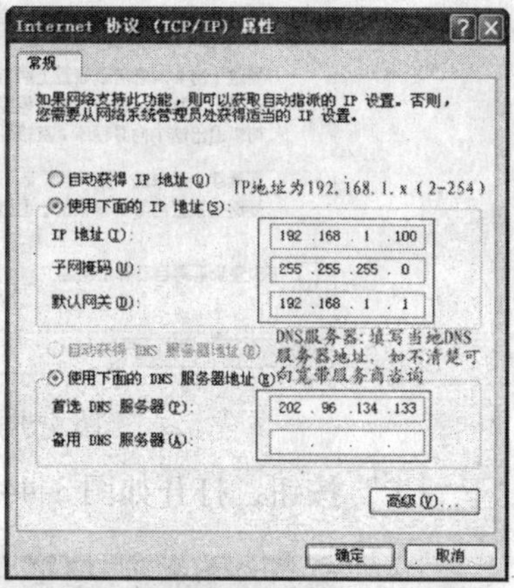

图 3-40 “Internet 协议（TCP/IP）属性”对话框

在“IP 地址”栏中输入：192.168.1.x（1 < x < 255），“子网掩码”栏中输入：255.255.255.0，“默认网关”栏中输入：192.168.1.1，DNS 服务器栏中输入当地 DNS 服务器地址，若不清楚，请咨询网络服务供应商，设置完成后，单击“确定”按钮。

步骤 3：打开 IE 浏览器，在地址栏中输入：192.168.1.1，然后单击 Enter 键，登录 TD-W89541G 管理页面，如图 3-41 所示。

输入路由器默认的用户名“admin”、密码“admin”，单击“确定”按钮进入路由管理主界面，如图 3-42 所示。在管理员模式的窗口的左侧菜单栏中共有“运行状态”、“设置向导”、“系统模式”、“ADSL 设置”、“网络参数”、“无线参数”、“DHCP 服务器”、“转发规则”、“安全设置”、“路由功能”、“动态 DNS”和“系统工具”12 个菜单项。用户可以单击某个菜单项，进行相应的功能设置。

注意 如果打不开管理页面或者默认用户名、密码无法登录，请将路由手动复位一下。复位方法为：带电状态下按住 RESET 键 5 秒，SYS 灯快闪 3 次表明路由器已恢复到出厂设置。

（2）系统模式选择。在管理界面中选择“设置向导”，如图 3-43 所示。

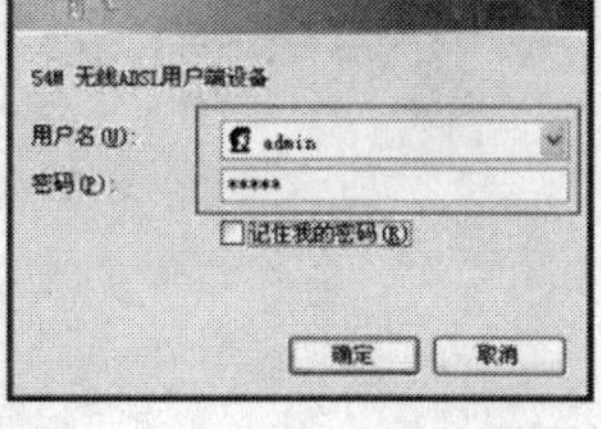

图 3-41 “连接到”对话框

图 3-42 路由器管理主界面

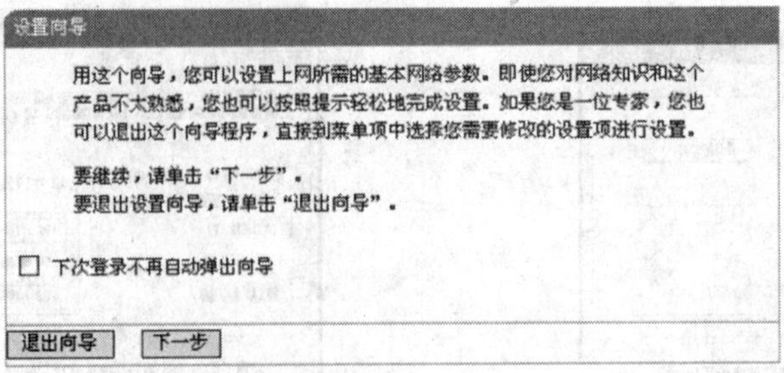

图 3-43　设置向导（1）

单击“下一步”按钮，打开如图 3-44 所示的设置向导（2）。

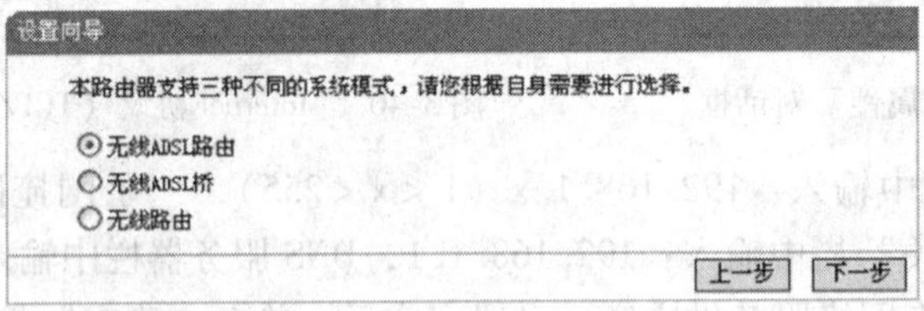

图 3-44　设置向导（2）

路由器有三种系统模式可供选择。

① 无线 ADSL 路由模式：LINE 口作为与互联网连接的端口，ADSL 用户端设备发起拨号连接，可以实现多台计算机共享一条 ADSL 宽带线路。在这种模式下，TD-W89541G 设备功能包括了路由器和 ADSL 调制解调器两部分的功效。该模式适用于 ADSL 宽带接入方式，在 TD-W89541G 设备上设置拨号，多台计算机可通过有线、无线方式通过该设备共享宽带上网。连接方式如图 3-45 所示。

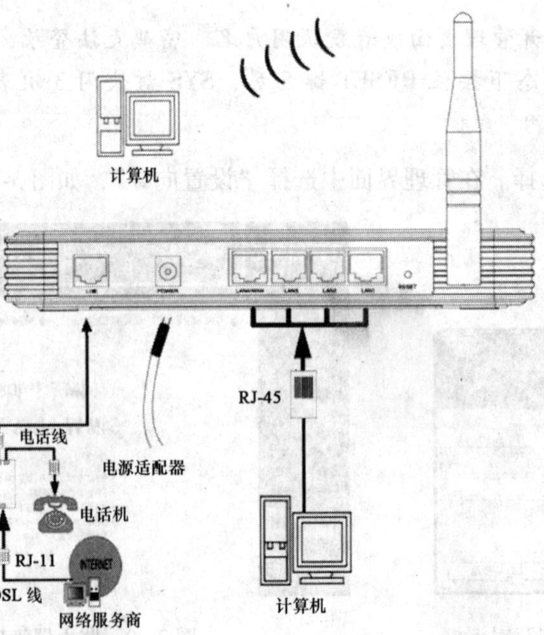

图 3-45　无线 ADSL 路由模式

② 无线 ADSL 桥模式：LINE 口作为与互联网连接的端口，用户必须在计算机上拨号上网。此时 TD-W89541G 设备仅相当于一个 ADSL 调制解调器的功能。该模式适用于 ADSL 宽带接入方式，在计算机上拨号，单机独享宽带上网。连接方式如图 3-46 所示。

③ 无线路由模式：LAN4/WAN 口作为与互联网连接的端口，LINE 口不使用，此时功能等同于一台无线路由器，此模式中共有以下三种上网方式。

- ADSL 虚拟拨号方式，此种方式中用户需要添加 ADSL 调制解调器才能实现 ADSL 拨号共享上网。设备连接如图 3-47 所示。

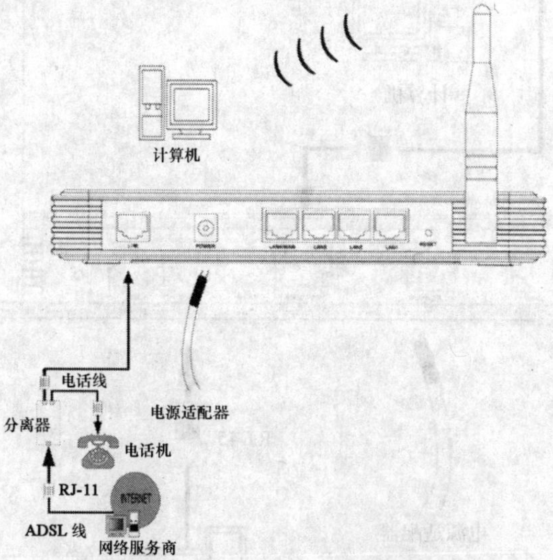

图 3-46　无线 ADSL 桥模式

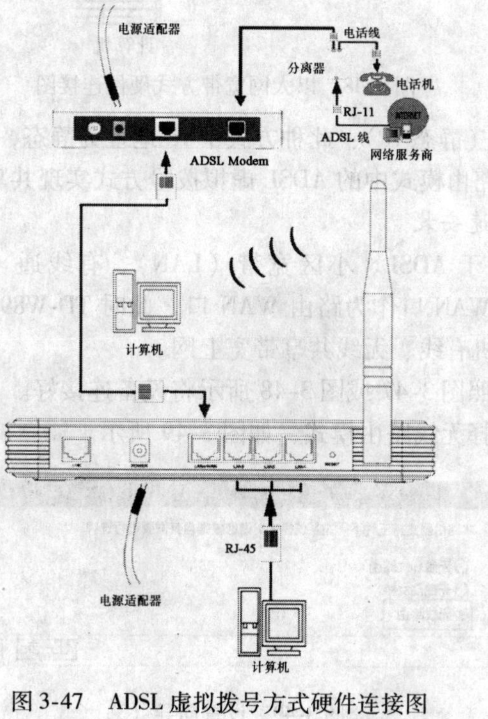

图 3-47　ADSL 虚拟拨号方式硬件连接图

● 以太网宽带方式（动态 IP）：此种方式中用户通过将此设备直接与小区宽带接口相连实现共享上网。硬件连接如图 3-48 所示。

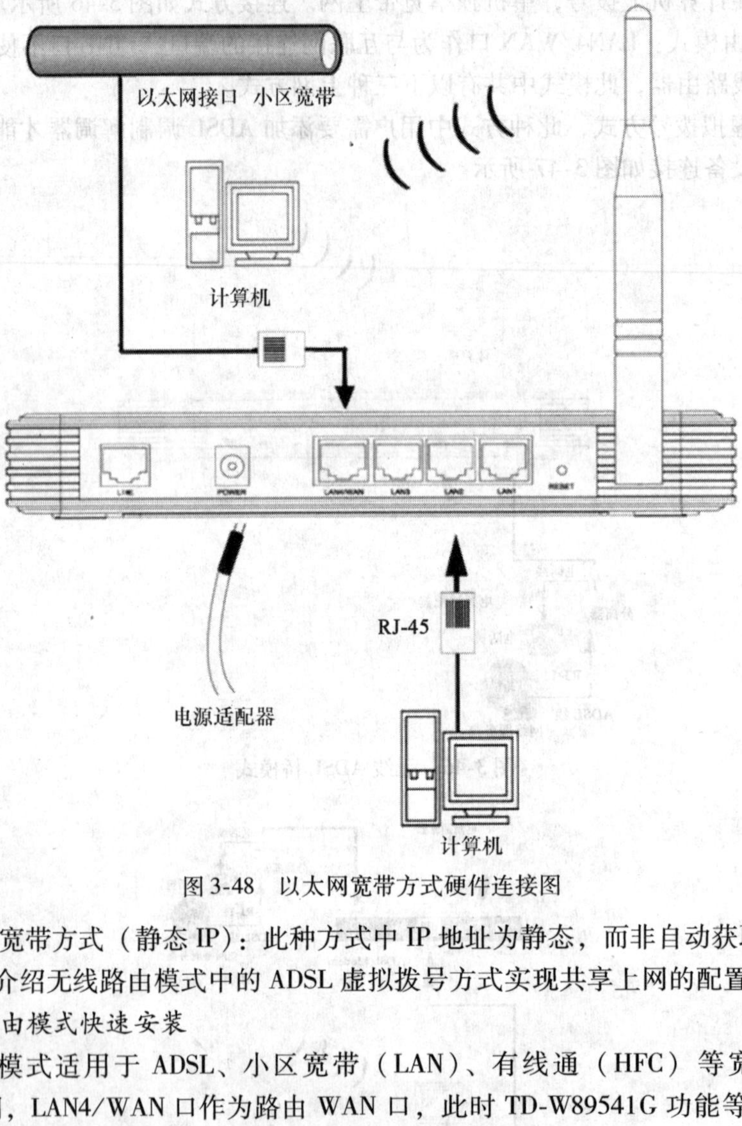

图 3-48 以太网宽带方式硬件连接图

● 以太网宽带方式（静态 IP）：此种方式中 IP 地址为静态，而非自动获取。

这里重点介绍无线路由模式中的 ADSL 虚拟拨号方式实现共享上网的配置。

2. 无线路由模式快速安装

无线路由模式适用于 ADSL、小区宽带（LAN）、有线通（HFC）等宽带接入方式，LINE 口不使用，LAN4/WAN 口作为路由 WAN 口，此时 TD-W89541G 功能等同于一台无线路由器。内网多台计算机有线、无线共享带宽上网。

（1）硬件安装。按照图 3-47 或图 3-48 所示将设备连接好。

（2）配置方法。选择无线路由模式，如图 3-49 所示。

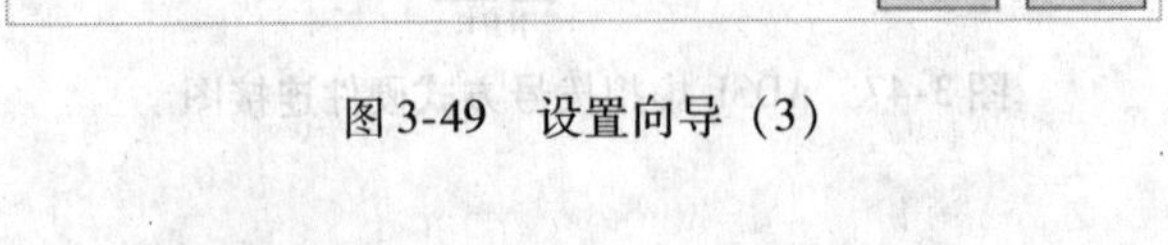

图 3-49 设置向导（3）

TD-W89541G 支持三种上网方式，如图 3-50 所示。

① 选择 ADSL 虚拟拨号（PPPoE）方式。

步骤 1：选择“ADSL 虚拟拨号（PPPoE）”选项，如图 3-51 所示。

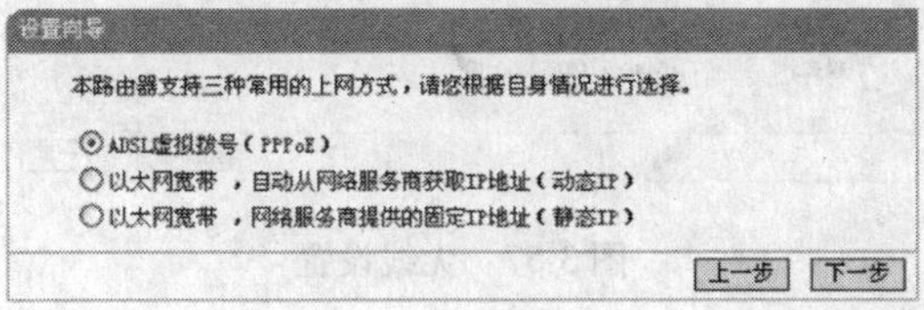

图 3-50 设置向导（4）

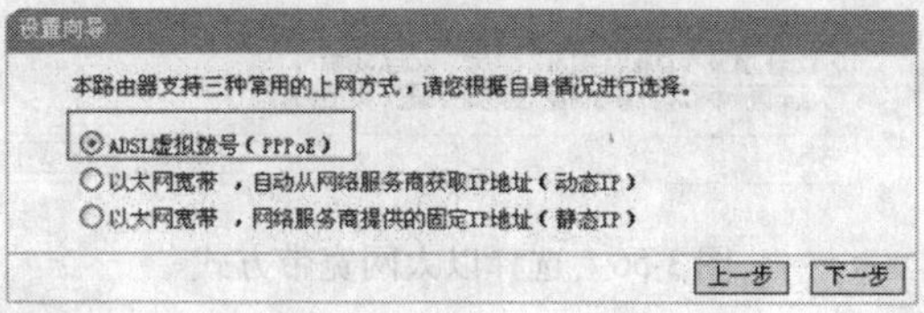

图 3-51 设置向导（5）

步骤 2：输入上网账户和密码，如图 3-52 所示。在设置向导（6）对话框中输入 PPPoE 服务的 ISP 提供的上网账号和密码。

步骤 3：进行无线参数设置。设置完成后，单击“下一步”按钮。如图 3-53 所示。

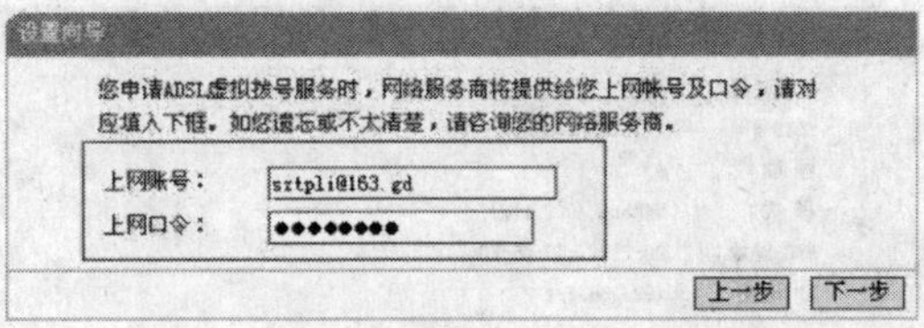

图 3-52 设置向导（6）

图 3-53 设置向导（7）

步骤 4：完成设置向导，如图 3-54 所示。

单击“完成”按钮，设置结束。单击管理员模式的窗口的左侧菜单栏中的“运行状态”，系统显示拨号上网后的 IP 地址、子网掩码、网关及 DNS 服务器的配置，如图 3-55 所示。此时用户就可以通过共享的方式接入 Internet 了。

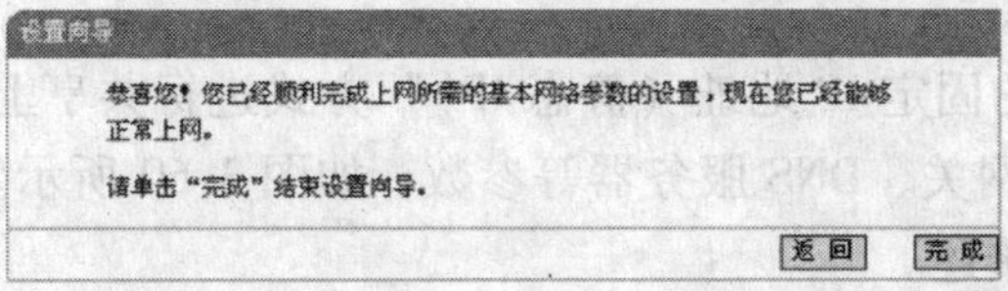

图 3-54 设置向导（8）

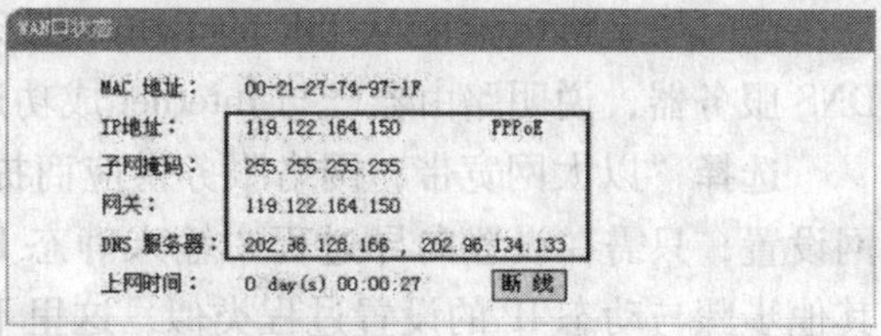

图 3-55 WAN 口状态

② 选择“以太网宽带，自动从网络服务上获取 IP 地址（动态 IP）”方式。

步骤 1：选择“以太网宽带，自动从网络服务商获取 IP 地址（动态 IP）”选项，如图 3-56所示。

步骤 2：设置无线参数，如图 3-57 所示。设置完成，单击“下一步”按钮。

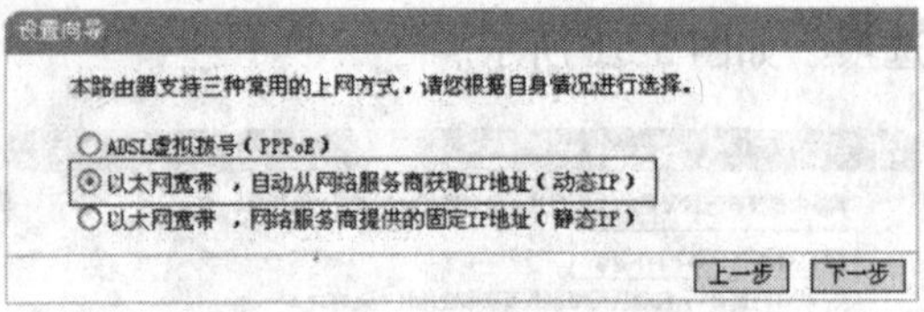

图 3-56 选择以太网宽带方式

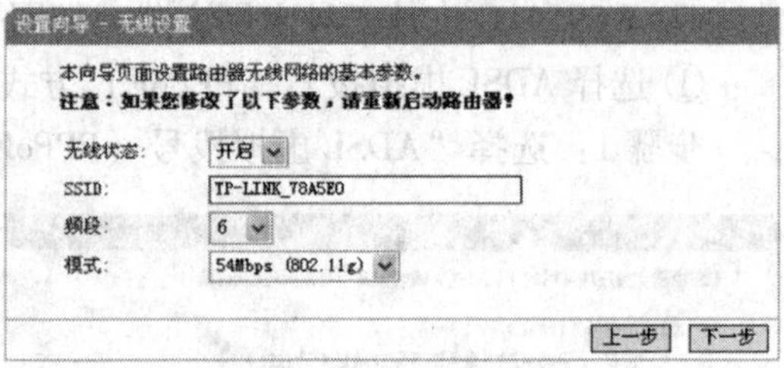

图 3-57 无线设置

步骤 3：完成设置向导，如图 3-58 所示。

单击“完成”按钮，设置结束。在路由器主窗口菜单栏“运行状态”中查看“WAN 口状态”，如图 3-59 所示。

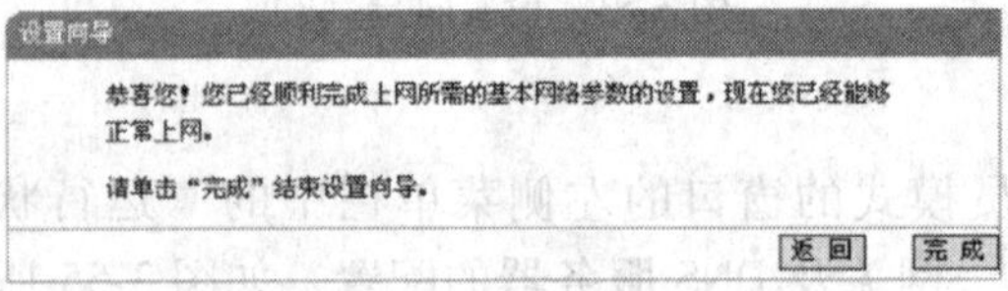

图 3-58 设置向导完成

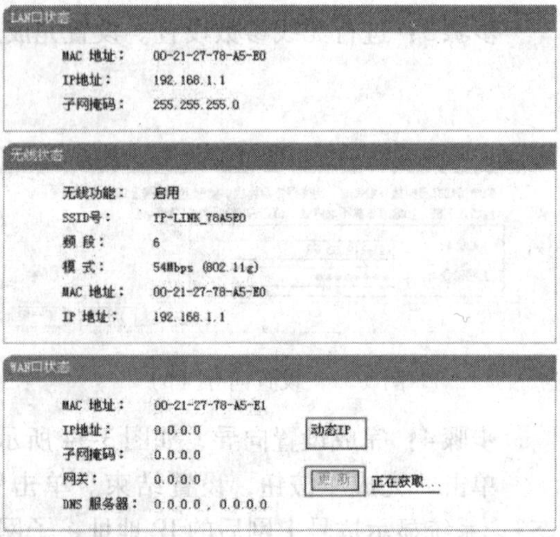

图 3-59 WAN 口状态

此时如果路由器能从 ISP 的 DHCP 服务器获取到相应的 IP 地址、子网掩码、网关及 DNS 服务器，说明路由器已与 Internet 成功连接。

选择“以太网宽带，网络服务供应商提供的固定 IP 地址（静态 IP）”方式进行共享上网设置，只需在设置向导过程中输入静态 IP、网关、DNS 服务器等参数，如图 3-60 所示。其他步骤与动态 IP 的设置过程类似，这里不再赘述。

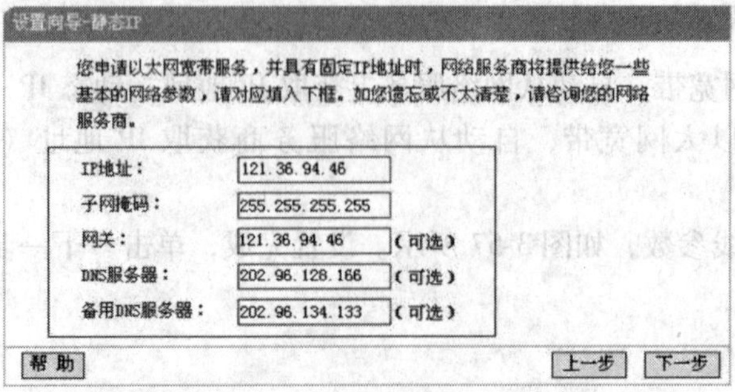

图 3-60 静态 IP 设置

从以上的介绍可以看出使用路由器共享上网的优点在于设置简单，不需另设服务器，不会受任何一台计算机的影响，价格也不算昂贵，只要LAN灯亮，网络就一定是通的，简单直观。而且使用无线宽带路由器和无线网卡还可以实现无线共享上网，因此如果经济条件许可，采用路由器共享上网，是最灵活、方便、可靠的方式。

3. 无线上网密钥的设置

如果允许无线方式接入无线路由器，则必须对无线参数进行设置。登录到路由器管理员模式窗口中，选择“无线参数”→“基本设置”菜单，可以看到如图3-61所示窗口。

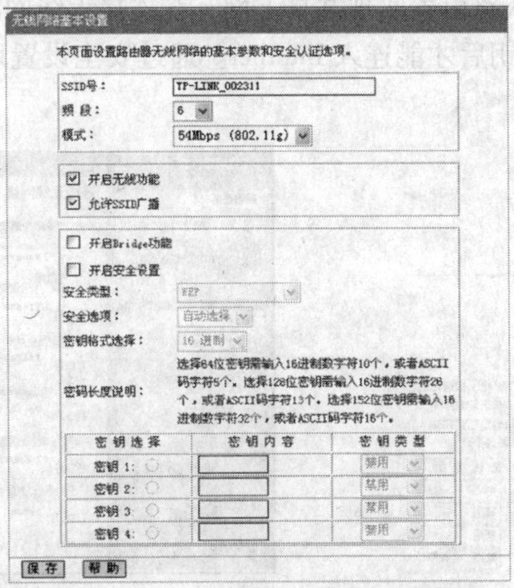

图3-61 “无线网络基本设置”界面

可以在基本设置界面中设置无线网络的基本参数和安全认证选项。无线功能是该路由器的一项重要功能，利用该功能，可以组建内部无线网络。组建网络时，内网主机需要一张无线网卡来连接无线网络。SSID（Service Ser IDentifier）和频段是路由器无线功能必须设置的参数，各项的详细设置情况如下所述。

（1）开启无线功能：若要采用路由器的无线功能，必须选择该项，这样，无线网络内的主机才可以接入并访问有线网络。如果不希望无线接入，请将此功能关闭。

（2）允许SSID广播：该项功能用于将路由器的SSID号向无线网络内的主机广播，这样，主机将可以扫描到SSID号，并可以加入该SSID标识的无线网络。

（3）开启安全设置：若要对无线数据传输提供安全控制，可以选择该项，并按照以下各项所述设置所需的安全配置，如图3-62所示。

① 安全类型：WEP、WPA/WPA2和WPA-PSK/WPA2-PSK。

② 安全选项：该项用来选择系统采用的安全方式，即自动选择、开发系统、共享密钥。

- 自动选择：若选择该项，路由器会根据主机请求自动选择开放系统或共享密钥方式。
- 开放系统：若选择该项，路由器将采用开放系统方式。此时，无线网络内的主机可以在不提供认证密码的前提下，通过认证并关联上无线网络，但是若要进行数据传输，必须提供正确的密码。
- 共享密钥：若选择该项，路由器将采用共享密钥方式。此时，无线网络内的主机必须提供正确的密码才能通过认证，否则无法关联上无线网络，也无法进行数据传输。

③ 密钥格式选择：该项用来选择即将设置的密钥的形式，即十六进制、ASCII 码。若采用十六进制，则密钥字符可以为 0～9，A、B、C、D、E、F；若采用 ASCII 码，则密钥字符可以是键盘上的所有字符。

④ 密钥内容、密钥类型：这两项用来选择密钥的类型和具体设置的密钥值，密钥的长度受密钥类型的影响，具体情况可见图 3-62 中的“密钥长度说明”。设置完成后，用户就可以通过此无线接入设备接入 Internet 了。当无线用户搜索到该无线网络时（见图 3-63），如果想要通过此无线网络接入路由器实现共享上网，在连接无线网络时必须提供相应密钥，如图 3-64 所示。正确输入密钥后才能连入 Internet。通过安全设置可以很好地保证用户无线上网的安全性。

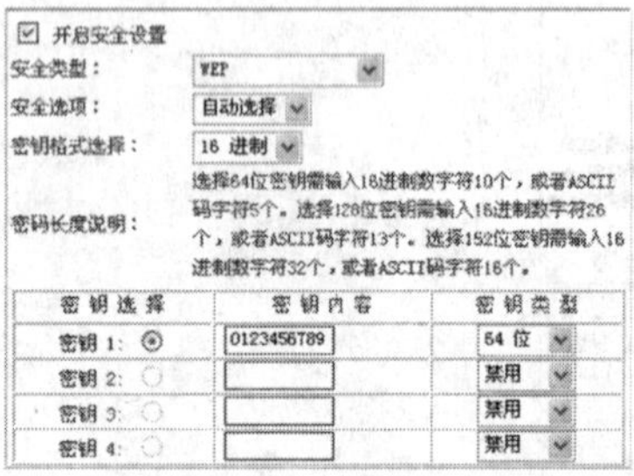

图 3-62　安全设置选项

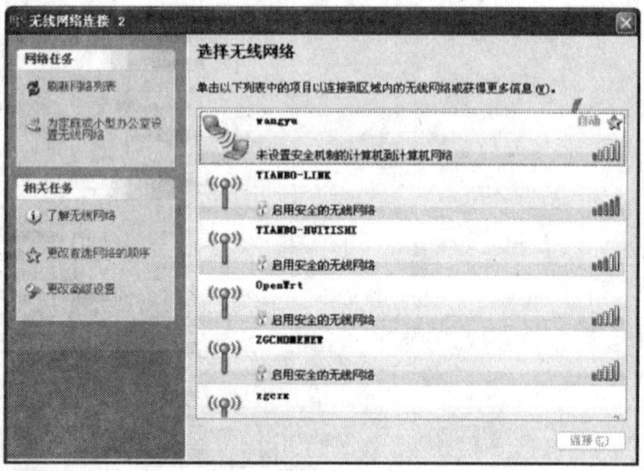

图 3-63　搜索到的无线网络

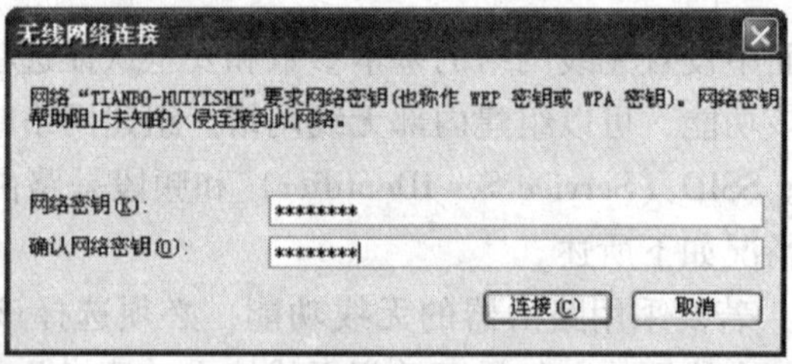

图 3-64　“无线网络连接”对话框

3.4.3　使用集线器或交换机和代理软件共享上网

如果采用集线器（Hub）或交换机（Switch）构建了局域网，又不愿添置路由器，还可以通过使用服务器和软件来实现局域网的共享上网功能。

服务器方式共享上网的实现思路是以一台计算机担任服务器，向其他计算机提供网络共享服务，实现此方式主要有两种方案，一个是采用代理（Proxy）服务器方案，另一个是采用网址转换方案（NAT）。

以集线器和单网卡代理服务器为例，用网线将集线器与 ADSL Modem 连接起来，如图 3-65 所示。其中有一台代理服务器，它连接 Internet 和局域网。运行代理服务器的这台计算机上也可以有两个网络适配器，其中一个连接局域网，拥有属于内部网的 IP 地址；另一个连接

Internet，即和 ADSL Modem 相连，拥有 Internet 上的公开地址，一般这个地址是自动获得的。它既属于 Internet，又属于局域网，所以也叫双宿主主机，如图 3-66 所示。

局域网上的用户能够通过代理服务器享受的 Internet 服务必须要在代理服务器上进行设置，否则用户是无法使用该项服务的。不同的代理服务器软件提供的服务项目不完全相同，但主要的服务都是一样的。最后还需要配置用户使用的客户端软件，如浏览器、FTP 客户端程序等。

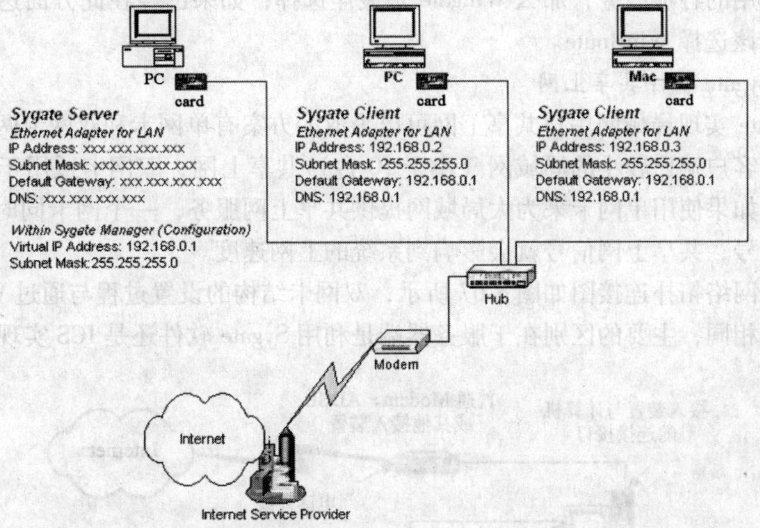

图 3-65 使用集线器的局域网采用 ADSL 接入的连接结构图

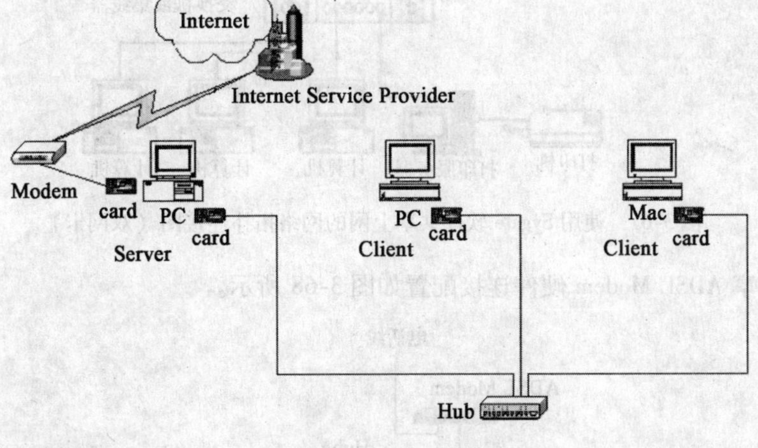

图 3-66 双宿主主机网关

服务器方式共享上网常用的共享软件主要有 Sygate、Wingate、WinRoute 等。和 WinRoute 相比，Sygate 的优越之处主要表现在以下几个方面：一是便于安装；二是易于使用；三是管理方便；四是花费最少。虽然在易用性方面 Sygate 占尽优势，但在功能和性能方面，与 Wingate 相比似乎就略逊一筹了；在操控方面，Wingate 对用户的要求似乎更高些。

与上述两款软件有所不同，如果说 Sygate、Wingate 更侧重于实现代理的功能的话，WinRoute 则除了具有代理服务器的功能外，还具有 NAT（Network Address Translation，网络地址转换）、防火墙、邮件服务器、DHCP 服务器、DNS 服务器等功能，能为用户提供一个功能强大的网关，但其用户界面显得有些简单，帮助系统相对不完善，从而增加了配置工作的难度。如果对局域网代理服务器的设置、内部运转方式、操控等并不十分精通，建议可以先使用Sygate，该软件是从入门到精通的捷径；如果已经对代理服务器有所了解，且能够熟练使用代理应用的各项服务，那么 Wingate 是最佳选择；如果已经在此方面达到了相当的水平，那么就应该选择 WinRoute。

1. 使用 Sygate 软件共享上网

使用 Sygate 实现局域网用户共享上网可以采取的方案有单网卡和双网卡两种方案。单网卡方案适用于客户端比较小的局域网（小于 10 台）共享上网，双网卡适用于比较大的局域网共享上网。如果使用单网卡来为大局域网提供共享上网服务，一个网卡同时处理 ADSL 信号和局域网信号，共享上网信号就会影响到系统的上网速度。

双网卡的网络拓扑连接图如图 3-67 所示，双网卡结构的设置过程与通过 Windows ICS 共享的设置基本相同，主要的区别在于服务器端是利用 Sygate 软件还是 ICS 实现上网共享。

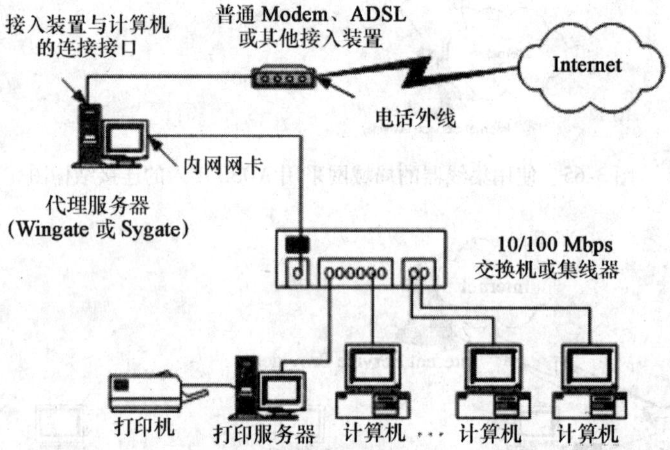

图 3-67 使用 Sygate 软件共享上网的网络拓扑连接图（双网卡）

单网卡共享 ADSL Modem 硬件连接配置如图 3-68 所示。

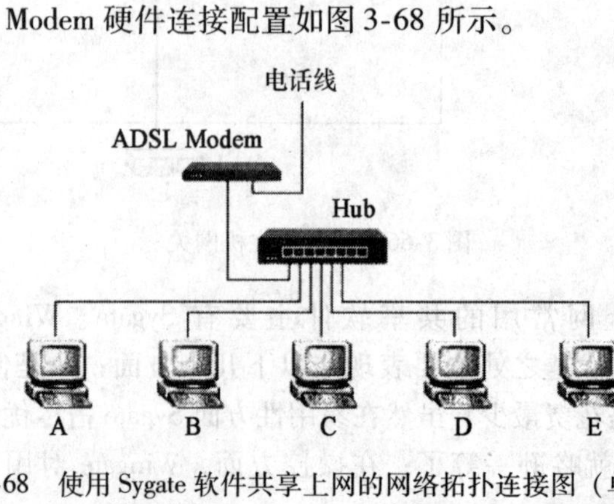

图 3-68 使用 Sygate 软件共享上网的网络拓扑连接图（单网卡）

无论使用单网卡或者双网卡，SyGate 软件在服务器上都需要进行配置，下面将介绍 SyGate 服务器软件的配置。本节以单网卡为例介绍使用代理软件共享上网的设置。

（1）硬件需求。计算机若干（都是单网卡），Hub 或交换机一台，网线若干；ADSL 调制解调器一个。一台计算机装 SyGate（这样也属于单服务器形式，只不过比 ICS 方法省了一个网卡）或每台都装 SyGate（这就是多服务器，优点就是在这样的形式下体现出来）。

（2）拓扑连接配置。硬件连接配置如图 3-68 所示。以五台计算机为例，ADSL Modem 连接 Hub 或交换机的 UPLINK 端口，五台计算机可以接 Hub 或交换机任一口（不能接 UPLINK），TCP/IP 和 DNS 设置都设为自动获取，如图 3-69 所示。在每台计算机上都装上 ADSL 拨号软件和 SyGate 软件的服务器版。

（3）SyGate 的安装。双击已经下载到本地的 SyGate 软件安装程序，显示如图 3-70 所示的安装界面。

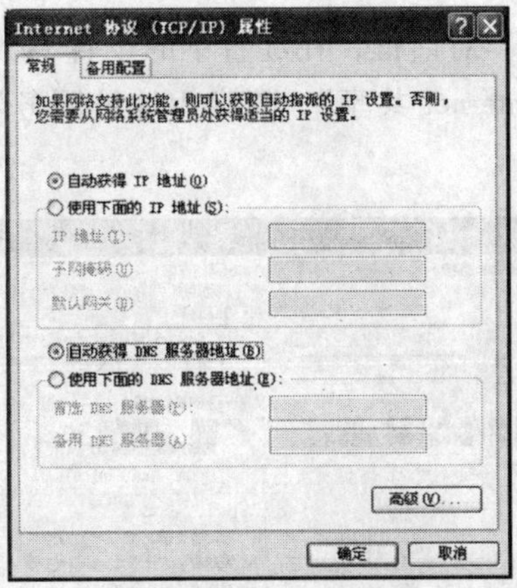

图 3-69　TCP/IP 属性设置

图 3-70　SyGate 软件安装

安装过程中会弹出一个窗口，如图 3-71 所示，在本方法中都设为服务器模式。当然，如果配置成单服务器，只需将一台计算机设置成服务器模式，其他计算机都设置成客户端模式就可以了。本方法是多服务器，自然每台都设置成一样的，都是服务器模式。

安装完后 SyGate 会自动检测网络设置，设置正确就会成功检测到你的网络设置，如图 3-72 所示说明已成功检测到网络连接。

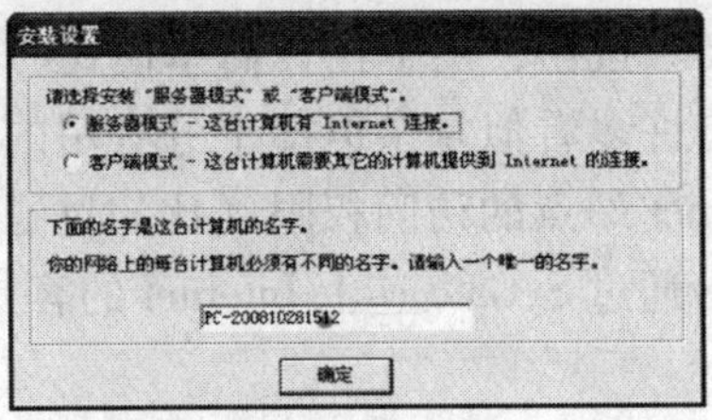

图 3-71　设置服务器模式

图 3-72　SyGate 网络诊断

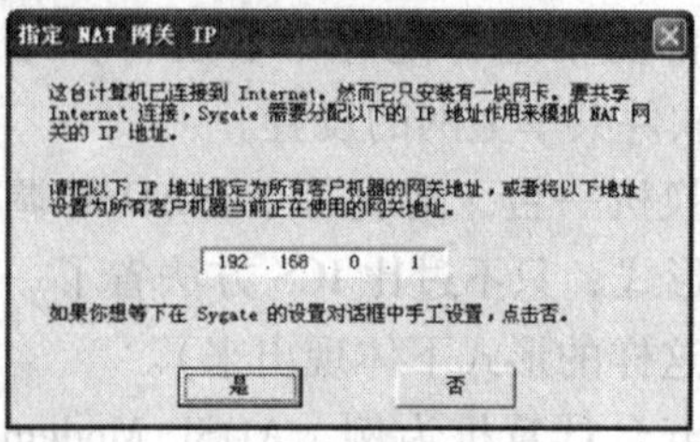

图 3-73　网关 IP 设置

单击"确定"按钮后又弹出一个对话框，要求用户进行网关设置，也就是当 SyGate 在某一台计算机上启动时就要求此机作为服务器，其他计算机就通过这个网关访问 Internet，在此网关默认为 192. 168. 0. 1，当然也可设成其他 IP 段的 IP，视具体情况而定。如图 3-73 所示是本例的默认设置。

单击"是"按钮后，重启计算机来完成 SyGate 软件的安装。

(4) SyGate 设置。图 3-74 是重启计算机后 SyGate 的运行界面，窗口右下角如为绿色说明能正常共享上网了。注意，SyGate 是不能在同一局域网内同时运行的，就是说如果局域网中有一台计算机打开了 SyGate，其他计算机就不能打开了。即所谓的多服务器其实是相对而言的，是指多台计算机均可担当服务器的角色，但只有一台服务器运行 SyGate 软件并承担服务器的任务，而其他计算机是客户机，通过最先打开运行 SyGate 服务器软件的计算机上网。

单击 SyGate 软件主界面中的配置按钮，打开"配置"对话框，在配置中的设置参数如图 3-75 所示。在"选项"区域勾选"系统启动时开启 Internet 共享"、"启用地址服务器"和"启用 DNS 转发"，其他区域保持默认即可。

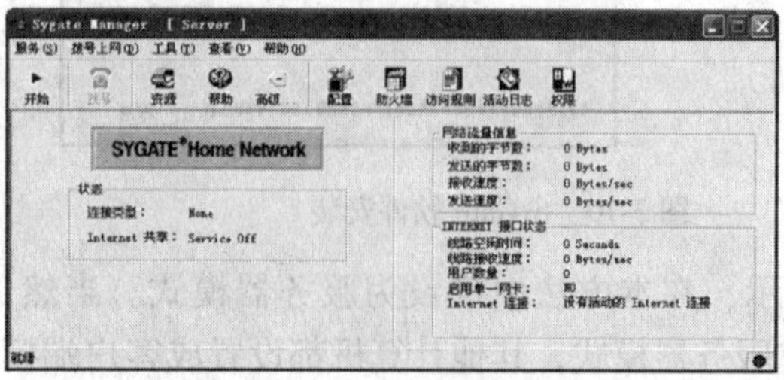

图 3-74　SyGate 软件管理主界面

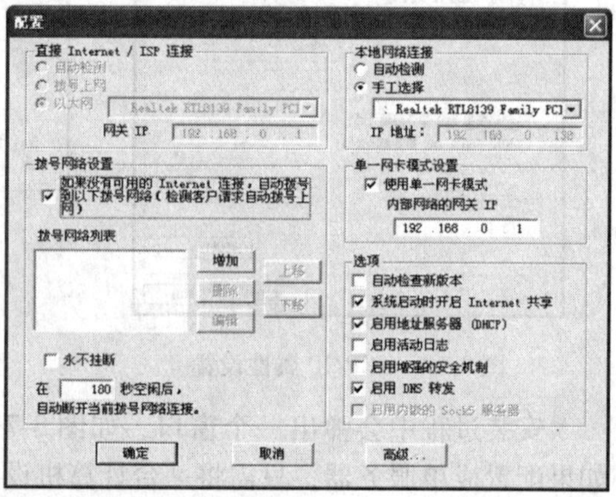

图 3-75　SyGate 软件"配置"对话框

通过单击"高级"按钮，打开"高级设置"对话框，如图 3-76 所示。对地址服务器 (DHCP)、域名服务器 (DNS)、连接超时、PPPoE 配置区域的选型进行详细设置。

在 SyGate 的服务器管理窗口上有一个"高级"按钮，用于在"简单模式"和"高级模式"的管理界面之间切换。在"高级模式"下有许多看似复杂但却十分有用的设置，比如设置防火墙以防止黑客入侵、设置客户机对 Internet 站点的访问权限（比如过滤掉某些宣扬反动言论或是有不健康内容的站点）、监视每一台通过 SyGate 连上 Internet 的客户机的状态、设置黑名单（白名单）等。

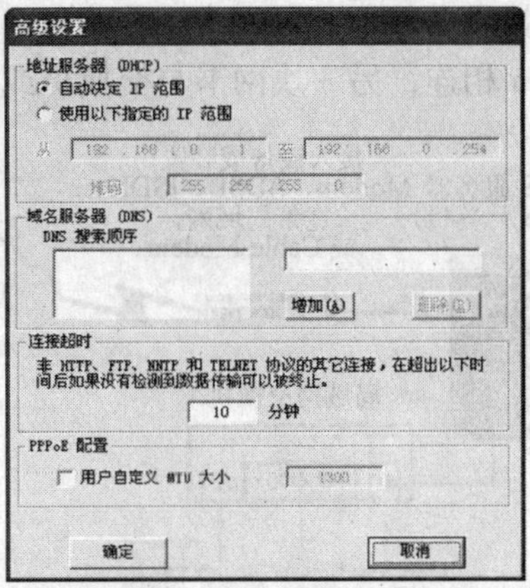

图 3-76　SyGate 软件“高级设置”对话框

（5）共享上网的使用。单网卡多服务器共享上网的方法特点就是能够省一块网卡，且不需要固定的服务器时时在线，如图 3-68 中五台计算机都可以作为服务器，前提是做服务器的计算机必须先打开 SyGate 和 ADSL 拨号软件，例如，如果 A 机打开了 SyGate 同时拨号上网，这时 B，C，D，E 一开机就能通过 A 机上网了。当 A 不想上网了，把计算机一关，这时 B，C，D，E 任一台计算机都能拨号打开 SyGate 给其他计算机共享上网。注意，首先打开 SyGate 软件的计算机作为服务器，只要有一台计算机上启动了 SyGate，其他计算机就不用再打开这个软件了。

需要注意的是：当 A 想上网，但它不想做服务器了，改由 B 做服务器，A 需要首先关掉拨号软件和 SyGate。但 SyGate 软件在运行过程中存在两个线程 SyGate. exe 和 sgserv. exe，如果只关闭 SyGate. exe，B 机仍然不能打开 SyGate 软件，解决方法就是关闭 A 机 SyGate. exe 同时在进程中结束 sgserv. exe，这样 B 机才能打开 SyGate 软件。

2. 通过 ICS 接入

ICS 是 Internet Connection Sharing 的英文缩写，其中文名称是“Internet 连接共享”。在小型网络中，经常采用通过 ICS 接入 Internet 的方法。在网络中，将连接接入设备的计算机称为 ICS 服务器（又称 ICS 计算机）；而将使用 ICS 服务的其他计算机称为 ICS 客户机。

ICS 是为使用 Windows 2000/XP 等系统的家庭网络或者小型 Intranet 网络提供的一种 Internet连接共享服务，为网络中的所有计算机提供网络地址转换服务，它实质上是一种网络地址转换器。有了网络地址转换器，被分配了私有网络 IP 地址的家庭网络或小型的办公网络中的主机才可以直接访问 Internet。这些主机正是通过网络地址转换器将原来的私有地址转换成 ISP 分配的一个公用的 IP 地址，才能实现其对 Internet 的连接。同时它还可以为 ICS 客户机提供 IP 地址和域名地址之间的名称解析的代理服务。

（1）ICS 的接入结构。

① 网络的连接。最简单的是双机通过网线和网卡直接进行连接，一般都是使用局域网的共享设备 Hub 或 Switch 连接所有计算机节点和网络中的其他设备，如图 3-77 所示。

② ICS 服务器的结构。ICS 服务器的硬件结构分为接入设备和局域网连接设备两部分。

- ICS 服务器的接入设备可以采用 ADSL Modem 或 ADSL 路由器、ISDN 适配器或 Cable Modem 等高速连接设备。

● ICS 服务器的局域网连接设备一般就是网卡，作为ICS 服务器的计算机需要安装两块网卡，一块网卡与 ADSL Modem 相连，另一块网卡与交换机或 Hub 相连。

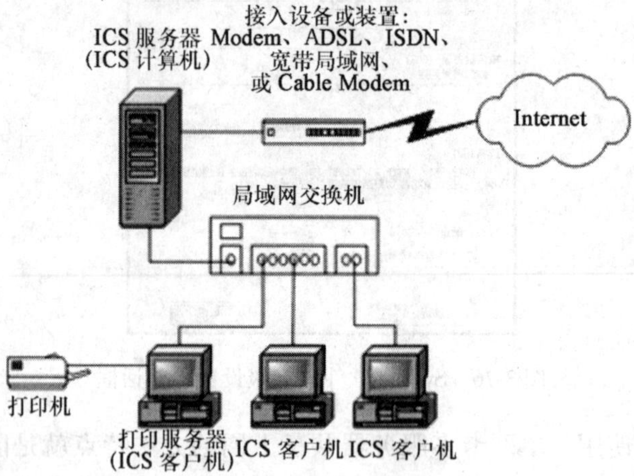

图 3-77　通过 ICS 服务器接入 Internet

③ ICS 客户机的结构。ICS 客户机通过自身的网卡（只需一块网卡）连接到局域网中的 Hub（集线器）或 Switch（交换机）上即可。

(2) ICS 服务器的设置。在服务器端的设置重点有两个部分，第一，将本机正常接入 Internet；第二，将接入Internet的连接设置为共享。

① 首先在 ICS 服务器上以管理员（Administrator）的身份登录到 Windows XP 系统中。

② 依次选择"开始"→"所有程序"→"附件"→"通讯"→"网络连接"，打开"网络连接"窗口，窗口中显示服务器中已经安装好的两块网卡，如图 3-78 所示。

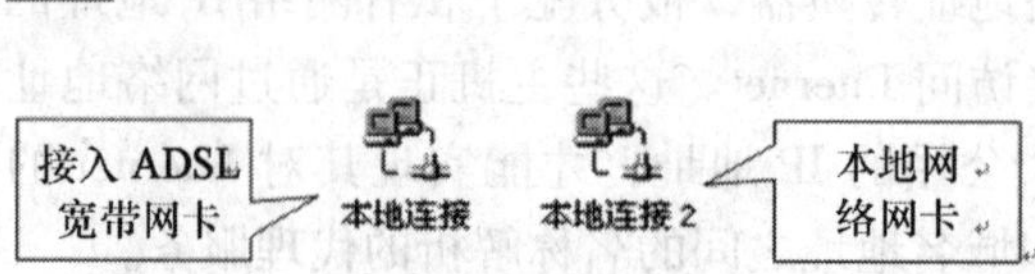

图 3-78　"网络连接"窗口

③ 在"网络连接"窗口中，选择要共享的接入 ADSL Modem 宽带网的本地连接（"本地连接"）后，右击鼠标，从弹出的快捷菜单中选择"属性"命令。

④ 在激活的接入宽带网的网卡的"本地连接 属性"对话框中，选择"高级"选项卡。如图 3-79 所示。在"Internet 连接共享"区域选中"允许其他网络用户通过此计算机的 Internet 连接来连接”复选框，最后单击“确定”按钮。完成 ICS 服务器接入宽带网的网卡共享属性设置。

如果网关服务器端主机没有安装其他防火墙软件，为了安全起见，可以启用 Windows 防火墙来保护计算机和网络。至于“允许其他网络用户控制或禁用共享的 Internet 连接”通常不要选择，当然选择了也没什么大影响，只不过其他用户同样有权禁用这个共享连接。这在小型办公室中应该问题不大，但在企业用户中最好不要这样，否则可能给管理员带来许多不必要的管理负担。

⑤ 选择要共享的接入 ADSL Modem 宽带网的本地连接（“本地连接”），右击鼠标，从弹出的快捷菜单中选择“属性”命令。在弹出的本地网卡的“本地连接 属性”对话框“常规”选项卡中，选中“Internet 协议（TCP/IP）”后，单击“属性”按钮。在弹出的“Internet 协议（TCP/IP）属性”对话框中将 IP 地址和 DNS 服务器地址设置成自动获取。如图 3-80所示。

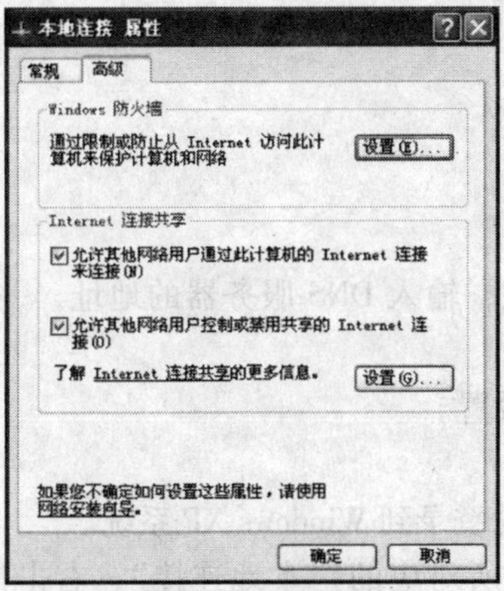

图 3-79 接入宽带网的本地连接的 Internet 连接共享设置

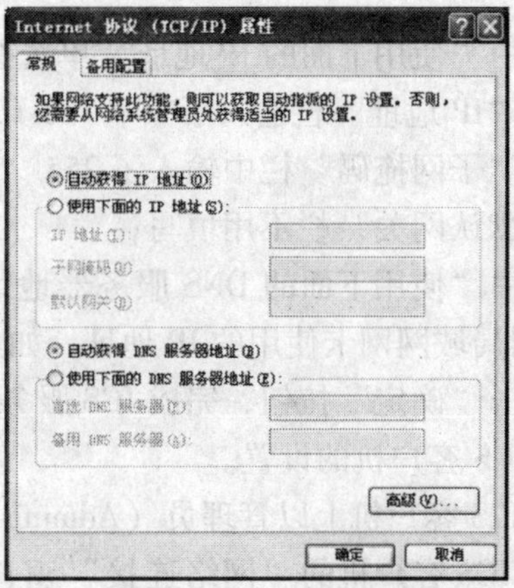

图 3-80 接入宽带网络的本地连接的“Internet 协议（TCP/IP）属性”设置

⑥ 打开“网络连接”窗口，选择接入本地网络网卡所对应的“本地连接 2”后，右击鼠标，从弹出的快捷菜单中选择“属性”命令。在弹出的本地网卡的“本地连接 2 属性”对话框“常规”选项卡中，选中“Internet 协议（TCP/IP）”后，单击“属性”按钮。激活如图 3-81 所示的对话框。

图 3-81 所示的 ICS 服务器的局域网网卡属性“Internet 协议（TCP/IP）属性”对话框中各选项的相关设置如下：

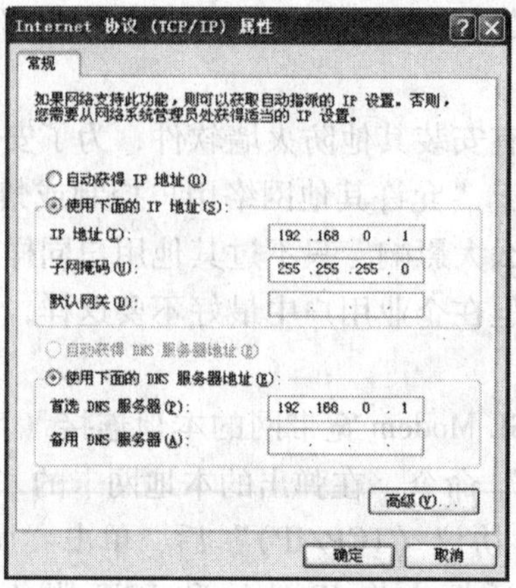

图 3-81　接入本地网络的“本地连接 2”的“Internet 协议（TCP/IP）属性”设置

- 选中“使用下面的 IP 地址”单选按钮；
- 在“IP 地址”栏输入了 192.168.0.1；
- 在“子网掩码”栏中输入了 255.255.255.0；
- “默认网关”栏不用填写；
- 选中“使用下面的 DNS 服务器地址”单选按钮，输入 DNS 服务器的地址，一般为 ICS 服务器局域网网卡使用的 IP 地址，如 192.168.0.1；
- 单击“确定”按钮，完成 ICS 服务器端的共享设置。

（3）ICS 客户机的设置。

①在 ICS 客户机上以管理员（Administrator）的身份登录到 Windows XP 系统。

② 在 ICS 客户机的“网络连接”窗口，选择网卡所对应的“本地连接”，右击鼠标，从弹出的快捷菜单中选择“属性”命令。

③ 在“本地连接 属性”对话框中，选中“Internet 协议（TCP/IP）”之后，单击“属性”按钮，激活如图 3-82 所示的对话框。

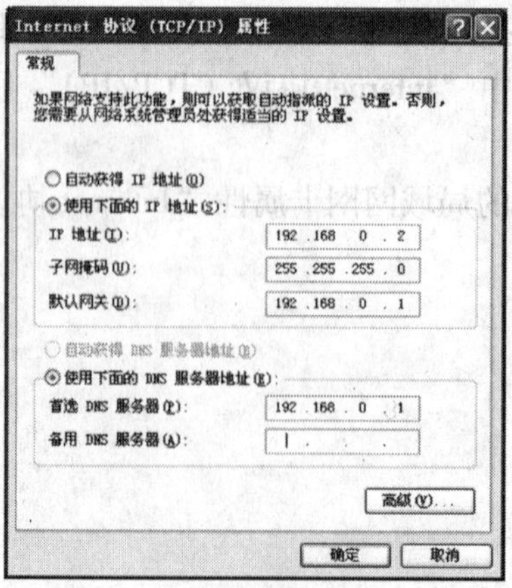

图 3-82　ICS 客户机网卡的“Internet 协议（TCP/IP）属性”对话框

④ 在如图3-82所示的ICS客户端局域网网卡属性“Internet协议（TCP/IP）属性”对话框中，输入分配给该客户机的IP地址、子网掩码和默认网关（应当是192.168.0.1）后，单击“确定”按钮，完成ICS客户端的设置。

说明 每台ICS客户机的IP地址应各不同，其值为192.168.0.2～192.168.0.254；而子网掩码、默认网关和DNS服务器的地址处输入的值都应当相同。将局域网内的ICS客户机依次设置好，并将ICS服务器接入Internet，然后打开客户机的浏览器IE，输入网址www.sohu.com，以检验是否可以通过ICS服务器正常上网。

3.5 无线网络接入Internet

无线接入的主要方式有两种：无线局域网接入和移动通信上网，鉴于移动通信上网的条件限制，例如费用昂贵、网速慢、配置复杂等因素影响，在这里重点介绍无线局域网的接入。

3.5.1 无线网卡在Windows XP系统下的安装

由于Windows XP系统推出市场比较久且很成熟，基于微软的桌面系统的霸主地位，所以各个厂商生产的软件和硬件产品对它的支持和兼容性也最强，目前，无线网卡都提供了在Windows XP系统下的驱动程序；Windows XP已经内置了对一些无线网卡的支持，因此无须安装任何驱动；对于其他厂商的无线网卡或者笔记本自带的无线网卡，可以参考网卡型号、芯片类型去相应网站下载对应的驱动程序，安装步骤和方法大同小异；由于驱动的安装比较简单，和常规的网卡安装方法一样，在这里不详细介绍。如果无线网卡安装成功，那么在“计算机管理”窗口设备管理器中可以查看到运行正常。如图3-83所示。

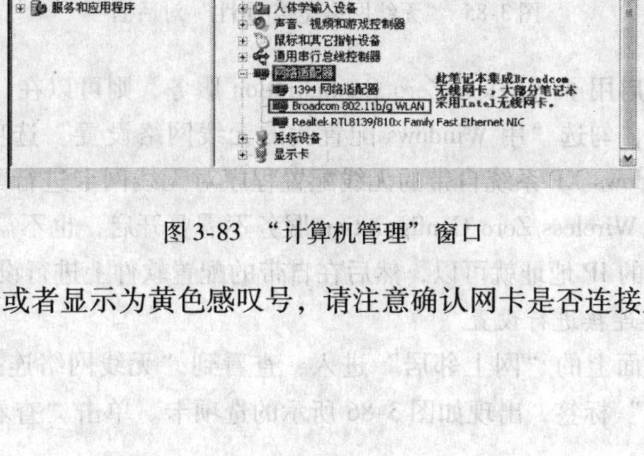

图3-83 “计算机管理”窗口

如果找不到网卡或者显示为黄色感叹号，请注意确认网卡是否连接上主机或者重新安装一下驱动。

3.5.2 无线网卡的配置

在 Windows XP 系统下，无线网卡的配置有两种方式：

- 利用系统自带的无线配置软件进行配置；
- 利用笔记本或者无线网卡生产厂商提供的第三方配置软件进行配置。不同厂商的产品可以参考其相关说明，各家产品的设置都是大同小异的。

1. 使用系统自带的无线配置程序配置无线网卡

在使用系统自带的无线配置程序配置计算机的无线网卡之前，应该检查系统的 Wireless Zero Configuration 服务是否启用，如果没有开启，要手动开启这个服务（一般情况下默认是开启的）。如图 3-84 所示。

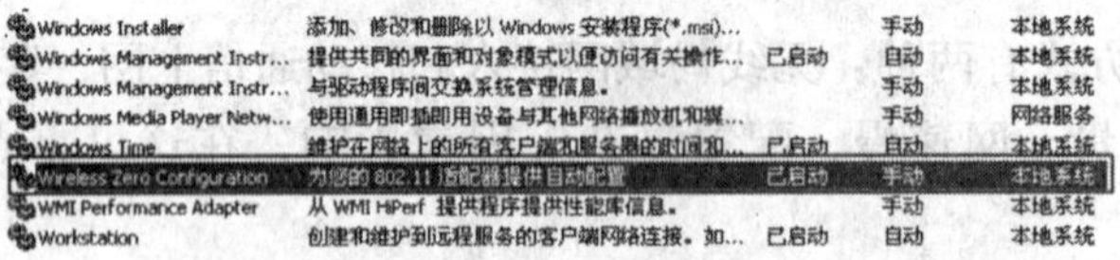

图 3-84 系统无线服务

单击“网上邻居”，右击“属性”→“本地无线网络”，右击“属性”，打开如图 3-85 所示“无线网络连接 属性”对话框。

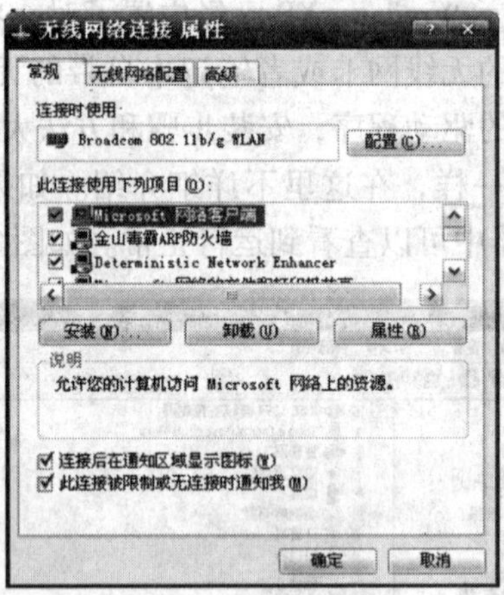

图 3-85 “无线网络连接 属性”对话框

如果在服务里面启用了 Wireless Zero Configuration 服务，则可以在“无线网络配置”选项卡中进行相关设置，勾选“用 Windows 配置我的无线网络设置”选项，如图 3-86 所示，之后就可以利用 Windows XP 系统自带的无线配置程序对无线网卡进行配置。如果用网卡自带的配置软件，那么 Wireless Zero Configuration 服务不需要开启，也不需要在这里设置什么，只要设置好无线网卡的 IP 地址就可以，然后在自带的配置软件上进行设置。

2. 通过无线网络连接进行设置

首先通过系统桌面上的“网上邻居”进入，查看到“无线网络连接”，右击“属性”，选择“无线网络配置”标签，出现如图 3-86 所示的选项卡。单击“查看无线网络”按钮可以查看本地可用的无线网络，如图3-87所示。

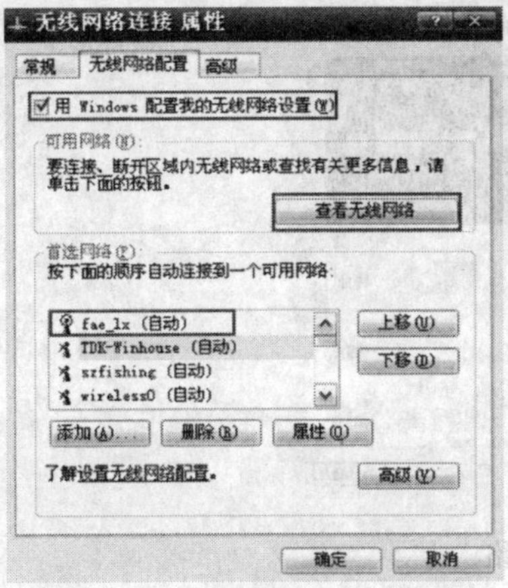

图3-86 无线网络配置

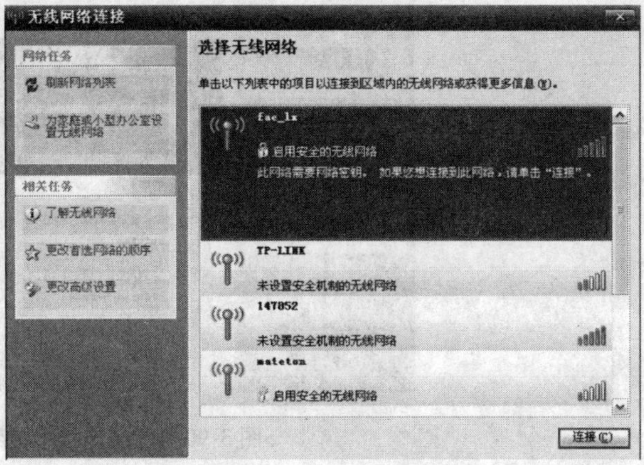

图3-87 查看本地无线连接

从右侧的网络列表中显示了当前无线网卡搜索到的无线网络，若信号是加密的，则在信号的SSID下方会有“安全锁”样的提示，如果网卡想接入某个无线网络则只要用鼠标单击该无线网络，然后单击右下角的“连接”按钮或者双击此无线网络即可。如果信号没有加密则经过上述操作之后就可以连入无线网络，如图3-88所示。

但如果信号进行了加密，则在单击“连接”按钮之后网卡和无线路由器会进行相应的协商。当协商完成之后无线网卡会提示输入无线网络加密的“网络密码”，在下面的对话框中输入无线网络的加密密钥，单击“连接”按钮即可，如图3-89所示。

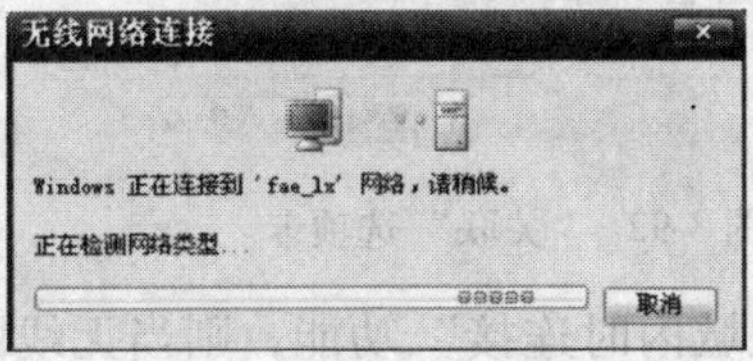

图3-88 连接无线网络

图3-89 输入无线网络密钥

当无线网卡已经接入无线网络后，在“无线网络连接”界面中会看到：已经连入的无线网络中显示“已连接上”，并且在右下角显示“断开”按钮，如图3-90所示。至此，无线网卡已经成功和无线AP建立了无线连接。

在设置无线网卡和无线AP连接的过程中，系统会自动生成一个配置文件，如图3-91所示。

在“首选网络”列表中记录的是无线网卡曾经和哪些无线AP建立过连接，只要建立过连接在允许记录的范围之内都会有相关的记录，包括SSID、加密类型及密钥等。当然，也可以单击图3-91中的“属性”按钮来编辑和查看相关的状态。

在打开的fae_lx属性窗口中选择“关联”标签，打开选项卡可以进行无线网络密钥的设置，如图3-92所示。

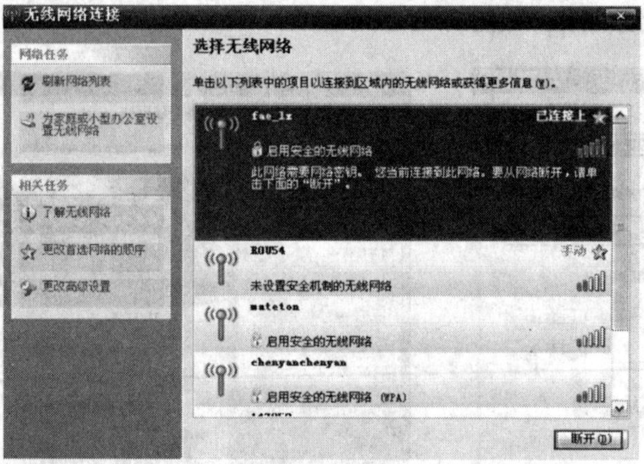

图 3-90　已经连接上无线网络

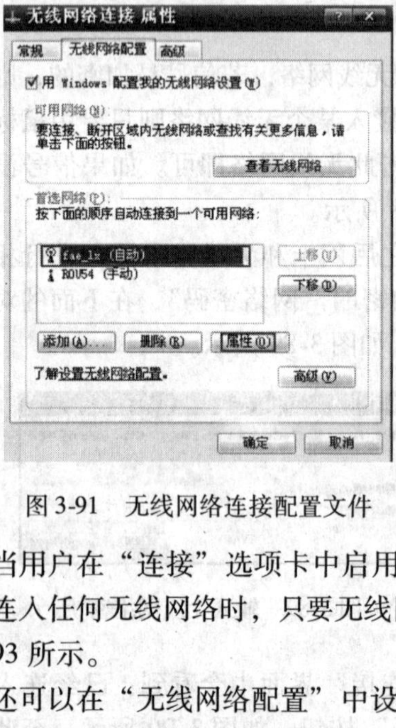

图 3-91　无线网络连接配置文件

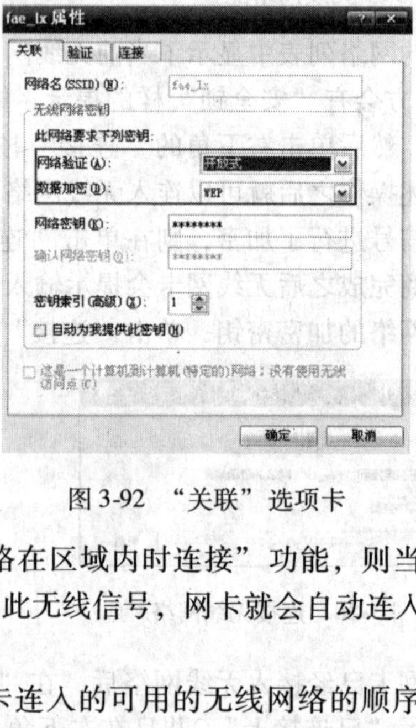

图 3-92　"关联"选项卡

当用户在"连接"选项卡中启用"当此网络在区域内时连接"功能，则当无线网卡还没有连入任何无线网络时，只要无线网卡搜索到此无线信号，网卡就会自动连入该网络，如图 3-93 所示。

还可以在"无线网络配置"中设定无线网卡连入的可用的无线网络的顺序。此顺序按照从上到下优先级依次降低的顺序。如果没有启用 Wireless Zero Configuration 服务，则在无线网络连接属性中没有"无线网络配置"选项。如图 3-94 所示。

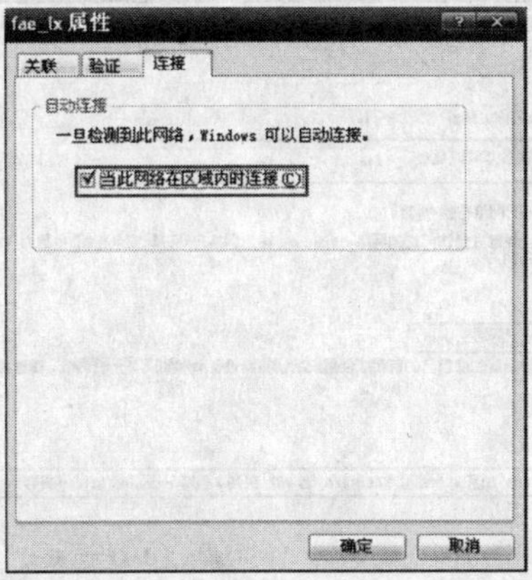

图3-93 无线网络连接属性—“连接”选项卡

图3-94 未启用 Wireless Zero Configuration 服务状态下的无线网络连接属性

3. 通过无线网络安装向导进行配置

如果已经知道要连入的无线信号的SSID号、加密类型和密钥等，并且希望手动给无线网卡添加一个配置文件，则可以手动添加一个无线网络。单击“开始”→“设置”→“控制面板”→“无线网络安装向导”，如图3-95所示。此时会弹出“无线网络安装向导”界面，如图3-96所示。

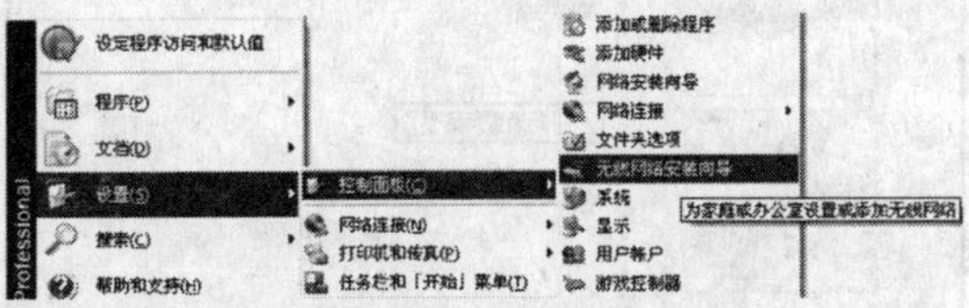

图3-95 启动无线网络安装向导

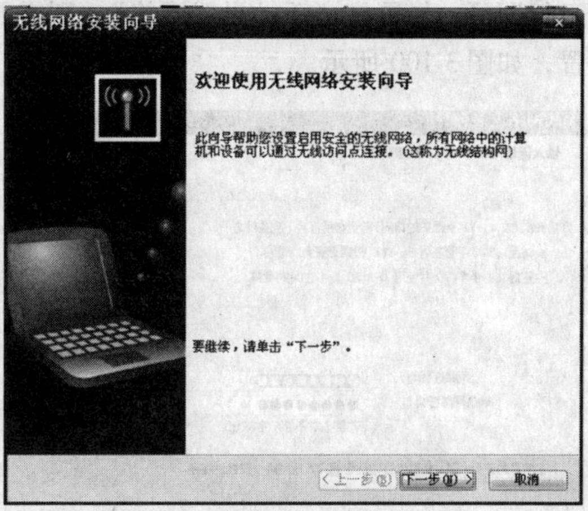

图3-96 无线网络安装向导（一）

单击“下一步”按钮，继续无线网络的设置。在这里选择“设置新无线网络”，如图3-97所示。

单击“下一步”按钮，继续设置。在弹出的对话框中的“在网络名（SSID）”中输入无线AP已经设置好的SSID号。同时选择“手动分配网络密钥”，并且勾选下面的“使用WPA加密，不使用WEP”选项，这样就需要手动为网卡输入加密的密钥，如图3-98所示。

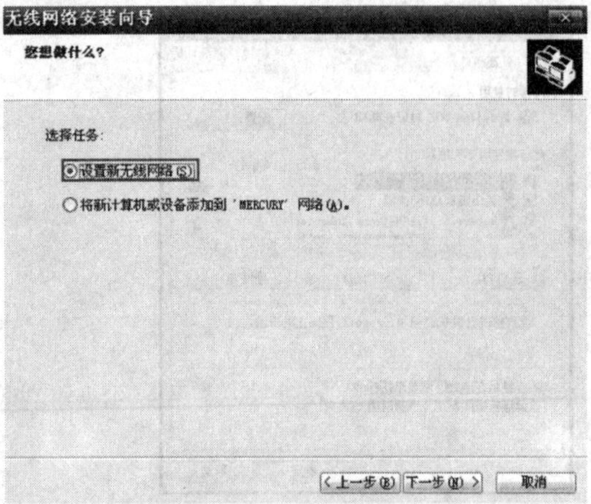

图 3-97　无线网络安装向导（二）

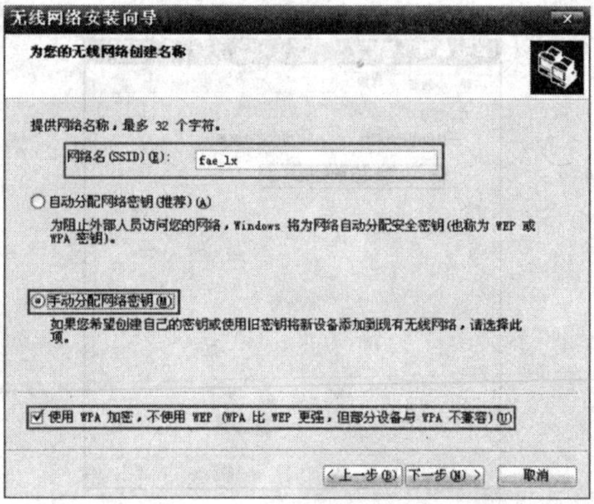

图 3-98　无线网络安装向导（三）

单击“下一步”按钮，继续设置。在此对话框中的“网络密钥”中输入无线网络加密的密钥。如果没有启用“键入时不显示字符”，则输入的密钥将以明文显示，如图 3-99 所示。

单击“下一步”按钮，继续设置。在此选择“手动设置网络”，如果是选择“使用 USB 闪存驱动器（推荐）”，则系统会将刚才配置的无线配置文件保存到插入的 U 盘中，如果需要为其他计算机的无线网卡设置无线网络，则只需要将此配置文件复制到要配置的计算机上运行即可。如果是“手动设置网络”，则需要手动为每一台计算机的无线网卡进行相同的配置，如图 3-100 所示。

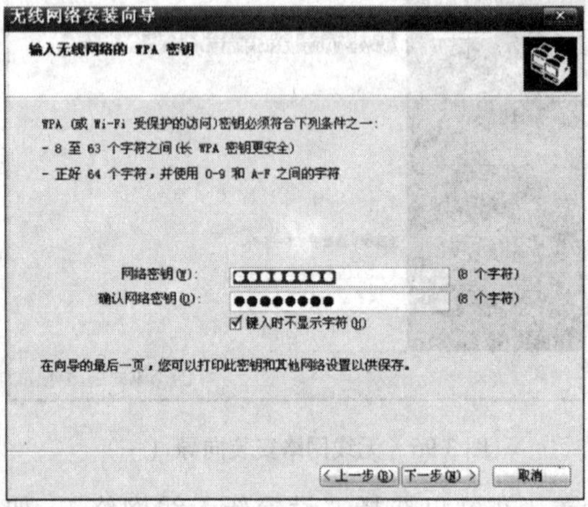

图 3-99　无线网络安装向导（四）

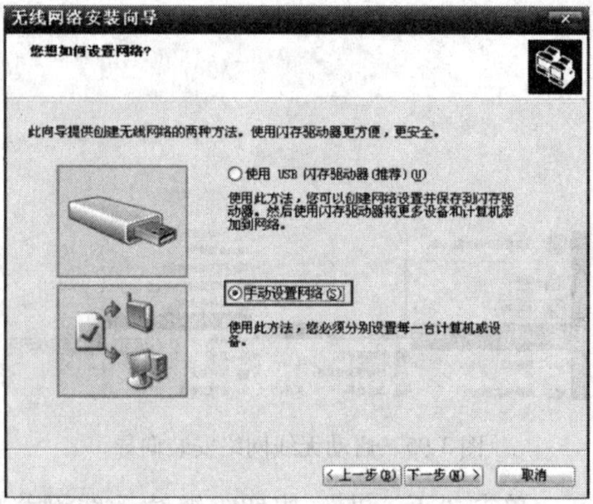

图 3-100　无线网络安装向导（五）

单击“下一步”按钮完成无线网络安装向导设置，如图 3-101 所示。

此时需要在“无线网络连接”对话框中“刷新网络列表”。如果在右边的网络列表中出现了相应的无线网络，如图 3-102 所示，选择要进行无线接入的网络，可以直接双击此无线网络或者单击右下角的“连接”按钮。

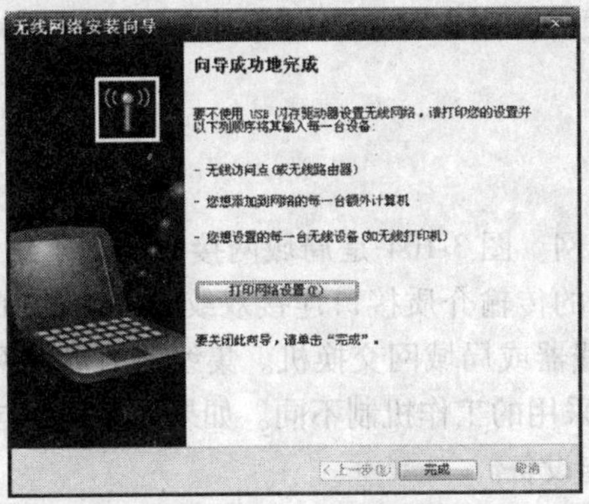

图 3-101　无线网络安装向导完成

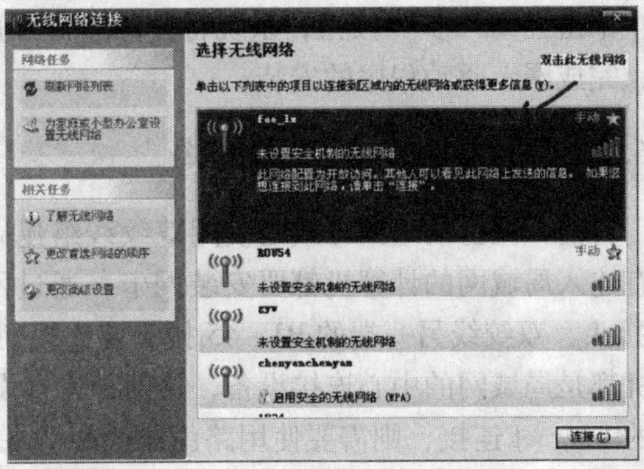

图 3-102　可用的无线网络连接

经过上述步骤之后，无线网卡的配置就已经基本完成。

事实上操作无线网卡并不是很复杂，只要按照本文的步骤就可轻松实现。另外，在初次操作无线网卡连接无线路由时，建议先不要对无线路由进行加密，在熟悉了基本配置后再实施加密并手工指定网卡无线连接的配置文件。

3.6　通过局域网或小区宽带接入 Internet

如果要通过局域网接入 Internet，则需要为计算机安装一块网卡接入局域网，通过路由器来与 Internet 建立连接。

3.6.1　安装网卡驱动程序

一般网卡支持即插即用功能，则在完成硬件安装并启动计算机后，系统就会检测到该硬件，并提示用户安装相应驱动程序，用户按照提示完成安装；如果网卡硬件自带安装光盘，请用户使用光盘进行安装。否则要安装网卡驱动程序，可以在“控制面板”窗口中，双击“添加硬件”图标，打开“添加硬件向导”对话框，如图 3-103 所示。

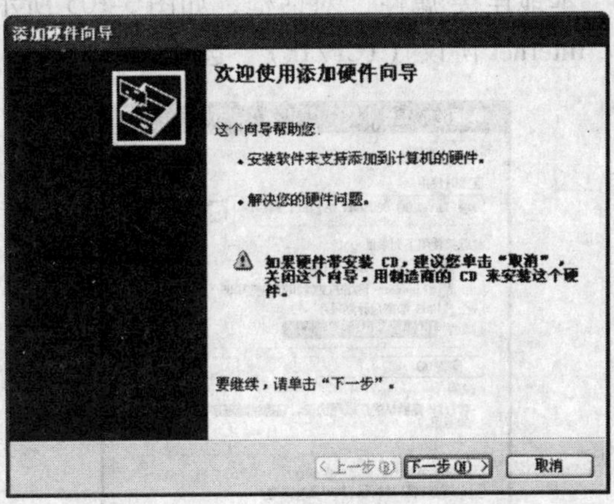

图 3-103　“添加硬件向导”对话框

单击“下一步”按钮，系统将搜索新添加的硬件，用户可按照向导对网卡进行相关配置，完成网卡驱动程序的安装。

3.6.2 局域网接入的基本结构

目前，流行的组网方式是使用双绞线组建局域网。图 3-104 是局域网接入的基本结构，所有连入局域网的计算机都要安装网卡，通过网卡的传输介质接口连接双绞线一端的 RJ－45 接头，双绞线另一端的 RJ－45 接头要连接到集线器或局域网交换机。集线器与局域网交换机都是局域网的中心连接设备，这两种连接设备采用的工作机制不同。如果局域网要与外部的 Internet 连接，则需要使用路由器这种网络互连设备。

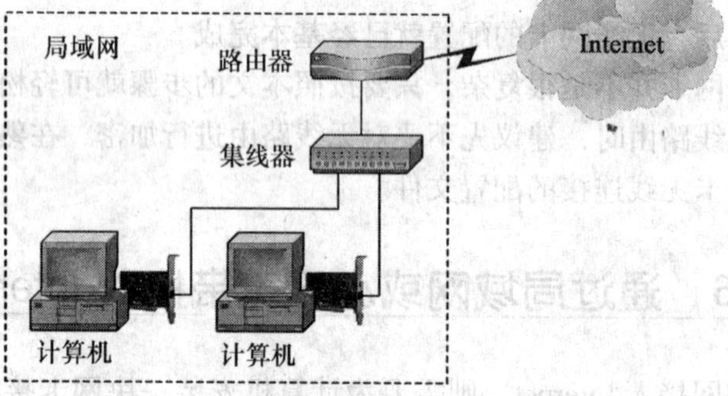

图 3-104　局域网接入的基本结构

3.6.3 设置 TCP/IP 属性

在安装完网卡驱动程序后，还需要设置网卡的 TCP/IP 属性，才能通过局域网接入 Internet。设置网卡的 TCP/IP 属性，可以按以下步骤进行。

① 在桌面右击“网上邻居”图标，将会打开“网络连接”窗口。其中，“本地连接”就是我们安装的网卡。右击“本地连接”图标，在弹出的菜单中选择“属性”选项。

② 这时，将会弹出“本地连接 属性”对话框，如图 3-105 所示。在“此连接使用下列项目”列表框中，选中“Internet 协议（TCP/IP）”选项，单击“属性”按钮。

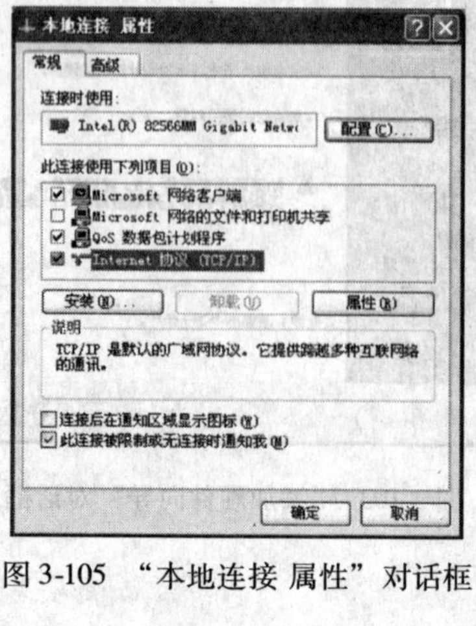

图 3-105　“本地连接 属性”对话框

③ 弹出“Internet 协议（TCP/IP）属性”对话框，如图 3-106 所示。如果局域网提供 DHCP 服务器，选择“自动获得 IP 地址”，否则选择“指定 IP 地址”。接着，输入分配的 IP 地址与子网掩码、默认网关的 IP 地址，以及首选 DNS 服务器与备用 DNS 服务器的 IP 地址。在完成输入后，单击“确定”按钮即可。

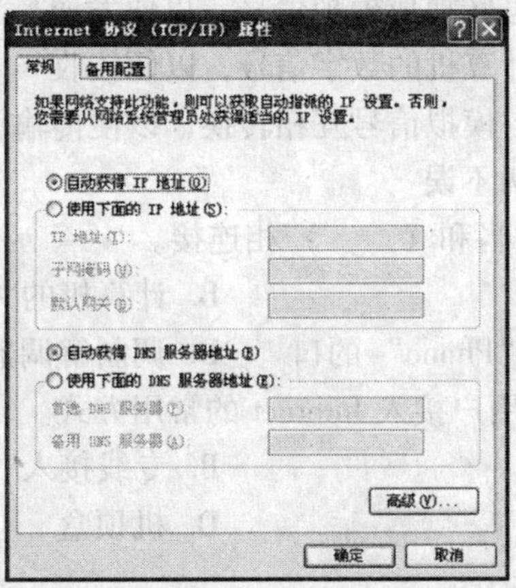

图 3-106 “Internet 协议（TCP/IP）属性”对话框

用户还可以在“常规”选项卡中的“高级”按钮或者“备用配置”选项卡中对 TCP/IP 的属性进行更加详细的设置。

习题

一、填空题

1. Internet 接入方式主要分为两种类型：________和________。
2. 共享上网从技术实现角度来说分为：________和________。
3. 目前用于小规模局域网共享上网的软件大体分为两类：分别是________类型和 NAT 网络地址转换型，其中 NAT 网络地址转换型通常也称为________型。

二、选择题

1. 关于 ADSL 技术的描述中，正确的是（　　）。
   A. 用户端和局端都需要分离器　　B. 仅用户端需要分离器
   C. 两端都不需要分离器　　D. 仅局端需要分离器
2. 以下关于 ADSL 技术的说法，错误的是（　　）。
   A. ADSL 可以有不同的上下行传输速率
   B. ADSL 可以传送数据、视频等信息
   C. ADSL 信号可以与语音信号在同一对电话线上传输
   D. ADSL 可以为距离 10 km 的用户提供 100 Mbps 下行信道
3. 如果一个用户通过电话网将自己的主机接入 Internet，以访问 Internet 上的 Web 站点，那么用户不需要在这台主机上安装和配置（　　）。
   A. 调制解调器　　B. 网卡　　C. TCP/IP 协议　　D. WWW 浏览器

4. 在 Internet 中，用户计算机需要通过校园网、企业网或 ISP 连入（　　）。

A. 电报交换网　　B. 国家间的主干网

C. 电话交换网　　D. 地区主干网

5. 调制解调器（Modem）的主要功能是（　　）。

A. 将计算机的数字信号转换成模拟信号，以便发送

B. 将模拟信号转换成计算机的数字信号，以便接收

C. 将计算机数字信号与模拟信号互相转换，以便传输

D. 为了上网与接电话两不误

6. 从室外进来的电话线应当和（　　）相连接。

A. 计算机的串口　　B. 计算机的并口

C. 调制解调器上标有“Phone”的口　　D. 调制解调器上标有“Line”的口

7. （　　）不是目前我国用户接入 Internet 的常用方式。

A. 拨号 PPP 方式　　B. 专线接入

C. ADSL 方式接入　　D. 机顶盒

三、简答题

1. 什么是接入技术？目前主要的接入技术分几类？
2. 什么是共享上网？共享上网的实现方法有哪些？
3. 使用 ADSL 共享接入 Internet 的方式有哪几种？
4. 无线接入互联网的方式有哪几种？

四、实验

1. 电话拨号连接。掌握电话拨号接入 Internet 时如何进行硬件的连接和软件的设置。

2. ADSL 接入。掌握 ADSL 接入 Internet 时如何进行硬件的连接和软件的设置。

3. 共享接入。掌握使用 ADSL 无线路由器共享接入 Internet、使用集线器或交换机和代理软件共享上网以及通过 Internet 连接共享接入的硬件连接和软件设置。

4. 无线接入互联网。掌握计算机通过无线接入 Internet 的软、硬件设置。

5. 局域网接入互联网。掌握网卡的硬件安装和 TCP/IP 属性设置。

第4章 WWW浏览与信息搜索

4.1 WWW

WWW（World Wide Web）又称为万维网，它的出现是 Internet 发展中的一个里程碑。WWW 服务是 Internet 上最方便、最受欢迎的服务类型，它的影响力已远远超出了专业技术范畴，并且进入电子商务、远程教育与信息服务等领域。

4.1.1 概述

万维网并非某种特殊的计算机网络。万维网是一个大规模的、联机式的信息储藏所，英文简称为 Web。万维网用链接的方法能非常方便地从 Internet 上的一个站点访问另一个站点（也就是所谓的“链接到另一个站点”），从而主动地按需获取丰富的信息。图 4-1 说明了万维网提供分布式服务的特点。

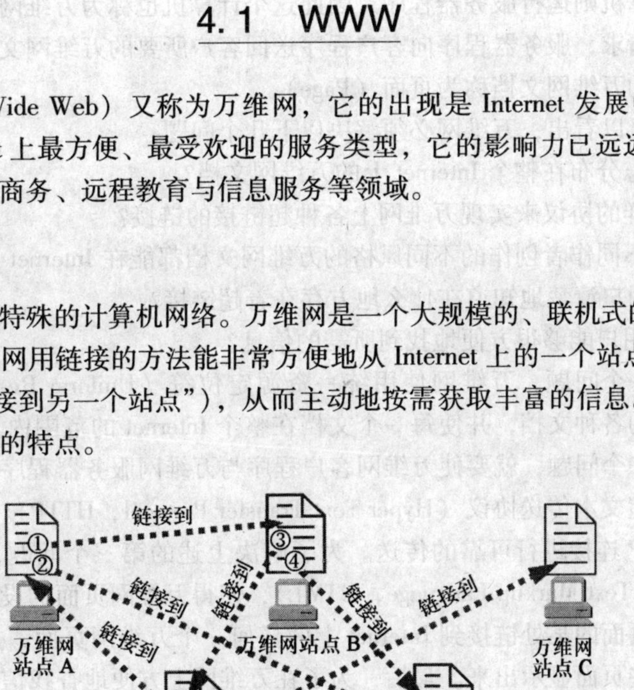

图 4-1　万维网提供分布式服务

图 4-1 画出了五个万维网上的站点，它们可以相隔数千公里，但都必须连接在 Internet 上。每一个万维网站点都存放了许多文档。在这些文档中有一些地方的文字是用特殊方式显示的（例如用不同的颜色，或添加了下画线），将鼠标移动到这些地方时，鼠标的箭头就变成了一只手的形状。这就表明这些地方有一个链接（这种链接有时也称之为超链接），如果在这些地方单击鼠标，就可以从这个文档链接到可能相隔很远的另一个文档。经过一定的时延（几秒钟、几分钟甚至更长，取决于所链接的文档的大小和网络的拥塞情况），在屏幕上就能将远方传送过来的文档显示出来。例如，站点 A 的某个文档中有两个地方①和②可以链接到其他的站点。当单击链接①时，就可链接到站点 B 的某个文档。若单击②则可链接

到站点 E。站点 B 的文档也和两个地方③和④有链接。若单击链接③就可链接到站点 D，而单击链接④就链接到站点 E，但从 E 的这个文档已不能继续链接到其他任何的站点。站点 D 的文档中有两个地方⑤和⑥有链接，可以分别链接到 A 和 C。

万维网是一个分布式的超媒体（hypermedia）系统，它是超文本（hypertext）系统的扩充。一个超文本由多个信息源链接而成，而这些信息源的数目实际上是不受限制的。利用一个链接可使用户找到另一个文档，而这又可链接到其他的文档（以此类推）。这些文档可以位于世界上任何一个链接在 Internet 上的超文本系统中。超文本是万维网的基础。

万维网以客户服务器方式工作。浏览器就是在用户计算机上的万维网客户程序。万维网文档所驻留的计算机则运行服务器程序，因此这个计算机也称为万维网服务器。客户程序向服务器程序发出请求，服务器程序向客户程序送回客户所要的万维网文档。在一个客户程序主窗口上显示出的万维网文档称为页面（Page）。

从以上所述可以看出，万维网必须解决以下几个问题：

（1）怎样标志分布在整个 Internet 上的万维网文档？

（2）用什么样的协议来实现万维网上各种超链接的链接？

（3）怎样使不同作者创作的不同风格的万维网文档都能在 Internet 上的各种计算机上显示出来，同时使用户清楚地知道在什么地方存在着超链接？

（4）怎样使用户能够很方便地找到所需的信息？

为了解决第一个问题，万维网使用统一资源定位符（Uniform Resource Locator，URL）来标志万维网上的各种文档，并使每一个文档在整个 Internet 的范围内具有唯一的 URL。为了解决上述的第二个问题，就要使万维网客户程序与万维网服务器程序之间的交互遵守严格的协议，这就是超文本传送协议（Hyper Text Transfer Protocol，HTTP）。HTTP 是一个应用层协议，它使用 TCP 连接进行可靠的传送。为了解决上述的第三个问题，万维网使用超文本标记语言（Hyper Text Markup Language，HTML），使得万维网页面的设计者可以很方便地用一个超链接从本页面的某处链接到 Internet 上的任何一个万维网页面，并且能够在自己的计算机屏幕上将这些页面显示出来。最后，为了在万维网上方便地查找信息，用户可使用各种搜索工具。

下面将进一步讨论万维网的几个重要概念，如 URL，HTTP 和 HTML 等。

4.1.2 统一资源定位符 URL

1. URL 的格式

URL 给 Internet 上资源的位置提供一种抽象的识别方法，并用这种方法给资源定位。

这里所说的“资源”是指在 Internet 上可以被访问的任何对象，包括文件目录、文件、文档、图像、声音等，以及与 Internet 相连的任何形式的数据。

URL 一般由以下四部分组成（注意，在 URL 中的字符对大写或小写没有要求）：

〈协议〉://〈主机〉:〈端口〉/〈路径〉

URL 的第一部分是最左边的〈协议〉，这里的协议是指用什么协议来获取资源，现在最常用的协议就是 HTTP，其次是 FTP（文件传送协议）。

在〈协议〉后面是规定必须写的格式“：//”，不能省略。它的右边是第二部分〈主机〉，它指出这个万维网文档是在哪个主机上。这里的〈主机〉就是指该主机在 Internet 上的域名。再后面是第三和第四部分〈端口〉和〈路径〉，有时可省略。

2. 使用 HTTP 的 URL

对于万维网的网点的访问要使用 HTTP 协议。HTTP 的 URL 的一般形式是：

http://〈主机〉:〈端口〉/〈路径〉

HTTP 的默认端口号是 80，通常可省略。若再省略文件的〈路径〉项，则 URL 就指到 Internet 上的某个主页。

例如，要查有关清华大学的信息，就可先进入到清华大学的主页，其 URL 为：

http://www.tsinghua.edu.cn

这里省略了默认的端口号 80。从清华大学的主页入手，就可以通过许多不同的超链接找到所要查找的清华大学各个部门的信息。

更复杂一些的路径是指向层次结构的从属页面。例如：

以上是清华大学某页面的 URL。注意，上面的 URL 中使用了指向文件的路径，而文件名就是最后的 index. html。后缀 html（有时可写为 htm）表示这是一个用 HTML 写出的文件。

用户使用 URL 并非仅仅能够访问万维网的页面，而且还能够通过 URL 使用其他的 Internet 应用程序，如 FTP、TELNET、电子邮件及新闻组等。更重要的是，用户在使用这些应用程序时，只使用一个程序即浏览器，这显然是非常方便的。

4.1.3 HTTP

1. HTTP 的操作过程

WWW 服务使用的通信协议是 HTTP，它是客户端和 WWW 服务器之间相互通信的协议。

HTTP 协议定义了浏览器（即万维网客户进程）怎样向万维网服务器请求万维网文档，及服务器怎样把文档传给浏览器。从层次的角度看，HTTP 是面向事务（Transaction-Oriented）的应用层协议，它是万维网上能够可靠地交换文件（包括文本、声音、图像等各种多媒体文件）的重要基础。万维网的大致工作过程如图 4-2 所示。

WWW 服务采用的是客户 - 服务器工作模式，信息资源以网页的形式存储在 WWW 服务器中，每个万维网服务器都有一个服务器进程，它不断地监听 TCP 的端口 80，以便发现是否有浏览器向它发出连接建立请求。

WWW 服务器一旦监听到连接建立请求并建立 TCP 连接之后，浏览器就向 WWW 服务器发出浏览某个页面的请求，WWW 服务器根据浏览器的请求找到被请求的主页、文档或对象，然后将得到的查询结果返回给客户机；客户机在接收到返回的数据后对其进行解释，就可以在本地计算机的屏幕上显示主页信息。当 WWW 服务器返回客户机请求的主页之后，WWW 服务器和客户机之间的 HTTP 连接被断开。

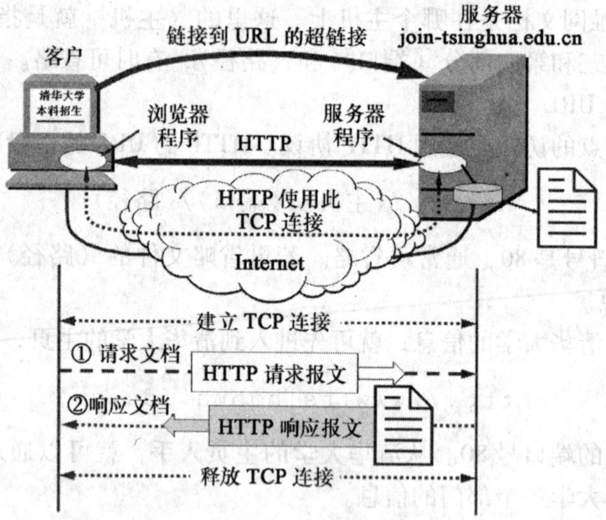

图 4-2　万维网的工作过程

在浏览器和服务器之间的请求和响应的交互，必须按照规定的格式和遵循一定的规则。这些格式和规则就是 HTTP。HTTP 有两类报文：请求报文和响应报文，HTTP规定在 HTTP 客户与 HTTP 服务器之间的每次交互都由一个请求和一个响应组成。HTTP 报文通常都使用 TCP 连接进行传送。

用户浏览页面的方法有两种。一种方法是在浏览器的地址窗口中输入所要找的页面的 URL。另一种方法是在某一个页面中单击一个可选部分，这时浏览器自动在 Internet 上找到所要链接的页面。

假定图 4-2 中的用户单击了屏幕上的一个可选部分。它使用的超链接指向了“清华大学本科招生网”的页面，其 URL 是 http：//join-tsinghua. edu. cn/bkzsw/index. html。下面更具体地说明在用户单击后所发生的几个事件。

（1）浏览器分析超链接指向页面的 URL。

（2）浏览器向 DNS 请求解析 join-tsinghua. edu. cn 的 IP 地址。

（3）域名系统 DNS 解析出清华大学服务器的 IP 地址为 166. 111. 4. 136。

（4）浏览器与服务器建立 TCP 连接（在服务器端 IP 地址是 166. 111. 4. 136，端口是 80）。

（5）浏览器发出取文件命令：GET/bkzsw/index. html。

（6）服务器 join-tsinghua. edu. cn 给出响应，将文件 index. html 发送给浏览器。

（7）TCP 连接释放。

（8）浏览器显示“清华大学本科招生网”文件 index. html 中的所有文本。

许多浏览器在下载文件时，往往只下载其中的文本部分，这样可使下载的速度加快。文件中原来嵌入图像或声音的地方只用一个小图标来显示。用户若要下载这些图像或声音，可再分别单击这些图标。每单击一次，就重复执行一次类似于上面的 8 个步骤。也就是先建立 TCP 连接，再使用 TCP 连接传送命令和传送文件，最后释放 TCP 连接。虽然这些步骤看来烦琐，但这样做实现起来却较为容易。

2. 代理服务器

代理服务器（proxy server）是一种网络实体，它能代表浏览器发出 HTTP 请求，又称为万维网高速缓存（Web cache）。代理服务器将最近的一些请求和响应暂存在本地磁盘中。当与暂时存放的请求相同的新请求到达时，代理服务器就将暂存的响应发送出去，而不需要按URL的地址再去Internet访问该资源。代理服务器可在客户或服务器端工作，也可在中间系统上工作。下面用例子说明它的作用。

图4-3中的校园网有许多人用PC的浏览器访问Internet上不同的服务器。校园网的路由器R1用2 Mbps专线连接到Internet上的某个路由器R2。

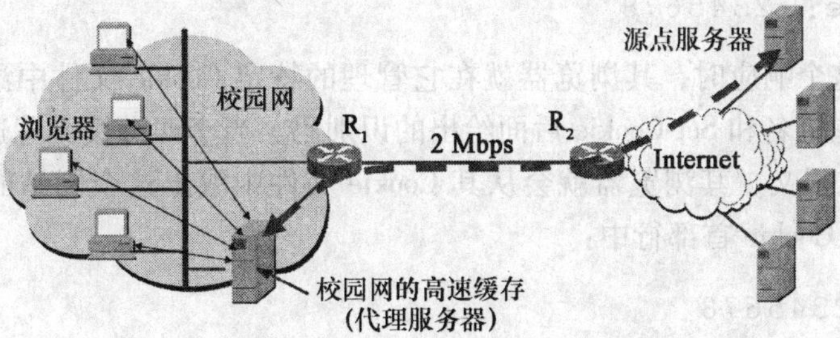

图4-3　使用代理服务器可减少访问Internet服务器的时延

在校园网增加一个代理服务器（这不算太贵）。这时，校园网内各浏览器访问Internet上的服务器的过程如下。

（1）浏览器访问Internet的服务器时，要先与校园网的高速缓存建立TCP连接，并向高速缓存发出HTTP请求报文。

（2）若高速缓存已经存放了所请求的对象，则将此对象放入HTTP响应报文中返回给浏览器。

（3）否则，高速缓存就代表发出请求的用户浏览器，与Internet上的源点服务器（origin server）建立TCP连接，并发送HTTP请求报文。

（4）源点服务器将所请求的对象放在HTTP响应报文中返回给校园网的高速缓存。

（5）高速缓存收到此对象后，先复制到其本地存储器中（为今后使用），然后再将该对象放在HTTP响应报文中，通过已建立的TCP连接，返回给请求该对象的浏览器。

高速缓存有时作为服务器（当接受浏览器的HTTP请求时），但有时却作为客户机（当向Internet上的源点服务器发送HTTP请求时）。

在使用代理服务器的情况下，由于有相当大一部分通信量局限在校园网内部，因此，专线线路（R1－R2）上的通信量大大减少，因而减小了访问Internet的时延。

3. Cookie

在实际工作中，一些万维网站点却常常希望能够识别用户。例如，在网上购物时，一个顾客要购买多种物品。当他把选好的一件物品放入“购物车”后，他还要继续浏览和选购其他物品。因此，服务器需要记住用户的身份，把他接着选购的一些物品放入同一个“购物车”中，这样就便于集中结账。有时某些万维网站点也可能想限制某些用户的访问。要做到这点，可以在HTTP中使用Cookie。在RFC 2109中对Cookie进行了定义，规定万维网站点可以使用Cookie来跟踪用户。Cookie原意是“小甜饼”，目前尚无标准译名，在这里Cookie表示在HTTP服务器和客户之间传递的状态信息。现在很多网站都已广泛使用

Cookie。

Cookie 是这样工作的。当用户李四浏览某个使用 Cookie 的网站时，该网站的服务器就为李四产生一个唯一的识别码，并以此作为索引在服务器的后端数据库中产生一个项目。接着给李四的 HTTP 响应报文中添加一个叫做 Set-Cookie 的首部行。这里的“首部字段名”就是“Set-Cookie”，而后面的“值”就是赋予该用户的“识别码”。例如这个首部行是这样的：

```
Set-Cookie:12345678
```

当李四收到这个响应时，其浏览器就在它管理的特定 Cookie 文件中添加一行，其中包括这个服务器的主机名和 Set-Cookie 后面给出的识别码。当李四继续浏览这个网站时，每发送一个 HTTP 请求报文，其浏览器就会从其 Cookie 文件中取出这个网站的识别码，并放到 HTTP 请求报文的 Cookie 首部行中：

```
Cookie:12345678
```

于是，这个网站就能够跟踪用户 12345678（李四）在该网站的活动。需要注意的是，服务器并不需要知道这个用户的姓名李四和其他的信息。但服务器能够知道用户 12345678 在什么时间访问了哪些页面，以及访问这些页面的顺序。如果李四是在网上购物，那么这个服务器可以为李四维护一个所购物品的列表，使李四在结束这次购物时可以一起付费。

如果李四在几天后再次访问这个网站，那么他的浏览器会在其 HTTP 请求报文中继续使用首部行 Set-Cookie：12345678，而这个网站服务器根据李四过去的访问记录可以向他推荐商品。如果李四已经在该网站登记过和使用过信用卡付费，那么这个网站就已经保存李四的姓名、电子邮件地址、信用卡号码等信息。这样，当李四继续在该网站购物时，只要还使用同一台计算机上网，由于浏览器产生的 HTTP 请求报文中都携带了同样的 Cookie 首部行，服务器就可利用 Cookie 来验证这是用户李四，因此以后李四在这个网站购物时就不必重新在键盘上输入姓名、信用卡号码等信息。这对顾客显然是很方便的。Cookie 的工作过程如图 4-4 所示。

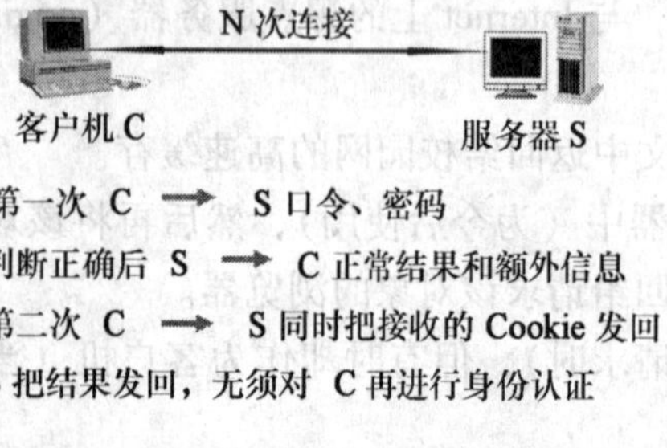

图 4-4　Cookie 的工作过程

尽管 Cookie 能够简化用户网上购物的过程，但 Cookie 的使用一直有很多争议。有人认为 Cookie 会把计算机病毒带到用户的计算机中。其实这是对 Cookie 的误解。Cookie 只是一个小小的文本文件，不是计算机的可执行程序，因此不可能传播计算机病毒，也不可能用来获取用户计算机硬盘中的信息。对于 Cookie 的另一个争议，是关于用户隐私的保护问题。例如，网站服务器知道了张三的一些信息，就有可能把这些信息出卖给第三方。Cookie 还可用来收集用户在万维网网站上的行为。这些都属于用户个人的隐私。有些网站为了使顾客放心，就公开声明他们会保护顾客的隐私，绝对不会把顾客的识别码或个人信息出售或转移给其他厂商。

在网上进行过浏览的用户可以在 Cookie 的文件夹中看到这些 Cookie 文件。对于使用

Windows XP 的用户可在 C 盘的文件夹“Documents and Setting”中继续打开使用自己的“用户名”的文件夹，然后就可看到“Cookies”文件夹，里面就是存放 Cookie 文件的地方。用户不仅可看到 Cookie 识别码，而且可以看到是哪个网站发送过来的 Cookie 文件。

为了让用户有拒绝接受 Cookie 的自由，在浏览器中用户可自行设置接受 Cookie 的条件。例如，在浏览器 IE 7.0 中，单击工具栏中的“工具”按钮，找到“Internet 选项”，再单击“隐私”，就可以看见菜单中的左边有一个可上下滑动标尺，它有六个位置。最高的位置是阻止所有 Cookie，而最低的位置是接受所有 Cookie。中间的位置则是在不同条件下可以接受 Cookie。用户可根据自己的情况对 IE 浏览器进行必要的设置。详细设置步骤参阅“Internet 隐私设置”。

4.1.4　万维网文档

主页和网页实际上是相同的概念，对于那些访问过 WWW 站点的用户来说，他们应该知道每个站点由很多网页组成。WWW 环境中的信息以网页的形式来显示。网页中通常包含有文本、图形、声音和其他多媒体文件，以及可以跳转到其他网页的超链接等。

网页是用 HTML 书写的，HTML 文档通常以 . htm 或 . html 作为文件扩展名。HTML 语言是一种结构化的编程语言，HTML 语言使用“〈标记〉…〈/标记〉”的结构描述所有内容，包括头部信息、段落、列表与超链接等。HTML 文档经过 WWW 浏览器的解释执行后，才能够将主页的内容显示在计算机上。

1. 超文本标记语言 HTML

要使任何一台计算机都能显示出任何一个万维网服务器上的页面。就必须解决页面制作的标准化问题。超文本标记语言（Hyper Text Markup Language，HTML）就是一种制作万维网页面的标准语言，它消除了不同计算机之间信息交流的障碍。由于 HTML 非常易于掌握且实施简单，因此它很快成为万维网的重要基础。

HTML 定义了许多用于排版的命令，即“标签”（tag）。例如，〈I〉表示后面开始用斜体字排版，而〈/I〉则表示斜体字排版到此结束。HTML 就将各种标签嵌入到万维网的页面中。这样就构成了所谓的 HTML 文档。HTML 文档是一种可以用任何文本编辑器（例如，Windows 的记事本 Notepad）创建的 ASCII 码文件。但应注意，仅当 HTML 文档是以 . html 或 . htm 为后缀时，浏览器才对这样的 HTML 文档的各种标签进行解释。如果 HTML 文档改换以 . txt 为其后缀，则 HTML 解释程序就不对标签进行解释，而浏览器只能看见原来的文本文件。

并非所有的浏览器都支持所有的 HTML 标签。若某一个浏览器不支持某一个 HTML 标签，则浏览器将忽略此标签，但在一对不能识别的标签之间的文本仍然会被显示出来。

表 4-1 是一个简单的例子，用来说明 HTML 文档中标签的用法。在每一个语句后面的括号中的字是为让读者看的注释，在实际的 HTML 文档中并没有这些注释。

表 4-1 HTML 文档

〈HTML〉	HTML 文档开始
〈HEAD〉	首部开始
〈TITLE〉一个 HTML 的例子〈/TITLE〉	“一个 HTML 的例子”是标题
〈/HEAD〉	首部结束
〈BODY〉	主体开始
〈H1〉HTML 很容易掌握〈/H1〉	“HTML 很容易掌握”是 1 级题头
〈P〉这是第一个段落。虽然很短，但它仍是一个段落。〈/P〉〈P〉这是第二个段落.〈/P〉	〈P〉和〈/P〉之间的文字是一个段落（实际上，标签〈/P〉经常可以省略不用）（〈P〉和〈/P〉之间的文字是一个段落）
〈/BODY〉	主体结束
〈/HTML〉	HTML 文档结束

把上面的 HTML 文档存入 H 盘的文件夹中（注意，不保存文档中的注释部分），文件扩展名为 . html。当浏览器读取了该文档后，就按照 HTML 文档中的各种标签，根据浏览器所使用的显示器的尺寸和分辨率大小，重新进行排版并显示出来，如图 4-5 所示。文档的标题（title）“一个 HTML 的例子”显示在浏览器最上面的标题栏中。文档路径显示在地址栏中。再下面就是文档的主体部分。主体部分的题头，即文档主题部分的标题“HTML 很容易掌握”用较大字号显示出来，因为在标签中指明了使用的是 1 级标题〈H1〉。

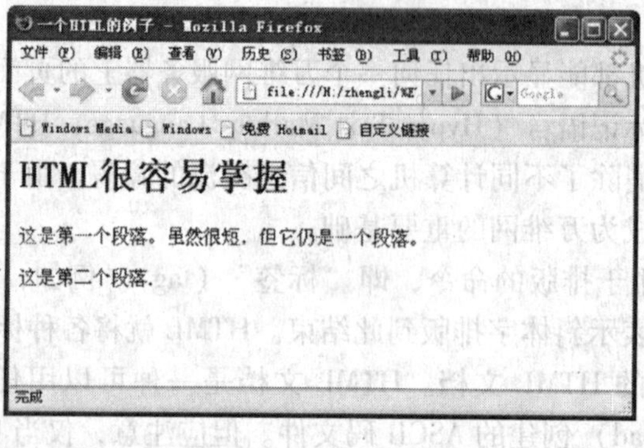

图 4-5 HTML 的例子

目前已开发出了很好的制作万维网页面的软件工具，使我们能够像使用 Word 字处理器那样很方便地制作各种页面。即使用户使用 Word 字处理器编辑了一个文件，但只要在“另存为”时选取文件后缀为 . htm 或 . html，就可以方便地把 Word 的 . doc 格式的文件转换为浏览器可以显示的 HTML 格式的文档。

HTML 允许在万维网页面中插入图像。一个页面本身所带的图像称为内含图像（inline image）。HTML 标准并没有规定该图像的格式。实际上，大多数浏览器都支持 GIF 和 JPEG 文件。

HTML 还规定了链接的设置方法。我们知道每个链接都有一个起点和终点。超链接的起点说明在万维网页面中的什么地方可引出一个超链。在一个页面中，超链接的起点可以是一个字或几个字，或是一幅图，或是一段文字。在浏览器所显示的页面上，超链接的起点是很容易识别的。对于以文字作为超链接的起点时，这些文字往往用不同的颜色显示，甚至还加上下画线。当将鼠标移动到一个超链接的起点时，表示鼠标位置的箭头就变成了一只手的形状。这时只要单击，这个超链接就被激活。

链接的终点可以是其他网页的页面，这种方式叫做远程链接。这时必须在 HTML 文档中指明链接到的网站的 URL。有时链接可以指向本计算机中的某一个文件或本文件的某处，这叫做本地链接。这时必须在 HTML 文档中指明链接的路径。

2. *动态万维网文档*

上面所讨论的万维网文档只是万维网文档中最基本的一种，即所谓的静态文档（static document）。静态文档是指该文档创作完毕后就存放在万维网服务器中，在被用户浏览的过程中，内容不会改变。由于这种文档的内容不会改变，因此用户每次对静态文档的读取所得到的返回结果都是相同的。

静态文档的最大优点是简单。由于 HTML 是一种排版语言，因此静态文档可以由不懂程序设计的人员来创建。但静态文档的缺点是不够灵活。当信息变化时就要由文档的作者手工对文档进行修改。可见对变化频繁的文档不适于做成静态文档。

动态文档（dynamic document）是指文档的内容是在浏览器访问万维网服务器时才由应用程序动态创建的文档。当浏览器请求到达时，万维网服务器要运行另一个应用程序，并将控制转移到此应用程序。接着，该应用程序对浏览器发来的数据（例如网页中的表单数据）进行处理，并输出 HTTP 格式的文档，万维网服务器将应用程序的输出作为对浏览器的响应。由于对浏览器每次请求的响应都是临时生成的，因此用户通过动态文档所看到的内容可根据需要不断变化。可见动态文档的主要优点是具有报告当前最新信息的能力。例如，动态文档可用来报告股市行情、天气预报或民航售票情况等内容。但动态文档的创建难度比静态文档的高，因为动态文档的开发不是直接编写文档本身，而是编写用于生成文档的应用程序，这就要求动态文档的开发人员必须会编程，而所编写的程序还要通过大范围的测试，以保证输入的有效性。

动态文档和静态文档之间的主要差别体现在服务器一端。这主要是文档内容的生成方法不同。而从浏览器的角度看，这两种文档并没有区别。动态文档和静态文档的内容都遵循 HTML 所规定的格式，浏览器仅根据在屏幕上看到的内容并无法判定服务器送来的是哪一种文档，只有文档的开发者才知道。

从以上所述可以看出，要实现动态文档就必须在以下两个方面对万维网服务器的功能进行扩充：

（1）应增加另一个应用程序，用来处理浏览器发来的数据，并创建动态文档；

（2）应增加一个机制，用来使万维网服务器将浏览器发来的数据传送给这个应用程序，然后万维网服务器能够解释这个应用程序的输出，并向浏览器返回 HTML 文档。

4.2 WWW 浏览器

4.2.1 WWW 浏览器的结构和工作原理

WWW 浏览器是用来浏览 Internet 上的主页的客户端软件。

图 4-6 所示是 WWW 浏览器的工作原理。当要使用 WWW 服务器来浏览主页时，首先由 WWW 浏览器与 WWW 服务器建立 HTTP 连接，然后向 WWW 服务器发出访问主页信息的请求；WWW 服务器根据客户的请求找到被请求的主页，然后将相应的 HTML 文档返回给 WWW 浏览器，WWW 浏览器对接收到的 HTML 文档进行解释，然后在本地计算机的屏幕上显示主页信息。

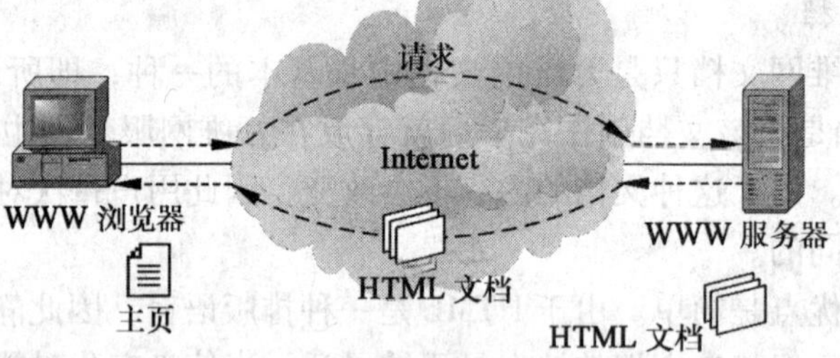

图 4-6　WWW 浏览器的工作原理

浏览器的结构要比服务器的结构复杂得多。服务器只是重复地执行一个简单的任务：等待浏览器打开一个连接，按照浏览器发来的请求向浏览器发送页面，关闭连接，并等待浏览器（也可能是另外的浏览器）的下一个请求。但浏览器却包含若干个大型软件组件，它们协同在一起工作。图 4-7 是一个浏览器的主要组成部分。

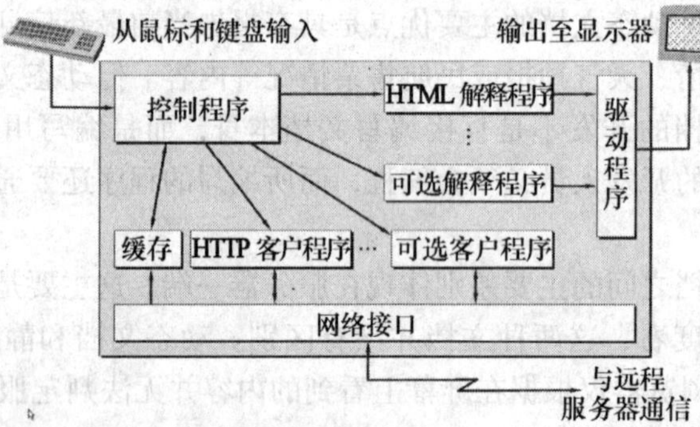

图 4-7　浏览器的主要组成部分

从图 4-7 可看出，一个浏览器有一组客户、一组解释程序，以及管理这些客户和解释程序的控制程序。控制程序是其中的核心部件，它解释鼠标的单击和键盘的输入，并调用有关的组件来执行用户指定的操作。例如，当用户用鼠标单击一个超链接的起点时，控制程序就调用一个客户从所需文档所在的远地服务器上取回该文档，并调用解释程序向用户显示该文档。

在浏览器中还设有一个缓存。浏览器将它取回的每一个页面副本都放入本地磁盘的缓存中。当用户单击某个选项时，浏览器首先检查磁盘的缓存。若缓存中保存了该项，那么浏览器就直接从缓存中得到该项副本而不必从网络中获取。在这种情况下就可明显地改善浏览器的运行特性。对于网络连接较为缓慢的用户，这种缓存就显得更加重要。因为从网络上取回一个很大的文件所需的时间将大大超过从本地磁盘直接读取的时间。

然而使用缓存也带来了一些问题。首先，缓存要占用磁盘大量的空间。其次，浏览器性能的改善只有在用户再次查看缓存中的页面时才有帮助。实际上，用户在进行浏览时，一般会及时将有保存价值的页面存储下来。因此缓存中保存的大部分今后不再查看的文件并不会改善浏览器的性能。相反，由于浏览器要耗费时间来将这些文件白白地存储在磁盘上，这反而降低了浏览器的效率。

为了改善浏览器的特性，许多浏览器允许用户调整缓存策略。例如，用户可设置缓存的时间限制，并在此时间限制到期后在缓存中删除这些文件。

4.2.2 WWW 浏览器的分类

目前，各种 WWW 浏览器的功能都非常强大，利用它可以访问 Internet 上的各类信息。更重要的是，WWW 浏览器基本上都支持多媒体特性，可以通过浏览器来播放声音、动画与视频，使得 WWW 世界变得更加丰富多彩。目前，流行的 WWW 浏览器软件主要有 Internet Explorer、火狐（Firefox）浏览器、苹果 Safari 浏览器、Opera 浏览器，等等。

- IE 浏览器。Internet Explorer，原称 Microsoft Internet Explorer，简称 MSIE（一般称为 Internet Explorer，简称 IE），是微软公司推出的一款网页浏览器。虽然自 2004 年以来它丢失了一部分市场占有率，但 Internet Explorer 依然是使用最广泛的网页浏览器。

目前许多浏览器使用 IE 核心开发形成，它们包括 Maxthon、GreenBrowser、腾讯 TT、TheWorld（世界之窗）、MiniIE、MyIE、360 安全浏览器，等等。

- Mozilla Firefox 浏览器。Mozilla Firefox 俗称火狐（目前无官方中文名），是由 Mozilla 基金会与开源团体共同开发的网页浏览器。Firefox 是从 Mozilla Application Suite 派生出来的网页浏览器，根据 Net Applications 的统计，Firefox 在全世界的浏览器市场份额突破 20% 关口，仅次于 Internet Explorer。

Firefox 官方中文网址：http://www.mozillaonline.com/。

- Safari 浏览器。Safari，苹果计算机的最新操作系统 Mac OS X 中新的默认浏览器，用来取代之前的Internet Explorer for Mac。Safari 使用了 KDE 的 KHTML 作为浏览器的运算核心。目前该浏览器已支持 Windows 平台。

Safari 下载地址：www.apple.com/safari/。

- Opera 浏览器。Opera 起初是一款挪威 Opera Software ASA 公司制作的支持多页面标签式浏览的网络浏览器，由于新版本的 Opera 增加了大量网络功能，官方将 Opera 定义为一个网络套件。目前官方发布的个人计算机用的最新稳定版本为 Opera 9.62 正式版。

Opera 中文官方网站是 http://cn.opera.com/。

- Google Chrome 浏览器。Google Chrome，中文名为谷歌浏览器，是一个由 Google 公司开发的开放源代码网页浏览器。本软件的代码是基于其他开放源代码软件所撰写，包括 WebKit 和 Mozilla，目标是提升稳定性、速度和安全性，并创造出简单且有效率的使用者界面。软件的名称是来自于又称做“Chrome”的网络浏览器图形用户界面（GUI）。

谷歌浏览器下载地址：http://www.google.com/chrome。

4.3 IE 浏览器

4.3.1 IE 浏览器软件简介

WWW 浏览器软件是安装在用户的本地计算机中，用来浏览 Internet 中主页的客户端软件。各种 WWW 浏览器软件提供的功能基本相同。

Internet Explorer 是 Microsoft 公司开发的 WWW 浏览器软件，简称 IE 浏览器。IE 浏览器的出现虽然比 Navigator 浏览器晚一些，但由于 Microsoft 公司在计算机操作系统领域的优势，以及它与 Windows 操作系统相结合，所以它逐渐成为目前使用最广泛的 WWW 浏览器。新版本的 IE 浏览器包括整套的 Internet 工具。目前，使用的 IE 浏览器主要有 7.0 与 8.0 两种版本。

下面将对 IE 浏览器的各个部分进行简要介绍。图 4-8 是 IE 7.0 浏览器软件的用户界面，各栏目的功能如下。

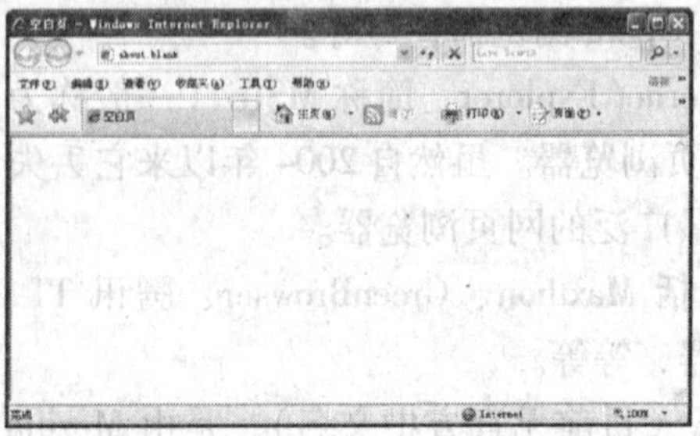

图 4-8 IE 浏览器软件的用户界面

① 标题栏：在标题栏中，可以看到当前正在查看的主页名称。

② 菜单栏：在菜单栏中，通过不同菜单中的命令，可以完成 Internet Explorer 中几乎所有的操作。

③ 工具按钮：在 IE 窗口中，有许多快捷按钮帮助用户快速地完成一些常用的操作。当某个快捷按钮为灰色时，表示该功能目前不能使用。在 IE 7.0 中快捷按钮的位置和外表与之前的版本有较大差异，但是主要工具按钮的作用没有改变，如后退、前进、停止、刷新、主页、搜索、收藏、历史、打印等。同时也增加了一些新的元素如源、页面、工具等按钮。

④ URL 地址栏：在 URL 地址栏中，显示当前访问主页的 URL 地址，可以在地址栏中直接输入要访问主页的 URL 地址。

⑤ 主页显示区：这里是屏幕的主体，用来显示当前主页或文档内容。

⑥ 状态栏：状态栏位于窗口底部，它显示了 Internet Explorer 当前的活动状态。在主页上移动光标经过链接时，光标将变成手形图标，在状态栏中会显示所指链接的 URL。当链接的文档向计算机中传送时，在状态栏中显示传送过程的百分数。

⑦ 滚动条：滚动条与通常的 Windows 滚动条相似，它出现在主页显示区的右侧与底侧，用来显示较大的主页。

⑧ "即时搜索" 框 Live Search，用户可以从地址栏搜索网页。

4.3.2 IE 浏览器常用的浏览方法

可以使用 IE 浏览器方便地浏览 Internet 中的主页。下面介绍 IE 浏览器常用的几种浏览方法。

1. 直接在 URL 地址栏中输入网址

如果知道要访问的站点网址，就可以打开 IE 浏览器软件，直接在 URL 地址栏中输入站点网址（例如 "http：//www. bfsu. edu. cn"），然后按 Enter 键。这时，将会进入 "北京外国语大学" 主页，如图 4-10 所示。

图4-9 在URL地址栏中输入网址

在URL地址栏中输入某个网址时，可以利用IE浏览器的部分输入匹配特性，只要输入那些曾经输入过的网址的关键字，IE浏览器将会自动将这个网址填完整。例如，如果想要输入“http：//www. bfsu. edu. cn，可以只输入“bfsu”这个关键字，IE浏览器就会将整个网址补充完整。

2. 在“打开”对话框中输入网址

可以打开IE浏览器软件，在菜单栏中选择“文件”→“打开”选项，将会弹出“打开”对话框，如图4-10所示。在“打开”文本框中，输入站点网址（如“http：//www. bfsu. edu. cn”），或单击“打开”框右侧的箭头，并在弹出的下拉列表中选择存在的网址。在完成输入后，单击“确定”按钮即可打开网页。

也可以通过“打开”对话框，打开本地计算机或局域网中的文件。在“打开”文本框中输入完整的路径与文件名，或通过“浏览”按钮选中要打开的文件。在完成输入后，单击“确定”按钮即可。

图4-10 “打开”对话框

3. 使用URL地址栏的下拉列表

如果要打开曾经访问过的站点，可以打开IE浏览器软件，单击URL地址栏右侧的箭头，在弹出的下拉列表中选择站点网址（如“http：//www. sohu. com”），然后按Enter键。这时，将会进入“搜狐”主页，如图4-11所示。

4. 使用工具栏中的“后退”按钮

IE浏览器的工具栏中有几个快捷按钮，可以方便地访问本次浏览中访问过的主页。单击“后退”按钮，可以返回访问过的上个主页；单击“前进”按钮，可以返回访问过的下个主页；单击“主页”按钮，可以打开IE浏览器设置的开始主页。

可以打开IE浏览器软件，单击“后退”按钮右侧的箭头，并在弹出的下拉列表框中选择访问过的主页（如“北京外国语大学”），就可以返回访问过的“北京外国语大学”主页，如图4-12所示。

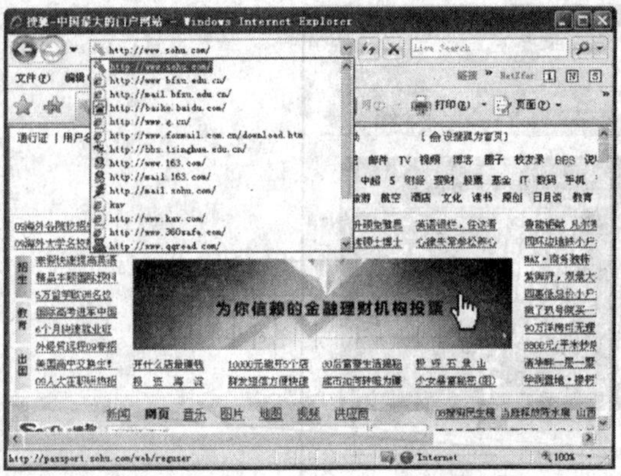

图 4-11　使用 URL 地址栏的下拉列表框

图 4-12　使用工具栏中的“后退”按钮

5. 使用“历史记录”栏

如果想访问近期曾经访问过的网页，则可以打开 IE 浏览器软件，单击工具栏中的“收藏中心”按钮。这时，在窗口的左侧会显示“收藏中心”窗口，打开“历史记录”面板如图 4-13 所示。

在“历史记录”面板中，列出了在某段时间内访问过的网页。如果想要查看某天访问过的网页，就可以单击相应的日期记录。如果要访问其中某个网页，就可以单击这个网页记录的链接。

6. 使用脱机模式

可以在脱机状态下浏览访问过的主页，这项功能可以节省很多的电话费。如果想以脱机方式查看主页内容，可以在完全打开要访问的主页后，在菜单栏中选择“文件”→“脱机工作”选项。这时，IE 浏览器将会自动挂断网络，并以脱机模式来进行浏览，如图 4-14 所示。

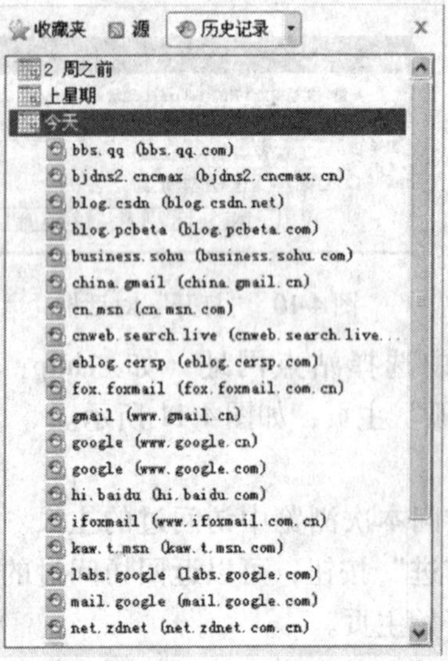

图 4-13　使用“历史记录”栏　　　　图 4-14　使用脱机模式浏览主页

7. 使用选项卡浏览网页

选项卡式浏览是 Internet Explorer 中的一项新功能，允许用户在单个浏览器窗口中打开多个网站。可以在新选项卡中打开网页或链接，并通过单击选项卡切换这些网页。如果要同时打开多个选项卡，可以用“快速导航选项卡”轻松切换到其他选项卡，如图4-15所示。其优势在于任务栏上打开的项目更少。

图4-15 快速导航选项卡

● 打开和关闭选项卡。若要打开新的空白选项卡，请单击选项行上的“新建选项卡”按钮或按Ctrl + T键。若要在跟踪网页上的链接时打开新选项卡，请在单击链接时按Ctrl键，或者右击该链接，然后选择“在新选项卡中打开”。如果使用滚轮鼠标，则可以使用滚轮单击链接来打开新选项卡。单击选项卡上的“×”关闭选项卡。如果使用滚轮鼠标，则可以使用滚轮单击链接来打开新选项卡。

● 选项卡组的使用。当用户在IE窗口打开多个选项卡进行浏览时就构成了选项卡组。若要保存选项卡组，请单击“添加到收藏夹”按钮，然后单击“将选项卡组添加到收藏夹”。为组指定名称，选择要存储该组的文件夹，然后单击“添加”按钮。

当需要打开保存的选项卡组时，单击“收藏中心”按钮，然后单击“收藏夹”按钮。导航到要打开的选项卡组所在的文件夹，然后单击文件夹名称右侧的箭头，将在单独的选项卡上打开所有网页。

如果用户想关闭Internet Explorer，但打开了许多选项卡。在关闭时系统将询问是否要关闭所有选项卡，如图4-16所示。出现提示时，单击“显示选项”，选择“下次使用Internet Explorer时打开这些选项卡”，然后单击“关闭选项卡”按钮。这样当用户重新打开Internet Explorer时将恢复这些选项卡。

● 关闭选项卡式浏览功能。

操作方法如下。

① 在Internet Explorer中，单击“工具”按钮，然后单击“Internet选项”。

② 单击“常规”选项卡，然后在“选项卡”部分，单击“设置”按钮打开如图4-17所示“选项卡浏览设置”对话框。

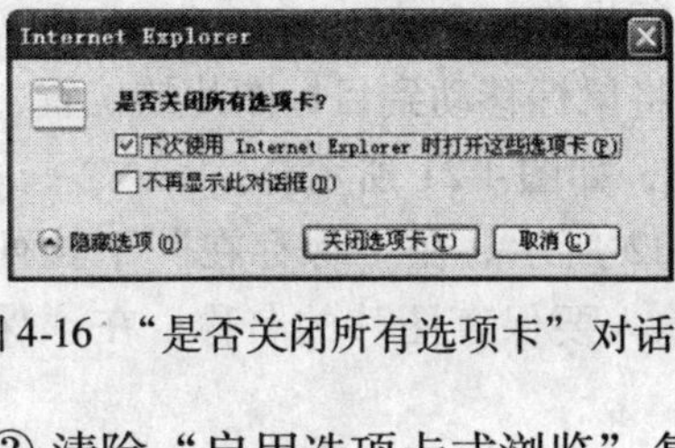

图4-16 “是否关闭所有选项卡”对话框

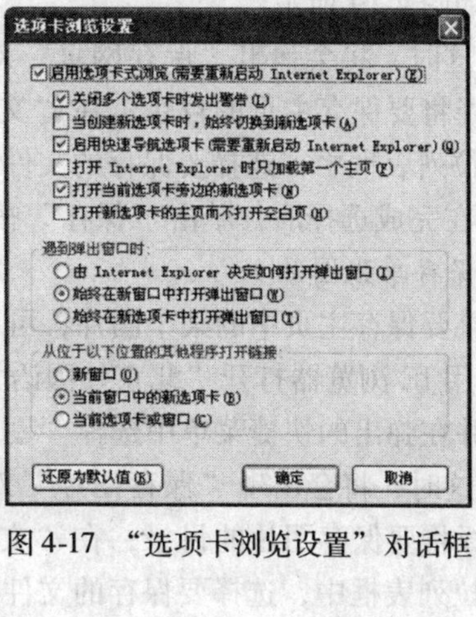

图4-17 “选项卡浏览设置”对话框

③ 清除“启用选项卡式浏览”复选框。

④ 单击“确定”两次。

⑤ 关闭Internet Explorer，然后将其重新打开。

选项卡式浏览现在将关闭，所有网页将在新的 Internet Explorer 对话框中打开。

8. 使用超链接打开主页

超链接的存在使得在 Internet 中浏览主页很方便，利用超链接可以从一个主页跳转到另一个主页。但是，如何知道主页中哪些是超链接呢？

● 使用超链接打开主页。超链接是用来跳转到其他主页或资源的主页元素。文本是最常用的超链接形式，作为超链接的文本通常使用其他颜色或有下画线。一般来说，在主页中突出的文本是超链接。图形也是很常用的超链接形式，但是用图形作为超链接并不容易区分。

无论采用文本还是图形作为超链接，在鼠标拖动经过主页上的超链接位置时，鼠标指针将会变为一个手形的图标。这时单击鼠标就会打开相应链接的主页。

● 在新窗口中打开超链接。如果要在新窗口中打开某个超链接，首先将鼠标移到这个超链接（如“学校概况”超链接）处，然后右击，并在弹出的快捷菜单中选择“在新的窗口中打开”选项，如图 4-18 所示。这时，将会另外打开一个 IE 浏览器窗口，并显示“学校概况”链接的主页。

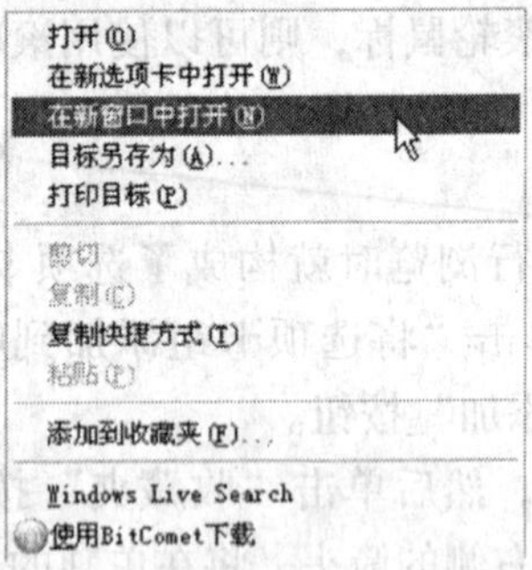

图 4-18 在新窗口中打开超链接

4.3.3 保存与打印主页

如果经常访问某个主页，可以将整个主页保存在硬盘中，或是将整个主页打印出来，这样既可以方便以后查阅翻看，又可以节省一定的电话费。使用 IE 浏览器不但可以保存整个主页或一张图片，还可以保存主页中的超链接。

1. 保存整个主页

如果要保存整个主页，可以按以下步骤进行操作。

① 用 IE 浏览器打开“北京外国语大学”主页，在菜单栏中选择“文件”→“另存为”选项，如图 4-19 所示。

② 这时，将会弹出“保存网页”对话框，如图 4-20 所示。在“保存在”下拉列表框中，选择将要保存主页的目录；在“文件名”框中，输入要保存主页的名称；在“保存类型”下拉列表框中，选择要保存的文件类型。

③ 在完成选择后，单击“保存”按钮。

2. 保存单张图片

如果要保存主页中的某个图片，可以按以下步骤进行操作。

① 用 IE 浏览器打开“北京外国语大学”某网页，将鼠标移动到目标图片的位置，右击鼠标，并在弹出的快捷菜单中选择“图片另存为”选项，如图 4-21 所示。

② 这时，将会出现“保存图片”对话框，如图 4-22 所示。在“保存在”下拉列表框中，选择将要保存图片的目录；在“文件名”框中，输入要保存图片的名称；在“保存类型”下拉列表框中，选择要保存的文件类型。

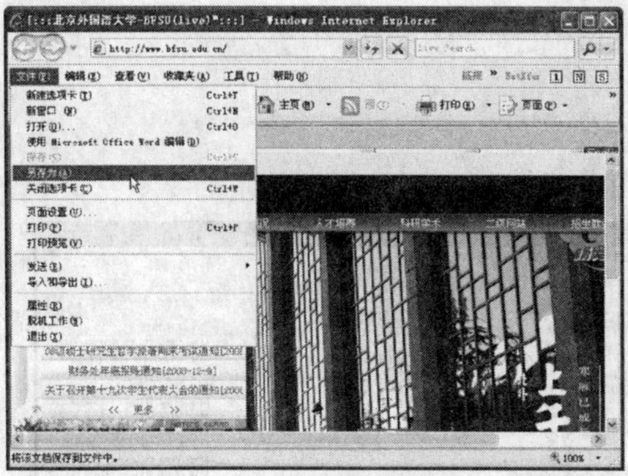

图4-19 北京外国语大学主页

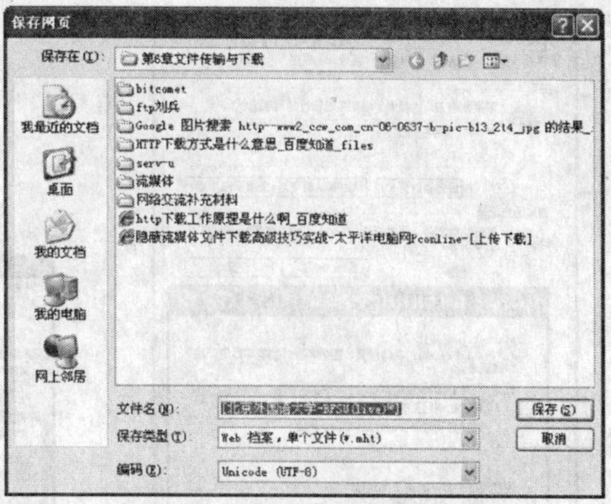

图4-20 “保存网页”对话框

③ 在完成选择后，单击“保存”按钮。

图4-21 “图片另存为”选项

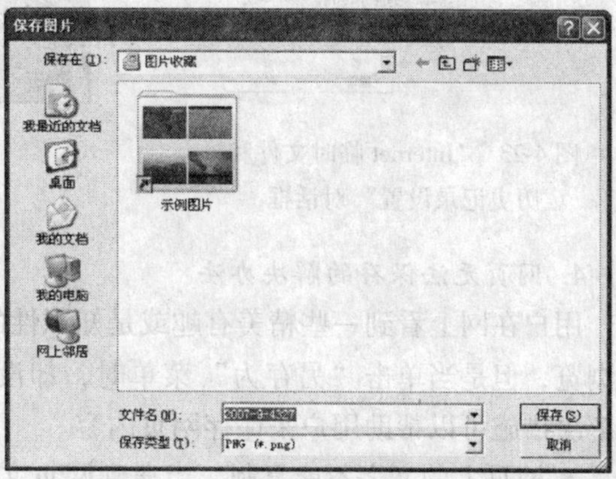

图4-22 “保存图片”对话框

3. 利用Internet临时文件夹查阅文件

Internet临时文件夹中保存着用户浏览网页的各种文件，包括视频、音频、图片和文字。当用户在浏览网页时，网页中的所有信息（包括视频和音频的信息）会暂时保存在Internet临时文件夹中，用户通过以下操作查看和保存所需要的文件。

单击IE浏览器工具栏中的“Internet选项”→“常规”选项卡，在“浏览历史记录”区域中单击“设置”按钮，打开“Internet临时文件和历史记录设置”对话框，如图4-23所示。在对话框中单击“查看文件”按钮，弹出Temporary Internet Files窗口，如图4-24所示。窗口中显示的文件即为用户访问Internet时保存到本地计算机的文件。

用户也可以直接进入以下路径查看Internet临时文件C:\ Documents and Settings \ User \ Local Settings \ Temporary Internet Files。注意，User表示当前用户的名字。例如，当用户在线收听一段音乐后，这段音频文件就会保存在Internet临时文件夹中，用户可以直接在文件夹中找到这段音频文件用于反复收听而不必在线播放了。

图 4-23 “Internet 临时文件和历史记录设置”对话框

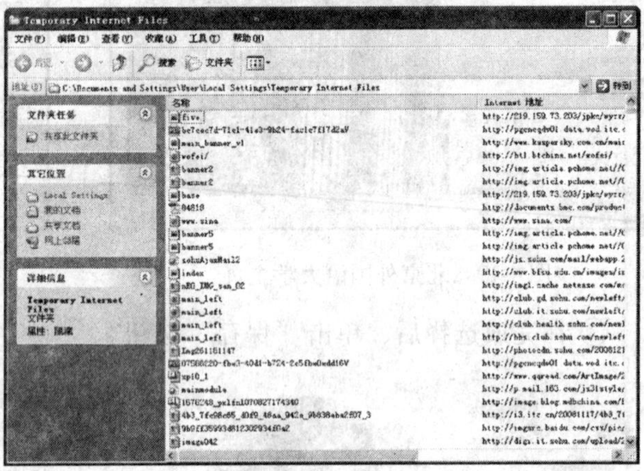

图 4-24 Temporary Internet Files 窗口

4. 网页无法保存的解决办法

用户在网上看到一些精美有趣或是知识性的网页，想把它保存到自己的计算机上以便以后浏览，但是当单击“另存为”菜单时，却没有成功地将网页保存下来，那怎么办呢？以下解决措施可以帮助用户来保存网页内容。

● 网页上的文字不能复制。当遇到网页文字无法用鼠标拖动复制的情况时，可以单击“工具”→“Internet 选项”菜单，进入“安全”选项卡，选择“自定义级别”，将所有脚本全部禁用，刷新后就可以用鼠标拖动进行复制。另一种方法是：单击“文件”菜单，选择“使用××编辑”选项，比如用 FrontPage 编辑，这样网页就在编辑软件里打开了，此时可发现，里面的文字可以随便复制。

● 弹出对话框“不能保存”。这种情况可能是网络问题，但是大多数都是网页设计者给禁止了，那怎么办呢？可以利用文件菜单来进行。打开“文件”菜单，里面可能有“使用 FrontPage 编辑”、“使用 Word 编辑”、“使用记事本编辑”选项。只要用编辑软件打开其中一种，然后在编辑软件的文件菜单里选择“另存为”，把它存为 .htm 或者 .html 格式，再用浏览器打开就可以看到真实的网页了。

● 网页保存成功了却无法浏览。这种情况往往是由网站本身的一些保护措施引起的，可以这样解决：按 Ctrl + A 键选择网页全部内容，右击选择“复制”，然后打开 Word 单击“编辑”→“粘贴”，即可将网页保存下来。

● 保存进度条长时间无进展。在保存网页的时候，有时进度条前进速度非常缓慢，此时不如先单击“取消”按钮中断保存，稍后再重新进行。但如果是由于服务器太忙而影响到了保存进程，那可以在断线后再实施保存（此时是从 IE 缓存中提取文件，速度要快得多)，不过一定要保证网页内容已经全部显示完毕（也就是IE任务栏里的进度条已经显示完了，看不到了)。

● 网页取消了IE菜单。有的网页打开后没有IE菜单（比如全屏显示)，无法使用“文件”→“另存为”保存网页，最典型的例子就是各种广告窗口，保存这样的网页，可以按照下面的方法：按下Ctrl + N键，弹出一个新窗口，不仅包含了该广告窗口而且IE菜单也全部显示出来了。

● 把网页添加到收藏夹中。把网页添加到收藏夹中，同样可以起到保存网页的目的。方法是：单击IE主窗口菜单中“收藏夹”→“添加到收藏夹”命令，出现“添加收藏”对话框，如图4-25所示，单击“添加”按钮就可以在断网之后，脱机浏览“收藏”菜单中相应的网页了。

5. 打印整个主页

如果想打印整个主页中的内容，可以按以下步骤进行操作。

① 用IE浏览器打开要打印的主页。在菜单栏中选择“文件”→“打印”选项，或者单击“打印”按钮右侧箭头，选择“打印”后，将会弹出“打印”对话框，如图4-26所示。

② 在“页面范围”区域中，选中“全部”单选按钮。此外，还可以设置打印机属性与打印份数。

③ 在完成设置后，单击“确定”按钮。

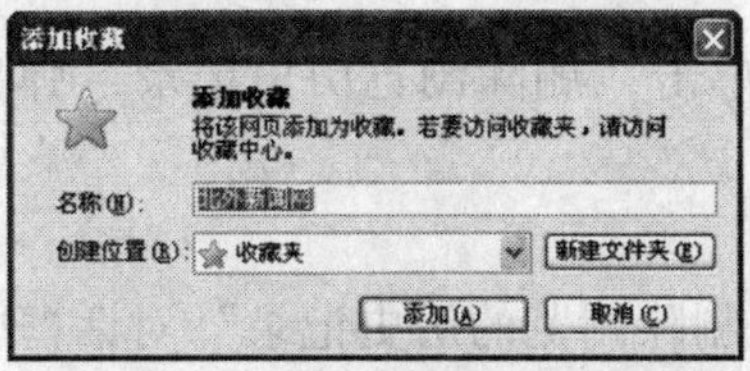

图4-25 “添加收藏”对话框

图4-26 “打印”对话框

4.3.4 对IE浏览器进行设置

如果对IE浏览器的默认设置不满意，可以随时对IE浏览器的设置进行修改。

1. 改变默认的起始主页

当打开IE浏览器时，IE浏览器将会自动打开起始主页。IE浏览器默认的起始主页是Microsoft公司主页“http://www.Microsoft.com”。

如果要改变起始主页，可以按以下步骤进行操作。

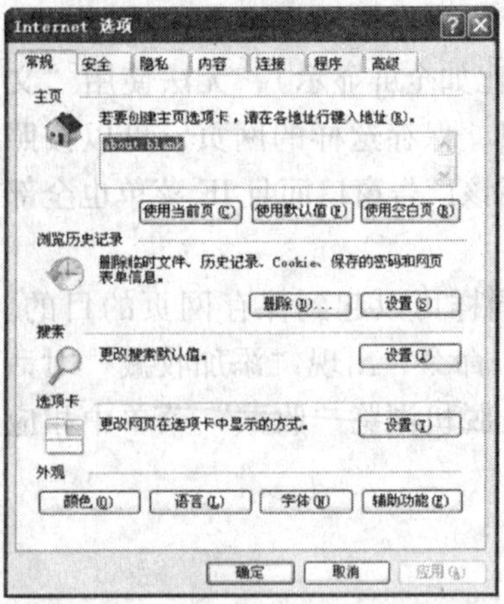

图4-27 “Internet”选项对话框

① 打开IE浏览器，在菜单栏中选择“工具”→“Internet 选项”，将会弹出“Internet 选项”对话框，如图4-27所示。可以在“主页”组合框中改变起始主页。

② 在“主页”组合框中，如果要将当前主页设置为起始页，单击“使用当前页”按钮；如果要将起始页还原为系统默认值，单击“使用默认值”按钮；如果要将空白页设置为起始页，单击“使用空白页”按钮；如果想要将某主页设置为起始页，可以将该主页的网址输入到“地址”中。

③ 在完成设置后，单击“确定”按钮。

2. 管理浏览历史记录和临时文件

（1）删除网页历史记录。浏览Web时，Internet Explorer会存储有关用户访问的网站的信息，并存储经常要求用户提供的信息（例如用户的姓名和地址），IE浏览器会将访问过的主页等相关信息保存在硬盘中的临时文件夹中。以下是Internet Explorer存储的信息类型列表：

- 临时 Internet 文件；
- Cookie；
- 曾经访问的网站的历史记录；
- 用户曾经输入网站或地址栏的信息（这称为“保存的表单数据”，包括名称、地址和用户以前访问的网站地址等内容）；
- 密码；
- 浏览器加载项存储的临时信息。

通常，将此信息存储在计算机上是有用的，因为它可以提高Web浏览速度，或自动提供信息，以便用户无须多次重复输入信息。如果用户正在清理计算机，或用户正在使用公用计算机，不希望留下任何个人信息，则可能需要删除该信息。

删除所有浏览历史记录的操作如下。

① 在Internet Explorer中，单击“工具”按钮，然后单击“删除浏览历史记录”弹出“删除浏览的历史记录”对话框。如图4-28所示。

② 单击“全部删除”，然后单击“是”。

③ 如果要删除特定类别的浏览历史记录，只需单击“删除浏览的历史记录”对话框中要删除的信息类别旁边的“删除”按钮，单击“是”，然后单击“关闭”。

删除所有浏览历史记录并不会删除用户的收藏夹列表或预定的源。它仅删除临时文件、浏览历史记录、保存的表单信息和保存的密码。

（2）管理Internet临时文件和历史记录。IE浏览器会将访问过的主页保存在硬盘中的临时文件夹中。如果要访问的主页保存在临时文件中，访问速度将会非常快。用户可以根据计算机硬盘的大小，来调整存放临时文件的空间大小。还可以查阅Internet临时文件、更改Internet临时文件夹存储位置和管理历史记录。

如果要管理Internet临时文件夹和历史记录，可以按以下步骤进行操作。

① 在“Internet 选项”对话框中，单击“浏览历史记录”区域的“设置”按钮，打开如图 4-29所示的“Internet 临时文件和历史记录设置”对话框。用户在此对话框中可以完成以下操作。

- 用户可以调整“要使用的磁盘空间”度量，改变存放临时文件的磁盘空间（如“781MB”）。
- 单击“移动文件夹”按钮改变 Internet 临时文件存放的位置。
- 单击“查看文件”按钮查阅 Internet 临时文件夹中的内容。
- 修改网页保存在历史记录中的天数，如 20。

② 在完成设置后，单击“确定”按钮。

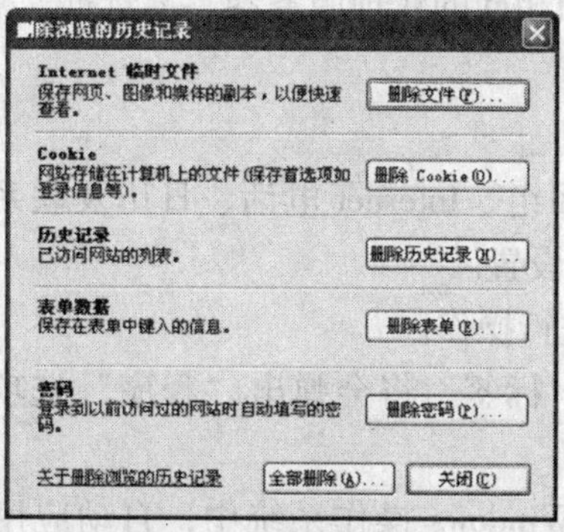

图 4-28 “删除浏览的历史记录”对话框

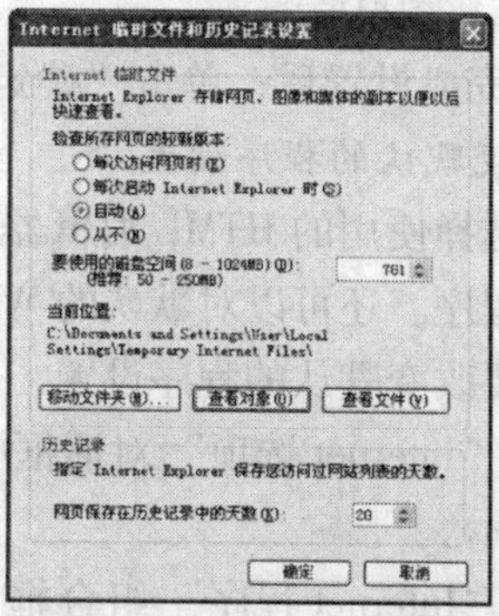

图 4-29 “Internet 临时文件和历史记录设置”对话框

3. 选择网络连接方式

在建立 Internet 连接时，可以使用 Modem 拨号上网，也可以通过局域网连接到 Internet。这时，就需要设置默认的网络连接方式。

如果要设置网络连接方式，可以按以下步骤进行操作。

① 在“Internet 选项”对话框中，单击“连接”标签，将会弹出“连接”选项卡，如图 4-30 所示。

② 在“拨号和虚拟专用网络设置”组合框中，可以选择在打开 IE 浏览器时，是否自动打开选中的拨号连接。如果使用 Modem 拨号上网，选中“始终拨默认连接”单选按钮；如果通过局域网接入 Internet，选中“从不进行拨号连接”单选按钮。

③ 在完成设置后，单击“确定”按钮。

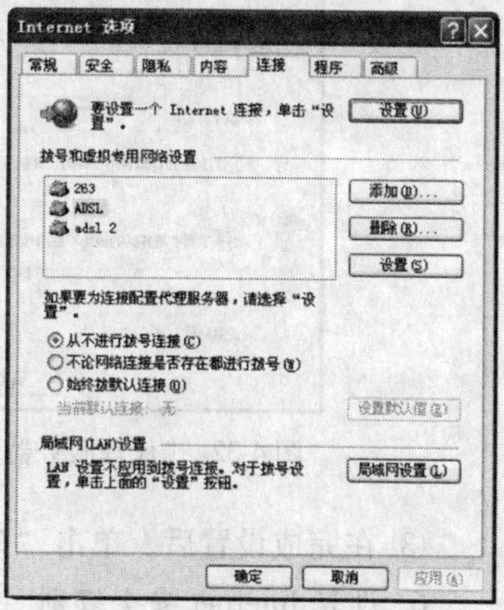

图 4-30 “连接”选项卡

4. 设置代理服务器

通过局域网连接到 Internet 时，有时需要设置代理服务器信息。代理服务器是局域网与 Internet 间的安全屏障，可以在一定程度上保护局域网中的保密信息。

设置代理服务器步骤如下。

① 在“连接”选项卡中，单击“局域网设置”按钮，将会弹出“局域网（LAN）设

置”对话框，如图 4-31 所示。首先，选中“为 LAN 使用代理服务器”复选框。在“地址”文本框中，输入代理服务器地址（如“202.113.24.11”）；在“端口”文本框中，输入代理服务器端口号（如“80”）。在完成输入后，单击“高级”按钮。

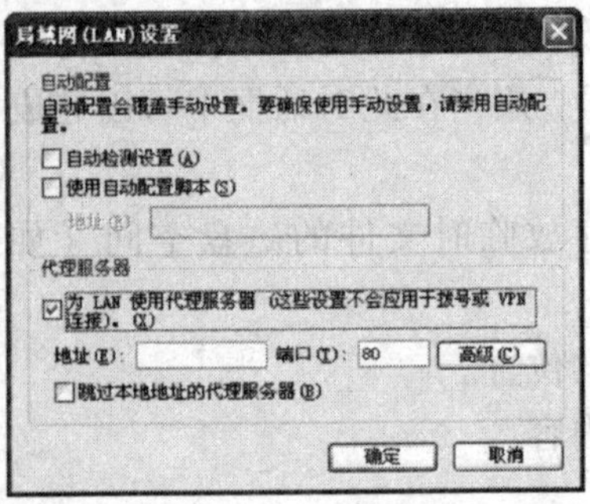

图 4-31 “局域网（LAN）设置”对话框

② 这时，将会弹出“代理服务器设置”对话框，如图 4-32 所示。在“服务器”组合框中，输入通过 HTTP、安全、FTP 与套接字协议访问时，所使用的代理服务器地址与端口号。如果要使用相同的代理服务器，可以选中“对所有协议均使用相同的代理服务器”复选框。

③ 在完成设置后，单击“确定”按钮。

5. *改变默认的程序设置*

可以选择使用的 HTML 编辑器、电子邮件、新闻组、Internet 电话、日历及联系人列表所使用的程序。还可以对默认的 Web 浏览器 IE 进行设置。

如果要改变默认的程序设置，可以按以下步骤进行操作。

① 在“Internet 选项”对话框中，单击“程序”标签，将会弹出“程序”选项卡，如图 4-33 所示。

② 在“Internet 程序”组合框中，可以选择在 Windows 操作系统中，自动应用于某种 Internet 服务的软件。例如，默认的 HTML 编辑器是 FrontPage，默认的电子邮件客户端软件是 Outlook Express 等。

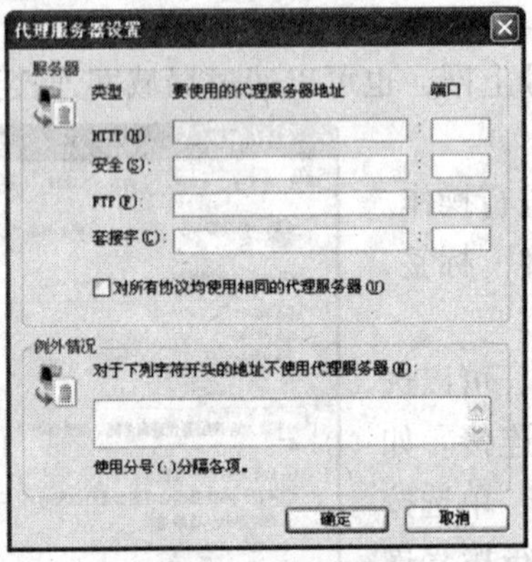

图 4-32 “代理服务器设置”对话框

图 4-33 “程序”选项卡

③ 在完成设置后，单击“确定”按钮。

6. *设置 Internet 安全级别*

Internet 安全问题对大部分人来说并不陌生，但是并没有多少人真正认识到它的重要性。IE 浏览器允许根据信息的来源与可信程度设置不同的安全级别。

如果要设置 Internet 安全级别，可以按以下步骤进行操作。

① 在“Internet 选项”对话框中，单击“安全”标签，将会弹出“安全”选项卡，如图 4-34 所示。

② IE 浏览器将所处区域分为四种类型：Internet、本地 Intranet、受信任的站点、受限制的站点，并为它们制订了不同的安全策略。可以选中“Internet”图标，然后在下面选择适当的安全级别（如“中—高”）。

● 若要更改单个安全设置，请单击“自定义级别”按钮，打开如图 4-35 所示“安全设置”对话框。根据需要更改设置，完成后单击“确定”按钮。

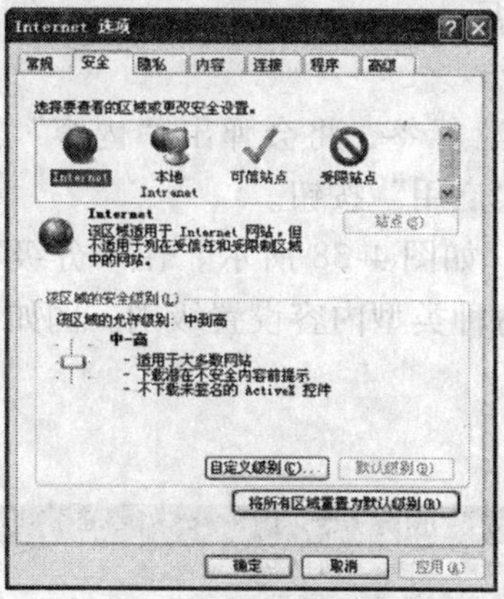

图 4-34　“安全”选项卡

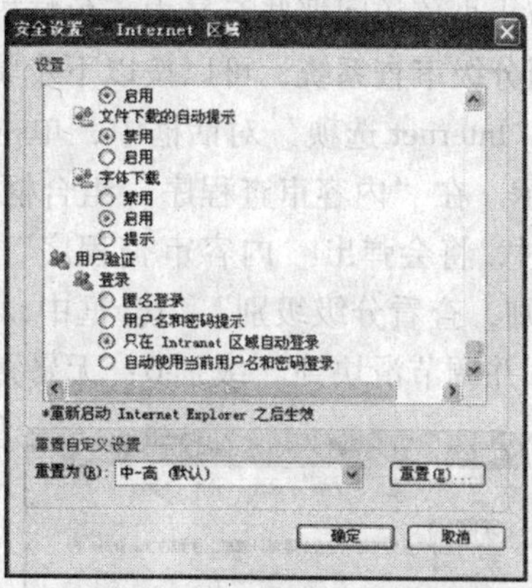

图 4-35　安全设置对话框

● 若要将 Internet Explorer 重新设置为默认安全级别，请单击“将所有区域重置为默认级别”按钮。

③ 在完成设置后，单击“确定”按钮。

7. Internet 隐私设置

Cookie 存储于名为 Cookies 的文件夹中，Cookies 文件夹存储于 Documents and Settings 文件夹中。默认情况下，该路径是 C：\ Documents and Settings \ 用户的用户名 \ Cookies。

用户可以阻止或允许所有网站上的 Cookie，或者可以选择所允许的网站的 Cookie。阻止所有 Cookie 有助于保护用户的隐私，但可能限制用户在一些网站上的体验。关于用户允许 Cookie 的网站是可以选择的。可通过阻止所有 Cookie 启动，然后在用户信任的网站需要时允许 Cookie。

Internet Explorer 隐私设置步骤如下。

① 在 Internet Explorer 中，单击“工具”按钮，然后单击“Internet 选项”。

② 单击“隐私”标签，打开如图 4-36 所示“隐私”选项卡。

③ 在“设置”区域中，执行以下操作之一。

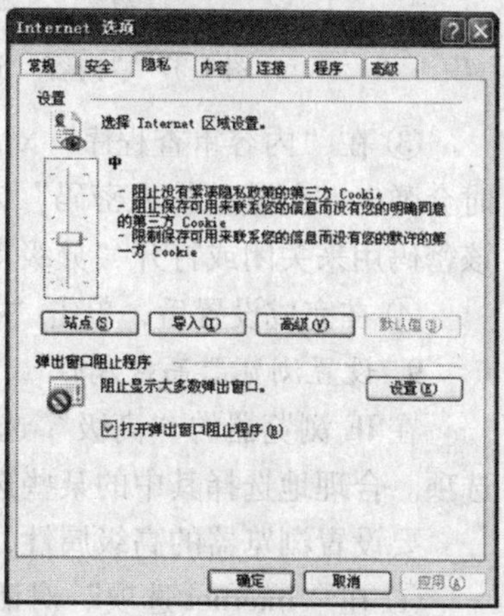

图 4-36　“隐私”选项卡

● 若要允许或阻止来自特定网站的 Cookie，请单击“站点”按钮。

● 若要加载自定义的设置文件，请单击“导入”按钮。这些文件可修改 Internet Explorer 用来处理 Cookie 的规则。由于这些文件可以覆盖默认设置，因此仅当用户知道并信任源时，才应该导入这些文件。

● 单击“高级”按钮可以选择如何在 Internet 区域设置 Cookie，这里的设置替代自动 Cookie 处理。

④ 完成隐私设置更改后，请单击“确定”按钮。

8. 启用分级审查系统

IE 浏览器提供了一种分级审查系统功能，可以禁止在本台计算机上访问受限制的站点，这样可以防止小孩访问那些有暴力或色情内容的站点。

要启用分级审查系统，可以按以下步骤进行操作。

① 在“Internet 选项”对话框中，单击“内容”标签，将会弹出“内容”选项卡，如图 4-37 所示。在“内容审查程序”组合框，单击“启用”按钮。

② 这时，将会弹出“内容审查程序”对话框，如图 4-38 所示。在“分级”选项卡的“请选择类别，查看分级级别”组合框中，分别为每种类型内容设置级别。例如，选中“暴力”选项，并调节滑块到“级别 0：无暴力”位置。

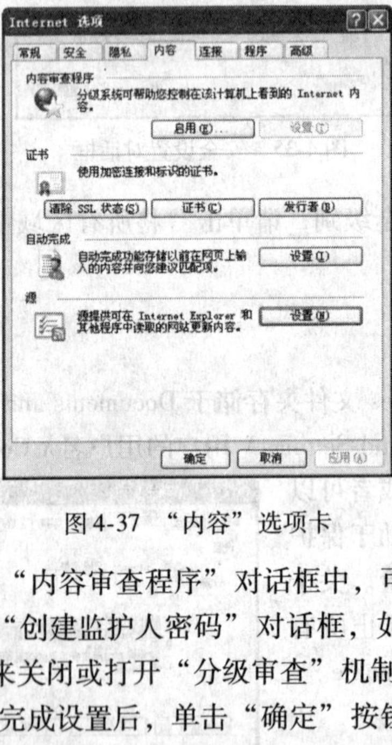

图 4-37 “内容”选项卡

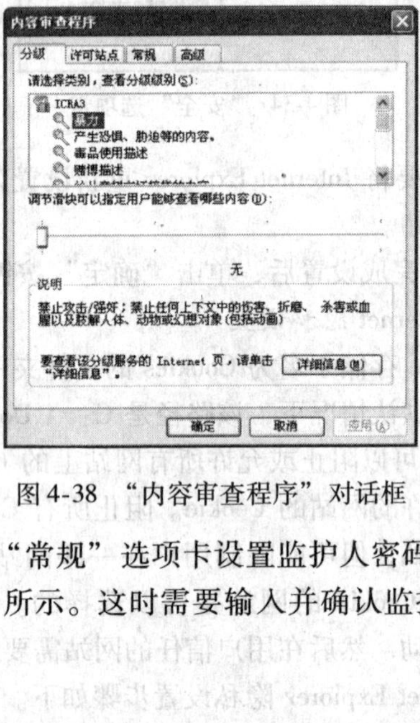

图 4-38 “内容审查程序”对话框

③ 在“内容审查程序”对话框中，可以通过“常规”选项卡设置监护人密码，在设置时会弹出“创建监护人密码”对话框，如图 4-39 所示。这时需要输入并确认监护人密码，该密码用来关闭或打开“分级审查”机制。

④ 在完成设置后，单击“确定”按钮。

9. 设置浏览器高级属性

在 IE 浏览器的“高级”选项卡中，列出了与浏览、多媒体、安全、打印与搜索有关的选项。合理地选择其中的某些选项将会有助于提高浏览速度。

要设置浏览器的高级属性，可以按以下步骤进行操作。

① 在“Internet 选项”对话框中，单击“高级”标签，将会弹出“高级”选项卡，如图 4-40 所示。

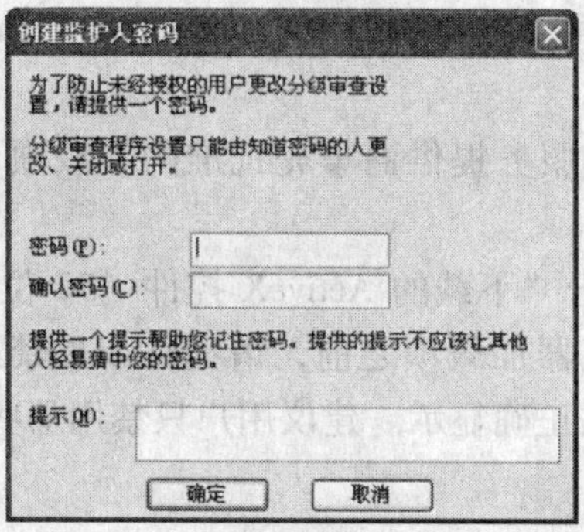

图 4-39　“创建监护人密码”对话框

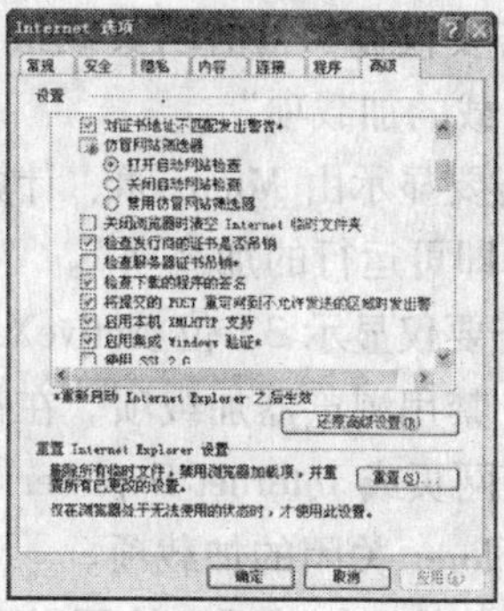

图 4-40　“高级”选项卡

② 选中那些有助于提高浏览速度的选项。例如，可以选中“显示图片”复选框，不选中“播放动画”、“播放视频”、“播放声音”与“优化图像抖动”复选框。

③ 在完成设置后，单击“确定”按钮。

10. 管理 IE 浏览器加载项

Web 浏览器加载项为 Web 浏览器添加了功能（如附加工具栏、动画鼠标指针、股市代号和弹出广告阻止程序）。

许多加载项都来自 Internet。来自 Internet 的大多数加载项在下载到用户的计算机上之前，都要求用户赋予相应的权限。但是，一些加载项可能会未经确认即进行安装。如果加载项属于已安装的另一个程序，可能会发生这种情况。一些加载项是随 Microsoft Windows 一起安装的。

（1）查看所有已安装的加载项。

① 在 Internet Explorer 中，单击“工具”按钮，单击“管理加载项”，然后单击“启用或禁用加载项”，如图 4-41 所示。打开如图 4-42 所示的“管理加载项”对话框。

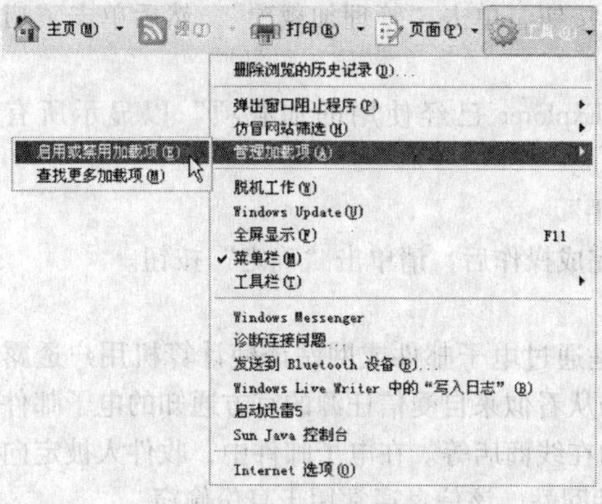

图 4-41　启用或禁用加载项

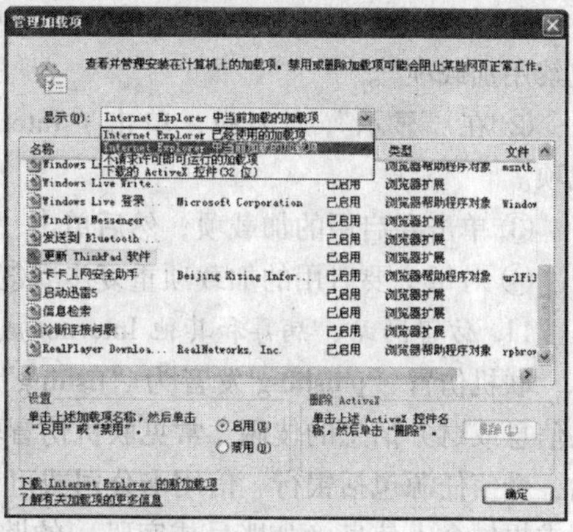

图 4-42　“管理加载项”对话框

② 在“管理加载项”对话框中的“显示”下拉列表框中，选择下列选项之一。

● 若要显示驻留在计算机上的加载项的完整列表，请单击“Internet Explorer 已经使用的加载项”。

● 若要仅显示当前网页或最近查看的网页所需要的加载项，请单击“Internet Explorer 中当前加载的加载项”。

● 若要显示由 Microsoft、计算机制造商或服务提供商事先批准的加载项，请单击“不请求许可即可运行的加载项”。

● 若要仅显示 32 位 ActiveX 控件，请单击“下载的 ActiveX 控件（32 位）”。

（2）禁用浏览器加载项。在禁用某个浏览器加载项之前，请记住如果禁用了某个加载项，某些网页或 Internet Explorer 自身可能无法正确显示。建议用户只禁用那些不断导致 Internet Explorer 关闭的加载项。

要永久禁用加载项，按照以下步骤操作。

① 在 Internet Explorer 中，单击“工具”按钮，单击“管理加载项”，然后单击“启用或禁用加载项”。

② 在“显示”列表框中，单击“Internet Explorer 已经使用的加载项”以显示所有加载项。

③ 单击要禁用的加载项，然后单击“禁用”。

④ 对每个想要禁用的加载项重复步骤③。完成操作后，请单击“确定”按钮。

按照以下步骤运行已临时禁用所有加载项的 Internet Explorer。只有在正常重新启动 Internet Explorer 后加载项才会被禁用。

提示 还可以在没有加载项的情况下启动 Internet Explorer，方法是在桌面上右击 Internet Explorer 图标，然后单击“在没有加载项的情况下启动”。或者依次单击“开始”→“所有程序”→“附件”→“系统工具”→“Internet Explorer（无加载项）”，启动没有加载项的 IE。

（3）重新启用加载项。如果禁用某个加载项后想要访问需要该加载项的站点，或如果禁用加载项导致了使用网页或 Internet Explorer 常见的显示问题，用户可能想要重新启用该浏览器加载项。重新启用浏览器加载项操作步骤如下。

① 在 Internet Explorer 中，单击“工具”按钮，单击“管理加载项”，然后单击“启用或禁用加载项”。

② 在“显示”列表中，单击“Internet Explorer 已经使用的加载项”以显示所有加载项。

③ 单击要启用的加载项，然后单击“启用”。

④ 对每个要启用的加载项重复步骤③。完成操作后，请单击“确定”按钮。

11. 仿冒网站、病毒和其他 Internet 威胁

联机仿冒（phishing 发音为“fishing”）是通过电子邮件或网站诱使计算机用户透露个人信息或财务信息的伎俩。常见联机仿冒骗局从看似来自受信任源的官方通知的电子邮件开始，受信任源包括银行、信用卡公司或可信的在线商店等。在电子邮件中，收件人被定向到要求提供个人信息（如账号或密码）的欺骗性网站。该信息通常用于身份偷窃。

（1）仿冒网站筛选的作用。仿冒网站筛选是 Internet Explorer 中一种帮助检测仿冒网站的功能。仿冒网站筛选使用三种方法来帮助用户不受仿冒骗局的欺骗。首先，它会将访问的网站地址与向 Microsoft 报告为合法站点的站点列表进行比较。该列表保存在用户的计算机上。其次，它帮助分析访问的站点，以查看它们是否具有仿冒网站中常见的特征。最后，在

用户同意的前提下，仿冒网站筛选会将一些网站地址发送给 Microsoft，以便根据频繁更新的已报告仿冒网站列表做进一步的检查。

如果正在访问的站点位于已报告仿冒网站列表中，Internet Explorer 将显示警告网页并且在地址栏上显示通知。可以在警告网页上选择继续操作或关闭页面。如果网站具有仿冒站点中常见的特征，但是并不位于该列表中，Internet Explorer 将仅在地址栏中通知用户该网站可能是仿冒网站。

（2）手动检查网站。IE 浏览器默认进行自动网站检查，如果选择不自动检查网站，则在 Internet Explorer 状态栏上会显示仿冒网站筛选图标。若要检查网站，请单击该图标，然后单击“检查此网站”。也可以执行以下步骤从 Internet Explorer 检查网站。

① 在 Internet Explorer 中，转到要检查的网站。

② 单击“工具”按钮，再单击“仿冒网站筛选”，如图 4-43 所示。然后单击“检查此网站”，检查完毕后弹出“仿冒网站筛选”对话框，如图 4-44 所示。

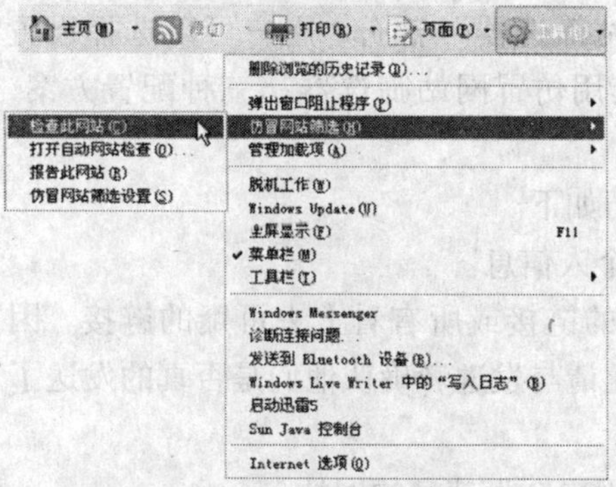

图 4-43 检查仿冒网站

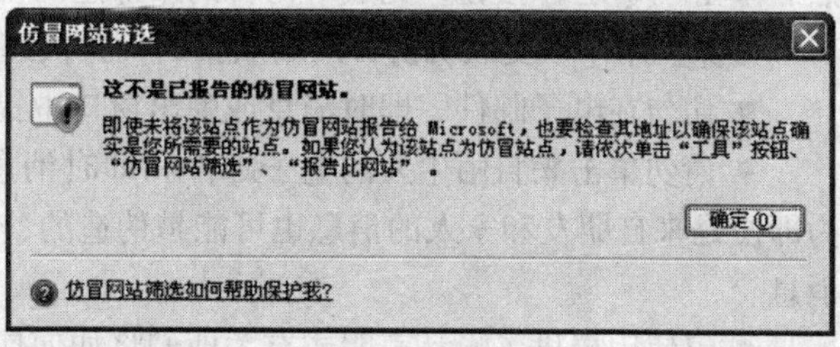

图 4-44 “仿冒网站筛选”对话框

③ 如果用户通过检查发现此网站为仿冒网站，还可以选择“报告此网站”选项将仿冒网站上报给微软公司。

④ 如果用户需要恢复自动网站检查，单击“工具”→“仿冒网站筛选”，然后单击“打开自动网站检查”，此时弹出“Microsoft 仿冒网站筛选”对话框，选择“打开自动仿冒网站筛选”单选按钮恢复自动网站检查功能，如图 4-45 所示。

（3）仿冒网站筛选的设置。

① 在 Internet Explorer 中，单击“工具”按钮，单击“Internet 选项”，然后打开“高级”选项卡，如图 4-46 所示。

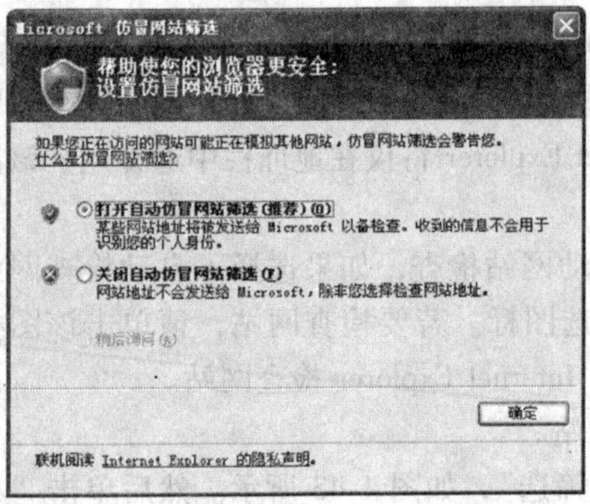

图 4-45 “Microsoft 仿冒网站筛选”对话框

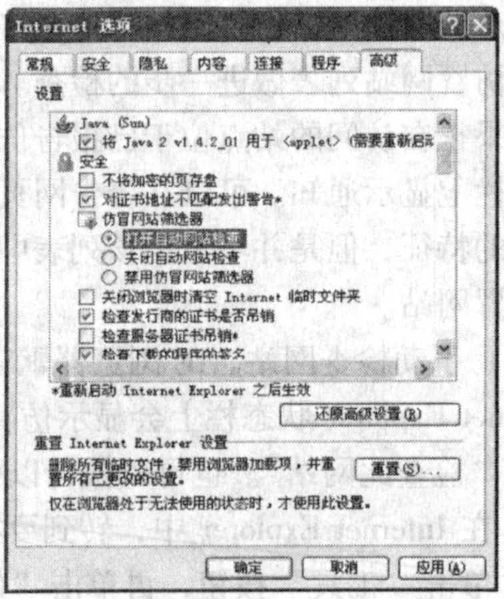

图 4-46 设置仿冒网站筛选器

② 滚动到选项列表中“安全”下方的“仿冒网站筛选器”部分，用户可以选择设置“打开自动网站检查”、“关闭自动网站检查”和“禁用仿冒网站筛选器”三种配置方案，然后单击“确定”按钮，完成对仿冒网站筛选的设置。

可保护用户不受联机仿冒网站欺骗的一些快速技巧如下。

● 切勿在电子邮件、即时消息或弹出窗口中提供个人信息。

● 请勿单击来自陌生人的电子邮件和即时消息中的链接或所有看上去可疑的链接。因为即便是来自朋友和家人的消息也可能是伪造的，因此请与发送者确认他们是否真的发送了消息。

● 仅使用提供了隐私声明或有关他们将如何使用用户个人信息的网站。

● 经常性地核对财务、账单和信用历史记录，并报告任何可疑的活动。

● 保持 Windows 和 Internet Explorer 为最新。为此，单击“工具”按钮，然后单击“Windows Update”。

12. 使用 Web 源（RSS）

源，也称为“RSS 源”、“XML 源”、“综合内容”或“Web 源”，包含由网站发布的经常更新的内容。RSS 代表 Really Simple Syndication（真正简单的整合），用来描述创建源时所使用的技术。通常将其用于新闻和博客网站，但是也可用于分发其他类型的数字内容，包括图片、音频和视频。

源可能具有和网页相同的内容，但是源通常采用不同的格式。在订阅时，Internet Explorer 会自动检查网站并下载新的内容，这样就可以查看自从上一次访问该源之后的新内容。

第一次查看某个网站时，Internet Explorer 将搜索源。如果源可用，“源”按钮将更改颜色并播放声音。

(1) 查看源。Internet Explorer 在每个用户访问的网页上搜索源（也称为“RSS 源”）。当 Internet Explorer 找到可用的源时，位于 Internet Explorer 工具栏上的“源”按钮将从灰色变为橙色并播放声音。告诉用户源可用。请单击“源”按钮，然后单击想要查看的源。如果多个源可用，用户将看到可用源的列表。选择要查看的源。单击此源时，将看到显示可阅读和可订阅的项目（主题和文章）列表的页面。若要自动获取内容，应该订阅源。

（2）订阅 Web 源。可通过订阅 Web 源自动接收内容。订阅 Web 源时，需要设置 Internet Explorer 检查网站更新的时间间隔。设置了时间间隔后，Internet Explorer 将自动下载最新的 Web 源列表。

订阅源步骤如下

① 用户访问包含要订阅的源的网页。

② 单击“源”按钮以查找该网页上的源。

③ 单击一个源（如果有多个源的话）。如果只有一个源可用，将直接转至该网页。

④ 单击“订阅此源”按钮，然后单击“订阅此源”。

⑤ 为源输入名称，然后选择要在其中创建该源的文件夹。

⑥ 单击“订阅”。

（3）查看已经订阅的源。要查看源，请单击“收藏中心”按钮，然后单击“源”按钮打开源列表进行选择查看。Internet Explorer 可向其他程序提供“常见源列表”。这允许用户使用 Internet Explorer 订阅源，并且可以使用其他程序进行读取，例如电子邮件客户端。

4.3.5 使用与管理收藏夹

如果希望经常访问某个主页，则可以将该主页的网址保存在收藏夹中，这样在每次访问该主页时就不用输入网址了。当收藏夹中保存了很多网址时，就需要对这些网址进行整理，以方便今后可以顺利地找到网址。

1. 在收藏夹中保存网址

要在收藏夹中保存网址，可以按以下步骤进行操作。

① 用 IE 浏览器打开“北京外国语大学”主页，在菜单栏中选择“收藏夹”→“添加到收藏夹”选项，如图 4-47 所示。

② 这时，将会弹出“添加收藏”对话框，如图 4-48 所示。在“名称”文本框中，显示了当前主页的名称。可以用不同文件夹保存不同类型的网址。如果要将网址保存在新建的文件夹中，请单击“新建文件夹”按钮。

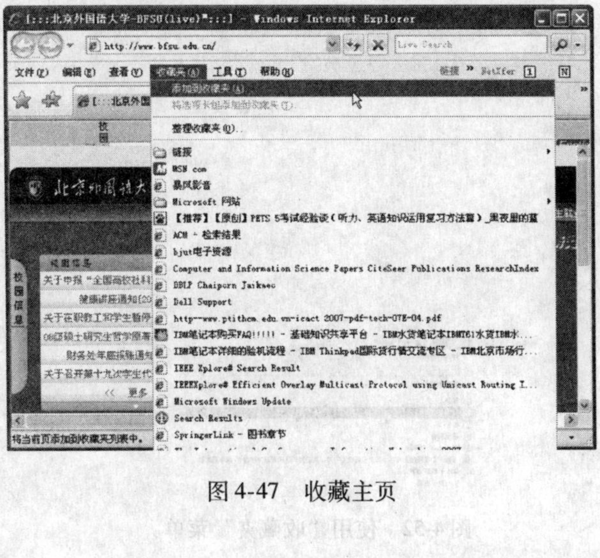

图 4-47 收藏主页

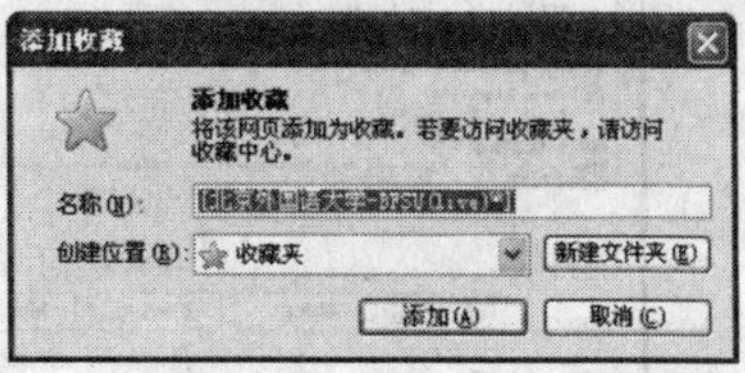

图4-48 “添加收藏”对话框

③ 这时，将会弹出“创建文件夹”对话框，如图 4-49 所示。在“文件夹名”文本框中，输入要创建的文件夹的名称（如“大学站点”），单击“确定”按钮。

④ 这时将返回“添加收藏”对话框，如图 4-50 所示。在“创建位置”下拉列表中，选中“大学站点”选项，单击“确定”按钮。

图 4-49 “创建文件夹”对话框

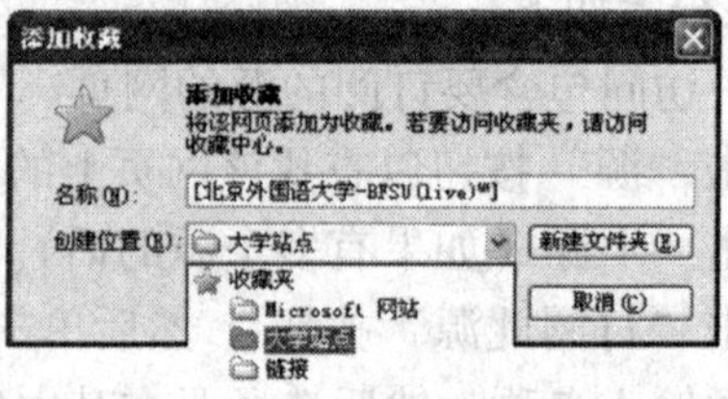

图 4-50 “创建位置”下拉列表

2. 整理收藏夹中的内容

当收藏夹中保存了很多网址后，就会发现收藏夹已经变得杂乱无章。在这种情况下需要对文件夹进行整理。

要整理收藏夹中的内容，可以按以下步骤进行操作。

① 打开 IE 浏览器，在菜单栏中选择“收藏夹”→“整理收藏夹”选项，将会弹出“整理收藏夹”对话框，如图 4-51 所示。

② 如果要修改收藏夹中的网址名称，单击“重命名”按钮；如果要删除收藏夹中的网址，单击“删除”按钮；如果要移动收藏夹中的网址，单击“移动”按钮；如果要新建文件夹，单击“新建文件夹”按钮。

③ 在完成设置后，单击“关闭”按钮。

3. 使用收藏夹打开主页

将网址保存在收藏夹中后，可以通过收藏夹打开网址对应的主页。这时，在“收藏夹”下拉菜单中将显示保存的网址。

要使用收藏夹打开主页，可以使用以下两种方法。

① 打开 IE 浏览器，在菜单栏中选择“收藏夹”→“大学站点”→“北京外国语大学”选项，如图 4-52 所示。

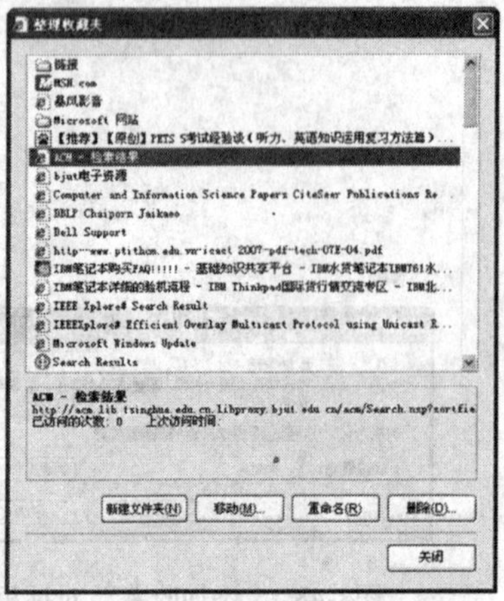

图 4-51 “整理收藏夹”对话框

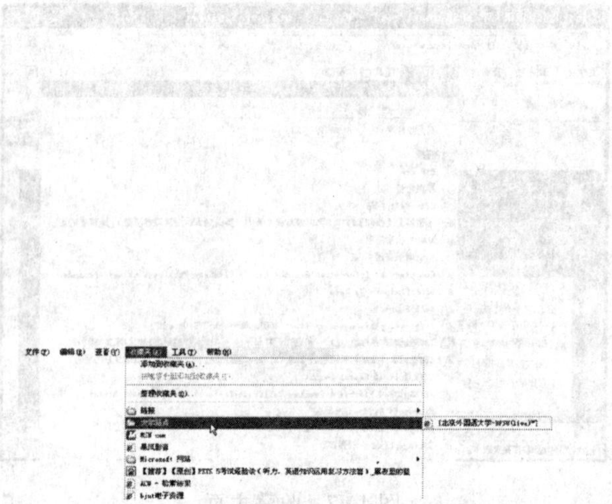

图 4-52 使用“收藏夹”菜单

② 打开IE浏览器，在工具栏中单击“收藏夹”快捷按钮。这时，在窗口的左侧将会显示“收藏夹”栏，如图4-53所示。其中，列出了在收藏夹中保存的网址。例如，在“大学站点”文件夹中，单击“北京外国语大学”链接。

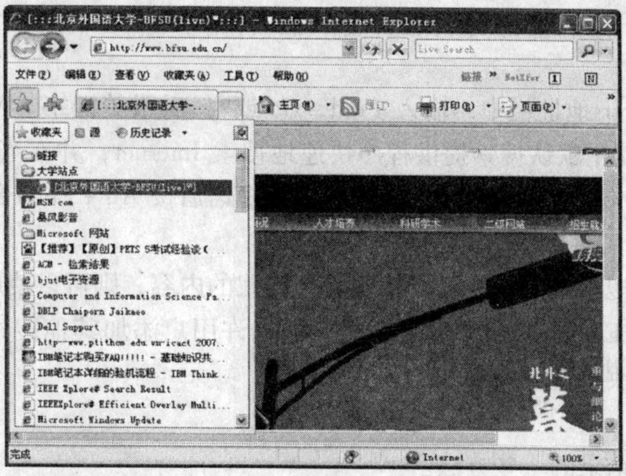

图4-53　使用“收藏夹”栏打开网页

4.4　使用IE查找所需要的网页

4.4.1　从地址栏中搜索

如果找不到网站的地址，Internet Explorer会自动在Web上搜索，以尝试使用默认的搜索提供程序查找该网站。请按照下列步骤为上述操作的执行方式设置首选项。

① 在Internet Explorer中，单击“工具”按钮，然后单击“Internet选项”。

② 打开“高级”选项卡。

③ 在“设置”列表中，向下滚动，直到找到“从地址栏中搜索”。执行下列操作之一。

● 要在主窗口中查看相似网站的列表以便可以选择要显示的网页，请选中“只在主窗口中显示结果”。

● 要从地址栏中关闭搜索功能，请选中“不从地址栏中搜索”。

④ 在完成选择后，单击“确定”按钮。

注意　在从地址栏中搜索时，Internet Explorer可以自动显示与要搜索的内容最匹配的网页，同时还列出其他相似的网站。要按照这种方式搜索，请在地址栏中输入常见的名称或单词，然后单击“转到”按钮。无论选择哪个选项，都可以通过在工具栏上的搜索框中输入搜索词来搜索网站。

4.4.2　在Internet上查找信息的技巧

Internet含有大量的信息，但是从中查找到所需的内容也是一个挑战。以下是帮助用户更有效地搜索Web的一些技巧。

1. 使用即时搜索框

在 Internet Explorer 的“即时搜索”框 Live Search 中，定位到“地址”栏的右侧，输入关键字或短语，然后按 Enter 键（或按 Alt + Enter 组合键，在新的选项卡中显示搜索结果）。这将使用默认搜索提供程序，搜索输入的短语。

2. 使用地址栏

在 Internet Explorer 地址栏中，输入 Find、Go 或?，后跟关键字、网站名称或短语，然后按 Enter 键。这将使用默认搜索提供程序快速地搜索 Internet，并在当前窗口中显示结果。如果希望在新的选项卡中显示搜索结果，请在输入短语后按 Alt + Enter 组合键。

3. 使用多个搜索提供程序

如果使用特定的搜索提供程序没有找到希望查找的内容，则可以使用不同的搜索提供程序进行搜索。Internet Explorer 的“即时搜索”框允许用户添加其他搜索提供程序，并可在它们之间进行切换以改善搜索结果。

4. 更有效地搜索

以下是改善搜索结果的一些方法。

- 使用具体的词语，而不是一般的类别。例如，搜索特定品种的狗，而不是搜索“狗”。
- 使用引号搜索具体的短语。在字词上加上引号会限制搜索结果仅包括含有与指定的内容完全相同的短语的网页。如果不使用引号，搜索结果将包括所有含有所使用的词语的页面，而不论这些词语的顺序如何。
- 在关键字前使用负号（-）会告诉搜索提供程序排除含有该字词的页面。使用负号将检索不含有该词语的网页。注意，不要在符号和搜索字词之间添加空格（例如，使用 -Bogart而不是 -#Bogart）。
- 不要使用如“的”、“我的”或“地”之类的常见词语，除非要查找特定标题。如果这些词语为需要查找的内容的一部分（如歌曲名），则加入常见词语并在短语上加上引号。
- 使用同义或近义搜索字词。选择搜索关键词时应有创意或使用词典。在“即时搜索”框中输入词典以查找连机词典。
- 仅搜索特定的网站或域。输入希望查找的搜索字词，后跟 site：及希望搜索的网站地址，以便将搜索范围缩小到该特定的站点。例如，若要搜索 Microsoft. com 以查找有关病毒的信息，请输入病毒 site：www. microsoft. com。

使用专业搜索引擎或提供程序，如使用 MSN 图像搜索来搜索图片。许多网站提供它们独有的搜索，包括从购物到兴趣各方面。Internet Explorer 可以检测某些网站上的专业搜索提供程序，以方便用户将它们添加到搜索提供程序列表。

4.4.3 查找访问过的网站

对已经访问过的网站可以通过以下步骤进行快速查找。

① 在工具栏上，单击“收藏中心”按钮。

② 单击“历史记录”按钮。

③ 单击访问过网站的日期。

④ 在该日期访问过的网站列表中，单击所要访问的网站。

可以更改已访问过网站的显示方式。可以按日期、网站名称、最常访问频率或最近访问时间对网站进行排序。若要执行此操作，请单击“历史记录”按钮右侧的箭头，然后从列表中选择一个选项。

注意

- 若要返回到访问过的最后一页，请单击工具栏上的“后退”按钮。
- 若要查看在此次会话中访问过的页面之一，请单击“前进”按钮旁边的箭头，然后从列表中选择所需的页面。
- 若要保持“收藏中心”始终处于打开状态，请单击“收藏中心”顶部的“固定收藏中心”。

4.4.4 专业搜索引擎

1. 搜索引擎的概念

WWW 的出现使人们获取信息的手段有了本质的改善。然而 WWW 是以一种“网”状的结构，把 Internet 上的信息资源以 Web 网页的形式链接在一起。所以除非知道 Web 网页所在站点的网址，否则要在 Internet 这个信息大海洋中，找到自己所需的信息资源简直如同大海捞针。为了使用户能够在数以亿万计的 Web 网页中，准确地找到自己所需的信息，人们便研制了各种信息搜索工具，其中，搜索引擎就是专门帮助用户在 WWW 上查找信息的最有力工具。

搜索引擎（Search Engines）就是指在 WWW 环境中能够响应用户提交的搜索请求，返回相应的查询结果信息的技术和系统，是互联网上可以用来查询网站或网页信息的工具。它包括信息搜集、信息整理和用户查询三部分。搜索引擎其实也是一种网站，只不过这种网站专门为用户提供信息“检索”服务。它使用一种被称为 spider（蜘蛛）的程序，在 Internet 上不断进行域名扫描和各种链接，自动获取大量的 Web 网页信息。然后按照一定规则进行归类整理，形成数据库，以备用户查询，从而达到帮助上网用户在 Internet 这个浩如烟海的信息海洋中，搜寻到自己所需要信息的目的。

搜索引擎是互联网的第二大核心技术，涉及信息检索、人工智能、计算机网络、分布式处理、数据库、数据挖掘、数字图书馆、自然语言处理等多领域的理论和技术，所以具有综合性和挑战性。

2. 搜索引擎的分类

关于搜索引擎的分类，从不同的角度有不同的分类方法。从反映搜索引擎的本质特征来考虑，按照搜索引擎对信息收集方法和提供服务方式进行分类，可以把搜索引擎分为全文搜索引擎（full text search engine）、目录索引搜索引擎（search index/directory engine）和元搜索引擎（meta search engine）。当然还有其他一些非主流的搜索引擎。

（1）全文搜索引擎。全文检索搜索引擎是一种纯技术型的检索工具，人们普遍认为它们是真正意义上的搜索引擎。它的工作原理是通过搜索软件（如一种叫做“蜘蛛”或“网络机器人”的 Spider 程序）到 Internet 上的各网站收集信息，找到一个网站后可以从这个网站再链接到另一个网站，像蜘蛛爬行一样。然后按照一定的规则建立一个很大的在线数据库供用户查询。用户在查询时只要输入关键词，就从已经建立的索引数据库上进行查询（并不是实时地在 Internet 上检索到信息）。因此很可能有些查到的信息已经是过时的。建立这种索引数据库的网站必须定期对已建立的数据库进行更新维护。国外具代表性的有 Google、Yahoo、Fast/All TheWeb、AltaVista、Inktomi、Teoma、WiseNut 和 Lycos 等；现在最出名的全文检索搜索引擎就是 Google（谷歌）网站（www. google. com），它搜集的网页数量超过 80 亿个，图片超过 10 亿个，在整个搜索引擎市场中占有的份额超过 50%。在中文搜索引擎中，国内具代表性的有百度、中搜、天网、悠游和 OpenFind 等。

（2）目录索引搜索引擎。目录索引搜索引擎虽然具有搜索功能，但很难称得上是真正的搜索引擎，严格来说，它仅是按目录分类的网站链接列表而已。分类目录搜索引擎并不采集网站的任何信息，而是利用各网站向搜索引擎提交网站信息时填写的关键词和网站描述等信息，经过人工审核编辑后，如果认为符合网站登录的条件，则输入到分类目录的数据库中，供网上用户查询。因此，分类目录搜索也叫做分类网站搜索。分类目录的好处就是用户可根据网站设计好的目录有针对性地逐级查询所需要的信息，查询时不需要使用关键词，只需要按照分类（先找大类，再找下面的小类），因而查询的准确性较好。但分类目录查询的结果并不是具体的页面，而是被收录网站主页的 URL 地址，因而所得到的内容就比较有限。相比之下，全文检索可以检索出大量的信息（一次检索的结果是几百万条，甚至是千万条以上），但缺点是查询结果不够准确，往往是罗列出了海量的信息（如上千万个页面），使用户无法迅速找到所需的信息。在分类目录搜索引擎中最著名的就是雅虎（www. yahoo. com），国外具代表性的还有 LookSmart、Open Directory Projeet（DMOZ）、About 和 GoGuide 等。国内著名的分类搜索引擎有雅虎中国（cn. yahoo. com）、新浪（www. sina. com）、搜狐（www. sohu. com）、网易（www. 163. com）等。

从用户的角度看，使用这两种不同的搜索引擎都能够实现自己查询信息的目的。但用户得到的信息的形式并不一样。全文检索搜索引擎往往可直接检索到相关内容的网页，但分类目录搜索引擎一般只能检索到相关信息的网址。为了使用户能够更加方便地搜索到有用信息，目前许多网站往往同时具有全文检索搜索和分类目录搜索的功能。在 Internet 上搜索信息需要经验的积累。要多实践才能掌握从 Internet 获取信息的技巧。

（3）元搜索引擎。元搜索引擎是将用户提交的检索请求递交给多个独立的搜索引擎去进行搜索，然后将搜索结果集中统一处理以后，以统一的格式返回给用户，因此有人把它称为搜索引擎之上的搜索引擎。元搜索引擎着眼于提高搜索速度、对搜索结果进行智能化处理、设置个性化搜索功能及给出友好的用户界面等，所以查全率和查准率都比较高。存在的缺点是，不能充分使用搜索引擎的功能，用户对搜索结果需要做更多的筛选工作。在元搜索引擎中，国外具代表性的有 Dogpile、Vivisimo、InfoSpace、WebCrawler、InfoMarket 等。国内具代表性的有搜星和优客搜索等。

（4）其他类型的搜索引擎。需要注意的是，目前出现了垂直搜索引擎（Vertical Search Engine），它针对某一特定领域、特定人群或某一特定需求提供搜索服务。垂直搜索也是提供关键字来进行搜索的，但被放到了一个行业知识的上下文中，返回的结果更倾向于信息、消息、条目等。例如，对买房的人来讲，他希望查找的是房子的具体供求信息（如面积、地点、价格等），而不是有关房子供求的一般性的论文或新闻、政策等。目前热门的垂直搜索行业有：购物、旅游、汽车、求职、房产、交友等行业。

● 寻人搜索引擎。如果用户想在网上寻找一位老朋友，那么可以考虑使用 Yahoo 提供的寻人搜索引擎（http：//people. yahoo. com）。

● 图像搜索引擎。图像搜索引擎虽然还没有成熟的产品，但是这项研究工作却紧锣密鼓地进行着。这种搜索引擎不再使用关键词文本进行搜索，而是使用图像或者草图进行搜索。不久的将来，用户自己画一幅草图，搜索引擎就可以对数据库进行搜索，并找到所有与草图类似的图像。

● 多媒体搜索引擎。FAST（http：//multimedia. alltheweb. com）是国外著名的多媒体搜索引擎，很多同类搜索引擎都会引用此引擎的内容。用 FAST 搜索多媒体文件，用户可以同时搜索图像、音频、视频等多种格式的多媒体文件。

● 房产地图搜索引擎。房产地图搜索引擎是结合地理信息系统（GIS）、数据库系统（DBMS）和动态 Web 软件技术开发研制，可以通过智能化地理信息分析查找特定范围内的特定目标。

● 美国华盛顿大学科学家正在研究一种新型搜索引擎——Know It All ，它能像掩网一样“捞到”所需资料网页，然后以目录表格形式将其进行整理。

● 地图搜索引擎 Mapbar。Mapbar 平台可通过不同的网络和应用终端向用户提供以本地搜索、周边查询、公交换乘、驾车导航为核心的位置服务，具备在线高速浏览，快速查询，线路精准，导航优化、数据全面等显著特点。

3. 搜索引擎的一般使用方法

（1）搜索引擎的一般使用操作步骤。下面以基于关键词搜索的全文搜索引擎为例，介绍其使用操作步骤。

① 确定需要搜索的概念或意图，选择用于描述这些概念的关键词。

② 选择一个适用的搜索引擎，在浏览器中输入该搜索引擎的 URL 地址，浏览搜索引擎的首页。如果是第一次使用该搜索引擎，最好先查看“帮助”里面的使用说明。

③ 设计符合该搜索引擎使用的搜索关键词表达方式，并将其输入到搜索文本框，单击“搜索”按钮，开始搜索。通常搜索引擎很快（一般在 1 秒以内）就会将搜索结果显示出来。

④ 查看搜索结果，并在所选中的搜索结果中，单击相应的超链接，此时搜索引擎将打开新的浏览窗口，供用户浏览搜索得到的信息。

⑤ 有的搜索引擎还为用户提供二次搜索的功能，操作方法同前。另外，还可以尝试利用其他搜索引擎再进行搜索，以便获得更精确的信息。

（2）常用的逻辑关系语法。对于使用基于关键词搜索的全文搜索引擎的用户来说，利用关键词进行搜索是最简单的方法，但是往往返回的搜索结果并非每一次均令人满意。如果希望获得最佳的搜索结果，一般就必须使用一些常用的逻辑关系语法，设计更精确的搜索条件。目前比较著名的搜索引擎都支持使用逻辑关系语法进行更复杂的搜索设定。

常用的逻辑关系语法有：and（与）、or（或）、not（非）及 near（两个单词的靠近程度）等。一般情况下，在填写关键词时，and 用“&”或“ + ”来表示；or 用“,”或“ | ”或“空格”来表示；not 用“ - 或!”来表示（注意，不同的搜索引擎表示的方法往往是不同的）。另外，也可以使用“? 括号（）”（优先），将搜索的关键词加以组合，括号内的关键词表示优先组合。恰当应用这些逻辑关系语法，往往可以使搜索结果更精确。

例如，若要查询深圳或者上海的证券信息，但不包含国债的信息，则查询时关键词可以这样组合：“（深圳，上海） + 证券 - 国债”（注意，输入代表逻辑关系的字符时，一定要用半角。另外，输入时不必使用引号）。利用“雅虎中国”搜索引擎进行搜索得到的结果，如图 4-54 所示。由图可见，此次搜索得到的关于深圳和上海的证券信息中，并不包含国债的信息。

例如，若要使查询的内容必须同时包括“北京”、“城市”、“规划” 3 个关键词，就可用“北京 + 城市 + 规划”来表示。利用百度搜索引擎进行搜索得到的结果，如图 4-55 所示。由图可以看出，此次搜索得到了许多关于北京城市规划方面的信息。

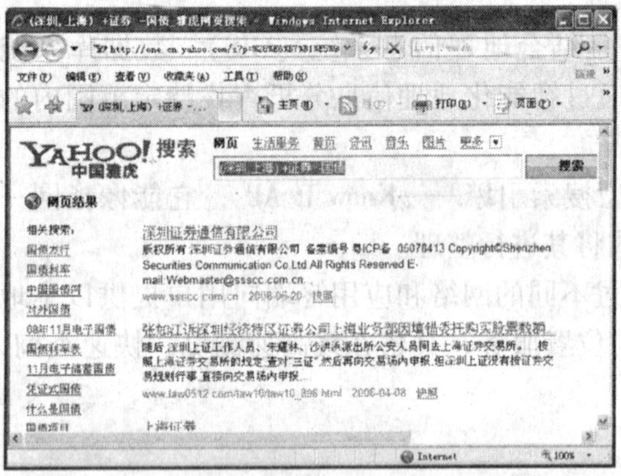

图 4-54 逻辑关系语法的应用之一

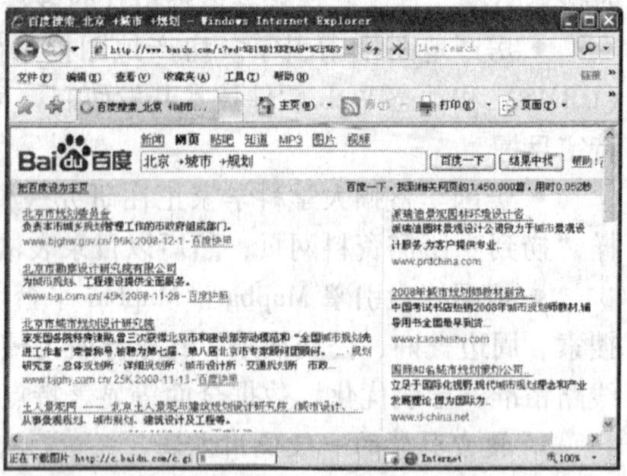

图 4-55 逻辑关系语法的应用之二

（3）搜索引擎的使用技巧。

① 使用搜索引擎之前应当考虑的问题。

- 搜索引擎的本事再大，也搜索不到网上没有的内容。所以首先应当考虑要查找的信息是否可能会存储在网上；该信息在网页上一般会含有哪些关键词。只有确信自己要查找的信息适合利用搜索引擎进行查询时，才能使用搜索引擎。
- 目前各种搜索引擎的特点泾渭分明，应当在分析自己需求的基础上，比较不同搜索引擎的强项和弱点，然后选择最适合的搜索工具。

② 应用“复杂条件查询”进行精确搜索。目前各种搜索引擎都能提供搜索网上信息资源地址的功能。但是如果一次搜索给出成千上万个地址，那么人们也就失去了使用搜索引擎的意义。好在目前几乎所有的搜索引擎，为了帮助用户进行精确搜索，提供了一些用来限定搜索内容的方法，也就是所谓的“复杂条件查询”。在英文搜索引擎中，则称为“advanced search”。不同的搜索引擎，提供的复杂条件查询的实现方法各不相同，在各自的站点上都会通过“帮助”解释其功能和用法。

如果搜索的关键词是一个词组或多个汉字，最好的办法就是将它们用双引号括起来，而双引号内可以看做专用词组或短语进行精确的匹配。这样得到的搜索结果将最少，但却比较精确。这里的双引号是在英文输入状态下的双引号（“ ”）。例如，在搜索引擎的“Search”（查询）框中，输入“电脑技术”，就等于告诉搜索引擎只搜索网页中有“电脑技术”这几个关键字的网址，而不是搜索有关“电脑”和“技术”的网址，这将会比输入电脑和技术时得到的搜索结果少得多，而且更精确，如图 4-56 和图 4-57 所示。由图可见，前者仅有

4 760 000个搜索结果，而后者却达到 8 190 000 个搜索结果，两者相差很大。

图 4-56　使用关键词："电脑技术"

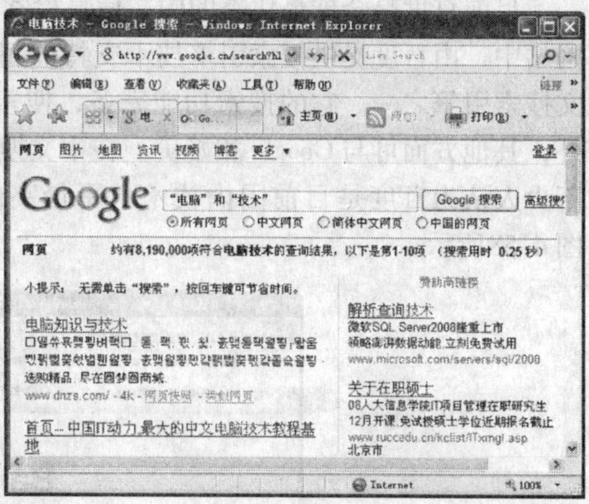

图 4-57　使用关键词："电脑"和"技术"

③ 仔细分析所获得的搜索结果。一次成功的搜索，一般是由两个部分组成的：第一，利用正确的搜索关键词；第二，获得有用的搜索结果。但即使是成功搜索所获得的搜索结果，也仅仅是一些指向所需要信息的超链接。所以在单击任何一条搜索结果的超链接之前，用户还需要快速地分析一下搜索结果中的标题、网址和摘要等，这样将会有助于挑选出更准确的结果。当然，到底哪一个信息的超链接是自己需要的，将取决于用户正在寻找什么样的信息。

另外，一次成功的搜索经常是由好几次搜索组成的，如果对自己搜索的内容不熟，即使是搜索专家，也不能保证第一次搜索就能找到想要的信息。有经验的搜索专家，一般总是先用简单的关键词进行测试，从测试的搜索结果中寻找更多的信息，然后再设计一个更好的关键词重新搜索，这样重复多次以后，才能设计出中肯的搜索关键词，也才能搜索到满意的结果。

(4) 使用搜索引擎应当注意的一些问题。

①在输入的关键词中避免出现错别字。②正确使用关键字。③不要使用曝光率太高的关键词。④尽量不要使用具有歧义的关键词。

(5) 选择适用的搜索引擎。什么样的搜索引擎才称得上是适用的呢？一般来说，有如下几条判断标准可供参考。

①查询速度要快。②查询结果的准确性要高。③容易使用操作。④查询信息的能力要强。如前所述，目前在 Internet 上，搜索引擎的类型实在是太多了，这对于初次学习使用搜索引擎的用户来说，有时会觉得无从下手。建议用户可以首先选择几类搜索引擎进行试用，在掌握基本使用方法以后，再选择一些对于自己更适用的搜索引擎。从使用的角度考虑，首先应当选择那些专门提供搜索服务的搜索引擎。例如，百度（http：//www. baidu. com）、Google（http：//www. Google. com）和 Openfind（http：//www. Openfind. com）等。另外，还可以选择一些综合门户网站的搜索引擎。例如，雅虎（英文 http：//www. Yahoo. com 和中文 http：//cn. Yahoo. com）、新浪（http：//www. sina. com. cn）、搜狐（http：//www. sohu. com）、网易（http：//www. 163. com）等。下面将介绍其中两个常用搜索引擎的应用。

4. 百度搜索引擎

目前百度是全球最优秀的中文信息检索与传递技术供应商，在中国所有具备搜索功能的网站中，由百度提供搜索引擎技术支持的超过 80%。百度搜索引擎是国内最大的商业化全文搜索引擎之一。它的搜索功能完备，搜索精度高，除数据库的规模及部分特殊搜索功能外，其他方面可与 Google 相媲美。在中文搜索支持方面，有些地方甚至超过了 Google，因此不少人认为百度是目前国内技术水平最高的中文搜索引擎之一。百度的网页搜索界面如图 4-58所示。

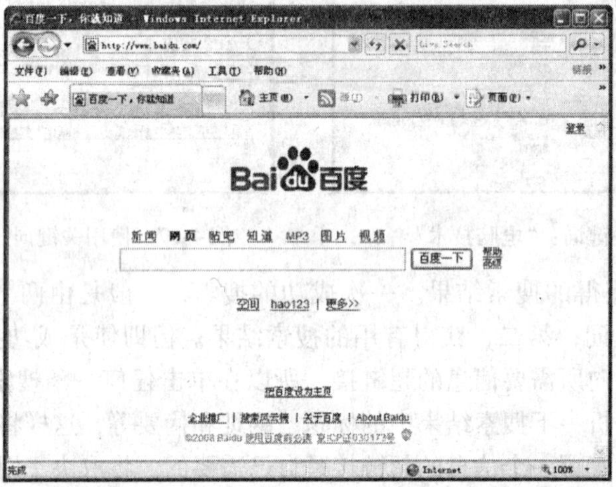

图 4-58 百度的网页搜索界面

(1) 网页搜索。目前百度主要提供中文（简/繁体）网页搜索服务。如无限定，在网页搜索使用界面中默认以关键词精确匹配方式搜索。百度支持使用逻辑关系语法进行复杂搜索。此外，还提供关键词分类搜索，即将常用关键词进行组合分类，方便用户直接查找有关资料。在搜索结果方面，百度设置了关联搜索功能，方便用户查询与输入关键词有关的其他方面的信息。另外，百度提供的“百度快照”查询是最具魅力和最有实用价值的功能。其他的搜索功能包括新闻搜索、贴吧搜索、知道搜索、MP3 搜索、图片搜索、视频搜索等。

① 关键词搜索。用户只要在图 4-58 所示的百度搜索框中输入关键词，然后单击“百度一下”按钮，或者直接按 Enter 键，百度就会自动找出相关的网站和资料，在返回给用户的结果中，百度会把最相关的网站或资料排在最前面。

这里所提到的“关键词”，就是用户在百度搜索框中输入的文字，也即用户命令百度去寻找的东西。在百度使用关键词时需要注意以下问题。

- 在百度搜索框中输入的关键词，可以是一个，也可以是多个，甚至可以是一句话，不过在输入多个关键词时，关键词之间必须留有空格。
- 百度搜索引擎严谨认真，要求“一字不差”，所以用户在输入关键词时一定要准确。
- 输入两个以上的关键词进行搜索时，可以获得更精确更丰富的搜索结果。例如，搜索“北京暂住证”，可以找到十几万篇资料。而搜索“北京 暂住证”，则只有严格含有“北京暂住证”连续 5 个字的网页才能被找出来，不但所找到的资料只有几千篇，而且资料也更准确。因此，用户如果要查的关键词较为冗长时，建议将它拆成几个关键词来搜索，词与词之间用空格隔开。一般情况下，输入两个关键词的搜索，就已经有很好的搜索结果了。

② 百度支持使用逻辑关系语法。

• 百度支持使用“-”（减号）语法，用于有目的地删除某些无关网页，使查询范围大大缩小。但减号之前必须留空格，其语法表示是“A - B”。

• 百度支持使用“|”（或）进行并行搜索，例如“A | B”语法，表示搜索“或者包含关键词 A，或者包含关键词 B”的网页。

• 百度提供相关检索功能。如果用户一时无法确定输入什么关键词才能找到满意的资料，那么百度相关检索功能可以提供帮助。用户可以先输入一个简单词语进行搜索，然后，百度搜索引擎会为用户提供“其他用户搜索过的相关搜索词”作为参考。用户只要单击任何一个相关搜索词，一般就能得到那个相关搜索词的搜索结果。

例如，若要查找关于“武侠小说”但不含“金庸”的资料，可使用如下关键词组合：“武侠小说 - 金庸”。

（2）百度搜索使用。百度搜索简单方便。用户只需要在搜索框内输入需要查询的内容，按 Enter 键，或者单击搜索框右侧的“百度一下”按钮，就可以得到最符合查询需求的网页内容。

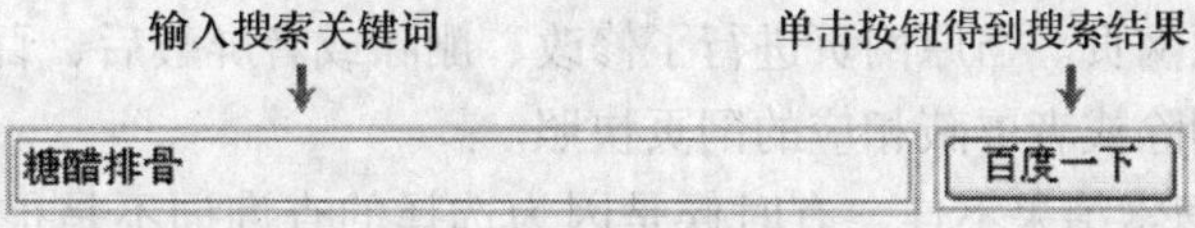

搜索结果如图 4-59 所示。

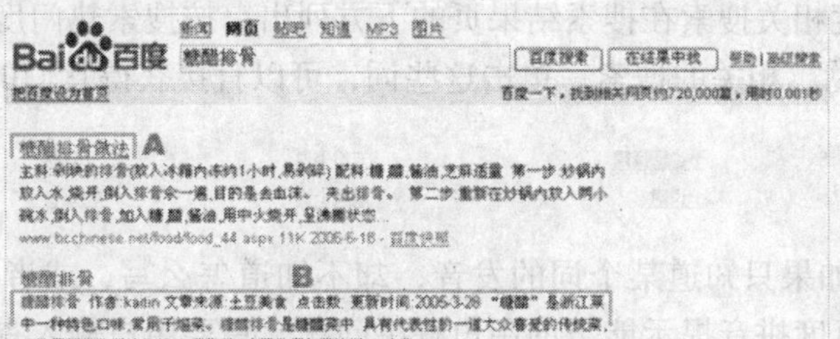

图 4-59 百度搜索结果页

① 搜索结果标题。单击标题，可以直接打开该结果网页。

② 搜索结果摘要。通过摘要，用户可以判断这个结果是否满足用户的需要。

③ 百度快照。“快照”是该网页在百度的备份，如果原网页打不开或者打开速度慢，可以查看快照浏览页面内容。

④ 相关搜索。“相关搜索”是其他和用户有相似需求的用户的搜索方式，按搜索热门度排序。如果用户的搜索结果效果不佳，可以参考这些相关搜索。

输入多个词语搜索（不同字词之间用一个空格隔开），可以获得更精确的搜索结果。

例如，想了解北京公园的相关信息，在搜索框中输入“北京 公园”获得的搜索效果会比输入“公园”得到的结果更好。

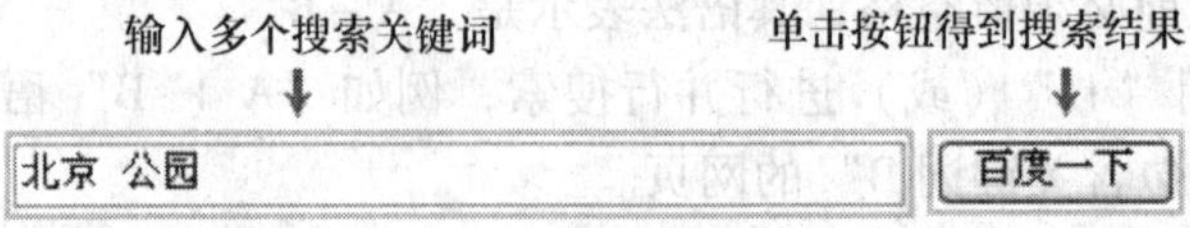

（3）网页搜索特色功能介绍。

① 百度快照。“百度快照”是百度网站最具魅力和最有实用价值的功能。用户在上网的过程中经常会遇到“该页无法显示”的提示，也就是说一时无法登录到自己想去的网站。此时百度快照能为用户很好地解决这个问题。

每个未被禁止搜索的网页，在百度上都会自动生成临时缓存页面，称为“百度快照”。百度搜索引擎已预先将浏览过的一些网站，拍下网页的快照并将其存储起来。目前在百度的服务器上已保存了几乎所有网站的大部分网页，当用户遇到网站服务器暂时故障或网络传输堵塞时，可以通过“快照”快速浏览页面文本内容。而且通过百度快照寻找资料要比常规链接的速度快得多。百度快照只会临时缓存网页的文本内容，所以那些图片、音乐等非文本信息，仍是存储于原网页。当原网页进行了修改、删除或者屏蔽后，百度搜索引擎会根据技术安排自动修改、删除或者屏蔽相应的网页快照。

② 相关搜索。搜索结果不佳，有时候是因为选择的查询词不是很妥当。用户可以通过参考别人是怎么搜的，来获得一些启发。百度的“相关搜索”，就是和用户的搜索很相似的一系列查询词。百度相关搜索在搜索结果页的下方列出，按搜索热门度排序。

下面是与“小说”相关的搜索。单击这些词，可以直接获得它们的搜索结果。

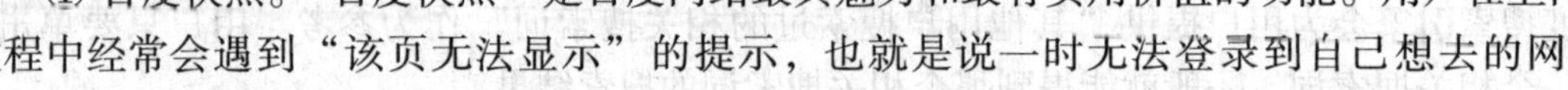

③ 拼音提示。如果只知道某个词的发音，却不知道怎么写，或者嫌某个词拼写输入太麻烦，该怎么办？百度拼音提示能帮助用户解决问题。只要用户输入查询词的汉语拼音，百度就能把最符合要求的对应汉字提示出来。它事实上是一个无比强大的拼音输入法。拼音提示显示在搜索结果上方。

例如，输入“zhurongji”，提示“用户要找的是不是：朱镕基”。

④ 错别字提示。由于汉字输入法的局限性，在搜索时经常会输入一些错别字，导致搜索结果不佳。别担心，百度会给出错别字纠正提示。错别字提示显示在搜索结果上方。

如输入“唐醋排骨”，提示如下：用户要找的是不是：糖醋排骨。

⑤ 英汉互译词典。百度具有线上英汉互译词典。

随便输入一个英语单词，或者输入一个汉字词语，留意一下搜索框上方多出来的词典提示。例如，搜索“apple”，单击结果页上的“词典”链接，就可以得到高质量的翻译结果。百度的线上词典不但能翻译普通的英语单词、词组、汉字词语，甚至还能翻译常见的成语！

用户也可以通过“百度词典搜索”界面（http：//dict. baidu. com/），直接使用英汉互译功能。

⑥ 计算器和度量衡转换。Windows 系统自带的计算器功能过于简陋，尤其是无法处理

一个复杂计算式，很不方便。而百度网页搜索内嵌的计算器功能，则能快速高效地解决用户的计算需求。

用户只需简单地在搜索框内输入计算式，按 Enter 键即可。

如果用户要搜的是含有数学计算式的网页，而不是做数学计算，单击搜索结果上的表达式链接，就可以达到目的。

在百度的搜索框中，用户也可以做度量衡转换。格式如下：

换算数量换算前单位 = ? 换算后单位

例如：

-5 摄氏度 = ? 华氏度

用户如果需要更多信息，可以查看详细的计算器和度量衡转换帮助。

⑦ 专业文档搜索。很多有价值的资料，在 Internet 上并非是普通的网页，而是以 Word、PowerPoint、PDF 等格式存在。百度支持对 Office 文档（包括 Word、Excel、PowerPoint）、Adobe PDF 文档、RTF 文档进行了全文搜索。要搜索这类文档，只需在普通的查询词后面，加一个“filetype:”文档类型限定。“filetype:”后可以跟以下文件格式：DOC、XLS、PPT、PDF、RTF、ALL。其中，ALL 表示搜索所有这些文件类型。例如，查找“张五常”关于交易费用方面的经济学论文。“交易费用‘张五常’ filetype: doc”，单击结果标题，直接下载该文档，也可以单击标题后的“HTML 版”快速查看该文档的网页格式内容。

用户也可以通过“百度文档搜索”界面（http: //file. baidu. com/），直接使用专业文档搜索功能。

⑧ 股票、列车时刻表和飞机航班查询。在百度搜索框中输入股票代码、列车车次或者飞机航班号，用户就能直接获得相关信息。例如，输入深发展的股票代码“000001”，搜索结果上方，显示深发展的股票实时行情。也可以在百度常用搜索中，进行上述查询。

⑨ 高级搜索语法。

• 把搜索范围限定在网页标题中——intitle。网页标题通常是对网页内容提纲挈领式的归纳。把查询内容范围限定在网页标题中，有时能获得良好的效果。使用的方式，是把查询内容中特别关键的部分，用“intitle:”领起来。

例如，找林青霞的写真，就可以这样查询：“写真 intitle: 林青霞”。

注意 “intitle:”和后面的关键词之间，不要有空格。

• 把搜索范围限定在特定站点中——site。有时候，用户如果知道某个站点中有自己需要找的东西，就可以把搜索范围限定在这个站点中，提高查询效率。使用的方式，是在查询内容的后面，加上“site: 站点域名”。

例如，天空网下载软件不错，就可以这样查询：“msn site: skycn. com”。

注意，“site:”后面跟的站点域名，不要带“http: //”；另外，“site:”和站点名之间，不要带空格。

• 把搜索范围限定在 url 链接中——inurl。网页 url 中的某些信息，常常有某种有价值的含义。于是，用户如果对搜索结果的 url 做某种限定，就可以获得良好的效果。实现的方式，是用“inurl:”，后跟需要在 url 中出现的关键词。

例如，找关于 Photoshop 的使用技巧，可以这样查询：“Photoshop inurl：jiqiao”。

上面这个查询串中的“Photoshop”，可以出现在网页的任何位置，而“jiqiao”则必须出现在网页 url 中。

注意　“inurl:”语法和后面所跟的关键词，不要有空格。

• 精确匹配——双引号和书名号。如果输入的查询词很长，百度在经过分析后，给出的搜索结果中的查询词，可能是拆分的。如果用户对这种情况不满意，可以尝试让百度不拆分查询词。给查询词加上双引号，就可以达到这种效果。

例如，搜索“上海科技大学”，如果不加双引号，搜索结果被拆分，效果不是很好，但加上双引号后，“上海科技大学”，获得的结果就全是符合要求的了。

书名号是百度独有的一个特殊查询语法。在其他搜索引擎中，书名号会被忽略，而在百度，中文书名号是可被查询的。加上书名号的查询词，有两层特殊功能，一是书名号会出现在搜索结果中；二是被书名号扩起来的内容，不会被拆分。书名号在某些情况下特别有效果，例如，查电影“手机”，如果不加书名号，很多情况下出来的是通信工具——手机，而加上书名号后，《手机》结果就都是关于电影方面的了。

• 要求搜索结果中不含特定关键词。如果用户发现搜索结果中，有某一类网页是用户不希望看见的，而且，这些网页都包含特定的关键词，那么用减号语法，就可以去除所有这些含有特定关键词的网页。

例如，搜索“神雕侠侣”，希望是关于武侠小说方面的内容，却发现很多关于电视剧方面的网页。那么就可以这样查询：“神雕侠侣 -电视剧”。

注意　前一个关键词，和减号之间必须有空格，否则，减号会被当成连字符处理，而失去减号语法功能。减号和后一个关键词之间，有无空格均可。

⑩ 高级搜索、地区搜索和个性设置。如果希望更准确地利用百度进行搜索，却又对百度各种查询语法不熟悉，使用百度集成的高级搜索界面，可以方便地做各种搜索查询。百度推出的高级搜索功能可以使用户更轻松地自己定义要搜索的网页的时间、语言、关键词出现的位置及关键词之间的逻辑关系等。高级搜索功能将使百度搜索引擎功能更完善，使用百度搜索引擎查找信息也将更加准确和快捷。在百度首页中，单击“高级”超链接，便会弹出如图 4-60 所示的“高级搜索”窗口。

百度还支持对某个地区的网页进行搜索。进入地区搜索（http：//diqu. baidu. com/），选中希望查询的地区，就可以在该地区搜索了。

用户还可以根据自己的习惯，改变百度默认的搜索设定，如每页搜索结果数量、搜索结果的页面打开方式等。先进入高级搜索，然后单击下方的“点击此处进入个性设置”，就可以进行设定了。

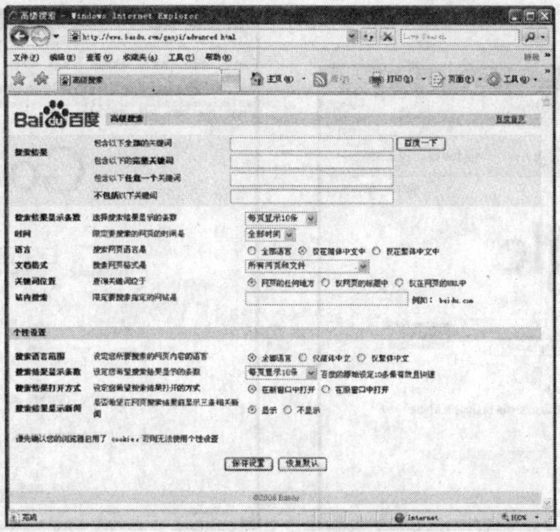

图 4-60 “高级搜索” 窗口

⑪ 天气查询。使用百度可以随时查询天气预报。

在百度搜索框中输入用户要查询的城市名称加上天气这个词，就能获得该城市当天的天气情况。例如，搜索 “北京天气”，就可以在搜索结果中看到北京今天的天气情况。

百度支持全国多达四百个城市和近百个国外著名城市的天气查询。

⑫ 货币换算。要使用百度的内置货币换算器，只需在百度网页搜索框中输入用户需要完成的货币转换，按 “Enter” 键或单击 “百度一下” 按钮即可。

用户可以登录百度帮助中心（http：//www. baidu. com/search/jiqiao. html）以获得更多关于百度功能的介绍和使用。

5. Google 搜索引擎

美国斯坦福大学的博士生 Larry Page 和 Sergey Brin 在 1998 年创立了 Google，并于 1999 年 6 月宣布成立 Google 私人控股公司。Google 开发的世界上最大的搜索引擎，是 Internet 上最受欢迎的搜索引擎之一。它的搜索范围非常大，无论多偏僻的网站，只要利用 Google，一般都可以找到。目前 Google 通过对四十多亿网页进行整理，为用户提供最便捷的网上信息搜索方法和最急需的搜索结果，而且搜索时间通常只需半秒。现在 Google 每天需要为约两亿人次提供查询服务。

Google 的搜索引擎性能优良，因为它使用了先进的硬件和软件。以往的大多数的搜索引擎是使用少量大型服务器。在访问高峰期，搜索的速度就会明显减慢。Google 则利用在 Internet上相互链接的 PC 来快速查找每个搜索的答案，并且成功地缩短了查找的响应时间。Google 的搜索软件可同时进行许多运算，它的核心技术就是 PageRank，译为网页排名。PageRank 对搜索出来的结果按重要性进行排序。

Google 富于创新的搜索技术和非常友好的用户界面设计，使得它从第一代搜索引擎中脱颖而出。它不但具有非常完善的文本对应技术和先进的 PageRank 排序技术，而且它的网页快照等功能也非常独特。Google 搜索英文网址（http：//www. google. com）如图 4-61 所示。Google 搜索简体中文网址（http：//www. google. cn）如图 4-62 所示。

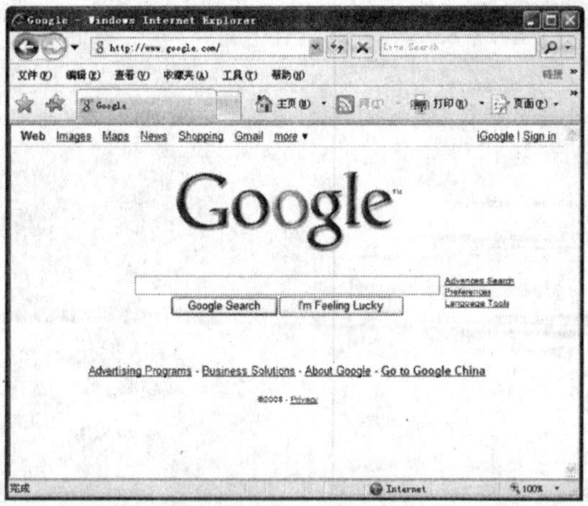

图 4-61　Google 英文首页

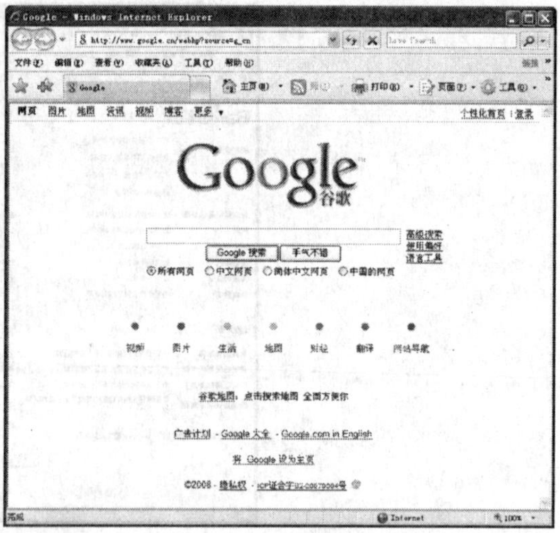

图 4-62　Google 简体中文首页

（1）Google 的一些基本搜索技巧。利用 Google 查询信息非常简便，仅需在搜索文本框内输入查询内容的关键词，然后单击“Google 搜索”按钮，或按 Enter 键，即可得到相关资料。Google 查询信息严谨细致，一般能帮助用户查找到最重要和最相关的内容。例如，当 Google 对网页进行分析时，它也会考虑与该网页链接的其他网页的相关内容。Google 还会先列出一些与搜索关键词比较相近的网页。下面将介绍使用 Google 的一些基本搜索技巧。

① 选择搜索字词。选择正确的搜索字词是找到所需信息的关键。首先从明显的字词开始，例如，如果用户查找有关夏威夷的一般信息，可将“夏威夷”作为搜索词。但是通常建议使用多个搜索字词；如果用户打算安排一次夏威夷度假，则搜索“度假　夏威夷”比单独搜索“度假”或“夏威夷”效果会更好。而“度假　夏威夷　高尔夫”甚至可能会生成更好的结果（当然也可能是更糟的结果，这要看用户怎么想了）。

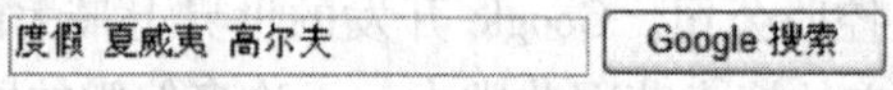

用户可能还需要看一下自己的搜索字词是否足够具体。搜索“豪华　旅馆　毛伊岛”比搜索“热带　岛屿　旅馆”效果要好。但是，要仔细选择搜索字词；Google 会查找用户所选择的搜索字词，因此，与毛伊岛绝好的过夜处所相比，“豪华　旅馆　毛伊岛”可能会带来更好的结果。

② 大小写。Google 搜索不区分大小写。不论用户如何输入，所有字母都会视为小写。例如，搜索 george washington、George Washington 和 gEoRgE wAsHiNgToN 所返回的结果是一样的。

③ 自动“and”查询。默认情况下，Google 只返回包含所有搜索字词的网页。在字词之间无须添加“and”。要进一步限制搜索，只需加入更多字词。例如，要安排去夏威夷度假，只需输入“度假　夏威夷”。

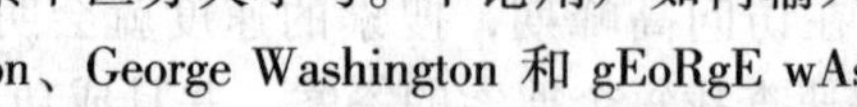

注意 字词输入的顺序会影响搜索结果。

④ 自动排除常用字词。Google 会忽略常用字词和字符，如“where”、“how”、“http”、“.com”和“的”及其他会降低搜索速度，却不能改善结果的单个数字和单个字母。

如果必须要使用某一常见字词才能获得需要的结果，可以在该字词前面放一个“+”，从而将其包含在查询字词中。（请确保在“+”前留一空格。）

另一个方法是执行词组搜索，就是说用引号将两个或更多字词括住。词组搜索中的常用字词（如“where are you”）会包含在搜索中。例如，要搜索“星球大战前传 I”，可以使用以下方法：

星球大战前传 +I　[Google 搜索]

~ OR ~

"星球大战前传 I"　[Google 搜索]

⑤ 词组搜索。有时，用户仅需要包含某个完整词组的结果。在这种情况下，只需用引号将搜索字词括住即可。如果用户搜索专有名词（“姚明”）、歌词（“长路漫漫”）或其他名言（“人无远虑必有近忧”），词组搜索非常有效。

"长路漫漫"　[Google 搜索]

⑥ 否定字词。如果用户的搜索字词具有多种含义（例如，bass 可以指鱼或乐器），可以进行集中搜索，方法是在与希望排除的含义相关的字词前添加一个减号（“-”）。例如，如果用户要查找大量鲈鱼的湖泊而不是偏重低音的音乐，可以采用以下方法。

bass -music　[Google 搜索]

注意 在搜索中包含否定词时，请务必在减号前添加一个空格。

⑦“OR”搜索。要查找包含两个字词之一即可的网页，请在字词之间添加大写“OR”。例如，要搜索伦敦或巴黎的度假信息，可以采用以下方法：

度假 伦敦 OR 巴黎　[Google 搜索]

⑧ 域搜索。可以使用 Google 仅搜索某一特定网站内的信息，方法是先输入用户要查找的搜索字词，然后输入“site”一词和冒号，并在冒号后面加上域名。例如，要查找斯坦福大学（Stanford University）网站上的入学（admission）信息，可以采用以下方法：

admission site:www.stanford.edu　[Google 搜索]

⑨ 数字范围搜索。通过数字范围可以搜索包含指定范围内的数字的结果。只需在搜索框内向搜索字词后面添加两个数字，并将其用两个英文句号分开（无空格）即可。可以使用“数字范围”设置从日期（Willie Mays 1950—1960）到重量（5 000～10 000 kg 卡车）的各种范围。一定要指定度量单位或其他一些说明数字范围含义的指示符。例如，要搜索价格在 US $ 50 与 US $ 100 之间的 DVD 播放器，可以采用以下方法：

DVD 播放器 $50..$100　[Google 搜索]

⑩“手气不错”。在输入搜索字词后，可以尝试使用“手气不错”按钮，它可以将用户直接带到 Google 针对用户的查询所找到的相关性最高的网站。用户完全看不到搜索结果页，不过如果用户看到了，“手气不错”网站会列在最顶端。

例如，如果查找斯坦福大学（Stanford University）主页，只需输入 Stanford 并单击“手气不错”，而不必单击 Google 搜索按钮。Google 会将用户直接带到 www. stanford. edu。

⑪ Google 运用智能型汉字简繁自动转换系统，以便为用户查找到更多相关信息。此系统不是简单的字符变换，而是简体和繁体文本之间的“翻译”转换。例如，简体的“计算机”会对应于繁体的“电脑”。当用户搜索所有中文网页时，Google 在对搜索项进行简繁转换后，同时检索简体和繁体网页。并将搜索结果的标题和摘要转换成与搜索项的同一文本提供给用户，方便用户阅读。

⑫为提供最准确的资料，Google 不使用“词干法”，也不支持“通配符”（ * ）搜索。这就是说，Google 只搜索与输入的关键词完全一样的字词。例如，搜索“googl”或“googl * ”不会得到类似“googler”或“googlin”的结果。

（2）Google 搜索结果页。搜索结果页包含了各种信息，如图 4-63 所示。搜索结果页中带有下画线的各个条目是 Google 搜索引擎为用户的搜索字词找到的搜索结果。列表中第一个条目（“资讯”结果除外）是找到的相关性最高的匹配项，第二个条目是相关性次高的匹配项，向下以此类推。

单击任一带有下画线的条目均会为用户打开关联的网页。这里提供了一个样例搜索结果页，其中针对用户可能找到的各种搜索结果类型，作出简要的说明。

图 4-63　Google 搜索页信息

A. 顶部链接：单击该链接可启动 Google 服务。用户可以搜索网络、查找图片或浏览 Google 网上论坛，也可以通过单击“更多”链接查看其他 Google 产品。

B.“搜索”按钮：单击该按钮可提交另一项搜索查询。也可以按 Enter 键来提交一项查询。

C. 高级搜索：这会链接到可进行更精确搜索的页面。

D. 搜索字段：要在 Google 上进行搜索，只需输入一些描述性的搜索字词，然后按 Enter 键或单击“搜索”按钮即可。

E. 使用偏好：链接到可设置搜索个人使用偏好（包括语言、每页的结果数量）的页面。

F. 统计信息栏：该行对搜索进行了说明，并指出了结果总数及完成搜索所用时间。

G. 网页标题：搜索结果项的第一行就是查找到的网页的标题。如果用户看到的是网址而不是标题，则说明该页没有标题，或者尚未为该页的全部内容建立索引，但它在索引中的位置仍表明它非常符合用户的查询。

H. 摘要：摘要段是摘自结果页的说明，其中查询字词是以粗体字显示的。

I. 结果的网址：这是返回结果的网址。

J. 大小：这个数字是指所查找网页文本部分的大小，它可以让用户在一定程度上了解其显示时间。如果是尚未完全建立索引的网站，就不会显示数字大小。

K. 网页快照：单击该链接可以显示最后一次为相应网页编制索引时网页的内容。如果由于某种原因，网站链接不能够链接到当前页面，用户仍然可以通过网页快照的版本找到所需信息。

L. 类似网页：如果用户选择特定结果的“类似网页”链接，Google 会自动在网上查找与该结果相关的网页。

(3) Google 高级搜索。用户在了解 Google 搜索基本知识后，就可能想要尝试使用高级搜索，它提供了大量选项，可以使搜索更加精确并能获得更多有用的结果。可以通过单击 Google 主页上的“高级搜索”链接进入该页。高级搜索页外观如图 4-64 所示。

图 4-64 Google 高级搜索界面

用户可以利用 Google 搜索执行更多操作，而不单是输入搜索字词。利用高级搜索，可以只搜索符合以下要求的网页：

- 包含用户输入的“所有”搜索字词；
- 包含用户输入的完整词组；
- 至少包含用户所输入的其中一个字词；
- “不”包含用户所输入的任何字词；
- 以特定语言编写；
- 以特定文件格式创建；
- 在特定时间段内更新过；
- 位于特定域或网站内。

（4）Google 工具栏。Google 提供的工具栏，集成于浏览器中，用户无须打开 Google 主页就可以在工具栏内输入关键词进行搜索。此外，工具栏还提供了许多其他功能，例如，显示页面 PageRank 等。最方便的一点在于用户可以快捷地在 Google 主页、目录服务、新闻组搜索、高级搜索和搜索设定之间切换。不过，Google 工具栏要求操作系统为 Windows 95/98/ME/NT/2000/XP，浏览器目前只支持 IE 5.0 以上版本。对于经常进行网络搜索的用户而言，Google 工具栏实在是必备的工具。

如果希望安装 Google 工具栏，可以登录“http：//toolbar. google. com/T5/intl/zh - CN/index. html”，在弹出如图 4-65 所示的窗口中，单击“下载 Google 工具栏”按钮，便可以自动下载并进行安装。

图 4-65　下载和安装 Google 工具栏

此外，Google 还提供许多特色功能，可以帮助用户准确地找到想要的内容。例如，每日要点、参考工具、选择关键字、本地搜索、旅行策划、查询优化和按数字搜索等，都是 Google 提供的一些最受欢迎的功能。用户可以登录 Google 的产品与服务中心（http：//www. google. cn/options/）去享受 Google 为用户带来的愉快体验。

4.5　Mozilla Firefox 浏览器

Mozilla Firefox 浏览器具有许多突出的特色，如分页浏览、即时书签、下载管理器、自定义搜索引擎等功能。此外，还可以通过由第三方开发者贡献的扩展软件来加强各种功能，较受欢迎的有专门浏览 IE only 网页的 IE Tab、阻挡网页广告的 Adblock Plus、下载在线影片的 Video DownloadHelper、保护计算机安全的 NoScript 等。截至2008年，在 Mozilla 维护的附加组件网站 addons. mozilla. org 中，已经有接近2 000种的附加组件可供下载。

Firefox 的主界面如图4-66所示。

图4-66 Firefox 的主界面

① 标签页浏览。Firefox 支持的标签页浏览，是指可以在一个窗口开启多个页面，这个功能继承自Mozilla Application Suite，也成为 Firefox 的著名特色。Firefox 也允许使用者在首页中使用“|”作为分隔符号，在启动时自动在多个分页中开启设置的首页，让使用者不只可以设置一个首页。

② 附加组件。Firefox 使用者可以通过安装扩展来新增或修改 Firefox 的功能。扩展的种类包罗万象：如鼠标手势、广告窗口阻挡、增强的分页浏览等。

Firefox 包含了扩展、布景主题、外挂程序（Plugin）等，这些附加组件可以从 Mozilla 官方维护的 addons. mozilla. org 网站下载，或是从其他的第三方开发者取得。

③ 扩展。扩展提供了高度自由化的扩充功能。

④ 布景主题。Firefox 支持多样化的布景主题，来改变外观。布景主题是 CSS 和图像所集合的包装文件，在 Firefox Add-ons 网站可以找到许多的布景主题。

⑤ 外挂程序（Plugin）。Firefox 支持以 Netscape Plugin Application Program Interface（NPAPI）为基础的外挂程序，这是早期浏览器共同支持的外挂标准，从 Opera 和 Internet Explorer 3.0 至5.0都支持 NPAPI。

⑥ 及时查找。Firefox 提供增强的查找功能，包含了快速的“即打即找”功能，只需要按 F3 键在查找框输入要寻找的字符串，就可以自动标识出要寻找的字符串。

⑦ 即时书签。通过即时书签，可以以书签的方式来阅读 RSS 或 Atom 订阅项目，这个功能第一次出现在 Firefox 1.0 的预览版，随后也移植到了 Mozilla Suite 中。即时书签会自动更新，目前并没有方法可以停止或控制即时书签的更新动作。

⑧ 跨平台支持。Mozilla Firefox 可以在多种不同的平台下执行，目前官方版本支持下列平台。

- 多种版本的微软窗口操作系统，从 Windows 98，NT 4.0，2000，XP，Server 2003 到 Vista。
- 苹果计算机的 Mac OS X。
- 以 Linux 为基础的操作系统，系统中必须要使用 X. Org Server 或 XFree86。

⑨ 支持多种网络标准。Firefox 支持非常多的网络标准，包含了 HTML、XML、XHTML、SVG 1.1（部分的）、CSS（除了标准之外，还有扩充的支持）、ECMAScript（JavaScript）、DOM、MathML、DTD、XSLT、XPath 和 PNG（包含透明度支持）。

⑩ 安全性。Firefox 使用了"沙盒安全模块"，限制了网页脚本语言对使用者端数据的访问，保护使用者不受恶意脚本语言的攻击。对于网页数据的传输，则使用 SSL/TLS 的加密方式来保障使用者和网站之间传输数据的隐密性，此外，也支持智慧卡数据验证的方式。

Firefox 可以在多种操作系统中运行，可以浏览中国唯一官方网站 http://www.mozilla-online.com/下载最新版本进行试用。

如果以前使用过 Microsoft Internet Explorer，用户会发现 Mozilla Firefox 很容易上手。IE 浏览器与 Firefox 浏览器在使用术语上有一些区别，详细内容参见表 4-2。

表 4-2　IE 与 Firefox 的术语区别

Internet Explorer	Firefox	Internet Explorer	Firefox
Internet 选项	选项首选项	刷新	重新载入
Internet 临时文件	缓存	链接收藏夹	书签工具栏
收藏夹	书签	复制快捷方式复制链接到剪贴板	复制链接地址
地址栏	地址栏	目标另存为	链接另存为

当用户第一次安装 Firefox 时，将会导入用户现有的 IE 设置，包括收藏夹、Cookie、已保存的密码及其他各种数据。这会为用户节省用来设置 Firefox 的时间，让 Firefox 适合用户的需要。

习题

一、填空题

1. 常用的浏览器工具软件有______、______、______等。

2. 在 WWW 服务中，用户可以通过使用______指定要访问的协议类型、主机名和路径及文件名。

3. 如果要用 IE 方式访问 FTP（202.204.128.30），则需要在地址栏中输入______。

4. IE 浏览器的主要访问功能，可以通过单击"工具栏"上的按钮来实现，单击______可以返回前一页，单击______可以进入下一页，单击______可以终止当前显示页的传输，单击______可以更新当前显示页，单击______可以返回浏览器预定的起始页。

5. 从反映搜索引擎的本质特征考虑，按照搜索引擎对信息收集方法和提供服务方式进行分类。可以把搜索引擎分为______、______和______。

6. 常用的搜索引擎有______、______、______等。

二、选择题

1. WWW 网页文件的编写语言及相应的 Web 服务所支持的协议分别为（　　）。

   A. HTML，HTPT　　B. HTTL，HTTP　　C. HTML，HTTP　　D. 以上均不对

2. Web 页面通常利用超文本方式进行组织，这些相互链接的页面（　　）。

   A. 必须放置在用户主机上

B. 必须放置在同一主机上

C. 必须放置在不同主机上

D. 既可以放置在同一主机上，也可以放置在不同主机上

3. 以下关于 WWW 服务系统的描述中，错误的是（　　）。

A. WWW 服务系统采用客户－服务器工作模式

B. WWW 服务系统通过 URL 定位系统中的资源

C. WWW 服务系统使用的传输协议为 HTML

D. WWW 服务系统中资源以页面方式存储

4. 统一资源定位器 URL 的格式是（　　）。

A. 协议：//IP 地址或域名/路径/文件名

B. 协议：//路径/文件名

C. TCP/IP 协议

D. HTTP 协议

5. IE 浏览器处在 TCP/IP 协议层次中的（　　）。

A. 网络接口层　　B. 传输层　　C. 应用层　　D. 网络层

6. 关于 html 的描述中，错误的是（　　）。

A. html 可以包含指向其他文档的链接项

B. html 可以将声音、图像、视频等文件压缩在一个文件中

C. html 是 Internet 上的通用信息描述方式

D. 符合 html 规范的文件一般具有 htm 或 html 后缀

7. 每一个 Web 页面，包括主页都有一个唯一的地址，通常称该地址为（　　）。

A. Web 页面地址　　B. 主页地址

C. 网页搜索地址　　D. 统一资源定位器 URL

8. 使用搜索引擎进行检索时，要求搜索包含“汽车”但不包含“奔驰”的网页，则查询项为（　　）。

A. 汽车！奔驰　　B. 汽车 －奔驰　　C. 汽车/奔驰　　D. 汽车（奔驰）

9. 搜索引擎实际上是（　　）。

A. 一个大型数据库　　B 一套检索方法

C 一个管理系统　　D 一个数据库和与之关联的一套检索方法

10. 历史记录中记录的内容是（　　）。

A. 网页的代码　　B. 网页的内容

C. 网页的网址　　D. 访问该网页的时间

11.（　　）不是搜索引擎。

A. Yahoo　　B. Google　　C. 百度　　D. HTTP

12. 搜索引擎是 Internet 上一个 WWW 服务器，它的主要任务是（　　）。

A. 在 Internet 中主动搜索其他 WWW 服务器中的信息并对其自动索引，其索引内容存储在可供查询的数据库中

B. 在 Internet 中主动搜索其他 WWW 服务器中的 IP 地址，其 IP 地址存储在数据库中

C. 在 Internet 中主动搜索其他 WWW 服务器中的主机名，其主机名存储在数据库中

D. 在 Internet 中主动搜索其他 WWW 服务器中的主页，其主页存储在数据库中

三、简答题

1. 简述万维网系统。
2. 统一资源定位符 URL 是如何进行定义的?
3. 阐述 HTTP 的操作过程。
4. Cookie 的作用是什么?
5. 什么是超文本标记语言 HTML?
6. 动态万维网文档与静态文档的区别是什么?
7. 浏览器的结构是怎样的，主流的浏览器有哪几种?
8. 搜索引擎的作用是什么，主要分几种类型，主流搜索引擎有哪些?
9. 搜索引擎是如何完成搜索工作的?

四、实验

1. 典型浏览器的使用。掌握 IE 7.0、Firefox 等浏览器的使用和属性设置。
2. 搜索引擎的使用。掌握百度、谷歌等搜索引擎的使用方法。

第5章 电子邮件

5.1 电子邮件基础知识

电子邮件服务又称为E-mail服务，它是指用户通过计算机和Internet发送信件。是目前Internet中最常用的一种服务。

5.1.1 电子邮件的组成和传送过程

大家都知道，现实生活中存在的邮政系统已有近千年的历史。各国的邮政系统要在自己管辖的范围内设立邮局，要在用户家门口设立邮箱，要让一些人担任邮递员，负责接受与分发信件。各国的邮政部门要制定相应的通信协议与管理制度，甚至要规定信封按什么规则书写。正是由于有一套严密的组织体系与通信规程，才能保证世界各地的信件能够及时、准确地送达，世界范围的邮政系统有条不紊地运转着。

电子邮件系统也具有与现实生活中的邮政系统相似的结构与工作规程。不同之处在于：现实生活中的邮政系统是由人在运转着，而电子邮件是在计算机网络中通过计算机、网络、应用软件与协议来协调、有序地运行着。电子邮件系统中同样设有邮局——电子邮件服务器；电子邮件系统中同样设有邮箱——电子邮箱，并有自己的电子邮件地址书写规则。

电子邮件服务采用的是客户－服务器工作模式。电子邮件服务器是提供电子邮件服务的服务器端软件，它负责发送、接收、转发与管理电子邮件；电子邮件客户是使用电子邮件服务的本地计算机上的客户端软件。

一个电子邮件系统应具有图5-1所示的三个主要组成构件，这就是用户代理、邮件服务器，以及电子邮件使用的协议，如邮件发送协议SMTP和邮件读取协议POP3（或IMAP）等。

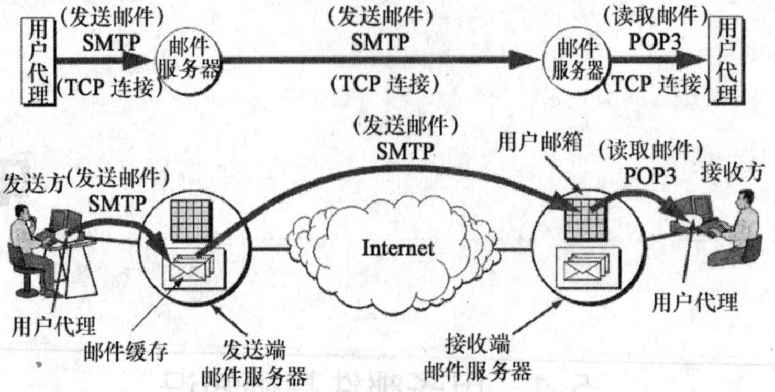

图 5-1　电子邮件的最主要的组成构件

用户代理（User Agent，UA）是用户与电子邮件系统的接口，在大多数情况下它就是在用户 PC 机中运行的程序。用户代理使用户能够通过一个很友好的接口（目前主要是用窗口界面）来发送和接收邮件。现在可供大家选择的用户代理有很多种。例如，微软公司的 Outlook Express 和 Foxmail 都是很受欢迎的电子邮件用户代理。

用户代理至少应当具有以下四个功能。

（1）撰写。给用户提供能够很方便地编辑信件的环境。

（2）显示。能方便地在计算机屏幕上显示来信（包括来信附上的声音和图像）。

（3）处理。处理包括发送邮件和接收邮件。

（4）通信。发信人在撰写完邮件后，要利用邮件发送协议发送到用户所使用的邮件服务器。收件人在接收邮件时，要使用邮件读取协议从本地邮件服务器接收邮件。

Internet 上有许多邮件服务器可供用户选用（有些要收取少量的邮箱费用）。邮件服务器是电子邮件系统的核心构件，它必须 24 小时不间断地工作，并且有很大容量的邮件信箱。邮件服务器的功能是发送和接收邮件，同时还要向发信人报告邮件传送的情况（已交付、被拒绝、丢失等）。邮件服务器按照客户－服务器方式工作。邮件服务器需要使用两个不同的协议。一个协议用于发送邮件，即 SMTP 协议，而另一个协议用于接收邮件，即邮局协议 POP3。

这里应当注意，一个邮件服务器既可以作为客户，也可以作为服务器。例如，当邮件服务器 A 向另一个邮件服务器 B 发送邮件时，邮件服务器 A 就作为 SMTP 客户，而 B 是 SMTP 服务器。当邮件服务器 A 从另一个邮件服务器 B 接收邮件时，邮件服务器 A 就作为 SMTP 服务器，而 B 是 SMTP 客户。

图 5-1 给出了 PC 之间发送和接收电子邮件的几个重要步骤。需要注意的是 SMTP 和 POP3（或 IMAP）都是在 TCP 连接上传送邮件的，使用 TCP 的目的是为了使邮件的传送更为可靠。

（1）发信人调用 PC 机中的用户代理来编辑要发送的邮件。

（2）发件人单击屏幕上“发送邮件”按钮，把发送邮件的全部工作都交给用户代理来完成。用户代理用 SMTP 协议将邮件传送给发送方邮件服务器，用户代理充当 SMTP 客户，而发送方邮件服务器充当 SMTP 服务器。用户代理所进行的这些工作，用户是看不到的。有的用户代理可以让用户在屏幕上看见邮件发送的进度显示。

(3) SMTP服务器收到用户代理发来的邮件后，就把邮件放入邮件缓存队列中，等待发送到接收方的邮件服务器（等待时间的长短取决于邮件服务器的处理能力和对列中待发送的信件的数量。但这种等待时间一般都远远大于分组在路由器中的等待时间）。

(4) 发送端邮件服务器的SMTP客户与接收端邮件服务器的SMTP服务器进程发起TCP连接的建立。运行在发送端邮件服务器上的SMTP客户进程，就把邮件缓存中的邮件依次发送出去。请注意，邮件不会在Internet中的某个中间服务器落地。如果SMTP客户还有一些邮件要发送到同一邮件服务器，那么可以在原来已经建立的TCP连接上重复发送。如果SMTP客户无法和SMTP服务器建立TCP连接（例如，接收方服务器过负荷或出现了故障），那么要发送的邮件就会继续保存在发送方的邮件服务器中，并在稍后一段时间再进行尝试。如果SMTP客户超过了规定时间还不能把邮件发送出去，那么发送邮件服务器就把这种情况通知用户代理。当所有的待发送邮件发送完毕，SMTP客户与服务器之间就关闭所建立的TCP连接。

(5) 运行在接收端邮件服务器中的SMTP服务器进程收到邮件后，将邮件放入收信人的用户邮箱中，等待收信人在方便时进行读取。

(6) 收信人在打算收信时，就运行PC中的用户代理，使用POP3（或IMAP）协议从接收端邮件服务器的用户邮箱中读取自己的邮件（如果邮箱中有来信的话）。请注意，图5-1中，POP3服务器和POP3客户之间的箭头表明的是邮件传送的方向。但它们之间的通信是由POP3客户发起的。

注意 这里有两种不同的通信方式。一种是“推”(push)：SMTP客户把邮件“推”给SMTP服务器。另一种是“拉”(pull)：POP3客户把邮件从POP3服务器“拉”过来。

电子邮件的传递过程是十分可靠的，这是因为Internet是建立在TCP连接的基础上的。我们知道，TCP能够提供端对端（end-to-end）的可靠连接。也就是说，客户机在发送IP邮包之前，简单邮件传送协议SMTP首先将调用TCP服务原语（包括客户机的连接请求、服务器的响应和确认等原语）与目的计算机上的服务器建立TCP连接，连接成功以后才能进行传输。如果客户机与服务器之间不能建立TCP连接，那么，电子邮件就无法发送到目的计算机的服务器上。在这种情况下，客户机是不会将待发的电子邮件从缓冲储存区中删除的。

5.1.2 电子邮件系统中的几个协议

电子邮件在发送和接收的过程中需要遵循一些基本协议和标准，它们是SMTP、POP3、IMAP、MIME等。只有遵循上述这些协议和标准，电子邮件才能顺利地进行发送和接收。目前几乎所有的E-mail客户软件都支持上述这些协议和标准。

1. SMTP协议

在TCP/IP协议集中，提供了两个电子邮件传送协议：邮件传送协议（Mail Transfer Protocol，MTP）和简单邮件传送协议（Simple Mail Transfer Protocol，SMTP）。在Internet中，电子邮件的传送都是依靠SMTP进行的。它的最大特点就是简单，因为它只规定了电子邮件如何在Internet中通过发送方和接收方的TCP协议连接传送，而对其他操作，特别是前台的操作，例如，与用户的交互、邮件的存储、邮件系统发送邮件的时间间隔等问题均不涉及。在

Internet 中，前台与用户交互的工作是由其他程序来承担的。

2. 邮件读取协议 POP3

POP3（Post Office Protocol version 3，电子邮件协议第 3 版）是电子邮件系统的基本协议之一。在一般情况下，如果把一台服务器设置成存放用户邮件的“服务器”以后，用户就可以利用 POP3 协议来访问该服务器上的邮件信箱，接收自己的电子邮件。基于 POP3 协议的电子邮件软件为用户提供了许多的方便，它允许用户在不同的地点访问服务器上的电子邮件，并决定是把电子邮件存放在服务器邮箱上，还是存放在本地计算机邮箱内。这一点对于使用免费邮箱的用户特别有好处，因为 POP3 协议提供了 POP 服务器收发邮件的功能，电子邮件软件就会将免费邮箱内的所有电子邮件一次性地下载到用户自己的计算机中，以供慢慢查阅，从而节省了大量的连机阅读时间。

需要注意的是，不要将邮件读取协议 POP 与邮件传送协议 SMTP 弄混。发信人的用户代理向源邮件服务器发送邮件，以及源邮件服务器向目的邮件服务器发送邮件，都是使用 SMTP 协议。而 POP 则是用户从目的邮件服务器上读取邮件所使用的协议。

3. MIME 协议

MIME（Multipurpose Internet Mail Extensions）称为“多用途 Internet 邮件扩展协议”，它是一种编码标准，解决了 SMTP 协议仅能传送 ASCII 码文本的限制。MIME 定义了各种类型的数据，例如，声音、图像、表格、二进制数据等编码格式。人们通过对这些类型的数据进行编码，并将它们作为电子邮件中的附件进行处理，就可以保证这些内容完整和正确地传输。因此，MIME 协议增强了 SMTP 协议的功能，统一了编码规范。目前 MIME 协议和 SMTP 协议已广泛应用于各种 E-mail 系统中。

5.1.3 电子邮件的一般格式

一份完整的电子邮件一般包括两个部分：邮件头部和邮件主体。其中，邮件主体是指邮件的具体内容，一般没有什么特殊规定。但是，邮件头部相对而言却比较复杂，而且还包含有电子邮件的地址写法。

1. 电子邮件信件的格式

电子邮件与普通的邮政信件相似，也有自己固定的信件格式。

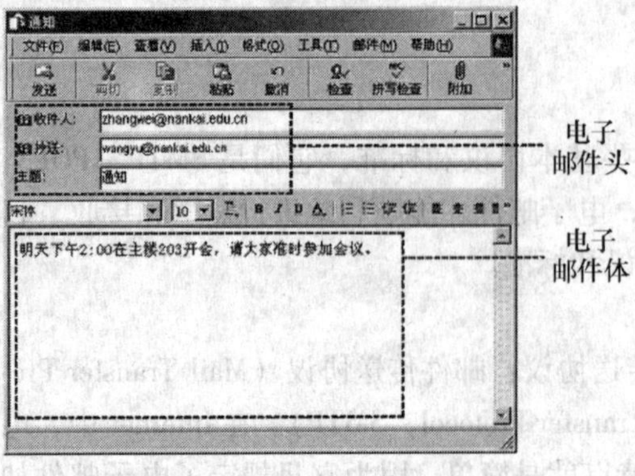

图 5-2　电子邮件信件格式

图 5-2 是电子邮件的信件格式。其中，电子邮件头是由多项内容构成的，其中一部分内容是由系统自动生成的，例如，发信人地址（From:）、邮件发送日期与时间等；另一部分内容是由发件人自己输入的，例如，收信人地址（To:）、抄送人地址（Cc:）与邮件主题（Subject:）等。电子邮件体就是实际要传送的信函内容。

只有在本地计算机中安装电子邮件客户端软件，才能够使用 Internet 中的电子邮件服务功能。电子邮件客户端软件主要有两个功能：

电子邮件客户端软件负责将写好的电子邮件发送到电子邮件服务器中并负责从电子邮件服务器中读取和处理电子邮件。

图5-3所示是电子邮件的接收过程。如果有人通过Internet向你发送电子邮件，电子邮件并不是直接发送到你的计算机，而是首先存储在电子邮件服务器的硬盘中。电子邮件客户端软件登录到电子邮件服务器后，会看到电子邮件服务器中所有新邮件的列表，其中包括发送者、邮件主题、发送日期与时间等信息。如果想阅读列表中的某封电子邮件，则需要使用电子邮件客户端软件将电子邮件下载到自己的计算机，这时我们就可以保存、删除或回复这封电子邮件。

图5-3　电子邮件的接收过程

电子邮件客户端软件的种类非常多，提供的电子邮件处理功能也基本相同。目前常用的电子邮件客户端软件主要有：Microsoft公司的Outlook Express软件、Netscape公司的Messanger软件，以及国内很有名的Foxmail软件等。但是，Microsoft公司在操作系统方面的优势，决定了Outlook Express软件受欢迎的程度。

2. 电子邮件的地址格式

如果要使用电子邮件服务，首先要有自己的电子邮箱（E-mail Box）。每个电子邮箱都有自己的邮箱地址，将它称为电子邮件地址（E-mail Address）。每个电子邮件地址在全球范围内是唯一的，而它的书写格式也是全球统一规定的。

电子邮件地址的格式是：用户登录名@主机域名。其中，主机域名是指拥有独立IP地址的电子邮件服务器，用户登录名是指在该服务器上为用户建立的电子邮件账号。

例如，电子邮件地址为“wangjilu@bfsu.edu.cn”。其中，“wangjilu”表示电子邮件账号，也就是用户登录名，“@”符号表示“at”，“bfsu.edu.cn”表示电子邮件服务器域名。因此，“wangjilu@bfsu.edu.cn”表示：在北京外国语大学的电子邮件服务器上，有一个名为wangjilu的电子邮件账号。

用户在具体书写E-mail地址时，应当注意如下几个问题。

（1）千万不要漏掉域名地址中各部分的圆点符号。

（2）在书写地址时，一定不能输入任何空格，也就是说在整个地址中，从用户名开始到地址的最后一个字母之间不能有空格。

（3）不要随便使用大写字母。请注意，在用户名和主机名中可能有些规定使用大写字母，但是，绝大部分都由小写字母组成。

5.2 申请和注册自己的电子邮箱

为了利用电子邮件进行通信，首先需要有自己的电子邮箱。但是如何申请和注册自己的电子邮箱，特别是如何申请一个免费的永久电子邮箱，对于一些初次上网的用户来说是非常希望了解的。

5.2.1 提供免费电子邮箱的WWW站点

目前国内外提供免费电子邮箱的WWW站点很多，如果用户利用“搜索引擎”进行搜索，便很容易找到不少此类站点。下面介绍几个站点供用户参考。

1. 国外的主要站点

- Hotmail（http：//www. hotmail. com）
- Usa. net（http：//www. netaddress. com）
- Bigfoot（http：//www. bigfoot. com）
- Lycos E-mail（http：//www. 1ycosemail. com）
- Yahoo Mail（http：//www. yahoo. com）
- Google Mail（http：//mail. google. com）

2. 国内的主要站点

- 网易（http：//mail. 163. com）
- 21世纪（http：//mail. 21cn. com）
- 126电子信箱（http：//www. 126. com）
- 新浪（http：//mail. sina. com. cn）
- 雅虎中国（http：//cn. yahoo. com）
- 搜狐（http：//mail. sohu. com）

5.2.2 免费电子邮箱的申请和注册

在学习发送电子邮件之前，必须拥有电子邮件账号，申请账号可以通过免费和收费的方式完成，下面以申请免费的搜狐邮箱为例说明申请的过程。

首先登录http：//mail. sohu. com，在打开的浏览器窗口中单击“注册新用户”选项，就会打开如图5-4所示的注册页面，在注册页面中填入注册信息后单击“提交注册信息”按钮完成注册。

当注册完成后，系统会提示用户注册成功，如图5-5所示，这时就可以通过Web方式登录已经注册好的邮箱了。

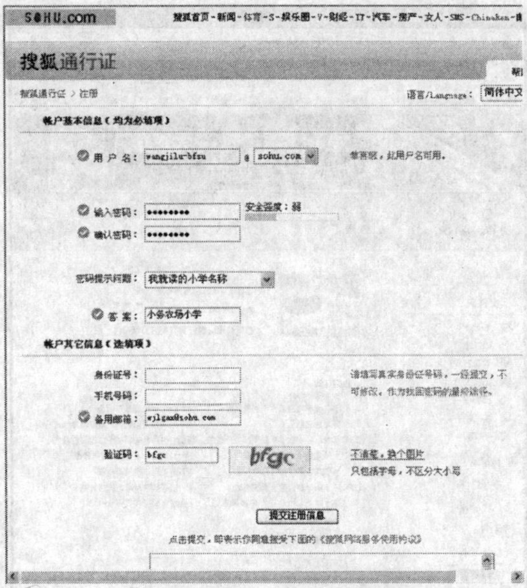

图 5-4 填写注册信息界面

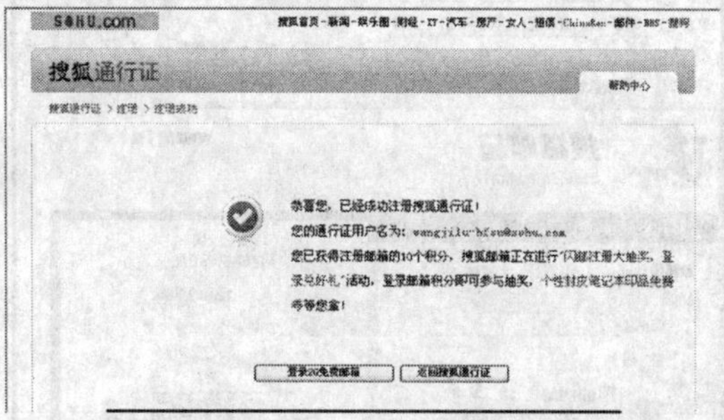

图 5-5 注册成功

5.2.3 通过 Web 方式在线收发电子邮件

当计算机连入 Internet 后，通过 WWW 浏览器在网络上直接收发邮件的方式，称为 WWW（Web）在线收发邮件的方式。这里所谓的在线是指所有的操作都在连网的状态下进行，因此需要付上网费用。

在线方式的优点是简单、易用、直观、明了，比较适合初学的人使用。不管在任何地方，都可以使用 Internet Explorer 或 Netscape 等浏览器在线收、发、读、写电子邮件。这种方式的缺点是付出的费用高，速度慢，性能受当时线路状况的影响较大。

（1）以 Web 方式进入“sohu 邮箱”网站在线收取和发送电子邮件。

① 连网后打开 IE 浏览器，在地址栏输入网址 http：//mail. sohu. com。

② 在打开的如图 5-6 所示的窗口中，选择“sohu 邮箱登录”栏目，输入在 sohu 网站邮箱的用户名和密码，然后单击“登录”按钮，激活如图 5-7 所示的窗口。

③ 在如图 5-7 所示的 sohu 邮箱的工作窗口中，单击“写信”按钮打开写信窗口，写好邮件后，单击“发送”按钮进行发送。单击“收信”按钮，可以查看“收件箱”接收到的邮件；文件夹中其他文件夹可以对邮箱中的邮件进行分类整理。

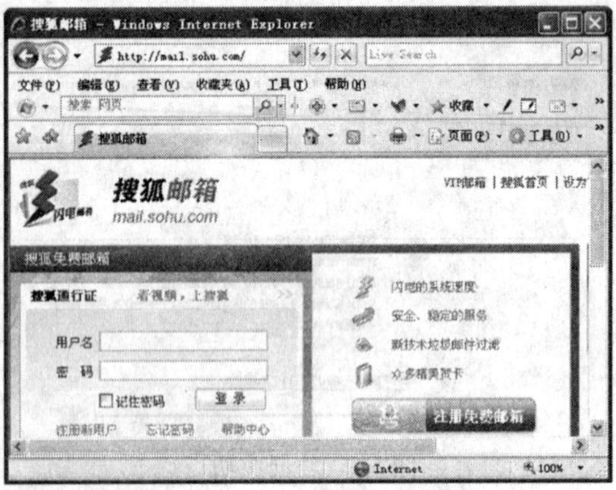

图 5-6　sohu 邮箱首页

图 5-7　登录成功后的“sohu 邮箱”工作窗口

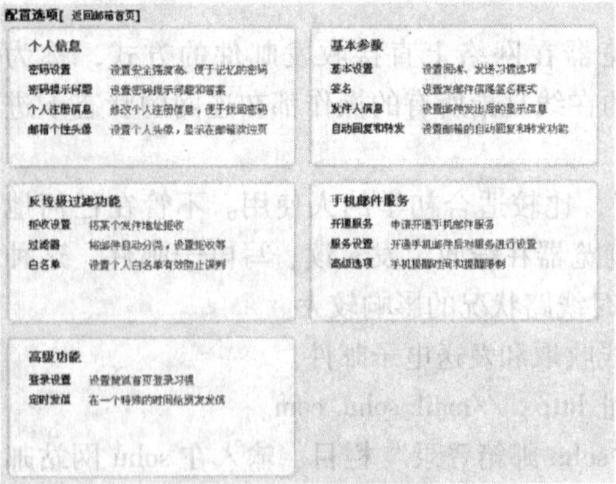

图 5-8　sohu 邮箱的配置选项

（2）“sohu 免费邮箱”的功能。sohu 邮箱提供给用户许多功能设置，如地址簿、手机邮件、闪电阅读、选项等功能来帮助用户安全、高效地使用邮箱。通过配置选项功能可以完成对邮箱的个人信息设置、基本参数、反垃圾过滤功能、手机邮件服务和高级功能的设置。如图 5-8 所示。

“sohu 免费邮箱”系统提供了 POP 服务器收发邮件的功能，支持利用电子邮件软件（如 Outlook Express 等）收发邮件，用户可以像收发本地邮箱的邮件那样，收发“sohu 免费邮箱”内的邮件。这样不必进入“sohu 免费邮箱”主页面，也可以收发自己在免费邮箱中的邮件。需要注意的是并不是所有邮箱都支持利用电子邮件客户端软件对邮件进行收发的功能，详细设置与相关邮件服务提供商的策略有关。关于利用 Outlook Express 电子邮件软件收发邮件的设置问题，将在下一节专门介绍。

5.3　Outlook Express 软件及其使用方法

5.3.1　Outlook Express 概述

1. Outlook Express 功能介绍

Outlook Express 提供了方便的信函编辑功能，在信函中可随意加入图片、文件和超级链接，如同在Word中编辑文档一样。Outlook Express有多种发信方式：可立即发信、延时发信、信件暂存为草稿等方式；同时可管理多个E-mail账号；可通过通讯簿存储和检索电子邮件地址；提供信件过滤功能。如图5-9所示Outlook Express的主窗口界面。

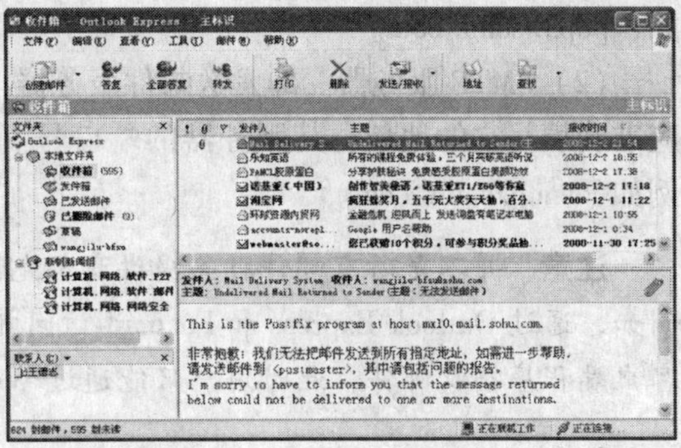

图5-9 Outlook Express的主窗口界面

2. Outlook Express的安装

Outlook Express是微软操作系统中内置的一个软件，一般当Windows XP系统安装完成后在桌面上就出现一个Outlook Express图标。

如果在操作系统中没有安装Outlook Express，Outlook Express的安装也很简单：依次选择“我的电脑”→“控制面板”→“添加/删除程序”命令，选中“Windows安装程序”，在“组件”中选中Microsoft Outlook Express，然后按下“从磁盘安装”按钮，插入系统光盘并选定所在目录，单击“确定”按钮，并选择好文件夹即可完成安装。

3. 连机操作与脱机操作

（1）连机（连线）。一般是指计算机已经接入Internet时的状态，在连机状态下收发电子邮件就是连机操作。例如，前面介绍的Web方式下的操作就是连机操作。

（2）脱机（离线）。一般被理解为未连入Internet时计算机的工作状态。电子邮件的脱机操作的含义，并非指全部工作的离线进行，而只是将写信、输入电子邮件地址与回信地址、设置邮件服务器的联系地址及登录时的用户名和密码等多种费时、费力又容易出错的工作，放在离线状态完成。由于做这些事时，计算机并未接入网络，因此无须付费。当可以脱机操作的任务完成后，用户再进行连机，完成那些必须在线完成的工作。

脱机工作时，Outlook Express将把邮件下载到本地计算机中。再次选择连机工作时，用户标记为删除的邮件将被删除，发件箱中的邮件将被发出，并且所有其他脱机操作都将被完成。

以下情况适合使用Outlook Express脱机工作。

- 如果用户希望减少连机时间。
- 如果在旅途中，或其他未连接到Internet的时间使用便携式计算机阅读邮件。

注意 脱机工作不同于断开连接。断开连接时，Outlook Express会进行重新连接。脱机工作时，在选择连机工作之前Outlook Express不会进行任何操作，选择连机工作时，Outlook Express将初始化脱机工作时进行的所有操作。

（3）推荐的做法是：脱机写好信，发送到发件箱待发；连机后，再发送发件箱中的待发邮件，并接收用户在各个电子邮局中的邮件。

4. 与Outlook Express设置有关的术语

电子邮件账户所处的服务器地址就是网络邮局的地址，该地址由Internet服务商提供。当人们购买网络邮件服务时，就会得到这些信息。网络邮局地址的含义如下。

（1）POP3服务器。即接收邮件服务器，它是在网络邮局中负责接收邮件的地方，此栏应准确填写它的地址；其服务器端口号（默认值为110）代表了收件服务器的应用类型。例如，pop3. sohu. com。

（2）SMTP 服务器。即发送邮件服务器，它是在网络邮局中负责发送邮件的地方，此栏应准确填写它的地址；其服务器的端口号（默认值为 25）代表了发件服务器的应用类型。例如，smtp. sohu. com。

注意 并不是所有邮件服务提供商都允许用户通过电子邮件客户端程序收发电子邮件，例如，通过 Outlook Express 和 Foxmail 访问邮箱。一些免费的邮箱就不支持 POP 的电子邮件客户端程序接收邮件，此时用户只能通过 Web 方式登录邮箱进行邮件的收发工作。

5. 3. 2 Outlook Express 使用窗口的组成

由图 5 – 9 可以看出，Outlook Express 使用窗口所显示的组件仅是一种默认的形式。如果要显示使用窗口的全部组件，可以选择“查看”→“布局”选项，在弹出的如图 5-10 所示的“窗口布局 属性”对话框中，选中“Outlook 栏”和“视图栏”组件，则将显示如图 5-11 所示的“显示全部组件使用”窗口。

由图 5-11 可以看出，显示全部组件使用窗口由如下几个部分组成。

（1）标题栏。标题栏位于窗口的最顶部，显示用户当前 Outlook Express 所处栏目的名称，例如，收件箱、发件箱等。在标题栏的最右端有“最小化”、“最大化”和“关闭”按钮。在标题栏的最左端有系统菜单按钮，单击该按钮，将弹出系统下拉菜单。单击标题栏的任何地方并按住鼠标左键，便可以拖动整个窗口。

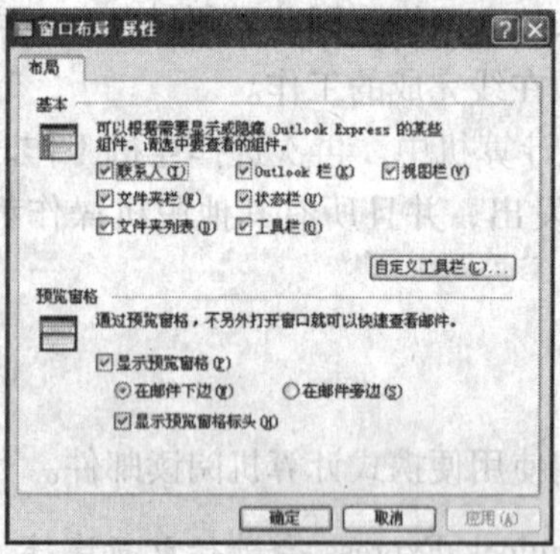

图 5-10 “窗口布局 属性”对话框

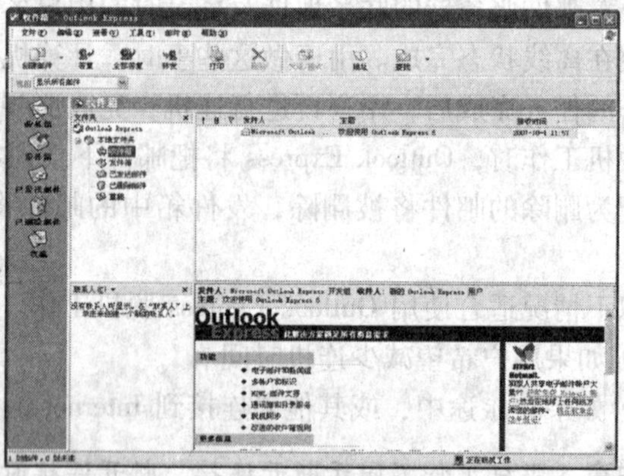

图 5-11 “显示全部组件使用”窗口

（2）菜单栏。该菜单栏列出了“文件”、“编辑”、“查看”、“工具”、“邮件”和“帮助”等菜单项。单击每一种菜单，将弹出相应的下拉子菜单，用户可以根据需要选择其中的选项。

（3）工具栏。在工具栏中列出了一些常用菜单命令按钮，可以帮助用户快速完成一些常用菜单命令操作。工具栏的状态会随着文件夹的不同而变化，例如，刚进入 Outlook Express 使用窗口时，将显示“创建邮件”、“发送/接收”、“地址”和“查找”等按钮。

（4）视图栏。用户可以使用 Outlook Express 默认的视图阅读邮件，而不必自定义。在视图栏中有三种视图方式：①“显示所有邮件”视图，此视图显示一个文件夹中的所有邮件；

②“隐藏已读邮件”视图，此视图隐藏所有已读的邮件，只留下未读的邮件；③“隐藏已读或忽略的邮件”视图，此视图隐藏已读的或已对其使用了“忽略对话”命令的邮件。

(5) 文件夹栏。在文件夹栏中包含了所有的文件夹，分别用来保存相关的信息，用户也可以创建新的文件夹。单击每一种文件夹，将在主使用窗口中显示相应的内容。

(6) 文件夹列表。在这里将列出所有的本地文件夹名称。

(7) Outlook 栏。位于主使用窗口的最左边，在此列出了5个常用文件夹的名称和图标。

(8) 主使用窗口。主使用窗口是用户进行实际操作的工作界面。在主使用窗口中一般会显示起始页窗格，在窗格的头部将显示 Outlook Express 的用户姓名，在窗格中设置有“电子邮件”、“新闻组”和“联系人”等栏目。如果选中“启动时，直接转到收件箱”复选框，则在启动时将直接显示收件箱窗口。另外，在窗格中还列出了6个超链接。单击这些超链接可以分别打开 Outlook Express 的相应功能。

(9) 联系人栏。在联系人栏中将列出用户在地址簿中的所有联系人，在这里用户还可以创建联系人。若用鼠标双击联系人的姓名，即可向该联系人发送电子邮件。

(10) 状态栏。在状态栏中将显示用户当前的工作状态。

5.3.3 建立电子邮件账户

在利用 Outlook Express 收发电子邮件之前，首先需要建立电子邮件账户，即建立与邮件服务器的连接。Outlook Express 提供了专门向导程序，引导用户建立电子邮件账户。下面以建立“sohu 免费邮箱”的电子邮件账户为例，说明其操作步骤。

(1) 在 Outlook Express 使用窗口中，选择“工具”菜单上的“账户”选项，见图5-12。在弹出的“Internet 账户”对话框中，选择“邮件”选项卡，如图5-13所示。

(2) 在图5-13中，单击“添加”按钮，在弹出的菜单中选择“邮件”选项，启动 Internet 连接向导，此时将弹出如图5-14所示的“Internet 连接向导”对话框。

(3) 在图5-14的“显示名”文本框内，填入发件人的姓名，例如，wangjilu。然后，单击“下一步”按钮，弹出如图5-15所示的对话框。在该对话框的“电子邮件地址”文本框内，填入用户拟使用的电子邮件地址，例如，wjlgax@ sohu. com。然后，单击“下一步”按钮，弹出如图5-16所示的窗口。

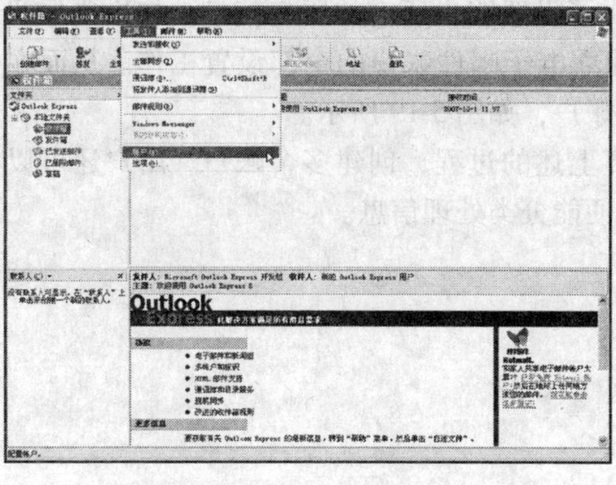

图5-12 “账户”选项

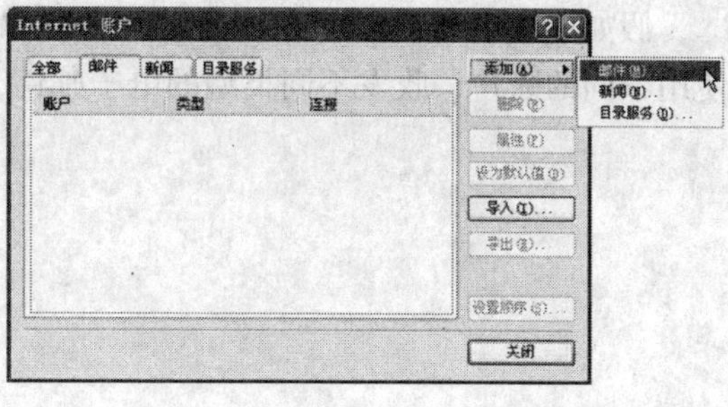

图5-13 “Internet 账户”对话框

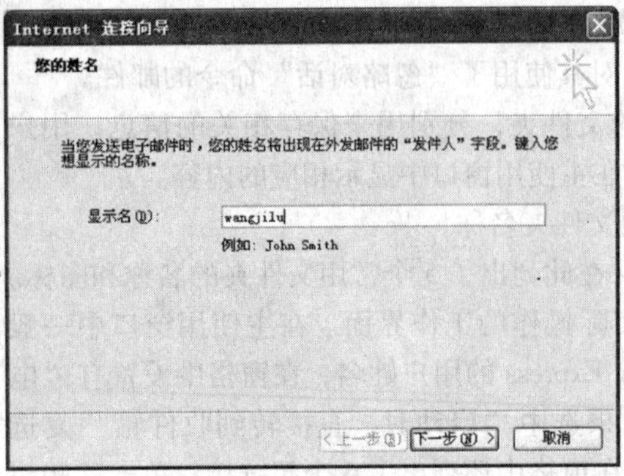

图 5-14 “Internet 连接向导”之一

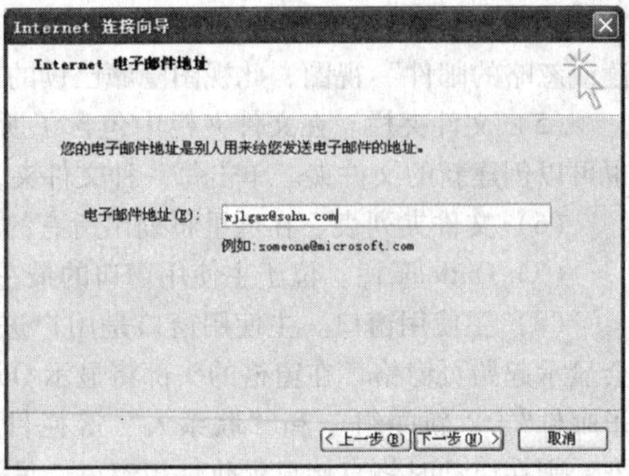

图 5-15 “Internet 连接向导”之二

（4）在图 5-16 中，在“我的邮件接收服务器是”文本框内，选择 POP3；在“接收邮件服务器”文本框内，填入“pop. sohu. com”；在“发送邮件服务器”文本框内，填入“smtp. sohu. com”。确认无误以后，单击“下一步”按钮，弹出如图 5-17 所示的对话框。

（5）在图 5-17 的“账户名”文本框内，填入在申请“sohu 免费邮箱”时所取的用户名“wjlgax”；在“密码”文本框内，填入自己设定的密码，以便发送和接收电子邮件。对于一些使用家用电脑上网的用户，建议选择“记住密码”复选框，这样可以省去每一次接收邮件均必须输入密码的步骤。然后，单击“下一步”按钮，弹出如图 5-18 所示的对话框。

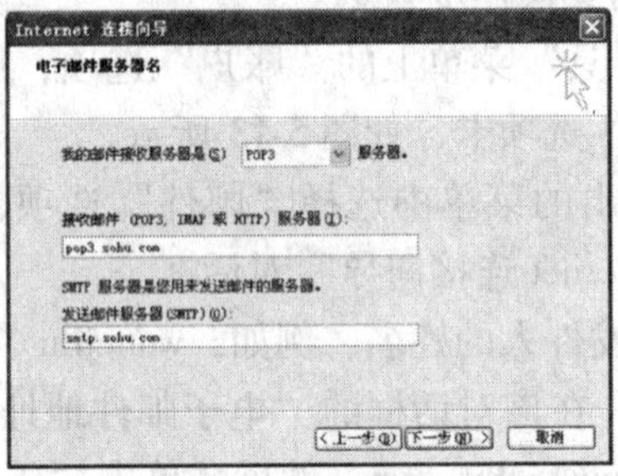

图 5-16 “Internet 连接向导”之三

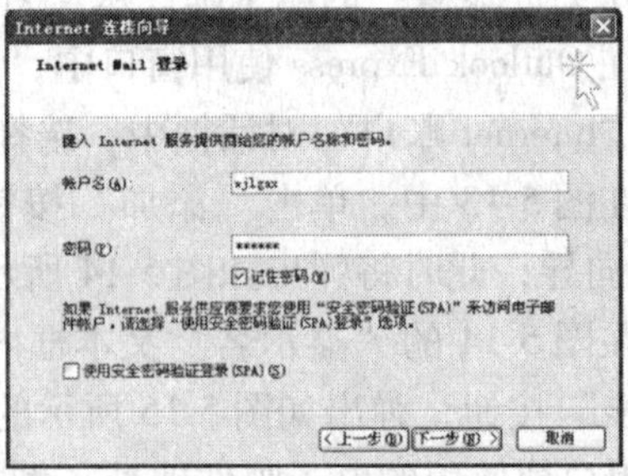

图 5-17 “Internet 连接向导”之四

（6）在图 5-18 中，显示用户已经成功地输入了设置账户所需的所有信息。如果要保留这些设置，需要单击“完成”按钮，才能完成建立电子邮件账户的全部设置工作。从而在“Internet 账户”对话框中显示所建立的电子邮件账户，如图 5-19 所示。

假如用户申请了多个 E-mail 账户，可以重复上述的过程，创建多个账户。用户还可以使用不同的账户，收发不同类型的电子邮件，以便能分类处理信息。

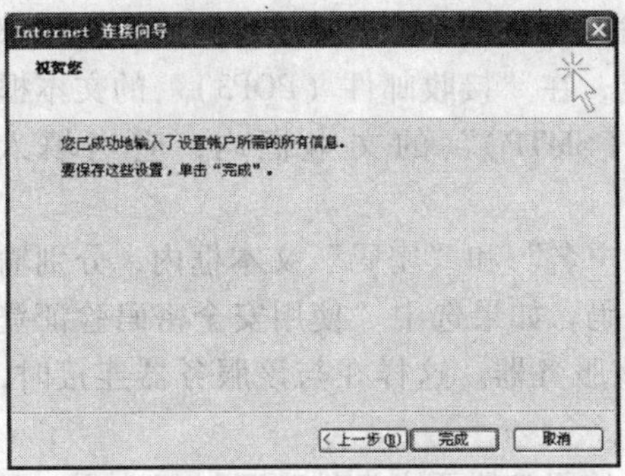

图 5-18 “Internet 连接向导”之五

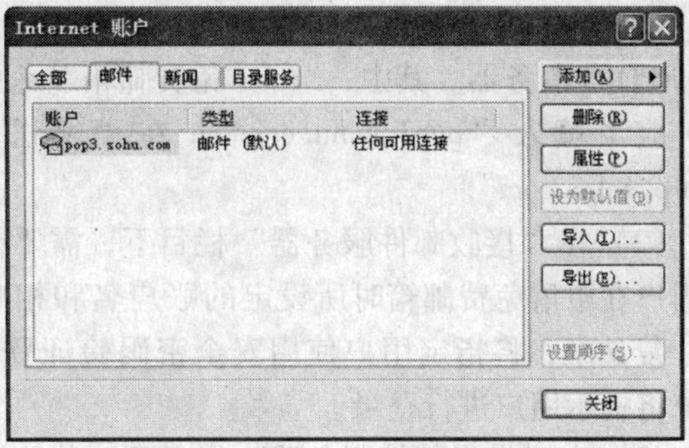

图 5-19 在“Internet 账户”对话框中显示设置的账户

5.3.4 设置邮件账户属性

用户在完成了建立电子邮件账户的全部工作以后，还必须对电子邮件账户的属性进行设置以后才能使用。

1. “常规”选项卡

在“Internet 账户”对话框中，选定设置的账户以后，单击“属性”按钮，在弹出的“pop. sohu. com 属性”对话框中，选择“常规”标签，将弹出如图 5-20 所示的“常规”选项卡。在该选项卡中，可以对该邮件账户的各项常规属性进行设置。

(1) 在“邮件账户”栏目下的文本框内，填入所选定的邮件服务器名称，例如“pop. sohu. com”。

(2) 在“用户信息”栏目下的各文本框内，分别填入一些用户个人信息，包括姓名、单位、电子邮件地址和答复地址。如果选择“接收邮件或同步时包含此账户”复选框，则检查新邮件和发送邮件时将包含该账户。

2. “服务器”选项卡

在“pop. sohu. com 属性”对话框中，选择“服务器”标签，弹出如图 5-21 所示的“服务器”选项卡。在该选项卡中，可以对邮件服务器的属性进行设置。

图 5-20 “常规”选项卡

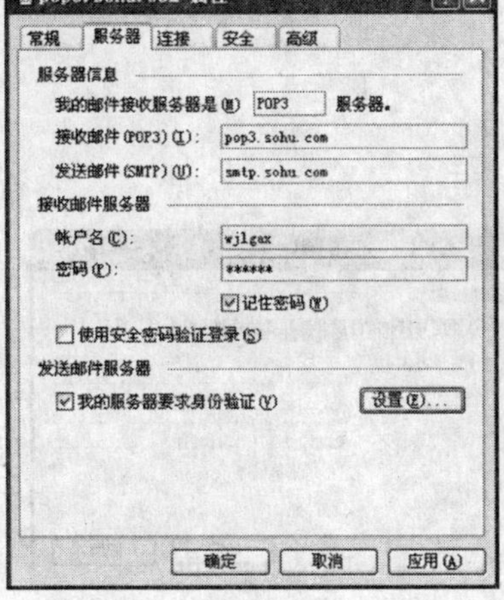

图 5-21 “服务器”选项卡

（1）在“服务器信息”栏目下，需要选定用于发送邮件的SMTP服务器和用于接收邮件的POP3服务器。其中，“sohu免费邮箱”系统规定，在“接收邮件（POP3）”的文本框内，应当填入“pop3. sohu. com”；在“发送邮件（SMTP）”的文本框内，应当填入“smtp. sohu. com”。

（2）在“接收邮件服务器”栏目下，需要在“账户名”和“密码”文本框内，分别输入用户在申请免费邮箱时所设定的账户名和相应的密码。如果选中“使用安全密码验证登录”复选框，将指定用户使用安全密码验证登录到该服务器。这样在与该服务器连接时，系统将提示用户进行登录。

（3）在“发送邮件服务器”栏目下，若选择“我的服务器要求身份验证”复选项，用户可以进行相应的设置。一般的邮件系统只有接收邮件时才会要求进行身份验证，在发送邮件时是不需要进行身份验证的，这样一来便存在一个问题，就是任何人都可以利用用户的E-mail地址以用户的名义发送邮件（除非进行了其他的安全措施）。而Outlook Express提供了“我的服务器要求身份验证”设置以后，便解决了存在的上述问题。

（4）单击“设置”按钮，弹出如图5-22所示的“发送邮件服务器”对话框。在该对话框中，选择“使用与接收邮件服务器相同的设置”单选项，单击“确定”按钮，返回图5-21所示的对话框。

在“pop. sohu. com属性”对话框中，选择“高级”标签，弹出如图5-23所示的“高级”选项卡。在该选项卡中，可以设置电子邮件账户的一些高级属性。

3. “高级”选项卡

（1）在“服务器端口号”栏目下，在“发送邮件（SMTP）”文本框内，指定连接到发送邮件服务器上的端口号，默认值是25；在“接收邮件（POP3）”文本框内，指定连接到接收邮件服务器上的端口号，默认值是110；如果选择“此服务器要求安全连接（SSL）”复选框，将指定连接到此的服务器使用SSL（安全套接层）安全协议。

（2）在“服务器超时”栏目下，可以指定等待服务器响应的时间。当服务器超时后，将停止发送或接收邮件。用户可以根据与服务器建立连接的快慢，分别选择相应的响应时间，可以通过移动滑块来实现。

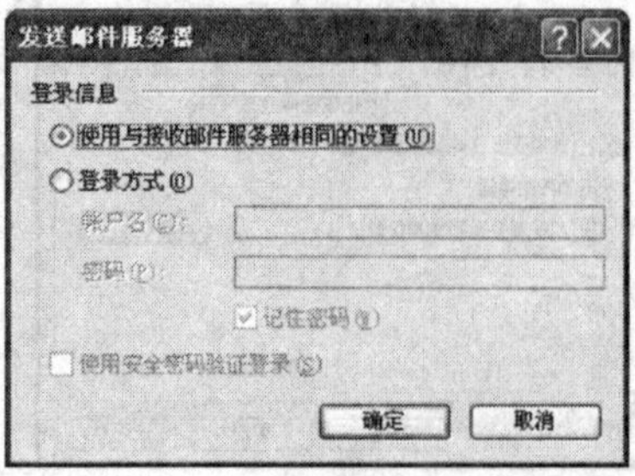

图5-22 “发送邮件服务器”对话框

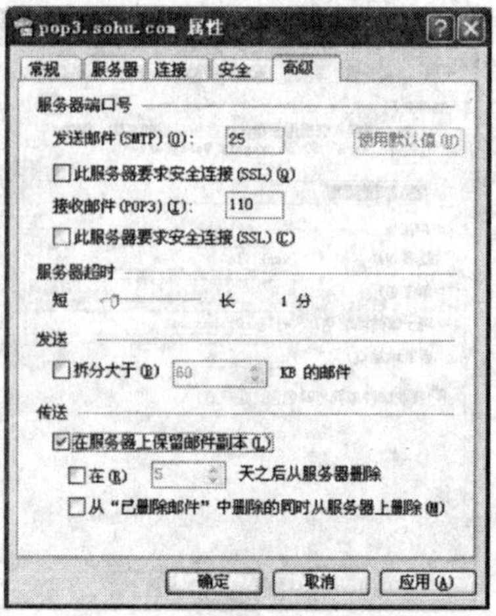

图5-23 “高级”选项卡

（3）在“发送”栏目下，通过选中“拆分大于”复选框，可以规定被拆分的邮件大小。Outlook Express可将大邮件自动拆分为几个小邮件，然后分别发送到邮件服务器上，当接收完这组邮件后，邮件程序再将它们重新合并，这种方法比使用分割软件分别发送要方便得多。

（4）在“传送”栏目下，一般应当选中“在服务器上保留邮件副本”复选框。这样便可以规定邮件副本在服务器上保留的最多天数，并决定邮件副本是否从“已删除邮件”文件夹中被删除的同时，从服务器上删除。

注意 建议用户在添加账户后选择此项，以保证用户可以在不同地方的多台机器上（如工作单位或家中）查询到自己的邮件，否则的话，用户只能在使用Outlook Express邮件客户端软件的机器上查看自己的部分或全部电子邮件。

5.3.5 撰写和发送电子邮件

Outlook Express电子邮件客户端软件经过上述一系列设置以后，便可以利用它撰写和收发电子邮件了。

1. 撰写电子邮件

（1）启动Outlook Express，在工具栏上单击“创建邮件”按钮就会弹出“新邮件”窗口（见图5-24）。

- 新邮件标题栏：显示新邮件标题。
- 菜单栏：有文件、编辑、查看、插入、格式、工具、邮件、帮助等各项功能供选择。
- 工具栏：以图形的方式列出常用工具。主要有发送、剪切、复制、粘贴、撤销、拼写、检查、附加、选定收件人、插入文件、插入签名、数字签名、加密邮件等。其中有些工具并不是默认状态下就有的，用户可以通过选择“查看”→“工具”→“自定义”命令，在弹出的对话框中添加。
- 邮件头窗口：邮件的格式信息，包括收件人的邮箱地址、抄送和邮件主题。
- 邮件正文窗口：用于编辑邮件正文内容。

（2）在“发件人”文本框中输入用户即发件人的电子邮件地址，如果用户设置了多个邮件账号，可以在这里选择使用哪一个账号。

在“收件人”文本框中输入收件人的电子邮件地址或者是地址簿中代表该邮件地址的人名，如wangjilu. bfsu. edu. cn；有多个收件人时中间可用逗号或分号隔开。

在“抄送”文本框中输入要将该邮件抄送到的电子邮件地址或者是地址簿中代表该邮件地址的人名，如果有多个，中间可用逗号或分号隔开。

在“主题”文本框中输入该邮件的主题，这样有助于收件人阅读和分类电子邮件。

（3）撰写邮件的内容。在正文编辑窗口输入邮件正文，就像平时写信一样。在邮件中应包括对方的称呼、写信的主要事由和签名。在正文编辑区的上边有一行工具按钮，用户可以使用这些按钮来设置邮件内容的格式，如字号、字体、颜色等，如图5-25所示。

图 5-24 “新邮件”窗口

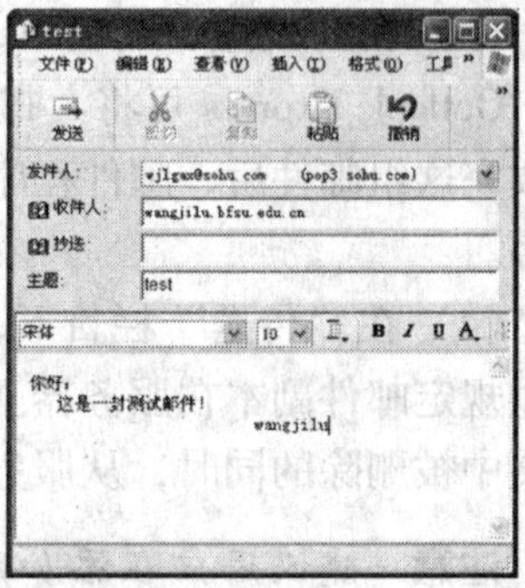

图 5-25 邮件正文

(4) 加入附件。可以将附件插在邮件中发送出去。单击工具栏中的“附件”按钮，弹出“插入附件”对话框，如图 5-26 所示。在其中选择好路径和所要附加的文件，再单击“附件”按钮确认。此时该文件就已经添加到本邮件的附件中了，这时可以看到“新邮件”对话框中多出了“附件”栏，附件栏中已经有了刚才选定的文件，其后面括号的内容为该文件所占存储空间的字节数，如图 5-27 所示。

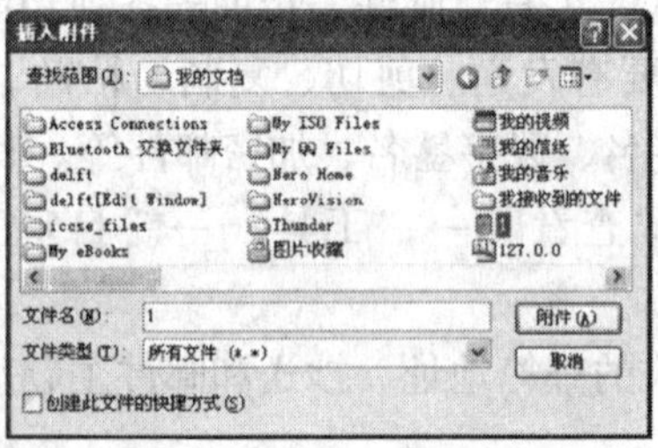

图 5-26 “插入附件”对话框

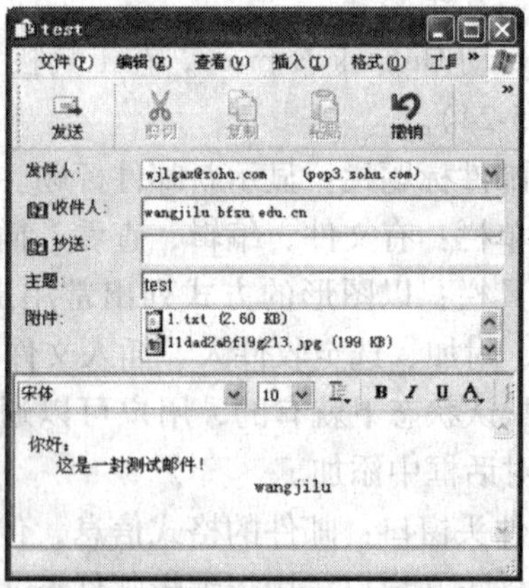

图 5-27 添加附件

(5) 美化邮件。如果想让邮件更加美观，可以使用 Outlook Express 信纸。信纸包括背景图像、特有的文本字体、想要作为签名添加的各种文本或文件以及名片。创建信纸时，字体设置或信纸图片将被自动添加到所有待发的邮件中，可以选择是将名片或签名添加到所有邮件，还是单个邮件中。使用信纸的方法如下。

在“新邮件”窗口中选择“格式”→“应用信纸”选项，出现如图 5-28 所示的下拉菜单。在菜单中选择合适的信纸类型并单击，在随后弹出的新邮件窗口中就会使用相应的信纸。

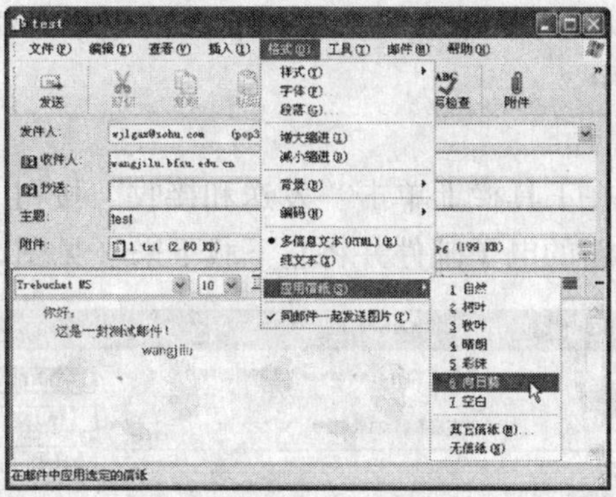

图 5-28 选择合适的信纸类型

Outlook Express 还允许脱机创建新邮件，只需选择“文件”→“脱机工作”命令。下次单击“发送和接收”时，Outlook Express 会重新连接到 Internet，并发送邮件。

在“新邮件”窗口中选择“文件”→“保存”命令，即可将当前正在撰写的邮件保存到“草稿”文件夹中。然后可以关闭新邮件编辑窗口，甚至可以关闭 Outlook Express 窗口或关机。

当要继续撰写尚未完成的电子邮件时，启动 Outlook Express，单击“草稿”文件夹，然后在邮件列表窗格中双击要继续撰写的邮件，在出现的邮件编辑窗口中即可继续编辑。

2. 发送电子邮件

新邮件写好后，单击工具栏上的“发送”按钮可将新邮件立即发送出去，如果正在脱机撰写邮件，可以选择“文件”→“以后发送”命令，将邮件保存在“发件箱”中。

如果有多个邮件账号并想指定从某个邮件账号而不是默认账号发送文件，可以选择“文件”→“发送邮件”命令，然后单击所需的邮件账号。也可以从通讯簿中发送邮件，选择接收这封邮件的联系人（单击联系人名称的同时按下 Ctrl 键，可以选择多个联系人），然后单击工具栏上的“发送”按钮即可实现。

3. 中断或退出

假如在撰写邮件的过程中因故必须中断新邮件的撰写，可以选择“文件”菜单上的“关闭”选项，此时 Outlook Express 将弹出如图 5-29 所示的对话框，询问是否保存对该邮件所作的修改，单击“是”按钮，接着弹出如图 5-30 所示的对话框，提示用户已将该邮件保存在“草稿”文件夹中。

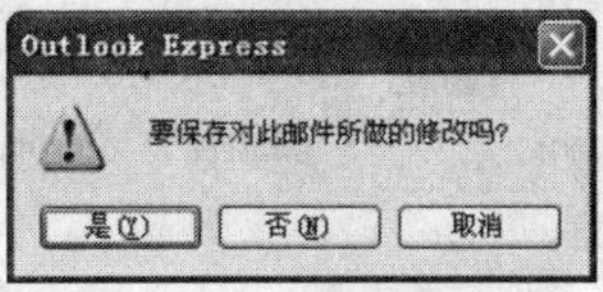

图 5-29 保存邮件提示

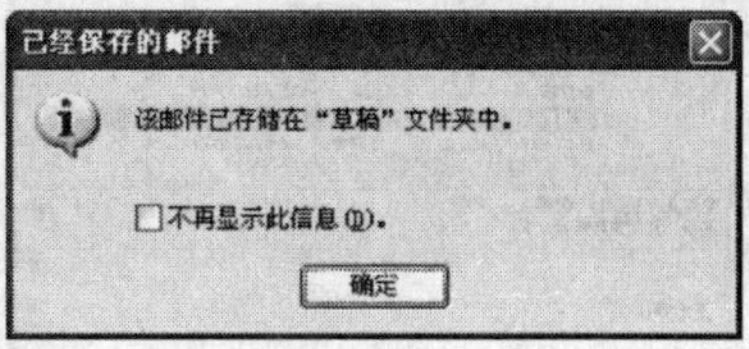

图 5-30 “已经保存的邮件”对话框

5.3.6 接收和阅读电子邮件

他人发送给用户的电子邮件，实际上是先发送到用户在邮件服务器的邮箱里。当用户连入邮件服务器以后，便可以从那里下载别人发给自己的电子邮件，并被保存在 Outlook Express 的“收件箱”文件夹中。

1. 下载新邮件

打开 Outlook Express，在工具栏上单击“发送和接收”按钮（或单击指定的邮件账户），Outlook Express 就开始检查新的电子邮件并将它下载下来（见图 5-31）。

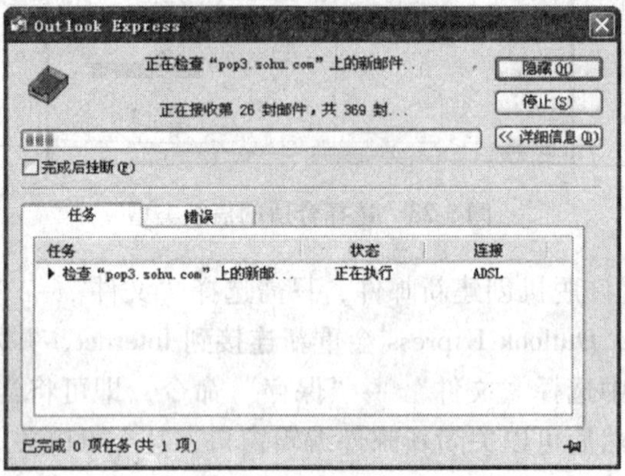

图 5-31 接收邮件窗口

2. 阅读邮件

下载完成后，就可以在单独的窗口或预览窗口中阅读邮件了：单击文件夹列表窗口的“收件箱”图标，在邮件列表中双击邮件，就可以在单独的窗口中查看该邮件；在邮件列表中单击邮件，就可以在预览窗口中查看该邮件；选择“文件”→“属性”命令，就可以查看有关邮件的所有信息（如发送邮件的时间）。

3. 查阅附件

如果邮件有附件，如图 5-32 所示，在邮件列表中双击准备阅读的邮件，在附件的文件名处右击，如图 5-33 所示，从弹出的快捷菜单中可以选择是打开该附件，还是保存该附件到一个指定的文件夹。

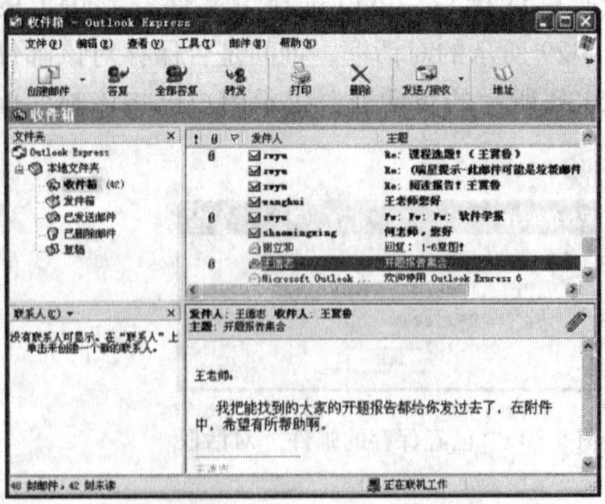

图 5-32 含有“附件”的邮件

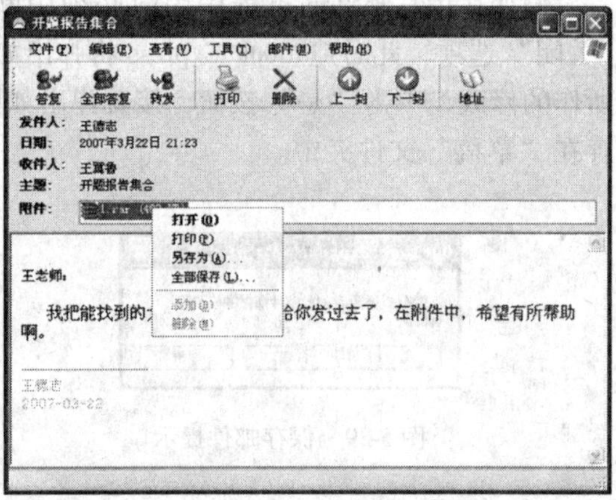

图 5-33 附件的处理

5.3.7 回复与转发邮件

用户在阅读了新邮件以后，一般需要给邮件的作者发回信。此时只要在“收件箱”窗口的工具栏中，单击“答复”按钮，将会弹出答复窗口，如图5-34所示。该窗口与“新邮件”窗口基本相同。不过在该窗口的“收件人”文本框中，Outlook Express已经自动填上原邮件作者的电子邮件地址，而在“正文框”中还加上原邮件的内容。

在“收件箱”窗口的工具栏中，还有一个“全部答复”按钮，单击此按钮，则表示给发件人和所有原件副本收件人回信。

有时用户希望将收到的邮件转发给自己的同事或朋友，Outlook Express提供了转发邮件的功能。首先选中所要转发的邮件，然后单击工具栏上“转发”按钮，弹出的窗口如图5-35所示。用户只要在该窗口的“收件人”和“抄送”文本框内，填入相应的地址，然后单击“发送”按钮就可以了。

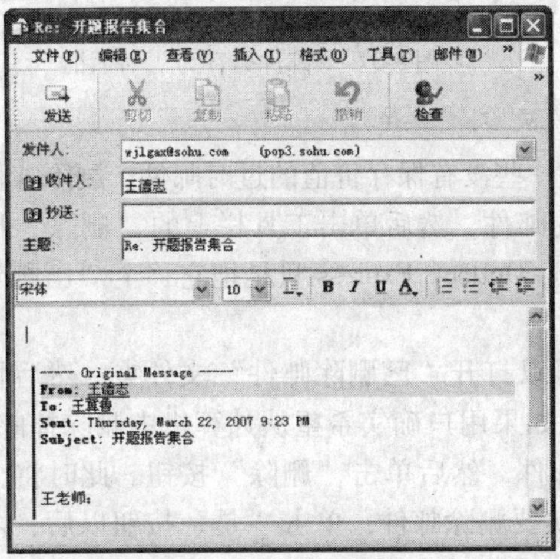

图5-34 答复窗口

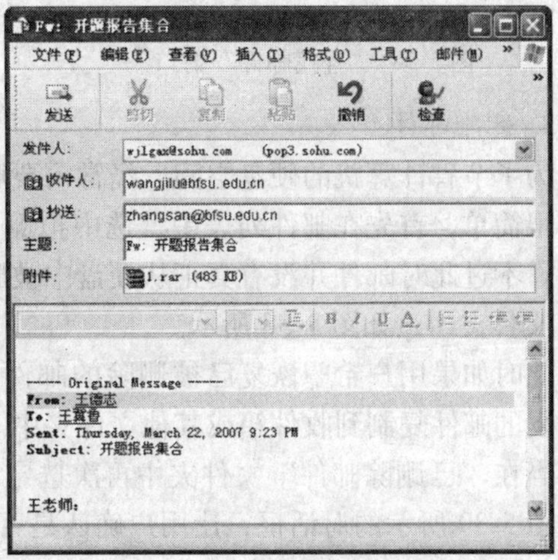

图5-35 转发窗口

5.3.8 邮件管理

利用邮件管理功能可以完成对邮件的查找、邮件自动分拣到不同的文件夹及在邮件服务器上保存邮件等工作。

1. 在文件夹中查找邮件

为了在众多的电子邮件中查找自己想阅读的邮件，可以选择“编辑”菜单上的“查找”→“邮件”选项。此时将弹出查找邮件窗口，见图5-36。

在如图5-36所示的窗口中，可以指定不同的搜索条件，例如接收邮件的时间、主题和该邮件是否带有附件等，以便缩小搜索范围。设定好查询条件之后，单击“开始查找”按钮，查找的结果显示在查找结果窗口中。

2. 保存邮件

用户收到的邮件已经直接保存在Outlook Express“收件箱”文件夹中，不过也可以将邮件保存到计算机系统的文件夹中。对于那些插入附件的邮件，还可以将附件保存到相应的文件夹中。为了将邮件保存到某个文件夹中，必须先选中该邮件，然后单击“文件”菜单上的“另存为”按钮，弹出如图 5-37 所示的“邮件另存为”对话框。在该对话框中，选择拟保存邮件的文件夹和保存的文件类型，单击“保存”按钮就可以完成邮件的保存了。

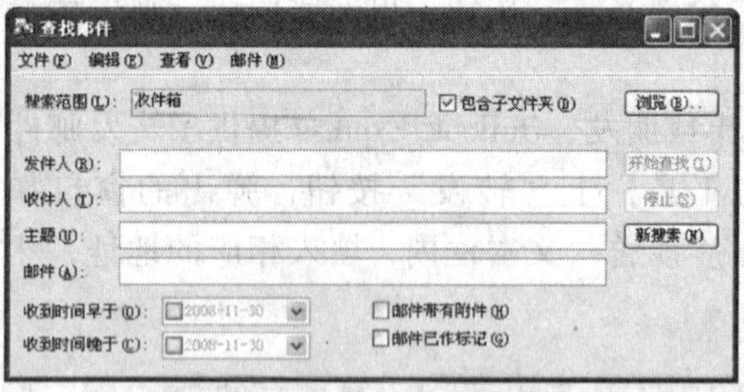

图 5-36 “查找邮件”窗口

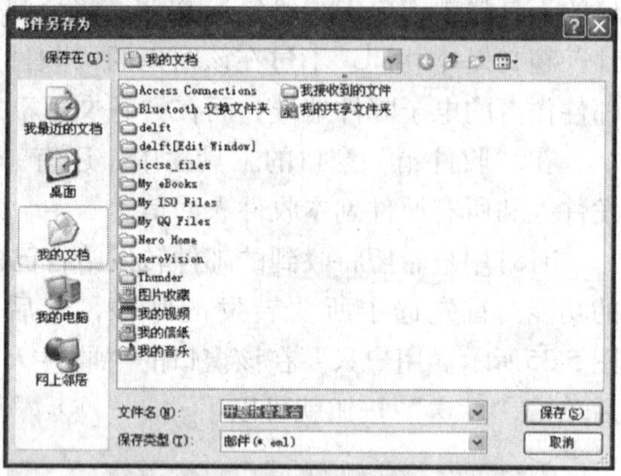

图 5-37 “邮件另存为”对话框

3. 删除邮件

为了节省计算机的硬盘空间，经常需要删除一些没有保存价值的过时邮件。删除邮件的方法很简单，首先在邮件列表中，选中拟删除的邮件，然后单击工具栏上的“删除”按钮即可。不过此时邮件并没有真正从硬盘中被删除，Outlook Express 只是把它移至“已删除邮件”文件夹中，如图 5-38 所示。

此时如果用户希望恢复已被删除的邮件，可以打开“已删除邮件”文件夹，然后将所需恢复的邮件复制到收件箱或其他文件夹中。而如果用户确实希望从计算机中删除掉邮件，则应当在“已删除邮件”文件夹中再次选定该邮件，然后单击“删除”按钮。此时将会弹出如图 5-39 所示的对话框，让用户确认是否确实要删除邮件，单击“是”按钮以后，才能彻底删除这些邮件。

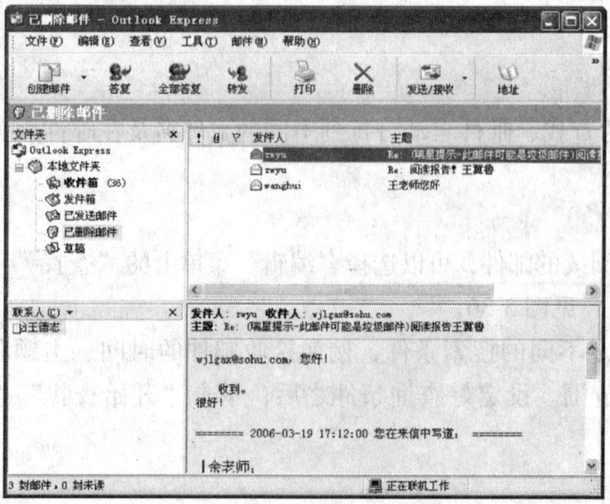

图 5-38 “已删除邮件”窗口

图 5-39 删除邮件确认对话框

4. 建立和管理多个邮件文件夹

Outlook Express 中的文件夹相当于将邮件分类存放的邮箱。建立适当的邮件文件夹，可以轻松定位所需的邮件。一般文件夹显示在 Outlook Express 左下方的窗口，如同 Windows 操作系统中的“资源管理器”显示文件夹的结构一样，如图 5-40 所示。虽然在 Outlook Express 的文件夹列表中，已经有了“收件箱”、“发件箱”、“已发送邮件”、“已删除邮件”和“草稿”等文件夹，它们可分别用来保存不同类型的邮件。不过用户还可以根据需要再创建一些新的文件夹，用来组织和保存各种类型的邮件。

(1) 添加文件夹。选中要添加文件夹的位置，选择“文件”→“文件夹”→“新建文件夹”命令，出现“创建文件夹”对话框，在“文件夹名”文本框中输入名称，即可添加一个新的文件夹，如图 5-41 所示。邮件文件夹和硬盘中的文件夹一样，可以是多级的，例如，可以在“已发送邮件”文件夹下建立多个子文件夹，分别存放发送给不同的人的邮件，以便于查找。

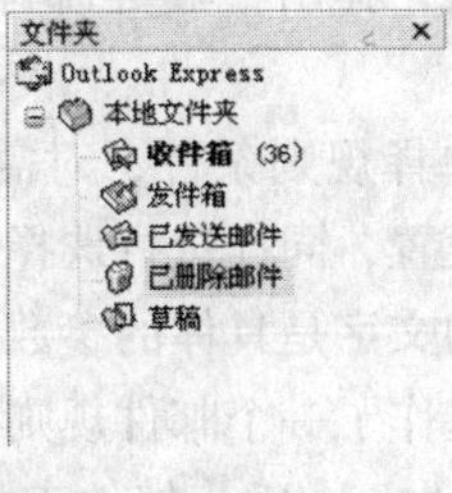

图 5-40 邮件文件夹结构

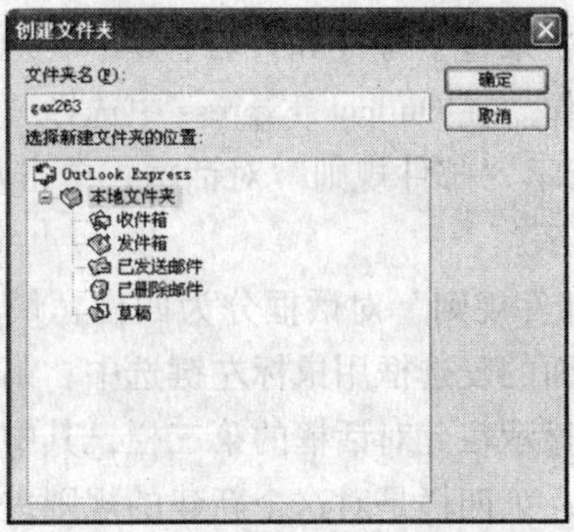

图 5-41 “创建文件夹”对话框

(2) 删除文件夹。要删除文件夹，在文件夹列表中右击该文件夹，然后单击弹出菜单中的“删除”命令即可。

注意 不能删除或重命名“已删除邮件”、“收件箱”、“发件箱”或“已发送邮件”文件夹。

(3) 分拣邮件到指定文件夹。创建文件夹的目的是分拣邮件，即把所收到的文件夹进行分类存放，这项工作可以用后面介绍的邮件规则（即收件箱助理）自动完成。这里介绍的是手工移动邮件的方法。在文件夹列表中单击要选择的文件夹，在右侧的邮件窗口中会显示出邮件信息，在邮件清单中右击要移动的邮件，在弹出的菜单中选择“移动到文件夹”命令，如图 5-42 所示，然后会打开一个文件夹列表，如图 5-43 所示，选择目的文件夹，最后单击“确定”按钮。

5. 邮件规则

前面设置多个邮件文件夹，为的是对邮件进行分类管理，而对邮件的分拣不外乎按照 E-mail 信头的“发件人”、“收件人”等来分类，这当然可以用前面介绍的手工方法完成。不过更方便的方法是让 Outlook Express 的收件箱助理自动完成。而且除了自动分拣邮件，收件箱助理还能自动完成更多的事情，如自动回复邮件。

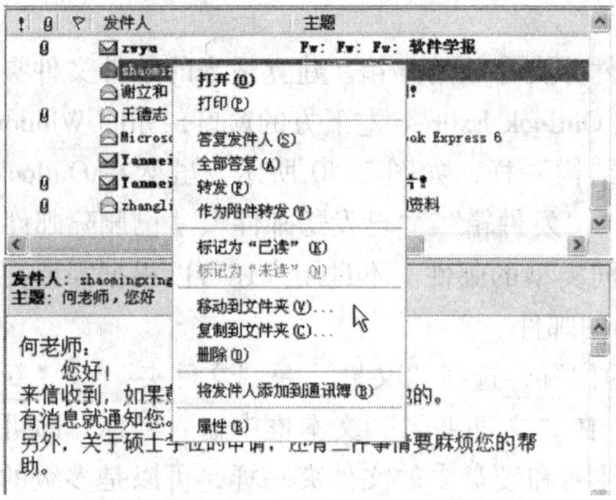

图 5-42　移动邮件到指定的文件夹

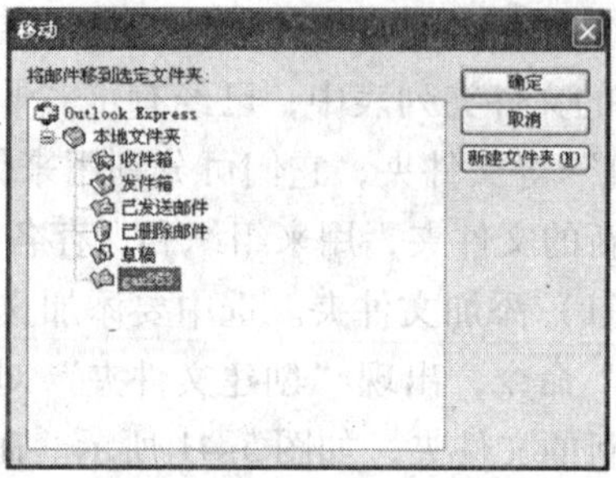

图 5-43　“移动”对话框

所谓邮件规则，就是对接收的邮件，根据信件的“接收人”、“发送人”、“标题”等信息中是否包含某些字符（如人名、E-mail 地址等)，自动完成诸如移动到指定的文件夹，自动回复等动作。在 Outlook Express 中选择“工具”→“邮件规则”→“邮件”命令，打开如图 5-44 所示“邮件规则”对话框，单击“新建”按钮，弹出“新建邮件规则”对话框，如图 5-45所示。

“新建邮件规则”对话框分为四栏，最上面一栏是选择规则条件，对需要选用的条件，将该条件前面的复选框用鼠标左键选中；第二栏是操作设置，同样进行选择；对这两栏的操作和设置会显示在此对话框的第三栏，其中带有下画线的文字是具体的参数，可以单击它然后进行设置；第四栏是对这个新建的规则进行命名。这里作了一个邮件规则的例子，设定的规则是邮件到达后应用本规则，若“发件人”行中包含“gaxwjl”，邮件正文包含“计算机网络”，则移动到“gax263”文件夹。

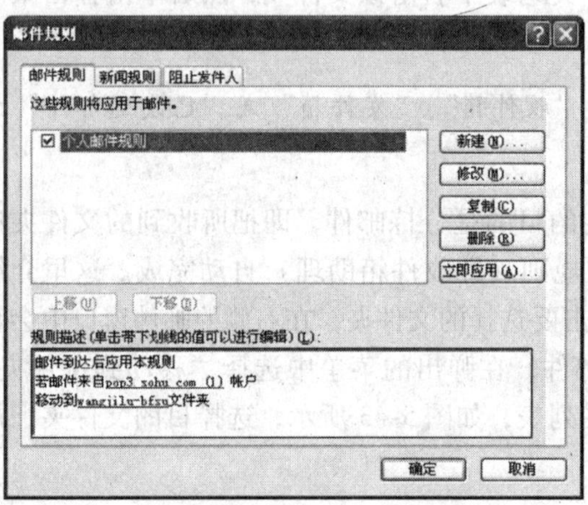

图 5-44　“邮件规则”对话框

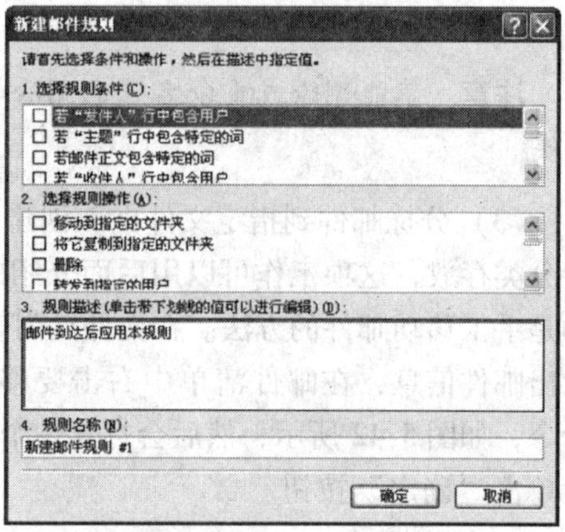

图 5-45　“新建邮件规则”对话框

具体的做法如下。

① 新建一个“私人信件”文件夹。

② 选中“选择规则条件”栏中的“若‘发件人’行中包含用户”，此时会在“规则描

述”栏中显示。在“规则描述”栏中单击带下画线的超级链接，以指定规则的条件或操作。如在“规则描述”部分单击“包含用户”超链接，在弹出的对话框中指定 Outlook Express 在邮件中查找的人，如图 5-46 所示，然后单击“添加”按钮，指定关键词。

③ 用同样的方法再设置“若邮件正文包含特定的词”，如图 5-47 所示。

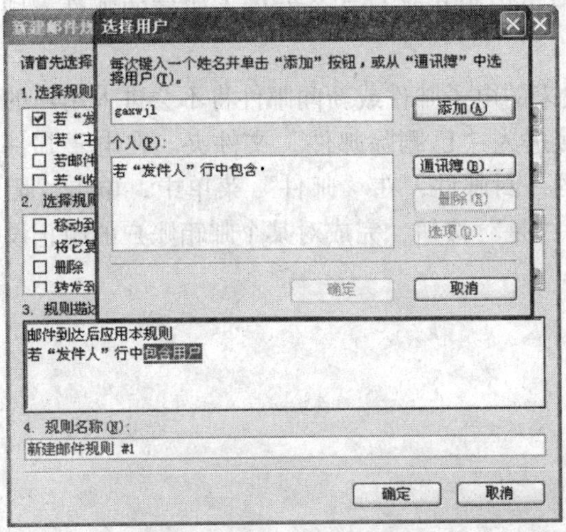

图 5-46　选择用户

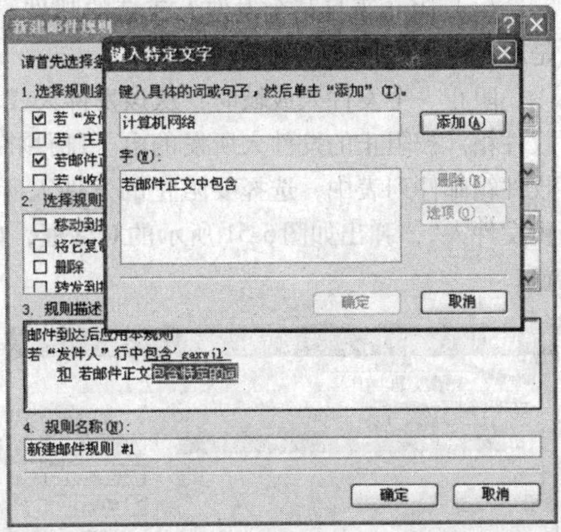

图 5-47　“输入特定文字”对话框

④ 还可以对这两个条件设立关系，即是“或”还是“和”的关系，在图 5-47 中单击“规则描述”栏中的“和”链接，打开如图 5-48 所示的对话框。

⑤ 在第二栏即“选择规则操作”中选中“移动到指定的文件夹”，并单击第三栏即“规则描述”中的“指定的”链接，打开如图 5-49 所示的对话框，选定目的文件夹，然后单击“确定”按钮。

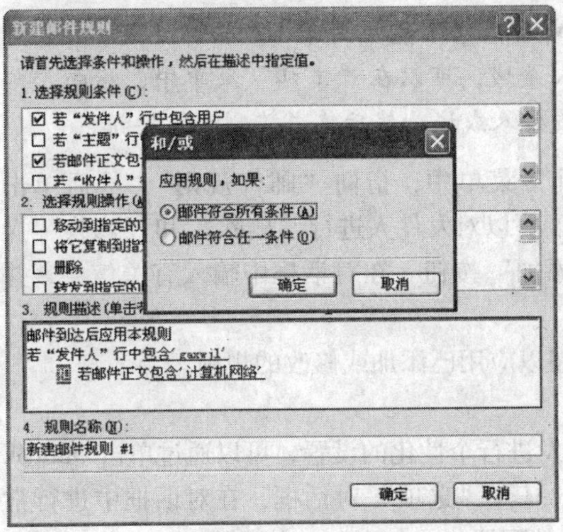

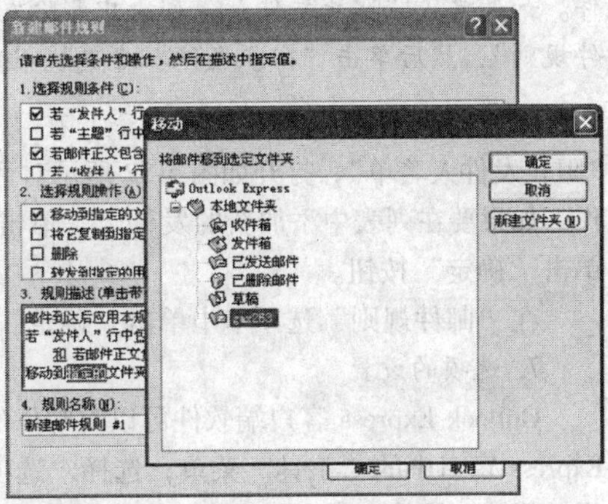

图 5-48　设定规则条件之间的关系对话框　　图 5-49　“移动”对话框

⑥ 在第四栏（即“规则名称”栏）输入此规则的名称，这里输入的是“个人邮件规则”，然后单击“确定”按钮，结果如图 5-50 所示。

6. 阻止不需要的邮件

有多种方法可以用来控制 Outlook Express 接收邮件。用户可以阻止某人发给用户邮件，可以隐藏用户不感兴趣的对话，也可以通过设置安全级别来防止收到带有破坏性代码的邮件。

（1）阻止来自某个发件人或域的邮件。用户可以阻止来自某个发件人或域的邮件。域是跟在电子邮件 @ 符号之后的名字。

阻止一个发件人或域时，从该发件人或域发来的电子邮件或新闻邮件将不会进入用户的收件箱。被阻止的发件人所发的电子邮件将直接进入“已删除邮件”文件夹。在电子邮件收件箱邮件列表中，选择要阻止的发件人所发的一封邮件，在“邮件”菜单中，单击“阻止发件人”，弹出如图 5-51 所示的对话框，单击“是”按钮，完成对某个邮箱账户的阻止设置。

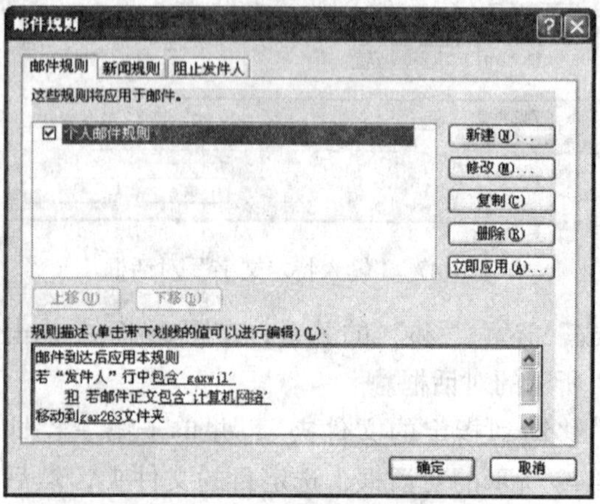

图 5-50　邮件规则实例

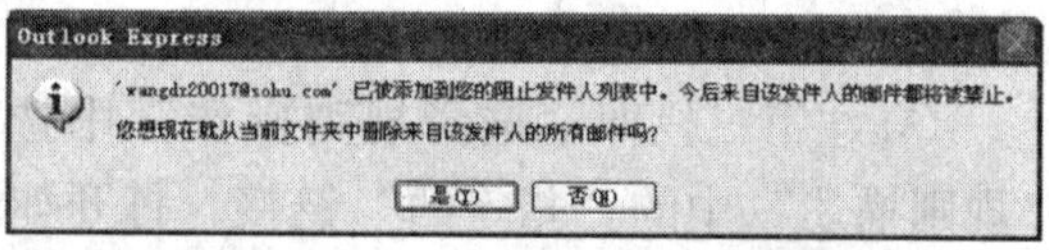

图 5-51　阻止邮箱账户设置对话框

注意　阻止发件人只能应用于标准的 POP 邮件。它不能应用于 HTTP 邮件或 IMAP 邮件。如果要从“阻止发件人”列表中删除发件人或域，可以在“工具”菜单中，指向“邮件规则”，然后单击“阻止发件人名单”。选择发件人或域，然后单击“删除”按钮。

（2）管理被阻止的发件人列表。在“工具”菜单中，指向“邮件规则”，然后单击“阻止发件人名单”，打开如图 5-52 所示对话框。可以对发件人进行“删除”和“修改”操作，如果要在列表中添加新的发件人，单击“添加”按钮。在对话框中输入有关信息，并单击“确定”按钮。

在“邮件规则”选项卡中单击“确定”按钮以应用已添加或修改的规则。

7. 选项的设置

Outlook Express 客户端软件可以对邮件的收发进行个性化的设置，可以通过单击 Outlook Express 窗口中的“工具”菜单，选择“选项”，打开“选项”对话框，在对话框中进行常规、阅读、回执、发送、安全、签名等标签部分的配置。

（1）安全区域设置。在 Outlook Express 中，安全区域允许用户决定是否可以从 HTML 电子邮件中运行活动内容（如 ActiveX 控件和脚本）。用户可以选择中等的安全级别以允许运行大多数的活动内容，或者选择更高的安全区域限制级别。

在“工具”菜单中，单击“选项”，然后单击“安全”标签。弹出如图5-53所示对话框。

在“病毒防护”栏目中，请选择使用一种Internet Explorer安全区域：选择“Internet区域”用于一般用途。这适用于大多数的Outlook Express用户。选择“受限站点区域”以创建一个较为安全的环境。然后在“不允许保存或打开可能有病毒的附件”前打钩，最后单击“确定”按钮即可。不过要提醒大家的是，由于这项新增功能还不是很强大，防止邮件病毒还不能单纯依赖它，建议还是安装上专门的杀毒软件为好！

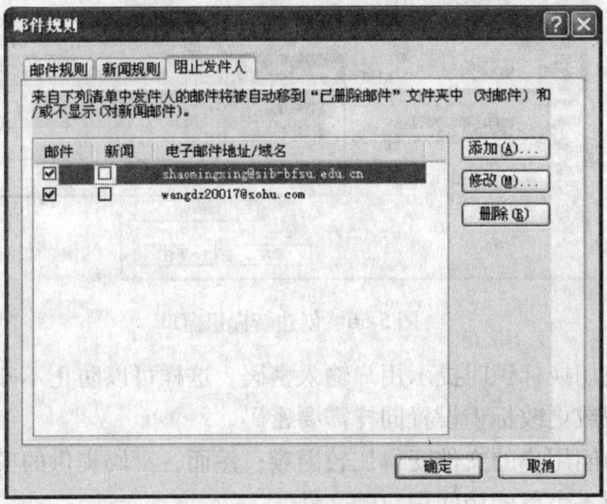

图5-52 阻止发件人的邮件规则

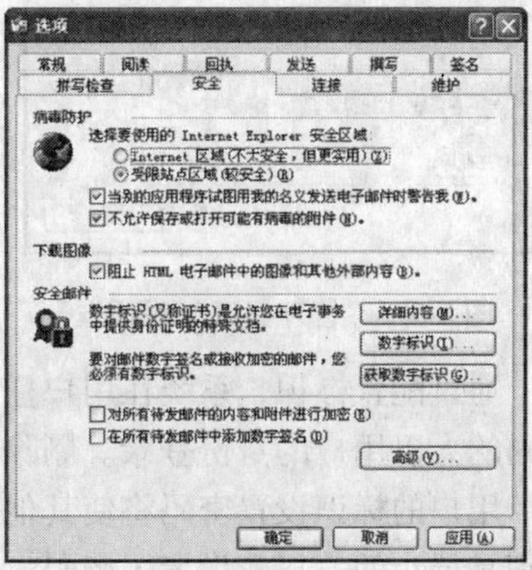

图5-53 电子邮件安全选项设置

注意 用户可以在Internet Explorer中调整区域的安全级别。在Internet Explorer中所做的安全设置也会应用于Outlook Express。在Internet Explorer窗口中，在“工具”菜单上单击“Internet选项”，然后在“安全”选项卡中调整用户的设置。

(2) 回执设置。Outlook Express的“回执”选项的设置，可以在对方收到你的邮件后自动给你一个通知。设置方法是：在Outlook Express主窗口中依次选择“工具”→“选项”命令，然后选中“回执”选项命令，如图5-54所示。选中“所有发送的邮件都要求提供阅读回执”前的复选框即可。

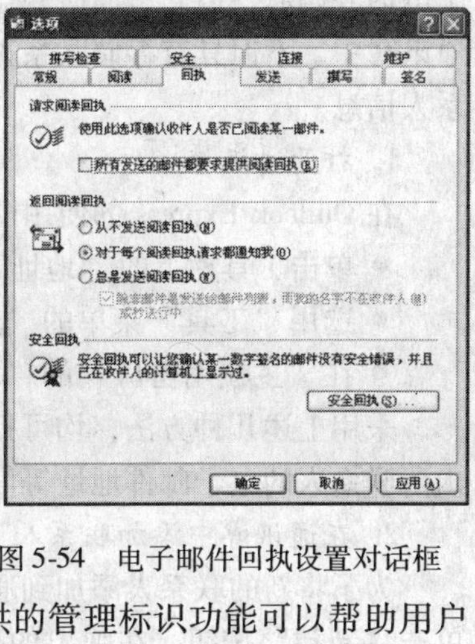

图5-54 电子邮件回执设置对话框

Outlook Express电子邮件客户端程序中关于选项的设置还有很多个性化的配置，用户可以根据自己的习惯和喜好进行相关配置。

8. 收件箱的安全保护

如果不想让别人看到自己的Outlook Express中收取的信件，怎样设置密码保护收件箱呢？Outlook Express软件提供的管理标识功能可以帮助用户使用密码保护收件箱。设置方法如下。

打开Outlook Express主窗口后，单击“文件”→“标识”→“管理标识”命令，弹出

“管理标识”对话框（见图 5-55），然后单击“新建”按钮，输入姓名或代码，再输入密码（见图 5-56），然后按“确定”按钮退出。当重新启动 Outlook Express 时，就可以选择以自己的标识登录，这样别人就无法轻易看到你的账户和邮件了，同样你也看不到别人的这些信息。

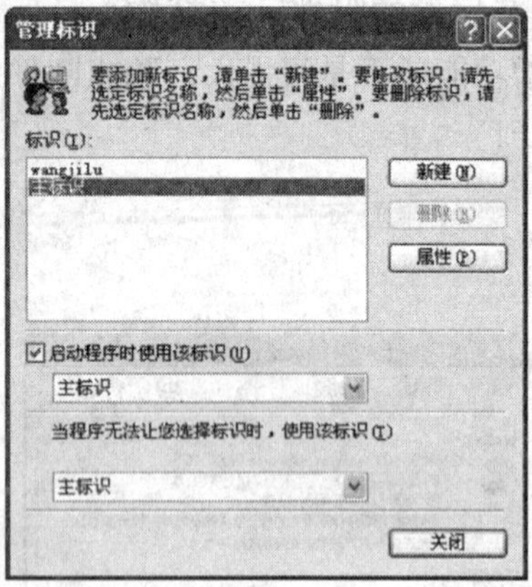

图 5-55 “管理标识”对话框

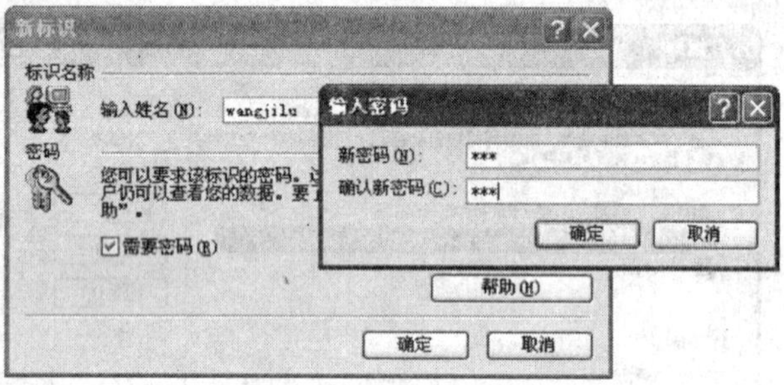

图 5-56 创建新标识窗口

通过配置标识，系统在用户登录或切换标识时提示用户输入密码。这样可以防止不知道密码的人以用户的身份登录。删除标识或更改标识设置同样需要密码。

用户的标识设置密码将使其他人访问用户的文件变得比较困难；然而，密码提供的安全级别是最小的。尽管设置了密码，其他人也可能访问用户的文件。

5.3.9 通讯簿的使用方法

在撰写电子邮件之前，首先需要知道收件人的电子邮件地址，如果预先将这些邮件地址收集在一起，便可以组成一个通讯簿。一般在通讯簿中还记录了联系人的各种信息，它类似于电话号码簿，但它里面所涵盖的内容更加丰富，使用也就更加方便。在 Outlook Express 的通讯簿中，不但具有存储联系人信息的基本功能，而且用户使用它可以更方便快速地检索联系人信息。

1. 打开通讯簿

在 Outlook Express 的使用窗口中，打开通讯簿可以采用如下几种方法：

- 单击工具栏上的“地址”按钮；
- 选用“工具”菜单的“通讯簿”选项；
- 在“主使用窗口”的“联系人”栏目下，单击“打开通讯簿”超链接。

采用上述几种方法，均可打开如图 5-57 所示的通讯簿 - 主标识窗口，在该窗口右侧列出了联系人的电子邮件地址等信息。

2. 在通讯簿中添加联系人

为了将新的联系人添加到通讯簿中，在如图 5-57 所示的通讯簿 - 主标识窗口中，可以单击“新建”按钮，在弹出的列表中，选择“新建联系人”选项，或者在 Outlook Express 的主窗口中，选择“联系人栏”的“新建联系人”选项，均可弹出如图 5-58 所示的“属性”对话框。在该对话框的各个文本框内，输入新建联系人相应的各种属性信息以后，单击“确定”按钮，便可在通讯簿中加入一位新的联系人。

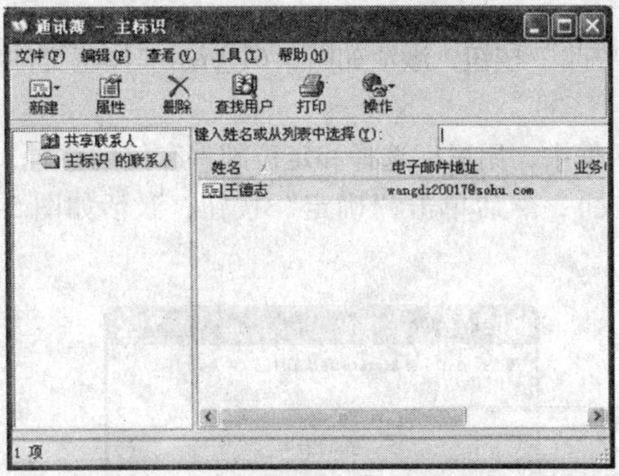

图5-57 “通讯簿－主标识”窗口

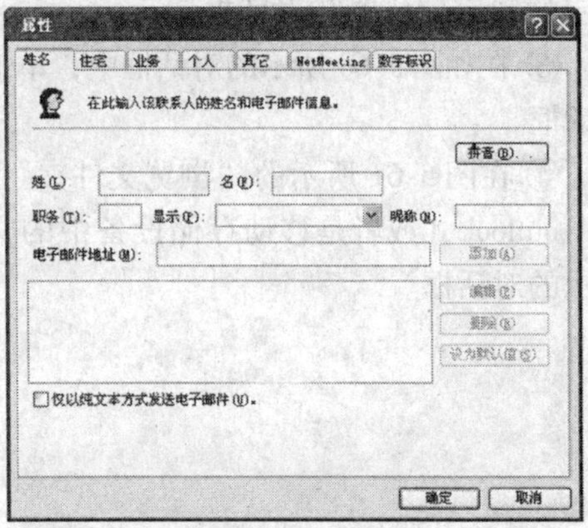

图5-58 “属性”对话框

在如图5-58所示的“属性”对话框中，有7个选项卡，分别介绍如下。

- “姓名”选项卡：应当输入新建联系人的姓名和电子邮件地址等。
- “住宅”选项卡：输入住宅的各项信息，例如住宅地址、电话号码等，如果有个人主页，还应当输入网页的网址。
- “业务”选项卡：输入新建联系人的各种业务信息，例如，单位名称和地址、电话号码等。如果新建联系人有业务网页，则应当输入网址。
- “个人”选项卡：输入新建联系人的个人信息，例如，配偶和子女，性别和生日等。
- “其他”选项卡：新建联系人的一些其他重要信息也可以在此输入。
- “NetMeeting”选项卡：如果要与新建联系人通过NetMeeting进行通信，可以在此输入联系信息。
- “数字标识”选项卡：它用于识别电子邮件的作者，或说明邮件未被篡改。

5.3.10 保护邮件、账户和通讯簿的安全措施

在网络上常有电子邮箱被破坏、通过电子邮件传播病毒、账户和密码被盗、邮箱被炸（即突然接收到大量邮件）的事件发生。因此，使用网络时应当注意保护计算机和电子邮件账户的安全。在使用电子邮件时，最重要的一方面就是应该学会对邮件、账户和通讯簿进行保存和恢复。

1. 邮件在指定位置的存储与恢复

在实际应用过程中，有时会遇到毁灭性的病毒，导致系统被破坏，这时就需要重装操作系统，重装后邮件、账号和地址就会消失，用户将感到十分不便。下面将针对以上问题介绍一些需要掌握的实用技术。

（1）在指定位置中存储邮件。

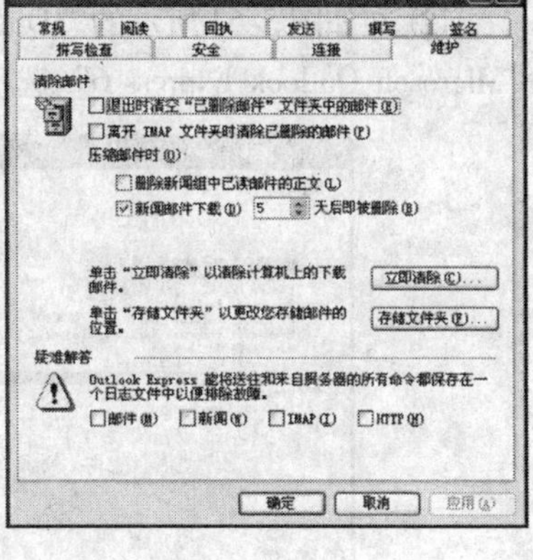

图5-59 “维护”选项卡

① 在Outlook Express窗口中，选择“工具”→“选项”命令，在激活的“选项”对话框中选择“维护”选项卡。如图5-59所示。

② 在如图 5-59 所示的“维护”选项卡中，单击“存储文件夹”按钮，激活如图 5-60 所示的“存储位置”对话框。

③ 在如图 5-60 所示的对话框中，单击“更改”按钮，激活如图 5-61 所示“浏览文件夹”对话框。

④ 在图 5-61 所示的“浏览文件夹”对话框中，用鼠标选择和定位邮件存储的位置，如 F:\ outlook（或者是移动存储设备中的文件夹），然后单击“确定”按钮，激活如图 5-62 所示的对话框。

图 5-60 “存储位置”的默认路径

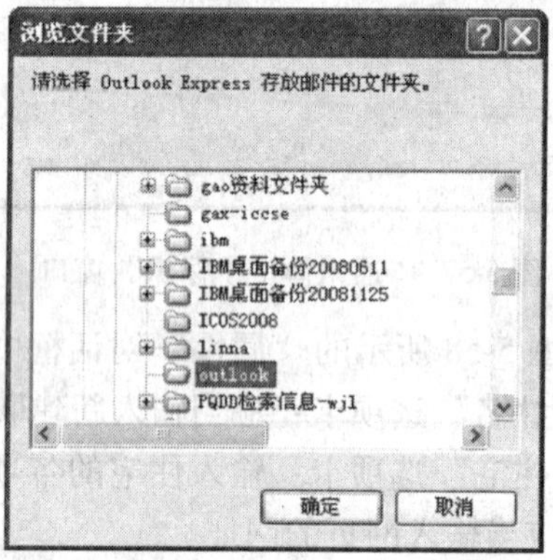

图 5-61 “浏览文件夹”对话框

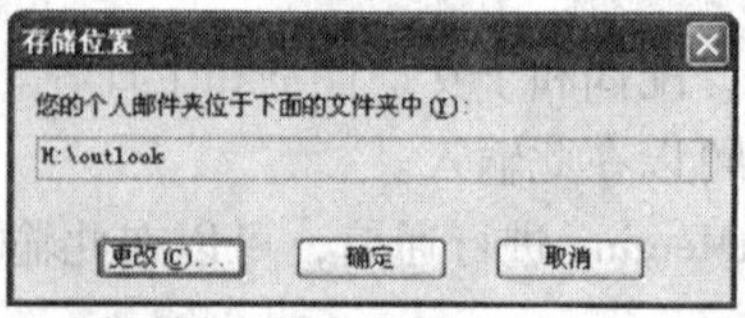

图 5-62 “存储位置”更改后的路径

⑤ 在如图 5-62 所示的对话框中，单击“确定”按钮，返回如图 5-59 所示的对话框。单击“确定”按钮，完成任务修改存储位置的设置。

（2）从指定位置中恢复邮件。重装系统后，可以从指定位置中恢复原来存储的邮件。由于存储的位置可以是本地磁盘、光盘、闪存、移动硬盘或网络上的共享目录，因此十分方便。其操作步骤如下。

① 在 Outlook Express 窗口中，依次选择“文件”→“导入”→“邮件”命令，激活如图 5-63 所示的对话框。

② 在如图 5-63 所示的“Outlook Express 导入”对话框中，选择要导入的程序来源，如选择“Microsoft Outlook Express 6”选项，单击“下一步”按钮，激活如图 5-64 所示的对话框。

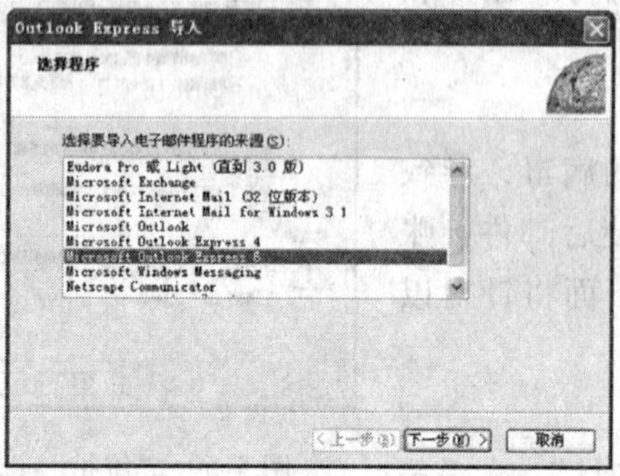

图 5-63 “Outlook Express 导入”对话框

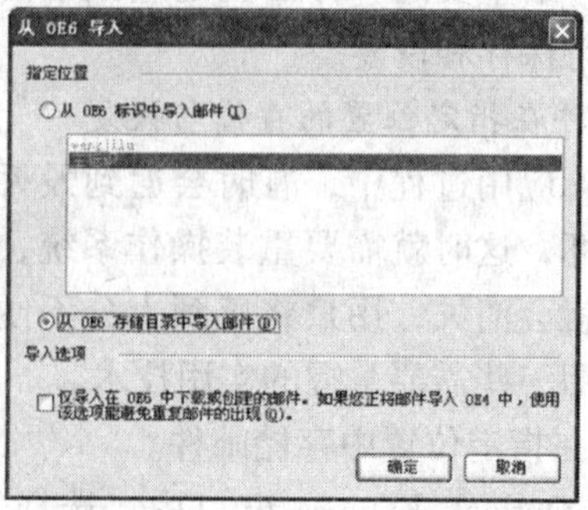

图 5-64 “从 OE6 导入”对话框

③ 在如图5-64所示的“从OE6导入”对话框中，选中“从OE6存储目录中导入邮件”选项后，单击“确定”按钮，激活如图5-65所示的对话框。

④ 在如图5-65所示的“浏览文件夹”对话框中，定位要导入邮件的位置。例如，定位在本地磁盘的“F:\ Outlook”目录，单击“确定”按钮，激活如图5-66所示的对话框。

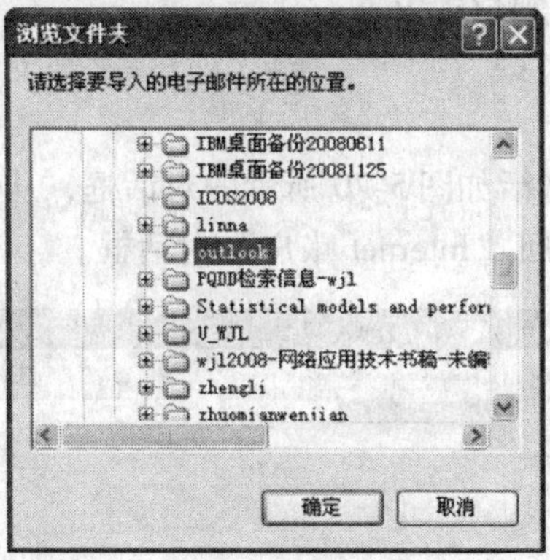

图5-65 “浏览文件夹”对话框

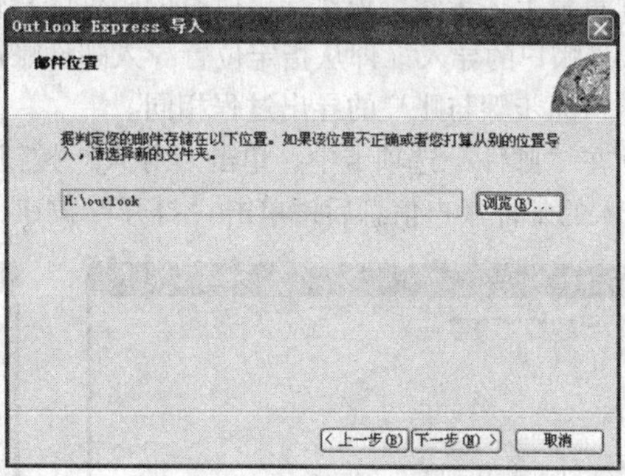

图5-66 “邮件位置”对话框

⑤ 在如图5-66所示的“邮件位置”对话框中，如果确认位置正确，单击“下一步”按钮，激活如图5-67所示的对话框。

⑥ 在如图5-67所示的“选择文件夹”对话框中，选择要导入的文件夹的类型。例如，选择“收件箱”，单击“下一步”按钮，进入导入的过程，结束后将激活如图5-68所示的对话框。

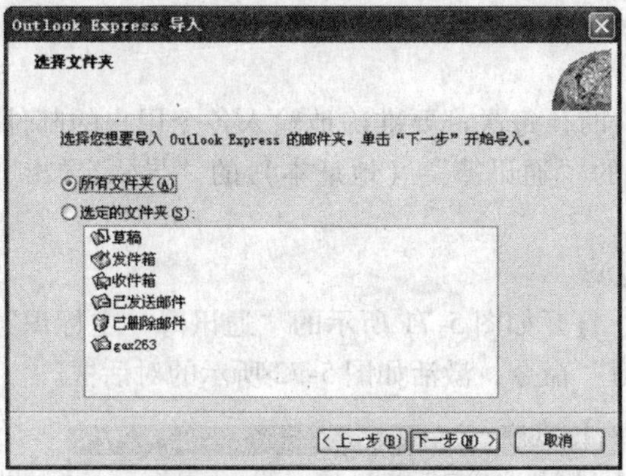

图5-67 “选择文件夹”对话框

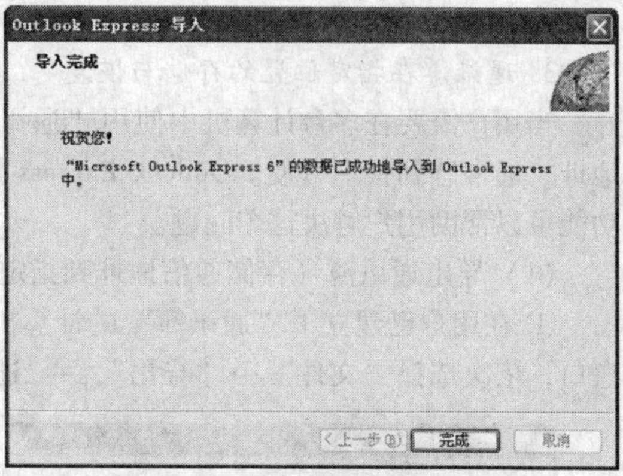

图5-68 “导入完成”对话框

2. 邮件账户在指定位置的存储与恢复

当用户需要在多台计算机中发送邮件时，每次都要准确地输入各个邮件账户的信息，会感到很不方便。Outlook Express提供的“邮件账户”的“导入/导出”功能可以很好地解决这个问题。

(1) 账户的导出（即存储邮件账户到指定位置）。

① 依次选择“开始”→“程序”→Outlook Express选项，在脱机状态打开Outlook Express工作窗口。

② 在 Outlook Express 工作窗口中，选择“工具”→“账户”命令，在激活的“Internet 账户”对话框中选择“邮件”选项卡。

③ 在“邮件”选项卡中，选中一个账户后，单击“导出”按钮，激活如图 5-69 所示的对话框，选择文件名后，单击“保存”按钮。

④ 重复上述步骤，依次导出所有的邮件账户信息到指定位置。

(2) 账户的导入（即从指定位置导入邮件账户信息）。

①、② 步骤与账户的导出过程相同。

③ 在“邮件”选项卡中，单击“导入”按钮，激活如图 5-70 所示的对话框，从中选择需要导入的邮件账户信息后，单击“打开”按钮，返回“Internet 账户”对话框。

图 5-69 “导出 Internet 账户”对话框

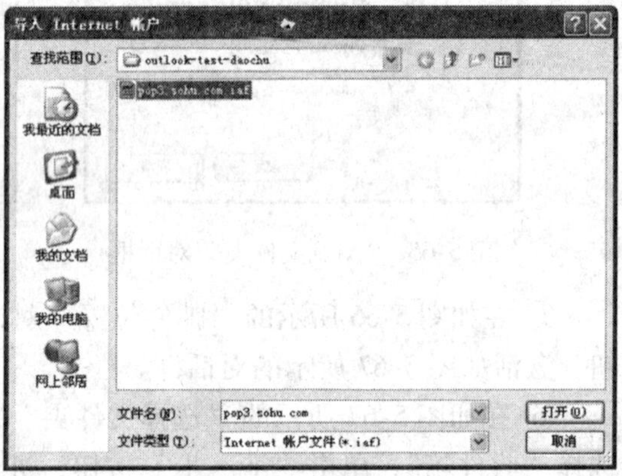

图 5-70 “导入 Internet 账户”对话框

④ 重复上述步骤，可以依次从指定的位置导入以前存储的所有邮件账户信息。

3. 通讯簿在指定位置的存储与恢复

当用户需要在多台计算机中使用“通讯簿”时，每次都要准确地输入各个用户的邮件地址，通常感到很不方便。Outlook Express 提供的“通讯簿”（地址本）的“导入/导出”功能可以帮助用户解决这个问题。

(1) 导出通讯簿（存储通信地址到指定位置）。

① 在用户已建立了“通讯簿”的计算机中，打开如图 5-71 所示的“通讯簿 - 主标识”窗口，依次选择“文件”→“导出”→“通讯簿”命令，激活如图 5-72 所示的对话框。

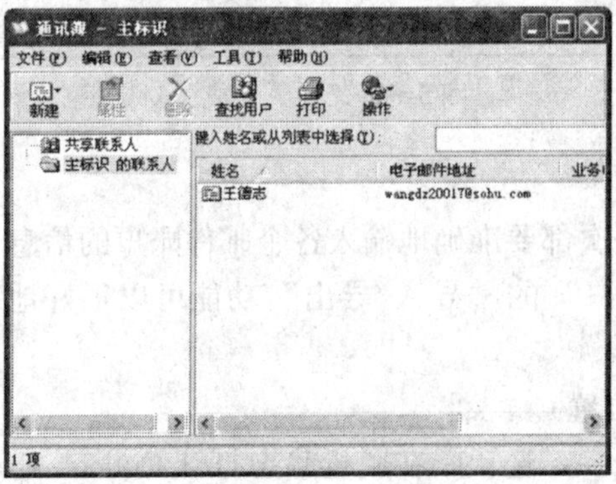

图 5-71 “通讯簿 - 主标识”窗口

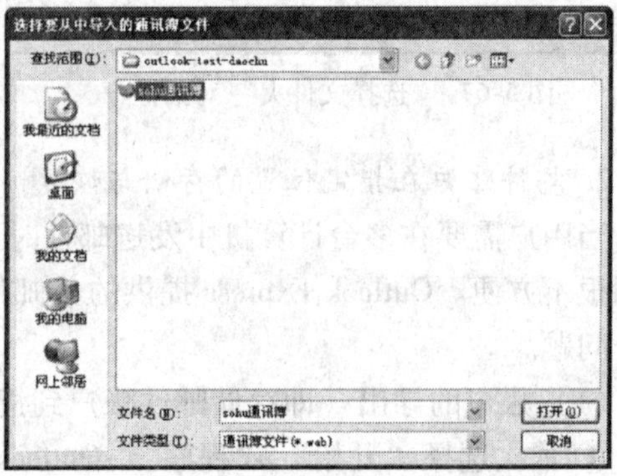

图 5-72 “选择要从中导入的通讯簿文件”窗口

② 在图5-72所示的“选择要从中导入的通讯簿文件”对话框中，首先定位要保存的位置；其次，输入保存的文件名；最后，单击“保存”按钮。

（2）导入通讯簿。用户的通讯簿被保存之后，当需要这些邮件地址的文件时，即可在文件保存位置处导入原先导出的文件，从而避免了重新依次输入地址的麻烦。

① 在需要使用“通讯簿”的计算机中，打开如图5-71的“通讯簿－主标识”窗口，选择“文件”→“导入”→“通讯簿”命令，激活与图5-72类似的对话框。

② 在激活的“选择要从中导入的通讯簿文件”对话框中，首先要定位位置；选择已保存的文件名；最后，单击“打开”按钮，直至导入成功完成。

提示 用户还可以通过在Outlook主窗口中选择“文件”→“导出”→“通讯簿”命令，在弹出的“通讯簿导出工具”窗口中选择“文本文件（以逗号分隔）”选项，然后将通讯簿导出到指定路径下的*.csv通讯簿文件。导入与导出过程相反，在这里不再赘述。建议用户使用第一种通讯簿的导入、导出方法。

5.3.11 电子邮件的使用建议

以下是关于使用电子邮件的建议，供读者参考。

（1）如果用户是拨号上网，最好不要用浏览器来收发E-mail。建议使用专用的电子邮件如Outlook Express和Foxmail，它们都能在离线的状态下撰写邮件，可一次写出若干封邮件，全部完成后再单击“发送/接收”按钮，自动接通网络集中发出。收信时自动将所有信件一次取回，然后用户可离线慢慢读信。由于收发工作完成后自动断线，所以在线时间全部都是在传输信件，效率很高。

（2）正确设置好E-mail软件，如使用Outlook Express和Foxmail等软件提供的“收发邮件后自动挂断连接”、“挂断前先提示是否要挂断”功能使每次收发结束就自动断线。设置“邮件在服务器上保留备份”功能，可以保证电子邮件在客户端计算机和服务器上都有备份。

（3）不要向任何人透露自己的账户，尽量不要用生日、电话号码等作为拨号上网或收费邮件账户的密码。

（4）不妨多申请几个不同站点的免费E-mail账号，用于不同方面。如一个用于专收私人信息，一个用于处理公务信函，一个收订电子刊物……这样，每个信箱各司其职，显得有条理。

（5）在Outlook Express中设置限制接收邮件的大小，过滤垃圾邮件，即对于经常发送垃圾邮件的地址、账户和姓名等采取自动拒收的措施。

（6）不要在网络上随意留下自己的电子邮件地址，尤其是付费邮箱的地址，在需要登记个人信息的场合，要尽量少地填写个人信息，以免遭到垃圾邮件、垃圾电话、垃圾信件的侵袭。

（7）当接收到陌生的带有附件的电子邮件时，最好不要打开附件，而采取直接、永久性的删除措施。

（8）拨号上网时，虽然使用“存储密码”的功能可以带来很多方便，然而从安全角度看，在熟悉了网络的使用之后，应尽量不要选择“存储密码”等功能。

(9) 掌握电子邮件、账户和通讯簿的非默认位置的存储和恢复方法。

5.4 Internet 新闻组

Internet 上的另一种主要服务是 Internet 新闻组（newsgroup），称为 Usenet（user network）。有时也称为“网络新闻”（Netnews，network news）。Internet 新闻组以电子公告牌系统（Bulletin Board System，BBS）的方式提供服务，参与者利用这种快速而有效的方式，发布各种学术信息、当今天下大事、人们共同关心的话题、新闻热点消息及各类商业信息等。就数量而言，目前，全世界每天有数以万计的讨论文档（news）在新闻组中发布。所以读者如果希望了解最新的话题和最快的信息，新闻组就是一种最好的途径。另外，用户如果遇到任何困难或问题，也可以到新闻组求助于数以万计的专家。

5.4.1 新闻组系统的工作过程

Internet 新闻组系统大体上由新闻组服务器、新闻组阅读器和 NNTP 协议三个部分组成。其中，新闻组服务器负责组织和管理网络新闻；新闻组阅读器实际上是客户端上的应用软件，它直接为客户提供服务，负责浏览和张贴网络新闻；NNTP 协议负责新闻组服务器与新闻组阅读器之间的通信，它的作用类似于电子邮件系统中的 SMTP 协议和 WWW 中的 HTTP 协议的作用。

Usenet 系统的工作模式仍然是客户－服务器模式。提供新闻服务的计算机就是新闻服务器。网络用户通过安装在自己计算机上的客户机软件即可连接到新闻服务器上，阅读其他人发布的消息，参与讨论。

图 5-73 显示了 Usenet 的工作原理。

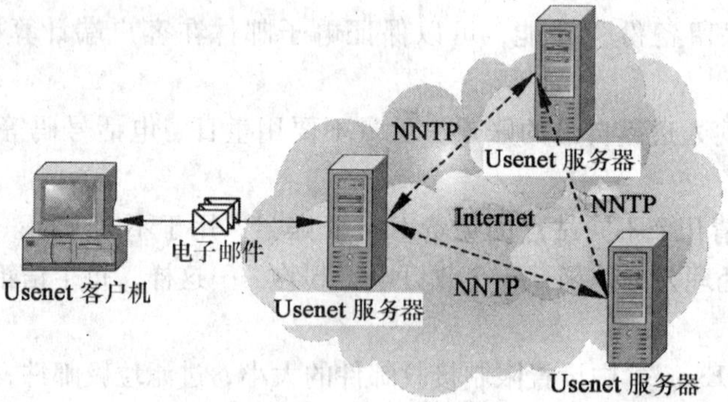

图 5-73 Usenet 系统的工作原理

在互联网上分布在各地的新闻服务器，为了保证信息的同步，采用如下工作方式。

- Usenet 的基本通信方式是电子邮件，用户将新闻服务器上所选的邮件下载到本地，同时将自己需要张贴或答复的邮件上传到所连接的新闻服务器。
- 在 Usenet 服务器上存储的各种信息，会周期性地转发给其他 Usenet 服务器，从而保证了各个新闻服务器信息的同步性。

如果想要访问网络新闻组，则需要使用专门的网络新闻组阅读软件。Usenet 客户机是指运行网络新闻组阅读软件的计算机。通过使用网络新闻组阅读软件，可以申请加入新的新闻组，这样在每次访问 Usenet 服务器时，都会自动收到新闻组发送的新信息。当然，也可以申请退出已经加入的新闻组。发送到某个 Usenet 服务器的信息，都会自动转发到其他 Usenet 服务器中，并最终传遍世界各地。

5.4.2 新闻组的命名与分类

Internet 新闻组系统对所有的讨论话题（新闻组）进行了详细和严格的命名与分类。所有的新闻组几乎覆盖了人们关心的所有话题。许多内容相关的新闻被组织在一起，形成一个新闻组，在 Internet 上有上万个类型各异的新闻组。Internet 新闻组系统为每一个新闻组指定了一个唯一的名字，不同新闻组服务器关于某个新闻组的名字都是一样的。用户只要记住感兴趣的新闻组名字，即使登录到不同的新闻组服务器上，也可以很方便地找到该新闻组（当然用户登录的新闻组服务器必须开辟该新闻组的讨论）。

1. 新闻组的命名

每一个新闻组的名字是用圆点分隔的几个字符串组成的。虽然新闻组的名字与 Internet 中计算机主机名和域名很相像，但是两者却没有任何关系。

一般来说，新闻组名字的第一部分表示新闻组类型，其后的部分表示该新闻组属下小的新闻组话题。例如，“rec. sport. tennis” 是一个关于网球的新闻组，它属于娱乐（recreation）新闻组下，体育新闻组（“rec. sport”）中的关于网球的新闻组。

新闻组的组织结构是多层次的树状结构，与计算机的文件管理系统类似。某个新闻组的名字与某个子目录的路径类似，某个新闻稿与某个文件类似，新闻组名字中的圆点等效于文件路径中的反斜杠。

2. 新闻组的分类

目前在 Internet 中共有上万个各种类型的新闻组，用户所能想到的任何话题，都可能在 Internet 上找到有关这一话题的新闻组。在一些新闻组中，最常见的消息是问题和答案，或者是寻求帮助。因为同样的问题总是一再出现，所以，在许多新闻组中列出了“常见问题”的列表，或者 FAQ（Frequently Asked Question）。对一些刚参加新闻组的用户，在向新闻组发送自己的问题之前，最好先查看一下包括最近消息的 FAQ，或者邮寄一则消息，询问什么地方可以下载 FAQ 的指针。在另外一些新闻组中，大量的消息是讨论与新闻组题目相关的当前时事。许多新闻组都包括一个连续的对话，在那里有一个或多个读者寄来的对前一时期某一个消息的回答，而后又有对这些回答的回答……这种回答的回答不断持续下去，就被称为“讨论的线索”。

对一些持续时间较长的新闻组，每一个新闻组都已形成了自己的风格，并且成年累月聚集在一起的总是那么几个固定的人，用户在参加这些新闻组活动一段时间以后，就会知道一些经常参与者的名字和性格，例如，哪些人爱说笑话，哪些是本地人。

在 Internet 新闻组系统中，使用最广泛的仍然是最初的 7 个 Usenet 域的新闻组。另外，还有几百个属于其他次要域名的新闻组，例如，地理标题、学院（一些比较大的大学和公司）及网络服务等。这些次要新闻组不如上述七大类新闻组使用广泛，但是用户的新闻服务器至少也能提供一些它们的新闻。七大类主要新闻组如下。

- COMP：与计算机相关的话题。

- SCI：关于科学和技术的新闻（不包括计算机）。
- SOC：讨论社会和人文方面的新闻。
- NEWS：与新闻组系统本身相关的话题。
- Rec：艺术，业余爱好，娱乐活动。
- Talk：一些具有争议性问题的专题小组，也是一种永远不会结束的长篇讨论。
- Misc：上述几大类都不涉及的话题。

另外，还有 BIZ（商业）、ALT（所有想聊的话题）、K12（教育）、Regional（宗教）和 Humanities（人文）等类新闻组。

上述每一个大类的新闻组中，又可以再分成若干个较小的新闻组。

5.4.3 Outlook Express News 的使用

用户通过新闻阅读软件查找、阅读和发送新闻稿。新闻阅读软件是对新闻进行处理的工具，是用户与新闻组系统的接口。目前，已经开发了各种类型的新闻阅读软件。有 UNIX 系统提供的多种新闻阅读软件，例如，nn、rn、tin 等；有 Netscape 提供的 Messenger，也有 Microsoft在 Internet Explorer 各种版本中所附带的 Outlook Express News 软件包等。还有 Graviyy、Agent、NewsRover、NewsXpress 及 WinVN 等。本节将介绍当前最流行的 Outlook Express News 新闻阅读器的使用操作方法。

1. 设置新闻服务器账户

在建立新闻服务器账户之前，首先需要知道拟使用的新闻服务器名称和地址，然后便可建立与新闻服务器的连接。下面以建立与“新帆新闻组”服务器连接为例加以说明。

（1）在 Outlook Express 的起始窗口中，选择“工具”菜单中的“账户”子菜单，在弹出的“Internet 账户”对话框中选择“新闻”选项卡。在该对话框中选择“添加”按钮，在弹出的下拉菜单中，选择“新闻”选项，如图 5-74 所示。

（2）在图 5-74 所示的下拉菜单中，选择“新闻”选项，便可启动“Internet 连接向导”，如图 5-75 所示。在“显示名”文本框内，在不重名的情况下，可以根据自己喜好，填入任意选择的名字。以后向新闻组投递文章时，该名字将出现在邮件的“发件人”字段中。请注意，如果用户已经设置过电子邮件账户，那么，这里已经把用户的姓名作为默认值填好，直接单击“下一步”按钮继续。

（3）在图 5-75 中，单击“下一步”按钮，弹出如图 5-76 所示的对话框，在“电子邮件地址”文本框中，填入电子邮件地址。

（4）在图 5-76 中，单击“下一步”按钮，弹出如图 5-77 所示的对话框。在“新闻（NNTP）服务器”下面的文本框内，填写新闻服务器的域名或 IP 地址。“新帆新闻组”新闻服务器的域名为“news. newsfan. net”。

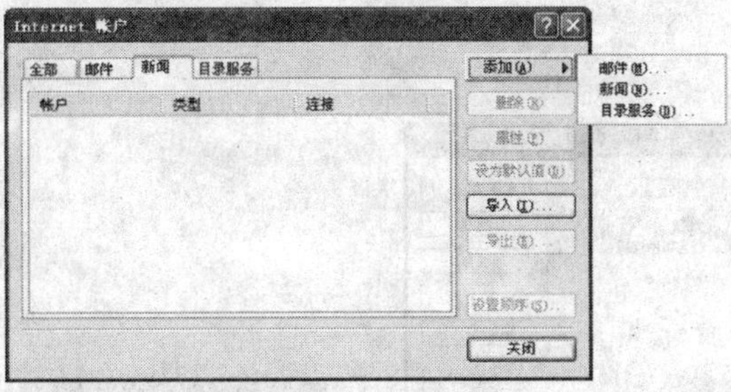

图 5-74 “新闻”选项卡

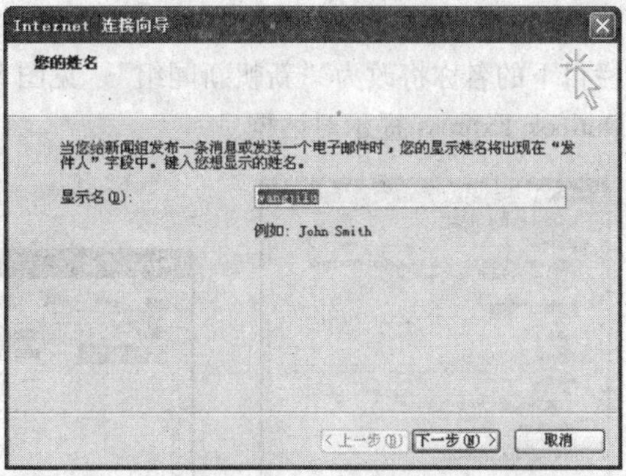

图 5-75 “Internet 连接向导”对话框

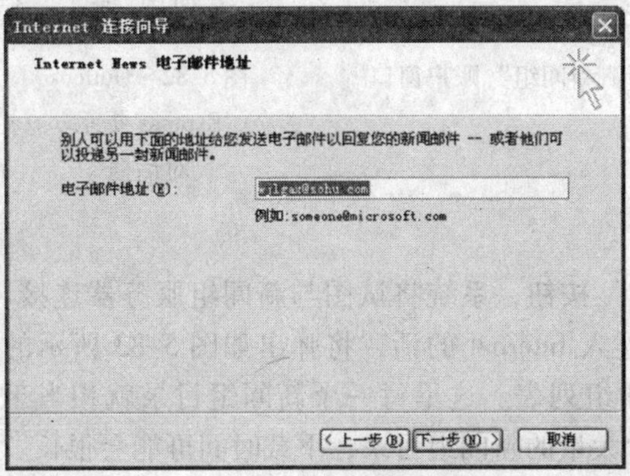

图 5-76 “Internet News 电子邮件地址”对话框

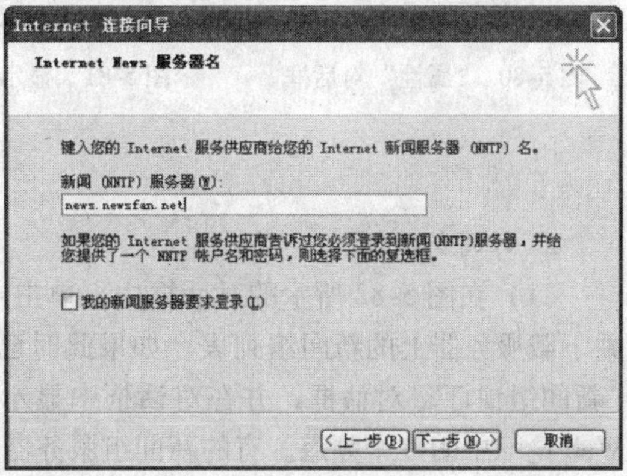

图 5-77 “Internet News 服务器名”对话框

（5）在图 5-77 中，单击“下一步”按钮，弹出如图 5-78 所示的账户设置完成对话框。单击“完成”按钮，将弹出如图 5-79 所示的对话框。

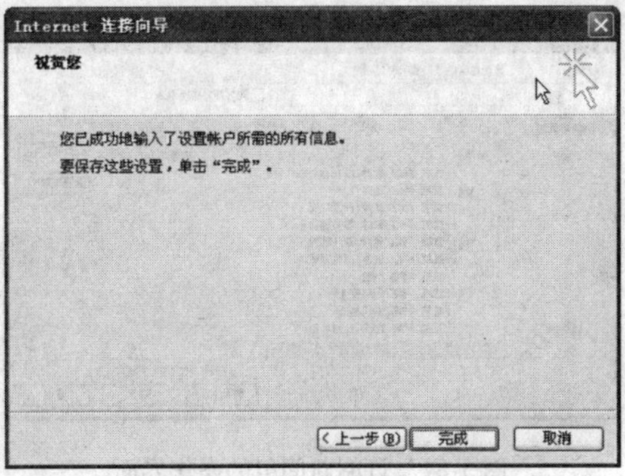

图 5-78 账户设置完成对话框

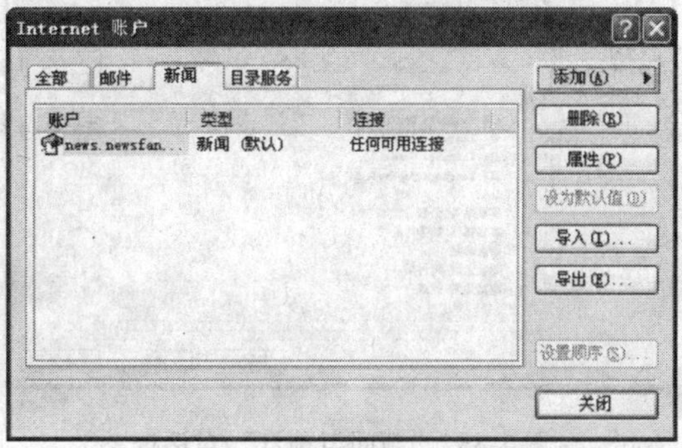

图 5-79 “Internet 账户”对话框

（6）在“Internet 账户”对话框中，先选中左侧的账户名称（默认为刚才输入的新闻服务器名），单击“属性”按钮，弹出如图 5-80 所示的“属性”对话框。在该对话框的“新闻账户”栏目下，可以用一个好记的名字来指代服务器名称，例如“新帆新闻组”。

（7）单击图 5-80 中的“确定”按钮，返回“Interent 账户”对话框，此时在“账户”栏目下的名称将改为“新帆新闻组”，见图 5-81。单击“关闭”按钮，弹出如图 5-82 所示的 Outlook Express 提示对话框。

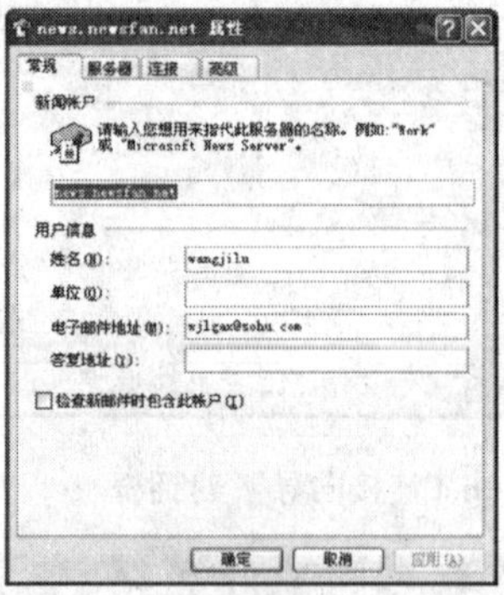

图 5-80 “属性”对话框

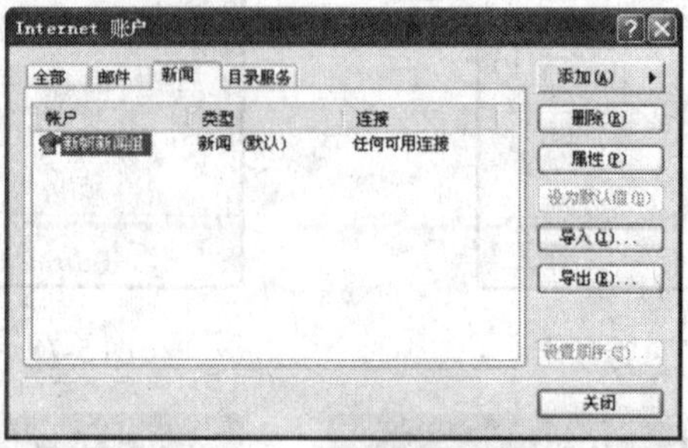

图 5-81 显示“新帆新闻组”账户窗口

图 5-82 Outlook Express 提示对话框

2. 订阅新闻组

（1）在图 5-82 所示的对话框中，单击“是”按钮，系统将试图与新闻组服务器连接，并下载服务器上的新闻组列表。如果此时已经连入 Internet 的话，将弹出如图 5-83 所示的“新闻组预订”对话框，并在对话框中显示新闻组列表。这里每一个新闻组目录就相当于 Web 论坛中的一个频道。有的新闻组服务器包含大量的新闻组目录，下载时间可能会很长。

（2）在图 5-83 所示的“新闻组预订”对话框中，通常会显示许多的新闻组目录，一般来说，用户只能选择自己感兴趣的新闻组目录，然后，单击“订阅”按钮，随后会在被选中的新闻组目录左边标注上一个标签，以表示被选中，从而完成新闻组的订阅工作，如图 5-84 所示。

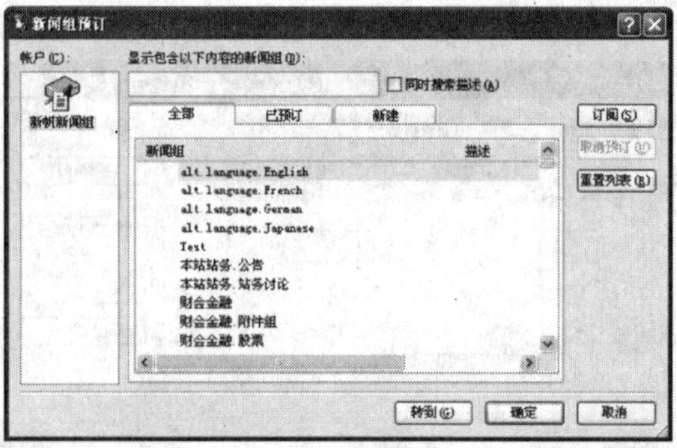

图 5-83 “新闻组预订”对话框

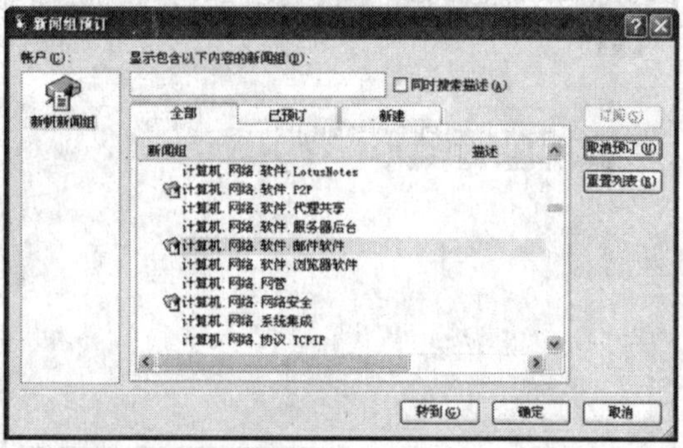

图 5-84 订阅新闻组的操作界面

3. 下载新闻组邮件

新闻组的最大特点是可以进行离线阅读，以往新闻组的一般下载过程是上网下载标题；离线标记感兴趣的话题；再上网下载标记过的邮件；然后离线进行阅读。

所以要下载和阅读新闻组的邮件，需要如此循环往复。但是如果在新闻组中，帖子的数量不是太多，则可以省掉上述的选择步骤，直接下载所订阅的新闻组里的全部新闻组邮件。

如果已经完成了必要的设置，下面的步骤是每次下载新闻组邮件时的固定操作。

（1）在开始下载之前，必须确定已经处于在线状态。

（2）在 Outlook Express 工作窗口的“文件夹”窗格中，选择“新帆新闻组”账户，在弹出的如图 5-85 所示对话框的右边窗格中，单击“同步账户”按钮，将弹出如图 5-86 所示的下载邮件窗口，开始下载新闻组中的邮件，并在下载完成后挂断。

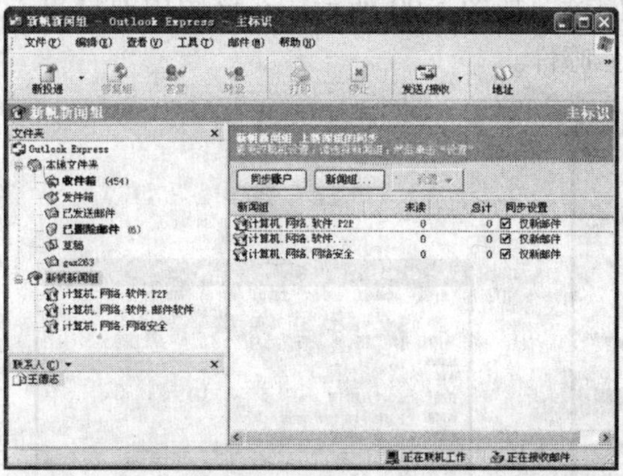

图 5-85　新闻组同步化窗格

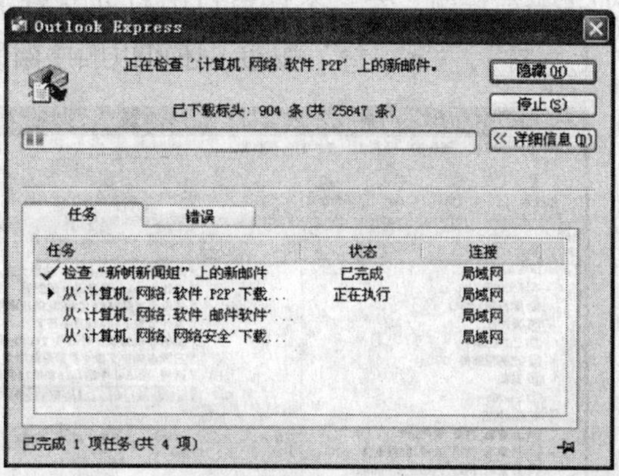

图 5-86　下载邮件窗口

注意　在进行下一步之前，应断开与 Internet 的连接，并在“文件”菜单中选择“脱机工作”选项，如图 5-87 所示。

4. 阅读新闻组邮件

新闻组邮件从新闻服务器下载以后，如何对数量繁多的新闻组邮件进行快速有效的阅读，是许多初次上网的读者想了解的问题之一。

（1）展开新闻组列表。在 Outlook Express 工作窗口的“文件夹”窗格中列出了本地的各种文件夹，如图 5-88 所示。单击“新帆新闻组”服务器文件夹图标左边的“+”，将展开该新闻服务器上新闻组列表。其中，用粗体显示的新闻组名字表示本组内有未读的新文章，后面括弧内的蓝色数字代表新文章的数量。

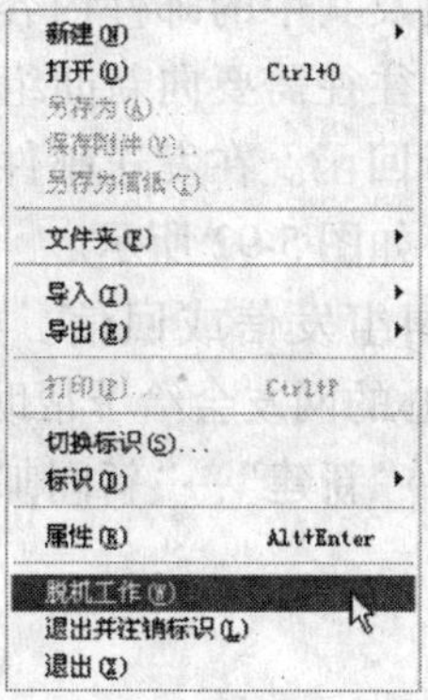

图 5-87　选择“脱机工作”选项

图 5-88　本地的各种文件夹

（2）查找并阅读新邮件文章。在图 5-89 左窗格的新闻组列表中，选择“计算机软件·

主页制作”新闻组，在右上方的窗格中，将显示该新闻组内的所有文章标题，如图 5-89 所示。其中，加粗显示的标题为未读标题。有的邮件标题较长，无法全部显示出来，用省略号代替。用户可以将鼠标指向该标题，稍停片刻，系统会自动显示完整的邮件标题。

单击图 5-89 右上方窗格内感兴趣的文章标题，文章的正文将会在右下方窗格内显示出来。如果文章内容较多，右下方窗格内显示不下，可以单击此处的邮件标题，然后拖动垂直滚动条来阅读该文章未被显示的部分，也可以拖动窗口周围的边框来调整窗口的大小，或者双击当前标题，在一个新窗口中打开文章进行阅读，如图 5-90 所示。在该图中通过单击“上一封”、“下一封”按钮，还可以顺序阅读其他邮件。

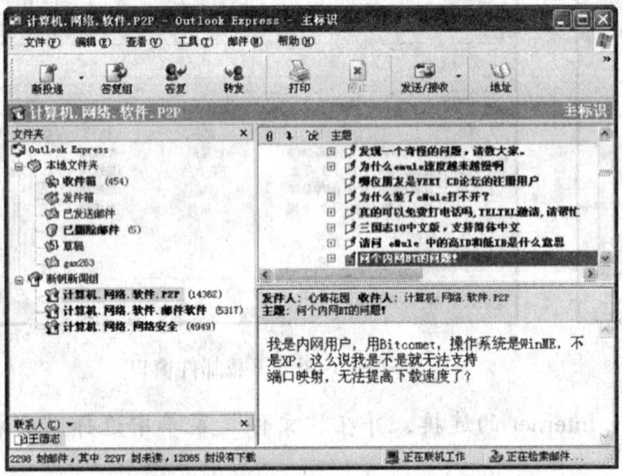

图 5-89　显示新闻组内所有文章标题

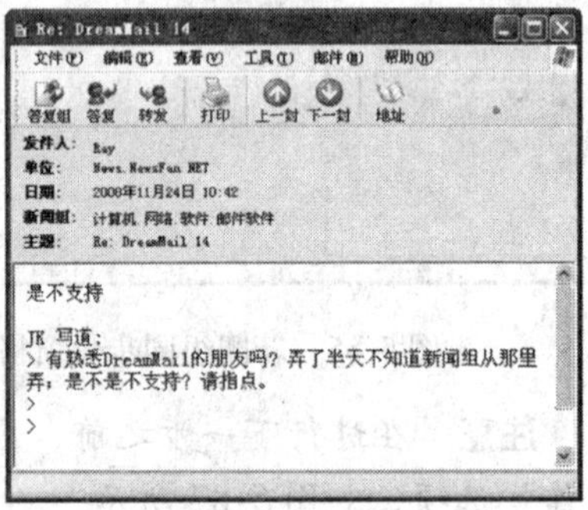

图 5-90　文章阅读窗口

所谓“线索”(Thread)，是指同一个原始的文章标题下，经其他人回复后形成的文章系列。带线索的文章标题前面均有一个“+”标志。单击此“+”，标志变成“-”，同时展开讨论线索，可以依次阅读本线索内的每一篇文章。阅读完成后，单击“-”标志，该线索还可以被再次折叠起来。例如，单击“怎样才能做好一个好的主页呢!”，文章标题右边的“+”，便立即展开该讨论问题的文章线索，如图 5-91 所示。

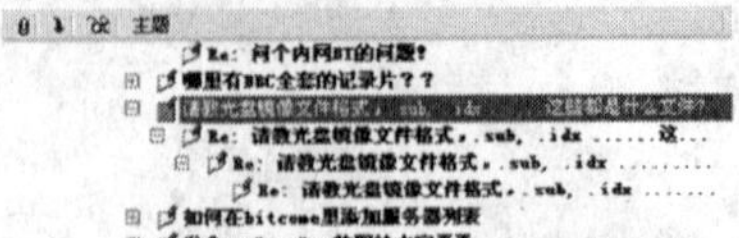

图 5-91　查找阅读线索

5. 发送新邮件与回复

当用户对新闻组及其中的邮件内容有所了解以后，为了参加新闻组讨论，往往需要向新闻组投递邮件或者给某一位新闻邮件的作者回函。在发送邮件时，需要用到新闻组窗口中的工具栏，如图 5-92 所示。

(1) 给某个新闻组发信或回信。如果用户有什么问题，可以发送邮件到相关的新闻组中，网络上许多热心的网友会给予帮助。要发邮件可单击工具栏上的“新投递”按钮，或者选择菜单“文件”→“新建”→“新闻邮件”命令，弹出的窗口如图 5-93 所示。

图 5-92 工具栏

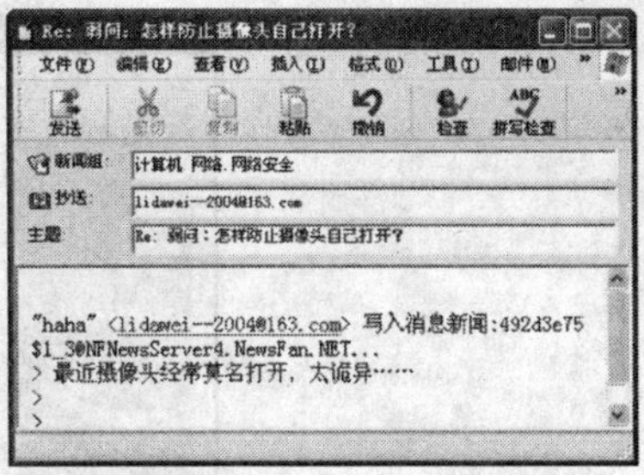

图 5-93 发邮件窗口

在“新闻组”文本框中，已自动填上邮件要发往的新闻组域名地址，例如，“计算机·网络·网络安全”；在“抄送”文本框中，输入抄送邮件的 E-mail 地址；在“主题”文本框中，输入邮件的标题。在邮件主体的空白框内，输入邮件的内容或对问题的见解。然后单击“发送”按钮，即可把邮件发送出去。

（2）给新闻稿作者发信或回信。在新闻组中，用户同样可以单击工具栏上的“答复组”按钮，或选择菜单“文件”中的“新闻邮件”，把信件寄到新闻稿作者的电子邮箱中，其操作方法与发送一般电子邮件类似。

5.5 使用 Foxmail 管理邮件

5.5.1 Foxmail 简介

Foxmail 是一款著名的电子邮件客户端软件，提供基于 Internet 标准的电子邮件收发功能。产品为完全免费软件。最新的 Foxmail 具有 RSS 阅读、智能反垃圾邮件、邮件分组等新功能。

Foxmail 软件适合运行在各个 Microsoft Windows 版本下，也可以在不同的网络接入形式下（如电话拨号上网或在局域网或专线连接）完成电子邮件的收发。Foxmail 软件安装简单方便，在 http://www.foxmail.com.cn 网站上免费下载最新的安装程序，在指定的驱动器上运行安装程序即可完成安装。

5.5.2 Foxmail 账户的建立

建立 Foxmail 账户首先要运行 Foxmail 程序，第一次运行时，系统会自动启动向导程序，引导用户添加第一个邮件账户。如图 5-94 所示。

在图 5-94 所示的窗口中填写以下内容。

（1）在“电子邮件地址”文本框输入用户完整的电子邮件地址。

（2）在“密码”文本框输入邮箱的密码，可以不填写，但是这样在每次 Foxmail 开启后的第一次收邮件时都要输入密码。

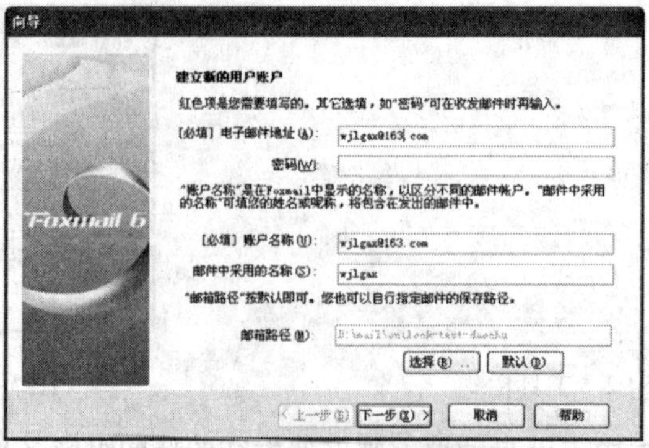

图 5-94 设置用户账户的向导

（3）在“账户名称”文本框输入该用户在 Foxmail 中显示的名称。可以按用户的喜好随意填写。Foxmail 支持多个邮箱账户，通过这里的名称可以让用户自己更容易区分、管理它们。

（4）在“邮件中采用的名称”文本框输入用户的姓名或昵称。这一内容将用来在发送邮件时追加姓名，以便对方可以在不打开邮件的情况下知道是谁发来的邮件。如果用户不输入这一项，对方将只看到用户的邮件地址。

（5）“邮箱路径”文本框则是用来设置该账户邮件的存储路径。用户邮件的存储路径一般不需要设置，这样该账户的邮件将会存储在 Foxmail 所在目录的 mail 文件夹下，以用户名命名的文件夹中。如果用户要将邮件存储在自己认为适合的位置，则可以单击“选择”按钮，在弹出的目录树窗口中选择某个目录。

接着单击“下一步”按钮，这时 Foxmail 会判断用户的电子邮件地址是否属于互联网上比较常用的电子邮箱，如果是的话，Foxmail 会自动相应地设置，继而就可以完成账户的建立，如图 5-95 所示。否则需要用户自行输入“POP3 服务器”、“POP3 账户名”和“SMTP 服务器”的内容。

注意 要知道“POP3 账户名”及“SMTP 服务器”的服务器地址，一般可以通过登录免费邮箱页面（或者可能的话，直接咨询邮件系统管理员），在帮助中会告诉用户 POP3 和 SMTP 的填写方法。

接着单击“下一步”按钮，弹出“账户建立完成”对话框，如图 5-96 所示。如果选中“邮件在服务器上保留备份，被接收后不从服务器删除”，则邮件收取后在原邮箱中还依然保留备份，用户还可以通过其他方式，如通过 IE 浏览器方式访问邮箱，或者在另外一台计算机上通过 Foxmail 获取这些邮件。否则的话只能在使用 Foxmail 软件的计算机上查阅邮件。需要注意，保留备份，要留意避免出现邮件一直没有清理而造成邮箱空间占满的情况。

在图 5-96 完成的窗口中，用户还可以单击“测试账户设置”按钮检查邮箱账户的设置是否成功、邮箱是否可用。如果测试成功，用户就可以使用这个邮箱了；如果不成功，用户可以返回检查用户填写的邮箱账户信息，或者检查计算机的网络环境是否正常。

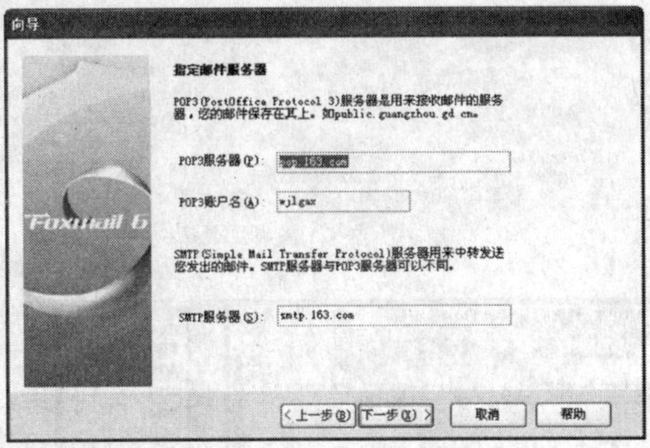

图 5-95　设置服务器

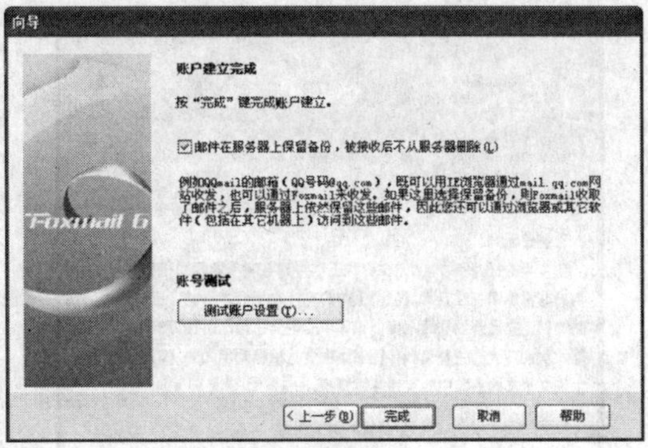

图 5-96　设置完成

最后，新建账户完成。单击“完成”按钮即可。

5.5.3　Foxmail 收发邮件

1. 使用 Foxmail 接收和阅读电子邮件

设置完成后就可以看到在账户窗口中出现了刚才设置的账户。如果在建立邮箱账户过程中填写的信息无误，接收邮件是非常简单的事情，只要选中某个邮箱账户，然后单击按钮工具条上的“收取”按钮即可。如果没有填写密码，系统会提示用户输入。接收过程中会显示进度条和邮件信息提示。如图 5-97 所示。当收邮件完成，在账户的各个邮箱旁边会显示邮件数目。

在收取邮件时，如果发现有新邮件，在悬浮的窗口里就会有通知，如图 5-98 所示。

图 5-97　收取邮件界面

图 5-98　新邮件通知

用鼠标单击邮件列表框中的一封邮件，邮件内容就会显示在邮件预览框里。用鼠标拖动两个框之间的边界，可以调整框体显示的大小。邮件预览框显示位置的布局，可以通过主界面最底部状态栏里的 4 个小的布局图标来调整。

收取邮件后就可以查看了，在左侧的邮箱列表中选择邮箱账号，在右边会出现要读的邮件列表，选中邮件，在下方就会出现邮件内容。双击邮件标题，将弹出单独的邮件阅读窗口来显示邮件。如图 5-99 所示。

如果有附件会有曲别针形状的图样，那么窗口右边就是附件，单击附件即可将它保存，如图 5-100 所示。

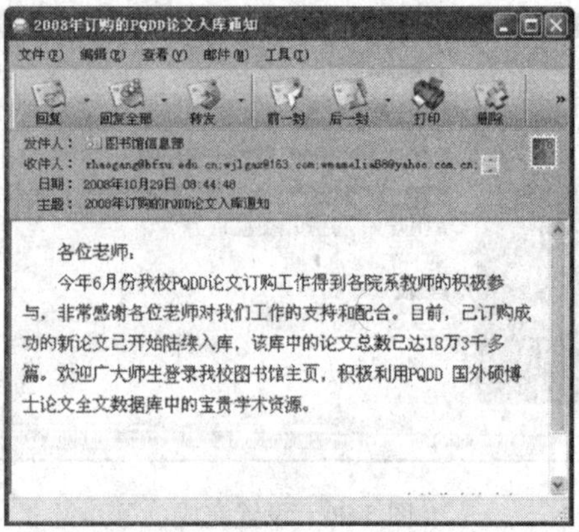

图 5-99　邮件查阅界面

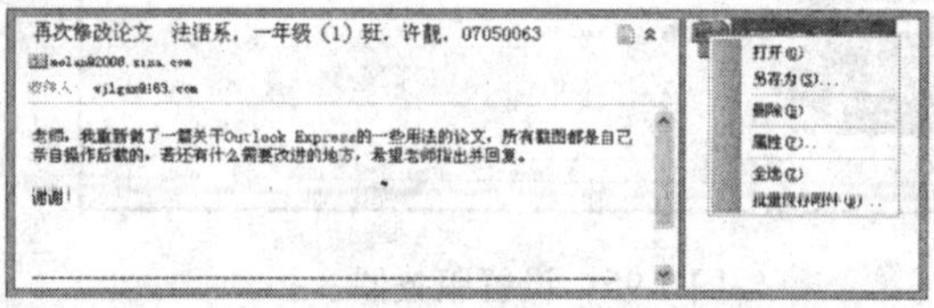

图 5-100　读取带附件的邮件

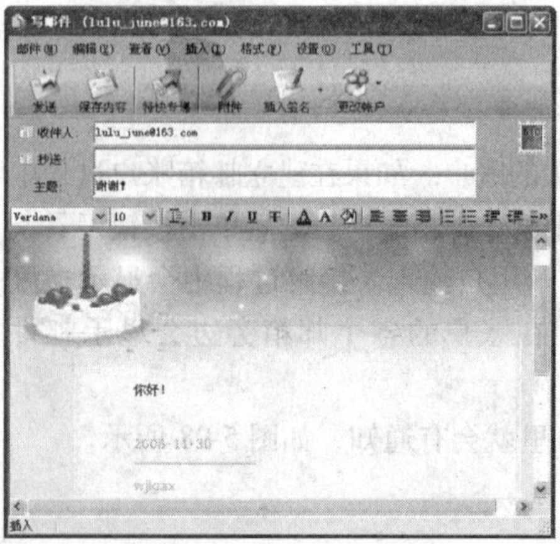

图 5-101　“写邮件”对话框

2. 使用 Foxmail 撰写和发送电子邮件

除了收取邮件方便，Foxmail 发送邮件也很方便，它给用户提供了很多模板。单击“撰写”按钮（单击它旁边的下三角按钮可以看到很多风格的模板）即可出现“写邮件”对话框，如图 5-101 所示。在这个窗口中，可以设置邮件的字体和颜色等，如果要添加附件可以单击图标，在弹出的窗口中添加附件。如果需要把邮件同时发给多个收件人，可以用英文逗号分隔多个 E-mail 地址。

写完邮件，有四种操作选择。

（1）发送。邮件保存在发件箱中，并立即发送出去，即使发送失败用户也不必担心，邮件已经保存在发件箱中了。

（2）特快专递。普通的邮件发送是通过用户的邮箱所属的 SMTP 邮件服务器进行投递的，而特快专递精简了投递过程，无须通过发送邮件服务器来投递，而是直接找到收件人邮箱所在的服务器，直接把邮件送到对方的邮箱中，避免邮件通过服务器中转所造成的延迟。这样，当用户发送完毕后，对方就可以立刻收到邮件了。

（3）保存内容。即将邮件保存到邮箱，等候发送。如果一个邮件还没有写完被迫中断，就可以保存内容。保存内容后保存为草稿的邮件放在发件箱中，用鼠标双击它可以重新打开，继续编辑。

5.5.4　设置多用户

Foxmail 的一个突出特点就是对多用户、多账户及多邮箱的管理。一般来说，如果是单个用户使用 Foxmail，可以只用一个账户进行邮件的收发。但是当用户拥有多个不同用途的 E-mail 地址，或者有多个用户使用同一台机器上的 Foxmail 软件收发 E-mail 时，添加多个账户将会带来很大的方便。

在 Foxmail 中新建账户的操作之前已经介绍，在这里就不再赘述。下面介绍用一个账户管理多个邮箱的方法。在建好的账户下的另外两个邮箱账户，可以同时连到多台服务器收取邮件。

(1) 选择“账户”菜单下的“属性”命令，在“账户属性”窗口中选择“其他 POP3”选项，打开如图 5-102 所示的对话框。

(2) 单击“新建”按钮，打开如图 5-103 所示对话框。

(3) 先给新连接起个名字并写在“显示名称”文本框中，再在“POP3 服务器”文本框下面填写相应的 POP3 服务器地址，然后分别在下面的“POP3 账户”文本框和“口令”文本框中填写用户名和邮件口令，填完后单击“确定”按钮。

(4) 这样新信箱就添加成功了，单击“收取”按钮旁边的下三角箭头，如图 5-104 所示，就会出现刚添加的新信箱。

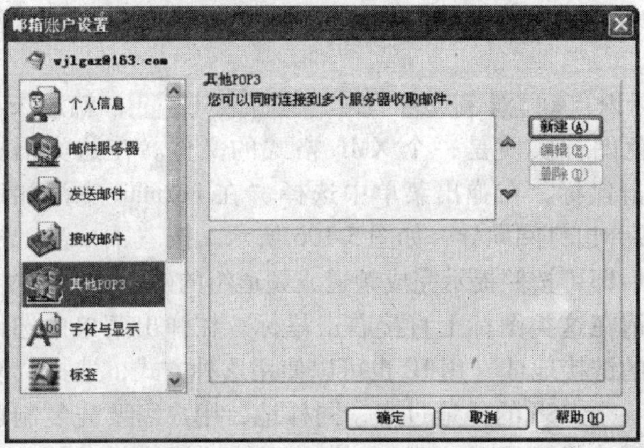

图 5-102 “其他 POP3”对话框

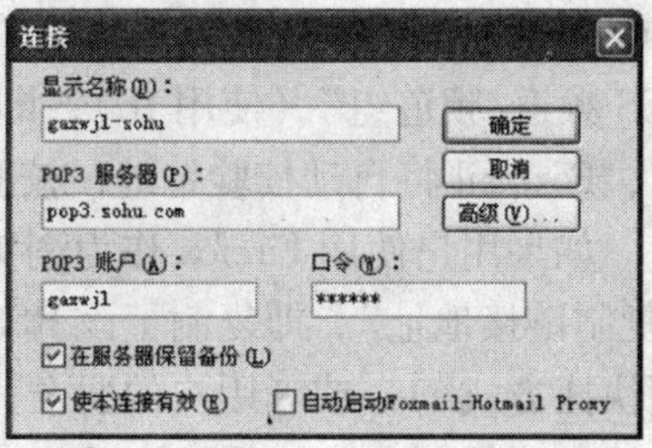

图 5-103 “连接”对话框

对于建立好的账户还可以进行一些常用的账户管理的操作，如新建账户、账户加密、账户更名、删除账户、导入账户和更改默认账户等操作。

5.5.5 远程邮箱管理

Foxmail 提供了“远程邮箱管理”功能，操作步骤如下。

(1) 选择“工具”菜单中的“远程邮箱管理”命令。

(2) 在弹出的“远程邮箱管理”窗口中单击“取服务器邮箱信息”，系统就开始从远程服务器上下载邮件信息。

(3) 如图 5-104 所示，下载完后会在窗口中列出所收到邮件的发件人、主题、日期和大小。根据这些信息判断邮件是否有用，然后选中邮件，单击“标记邮件为”按钮，从中选择“删除”、“收取”、“不收取”或“收取删除”命令，垃圾邮件可标记为直接从服务器上删除。

(4) 单击“在服务器上执行”命令，如图 5-105 所示，系统开始接收信件。用这种方法接收下来的都是确认过的有用的邮件。

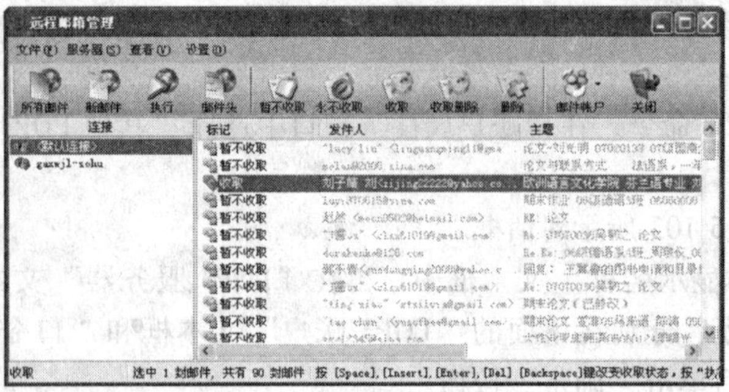

图 5-104 “远程邮箱管理”窗口

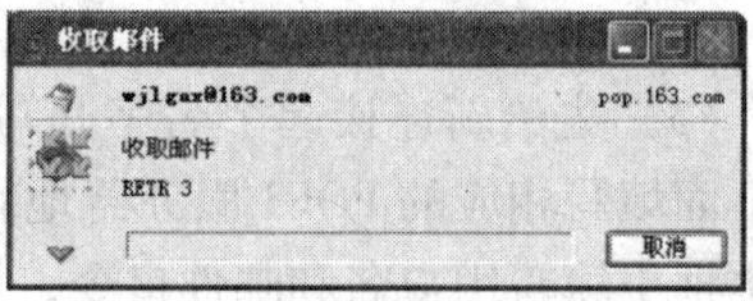

图 5-105 使用远程邮箱管理接收邮件

5.5.6 RSS 的使用

1. 新建频道

如果用户看到网页上有类似这样的标识：RSS XML ATOM 0.3 OPML，就意味着这些网站可以被 Foxmail 订阅。这些橙色图标实质是一个 XML 格式的文件。在这类图标（或者代表此类含义的链接）上直接右击鼠标，在弹出菜单中选择“在 Foxmail 中添加该 RSS 频道/频道组”（使用 IE），即可直接弹出订阅向导，如图 5-106 所示。按“下一步”按钮，Foxmail 将自动校验地址，校验成功后即可按照提示完成频道或频道组的建立。

如果用户使用 Firefox 作为浏览器，请在这类图标上直接右击鼠标，在弹出菜单中选择“复制链接地址”，即复制了该 RSS 频道的链接地址（用 IE 也可以使用这种方式，选择“复制快捷方式”）。或者用户的朋友直接发一个 RSS 的地址过来，同样地，用户需要先复制这个地址。复制完地址后，就可以在 RSS 阅读界面通过“RSS”菜单下的“新建频道”订阅频道了。在弹出的新建频道的窗口中，如图 5-107 所示，如果用户复制的是 RSS、XML 或 ATOM 的图标链接，那么选择“输入频道的网址，即频道的 newsfeed 地址”；如果用户复制的是 OPML 链接，那么选择“从一个 newsfeed 目录（即 OPML 频道群组文件）中选择建立频道”。选择之后进入下一步，将之前复制的地址粘贴进地址输入框中，按“下一步”按钮，Foxmail 将自动校验地址，校验成功后即可按照提示完成频道的建立。

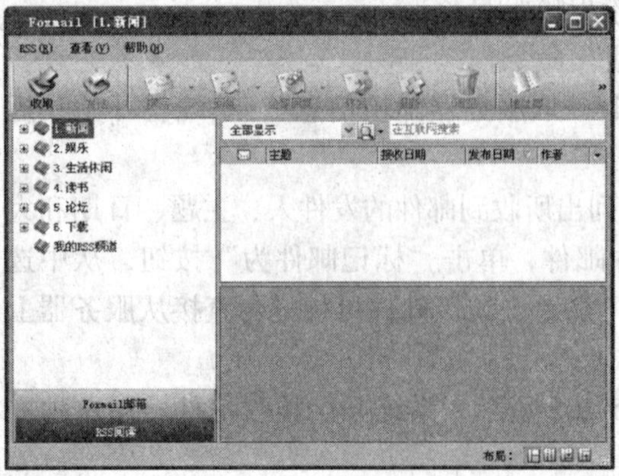

图 5-106 RSS 主窗口

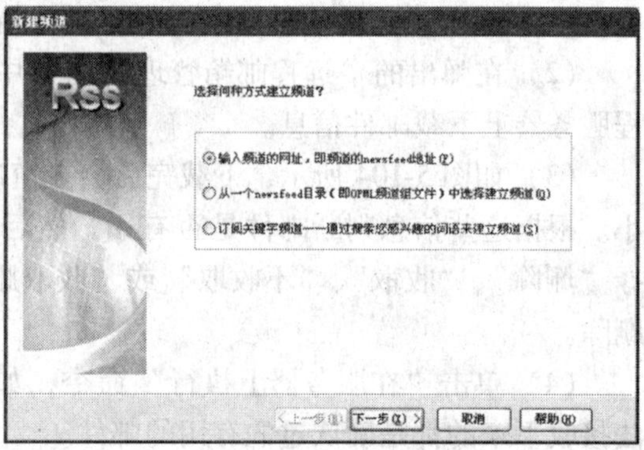

图 5-107 “新建频道”对话框

2. 收取文章

在 RSS 窗口中单击选中一个频道，即自动开始收取当前频道的文章。和收取邮件不同的是，为了避免不必要的干扰，收取文章并不会弹出一个收取的对话框，但用户可以注意到在频道名称左侧的图标会变成动态的形状，等收取完毕会回复到静态的形状。

此外，用户也可以在设置频道属性那里设定某个频道自动更新的周期，使 Foxmail 每隔一段时间就自动收取该频道内的文章（当然 Foxmail 要开启才可以自动收取）。或者一次性地将当前频道组下的所有频道都设置好自动更新或者不自动更新，方法是选中某一频道组，按鼠标右键，从弹出菜单中选取“频道组设置”即可进行设置。

提示 用户不必等到一个频道更新完毕，就可以选下一个频道来收取其中的文章。特别地，用户可以选中一个频道群组，通过在频道群组名称上按鼠标右键，在弹出菜单中选择“收取”，或者通过按“收取”按钮，可以依次收取频道群组下所有的频道的文章。

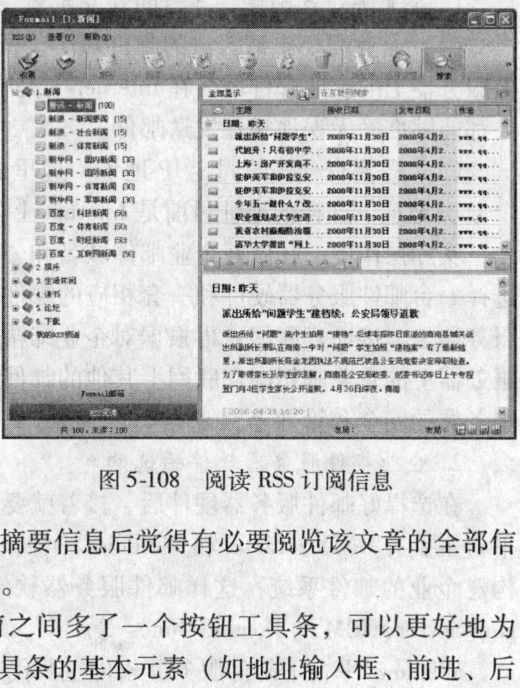

图 5-108 阅读 RSS 订阅信息

3. 文章阅读

文章收取后，阅读、管理文章和阅读、管理邮件是类似的，因此一些和邮件管理类似的内容（如过滤显示、搜索等）就不再重复说明了。这里仅对 RSS 阅读新增加的功能进行说明，帮助用户更好地进行 RSS 阅读。如图 5-108 所示。

（1）阅读方式 1：预览 RSS 摘要。选中一篇文章，可以立刻预览到相应文章的摘要信息（摘要信息已经被存放在本地了），方便快捷的同时，也避免受到广告的侵扰。如果用户看了摘要信息后觉得有必要阅览该文章的全部信息，可以再单击摘要上方的标题，阅读文章全文。

RSS 预览比邮件预览在文章列表窗和预览窗之间多了一个按钮工具条，可以更好地为 RSS 阅读服务。这个按钮工具条具备了浏览器工具条的基本元素（如地址输入框、前进、后退、刷新），可以像 IE 浏览器那样来访问网站；此外，预览工具条还具有以下功能：最左端的按钮可以实现预览窗的放/缩显示，方便用户更大面积地预览内容；具有上一篇、下一篇切换文章的按钮；样式下拉选择框中可以更改 RSS 预览的显示风格——用户可以指定用户喜欢的阅读风格，Foxmail 的 RSS 预览窗会立即显现出新的风格。

值得一提的是，除了能对某一篇文章预览之外，还可以预览频道的简报。在切换频道时，或者单击某一分组项（如“日期：今天”、“日期：更早”，等等）时，就可以将分组中包含的文章摘要组织成一个简报，在预览窗口显示出来（切换频道时显示的简报是首个分组项中的内容，例如“今天”的文章）。配合上面提到的预览工具条的放/缩显示，简报能为用户带来流畅的、一目了然的阅读感受。

（2）阅读方式 2：直接阅读 RSS 文章全文。在文章列表窗口直接双击一篇文章，或者选中文章后通过“RSS”菜单里的“新窗口打开文章”项，就可以弹出浏览器直接打开 RSS 的全文。这种方式可以在大的浏览器窗口里阅读完整的信息，不过因为文章的全文之前并没有下载到本地，因此和浏览网页一样，需要稍等一下才能显示出内容。

5.6 电子邮件服务器

5.6.1 电子邮件服务器概述

企业也可以组建自己的 Internet 邮件服务器，从使用的角度来看，拥有自己的邮件服务器，可以为自己的员工设置电子邮箱，还可以根据需要设置不同的管理权限等，并且，除了以一般的终端邮件程序方式（如 Outlook Express，Foxmail）收发 E-mail 之外，还可以实现 Web 方式收发和管理邮件，比一般 ISP 提供的电子邮箱和虚拟主机提供的信箱更为方便。

1. 企业邮箱及邮件服务器的建立步骤

（1）企业需要申请合法的邮件域名。同企业网站 web 域名被访问一样，建立在企业邮件服务器上的企业邮件域名在 Internet 上是唯一的、不重复的，使全世界所有接入 Internet 的人都能够准确无误地相互发送邮件。

（2）需要有合法的固定 IP 地址。这里的固定 IP 地址主要是指目前在 IPv4 范围内的一个 C 类地址，这样的地址目前是 Internet 上公认的，而且地址是越来越少。

实际操作中，在做好企业邮件域名和公网 C 类 IP 地址申请，并且映射好后，接下来要选择一台邮件服务器硬件和一套相应的邮件服务器软件，最后将邮件服务器软件安装配置在服务器上，接通互联网；再根据对企业邮箱的规划与设计，开设企业员工的邮箱，测试邮件服务器上的企业邮箱同互联网上其他的邮件服务器的邮件收发互通，加强对企业邮箱及邮件服务器的安全和管理等。

2. 企业邮件服务器软件的选购

在选择好邮件服务器硬件后，接着就要考虑邮件软件应用系统。目前的服务器操作系统平台主要有 UNIX、Linux 和 Windows 三种，UNIX 平台一般是针对大型企业的，在此基础上构建企业的邮件系统，这样邮件服务器软件的主要代表有 Sendmail、SUN 的 iPlanet Messaging Server、IBM 的 Domino/Notes 等。

Windows 平台下邮件服务器软件主要代表有 CommuniGate Pro、Merak Email Server Professional Suite、Kerio Mail Server、Microsoft Exchange、Rockliffe MailSite 、Imail Server、MDaemon、Winmail、CMailServer 等。

3. 企业邮箱及邮件服务器的安全和管理

由于受到 Internet 上病毒泛滥及黑客攻击的影响，现在的邮件服务器在安全防护技术上有了较大的提高，包括数据身份认证、传输加密、垃圾邮件过滤、邮件病毒过滤、安全审计等的多项安全技术在邮件服务器中都得到了很好的应用。

应该做好邮件服务器系统管理。对邮件服务器提供的各种服务连续进行工作情况记录，形成系统运行审计历史记录文件，查找系统故障原因所在，查看邮件服务器提供的日志，对当前邮件服务器正在运行的各种服务进行实时工作情况观察，动态调整系统控制参数。

5.6.2 Winmail 简介

Winmail Server，一个低成本的运行于 Windows NT/2000/XP/2003/Vista/2008 系统上的

邮件服务器软件，运行和维护成本低廉，稳定，高性能，有非常友好的管理界面。

Winmail Server 既可以作为邮件服务器、E-mail 服务器，也可以作为拨号 RAS/ISDN/ADSL 宽带/FTTB/PSTN/有线通（Cable Modem）/LAN 等接入方式的邮件服务器和邮件网关。

Winmail Server 的硬件需求为：Intel Pentium 以上处理器，已安装并正确配置的网卡，微软的 TCP/IP 网络或支持 TCP/IP 的拨号网络连接，2G 以上的磁盘空间（为一个 20 名用户的工作组），至少 128MB 内存，文件系统一般推荐 NTFS（不推荐 FAT）。Winmail Server 可以安装在 Windows NT4、Windows 2000、Windows XP 及 Windows 2003/Vista/2008 等 Windows 操作系统上。

作为邮件服务器，Winmail Server 可以用专线，也可以用拨号网络。当然，拨号由于网速的限制，发送/接收邮件的速度不会很快。

5.6.3　Winmail Server 邮件服务器的安装

可以到 http：//www. magicwinmail. com 去下载最新的安装程序。

（1）选择安装目录。

（2）选择安装组件。Winmail Server 主要的组件有服务器核心和管理工具两部分。服务器核心主要是完成 SMTP，POP3，ADMIN，HTTP 等服务功能；管理工具主要是负责设置邮件系统，如设置系统参数、管理用户、管理域等。

（3）选择附加任务。服务器核心运行方式主要有两种：作为系统服务运行和单独程序运行。以系统服务运行仅当用户的操作系统平台是 Windows NT4、Windows 2000、Windows XP 以及 Windows 2003 时，才能有效；以单独程序运行适用于所有的 Windows 操作系统。同时在安装过程中，如果检测到配置文件已经存在，安装程序会让用户选择是否覆盖已有的配置文件，注意升级时要选择“保留原有设置”。

（4）设置密码。在上一步中，如果用户选择覆盖已有的配置文件或第一次安装，则安装程序还会让用户输入系统管理员密码和系统管理员邮箱的密码，当然以后是可以修改的。

系统安装成功后，安装程序会让用户选择是否立即运行 Winmail Server 程序。如果程序运行成功，将会在系统托盘区显示图标；如果程序启动失败，则用户在系统托盘区看到图标，这时用户可以到 Windows 系统的“管理工具”→“事件查看器”查看系统“应用程序日志”，了解 Winmail Server 程序启动失败的原因。

5.6.4　Winmail Server 初始化配置

在安装完成后，管理员必须对系统进行一些初始化设置，系统才能正常运行。服务器在启动时如果发现还没有设置域名会自动运行快速设置向导，用户可以用它来简单快速地设置邮件服务器。如图 5-109 所示。当然用户也可以不用快速设置向导，而用功能强大的管理工具来设置服务器。

1. 使用快速设置向导设置

当 Winmail 服务器系统启动时弹出快速设置向导窗口，用户输入一个要新建的邮箱地址及密码，单击“设置”按钮，设置向导会自动查找数据库是否存在要建的邮箱及域名，如果发现不存在向导，会向数据库中增加新的域名和新的邮箱，同时向导也会测试 SMTP、POP3、ADMIN、HTTP 服务器是否启动成功。设置结束后，在“设置结果”栏中会报告设置信息及服务器测试信息，设置结果的最下面也会给出有关邮件客户端软件的设置信息。

为了防止垃圾邮件，强烈建议启用 SMTP 发信认证。启用 SMTP 发信认证后，用户在客户端软件中增加账户时也必须设置 SMTP 发信认证。

2. 使用管理工具设置

（1）登录管理端程序。运行 Winmail 服务器程序或双击系统托盘区的图标，启动管理工具，如图 5-110 所示。

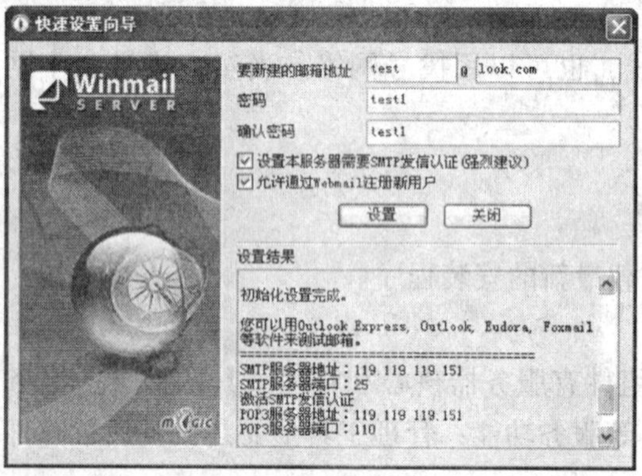

图 5-109 “快速设置向导”对话框

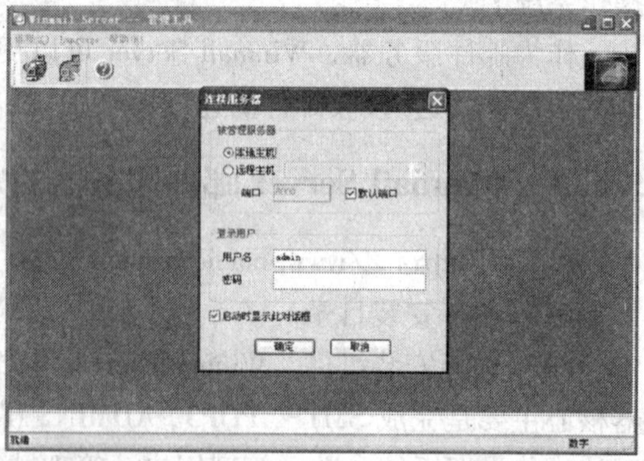

图 5-110 管理工具登录窗口

管理工具启动后，用户可以使用用户名（admin）和在安装时设定的密码进行登录。

（2）检查系统运行状态。管理工具登录成功后，使用“系统设置”→“系统服务”查看系统的 SMTP、POP3、ADMIN、HTTP、IMAP、LDAP 等服务是否正常运行，如图 5-111 所示。绿色的图标表示服务成功运行，红色的图标表示服务停止。

如果发现 SMTP、POP3、ADMIN、HTTP、IMAP 或 LDAP 等服务没有启动成功，请使用“系统日志”→“SYSTEM”命令查看系统的启动信息，如图 5-112 所示。

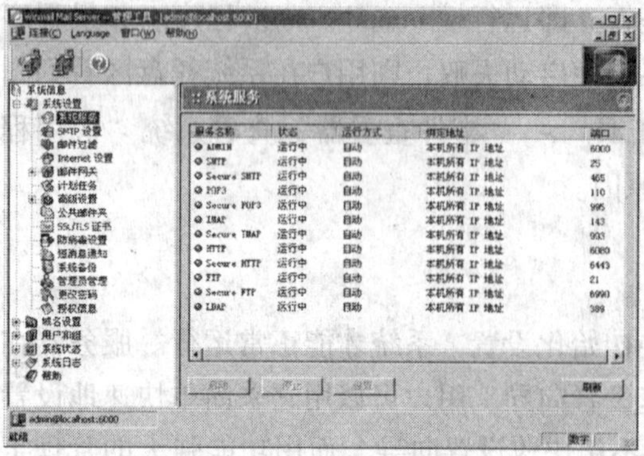

图 5-111 查看系统服务

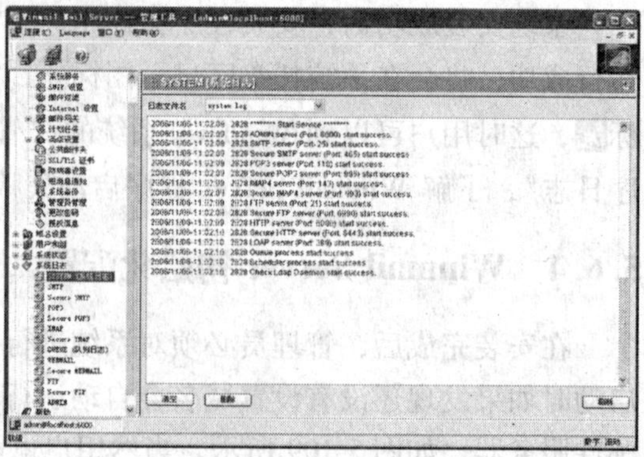

图 5-112 系统日志

如果出现启动不成功，一般情况都是端口被占用无法启动，请关闭占用程序或者更换端口，再重新启动相关的服务。例如，在 Windows 2000 默认安装时会安装 IIS 的 SMTP 服务，从而导致邮件系统 SMTP 服务器不启动。如果找不到占用程序，可以用一个名为 Active Ports

的工具软件查看哪个程序占用了端口，可到 http：//www.magicwinmail.com/网站下载。

（3）设置邮件域。为邮件系统设置一个域。请使用“域名设置”→“域名管理”命令，如图5-113所示。

（4）增加邮箱。用户成功增加域后，可以使用“用户和组”→“用户管理”命令加入几个邮箱账号，如图5-114所示。

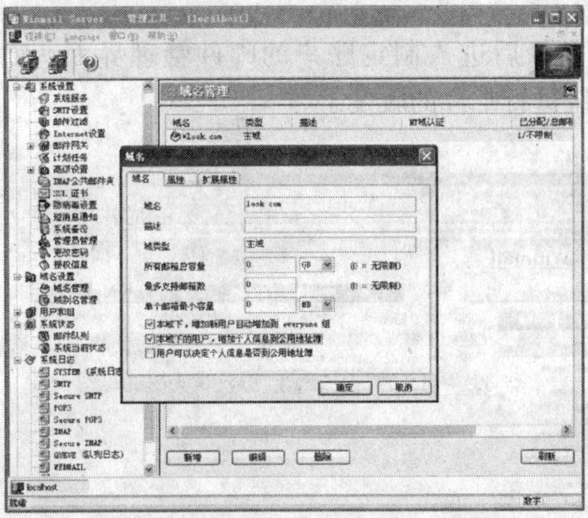

图5-113　域名管理

图5-114　用户管理

（5）SMTP基本参数设置。打开Winmail管理工具，在“系统设置”→“SMTP设置”→“基本参数”下设置有关参数，这些参数关系到邮件能否正常收发，根据具体情况合理、规范地设置，如图5-115所示。

（6）防病毒软件安装与设置。Winmail Server支持几乎所有的杀毒引擎，并支持病毒防火墙，内嵌API。在Winmail Server管理工具窗口选择“防病毒设置”选项，勾选“启用扫描病毒邮件”功能，选择“使用文件实时防护或病毒防火墙”选项即可，如图5-116所示。

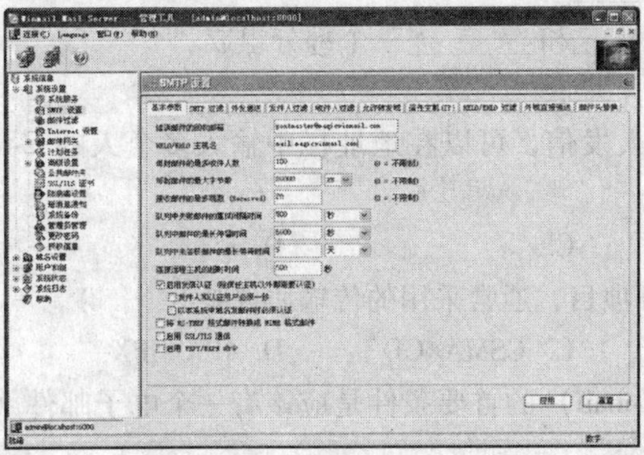

图5-115　SMTP基本参数设置

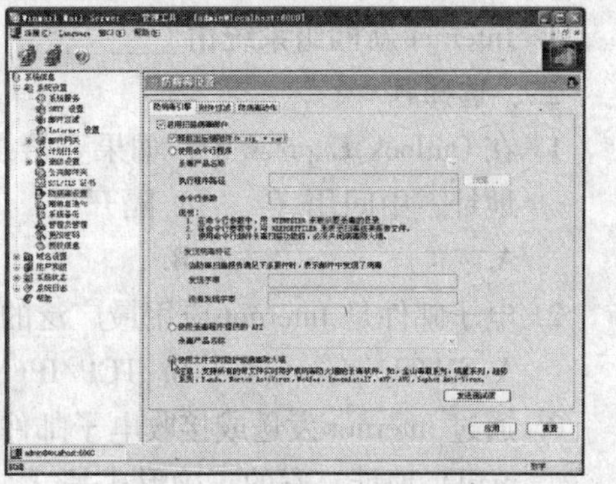

图5-116　防病毒软件安装与设置

5.6.5　Winmail邮件的使用

以上各项均设置完成后，可以使用常用的邮件客户端软件如Outlook Express，Foxmail来进行邮件收发的操作。注意，在设置时将“发送邮件服务器（SMTP）”和“接收邮件服务器（POP3）”项中设置为邮件服务器的 IP 地址或主机名。Winmail 系统支持 Winmail 收发邮件，这里通过 Web 方式对 Winmail 邮件进行收发的使用。

1. 登录 Winmail

打开浏览器窗口，在地址栏输入 http：//yourserverip：6080/，浏览器就会显示如图 5-117 所示的 Winmail 登录界面。

2. 文件夹列表

在登录界面中输入用户名和密码后，单击登录后进入制定账户的邮件管理界面。如图 5-118 所示。用户就可以利用 Winmail 邮件系统进行邮件的收发了。

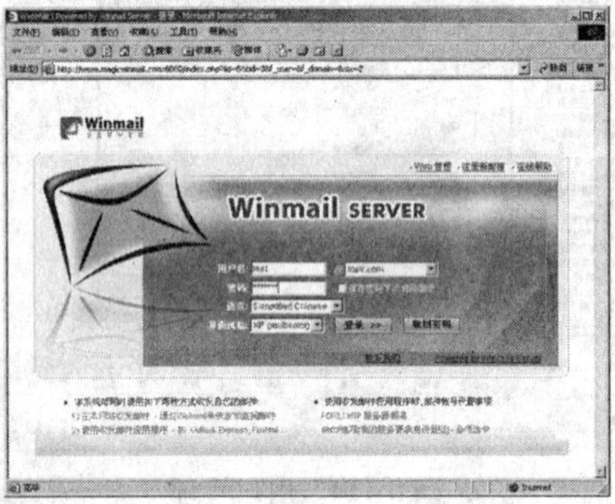

图 5-117　Winmail 登录

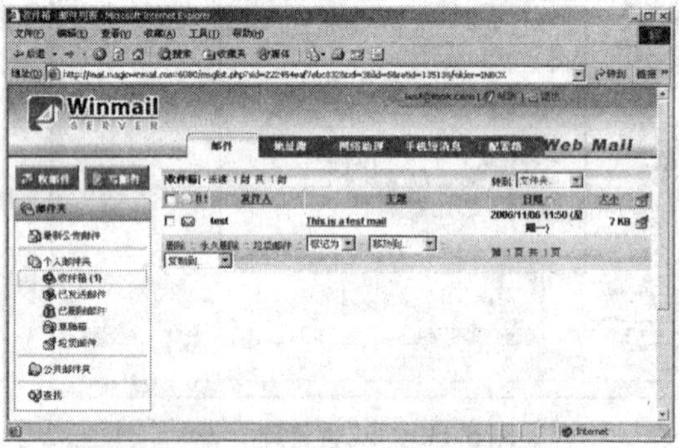

图 5-118　Winmail 文件夹列表

习题

一、填空题

1. 电子邮件系统由______、______和______三部分组成。

2 常用的电子邮件客户端软件有______、______和______等。

3. 电子邮件的接收方式有______和______。

4. Internet 新闻组系统由______、______和______三个部分组成。

二、选择题

1. 在 Outlook Express 中，如果要给多个人发信，可以在地址栏中输入多个人的 E-mail 地址，中间用（　　）隔开。

A. ：　　B. ；　　C. /　　D. *

2. 电子邮件是 Internet 应用最广泛的服务项目，通常采用的传输协议是（　　）。

A. SMTP　　B. TCP/IP　　C. CSMA/CD　　D. IPX/SPX

3. 通过 Internet 发送或接收电子邮件（E-mail）的首要条件是应该有一个电子邮件（E-mail）地址，它的正确形式是（　　）。

A. 用户名@域名　　B. 用户名#域名

C. 用户名/域名　　D. 用户名．域名

4. 关于电子邮件，下列说法中错误的是（　　）。

A. 发送电子邮件需要 E-mail 软件支持

B. 发件人必须有自己的 E-mail 账号

C. 收件人必须有自己的邮政编码
D. 必须知道收件人的 E-mail 地址
5. 关于 Internet，以下说法错误的是（　　）。
A. 用户利用 HTTP 协议使用 Web 服务
B. 用户利用 NNTP 协议使用电子邮件服务
C. 用户利用 FTP 协议使用文件传输服务
D. 用户利用 DNS 协议使用域名解析服务
6. 电子邮件的发送者（　　）。
A. 必须在固定的时间/任何地点　　B. 可以在任何时间/任何地点
C. 必须在固定的时间/固定地点　　D. 必须在固定的地点/任何时间
7. 电子邮件具有固定的格式，电子邮件由两部分组成：邮件头：（mail header）和邮件体（mail body）。下列描述邮件头更全面的选项是（　　）。
A. 发件人地址、收件人地址和日期
B. 发件人地址、收件人地址、时间和邮件主题
C. 发件人地址、收件人地址和抄送人地址
D. 发件人地址、收件人地址、日期、时间、邮件主题和抄送人地址
8. 在“Outlook Express”已删除邮件文件夹中的邮件，能否恢复？（　　）
A. 可以恢复，不需条件　　B. 可以恢复，需要条件
C. 不能恢复，不需条件　　D. 不能恢复，需要条件
9. Outlook Express 是安装在（　　）上的支持电子邮件基本协议的（　　）端软件。
A. ISP 服务器、服务器　　B. ISP 服务器、客户端
C. 个人计算机、服务器　　D. 个人计算机、客户端
10. 从系统结构上看，Internet 网络新闻组系统采用的是（　　）。
A. 客户－服务器　B. P2P　C. 集中式　D. 分布式

三、简答题

1. 电子邮件系统由哪几部分组成？
2. 电子邮件的格式是如何规定的？
3. 接收电子邮件的方式有哪些，各自的优缺点是什么？电子邮件客户端程序有哪些种类？
4. 什么是 Internet 新闻组？
5. 邮件服务器的功能是什么？

四、实验

1. 在 Internet 上申请电子邮件账户。
2. 通过 Web 方式使用电子邮箱。
3. 通过客户端软件收发电子邮件，掌握电子邮件账户的设置和管理。
4. 进行 Winmail 电子邮件服务器安装和使用。

第6章 文件传输与下载

6.1 文件传输概述

6.1.1 文件传输的基本概念

文件传输（file transfer）是指通过一条网络连接从远地站点（remote site）向本地主机（local host）复制文件。为达到这样的目的，文件传输过程可以遵循不同的传输协议，例如，HTTP、FTP、TFTP、RSTP 等多种协议；同时亦可采用不同的工作模式完成文件的传递，如客户 - 服务器 模式、P2P 模式。文件传输是个广义上的概念，FTP 文件传输只是众多文件传输类别中的一种。文件传输大多会借助于各种工具软件，这些工具软件在特定的环境下发挥各自的功用。例如，像 CuteFTP、FlashGet 等软件主要用于基于 FTP/HTTP 协议的文件传输，而 BitComet、eMule 等软件主要用于 P2P 工作模式下的文件传输，网络传输带、StreamBox 等软件适合于下载流媒体类的文件。而在局域网中广泛使用飞鸽传书（IPMsg）、NetMeeting 等软件在文件传输过程中的作用有目共睹，值得注意的是，目前的下载软件都朝着综合性方向发展，即下载工具不再局限于某种单独一类文件类型的传输，而是支持多种协议的文件下载。例如，迅雷等下载工具可以下载几乎所有类型的网络传输文件，这无疑给用户带来了极大的便捷，用户完全可以根据自己的喜好和需求对下载工具软件进行选择。

6.1.2 Internet 上常用的下载方法和工具

1. Internet 上常用的下载方法

（1）直接单击下载。直接单击所需资源的链接后，可以激活保存的页面进行保存。

（2）右键单击下载。在所选资源处，右击，然后，在激活的快捷菜单中，选择适合的下载方法。

（3）网页下载（保存网页）。首先选择需要的资料，然后依次选择“文件”→“另存为”选项；最后确定保存位置后，单击“保存”按钮，即可完成资料的下载和保存。

（4）应用（专用）软件下载。利用一些专用的下载软件来下载；这种方法最大的两个优点就是“多线程下载”功能和“断点续传”功能。

2. 常用的下载软件及其特点

目前常用的下载方式有 Web 方式下载和 P2P 方式下载：Web 下载方式又分为 HTTP 与 FTP 两种类型，它们分别是 Hyper Text Transportation Protocol（超文本传输协议）与 File Transportation Protocol（文件传输协议）的缩写，它们是计算机之间交换数据的方式，也是两种最经典的下载方式，该下载方式原理非常简单，就是用户两种规则（协议）和提供文件的服务器取得联系并将文件搬到自己的计算机中来，从而实现下载的功能。此种下载方式使用的软件有 Netants（网络蚂蚁）、FlashGet（网际快车）、CuteFTP、FlashXP 等。

BT 下载实际上就是 P2P 下载，该种下载方式与 Web 方式正好相反，该种模式不像 Web 下载方式完全依赖服务器，文件传输过程中强调在用户机与用户机之间进行传播，也可以说每台用户机都是服务器，讲究“人人平等”，每台用户机在自己下载其他用户机上文件的同时，还提供被其他用户机下载的作用，所以使用这种下载方式的用户越多，其下载速度就会越快。P2SP 下载方式实际上是对 P2P 技术的延伸，它不但支持 P2P 技术，同时还通过多媒体检索数据库这个桥梁把原本孤立的服务器资源和 P2P 资源整合到了一起，这样下载速度更快，同时下载资源更丰富，下载稳定性更强。能够实现 P2P 下载的软件有 Thunder（迅雷）、BitComet（比特彗星）、eMule（电骡）等。

P2P 技术和流媒体技术的完美结合使网络应用多样化，基于流媒体传输协议的文件传输和下载是另外一种文件下载类别，这种下载方式中典型的软件有 Net Transport（网络传送带）、StreamBox VCR 等软件。

目前的下载软件趋于功能综合化，即可以下载遵循不同类型协议进行传输的文件，例如，迅雷，支持 HTTP、FTP、RTSP、MMS、PNM 等多种协议的文件下载，使得软件不再只针对某一种协议类型的文件传输，给用户带来了很大方便。使用专用下载软件可以极大地提高下载速度，同时也具备以下一些功能特点。

- 多线程下载：是一种将一个软件分为几个部分同时下载的方法。下载后，再通过软件将这几部分合并起来。一般认为，使用网际快车和不使用任何工具相比的下载速度可以提高 100%～500%。
- 断点续传：是指在文件下载过程中，如果出现了突然的中断或停止，下载工具会自动保存已下载的部分；当再次下载时，可以自动从中断的地方继续下载，而不用重复下载以前的部分。
- 下载文件的分类管理：好的下载工具可以创建多种类别，每个类别都可以指定单独的文件目录，这样可以将下载的文件自动分类保存到不同的目录中去。

3. 使用迅雷软件进行文件下载

迅雷使用的多资源超线程技术基于网络原理，能够将网络上存在的服务器和计算机资源进行有效的整合，构成独特的迅雷网络，通过迅雷网络，各种数据文件能够以最快的速度进行传递。

（1）安装迅雷 5。登录迅雷的官方网站 http：//www. xunlei. com，下载迅雷的最新安装程序进行安装。

步骤 1：如图 6-1 所示，单击迅雷 5 下载窗口上的“运行”按钮，立即运行下载完成的“迅雷 5”客户端安装包。

步骤 2：如图 6-2 所示，运行了“迅雷 5”客户端的安装包后，可以看到安装“迅雷 5”的向导界面。单击“下一步”按钮。

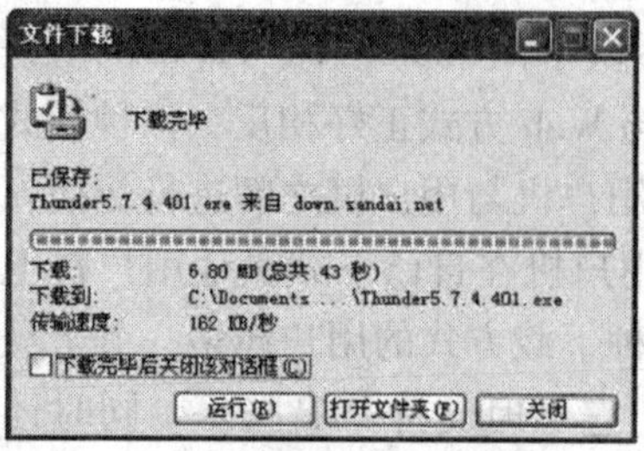

图 6-1 迅雷安装程序下载对话框

图 6-2 迅雷安装向导对话框

步骤 3：如图 6-3 所示，在认真阅读了迅雷安装许可协议后，选择“我同意此协议”项，单击“下一步”按钮。

步骤 4：如图 6-4 所示，出现“迅雷 5”安装的选项窗口，可以在这里设置是否安装“迅雷 5”的某个组件，每个组件后面都会有相应的功能说明，请按需要选择。选择完成后单击“下一步”按钮。

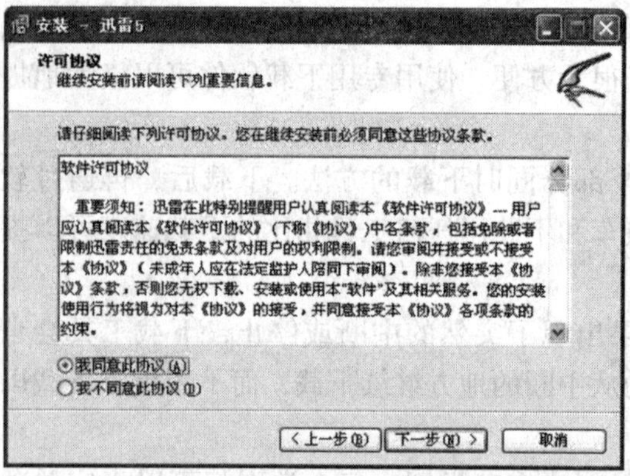

图 6-3 迅雷安装许可协议对话框

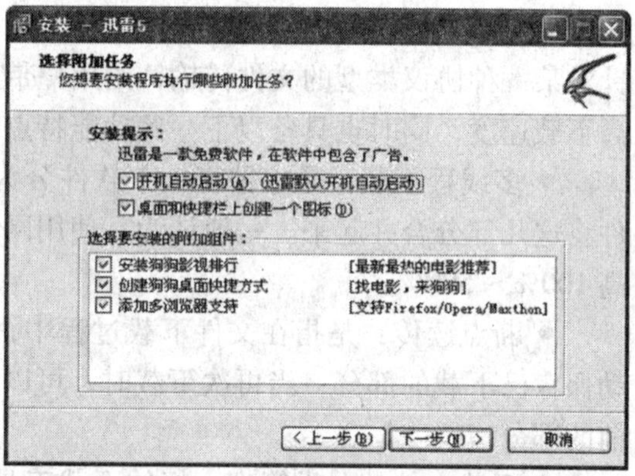

图 6-4 选择附加任务对话框

步骤 5：如图 6-5 所示，在这个界面上可以选择“迅雷 5”安装的目录，单击“浏览”按钮来自行设置，同时系统设置了一个默认目录，可以直接单击“下一步”按钮。

步骤 6：“迅雷 5”的安装已经准备就绪了，只要单击“安装”按钮就会立即安装“迅雷 5”，如果需要更改设置，请单击“上一步”按钮进行更改。如图 6-6 所示。

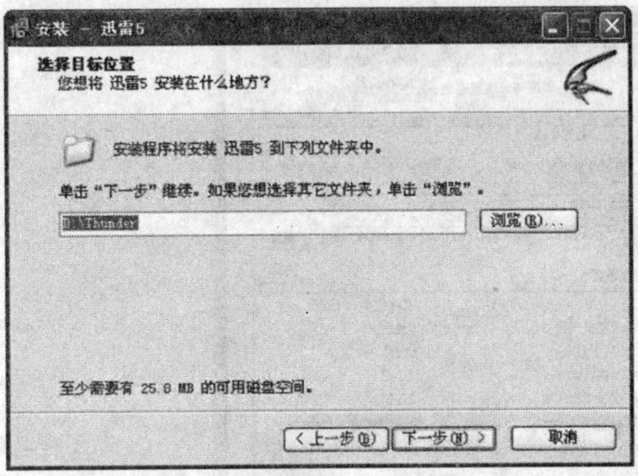

图6-5　选择目标位置对话框

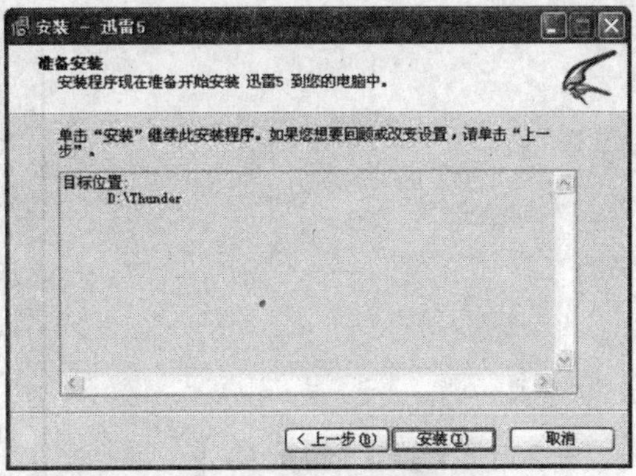

图6-6　准备安装对话框

步骤7：稍等片刻，安装完成后就会出现“迅雷5”的安装结束窗口，可以选择“查看更新信息”或“启动迅雷5”项，单击“完成”按钮结束安装。如图6-7所示。现在用户可以正常使用迅雷5下载软件了。

(2) 使用迅雷下载资源。

① 下载资源。迅雷5最新版本支持BT资源下载，下面以下载BT资源为例说明下载资源的操作步骤。

步骤1：找到一个BT资源下载地址，右击下载地址，选择使用迅雷下载，选择保存的位置后，单击“确定”按钮，如图6-8所示。

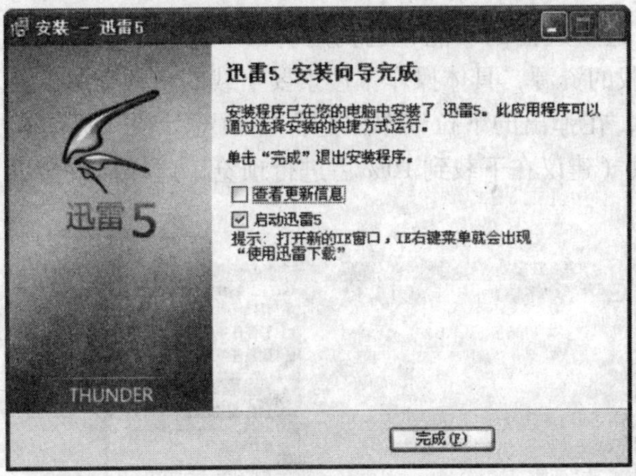

图6-7　迅雷安装完成对话框

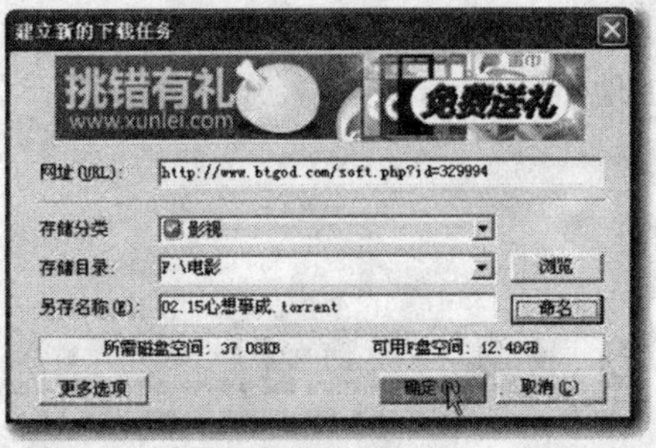

图6-8　建立新的下载任务对话框

提示　这一步的下载过程就是多数网络资源所采用的下载方式。可以通过单击迅雷主窗口中“新建”按钮，打开“建立新的下载任务”对话框进行文件的下载。

步骤2：单击“确定”按钮后，迅雷就会下载完成BT种子，双击下载完的BT种子，如图6-9所示。

步骤3：双击种子后，迅雷就会弹出新建任务对话框，在“常规”选项卡中选择要下载的资源，设定存储目录和存储分类后，单击“确定”按钮，迅雷就开始下载资源了。如图6-10所示。

图 6-9　种子文件

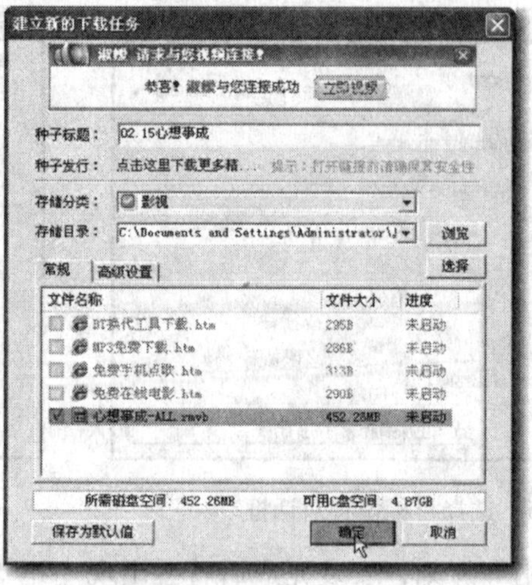

图 6-10　新建任务对话框

② Flash 和视频上的“下载”按钮。为了方便用户下载网页上的视频和 Flash 或音乐等内容，迅雷专门制作了流媒体监视功能，该功能能够在将鼠标移动到视频和 Flash 或音乐等内容上时显示一个“下载”按钮，单击即可进行立即下载，十分方便，如图 6-11 所示。但是有时会出现无法显示“下载按钮”的情况，这是因为为了避免影响用户的操作，悬浮按钮会在 5 秒之内没有单击的情况下自动消失。出现这种情况时，先把鼠标从视频和 Flash 或音乐等内容上移开，再移动回来就会显示。

③ 边下载边播放功能。迅雷 5 新增了边下边播的功能，也就是说在下载一个电影或一个视频时，在下载的过程中可以预览所下载的资源，具体操作：搜索要下载的视频资源，使用迅雷 5 下载资源，在下载的资源上右击，在弹出的下拉菜单中选择“预览”项（见图 6-12），系统就会打开默认的播放器进行播放（建议在下载到 10% 后进行预览，这样播放会更加地流畅）。

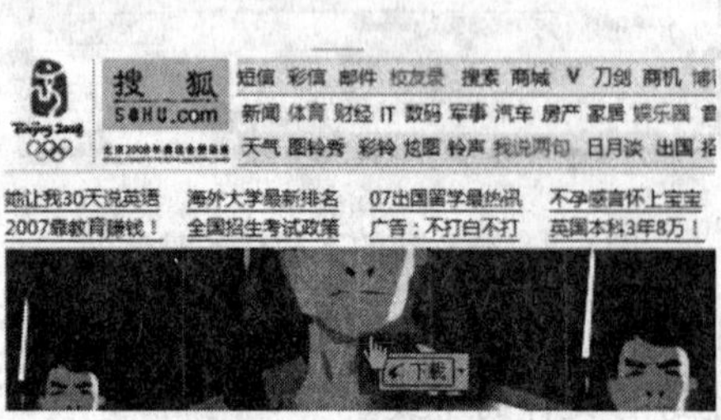

图 6-11　迅雷下载按钮

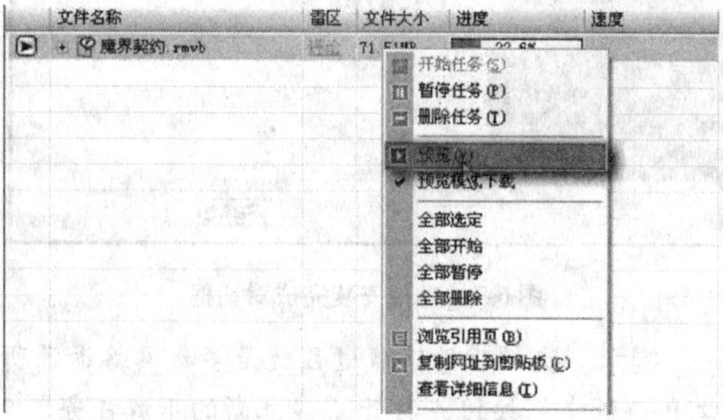

图 6-12　迅雷预览选项

（3）迅雷 5 的配置。在迅雷 5 中，可以通过以下三种方式打开配置面板。

- 单击菜单栏中的“工具”，选择“配置”项，如图 6-13 所示；
- 单击工具栏中的“配置”按钮，如图 6-14 所示；

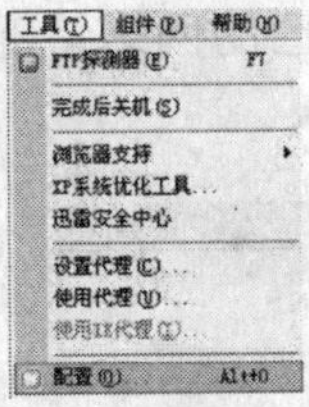

图 6-13 迅雷工具菜单

图 6-14 迅雷快捷工具栏

● 使用快捷键：Alt + O。

① 设置常规面板。在常规选项中可以进行如图 6-15 所示的设置。

● 开机自动启动迅雷：即将迅雷 5 列入启动项，启动计算机的同时，打开迅雷 5。

● 迅雷 5 启动后，立即开始未完成的下载：假如在上次退出迅雷 5 程序的时候，还有未下载完成的任务，勾选此功能后，迅雷 5 一经打开，任务就会自动开始，而不需你自己手动开始任务了。如果用户经常下载大量的任务，并且同时进行的任务很多，打开此功能可能会造成迅雷启动缓慢。

● 任务完成后提示播放音：下载完成一个任务后，会发出“叮”的一声提醒用户。

● 磁盘缓存设置：保护硬盘的一项设置，数据大小需要根据内存、CPU 性能来进行。256 M 内存，1.7 GHz CPU 的配置，硬盘缓存设定在 1 024 M 即可，而 512 M 内存，2.1 GHz CPU 的配置，硬盘缓存设定在 2 048 M 即可。当然，以上数据也绝非一成不变，用户可以在阅读了什么是磁盘缓存的介绍后，自行决定。

② 设置类别/目录面板。此设置，主要是为了方便文件下载完成后的管理，如图 6-16 所示。用户可以再次进行类别名称和默认目录的设置。

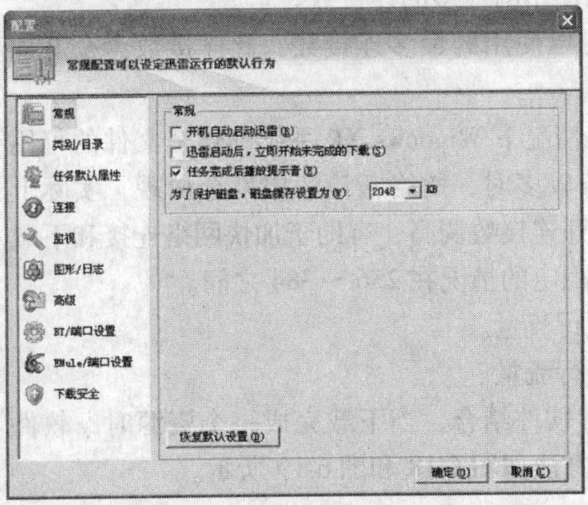

图 6-15 常规选项配置对话框

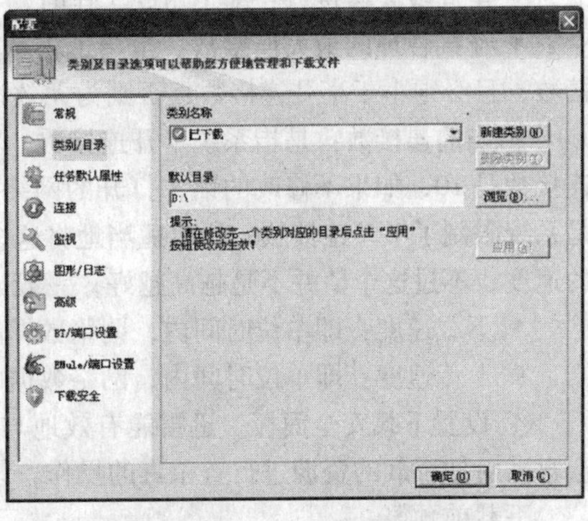

图 6-16 类别/目录设置对话框

● 类别名称：迅雷 5 默认的文件类别有：软件，游戏，影视，音乐，手机，书籍，可以根据所下载文件的类型，将它们分别存放在不同的分类里，当然，也可以建立/删除分类，从而更方便地实现文件管理。

● 默认目录：即所选择的类别对应的储存目录，此目录可以通过“浏览”，修改为计算机上的任意路径。修改完成后，需要单击“应用”按钮才能生效。

③ 设置连接面板。在连接配置面板时，可以结合自己的网络情况，来设置迅雷中的相关参数。如图 6-17 所示。

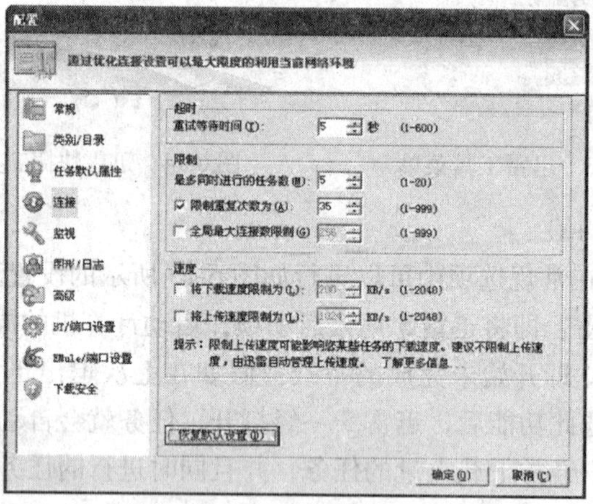

图 6-17　连接设置对话框

● 重试等待时间：即连接服务器时出错或者超时，重新请求连接的等待时间。一般设置在 15～30 秒之间比较合理，否则过小的数字很可能被对方服务器屏蔽。

● 最多同时进行的任务数：3～5 个任务同时下载是比较理想的数值，过多的任务数，有可能会大量占用网络资源。

● 重复次数：即重试连接的次数，过多次数的连接一是有可能造成服务器的屏蔽，二是浪费网络资源。所以建议用户将此数值设置在 100 以内。

● 全局最大连接数：即迅雷 5 工作时，可以使用的最多的连接数。

● 连接管理的最大连接数：是指迅雷软件可以使用的最多连接数，此连接数为全开连接数，且必须小于半开连接数，否则为无效设置。

● 当前连接数：是指系统半开连接数，默认情况下 Windows XP 系统的这个文件的可用连接数是 10，如果不修改的话，打开的网络任务较多时，网络断流假象就会出现，实际上是系统限制了半开连接数，所以适当地将这个半开连接数调高，有助于加快网络连接和下载的速度，不过这个值并不是越高越好，一般比较稳定的情况在 256～384 之间。

● 下载速度：即单位时间内，网络数据的下行流量。

● 上传速度：即单位时间内，网络数据的上行流量。

④ 设置下载安全面板。迅雷能有效地与杀毒软件结合，当下载完成一个资源时，软件会自动对你下载的资源进行查杀毒的操作，设置方法如图 6-18 和图 6-19 所示。

下载前预警。

● 下载前对有毒资源预警：在任务建立时，如果文件有毒，会进行提示信息。

● 下载安全状况提醒：提醒当前任务中未经查杀的文件。

● 有毒文件打开确认：从迅雷 5 中打开有毒文件前的确认提醒。

下载完成后杀毒。

● 启用下载完成后杀毒：对未知安全情况的文件，在下载完成后自动查杀。

● 启用 rm/rmvb 弹窗广告查杀：对包含弹窗广告的 rm/rmvb 格式的影片，进行查杀。

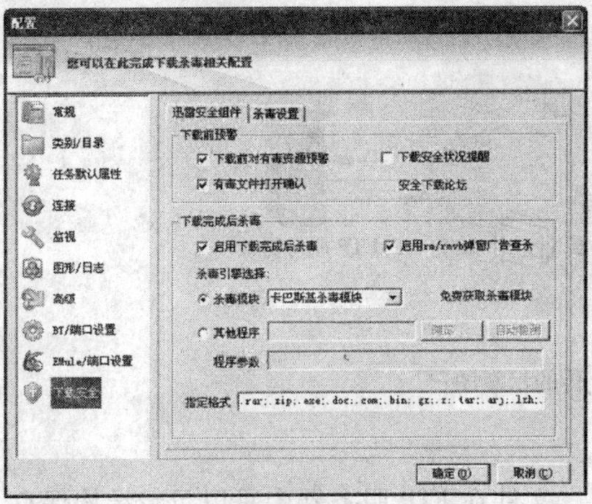

图6-18 下载安全设置—迅雷安全组件对话框

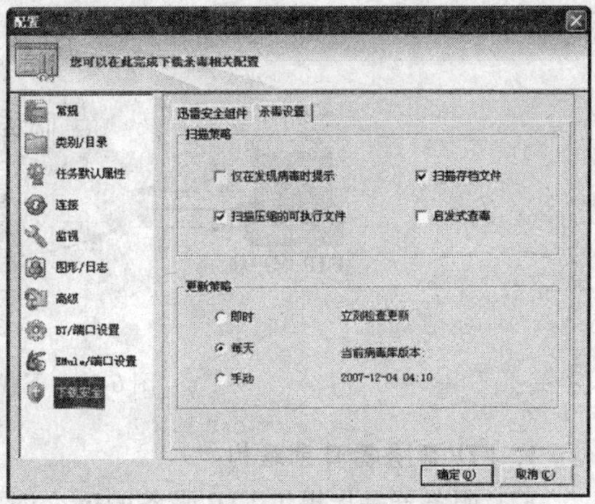

图6-19 下载安全设置——杀毒设置

- 杀毒模块：即迅雷下载安全组件的杀毒模块。
- 其他程序：浏览用户计算机上的其他杀毒软件，通过此软件来进行文件下载完成后的查杀。
- 程序参数：针对不同的杀毒软件，有不同的参数设置，可以在其使用介绍上查看。
- 指定格式：选择对哪些扩展名的文件进行病毒查杀。

扫描策略：（见图6-19）。

- 仅在发现病毒时提示：即在杀毒过程中，发现病毒时，才进行提示。
- 扫描存档文件：杀毒过程中，对相关存档文件进行扫描。
- 扫描压缩的可执行文件：对压缩文件中的可执行程序进行扫描。
- 启发式查毒：卡巴斯基杀毒软件中的一种特殊查毒功能。

更新策略：对目前使用的杀毒模块进行更新的选择：有即时、每天、手动三种选择。

6.2 FTP概述

6.2.1 什么是FTP

文件传输服务又被称为FTP服务，这是因为它遵循TCP/IP协议族中的文件传输协议（File Transfer Protocol，FTP）。FTP服务允许用户将文件从一台计算机传输到另一台计算机中，并能保证文件在Internet中传输的可靠性。Internet使用TCP/IP协议作为基本协议，无论两台计算机在地理位置上相距多远，只要这两台计算机都支持FTP协议，那么它们之间就可以相互传输文件。

6.2.2 FTP的工作原理

FTP服务采用的是客户－服务器模式。FTP服务器上运行着（FTP Daemon），这个程序负责为用户提供下载与上传文件的服务，如图6-20所示。

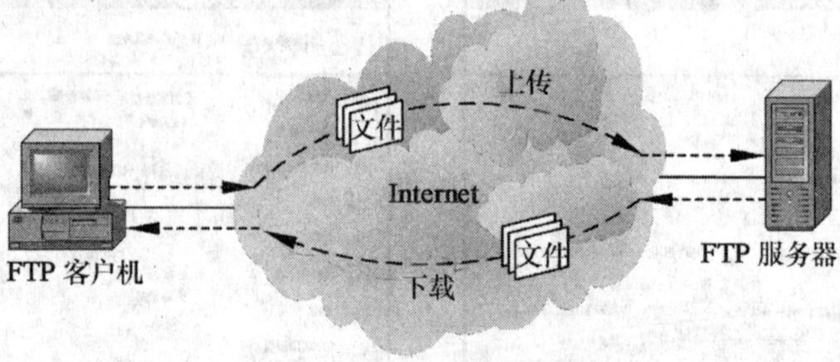

图 6-20　下载与上传的示意图

1. FTP 服务器目录结构

FTP 服务器是指提供 FTP 服务的Internet主机。文件在 FTP 服务器中是以目录结构保存的，用户在 FTP 服务器中需要打开一级级目录才能找到文件。

图 6-21 是 FTP 服务器的目录结构。

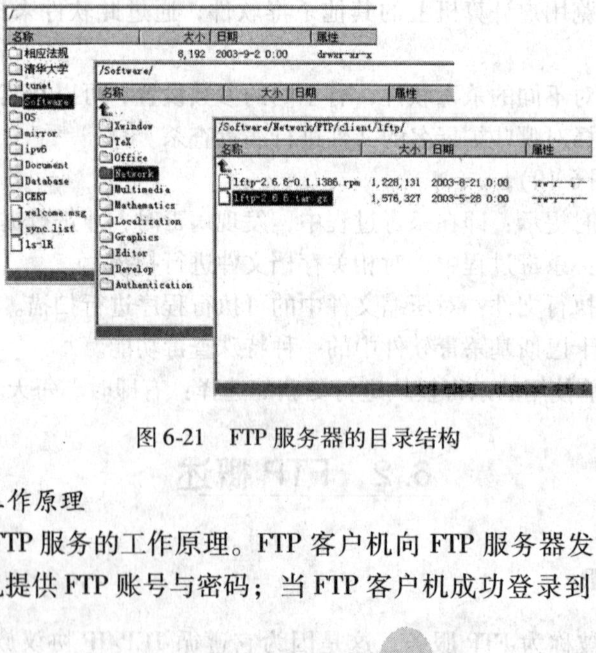

图 6-21　FTP 服务器的目录结构

2. FTP 服务的工作原理

图 6-22 所示是 FTP 服务的工作原理。FTP 客户机向 FTP 服务器发出登录请求，FTP 服务器要求 FTP 客户机提供 FTP 账号与密码；当 FTP 客户机成功登录到 FTP 服务器后，FTP

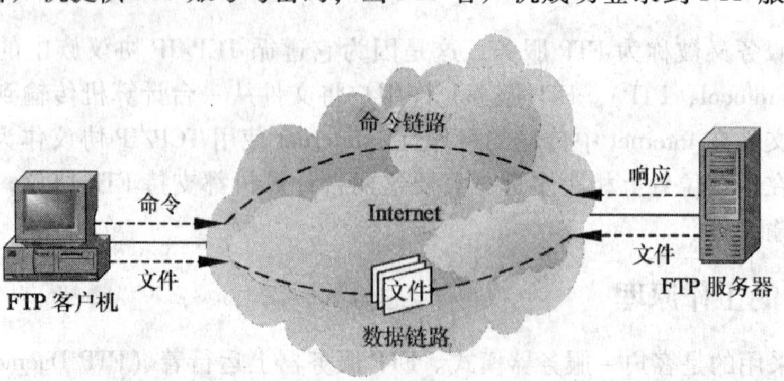

图 6-22　FTP 服务的工作原理

客户机与 FTP 服务器之间建立了一条命令链路，FTP 客户机通过命令链路向 FTP 服务器发出命令，FTP 服务器也通过命令链路向 FTP 客户机返回响应信息。这时，FTP 客户机上看到的是 FTP 服务器中的目录结构。

6.2.3 FTP 的账户类型

用户对 FTP 服务的访问有两种账户类型：匿名 FTP 和用户 FTP。

1. 匿名 FTP

在 Internet 上用户使用 FTP 进行文件下载操作的优点是用户可以以“匿名”方式登录远程的 FTP 服务器。匿名 FTP 允许远程用户访问 FTP 服务器，前提是可以同服务器建立物理连接。无论用户是否拥有该 FTP 服务器的账号，都可以使用 anonymous 用户名进行登录，一般以 E-mail 地址做口令。匿名 FTP 服务对用户的使用有一定的限制，通常只允许用户获取文件，而不允许用户修改现有的文件或向 FTP 服务器传送文件，并对用户获取文件的范围也有一定的限制。这种 FTP 服务比较安全，能支持大多数文件类型。

2. 用户 FTP

用户 FTP 方式被已在服务器建立了特定账号的用户使用，必须以用户名和口令来登录，这种 FTP 应用存在一定的安全风险。当用户从 Internet 或 Intranet 与 FTP 服务连接时，所使用的口令是以明文方式传输的，接触系统的任何人都可以使用相应的程序来获取该用户的账号和口令，然后盗用这些信息在系统上登录，从而对系统产生威胁。当然，对不同的用户，FTP 往往限制某些功能，防止用户对系统进行全面的访问或完全控制。

另外，使用 FTP 还需要注意“端口”号。端口是服务器使用的一个通道，它可以让具有同样地址的服务器同时提供多种不同的功能。例如，一个地址为 211.85.193.152 的服务器，可以同时作为 WWW 服务器和 FTP 服务器，WWW 服务器使用端口 80，而 FTP 服务器使用端口 21。

6.2.4 基于 FTP 协议的文件传输

1. 命令方式

FTP 服务需要 FTP 客户来访问。早期的 FTP 客户软件是以字符为基础的，与使用 DOS 命令行列出文件和复制文件相似，以字符为基础的程序用于登录到远程计算机，浏览目录及传送文件。大多数 FTP 客户软件是基于图形用户界面的客户软件，如 CuteFTP，使用更加方便，功能也更强大。一些 Web 浏览器也具有 FTP 客户功能，如微软的 IE 浏览器。FTP 的设计宗旨在于允许远程连机，列出目录和文件，将文件在计算机之间传送。在 Windows 系列操作系统上都内置基于字符方式的 FTP 客户软件，在命令提示符下启动 FTP 客户功能。

只要在 DOS 命令提示符下输入 FTP 就可启动 FTP 客户端程序，出现“ftp >”提示符，如图 6-23 所示。常用的 FTP 命令如图 6-24 所示。

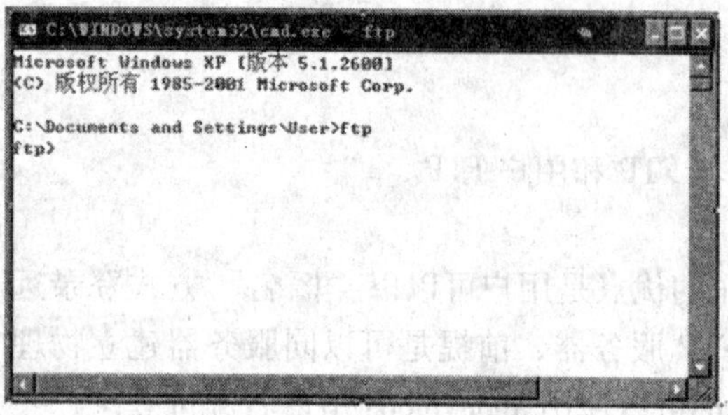

图 6-23 启动 FTP 程序

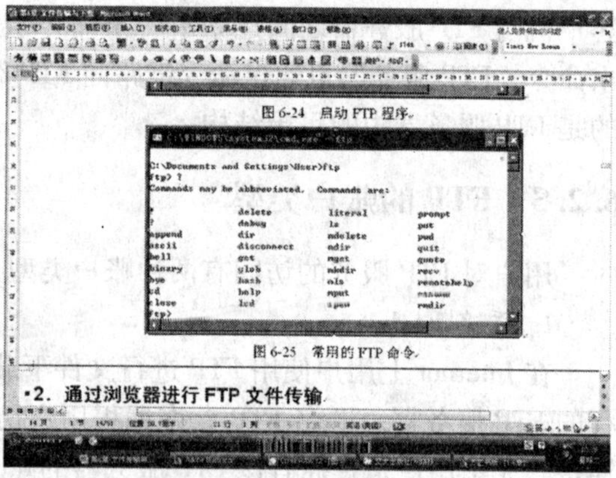

图 6-24 常用的 FTP 命令

2. 通过浏览器进行 FTP 文件传输

使用浏览器不但能访问 Web 服务器，也可以访问 FTP 服务器，但这种方式只能从 FTP 服务器下载文件，而不能向 FTP 服务器上传文件。当用浏览器访问 FTP 服务器时所采用的协议是 FTP 协议，而不是 HTTP 协议，下面介绍通过 IE 浏览器访问 FTP 服务器的方法。

（1）启动 IE 浏览器。

（2）在地址栏输入要访问的 FTP 服务器的地址（例如 ftp：//202. 204. 128. 30)，然后按 Enter 键，此时打开的窗口如图 6-25 所示。

（3）定位到所需文件所在的目录。如要下载文件，只需找到该文件，然后右击，弹出如图 6-26 所示快捷菜单。

单击“复制到文件夹”选项，将弹出如图 6-27 所示的对话框，指定文件保存路径和文件名后，单击“确定”按钮，将弹出“正在复制”窗口，如图 6-28 所示。用户可通过该对话框了解到文件下载的进度、剩余时间、下载到本地的文件夹和传输速度。

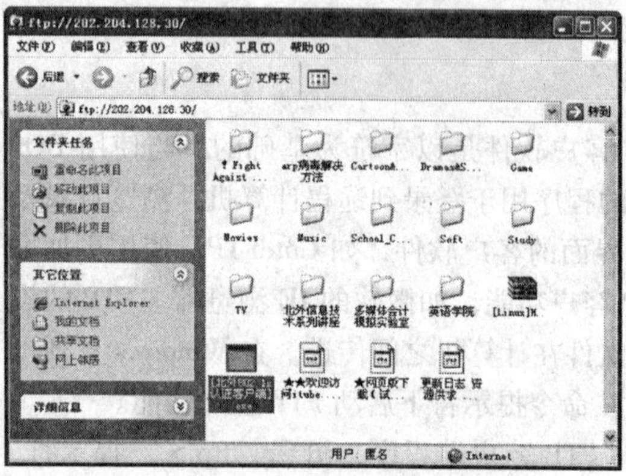

图 6-25 使用浏览器访问 FTP 服务器

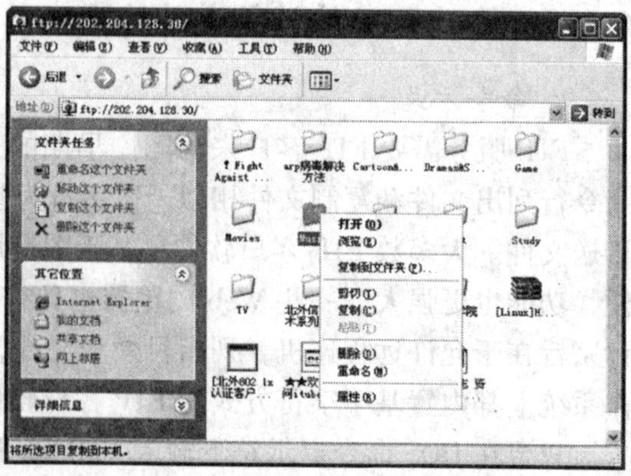

图 6-26 “复制到文件夹”快捷菜单

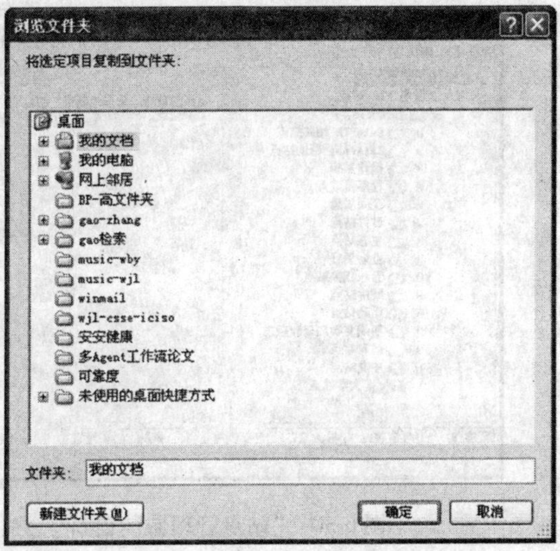

图6-27 “将选定项目复制到文件”对话框

图6-28 “正在复制”窗口

上面介绍的是在浏览器中通过匿名用户登录到 FTP 服务器上。如果要登录到需要用户名和密码的 FTP 站点上，必须使用完整的 FTP 地址。一个完整的 FTP 地址如下规定：

ftp://用户名:密码@ FTP 服务器地址:端口号

注意 当端口号为默认值 21 时，可以不写在 FTP 的地址中。

3. 使用 FTP 工具软件下载

目前 FTP 文件传输工具软件有许多，例如，CuteFTP、迅雷、FTPVoyager 和 FlashXP 等。在这里重点介绍 CuteFTP。

CuteFTP 采用交互式界面与 FTP 服务器建立连接，连接成功之后允许用户上传或下载文件，使用 CuteFTP 不再需要记忆一些 FTP 命令，是非计算机专业人员创建或者使用 FTP 服务器的最佳途径。

(1) CuteFTP 的安装。CuteFTP 可以到 http：//www. cuteftp. com/站点下载最新版本。

当用户拥有了这种软件后，找到 CuteFTP 软件的安装程序并双击它，将打开 CuteFTP 的安装窗口，按照提示一步一步完成安装。

(2) CuteFTP 的站点管理器。使用 CuteFTP 软件上传或下载文件之前，需要对该软件进行一些适当的设置。

① 在桌面上双击 CuteFTP 图标，便可进入 CuteFTP 软件的主界面，如图 6-29 所示。

② 在 CuteFTP 软件的主界面中，选择“文件”→“站点管理器”命令，即打开“站点管理器”窗口，如图 6-30 所示。

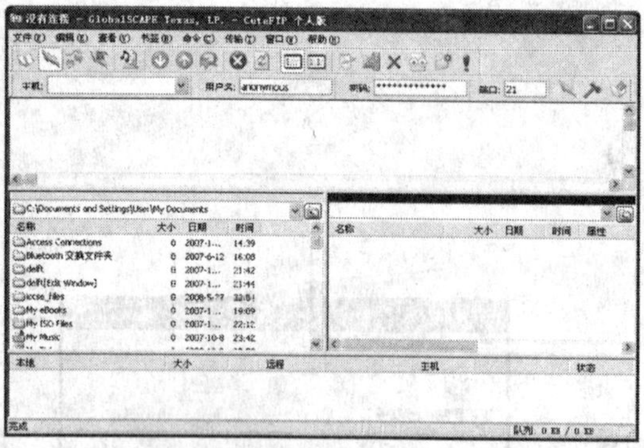

图 6-29　CuteFTP 软件的主界面

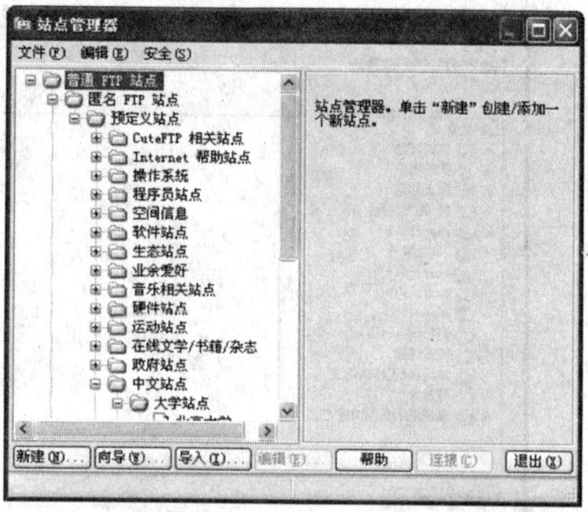

图 6-30　"站点管理器"窗口

FTP"站点管理器"窗口被分割成几个区域：左边是树状站点的组织结构，右边显示左半部某一文件夹里所保存的站点。

③ 在 CuteFTP 中，系统预先提供了部分有名的 FTP 站点，共分为 14 类，每一类站点又包括了许许多多子类站点，如图 6-31 所示。

④ 除系统提供的部分 FTP 站点外，还可以增加 FTP 站点。在"站点管理器"窗口中单击"新建"按钮，将弹出添加站点对话框，如图 6-32 所示。在此对话框中，用户需要填写所添加站点的一些信息，主要包括以下几项。

- 站点标签：这个标签将显示在站点管理屏幕上。
- FTP 主机地址：FTP 服务器的域名或 IP 地址。
- FTP 站点用户名称：用户在 FTP 服务器上的用户名。
- FTP 站点密码：用户的密码。
- FTP 站点连接端口：FTP 服务器的连接端口，默认端口是 21。
- 登录类型：可在"普通"、"匿名"、"两者"中进行选择。
- 传送类型：可在 ASCII、"二进制"、"自动检测"中进行选择。

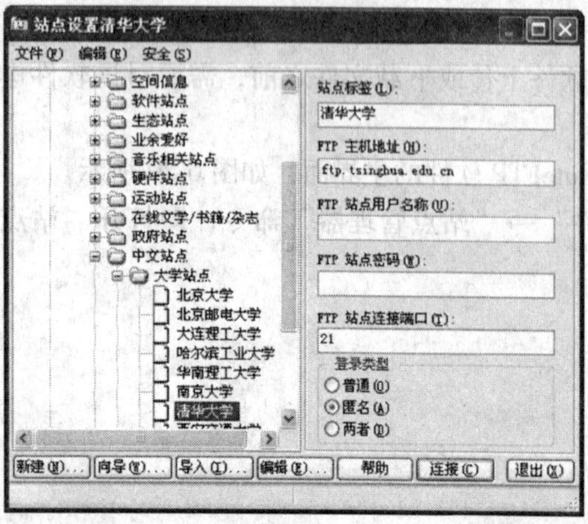

图 6-31　CuteFTP 内置 FTP 站点

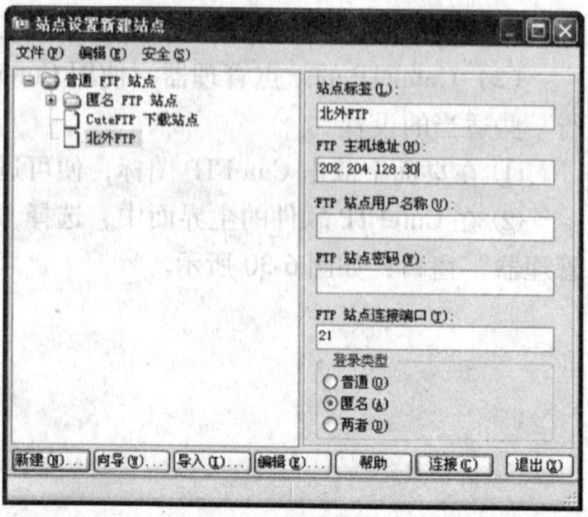

图 6-32　添加站点

如果采用匿名登录方式，则在“FTP站点用户名称”栏中，应输入guest或anonymous；在“FTP站点密码”栏中，应输入用户本身的E-mail地址。单击“连接”按钮，便可完成此次操作。

(3) 与FTP服务器建立连接。利用CuteFTP软件与FTP服务器建立连接，一般可分为两种情况：一种是和“FTP站点管理器”中的站点连接；另一种是与任意一个站点直接连接。

① 与“FTP站点管理器”中的站点连接。在CuteFTP主界面中，选择“文件”→“站点管理器”命令，或单击工具条中的“站点管理器”按钮，均可弹出“站点管理器”窗口。在此窗口中，用户选择要与其建立连接的FTP主机名称，然后单击“连接”按钮，返回主界面，计算机将自动进行注册连接，如果计算机连接失败，会显示如图6-33所示的提示信息；如果登录成功，则显示如图6-34所示的工作窗口。

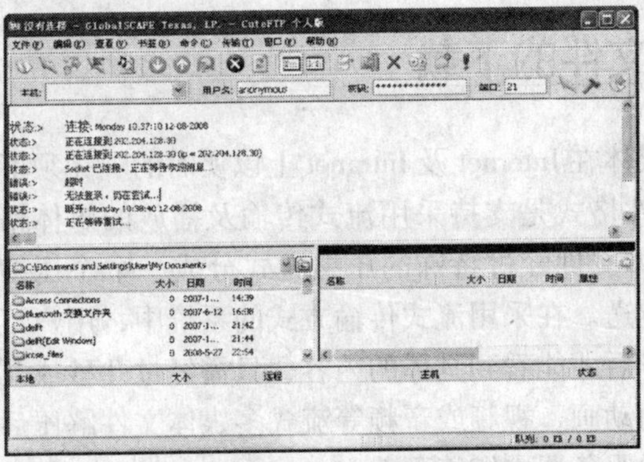

图6-33　登录信息

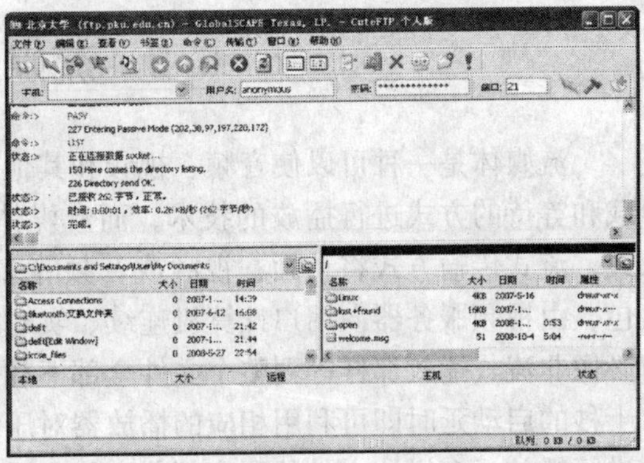

图6-34　工作窗口

在如图6-34所示的CuteFTP工作窗口中展示了登录远程FTP服务器用过的所有命令及执行命令后的工作状态。

② 与任意站点直接进行连接。在CuteFTP主界面中，选择“文件”→“快速连接”命令，或单击工具条中的“快速连接”按钮，显示如图6-35所示的快速连接窗口。用户可直接输入地址、用户名、密码和端口号。

图6-35　快速连接窗口

(4) CuteFTP的文件上传和下载。

① 文件上传。在利用CuteFTP软件进行文件上传之前，必须要先和FTP服务器建立连接，而且必须要拥有该站点的用户ID和密码。当与FTP服务器建立连接之后，用鼠标把CuteFTP主界面左下部准备上传的文件或文件夹拖曳到右下部相应的目录中，此时会弹出一个“确认”对话框，以让用户确认是否上传这些文件。单击“是”按钮，实现文件的上传。

② 文件的下载。与文件上传一样，在利用CuteFTP软件进行文件下载之前，必须要先和FTP服务器建立连接，当与FTP服务器建立连接之后，用鼠标把CuteFTP主界面中右下部准备下载的文件或文件夹拖曳到左下部的相应目录中，此时同样会弹出一个“确认”对

话框，以让用户确认是否下载这些文件。单击“是”按钮，CuteFTP便开始下载。

（5）在FTP服务器端的文件管理。

① 新建文件夹。利用CuteFTP软件在FTP服务器上建立新文件夹与文件的上传和下载一样，也必须要先与FTP服务器建立连接。建立了连接之后，在CuteFTP主界面中的右下半部分右击，在弹出的快捷菜单中选择“建立新目录”命令，建立新建文件夹。

② 删除文件。当与FTP服务器建立连接之后，选中准备删除的文件，在这些文件上右击，弹出快捷菜单选择“删除”命令，用户确认“是否真的删除这些文件”后，所选中的文件会从服务器上删除或保留。

CuteFTP软件还有很多强大而实用的功能，例如，目录比较、目录上传和下载、宏、远程文件编辑、IE风格的工具条、URL解析等，此外它还有上传队列、断点续传、整个目录覆盖和删除等功能，由于篇幅有限，在此不详尽说明。

6.3 流媒体文件的下载

流媒体是一种可以使音频、视频和其他多媒体在Internet及Intranet上以实时的、无须下载和等待的方式进行播放的技术，而流媒体文件格式是支持采用流式传输及播放的媒体格式。流式传输方式将动画、视频或音频等多媒体文件经过特殊的压缩方式分成一个个压缩包，由视频服务器向用户计算机连续、实时地传送。在采用流式传输方式的系统中，用户不必像非流式播放那样等到整个文件全部下载完毕后才能看到具体的内容，只需经过几秒或几十秒的启动延时即可利用相应的播放器对压缩的动画、视频或音频等流式多媒体文件解压后进行播放，多媒体文件的剩余部分也将在后台的服务器内继续下载。

流媒体传输过程如图6-36所示。

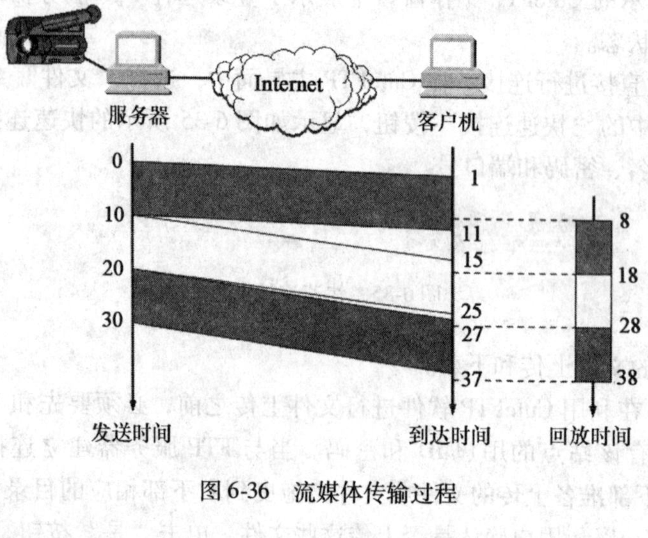

图6-36 流媒体传输过程

6.3.1 流媒体技术及其协议

1. 流式传输的基础

在网络上传输音/视频等多媒体信息目前主要有下载和流式传输两种方案。

流媒体实现的关键技术就是流式传输。流式传输定义很广泛，现在主要指通过网络传送媒体（如视频、音频）的技术总称。其特定含义为通过 Internet 将影视节目传送到 PC 机。实现流式传输有两种方法：实时流式传输（real time streaming）和顺序流式传输（progressive streaming）。一般说来，如视频为实时广播，或使用流式传输媒体服务器，或应用如 RTSP 的实时协议，即为实时流式传输。如使用 HTTP 服务器，文件即通过顺序流发送。

（1）顺序流式传输。顺序流式传输是顺序下载，在下载文件的同时用户可观看在线媒体，在给定时刻，用户只能观看已下载的那部分，而不能跳到还未下载的前头部分，顺序流式传输不像实时流式传输可在传输期间根据用户连接的速度做调整。由于标准的 HTTP 服务器可发送这种形式的文件，也不需要其他特殊协议，它经常被称做 HTTP 流式传输。顺序流式传输比较适合高质量的短片段，如片头、片尾和广告，由于该文件在播放前观看的部分是无损下载的，这种方法保证电影播放的最终质量。这意味着用户在观看前，必须经历延迟，对较慢的连接尤其如此。

顺序流式文件放在标准 HTTP 或 FTP 服务器上，易于管理，基本上与防火墙无关。顺序流式传输不适合长片段和有随机访问要求的视频，如讲座、演说与演示。它也不支持现场广播，严格说来，它是一种点播技术。

（2）实时流式传输。实时流式传输指保证媒体信号带宽与网络连接匹配，使媒体可被实时观看到。实时流式与 HTTP 流式传输不同，需要专用的流媒体服务器与传输协议。

实时流式传输总是实时传送，特别适合现场事件，也支持随机访问，用户可快进或后退以观看前面或后面的内容。理论上，实时流一经播放就可不停止，但实际上，可能发生周期性暂停。

实时流式传输必须匹配连接带宽，这意味着在以调制解调器速度连接时图像质量较差。而且，由于出错丢失的信息被忽略掉，网络拥挤或出现问题时，视频质量很差。如欲保证视频质量，顺序流式传输也许更好。实时流式传输需要特定服务器，如 QuickTime Streaming Server、Real Server 和 Windows Media Server。这些服务器允许对媒体发送进行更多级别的控制，因而系统设置、管理比标准 HTTP 服务器更复杂。实时流式传输还需要特殊网络协议，如 RTSP（Real Time Streaming Protocol）或 MMS（Microsoft Media Server）。这些协议在有防火墙时有时会出现问题，导致用户不能看到一些地点的实时内容。

2. 流媒体技术原理

流媒体系统由编码工具（用于创建、捕捉和编辑多媒体数据，形成流媒体格式）、流媒体数据、服务器（存放和控制流媒体数据）、网络（适合多媒体传输协议甚至实时传输协议的网络）和播放器（供客户端浏览流媒体文件）等五个部分组成。这五个部分有些是网站需要的，有些是客户端需要的，而且，不同的流媒体标准和不同公司的解决方案会在某些方面有所不同。系统结构组成如图 6-37 所示。

从图 6-37 可以看出，原始音/视频流经过编码和压缩后，形成媒体文件存储后（直播的方式不需要文件存储），媒体服务器根据用户的请求把媒体文件（或者直播的媒体流）传递到用户端的媒体播放器。在媒体传输期间还可能需要代理服务器进行媒体内容的分发或转发。为了实现较好质量的流媒体实时播放，需要考虑媒体流传输的所有环节。其中，影响传输质量的三个最关键的因素是：编码和压缩的性能和效率、媒体服务器的性能、媒体流传输的质量控制。

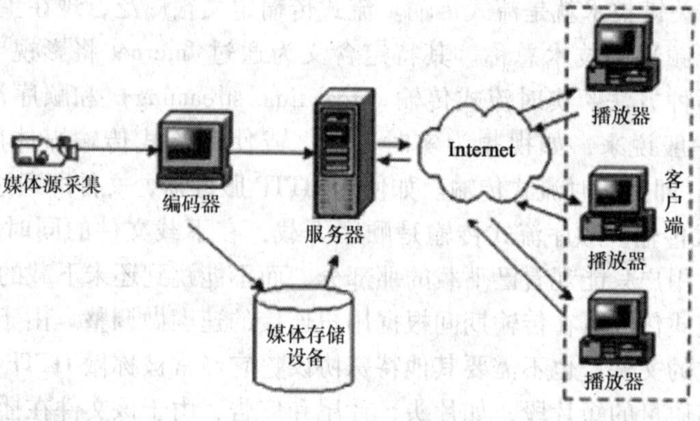

图 6-37 流媒体系统组成

目前流行的流媒体文件格式主要有 Real Networks 公司的 . rm 视频影像格式和 . ra 的音频格式、Microsoft 公司的 . asf 格式、Apple 公司的 QuickTime 格式。

6.3.2 流媒体资源的定位和下载

在网络上几乎没有不能下载的电影，下载流媒体的关键之处在于找到它的 URL，即链接地址。

1. 从 HTML 源代码中查找

在 IE 的菜单“查看”中单击“源文件”按钮，用记事本打开源文件，选择记事本的“编辑”菜单中的“查找”项，然后输入流媒体文件的后缀名如 SWF、WMV、RM、ASF、AVI，当找到它们时，就看到下载的链接地址了！最典型的是闪客帝国的 Flash，只要查找到 SWF 的后缀名，就可以知道它的 Flash 下载地址了。

2. 保存文件查找法

选定一首在线视听的 MP3，右击目标另存为，将会有一个“. m3u”的文件被保存，然后用“记事本”打开该文件，在记事本中找到“http：//＊＊＊//＊＊＊. m3u”或者“http：//＊＊＊//＊＊＊. mp3”，如果是前一个，则将其中的 m3u 改为 mp3，然后将链接复制到网络传送带中，即可下载。如果是后一个，直接复制到网络传送带中下载即可。

3. 在 RAM 或 ASX 中查找

有时找到地址下载后，用播放软件打开却不能看，查看文件大小只有几百 KB，一部电影怎么可能这么小呢？原来 RAM 或 ASX 是一种代替 RM 或 ASF 的文本，用记事本打开 ASX 或 RAM 文件，就可以找到电影的地址了！

4. 在播放器属性中查找

如果使用 Real One Player 播放器播放影片，在播放器的菜单栏中选择“文件”→“剪辑属性”→“查看剪辑信息”，在弹出的“剪辑属性”对话框中选择“文件”选项，在这里就可以看到当前播放的影音文件的地址了。

5. 看属性查找法

先打开网站，然后在播放影片的链接上右击，看它的属性，就可以找到下载的链接地址了，把地址复制到下载工具中，就可以下载了。

流媒体的专用下载软件主要有 StreamBox VCR、网络传送带等。

● StreamBox VCR 是下载电影必备的软件包，这个软件包里包含了最新“流”下载软件。StreamBox VCR 不但支持点播形式的流节目，同样也支持现场流节目，而且两者可以同时下载！这个软件可以把 ASF、RM、WMA、RA 等流文件下载到本地再播放。

● 网络传送带（Net Transport）是一个高效稳定、功能强大的下载工具，下载速度一流，CPU 占用率低，尤其在宽带上特别明显；内建易于使用的文件管理器，轻松实现按类别存放下载的文件。而且只要站点支持，这些协议均支持多线程断点续传。

6.3.3　网络传送带的配置和使用

网络传送带（影音传送带 / Net Transport）可实现 MMS、RTSP、PNM、HTTP、HTTPS、FTP、FTPS、SFTP 和 BT、电驴的下载。流下载是它的主要特点，同时下载普通文件及点对点的速度也堪称一流，站点管理近乎完美。

网络传送带软件可以在其官方网站 http：//www. xi-soft. com 上进行下载，下载后，按照提示完成安装。

网络传送带软件启动后打开如图 6-38 所示主界面，主界面中显示菜单、三个快捷键（选项、关于和退出）和下载、代理服务器、站点探测器、URL 嗅探器、eMule 和 eMule 探索 6 个工作区标签。

在“下载”选项卡中显示文件夹窗口、队列窗口、流量窗口、线程窗口、日志窗口、工作区和下载工具栏。工具栏各个快捷键如图 6-39 所示。

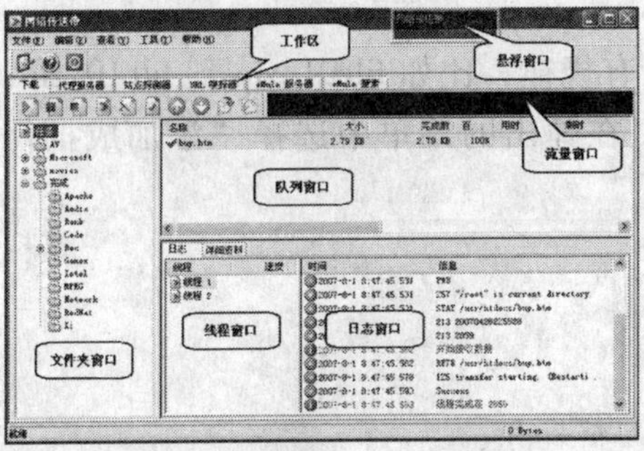

图 6-38　网络传送带主窗口

图 6-39　工具栏

1. 文件下载

选择“下载”选项卡，单击“新建”按钮，弹出“属性”对话框，如图 6-40 所示，在“属性”对话框中新建下载任务。

(1) URL。对于 FTP 如果 URL 中带有通配符，则下载所有符合的文件。例如，URL 输入 ftp：//xxx/xx/../＊.＊可以下载该目录下的所有文件，又如，.../＊.zip 下载所有 zip 文件。另外，如果剪贴板中的 URL 文本符合被支持的协议，那么在新建任务时会自动填写 URL。此时如果粘贴的时候 URL 出现乱码，可以尝试单击“新建”按钮的同时按 Ctrl 键。URL 右边的 ... 按钮用来选择 BT 种子文件或 Metalink 文件。

(2) 选择 Torrent 文件。只有 URL 是种子文件，并且文件存在，那么该按钮才有效。它用来挑选想要下载的文件。

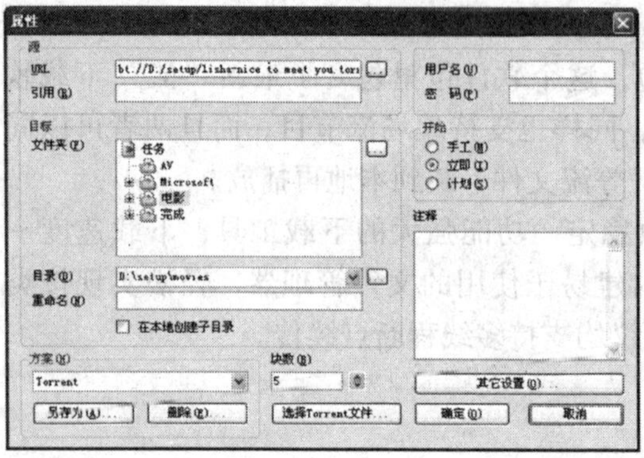

图 6-40 “属性”对话框

(3) 块数（线程数）。文件分多少块下载。传送带把一个文件分成最多 10 个线程同时下载，这样可能会获得几倍于单线程的速度。有的用户希望分成更多的块数，以为可以获得更快的速度。其实不然，有时更多的块数反而会使得速度下降，并且分成的块数越多，服务器的负担也越重，有可能导致服务器崩溃。所以不赞成用户全部分成 10 块，一般使用 2～4 块足够了，除非服务器限制单线程速度或干脆限制 IP 连接。BT 和 eMule 合适的线程数是 10 以上。

(4) 其他设置（流）。单击“属性”→“其他设置”→“流”，打开“流”选项卡，如图 6-41 所示。

在 MMS 区勾选“HTTP 流”，以使用 HTTP 方式接收流。因此如果 MMS 服务器连接不上，HTTP 是可行的，它不是标准 HTTP 而是 MMS 扩展的 HTTP，用于加载流。这个功能对那些只开放 HTTP 协议的 LAN 非常有效，通过它用户可以记录流媒体。以下是 Microsoft 和 Real Networks 协议尝试次序供用户参考。

- Microsoft 协议尝试的次序为 RTSP→HTTP（MMS）→MMS→普通 HTTP。
- Real Networks 尝试的次序为 RTSP→HTTP（隧道）→普通 HTTP。

2. 添加成批任务

如果有一大批文件需要下载，而且文件的 URL 又有规律，比如 file01. zip 到 file10. zip，就可使用该功能快速添加。在“队列”窗口中右击，在弹出的菜单中选择“添加成批任务”，打开如图 6-42 所示对话框。

图 6-41 “流”选项卡

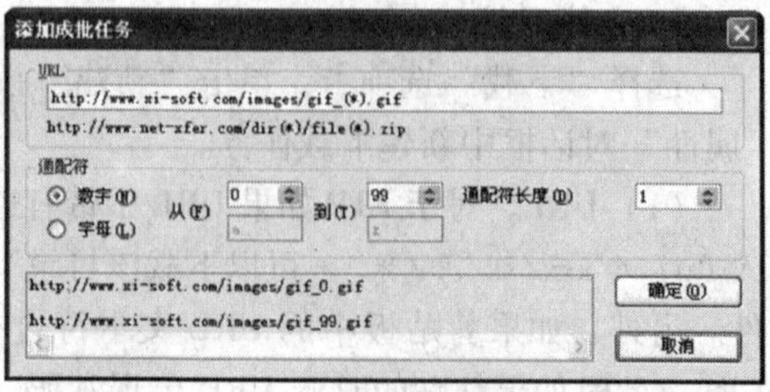

图 6-42 “添加成批任务”对话框

“*”表示通配符，通配符之前为前段，之后为后段。通配符有数字连续和字母连续，其中数字连续还和通配符长度有联系，有效的 URL 将直接反映在左下角的示例中供用户参考。如图6-42所示，如果通配符长度是1，则URL应为“http://www.xi-soft.com/images/gif_0.gif”到“http://www.xi-soft.com/images/gif_99.gif”。

3. 下载文件管理

文件夹窗口主要是对下载文件进行归类整理，是传送带较为实用的功能之一。传送带使用了文件夹的概念来管理已下载的文件，每个文件夹指定一个磁盘目录，所有指定到该文件夹的下载任务，下载完成后文件就会保存到该磁盘目录中。比如，对于mp3文件可以创建文件夹“mp3”，指定文件目录为“D:\setup\mp3”，如图6-43所示。当下载一个mp3文件时，指定保存到文件夹“mp3”中，所有下载的文件就会保存到目录“D:\setup\mp3”下。如果该文件夹下的文件太多，还可以创建子文件夹，传送带允许创建任意数目的文件夹和子文件夹。

图6-43 下载文件夹管理

下载文件存在的文件夹可以随时改变，具体的磁盘文件亦可以在目录之间移动。对于文件夹的改变，传送带提供了拖曳的功能，只需简单的拖动就可以把下载的文件进行归类。

有时由于磁盘已满或者其他原因需要移动已下载的文件到其他的磁盘目录，最好通过传送带来完成该功能，否则下载数据库中的信息会与具体的文件不同步。

安装后，根（顶级）文件夹是“任务”，它收藏着所有未完成的任务，默认指向“C:\”，强烈建议第一次启动网络传送带就修改它的位置。另外，它不能被删除，只能被修改。

4. 站点探测器

使用站点探测器可以轻松浏览FTP/FTPS/SFTP/HTTP/HTTPS站点的目录结构，可以罗列出站点上的文件，有助于用户选择下载特定的文件。站点探测器会使用默认的代理服务器设置。

选择“站点探测器”工作区，如图6-44所示。在地址栏中输入URL，然后回车或单击按钮，传送带能分析输入的URL，但是如果分析不准确，可自行修改“用户名”、“密码”和“端口”。如果URL不含“://”协议头，那么默认是FTP协议。单击把此站点添加到收藏夹中。通过站点探测器可以查找到指定服务器上存在哪些资源，可以选择相应资源进行下载。

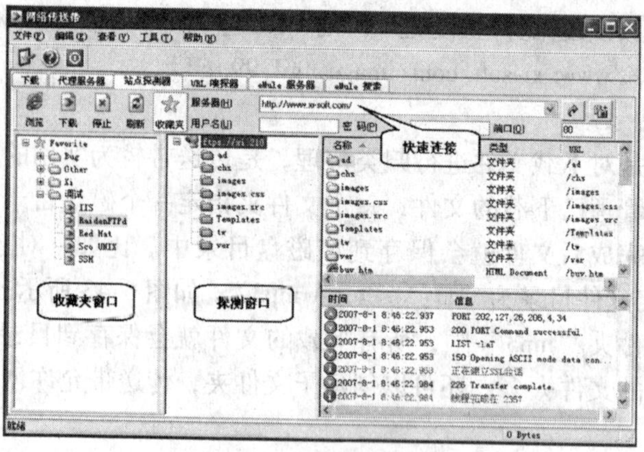

图 6-44　站点探测器

5. URL 嗅探器

用户在浏览时，某些页面会在嵌入的播放器里播放你喜欢的东西，而用户非常想要下载它，却苦于找不出它播放的链接。这个功能就能帮你找出那个链接。探测器很可能把传送带正在下载的 URL 也给探测出来了。

使用 URL 嗅探器必须具备以下几个条件：

- Windows 2000/XP/2003/Vista 操作系统。
- 用户当前账户必须具备管理员权限。
- 用户必须配备至少一张网卡，但是无线网卡不在此列。

选择“URL 嗅探器”工作区。首先单击“选项”按钮，弹出“嗅探器”对话框，如图 6-45所示。在此对话框中选择要进行分析或捕获的选项。

单击“确定”按钮，确认嗅探器分析或捕获选项。单击“开始”按钮，如果弹出“网络适配器”对话框（如图 6-46 所示），一定要选择公网 IP，然后单击“确定”按钮即可开始嗅探。

图 6-45　URL 嗅探器

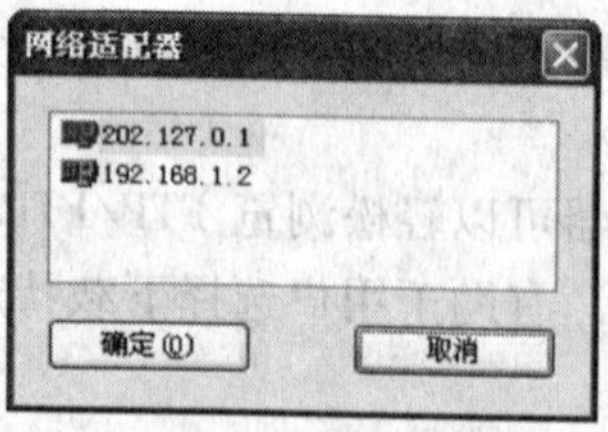

图 6-46　“网络适配器”对话框

通过嗅探，窗口中显示出嗅探到的各种资源，如图 6-47 所示。用户选中需下载的页面或文件，单击“下载”按钮进行下载。

图 6-47　URL 嗅探器嗅探结果

6.4　基于 P2P 技术的文件的下载

6.4.1　BT 下载的工作原理

通常用户上网时主要使用网络的“下行带宽”（也就是从其他计算机到本地的带宽），例如浏览网页、下载软件等。相比较而言，“上行带宽”（从本地计算机到其他计算机的带宽）使用率非常低，而且发送的数据量一般很小，这就造成了带宽资源的巨大浪费。

BitTorrent 充分利用了用户富余的上行带宽。在 BitTorrent 的世界中，凡是参加下载的计算机无所谓“服务器”或者“客户机”，每一台“客户机”同时也是“服务器”，当下载的时候，同时也会使用上行带宽将已经下载的部分发送到其他计算机上。

BT 服务器实现文件共享的工作原理如图 6-48 所示。下面通过一个实例说明 BT 工作原

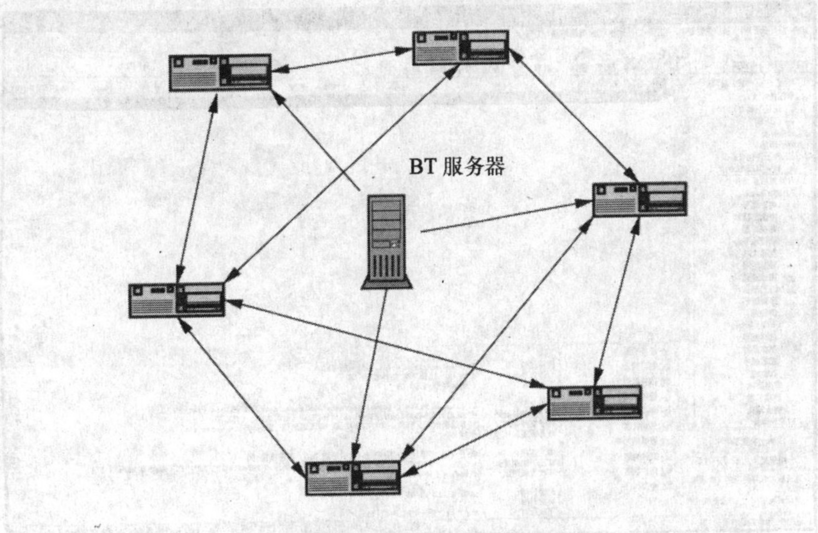

图 6-48　BT 下载工作原理

理。BT 服务器首先将一个文件分成了 N 个部分，有甲、乙、丙、丁四位用户同时下载，那么 BT 并不会完全从服务器下载这个文件的所有部分，而是根据实际情况有选择地从其他用户的机器中下载其已下载完成的部分。例如，甲已经下载了第 1 部分，乙已经下载了第 2 部分，那么丙有可能会从甲的机器中下载第 1 部分，从乙的机器中下载第 2 部分，当然甲、乙、丁三位用户也在同时从丙的机器中下载相应的部分，这就大大减轻了 BT 服务器的负荷，也同时加快了丙的下载速度，也就是说每台参加下载的计算机既从其他用户的计算机上下载文件，同时自身也向其他用户提供下载，因此参与下载的用户数量越多，下载速度也越快。

用 BT 不需要指定服务器，虽然在 BT 里面还是有服务器的概念，但使用 BT 的人并不需要关心服务器在哪里。BT 的服务器称为 Tracker，把文件用 BT 发布出来的人需要知道该使用哪个服务器来为要发布的文件提供 Tracker。用 BT 下载，需要得到一个扩展名是“. torrent”的文件，这个文件很小，最多几十 K，这么小的文件传输是很快的，得到这个文件的方法很多，例如，放在某个 Web 服务器上，或者用 FTP 和传统的 P2P 来得到，甚至可以作为附件贴在论坛上。这个文件里面存放了对应的发布文件的描述信息、该使用哪个 Tracker、文件的校验信息等，BT 用文件关联对其进行处理。

6.4.2 BT 软件的使用

BitComet 是非常优秀的 BT 类下载软件，当然用户也可以使用其他能够对 BT 文件下载的工具软件对其进行下载。

BitComet 软件的下载网址是：http：//www. bitcomet. com/doc/download-zh. htm，用户可以在网站上下载最新版本进行安装使用。

1. 文件的下载

BT 类文件下载前首先要有 Torrent 文件，用户通过 Torrent 文件下载相应资源，如图 6-49所示，有两种方法可以获得 Torrent 文件。

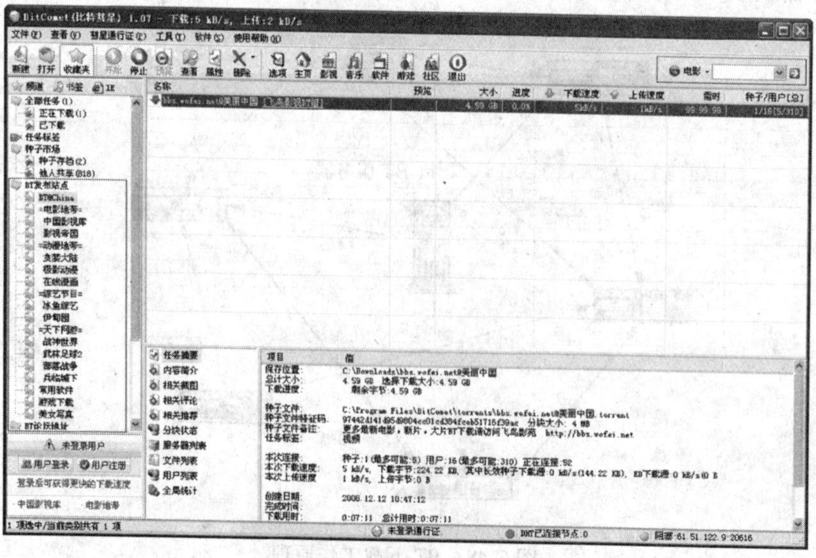

图 6-49　比特彗星主窗口

方法一：先打开 BitComet 软件，单击“频道”，打开“BT 发布站点”文件夹，可以看到很多 BT 网站。可以在这些 BT 站点上下载 Torrent 文件。

方法二：先打开 BitComet 软件，在工具栏搜索条，直接输入关键字，单击“搜索”按钮，在电影地带页面中出现搜索结果的 Torrent 文件列表。

搜索到 Torrent 文件后如果想把种子下载到本地，可以单击“保存”按钮；如果要直接打开种子并下载，可单击“打开”按钮。如图 6-50 所示。

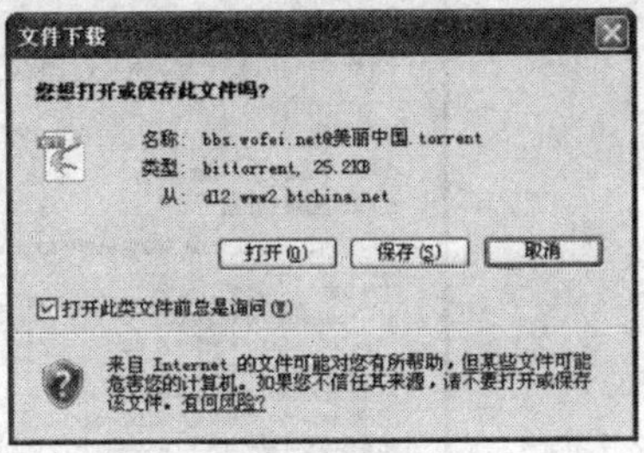

图 6-50　下载种子文件

找到 Torrent 文件后就可以通过软件进行下载了，具体方法如下。

① 选择菜单中“文件”→“打开 Torrent 文件”或使用 Ctrl + O 快捷键，打开已经下载到本地的 Torrent 文件，就会弹出“任务属性”窗口，如图 6-51 所示。对其进行相应配置。或者在下载过程中通过鼠标右击某一下载任务，在打开的快捷菜单中选择“属性”选项，打开“任务属性”窗口查看下载情况。在“常规”选项卡中选择保存路径、选择下载文件就可以下载了，其他选项卡如“高级设置”、“发布者”、“下载顺序”保持默认即可。

② 或者双击下载到本地的 Torrent 文件，弹出 BT“任务下载”对话框，再进行 BT 任务下载。

③ 或者将 Torrent 文件拉到 BitComet 主程序中或悬浮窗口中，弹出 BT“任务下载”对话框，再进行 BT 任务下载。

2. HTTP/FTP 下载

BitComet 软件也支持对 HTTP/FTP 类文件的下载，可以通过以下 4 个途径实现对 HTTP/FTP 的下载。

（1）IE 捕获下载：在符合监视类型的文件下载链接处，单击就可以弹出相应的文件下载确认框。

（2）右键下载：在 HTTP/FTP 下载链接处，右击，弹出快捷菜单，在菜单中选择“使用 BitComet 下载”，可以弹出相应的文件下载确认框。

（3）监视剪贴板：复制 HTTP/FTP 类型网址时，自动弹出相应的文件下载确认框。

（4）通过 BitComet 软件主窗口的菜单正常添加 URL：选择“文件”→“新建 HTTP/FTP 任务”或使用 Ctrl + N 快捷键，弹出文件下载确认框，输入下载地址。

图 6-52 显示了“新建 HTTP/FTP 下载任务”文件下载对话框，用户在对话框中填写网址、保存路径、文件名等信息，同时可以通过单击“更多”按钮选项选择“加速”、“HTTP”和“MD5”的配置。

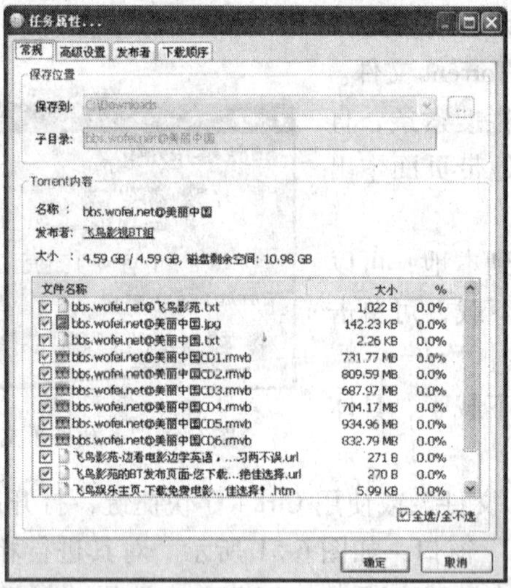

图 6-51 设置任务属性

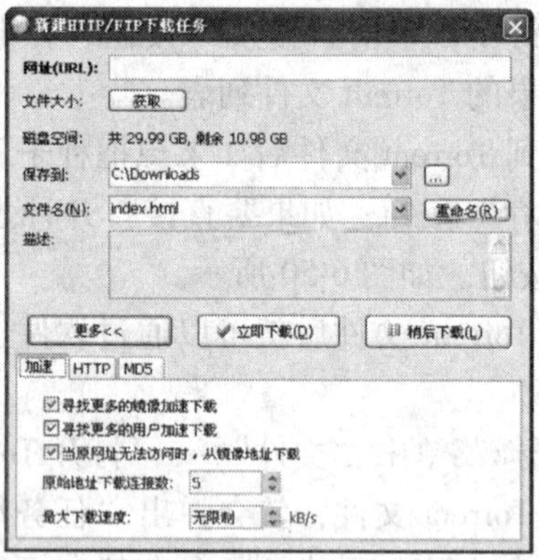

图 6-52 新建 HTTP/FTP 任务

3. 制作种子文件

BT 把提供完整文件档案的用户称为种子（Seed），正在下载的人称为客户（Client），某一个文件现在有多少种子多少客户是可以看到的，只要有一个种子，就可以放心地下载。

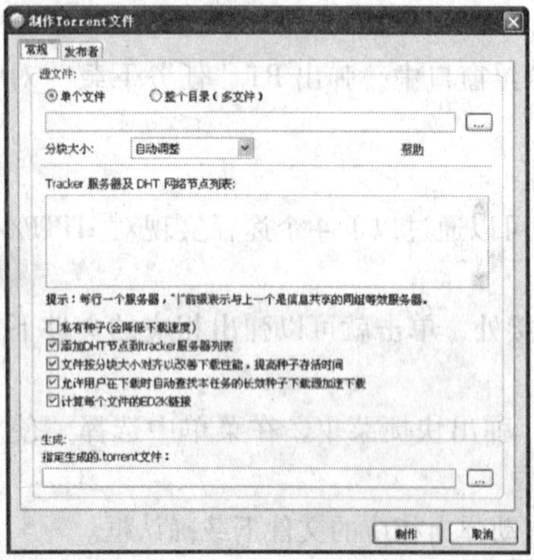

图 6-53 制作种子文件

选择“文件”→“制作 Torrent 文件”命令，打开“制作 Torrent 文件”对话框，如图 6-53所示。

首先在“源文件”区域选择要将“单个文件”还是“整个目录（多文件）”制作成 Torrent 文件。然后单击按钮选择文件或者目录。其他选项保持默认即可。其次在“生成”区域单击按钮选择要制作出的 Torrent 文件的保存路径。单击该窗口下方的“确定”按钮就可以制作出一个 Torrent 文件。

其次，在制作完 Torrent 文件后，访问 BT 下载网站，浏览其种子上传网页，并按要求填写有关项，最后单击“上传”按钮将 Torrent 文件传至 BT 服务器上。稍候片刻，即可在种子发布网页上看到刚才上传的 BT 发布项目。

由于此时只发布了 Torrent 文件，尚无 Seed 提供。作为该共享资源的发布者，提供初始 Seed 供其他对该共享资源感兴趣的下载者使用自然是责无旁贷，而且需要保持足够长的时间，直到其他下载者单独或共同将共享资源的所有块全部下载完毕为止，至此发布者才能功成身退。否则，要么因无 Seed 提供而成“空壳”项目致使完全不能下载，要么因初始 Seed 供给时间不够，而使某些块文件尚未转移到其他下载者的计算机上，从而造成下载不全。

最后，共享资源发布者确认已正确安装了 BT 客户端软件后，单击种子发布网页上刚才上传的项目或双击共享文件夹中的 Torrent 文件，BT 随后开始启动并加载 Torrent 文件，弹出下载文件保存路径对话框，选择 BT 共享文件夹，单击“确定”按钮后 BT 开始对已存在的下载文件进行扫描，以便进行断点续传。由于BT共享文件下的下载文件（也就是待发布的共享资源）是完整的，因此BT分析后认为它已下载完毕，便不再进行Download操作，而只提供Upload操作，即完全成为BT的服务者了。保持此状态足够长的时间，以便其他下载者能充分地享用你的服务。具体时间长度视共享资源的大小和其他下载者的下载情况而定，既可一次提供够也可断续提供。

4. BitComet的选项设置

在BitComet主窗口中选择“工具”→“选项”命令，打开如图6-54所示的BitComet“选项”设置对话框，主要包括网络连接、下载目录、任务设置、系统集成、界面外观、服务和高级设置等。

其中“网络连接”主要对全局最大下载速度、全局最大上传速度等进行设置。BT下载的原则是上传越多下载越快，普通宽带用户使用默认无限制设置即可。但是如果用户在设置了“时段限速”，则“连接设置”失效。ADSL用户由于上传过大会影响下载，建议适当限制上传速度，一般为最大上传速度的80%。对于监听端口和端口映射，保持系统默认即可。

下载目录的默认值为BitComet安装目录C：/Downloads文件夹，如图6-55所示。用户可自行改变设置，推荐将默认下载目录设定在非系统盘、空间足够大的分区上，分区格式最好为NTFS以避免不能下载4G以上容量文件的情况。

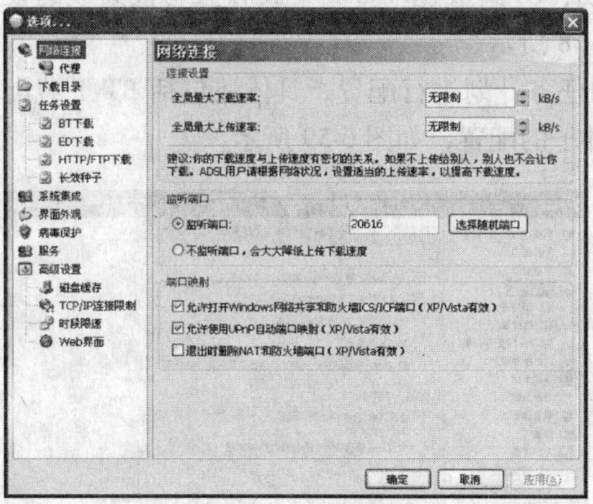

图6-54　BitComet网络连接设置

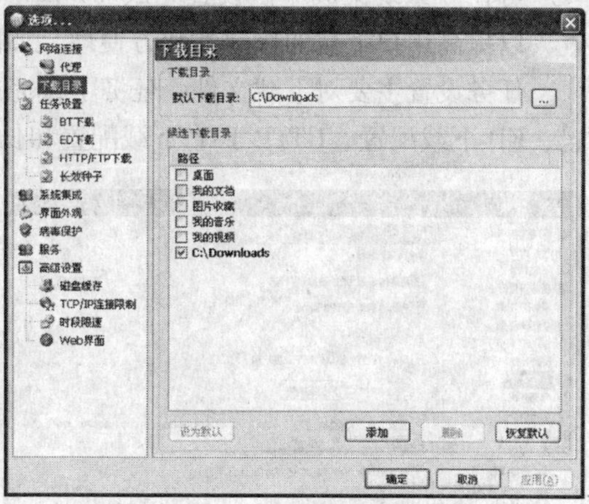

图6-55　BitComet下载目录设置

为了防范下载的文件中含有病毒木马而危害计算机安全，用户可以自行设置本地安装的杀毒软件对下载完成的文件进行查杀。

若本地已经安装了杀毒软件，单击“自动检测”按钮，可以自动检测出用户安装的杀毒软件，只要点中就会自动将杀毒软件的各项参数填到相应位置，如图6-56所示。勾选“下载完成后杀毒”即可启动。

若“自动检测”没有检测出本地的杀毒软件，可以如下手动设置。

- 杀毒程序路径：通过浏览选中杀毒软件的主程序即可；
- 运行参数设置为：SCAN ${PATH}；
- 支持的文件的扩展名：.exe；.com；.dll；.scr；.ocx；.zip；.rar；.doc，用户可以根据需要添加或删除一些文件后缀。

由于微软 XP 系统对并发的 TCP 连接数作出了限制，此举严重影响 BT 软件的速度。BitComet 这个 TCP/IP 补丁可以修改这个限制。默认的最大允许修改连接数上限为 500，如图 6-57 所示。

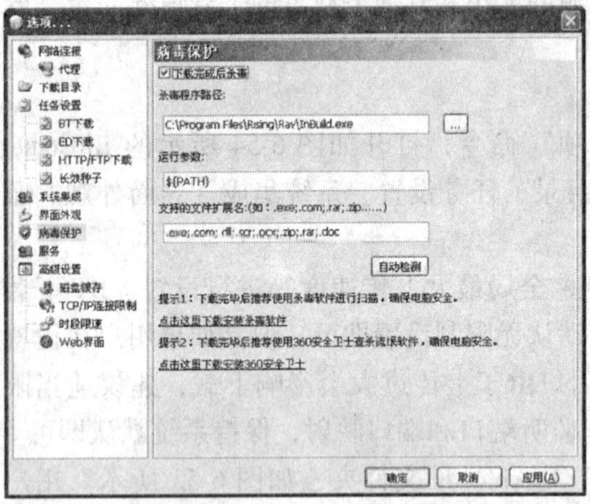

图 6-56 BitComet 病毒保护设置

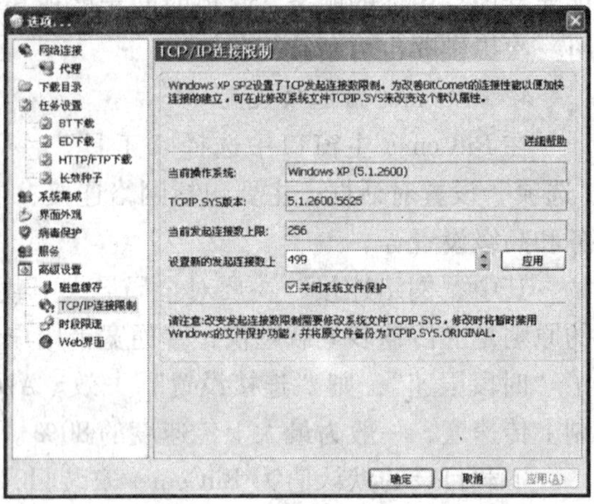

图 6-57 BitComet 高级设置——TCP/IP 连接限制

可在“系统集成”区设置完成 Windows 集成、IE 集成、Firefox 集成和剪切板集成的设置，以提高用户下载的快捷性和方便性，如图 6-58 所示。

任务设置主要对下载文件、任务下载完成和任务计划进行配置，具体还包括 BT 下载配置、ED 下载配置、HTTP/FTP 下载配置和长效种子的配置，如图 6-59 所示。

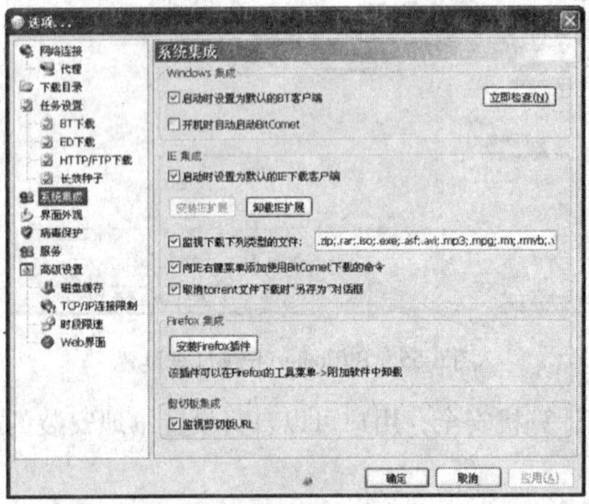

图 6-58 BitComet 系统集成设置

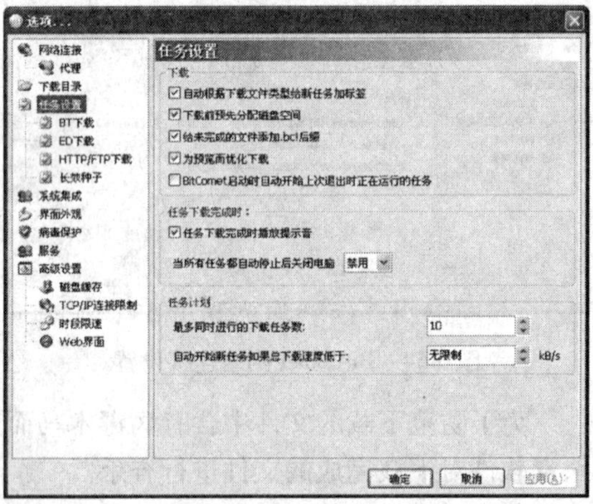

图 6-59 BitComet 任务设置

6.5 FTP 服务器的搭建

使用 Serv-U 构建 FTP 服务器方法如下。

Serv-U 是目前众多的 FTP 服务器软件之一。通过使用 Serv-U，用户能够将任何一台 PC 设置成一个 FTP 服务器，这样，用户或其他使用者就能够使用 FTP 协议，通过在同一网络上的任何一台 PC 与 FTP 服务器连接，进行文件或目录的复制、移动、创建和删除等。这里提到的 FTP 协议专门被用来规定计算机之间进行文件传输的标准和规则，正是因为有了像 FTP 这样的专门协议，才使得人们能够通过不同类型的计算机，使用不同类型的操作系统，对不同类型的文件进行相互传递。

1. 安装 FTP 服务器软件 Serv-U

现在 Windows 平台的用户，90% 的 FTP 服务器都是用 Serv-U 架设的。

安装时双击 Serv-U 的安装程序，在弹出的窗口中用户可以进行语言、安装路径和快捷方式的选择来进行安装配置，安装完成之后，会显示相关产品的信息。如图 6-60 所示，这时 Serv-U 就已经安装完成了。

Serv-U 文件服务器的核心是 Serv-U 域。在最基本的级别，Serv-U 域是一组用户账户和监听器，使得用户可以连接服务器以访问文件和文件夹。也可以进一步配置 Serv-U 域，从而约束基于 IP 地址的访问，限制带宽的使用，强制实施传输配额等。

Serv-U 能支持文件服务器上任意数量的域。当系统拥有多个 IP 地址时每个域都能使用唯一的 IP 地址。但是，软件的许可证规定了一个安装实例能创建的域的最大数量。在 Serv-U 启动时，会询问用户是否定义域？这里选择“是”，如图 6-61 所示。

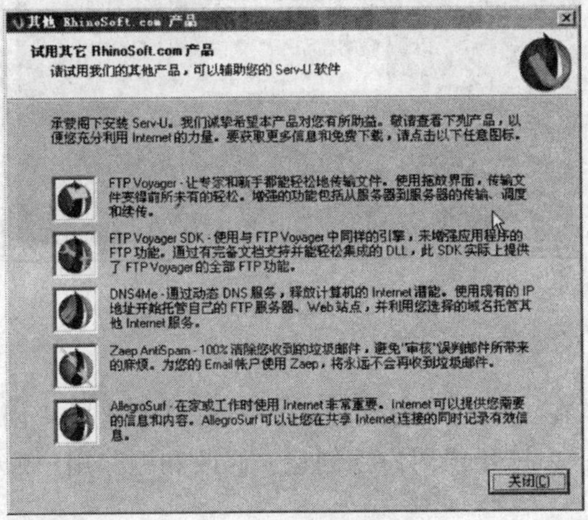

图 6-60　Serv-U 安装完成

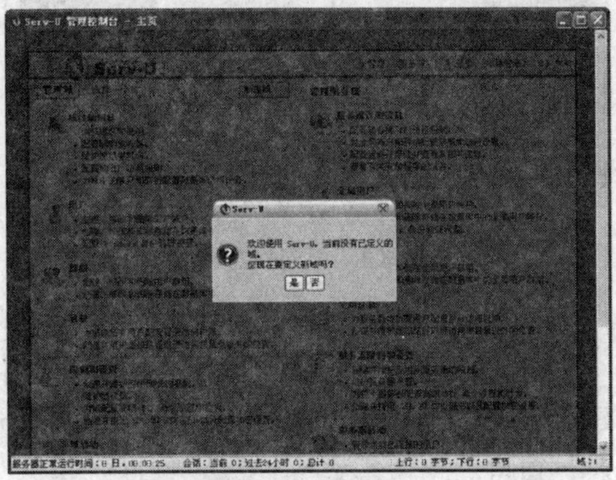

图 6-61　设置域名

在弹出的域向导步骤 1 窗口中输入域名和域信息，如图 6-62 所示。

单击“下一步”按钮，在域向导步骤 2 窗口中，根据自己的情况开启端口。如图 6-63 所示。

单击“下一步”按钮，在域向导步骤 3 窗口中填写域所对应的 IP 地址，这一步一般都填写服务器的 IP 地址，如果是动态的话就不填。如图 6-64 所示。

最后单击“完成”按钮，结束域的设置，如图 6-65 所示。域创建完成后系统会提示是否进行新用户的创建，用户可根据情况选择是否进行用户的创建。

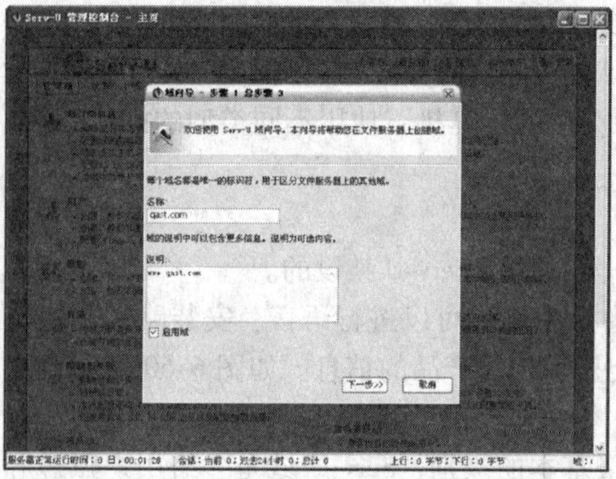

图 6-62　域向导步骤 1

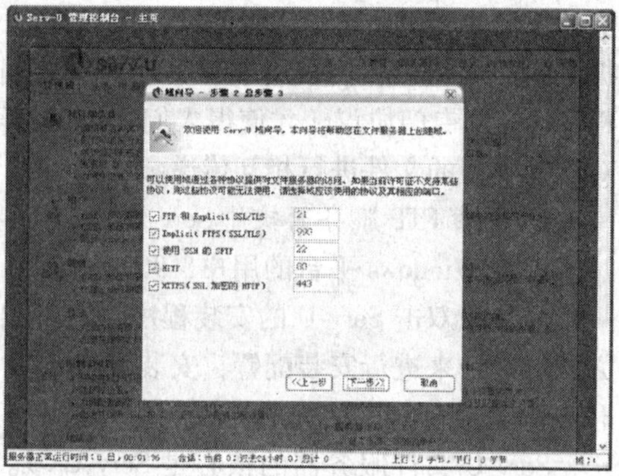

图 6-63　域向导步骤 2

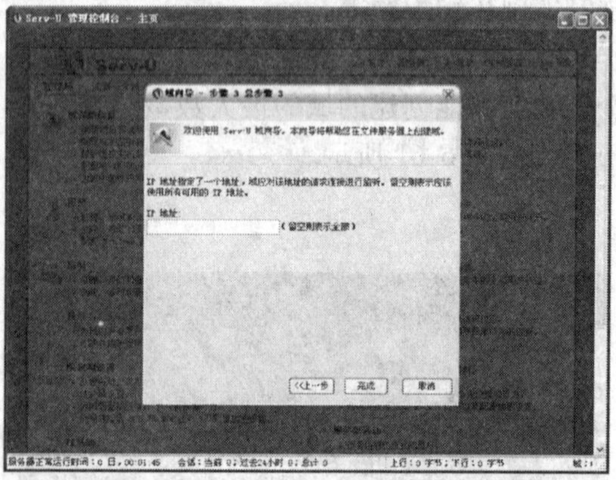

图 6-64　域向导步骤 3

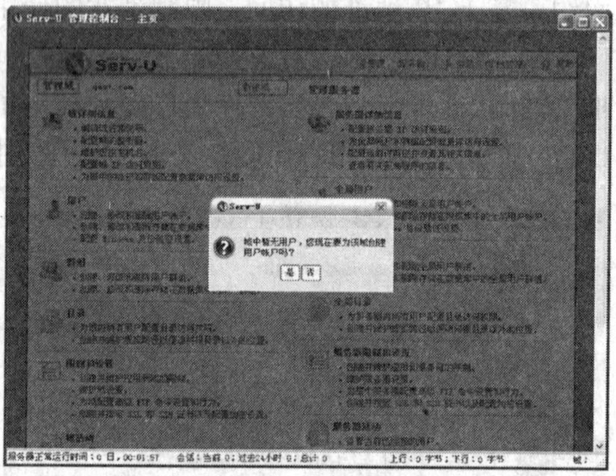

图 6-65　域向导设置完成

2. Serv-U 服务器账户的建立

（1）域已建好之后，下面来添加一个用户！在“Serv-U 管理控制台”窗口中选择“创建、修改和删除用户账户”选项，如图 6-66 所示。打开“用户－创建、修改和删除用户账户”窗口。

（2）在“用户－创建、修改和删除用户账户”窗口中（如图 6-67 所示）选择“域用户”选项卡，单击左下方的“添加”按钮，打开“用户属性”窗口，在窗口中完成对新用户的添加。

（3）在“用户属性”窗口（如图 6-68 所示）中的“用户信息”选项卡中填写用户名、密码及指定根目录和账户权限。

（4）在“用户属性”窗口中的“目录访问”选项卡中设置访问路径、权限等选项，如图 6-69 所示。

图6-66　Serv-U管理控制台窗口

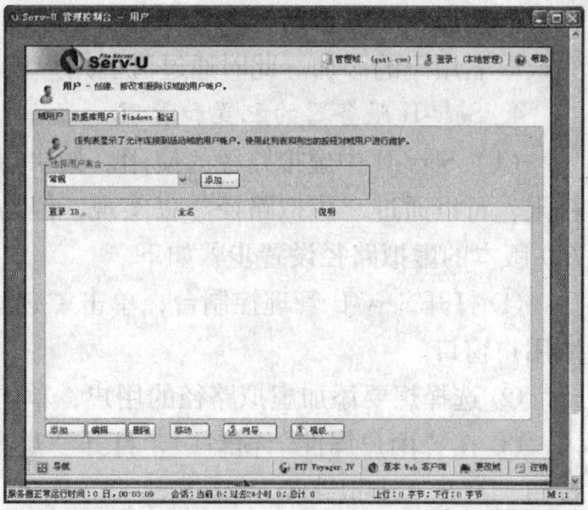

图6-67　创建用户窗口

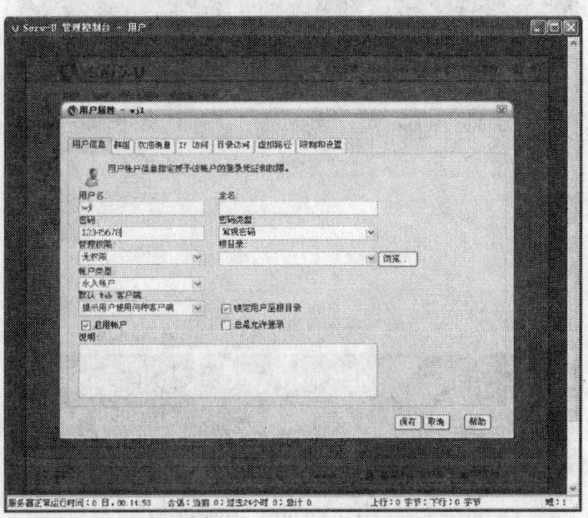

图6-68　用户属性窗口

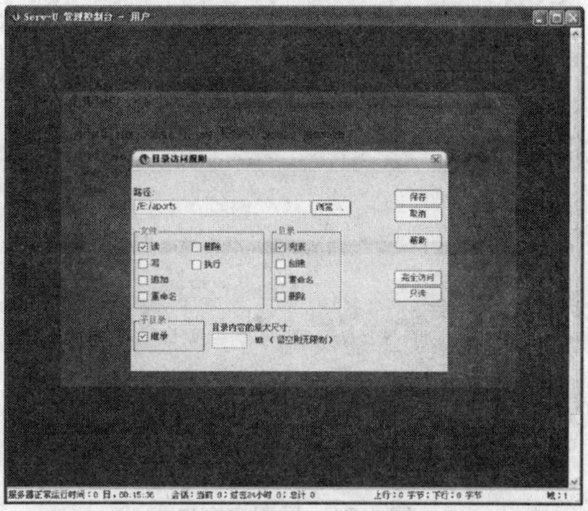

图6-69　目录访问规则窗口

（5）单击“保存”按钮，就成功添加了一个用户。通过这个用户就可以对FTP进行访问了。到此FTP就架设完成了，用Web登录，就可以看到FTP文件了。

3. *Serv-U 7.0 匿名用户添加*

匿名用户就是不用输入用户名和密码，直接访问FTP服务器的用户。Serv-U 7.0版本以后，为了安全，默认情况下不允许匿名用户访问，用户只能自己手动去添加匿名用户。方法也很简单，只需要添加一个名为Anonymous的用户名，密码为空的账号信息就可以了。具体方法与普通用户的添加过程一致，只是需要注意的是，在“用户属性”对话框中（如图6-70所示）“用户信息”选项卡中的用户名为：Anonymous，密码为空，并为其指定FTP的根

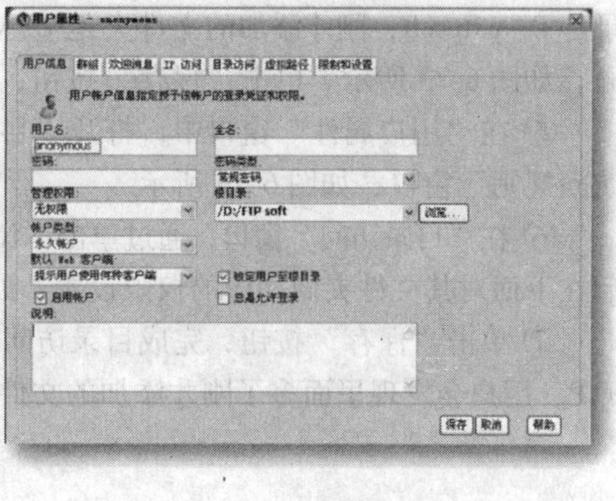

图6-70　添加匿名账户

目录。然后在“目录访问”选项卡中为其指定访问权限和目录，最后单击“保存”按钮，完成匿名用户的添加。此时通过匿名用户就可以对 FTP 进行访问了。

4. Serv-U 服务器的配置和管理

（1）Serv-U 中虚拟路径的使用。如果想要对某个账户访问的每个文件夹都给予不同的权限，可以通过“虚拟路径”去实现，但是 7.0 以后版本和以前老版本有一些区别，Serv-U 7.0 版本的虚拟路径设置步骤如下。

① 打开 Serv-U 管理控制台，单击“创建、修改和删除用户账户”。打开如图 6-71 所示域用户窗口。

② 选择想要添加虚拟路径的用户，单击“编辑”按钮。打开“用户属性”窗口。

③ 在“用户属性”窗口中，打开“虚拟路径”选项卡，如图 6-72 所示。单击“添加”按钮，打开“虚拟路径”窗口。

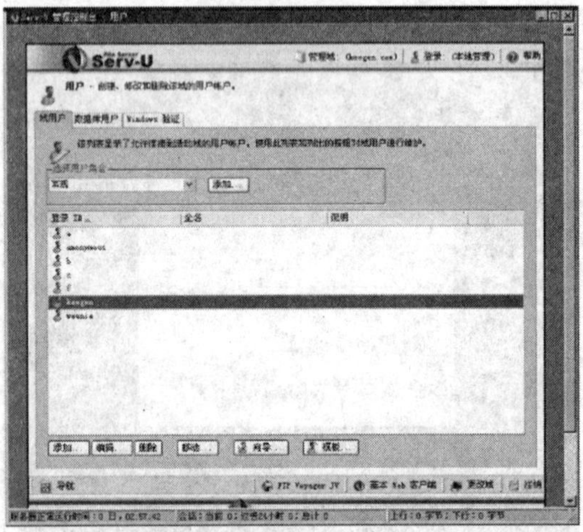

图 6-71 域用户窗口

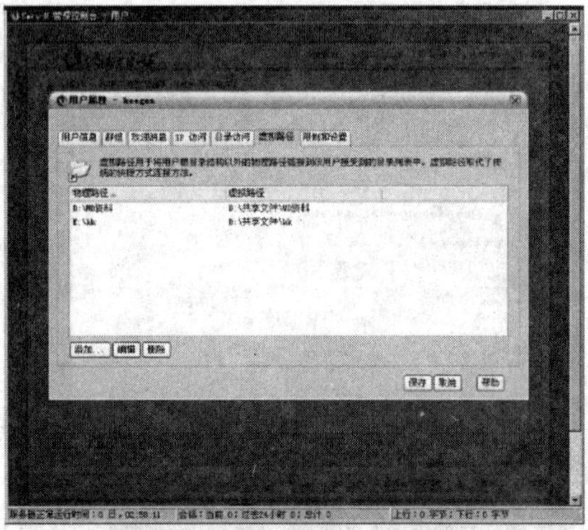

图 6-72 用户属性—虚拟路径窗口

④ 在“虚拟路径”窗口中单击“浏览”按钮，找到想要添加的文件夹作为“物理路径”。而“虚拟路径”就是在原来用户的根目录上加上刚才添加的文件夹名称（比如：原来的根目录是 D:\ ftpsoft，刚才添加的文件夹是 D:\ a，那么现在的虚拟路径就应该是：D:\ ftpsoft \ a），如图 6-73 所示。单击“保存”按钮，完成虚拟路径的添加并返回用户属性窗口。

⑤ 在“用户属性”窗口中，打开“目录访问”选项卡，单击“添加”按钮打开“目录访问规则”窗口，如图 6-74 所示。

⑥ 在“目录访问”窗口，通过单击“浏览”按钮找到刚才添加的文件夹（如 D:\ a），然后在下面对其文件夹做相应的权限设置，如图 6-75 所示。

⑦ 单击“保存”按钮，完成目录访问规则的设置。这时在客户端或者是通过 Web 登录 FTP，用户会发现里面多了刚才添加的文件夹。

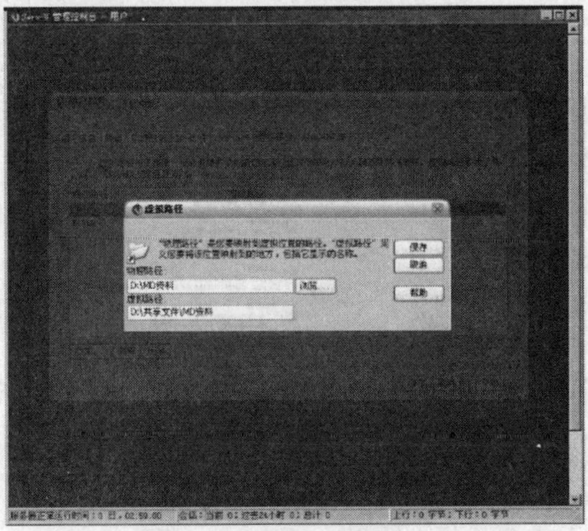

图6-73　设置虚拟路径

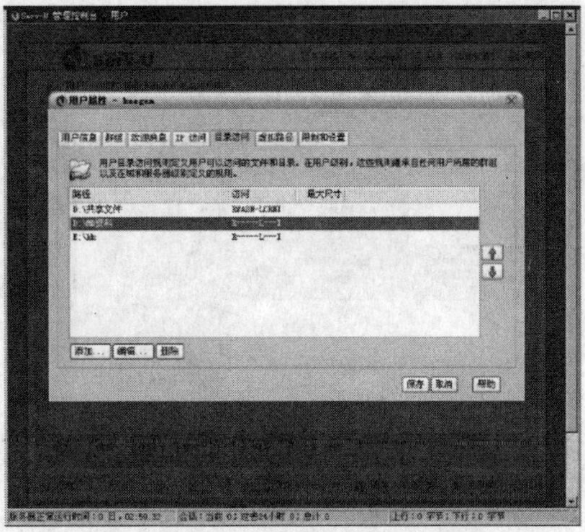

图6-74　用户属性—目录访问窗口

（2）如何远程管理Serv-U服务器。Serv-U有一项很实用的功能，那就是远程管理，这对管理员的工作带来了很大的方便。但是7.0版本以后，Serv-U增加了很多新的功能，比如对Web的支持，这里简单介绍一下远程管理这个功能。

首先要对FTP服务器进行设置。

① 打开Serv-U 7.0的配置管理界面，选择“域详细信息”选项，在打开的“域详细信息”窗口中打开“监听器”选项卡，在监听器里面开启80端口，如图6-76所示。

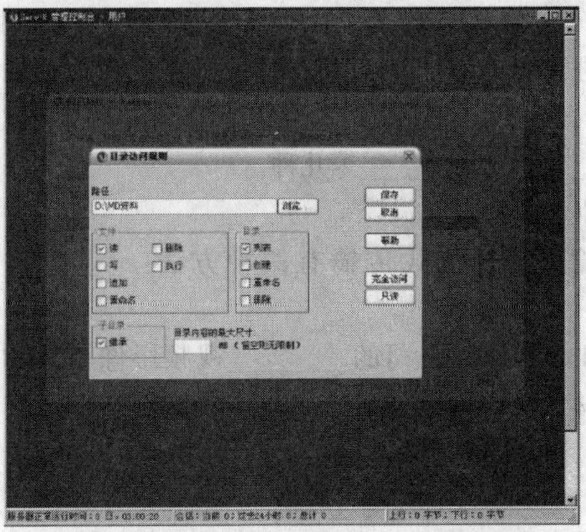

图6-75　目录访问规则

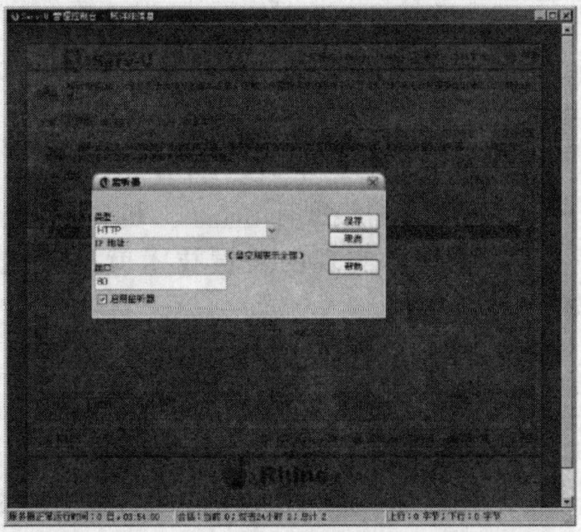

图6-76　监听器

② 打开Serv-U 7.0的配置管理界面，选择“用户”选项，在“用户”窗口中再新建一个管理员权限的账户，对其赋予“系统管理员权限”，如图6-77所示。

其次，当服务器端设置完成后，在客户端，使用Web浏览器打开http：//服务器的IP，会出现Serv-U的Web登录界面，如图6-78所示。在这里输入新建的管理员权限的账号，就可以远程对其Serv-U服务器进行管理。

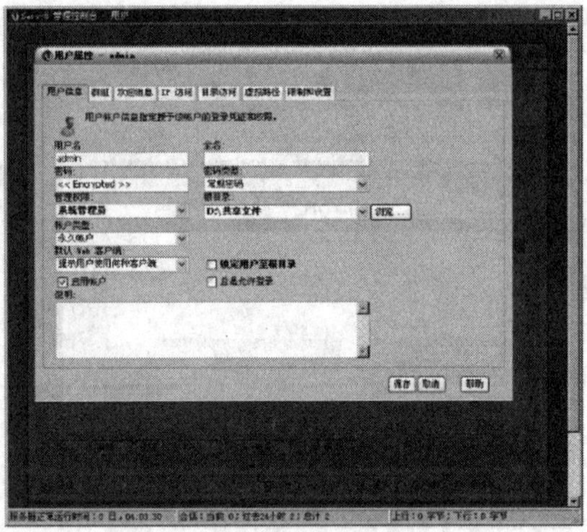

图 6-77 设置管理员

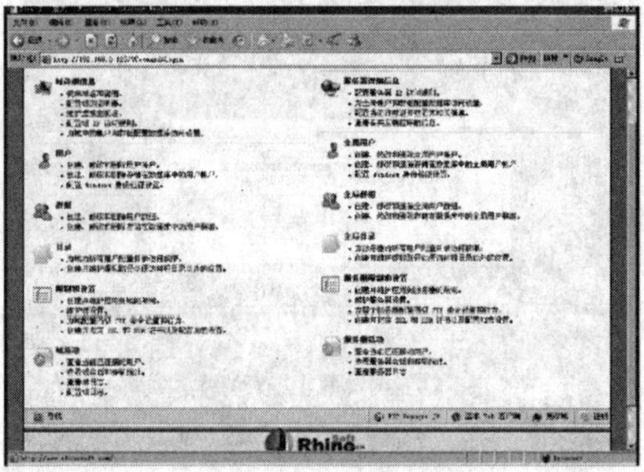

图 6-78 远程登录界面

以上介绍的是 Serv-U 服务的安装设置过程，关于更多 Serv-U 管理和配置功能，用户可参阅相关文献。另外 Windows 操作系统本身也自带了一个 FTP 服务器软件，有关在 Windows 操作系统中安装和使用 FTP 服务器软件的叙述请参阅本书第 9 章节中的叙述，这里就不再赘述。

习题

一、填空题

1. 如果要用 IE 方式访问北京外国语大学的 FTP（202.204.128.30），则需要在地址栏中输入________。

2. 常用文件下载工具软件有________、________、________等几种。

3. FTP 账户类型有________和________两种。

4. 流媒体实现的关键技术就是流式传输。实现流式传输有两种方法：________和________。

5. 目前流行的流媒体文件格式主要有 Real Networks 公司的________视频影像格式和________的音频格式、Microsoft 公司的________格式、Apple 公司的________格式。

二、选择题

1. 下列（　　）协议是用来传输文件的。

A. HTTP　　B. FTP　　C. Telnet　　D. BBS

2. 将文件从 FTP 服务器传输到客户机的过程称为（　　）。

A. 上载　　B. 下载　　C. 浏览　　D. 计费

3. 以下不是 FTP 的客户端软件有（　　）。

A. DNS　　B. IE　　C. CuteFtp　　D. NetAnts

4. 以下不是下载软件的特征的是（　　）。

A. 多线程下载　　B. 断点续传

C. 下载文件的分类管理　　D. 隐藏文件

5. 下列软件可以作为 FTP 服务器软件的是（　　）。

A. 迅雷　　B. FTPrush

C. BitComet　　D. Serv-U

6.（　　）是匿名 FTP 服务。

A. 用户之间能够进行传送文件的 FTP

B. Internet 中一种匿名信的名称

C. 在 Internet 中没有主机地址的 FTP

D. 是一种许可用户免费下载文件的网络服务

三、简答题

1. 文件传输的概念是什么，Internet 上主要的下载方法有哪些？
2. 什么是 FTP 文件传输，FTP 文件传输的工作过程是怎样的？
3. 解释流媒体传输技术的特点？
4. 流媒体资源如何进行定位和下载？
5. 基于 P2P 技术的文件传输与基于 FTP 协议的文件传输有何区别？
6. FTP 服务器的作用是什么？

四、实验

1. 下载工具软件的使用。掌握迅雷、CuteFTP、影音传输带、BitComet 等下载软件的安装、配置和使用。

2. FTP 服务器的搭建。使用 Serv-U 软件（或 Windows 操作系统的 FTP 软件）构建 FTP 服务器，并对其进行配置。

第 7 章
网络交流与娱乐

7.1 P2P 技术与网络应用

P2P（Peer-to-Peer）是一种客户节点之间以对等的方式，通过直接交换信息来达到共享计算机资源和服务的工作模式。P2P 技术目前已经广泛应用于实时通信、协同工作、内容分发与分布式计算等领域。

7.1.1 P2P 网络特点与定义

1. P2P 与传统客户－服务器工作模式的区别

如图 7-1（a）所示，传统的 Internet 中信息资源的共享是以服务器（server）为中心的客户－服务器（C/S）工作模式。以 Web 服务器为例，Web 服务器是运行 Web Server 程序、计算能力与存储能力强的计算机系统，所有的 Web 页都存储在 Web 服务器上。服务器可以为很多 Web 浏览器客户提供服务。但是 Web 浏览器之间不能直接通信。显然，在传统的 Internet 中信息资源的共享关系中，服务提供者与服务使用者之间的界限是很清晰的。如图 7-1（b）所示，P2P 网络则淡化了服务提供者与服务使用者的界限，所有的客户机同时身兼服务提供者和服务使用者的双重身份，以达到“进一步扩大网络资源共享范围和深度，提高网络资源利用率，使信息共享达到最大化”的目的。在 P2P 网络环境中，成千上万台计算机之间处于一种对等的地位，整个网络一般不依赖于专用的集中式服务器。P2P 网络中的每一台计算机既可以作为网络服务的使用者，也可以向其他提出服务请求的客户提供资源和服务。

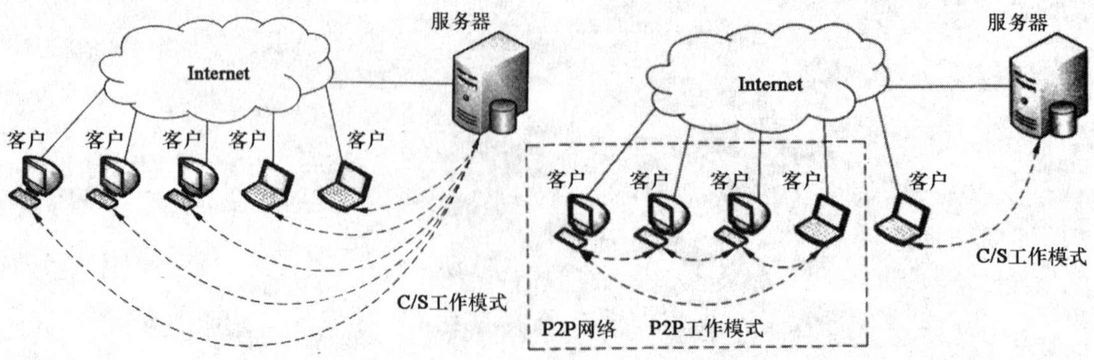

（a）C/S工作模式　　（b）P2P工作模式

图 7-1　客户－服务器与 P2P 网络工作模式的区别

2. P2P 与传统客户 - 服务器协议结构的区别

如果从网络体系结构的角度去比较客户 - 服务器与 P2P 工作模式，则会发现：两者在应用层以下各层的协议结构是相同的，差别就在应用层。客户 - 服务器与 P2P 网络工作模式的协议结构的区别如图 7-2 所示。

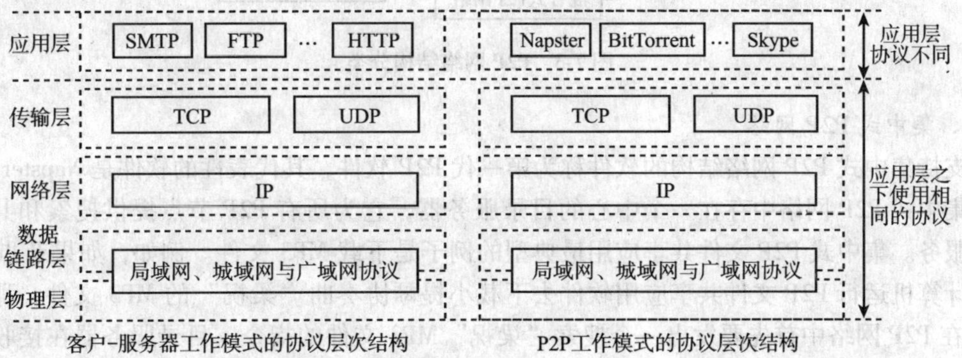

图 7-2 客户 - 服务器与 P2P 网络协议结构的区别

客户 - 服务器工作模式的应用层协议主要包括：支持域名服务的 DNS 协议，支持电子邮件服务的 SMTP 协议，支持文件传输服务的 FTP 协议，以及支持 Web 服务的 HTTP 协议等。而 P2P 网络应用层协议主要包括：支持文件共享类 Napster 与 BitTorrent 服务的协议、支持多媒体传输类 Skype 服务的协议等。

如果从这个角度看，P2P 网络并不是一个新的网络结构，而是一种新的网络应用模式。所以，人们认为 P2P 网络是一个构建在 IP 网络上的覆盖网。

3. P2P 网络定义

对于 P2P 的定义，不同的机构有着不同的理解，每种理解方式在本质上并不矛盾，都是从不同的侧面揭示 P2P 网络的特点。

简单地说，P2P 技术是一种用于不同 PC 用户之间、不经过中继设备直接交换数据或服务的技术。它打破了传统的 C/S 模式，在对等网络中，每个节点的地位都是相同的，具备客户端和服务器双重特性，可以同时作为服务使用者和服务提供者。由于 P2P 技术的飞速发展，Internet 的存储模式将由目前的“内容位于中心”模式转变为“内容位于边缘”模式，改变 Internet 现在的以大网站为中心的状态，重返“非中心化”，将权力交还给用户。

目前，在网络电视、文件共享、分布式计算、网络安全、在线交流甚至是企业计算与电子商务等应用领域，P2P 都显露出很强的技术优势。P2P 让人们通过 Internet 直接交互，使得网络上的沟通变得容易，更直接共享和交互，真正地消除中间商。

7.1.2 P2P 网络结构的分类

根据 P2P 网络结构的特点，P2P 网络可以分为集中式 P2P 网络、分布式 P2P 网络与混合式 P2P 网络 3 种类型，如图 7-3 所示。

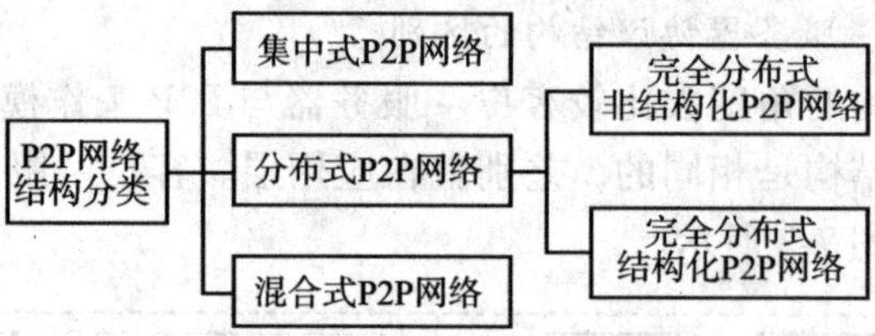

图 7-3 P2P 网络结构分类

1. 集中式 P2P 网络

支持集中式 P2P 网络结构的软件称为第一代 P2P 软件，其代表性的软件是 Napster。

集中式 P2P 网络中存在一个中心的目录服务器，它为所有 P2P 节点提供搜索和共享文件的服务。集中式 P2P 文件共享应用最典型的例子是下载 MP3 文件。例如，如果节点 A 用户的计算机运行 P2P 文件共享应用软件去下载小提琴协奏曲“梁祝”的 MP3 文件，那么节点 A 在 P2P 网络中首先要发出一个搜索“梁祝”MP3 文件的指令。目录服务器在接收到搜索指令后，查询出节点 D 有这个文件时，目录服务器将这个查询结果反馈给节点 A。节点 A 在接收到查询结果信息之后，就可以通过“对等通信”的方式向节点 D 发出下载该 MP3 文件的请求。节点 D 在接收到节点 A 的请求之后，同意在节点 A 和节点 D 之间建立一个直接的 TCP 连接，并且将指定的 MP3“梁祝”文件从节点 D 直接向节点 A 发送。

图 7-4 给出了集中式 P2P 网络工作原理示意图。从图中可以看出，在集中式 P2P 网络中，请求服务的节点与目录服务器之间存在着查询文件的指令流，对等节点之间存在着下载文件的数据流。

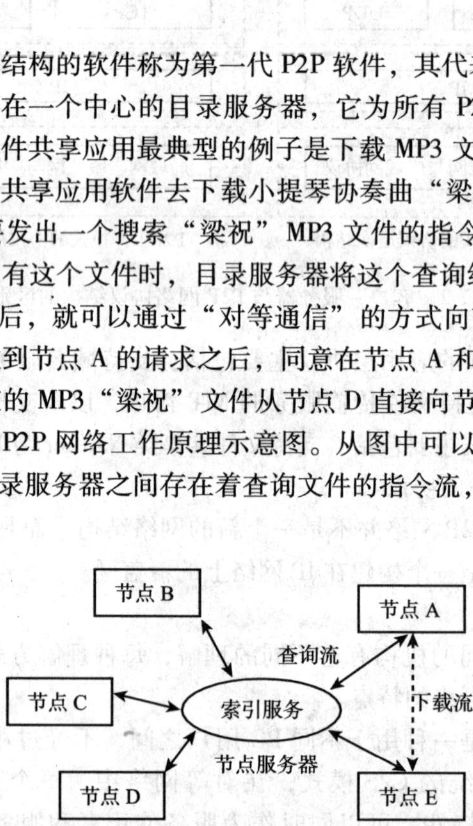

图 7-4 集中式 P2P 网络工作原理示意图

集中式 P2P 网络与传统的客户 - 服务器模式存在的相同之处是，集中式 P2P 网络中也存在着中心服务器，但是两者之间有很大的区别。图 7-5 表示出集中式 P2P 网络与传统客户 - 服务器工作方式的区别。

在传统的客户 - 服务器模式中，网络中共享文件存储在服务器磁盘中。当节点 A 用户希望下载“梁祝”的 MP3 文件时，节点 A 向文件服务器发出一个文件读取请求指令。文件服务器在接收到文件读取请求指令，并判断节点 A 为合法用户之后，服务器将它所需要的“梁祝”MP3 文件传送给节点 A。而在集中式 P2P 网络中，目录服务器只提供共享文件存储节点位置搜索服务，共享文件的传输存在于对等节点之间。

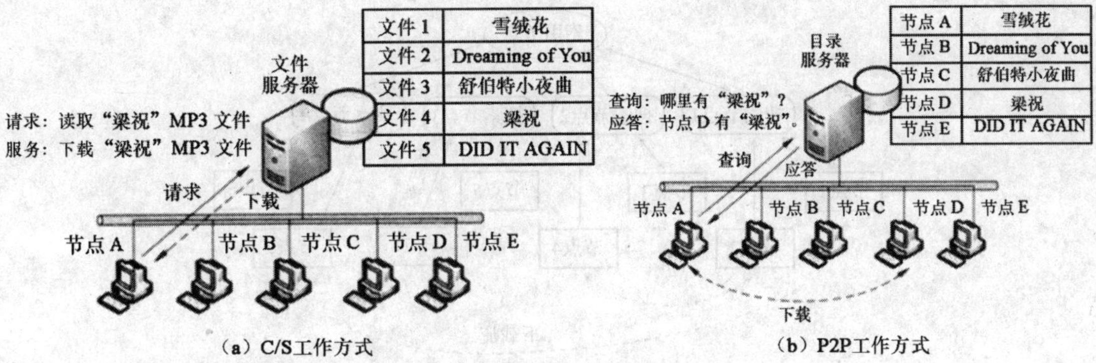

图7-5　集中式P2P网络与C/S工作方式的区别

2. 分布式P2P网络

与集中式P2P网络不同，分布式P2P网络中不存在集中的目录服务器。分布式P2P网络可以进一步分为分布式非结构化P2P网络与分布式结构化P2P网络。

(1) 分布式非结构化P2P网络。分布式非结构化P2P网络采取的是完全随机的洪泛式搜索和随机地转发机制。典型的分布式非结构化P2P网络是Gnutella。图7-6 (a) 给出了分布式非结构化P2P网络的结构示意图。

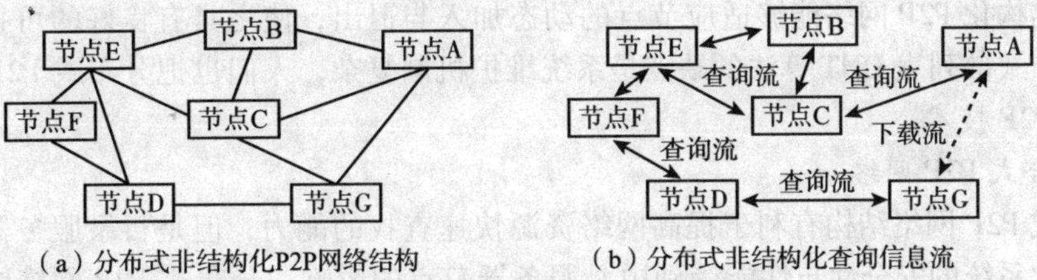

图7-6　分布式P2P网络工作原理示意图

分布式非结构化P2P网络中所有的节点都是对等节点。由于网络中没有集中服务的服务器，节点查询文件采用随机洪泛式搜索和随机转发。为了控制搜索信息的传输，分布式非结构化P2P网络采取了类似于IP数据包中生存时间TTL控制机制，来决定搜索信息是否被转发。图7-6 (b) 给出了分布式非结构化P2P网络查询信息流的传输过程示意图。

分布式非结构化P2P网络的特点是查询方式简单，实行容易，但是它面临着查询文件发现的准确性差与对网络结构变化的适应性与可扩展性差的缺点。目前分布式非结构化P2P网络的研究主要集中在如何改进信息发现算法与查询信息转发策略的研究上。

(2) 分布式结构化P2P网络。针对分布式非结构化P2P网络可扩展性差的缺点，一种高度结构化的分布式结构化P2P网络应运而生。分布式结构化P2P网络研究的重点在如何有效地查找信息上。典型的方法是采用基于分布式散列表 (Distributed Hash Table, DHT) 的结构。分布式结构化P2P网络的基本工作原理如图7-7所示。

为了将分布式P2P网络中的资源分布结构化，以利于有效地查找信息，分布式散列表DHT采取了以下的方法。

① 按照一定的规则为每个网络节点分配一个唯一的节点标识符 (Node ID)；按照散列算法为每个节点的资源对象产生一个唯一的资源对象标识符 (Object ID)。

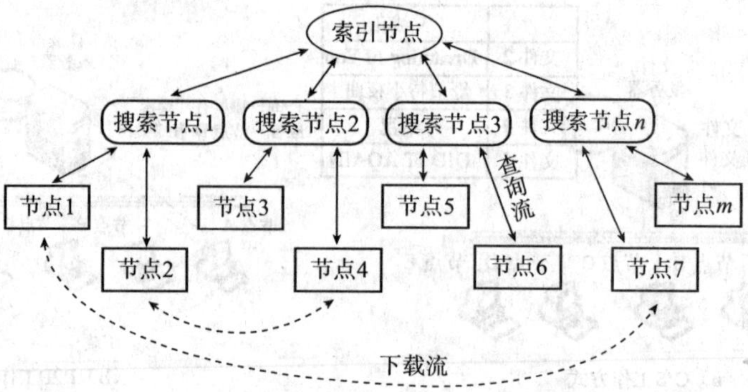

图 7-7　分布式结构化 P2P 网络原理示意图

② 通过散列函数将 Node ID 与 Object ID 映射到一个分布式散列表中。

③ 分布式散列表被分割成不连续的散列块，每一个节点都被分配一个属于自己的散列块，并负责维护该散列块。

④ 通过分布式散列表来查找节点所需要的资源，定位到资源所在的节点位置；通过特定的路由算法在节点之间建立连接路径。

设计分布式散列表 DHT 算法的重点是：如何在不具有中心节点和自组织的条件下，使得分布式结构化 P2P 网络能够适应节点的动态加入与退出，使之具有良好的可扩展性与健壮性。分布式散列表 DHT 算法的缺点是系统维护机制复杂，人们也把分布式 P2P 网络划分为第二代 P2P 技术。

3. 混合式 P2P 网络

集中式 P2P 网络结构有利于提高网络资源快速查找的能力，但是目录服务器容易受到攻击，因此系统的安全性与性能受到中心服务器节点的影响。分布式 P2P 网络结构有利于提高系统的可扩展性与安全性，但是网络资源查找速度受到限制，系统维护机制复杂。因此自然会想到如何将两者结合起来，研究第三代 P2P 技术——混合式 P2P 网络。混合式 P2P 网络的基本工作原理如图 7-8 所示。

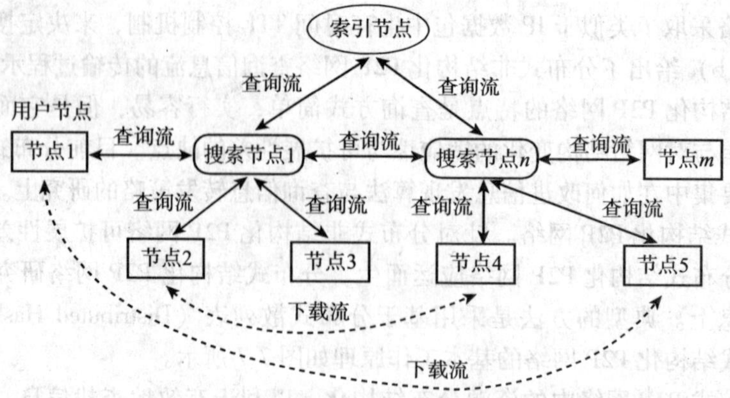

图 7-8　混合式 P2P 网络基本工作原理示意图

（1）混合式 P2P 网络的节点类型。混合式 P2P 网络的节点分为 3 类：用户节点、搜索节点与索引节点。

① 用户节点。用户节点只能为普通用户提供查询共享信息服务，没有其他特殊的功能。

② 搜索节点。搜索节点接受与它连接的用户节点的查询请求，通过索引节点查找共享资源的位置，并将查询结果回送给用户节点。

③ 索引节点。索引节点存储网络中共享信息的文件列表，接受查询请求，返回被查询文件存储节点地址信息，并负责维护混合式 P2P 网络的结构。

(2) 混合式 P2P 网络的特点。混合式 P2P 网络结构的特点如下。

① 增加了索引节点。索引节点只提供查询文件所在位置的搜索服务，不直接需要下载的文件及版权信息。用户是否能够下载该文件，那是用户与文件版权所有者之间的事，索引节点并不需要知道。

② 引入了搜索节点。搜索节点管理所属节点用户的文件列表。如果与本节点直接连接的搜索节点不能满足用户要求，用户节点可以将搜索范围扩大到其他的搜索节点，直至整个 P2P 网络。

7.1.3 典型的 P2P 应用软件

(1) P2P 网络应用的分类。如表 7-1 所示，目前研究的 P2P 网络应用可以分为文件共享类、流媒体传输类、即时通信类、数据存储类、协同工作类、搜索引擎类和分布式计算类 7 类。

表 7-1 P2P 技术应用的分类

P2P 网络应用	文件共享类 P2P 应用
	流媒体传输类 P2P 应用
	即时通信类 P2P 应用
	数据存储类 P2P 应用
	协同工作类 P2P 应用
	搜索引擎类 P2P 应用
	分布式计算类 P2P 应用

(2) 各种流行的 P2P 应用软件的分类。目前各种流行的 P2P 应用软件如表 7-2 所示。以下各节将选取其中有代表性的应用软件加以分析和讨论。

表 7-2 典型 P2P 应用软件分类

文件共享类 P2P 应用	Napster、BitTorrent、Gnutella、eMule
即时通信类 P2P 应用	Skype、QQ、PoPo、MSN、GTalk
流媒体传输类 P2P 应用	AnySee、PPLive、TvAnts
数据存储类 P2P 应用	Tapestry、OceanStore、Pastry
分布式计算类 P2P 应用	GPU、SETI@ Home、Entropia
搜索引擎类 P2P 应用	Pandango
协同工作类 P2P 应用	Groove

7.2 使用腾讯 QQ 交流

7.2.1 QQ 概述

1. 什么是 QQ

腾讯 QQ 是深圳市腾讯计算机系统有限公司开发的一款基于 Internet 的即时通信（IM）软件。腾讯 QQ 支持在线聊天、视频电话、点对点断点续传文件、共享文件、网络硬盘、自定义面板、QQ 邮箱等多种功能。并可与移动通信终端等多种通信方式相连。用户可以使用 QQ 方便、实用、高效地和朋友联系，而这一切都是免费的。

2. 系统要求

安装有 Microsoft Windows 98、Windows 2000、Windows Me 或 Windows XP 操作系统。计算机处理器速度为 500 MHz 或更快。内存 64 MB 以上（推荐使用 128 MB）。安装需要 50 MB 的硬盘空间，安装后，运行最多需要 15 MB 的硬盘空间。若要使用语音视频聊天功能，还需配置声卡、音箱、话筒、摄像头等多媒体设备。

7.2.2 使用 QQ

1. 下载与安装 QQ 软件

登录 QQ 的官方网站，单击 http：//im. qq. com/qq/页面上的“下载”按钮即可获得最新发布的 QQ 正式版本。

图 7-9 QQ 用户协议

单击已经下载的 QQ 程序，开始安装，在出现的《腾讯 QQ 用户协议》中选择“我同意”，然后继续单击“下一步”按钮进行安装，如图 7-9 所示。

在选定使用环境窗口中进行使用环境的设定和登录前自动查杀木马的设置，如图 7-10所示。

在此界面单击“下一步”按钮，在默认目录下安装 QQ 或单击“浏览”按钮选择用户的 QQ 安装目录。同时可以选择安装 QQ 产品的一些附属工具软件，如图 7-11 所示。

继续单击“下一步”按钮，完成安装，如图 7-12 所示。

2. 申请注册 QQ 号码

QQ 用户可通过网站申请免费 QQ 号码。登录 http：//freeqqm. qq. com/站点进入 QQ 号码申请的页面，填写“必填基本信息”，选填或留空“高级信息”，确认服务条款，单击“下一步”按钮，按照提示完成设置后即可获得免费的 QQ 号码，如图 7-13 所示。

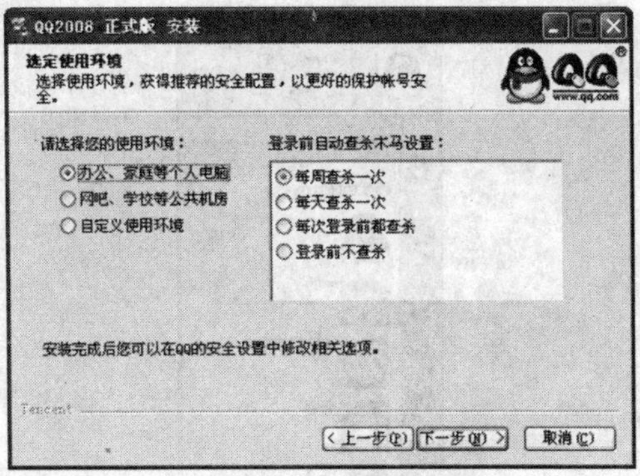

图 7-10　选择使用环境和查杀木马设置

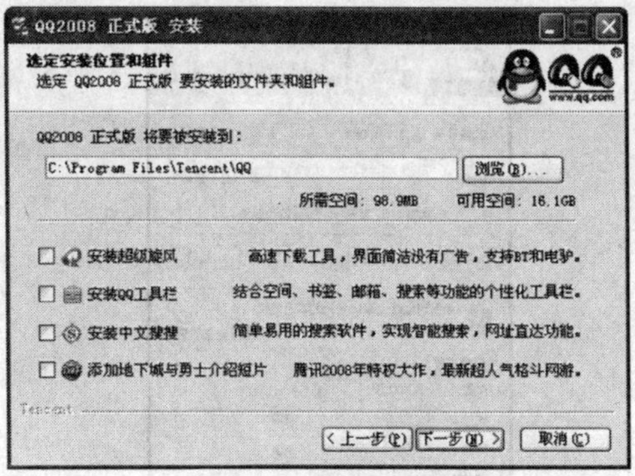

图 7-11　选择安装位置和组件

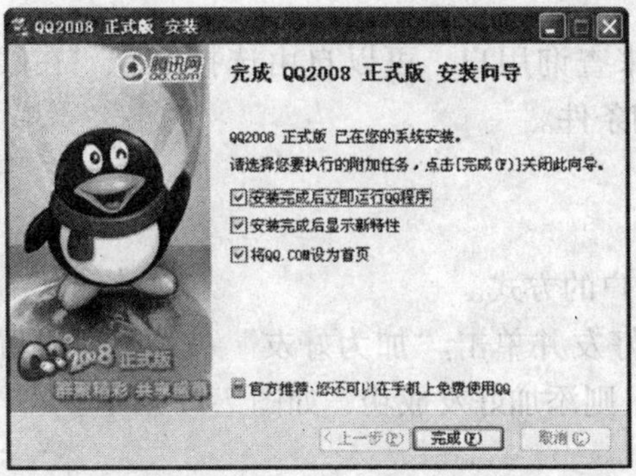

图 7-12　QQ 安装完成

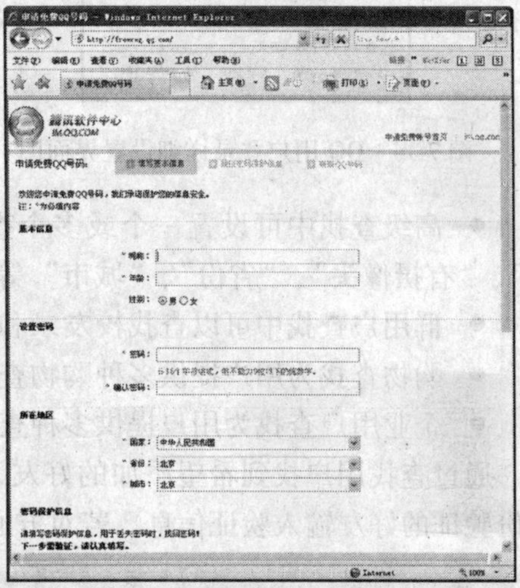

图 7-13　网上申请 QQ 号码

3. 登录 QQ

注册了 QQ 号码之后就可以登录 QQ 软件了。双击腾讯 QQ 图标打开登录界面，输入用户名和密码后单击“登录”按钮，可以对登录后的“状态”和是否“自动登录”进行选择。单击设置按钮还可以打开网络设置和其他选型设置来进行登录前的配置，如图 7-14 所示。

确定登录的相关设置之后输入 QQ 号码和密码即可登录 QQ。用户登录后的主界面如图 7-15所示。登录时可以选择手机号码、电子邮箱等多种方式登录 QQ。

4. 添加好友

新号码首次登录时，好友名单是空的，要和其他人联系，必须先添加好友。成功查找添加好友后，就可以体验 QQ 的各种特色功能了。

在主面板上单击“查找”按钮，打开“QQ 2004 查找/添加好友”窗口。QQ 为用户提供了多种方式查找好友，如图 7-16 所示。

- 基本查找中可查看“看谁在线上”和当前在线人数。若用户知道对方的 QQ 号码，昵称或电子邮件，即可进行“精确查找”。

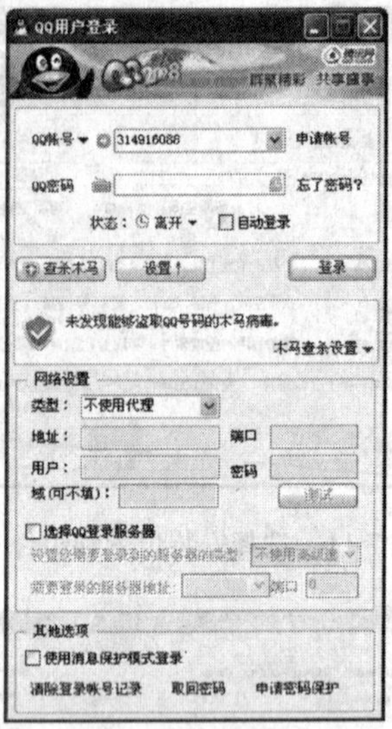

图 7-14　QQ 用户登录详细设置界面图

图 7-15　用户登录后显示登录界面的主窗口

● 高级查找中可设置一个或多个查询条件来查询用户。可以自由选择组合“在线用户”、“有摄像头”、“省份”、“城市”等多个查询条件。

● 群用户查找中可以查找校友录和群用户。

● 购物查找为用户提供多种购物查找的方式。

● 企业用户查找为用户提供多种查询企业用户的方式。

通过查找用户找到希望添加的好友，选中该好友并单击“加为好友”按钮。对设置了身份验证的好友输入验证信息。若对方通过验证，则添加好友成功，如图 7-17 所示。

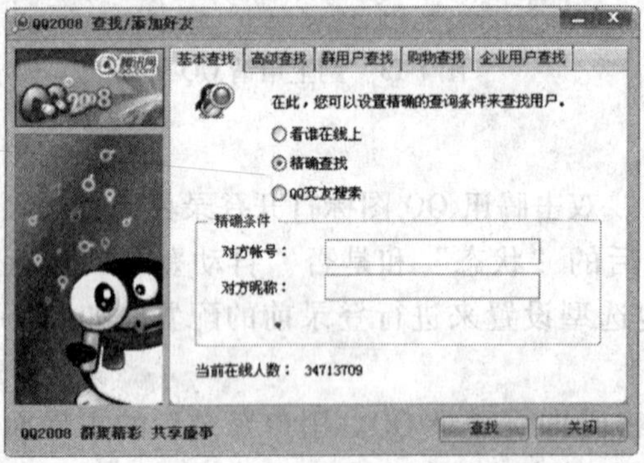

图 7-16　查找/添加好友

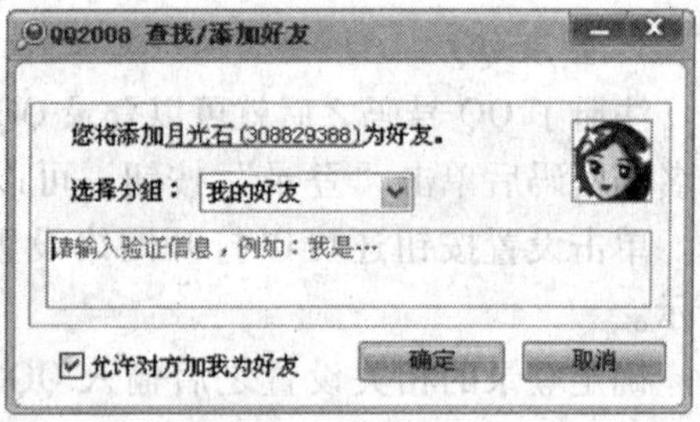

图 7-17　加为好友

5. 发送即时消息

登录 QQ 后就可以和好友进行交流了，选择主窗口中的好友，右击并在打开的快捷菜单中选择发送即时消息选项，如图 7-18 所示。打开 QQ 聊天窗口，在这个窗口中就可以与好友进行聊天、语音、视频和文件共享传递等操作了，如图 7-19 所示。

图 7-18　发送即时消息

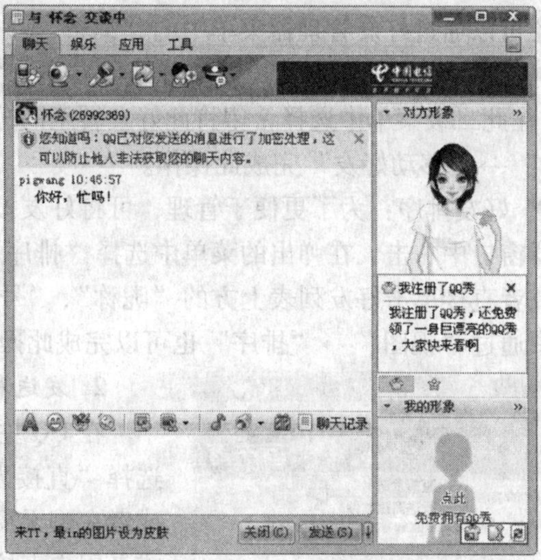

图 7-19　QQ 聊天窗口

7.2.3　QQ 功能

QQ 软件有许多功能的设置，如查找、添加好友和管理好友、设置用户的在线状态、发送即时消息、使用 QQ 互动空间、传输和共享文件、语音视频聊天、用 QQ 建立群、用 QQ 发短信、畅游 QQ 游戏、QQ 聊天室和 QQ 与 TM 双向切换等。这些设置可以方便用户使用和维护 QQ。下面就简单介绍一下相关功能选项。

1. 使用好友管理器

使用好友管理器可以系统地管理好友。右击登录的 QQ 图标，在打开的系统菜单中选择“好友与资料”中的“好友管理器”（如图 7-20 所示），打开如图 7-21 所示的好友管理器窗口。

在“好友管理器”窗口中完成对好友的各种设置。

- 成组设置好友上下线提示：如图 7-21 所示，用户可以对好友成组设置上线提示、下线提示和是否阻止好友消息。在此分组好友相应的方框前打钩即可。

图 7-20　打开 QQ 好友管理

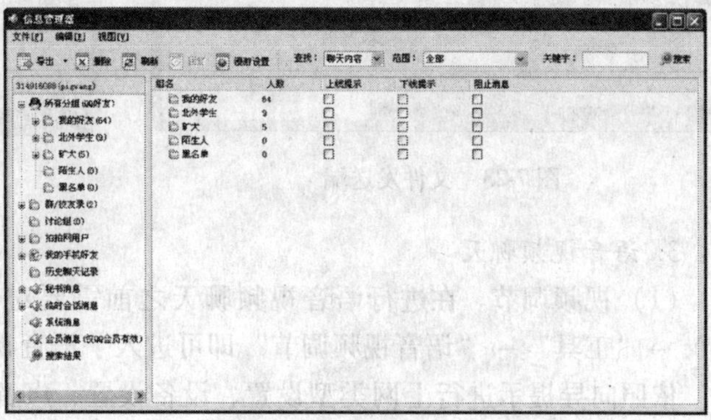

图 7-21　QQ 好友管理器

● 删除好友：展开好友分组，右击选定的好友，在弹出的菜单中选择“删除好友”即可。还可以通过好友管理器菜单中的“编辑”→“删除好友”完成此操作。

● 更换好友分组：展开好友分组，右击选定的好友，在弹出的菜单中选择“移动好友”，在此二级菜单中选择希望将此好友转至的分组即可。也可以通过好友管理器菜单中的“编辑”→“移动好友”完成此操作。

● 好友排序：为了更便于管理，可将好友按昵称、号码、性别、年龄等排序。在好友管理器窗口中右击，在弹出的菜单中选择“排序”，在此二级菜单中选择用户需要的排序方式。或者直接单击好友列表上方的“昵称”、“号码”、“年龄”等进行排序。在好友管理器菜单中通过“视图”→“排序”也可以完成此操作。

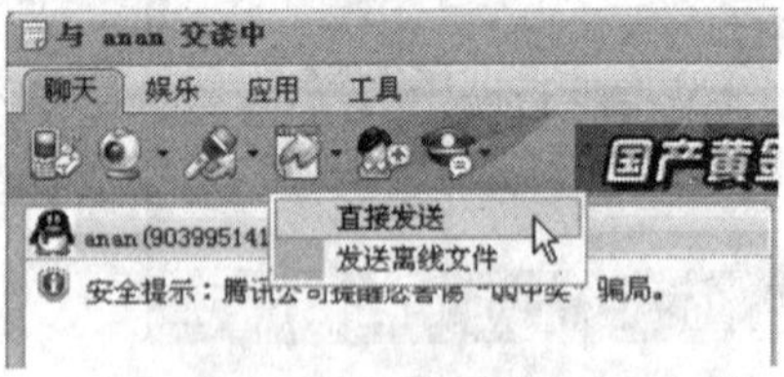

图 7-22　直接发送文件

2. 发送和接收文件

在 QQ 主窗口中，右击好友头像，在弹出的菜单中选择“直接发送”向好友发送文件，如图 7-22 所示。或者在聊天窗口中选择“发送文件”向好友发送文件，或者用户直接将文件拖到聊天窗口中发送给对方。

用户选择好要发送的文件后，需要等待对方选择接收，连接成功后聊天窗口右上角会出现传送进程。文件接收完毕后，QQ 会提示打开文件所在的目录。用户也可以选择发送离线文件的方式将文件发给不在线的好友，好友在线时再完成对文件的接收或拒绝等处理过程。接收文件步骤同上，如图 7-23 和图 7-24 所示文件的发送端和接收端。

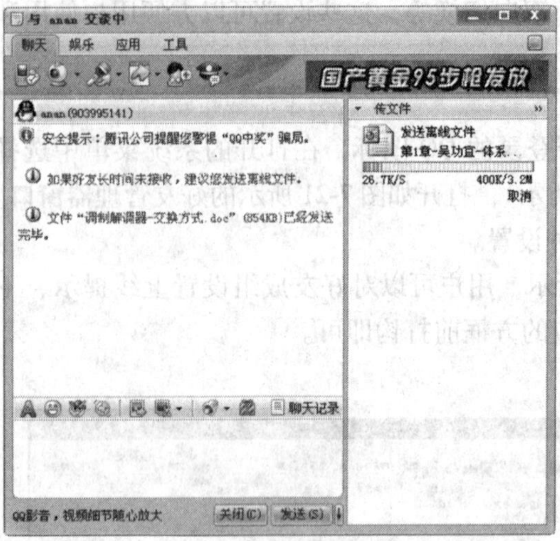

图 7-23　文件发送端

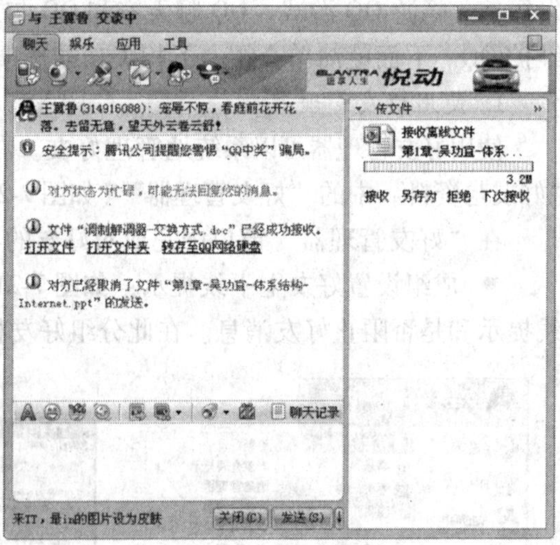

图 7-24　文件接收端

3. 语音视频聊天

（1）视频调节。在进行语音视频聊天之前需要对语音视频进行调节。选择“系统菜单”→“工具”→“语音视频调节”即可进入“语音视频调节向导”对话框，如图 7-25 所示。依照向导提示进行上网类型设置、设备设置、声音设置、图像设置等。若对画质不满意，可单击“画质调节”调节图像的高级属性，如图 7-26 所示。

图 7-25　音频设置窗口

图 7-26　视频设置窗口

用户也可在“与好友交谈”窗口中，选择“聊天”选项卡中的“设置”来对音频和视频进行调节。

（2）视频聊天。用户可以右击好友头像，在弹出的菜单中选择“影音交谈”→“超级视频”，进行视频聊天，也可以在“与好友交谈”窗口工具栏中的“聊天”选项卡中单击“视频聊天”请求视频聊天。对方收到请求并接受后就可以进行视频交流了。视频聊天窗口下的功能按钮如全屏、拍照、切换视频窗口等可供用户在聊天过程中对视频进行设置，如图 7-27所示。

（3）进行音频聊天。用户可以右击好友头像。在弹出的菜单中选择“影音交谈”→“超级语音”，进行语音聊天，也可以通过在“与好友交谈”窗口中选择“工具”选项卡中的“聊天”选项，单击“语音聊天”请求语音聊天。对方收到请求并接受后即可进行语音聊天了。语音聊天过程中单击麦克风和喇叭图标即可选择是否关闭麦克风和音量，如图 7-28所示。

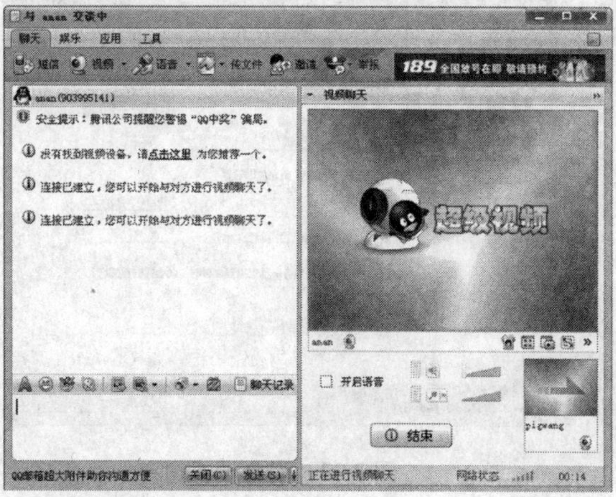

图 7-27　视频聊天窗口

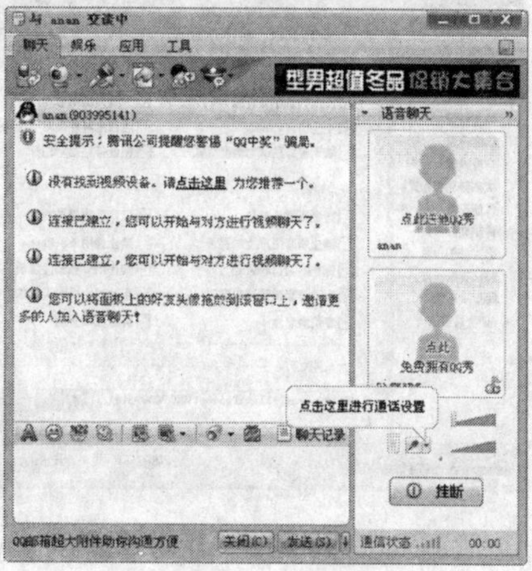

图 7-28　音频聊天窗口

4. QQ 的设置

选择“系统菜单”→“设置”→“个人设置”或“系统设置”命令，打开“QQ2008设置”窗口，在 QQ 的“设置”中又分为个人设置、系统设置和安全设置。

（1）个人设置。主要可以设置个人资料、联系方式、身份验证等选项，如图 7-29 所示。在身份验证中设置其他 QQ 用户与你进行聊天的权限，如图 7-30 所示。

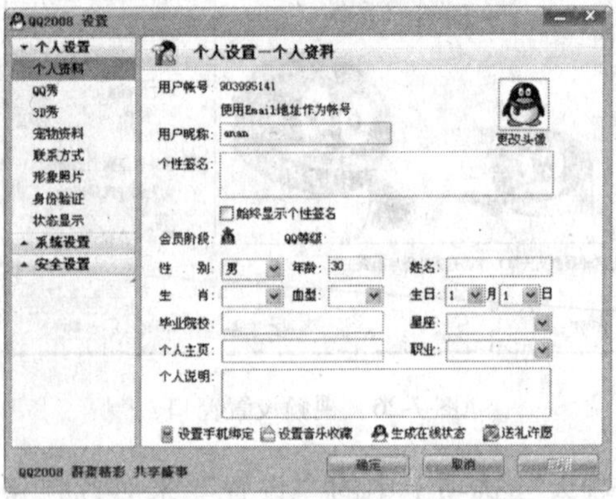

图 7-29　设置个人资料窗口

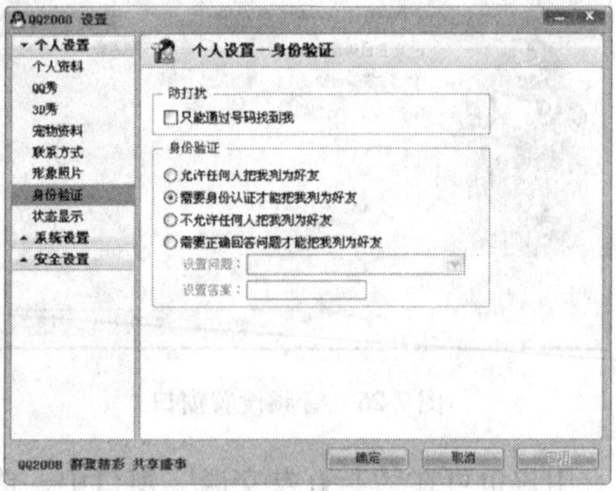

图 7-30　身份验证窗口

（2）系统设置。主要可以进行基本设置、登录设置和传输文件设置等，如图 7-31 所示。在“基本设置”面板中设置一些基本的信息，如“主面板是否总是在最前面”，“拒绝陌生人消息”等，打钩为选中，空白为未选中。在“登录设置”面板中设置登录时的一些操作。在“传输文件设置”面板中设置默认的保存文件的文件夹、是否启用断点续传等。

（3）安全设置。主要可以进行密码安全、查杀木马、文件接收安全和聊天记录安全等的设置，如图 7-32 所示。“密码安全”面板中主要是对聊天记录安全性的设置，包括给聊天记录加密码，设置聊天记录口令提示，是否清除聊天记录等。“文件接收安全”面板对文件传输安全性进行设置，不同的安全等级对应不同的权限，在传输文件前，请根据自己的需要选择。

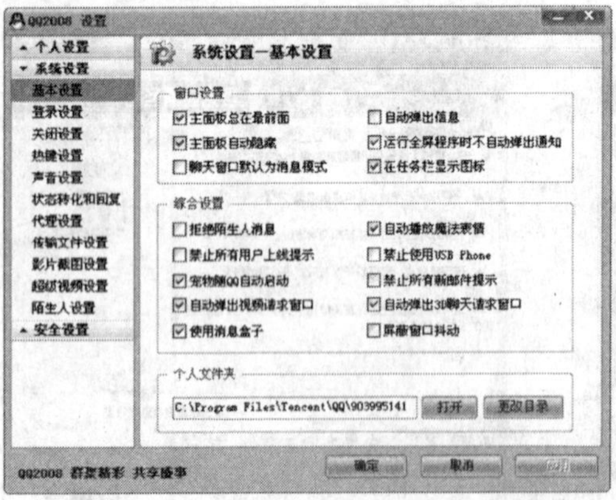

图 7-31　系统设置窗口

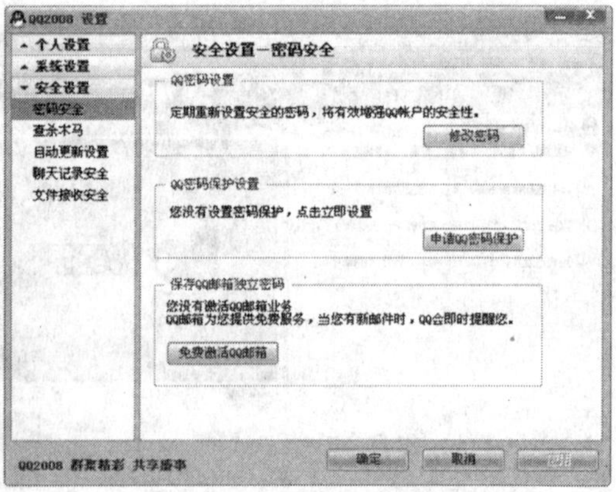

图 7-32　安全设置窗口

5. QQ 和 TM 双向切换

TM 是一款面向办公环境中有 IM 使用需求的用户，较侧重熟人间的沟通和联系的个人即时通讯软件。可与 QQ 一键双向切换。

右击已经登录的 QQ 图标，选择“系统菜单”→“使用 TM”即可切换到 TM，如

图 7-33所示。若想切换回 QQ，在 TM 中选择“文件”→“切换到 QQ”即可。

6. 更改用户的在线状态

在 QQ 主面板左上方单击用户的头像右下角的箭头，在下拉菜单中选择“上线”、“离开”、“隐身”、“离线”等状态。用户还可以单击系统托盘中的 QQ 图标，在弹出菜单中完成此变换状态的操作，如图 7-34 所示。

7. QQ 远程协助

QQ 的远程协助就是通过异地远程的方式给对方提供帮助、查看对方的计算机桌面、远程操作对方计算机的功能。一般用在帮助解决一些计算机疑难问题，也可以用在交易双方成交前的文件验证、观看对方的操作进度等。

图 7-33 系统菜单

要与 QQ 好友使用远程协助，首先打开“与好友交谈中”窗口，在此窗口中选择“应用”选项卡，单击远程协助选项申请好友的远程协助。提交申请之后，就会出现“与好友交谈中”窗口，如图 7-35 所示。

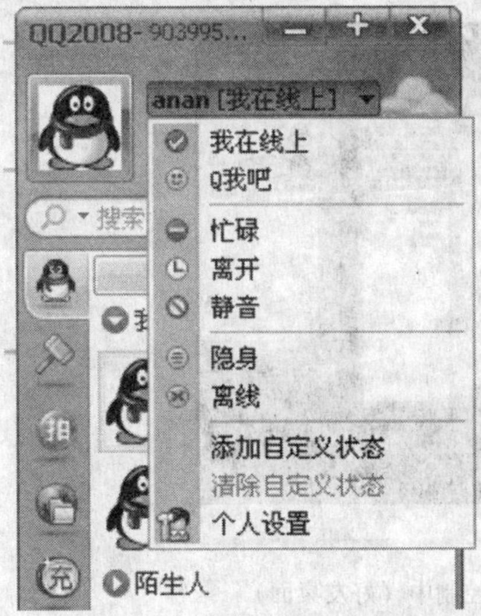

图 7-34 用户在线状态

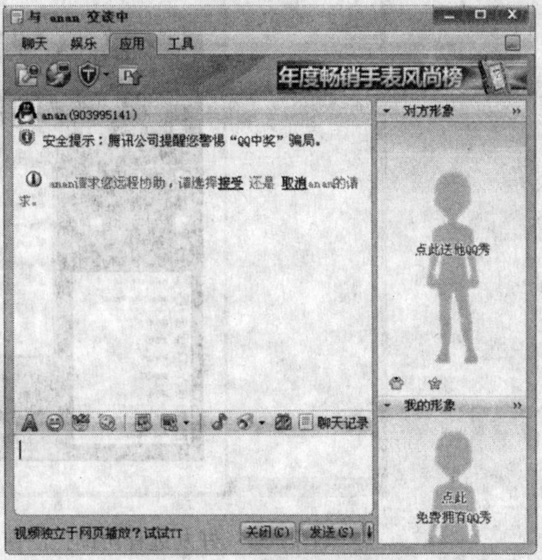

图 7-35 请求好友远程协助（好友桌面）

随后，接受请求方，也就是好友，单击“接受”。这时又会在你（请求方）的计算机上出现如图 7-36 所示对话框，显示好友已同意你的远程协助请求。在你的聊天窗口中同时显示“接受”或“谢绝”的提示，只有你再次单击“接受”之后，远程协助申请才正式完成。

成功建立连接后，好友在他的计算机上的聊天窗口中就可以看到你的计算机屏幕了，并且是实时刷新的，如图 7-37 所示。右边的“应用程序共享”窗口就是你的计算机屏幕，不过好友现在还不能直接操作你的计算机，只能浏览。

如果想让好友操作你的计算机，好友还需要单击聊天窗口中的“申请控制”，在双方又再次单击“接受”之后，好友才可操作你的计算机。如图 7-38 所示。

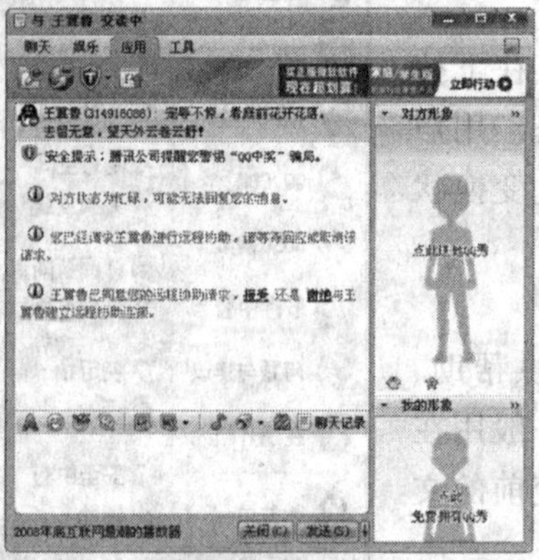

图 7-36　好友接受请求（请求方桌面）

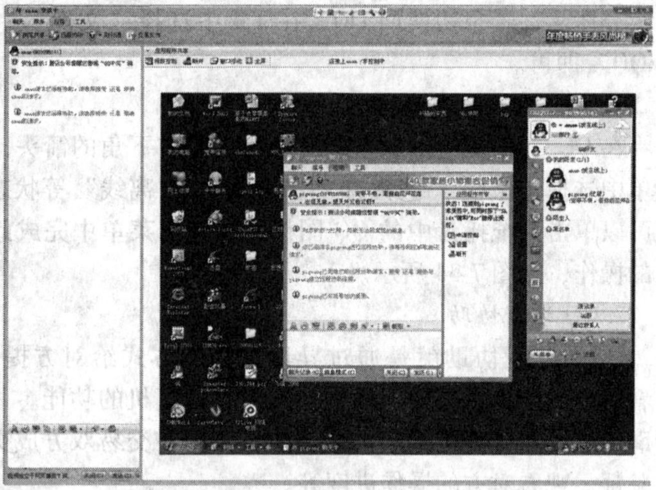

图 7-37　好友远程协助控制窗口——非控制中（好友桌面）

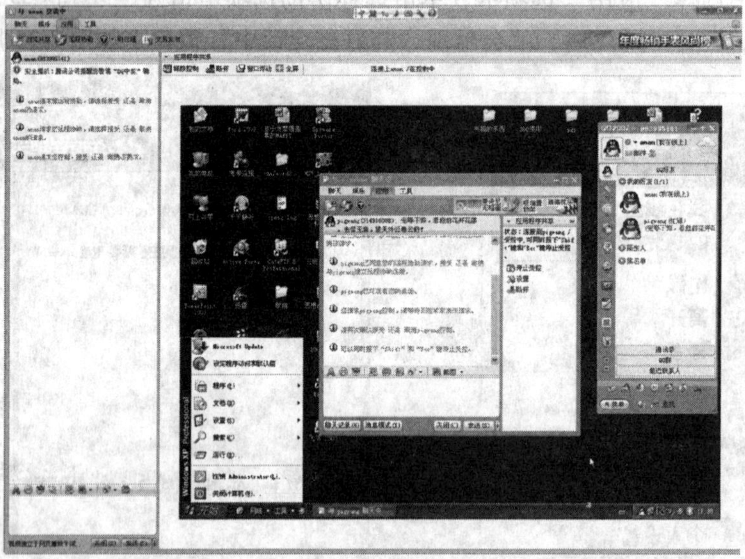

图 7-38　好友远程协助控制窗口——在控制中（好友桌面）

7.3　使用 MSN 交流

7.3.1　MSN 概述

1. MSN 简介

MSN 的全称叫做 MSN Messenger，现在改名为 Windows Live Messenger。简单地说，它就是一个聊天软件，跟我们熟悉的 QQ 是同一类别的即时通讯工具（IM）。但 MSN 更受工作人士、学生的青睐，因为它提供的一站式服务及全球的覆盖率，使我们通过它可以轻松地联络到世界各地的亲朋好友。

MSN功能丰富，具有文件共享、个人状态设置、分组管理、保存历史记录、多人同聊等功能。

此外，最新的Windows Live Messenger还具备使用Windows Live OneCare Family Safety、PC到PC呼叫、更强大的视频对话、向移动电话发送文本消息等功能为用户提供更加方便快捷的服务。

2. 系统要求

操作系统为Microsoft Windows XP SP2或更高版本，或者Windows Vista（不支持Windows XP Professional x64 Edition）；处理器最低800 MHz；内存至少128 MB（建议256 MB或更大内存）；浏览器Internet Explorer 6或更高版本；显示器最低800×600（建议1024×768或更高）。若系统不满足上述要求，可以安装低版本的Messenger（例如MSN Messenger 7.5）。

7.3.2 MSN的安装和使用

1. 下载与安装

就像QQ一样，首先用户需要下载一个安装文件，建议从官方网站下载。Live Messenger全球官方网站http：//messenger. live. com，Live Messenger中文官方网站http：//messenger. live. cn或http：//im. live. cn。推荐从Messenger的中文官方网站下载，因为这里提供的是本土化的安装软件，更适合中国人使用。

文件下载到本地磁盘后，双击安装程序，安装过程非常简单，只要按照安装提示一步一步即可完成软件的安装。

2. 注册MSN账号

像QQ一样，我们需要一个MSN账号才能登录MSN。MSN账号不像QQ号是一串复杂难记的数字，而是一个MSN Hotmail（现更名为Windows Live Hotmail）电子信箱地址——被称为Windows Live ID。

如果用户已有MSN Hotmail账户、MSN Messenger账户或Microsoft Passport账户，则用户已经拥有Windows Live ID，用户就用它来登录Live Messenger！

如果没有这些，或者想重新注册一个新的账号来使用，访问http：//get. live. com/getlive/overview注册一个崭新的Windows Live ID。

3. 开始使用MSN——Windows Live Messenger

安装完成后，MSN程序会自动启动，打开如图7-39所示登录窗口，在MSN登录窗口输入用户成功注册的Windows Live ID（MSN账号）及密码即可登录。首次登录可能需要较长的时间。

如果用户使用的是个人计算机的话，可以选择“保存我的信息”、“记住我的密码”、“自动为我登录”选项，这样下次启动MSN的时候，就可以自动为用户登录了。如果使用公共计算机的话，建议用户不要选中这些选项。

登录成功后，用户可以修改一下自己的MSN昵称与头像。在MSN登录窗口中单击名字，选择“选项”，如图7-40所示。

在打开的“选项”窗口中填写个人信息。如图7-41所示。

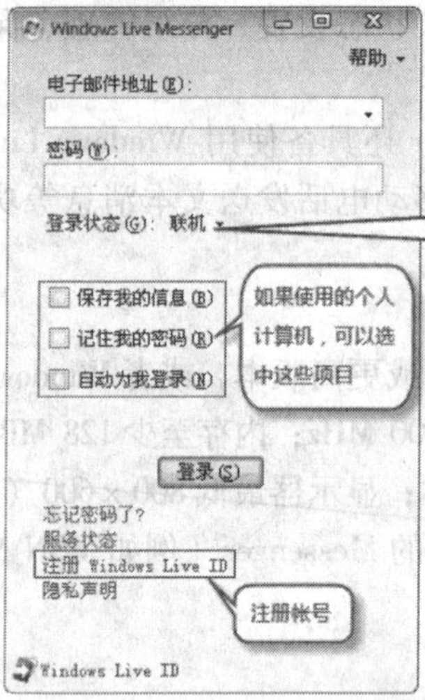

图 7-39　MSN 登录窗口

图 7-40　打开“选项”

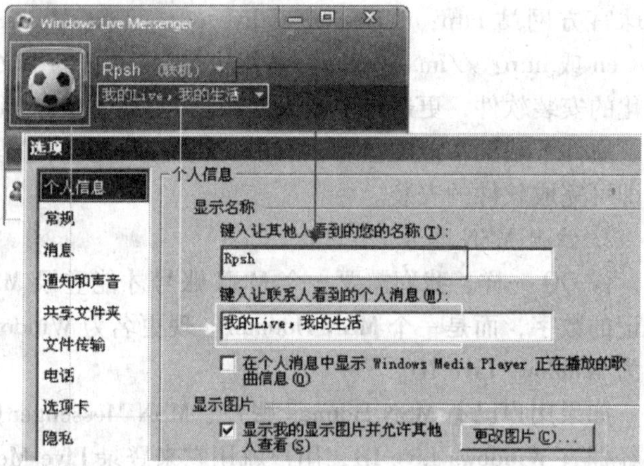

图 7-41　修改个人信息窗口

4. *添加与管理联系人*

MSN 账号是一个电子邮件地址，通常用户是不会轻易地把自己的信箱地址告诉陌生人的，尤其是 MSN 账号地址。所以 MSN 不能像 QQ 那样随意地搜索一些人就添加（如果喜欢找陌生人聊天的话，建议还是用 QQ 比较好），但并不说明不能搜索 MSN 好友。

可以先添加一个 MSN 机器人：i@ xiaoi. com，通过它来熟悉添加 MSN 好友的步骤：

- 在 Windows Live Messenger 主窗口中的联系人列表顶部，单击“添加联系人”按钮 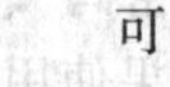，如图 7-42 所示。
- 在“即时消息地址”框中，输入用户要添加的联系人的电子邮件地址。
- 如果用户的联系人没有 Windows Live Messenger，请在“个人邀请”下面的空白处输入用户的消息。
- 在“联系人”、“个人”、“工作”和“注释”部分，添加任何其他信息，如昵称或生日。

● 若要保持联系人信息为最新，请选择“订阅此联系人更新信息”复选框。若要了解有关此功能的详细信息，请单击“了解 Windows Live Contacts”。

● 单击“添加联系人”按钮，完成添加过程。

xiaoi 是一个非常调皮可爱的 MSN 机器人，用户可以与他聊天对话，熟悉 MSN 的一些相关操作。还可以添加 msn. help@ live. cn，这是 MSN 的客服机器人——小美，如果用户在使用 MSN 中遇到了问题，就可以向她请教!

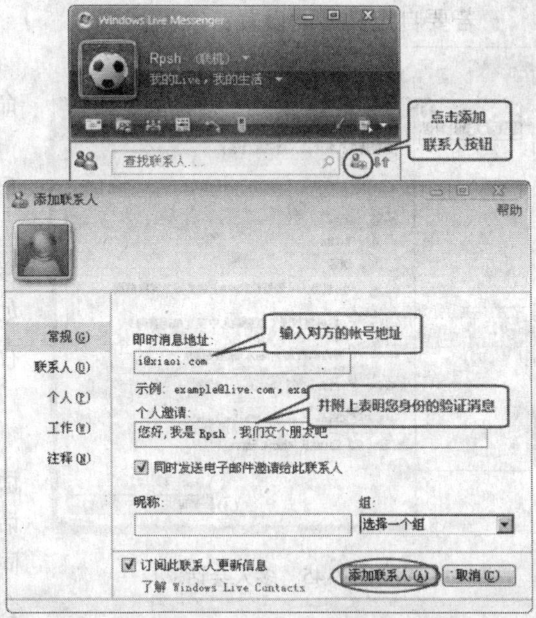

图 7－42 添加联系人

7.3.3 MSN 其他功能

1. 显示个人信息

用户可以决定联系人是否可以看到用户的个人信息，如显示名称、显示图片和用户发送消息时的状态。若要更改用户的个人设置。

(1) 单击“工具”菜单，然后单击“选项”命令。打开选项窗口。如图 7-43 所示。

(2) 在左侧窗格中，单击“个人信息”。

(3) 在右侧的窗格中，输入用户希望其他人看到的名字和个人信息。

(4) 选择用户要与其他人共享的信息，单击“确定”完成设置。

2. 更改显示设置

用户可以自定义 Windows Live Messenger 的外观，包括如何显示联系人和使用的字体。用户还可以设置脱机消息和保存对话的位置，如图 7-44 所示。

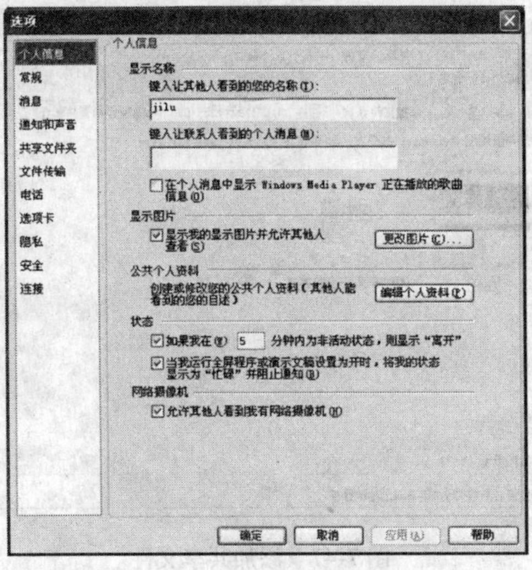

图 7-43 显示个人信息设置窗口

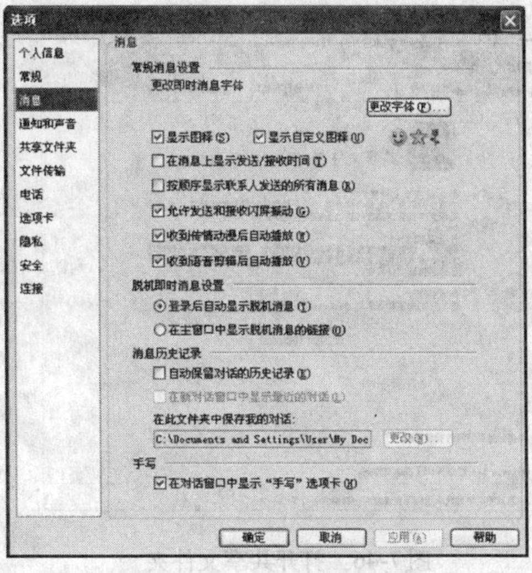

图 7-44 修改显示设置窗口

若要自定义显示设置：

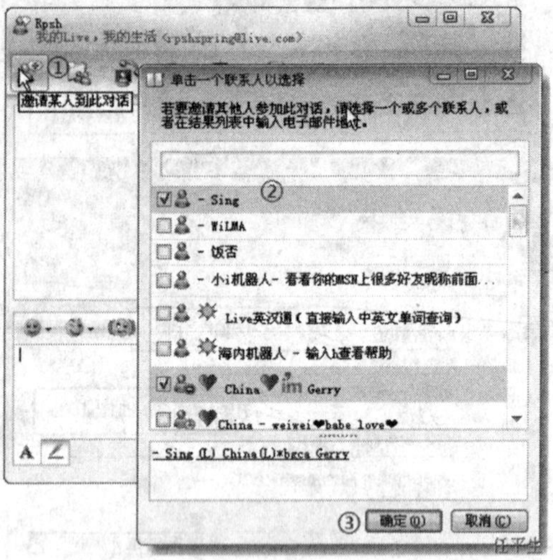

图 7-45　多人会话

(1) 单击“工具”菜单，然后单击“选项”命令。打开选项窗口。

(2) 在左侧窗格中，单击“消息”命令。显示如图 7-45 所示消息标签。

(3) 根据用户希望消息显示的方式，以及接收到来自其他人的消息时用户希望 Messenger 如何响应来进行选择，单击“确定”按钮，保存更改设置。

3. 多人会话

当需要多人同时进行讨论时可以发起多人会话。在打开的登录窗口中单击“邀请某人到此对话”按钮，弹出联系人选择对话框，选择要进行同时会话的联系人，单击确定后就可以进行多人会话，如图 7-45 所示。

4. 共享或传输文件

可以使用共享文件夹功能与联系人（联系人是使用即时消息与其进行交流的对象）同时共享多个文件，也可以选择传输方式一次传输一个文件。使用共享文件夹功能时，可以与多个联系人共享相同的文件并自动更新文件中的内容。若要共享或传输文件，用户和联系人必须都安装了 Windows XP 或 Windows Vista 以及 Windows Live Messenger 8.0 或更高版本。

(1) 共享文件夹的设置过程如下。打开与联系人对话的窗口，单击“共享文件夹”按钮以添加文件，如图 7-46 所示。单击“打开文件夹”按钮添加要与联系人共享的文件，如图 7-47 所示。在与联系人共享文件之前，用户和联系人必须接受其中某个人尝试共享文件时所显示的消息，同意彼此共享文件。

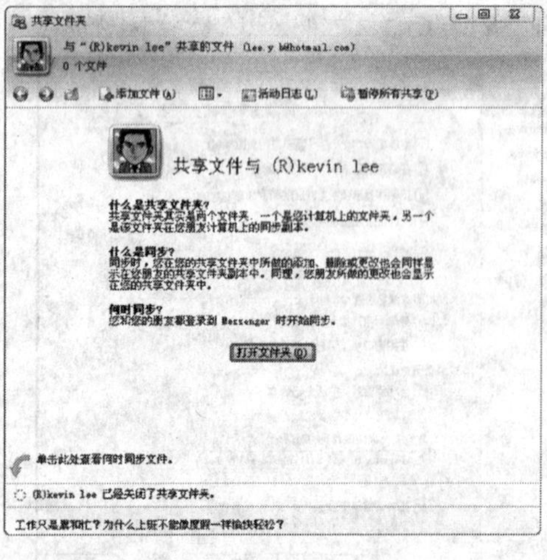

图 7-46　打开共享文件夹

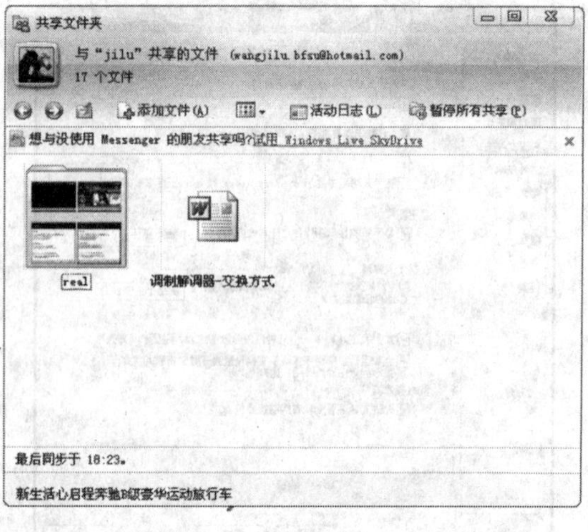

图 7-47　添加共享文件

如果需要停止与联系人共享文件，需要在MSN主窗口中单击“工具”菜单，然后单击“选项”。在左侧窗格中，单击“共享文件夹”，如图7-48所示。在“共享文件夹”下，单击要删除的联系人，然后单击“删除”。最后单击“确定”完成停止与联系人共享文件夹。

（2）文件传输。用户只需将文件拖到与联系人聊天的对话框中即可实现文件的发送！如图7-49所示。

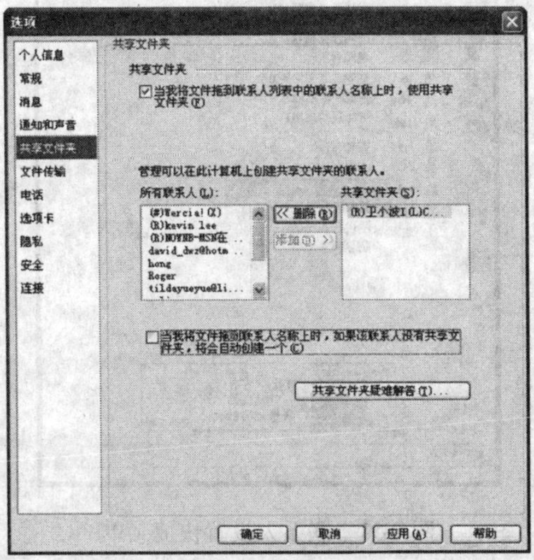

图7-48　设置共享文件夹

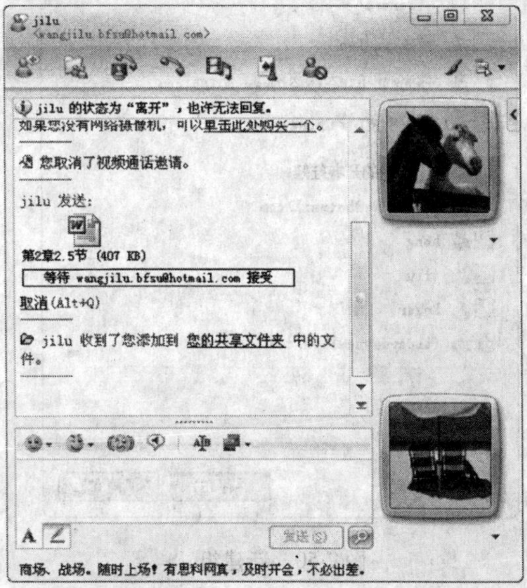

图7-49　文件传输窗口

5. 创建、编辑或删除组

用户可以创建并编辑组，以轻松查找联系人。联系人可以是多个组的成员。创建新组的步骤如下。

- 单击“联系人”菜单，然后单击“创建组”，打开如图7-50所示窗口。
- 在“输入组名称”对话框中，输入新组的名称。
- 选择要添加到该组的联系人。也可以通过在“新建组”对话框底部的框中输入电子邮件地址来添加联系人。单击“保存”按钮完成组的创建。

用户同样可以在“联系人”菜单中选择“编辑组”或“删除组”选项完成对组的编辑和删除操作。

用户也可以通过右击联系人列表中的联系人，打开快捷菜单，如图7-51所示，在菜单中可以选择修改、删除或阻止联系人等选项对联系人进行设置。

6. 其他功能

（1）共享娱乐活动。在MSN对话窗口中单击共享娱乐活动按钮，在下拉菜单中选择与联系人共享的各种娱乐活动，如Music Mix、共享地图、MSN图片共览等，如图7-52所示。

（2）与朋友玩游戏。在MSN对话窗口中单击“与朋友玩游戏”按钮，在下拉菜单中选择与联系人共享的各种游戏，如：扫雷、纸牌、斗地主等，如图7-53所示。

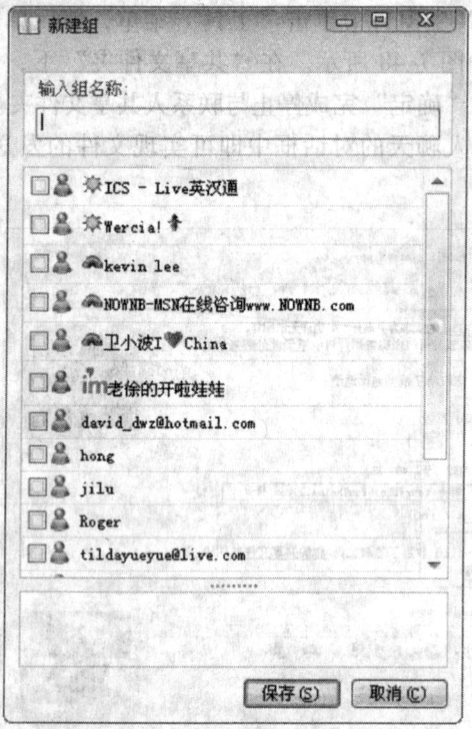

图 7-50　新建组

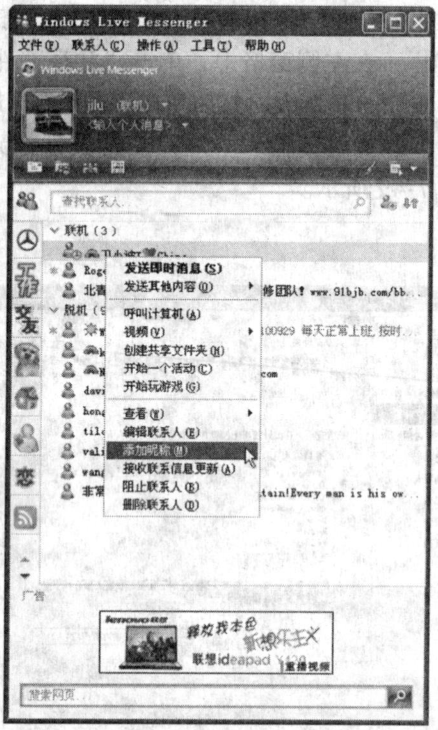

图 7-51　联系人设置快捷菜单

图 7-52　共享娱乐活动菜单

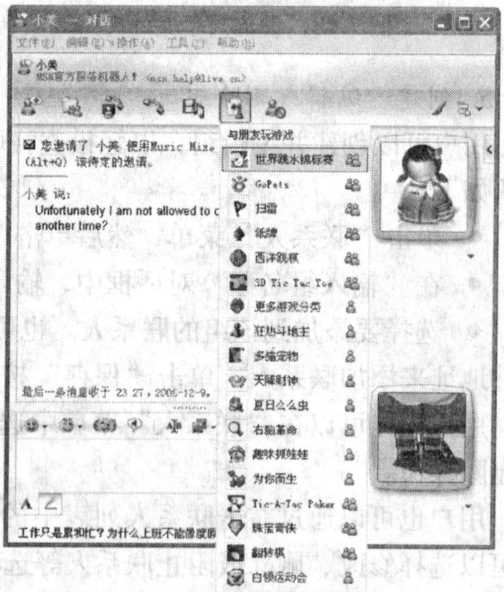

图 7-53　与朋友玩游戏菜单

（3）视频通话。在 MSN 对话窗口中单击“开始或停止视频通话按钮”，向联系人发出视频通话邀请，等对方接受后双方就可以进行视频聊天了，如图 7-54 所示。

（4）语音通话。在 MSN 对话窗口中单击“呼叫联系人”按钮，向联系人发出语音通话邀请，等对方接受后双方就可以进行语音通话了，如图 7-55 所示。

图 7-54　视频通话窗口

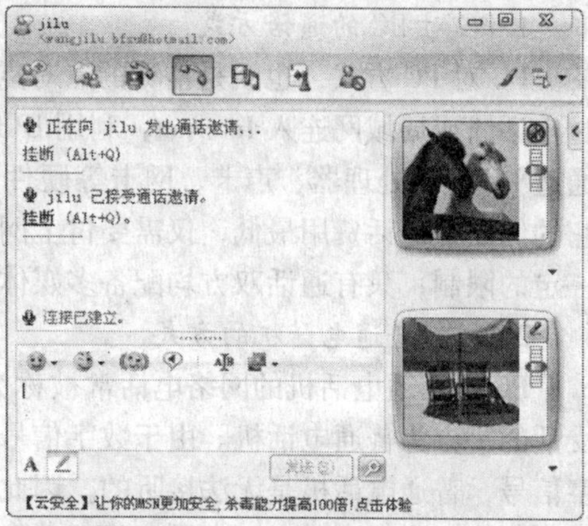

图 7-55　语音通话窗口

7.4　网络电话 VoIP

7.4.1　引言

网络电话（Internet phone）又称 VoIP（Voice over IP），意思是使用 IP 协议在 Internet 中实时传送声音信息。网络电话是目前 Internet 应用领域的一个热门话题。网络电话已从当初的 PC 对 PC，发展到 PC 对普通电话机及普通电话机对普通电话机等多种连接的业务形式。就市场应用来说，无论是现在还是将来，普通电话机对普通电话机连接的应用无疑是最有市场前景的。

7.4.2　网络电话的几种实现方式

网络电话是建立在 Internet 基础上的新型数字化传输技术，它是利用 TCP/IP 协议，通过 Internet 实现的一种电话应用。目前的网络电话一般有 3 种通话方式：PC 对 PC；PC 对普通电话机；普通电话机对普通电话机。如图 7-56 所示。

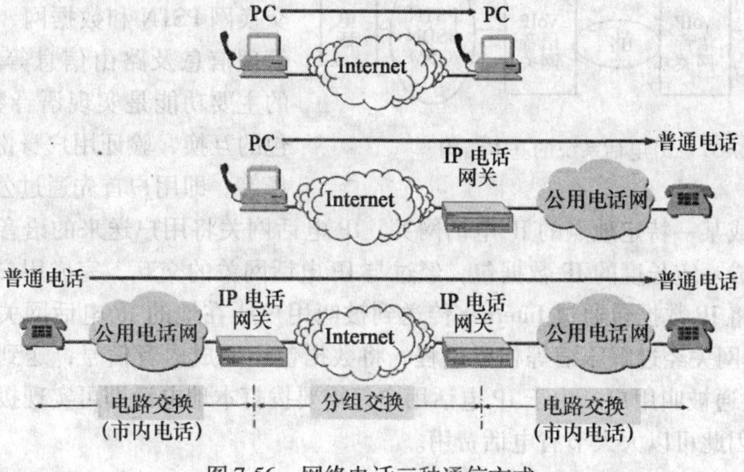

图 7-56　网络电话三种通信方式

1. PC对PC的通话方式

PC对PC方式，也就是俗称的点对点方式。通话的双方必须都具有多媒体PC，且能通过电话线或局域网连入Internet，利用IP地址进行呼叫。语音压缩、编解码和打包处理等均通过PC上的处理器、声卡、网卡等硬件资源完成。此种通话方式是最早出现的网络电话，它的优点是通话费用最低，仅需要付上网费和市内电话费。此种方式的缺点是使用范围受到一定的限制，只有通话双方均配备多媒体PC并且同时上网才能实现通话。

2. PC对普通电话机的方式

PC对普通电话机的网络电话常被称为点对面的通话方式。发话的一方具有多媒体PC，受话的一方为普通电话机。由于数字信号经压缩和打包处理后，经Internet传输的仍然是数字信号，普通电话机是无法接听的。因此这种方式必须通过IP电话网关，将数字信号解压还原成模拟信号，再通过公用电话交换网PSTN传送到受话方的普通电话机，如图7-56所示。同样的道理，受话方的模拟信号转换成数字信号，通过Internet再传给发话方。

这种通话方式的最大优点是受话对象可以是任何一部普通电话机，使用很方便。但是由于需要由IP电话网关提供服务，因此一般需要缴纳一定的服务费。

3. 普通电话机对普通电话机的方式

普通电话机对普通电话机，即普通电话经过电话交换机连到IP电话网关，利用电话号码穿过IP电话网关进行呼叫。发端IP电话网关鉴别主叫用户，翻译电话号码/网关IP地址，发起呼叫，连接到最靠近被叫的IP电话网关，并完成语音编码和打包。收端的IP电话网关实现拆包、解码和连接被叫方，这种方式俗称为面到面方式，如图7-56所示。

这种方式虽然是三者之中通话费用最高的，但是其使用方式却是最方便的。通话双方均为普通电话机，所以使用对象非常广泛，不受场地和设备的限制，而且语音质量一般比较好。此种通话方式目前在我国通称为“IP电话”，这也是目前我国电信部门所使用的统一名称。

IP电话系统的基本结构。IP电话系统的基本结构，主要包括终端设备、IP电话网关、IP网络管理层等部分。系统的基本结构，如图7-57所示。

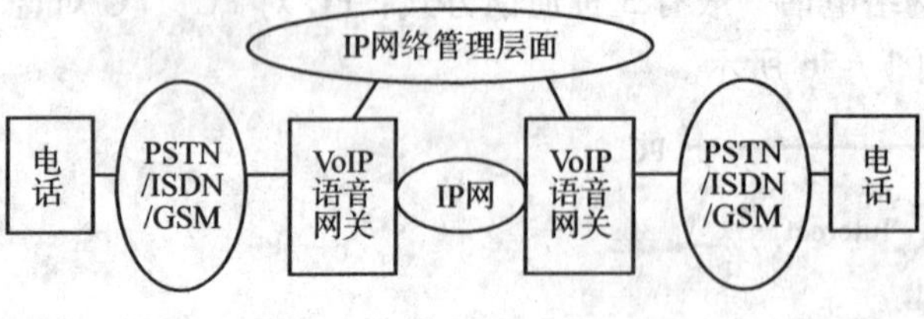

图7-57 IP电话系统的基本结构

其中，IP电话网关是整个系统的核心与关键设备，它同时连入公用电话交换网PSTN和数据网，用于存储用户管理信息及路由信息等。IP电话网关的主要功能是实现语音数据与IP数据包的互换，验证用户身份及进行路由选择等。即用户首先通过公用电话交换网拨打设在本地或某一特定地点的IP电话网关，IP电话网关将用户送来的语音经压缩和编码处理以后，打成一定长度的IP数据包，经过与IP电话网关的交互，完成用户身份验证和路由选择，然后将IP数据包通过Internet传送到被叫用户所在地的IP电话网关。被叫用户所在地的IP电话网关经过解压缩等相反过程，将数据包还原成语音信号，送到公用电话交换网PSTN，再拨通被叫用户。由于IP电话用户仅需要拨打本地电话即可实现拨打长途或国际长途的目的，因此可以大大节省电话费用。

7.4.3 网络电话与传统电话的比较

1. 网络电话的主要优点

（1）IP 技术是通信领域的新潮流，它符合三网（电话网、广播电视网、数据网）合一发展方向，因而网络电话的市场潜力十分可观。

（2）网络电话采用了先进的数字信号处理技术，可以将原来 64 Kbps 的语音信号压缩成 8 Kbps 或更低码速率的数据流。从而能够在同一条线路上，传输比采用模拟技术时更多的呼叫，使得线路的利用效率大大提高。另外，网络电话采用的是分组交换技术，可以实现信道的统计复用，使得网络资源的利用率更好，大大降低运营商的投入成本。

（3）网络电话的最大优势就是价廉。通过 Internet 打长途电话的成本仅相当于传统电话的 20%，最多不到 50%。

2. 网络电话的主要缺点

（1）由于 Internet 是为数据通信目的而设计的，它的通信方式是通过打包传输实现的。当语音包在一个无服务质量保证的网络中传输时，往往容易产生语音包到达时的顺序错位，从而产生网络抖动，引起语音变形和语音包丢失。所以用网络电话通话时，断断续续的现象是不可避免的，在音质、流畅度和时延等方面都存在问题。

（2）目前网络电话的国际标准还不完善，不同厂家的产品不能完全互连互通。

3. 网络电话与传统电话的比较

网络电话与传统电话，在数据交换、传输时延和通话质量等方面均存在差别，它们的比较，见表 7-3。

表 7-3 网络电话与传统电话的比较

序号	网络电话	传统电话
1	采用以 IP 包（分组）为单位的包交换	采用电路交换
2	采用异步时分复用传输，信道利用率较高，但由打包所带来的各种协议开销，使实际的信道利用率平均在 60% 左右，传输过程中出现包丢失现象	采用同步时分复用传输，信道利用率较低，平均在 40% 左右，但不存在丢失信息的现象
3	通常采用语音压缩编码，压缩后的每一话路的数码率为 32、16、8、6.2、5.3 Kbps 可选	每一通话电路的数码率为 64 Kbps
4	端到端的 IP 数据包传送时，时延一般较长，达几百毫秒，有时可达 1 秒以上，且不固定	端到端的传送，除经卫星电路传输时例外，时延一般在几十毫秒范围之内，且在一次通话过程中固定不变
5	如不采取特殊措施，在目前的 Internet 上，通话质量，一般无法保证。但在 Intranet（内联网）上可加以控制	通话质量一般有保证

7.4.4 网络电话软件的使用

在图 7-56 中所介绍的普通电话机对普通电话机的 IP 电话，实质上与平常拨打的电话没有什么区别，只是使用的通信线路不一样。下面所要介绍的是使用网络电话软件拨打的网络电话，也就是 PC 对 PC 和 PC 对普通电话机的通话方式。这两种网络电话的通话方式，除了需要一台多媒体 PC 之外，还应具有拨打网络电话的相应软件。目前网络电话软件种类繁多，例如 Skype 和“万人迷网络电话”等，这些网络电话软件基本上都可以做到既能应用于 PC 对 PC 拨打网络电话，又可应用于 PC 拨打普通电话机。

当应用于 PC 对 PC 拨打网络电话时，它们的共同特点就是使用相当简便。当用户上网以后，运行此类软件，并连接到该软件的网络电话服务器时，所有在线用户将会出现在桌面的列表中。双击某一用户姓名，即可建立对其呼叫，一旦接通以后，双方便可以通话。

对于中国的广大用户来说，应用网络电话软件由 PC 拨打普通电话的功能是更受欢迎的。用户利用自己的多媒体 PC 拨打任何地方的普通电话，特别在拨打国际长途时，费用很低。

7.4.5 使用 Skype 网络电话软件拨打免费电话

Skype 是一种全新的 P2P（对等）免费的网络电话软件，它的通话质量好，音质极佳，传送流畅，安装和设置比较简单，而且防火墙穿透力强。Skype 软件更多被用于 PC 对 PC 的通话。

另外，Skype 网络电话软件还具有一些很有特色的功能，例如，在线即时通信、即时邮件到达提醒和收费的短信收发等功能。要使用 Skype 网络电话软件，可以到 Skype 网站 http：//skype. tom. com/上下载最新版本的软件。

1. 软件的安装与注册

（1）软件下载之后，就可以安装了。双击文件“Tom-SkypeSetup. exe”，在弹出的安装窗口中按照提示一步步完成安装，过程简单清楚。安装完成后，Skype 启动便弹出如图 7-58 所示的“创建一个新的 Skype 账号”对话框。

（2）在图 7-58 所示的对话框中，系统要求在相应的文本框内分别填写“昵称”和“密码”等，并在最下方的复选框中打上“√”，凡标有红色“ * ”的项目，均是用户必须填写的。然后单击“下一步”按钮，弹出如图 7-59 所示的对话框。

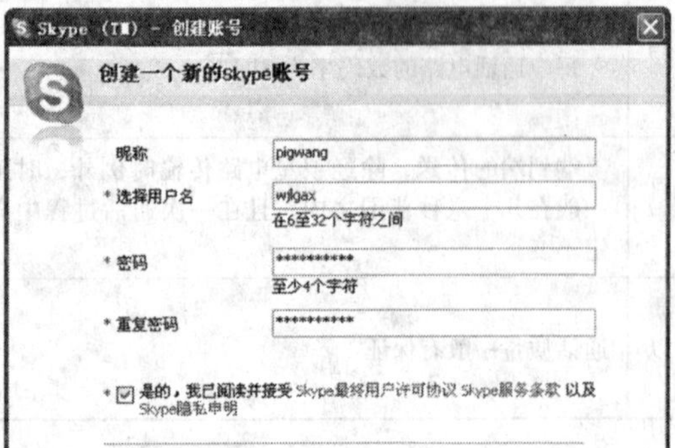

图 7-58 创建新 Skype 账号窗口

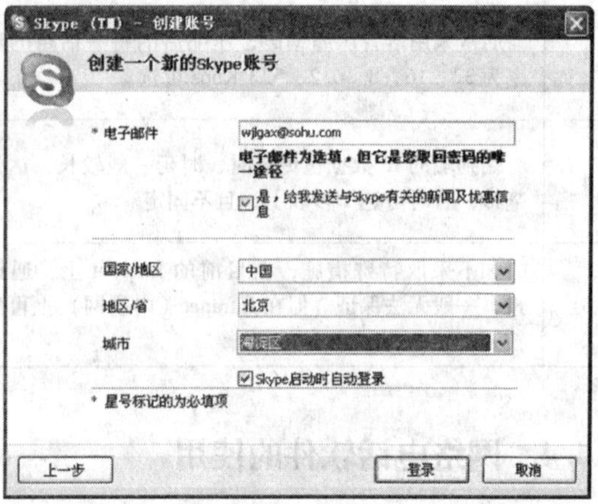

图 7-59 创建新 Skype 账号窗口（续）

（3）在图7-59所示的对话框中，在“电子邮件”文本框内填写自己的电子邮件地址，在“国家/地区”下拉列表内，选择“中国”，在“城市/省”下拉列表内，输入城市名，例如“北京”，在复选框中打上“√”，表示Skype启动时自动登录。注意，凡是标有红色“*”的项目是用户必须填写的。然后单击“登录”按钮，系统将弹出如图7-60所示的Skype主界面。

2. 利用“开始向导”设置Skype

用户在使用Skype之前一般应当进行一些设置。用户可以在图7-60所示的Skype主界面中，打开“帮助”菜单，在弹出的下拉菜单中，选择“开始向导”命令，如图7-61所示。弹出如图7-62所示的“Hello”窗口。

图7-60 Skype主界面

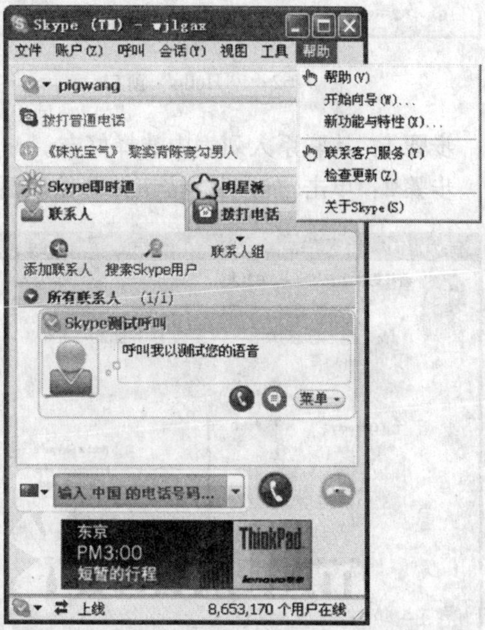

图7-61 显示“开始向导”命令

（1）音频设置。在图7-62所示的“Hello”窗口中，单击“开始”按钮，弹出如图7-63所示的音频设置窗口。在该窗口用户可检查所安装的Skype系统中音频是否工作正常。它提供了两个设置步骤，只要按步骤在Skype主界面中操作就可完成设置。

步骤1：选择Skype呼叫测试联系人。

步骤2：单击“呼叫”并按提示操作。

（2）查找好友设置。音频设置完成以后，单击图7-63所示窗口的“下一步”按钮，弹出“开始”向导窗口，如图7-64所示。该窗口用于设置用户查找正在使用Skype的好友。

步骤1：单击工具条上的“添加联系人”。

步骤2：输入好友的用户名并“查找”。

（3）与好友免费通话设置。按照上述步骤操作并将联系人加入列表以后，单击如图7-64所示窗口的“下一步”按钮，“开始向导”便弹出如图7-65所示的窗口，该窗口用于设置与好友免费通话。

图 7-62 “Hello”窗口

图 7-63 音频设置窗口

步骤 1：从联系人列表中选择好友。

步骤 2：单击“呼叫”按钮并开始通话。

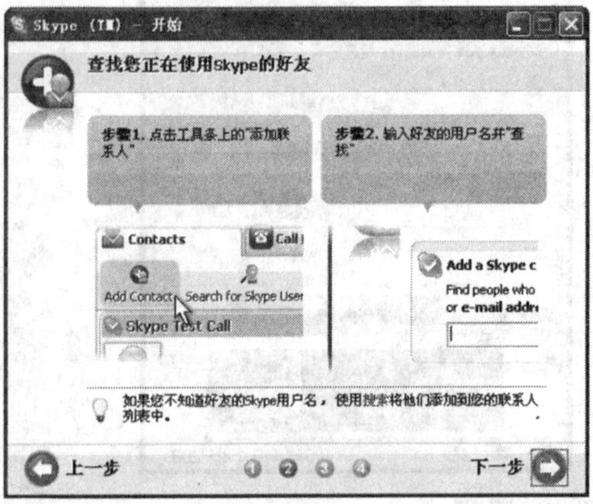

图 7-64 “开始”窗口

图 7-65 设置与好友免费通话窗口

（4）使用 Skype 拨打普通电话设置。当与好友免费通话设置完成以后，单击如图 7-65 所示窗口的“下一步”按钮，弹出如图 7-66 所示的窗口，该窗口用于设置使用 Skype 拨打普通电话。

步骤 1：单击您的用户名下方的链接，根据屏幕提示获得电话卡。

步骤 2：有了 Skype 电话卡后，打开“拨打电话”面板并按步骤操作。按下绿色的“呼叫”按钮发起呼叫。

当使用 Skype 拨打普通电话设置完成以后，单击如图 7-66 所示窗口的“下一步”按钮，弹出如图 7-67 所示的窗口，表明 Skype 设置项目已经全部完成，单击“完成”按钮。此时在 Skype 主界面上便会显示所添加的联系人等项信息，如图 7-68 所示。

（5）Skype 的使用方法。Skype 完成设置以后，就可以用它与好友通话了。使用 Skype 拨打的第一个电话是免费的，最长为 10 分钟。

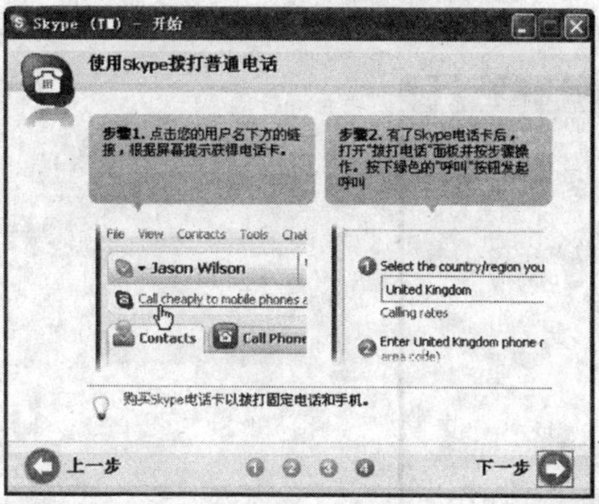

图 7-66　设置拨打普通电话窗口

图 7-67　设置完成窗口

① 使用 Skype 拨打免费普通电话。在安装 Skype 的软件并完成"音频设置"以后，就可以利用如图 7-69 所示的 Skype 主界面，拨打免费普通电话。首先需要再测试一下音频，如果一切正常，就可以在 Skype 主界面中，拨打电话面板上的号码键，然后按下绿色的呼叫按钮，就可以享受免费电话了。

图 7-68　添加联系人窗口

图 7-69　拨打免费普通电话窗口

② 使用 Skype-to-Skype 拨打电话。在图 7-70 所示的窗口中，添加联系人设置完成，以后在"联系人"栏目下便可看到一些联系人的名单。如果希望找某个朋友聊天，便可以单

击该名单，然后按下绿色的呼叫按钮，Skype便会开始连接。

图7-70 与联系人通话窗口

7.5 电子公告板

7.5.1 电子公告板服务简介

电子公告板（Bulletin Board System，BBS）是Internet上常用的服务功能之一。在WWW浏览方式没有普及的时候，BBS是非常流行与热门的信息交流方式。BBS提供了一块公共的电子白板，每个用户都可以在上面发布信息。可以在BBS上与未谋面的网友聊天，可以交换信件、组织聚会、讨论问题、下载资料、连机游戏与寻求帮助等，如图7-71所示。

BBS有点像我们日常生活中的黑板报，可以按不同的主题、子主题分成很多个布告栏，布告栏是按照大多数用户的需求与喜好来设立的。用户可以阅读别人关于某个主题的最新看法，它有可能是在几秒钟前刚刚发布的；用户可以将自己的看法毫无保留地贴到布告栏中去，同样也可以看到别人对你的观点发表的看法。如果用户需要私下进行交流，可以将想说的话直接发到其他用户的邮箱中。

早期的BBS服务是一种基于远程登录的服务，如果想使用BBS服务，首先需要通过Telnet登录到BBS服务器上。每台BBS服务器都有同时登录人数的限制，如果人数已达到服务器的上限，那么必须等待。国内很多大学的BBS站点都采用这种方式，最著名的就是清华大学的“水木清华”BBS 站点。目前，很多 BBS 站点开始提供 WWW 访问方式，用户可以使用浏览器访问 BBS 站点。

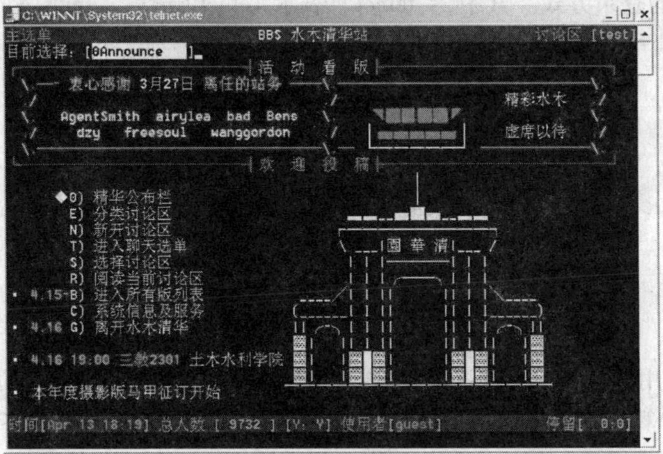

图 7-71 BBS 服务示例

7.5.2 远程登录服务 Telnet

远程登录服务是 Internet 最早提供的服务功能之一，它也是 Internet 中目前很流行的应用。

1. 远程登录的概念

Internet 最吸引人的特点是可以使用世界各地计算机中的资源。你可以登录到远方的另一台计算机并对它发出操作指令，然后就可以访问该计算机中的所有资源，就好像你正坐在那台远方计算机面前敲击键盘一样。

（1）远程登录的定义。远程登录服务是指用户使用 Telnet 命令，使自己的计算机暂时成为远程计算机上的一个仿真终端的过程。当用户成功地登录到远程计算机之后，计算机就可以像一台与远程计算机直接相连的本地终端一样工作。远程登录允许任意类型的计算机之间进行通信，这是因为所有的运行操作都在远程计算机上完成，用户计算机仅作为一台仿真终端向远程计算机传输击键信息与显示结果。

（2）远程登录协议。实现远程登录的困难之处在于系统差异性，它给计算机系统的互操作带来很大的困难。系统差异性是指不同计算机系统在硬件或操作系统方面的不同。

Telnet 协议是 Internet 中最常使用的远程登录协议。Telnet 协议是 TCP/IP 协议族的一部分，它定义了本地计算机与远程服务器之间的交互过程。Telnet 协议的优点是能解决不同计算机系统之间的互操作问题。为了解决系统差异性，Telnet 协议引入了网络虚拟终端（Network Virtual Terminal，NVT）概念，它提供了一种专门的键盘定义方式，用来屏蔽不同计算机系统对键盘输入的差异性。

2. Telnet 工作原理

用户在本地计算机中运行一个 Telnet 客户机，就可以登录到远程计算机并访问其中的资源。远程计算机可以允许多个客户同时访问它的资源，而不是只为一个客户使用。如果要使用 Telnet 访问远程计算机中的资源，首先必须知道要登录的远程计算机的域名或 IP 地址。图 7-72 是 Telnet 的登录方式。其中，“telnet”表示 Telnet 服务，“smth. edu. cn”表示远程计算机的域名（或填写 IP 地址）。

图 7-72　Telnet 的登录方式

Telnet 服务采用的是客户－服务器模式。当本地计算机请求 Telnet 到远程计算机时，远程计算机与本地计算机将就如何通信进行协商，它们必须决定使用哪种终端仿真进行通信。终端仿真的类型决定键盘如何将信息传输到远程计算机，以及这些信息将如何显示在本地计算机的屏幕上。

图 7-73 所示是 Telnet 服务的工作原理。当本地计算机与远程计算机之间使用 Telnet 协议进行通信时，本地计算机采用本地系统格式与 Telnet 客户机进行通信，远程计算机采用远程系统格式与 Telnet 服务器进行通信。Telnet 客户机与 Telnet 服务器都可以看做是网络虚拟终端（NVT），它们之间通过网络虚拟终端格式进行通信。这样，当在本地计算机的键盘上输入文本时，实际上是使用网络虚拟终端的键盘进行输入。

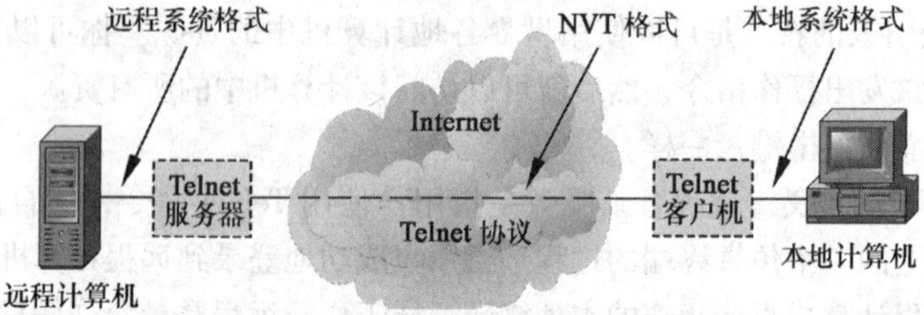

图 7-73　Telnet 服务的工作原理

远程计算机接收到通过网络虚拟终端发送的数据后，会根据 Telnet 指令对这些数据进行处理，并将数据的处理结果返回网络虚拟终端的屏幕上。例如，如果在本地计算机的键盘上输入“dir”并按 Enter 键，远程计算机将会在自己的计算机中执行“dir”命令，并在本地计算机的屏幕上显示“dir”命令的执行结果。在采用标准的网络虚拟终端格式后不同的系统格式只与网络虚拟终端打交道，而与各种不同的本地系统格式无关。

3. Telnet 客户端软件

如果要使用 Telnet 登录到远程计算机，则必须具备以下两个条件：一是用户的计算机中要有 Telnet 客户端软件，例如 Windows 操作系统提供的 Telnet 客户端程序；二是用户在远程计算机上要有自己的用户账号（包括用户名与密码），或者该远程计算机提供公开的用户账号。

可以利用 Telnet 登录 Internet 中的各种主机，这些主机可以是任何类型的计算机系统，它们的工作方式与外观可能各不相同。为了使 Telnet 的使用方法简单化，很多主机都提供了菜单式的访问界面，以便用户能够方便地获得自己想访问的资源。

图 7-74 是 Telnet 的虚拟终端界面。在使用 Telnet 命令进行远程登录时，首先应提供远程计算机的主机名或 IP 地址，然后根据远程计算机的要求输入合法的用户名与密码，有时还需要回答自己使用的终端仿真的类型。目前，很多操作系统都提供了自带的 Telnet 客户端，包括 Windows、UNIX、Macintosh 与 Linux 等。另外，常见的专用 Telnet 客户端软件主要有：CTerm、NetTerm 与 CRT 等。

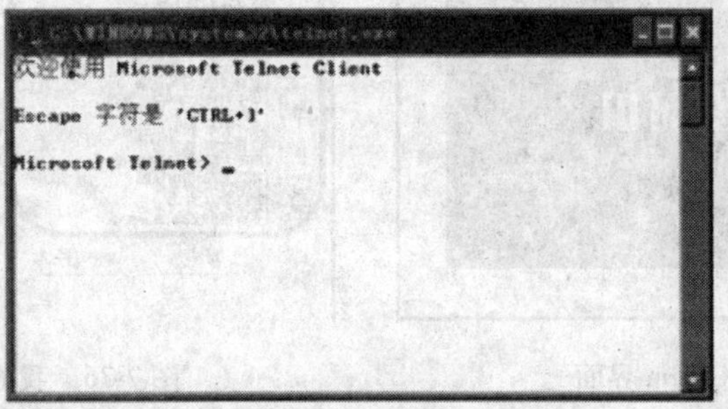

图 7-74　Telnet 的虚拟终端界面

7.5.3　登录和使用 BBS 服务

登录 BBS 的主要途径有以下三种，可以根据自己的喜好和习惯进行选择。

1. 通过 Telnet 方式登录 BBS

通过 Telnet 方式登录 BBS 简单易用，登录 BBS 后的界面主要以字符形式出现，BBS 栏目需要通过键盘来选择，对于经常使用鼠标的用户可能会不太习惯，但这种方式下浏览 BBS 页面的速度较快。需要注意的是被登录的 BBS 站点必须支持 Telnet 登录访问服务。

登录 BBS 时，单击"开始"→"运行"命令，在运行窗口中输入"telnet smth. edu. cn"，单击"确定"按钮后，打开清华 BBS 界面。

2. 通过 Web 浏览器方式登录 BBS

通过 Web 浏览器方式登录 BBS 是广大用户熟悉的登录方式，这种方式与使用浏览器浏览网页的使用方法是相同的，这里不再赘述。

3. 通过客户端软件 CTerm 登录 BBS

CTerm（Clever Terminal）不仅可以作为普通 Telnet 客户软件用于 Telnet 站点的登录，更是针对国内 BBS 的特点设计的一个专用上站软件。它在运行中对用户和服务器之间的信息进行了分析，知道用户在 BBS 上的当前状态（主菜单→讨论区列表→用户列表→文章列表→编辑状态），从而提供相应的服务。

使用客户端软件登录 BBS 后界面仍显示为字符界面，添加了许多方便用户浏览 BBS 的功能，如支持鼠标操作等。

（1）下载与安装 。用户可以在 CTerm 的主页 http：//cterm. phy. ccnu. edu. cn 下载。执行安装程序，完成软件的安装。

（2）启动。双击 CTerm 快捷图标后，打开 CTerm 界面。启动时的界面及其功能如

图 7-75所示。

单击工具栏上的“地址簿”按钮（第二个），显示地址簿对话框。如图 7-76 所示，在站点列表中选择一个站点，双击之，或者单击“连接站点”按钮，就可以连接该站点。

图 7-75　CTerm 界面

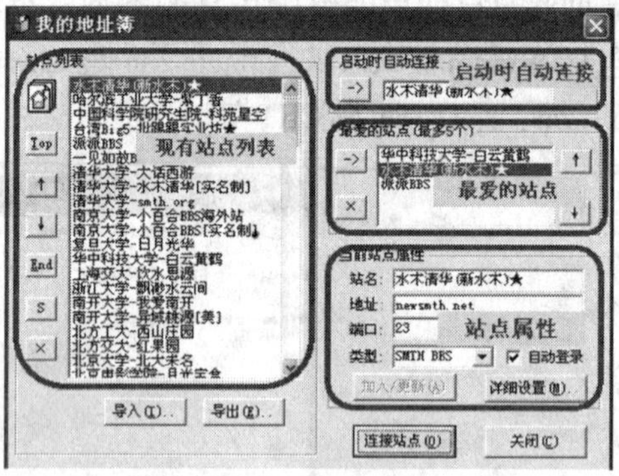

图 7-76　我的地址簿界面

站点对话框分为四部分：站点列表、启动时自动连接、最喜爱的站点、当前站点属性。

- 站点列表中列出了现有的站点。最前面几个是推荐站点，随后的按拼音字母排序。如果自己喜欢的站点列在下方，可以通过单击左方的“Top”、“End”和上下箭头按钮调节。
- 可以设置一个站点为“启动时自动连接”。在站点列表中选中一个，然后单击“->”按钮，就把该站点设为启动时自动连接的站点。以后每次启动 CTerm 时就会自动连接到该站点。如果要删除它，只需要把该文本框中的文字全部删除就可以了。

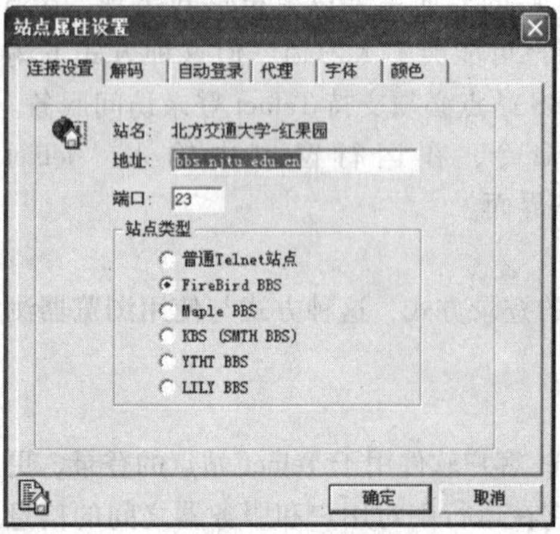

图 7-77　站点属性设置

- “最爱的站点”中列出了设为最爱的几个站点名。单击“->”按钮把左方列表中选择的站点设为最爱站点，单击“×”按钮可以删除最爱站点。单击右方的上下箭头可以调节站点排列顺序。
- 修改站点属性/添加新站点：每当单击一个站点时，站点属性会显示在右下方。最基本的参数是：站名、地址、端口、站点类型，修改这几个参数后，按“加入/更新”按钮可以加入或更新到站点列表（如果把“站名”修改为站点列表中尚不存在的新站点名，那么就是添加新站点；如果站点名已存在于站点列表中，就是修改该站点）。单击“详细设置”按钮可以详细地设置其他参数。站点属性设置如图 7-77 所示。

用户也可以通过单击工具栏中的快速连接按钮，打开如图 7-78 所示快速连接窗口，在窗口中填写指定 BBS 站点的地址，单击“确定”按钮后完成指定站点的快速连接。

（3）通过 CTerm 客户端软件连接到指定的 BBS 站点后就可以尽情在 BBS 站点中浏览和发帖了。如图 7-79 所示为水木社区的窗口。

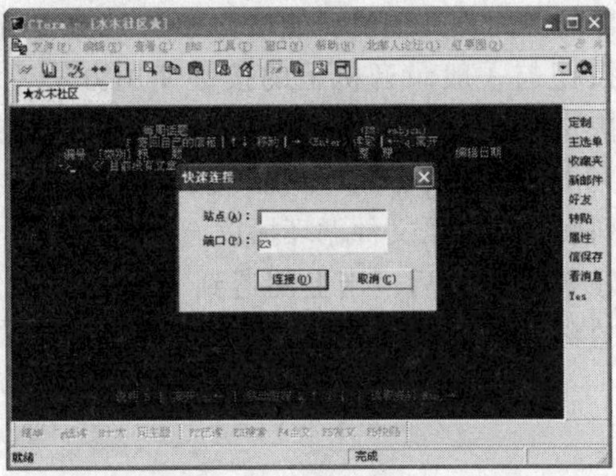

图 7-78 快速连接窗口

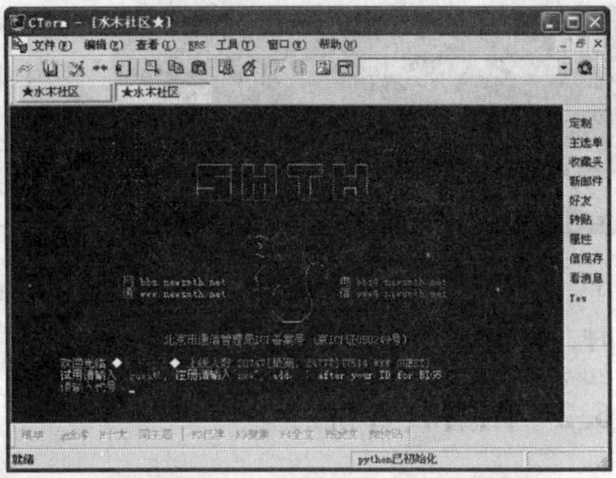

图 7-79 使用 CTerm 登录水木社区

7.6 多媒体应用

7.6.1 网络音乐

目前网络上听音乐的方法有两种：一种是网上在线收听音乐，另一种是把网上的音乐下载到本地硬盘后再收听。

音乐播放软件 WINAMP 是一个非常流行的媒体播放器，资源占用非常少，现在已成为一个媒体播放的平台，WINAMP 是一个老资格的、非常著名的高保真的音乐播放软件，它支持 MP3、MOD、S3M、MTM、ULT、XM、WAV、VOC 等多种音频格式。此外，还可通过一些非常实用的扩展插件来达到特殊的增强功能。

WINAMP 软件可在其官方网站（http://www.winamp.com，如图 7-80 所示）下载获得，也可在国内很多网站下载。

WINAMP 安装容易，采用默认设置即可完成安装。当启动 WINAMP 软件后其主界面如图 7-81 所示，可单击播放器右上角的“关闭”按钮将 WINAMP 关闭。

图 7-80 WINAMP 官方网站

图 7-81 WINAMP 软件主界面

图 7-82　WINAMP 播放器

播放器的界面及其主要功能按钮如图 7-82 所示，其中有些按钮与一般录音机上的按键使用方法差不多，如：快进、播放、暂停、停止。单击“随机播放”按钮可打乱播放次序，单击“循环播放”按钮可把播放列表中的音乐文件循环播放。

安装好 WINAMP 后，当上网遇到 MP3 格式的文件时，单击该文件，WINAMP 会自动弹出来进行在线播放。

7.6.2　网络收音机

1. *龙卷风网络收音机功能介绍*

龙卷风网络收音机（CRadio）是一款可以收听全球各地网络电台的软件，也可以用于收看在线网络电视节目，还可以播放本地媒体文件（如 MP3、RM、WMA 等多种格式的文件），并具有操作简单、强大的数据管理、在线更新电台数据等特点。

龙卷风网络收音机内置的电台主要包括许多中文电台（中国、马来西来、新加坡等），以及外语电台（美国、英国、日本、德国、加拿大、韩国等诸多国家）。内置了自动在线更新数据及程序功能，可以最快速度获取最新数据。为广大广播爱好者、外语学习者及音乐爱好者提供了很大的方便。最新版本收集了多个网络电视，可在线收看电视节目。

龙卷风网络收音机是完全免费使用的，可以在其官方网站上（http：//www. ljf21. com，如图 7-83 所示）下载该软件最新版本的安装程序。

2. *龙卷风网络收音机界面描述*

当龙卷风网络收音机软件安装成功以后，依次单击“开始”→“程序”→“龙卷风网络收音机”→“龙卷风网络收音机”命令，可打开如图 7-84 所示的龙卷风网络收音机的主界面。它与一般传统意义上的收音机的使用方法没有什么大的区别。

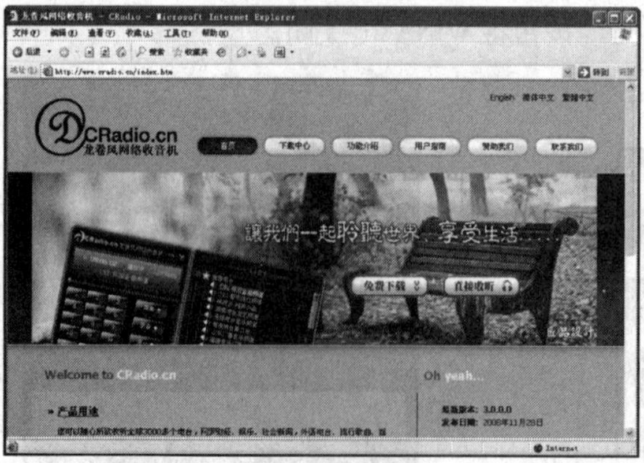

图 7-83　龙卷风网络收音机网站主页

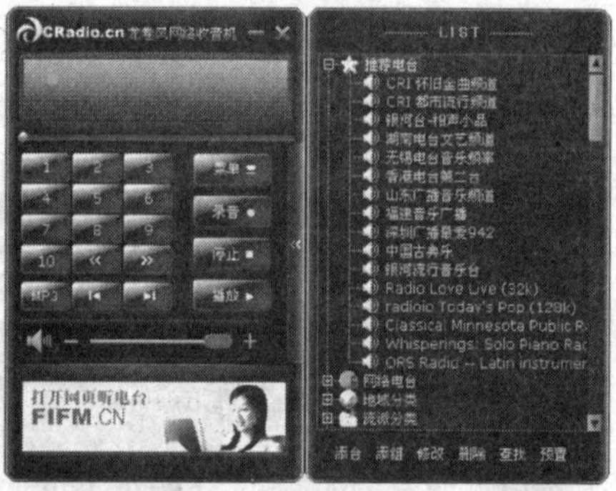

图 7-84　龙卷风网络收音机的主界面

当双击选择某一个电台后，龙卷风网络收音机就开始与该电台进行连接，连接成功之后开始播放。在其主界面的显示屏上会显示所播放的电台名称、播放的速率、已经播放了多长时间，以及是否处在静音状态；可以通过“显示电台树”按钮，来选择是否显示电台树窗口；预置电台的数字键可以作为用户常听电台的快捷键，每个数字键对应一个电台，最多可预置100个台，并且通过数字旁边的上下键来调整显示不同的数字键。可以通过单击“LIST”窗口中的“预置”按钮，如图7-85所示，在弹出的“预置频道”对话框中进行频道设置，如图7-86所示，完成后单击“确定”按钮即可。

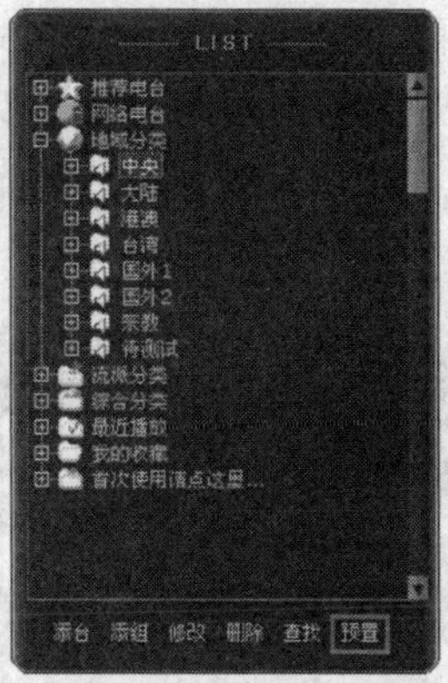

图7-85 预置电台树

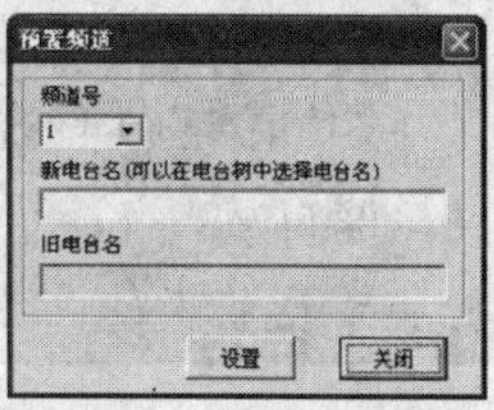

图7-86 设置频道

7.6.3 网上电影

1. 网上电影

网上电影文件一般有.avi、.mov、.mpeg、.rm等文件格式。其中.avi格式的文件是微软公司Windows下的电影文件格式，可以用Windows的媒体播放器来播放；.mov格式的文件需要苹果公司的QuickTime软件播放，该软件可以从苹果公司的官方网站下载；.mpeg格式的文件则是标准电影文件格式，具有最大的压缩比，可以用软解压工具XingPlayer或“超级解霸”来观看。当然也可以先将电影文件下载到自己的计算机硬盘中，再用特定的程序来观看。RA、RM格式的媒体文件要用RealPlayer播放。

目前网络媒体播放软件众多，像Windows media player、RealPlayer、暴风影音等播放器都是非常优秀的软件工具。这里主要介绍RealPlayer播放软件，其他播放软件功能上基本相同，不再赘述。

2. 在线电影播放软件RealPlayer

RealPlayer是在网上收听收看实时音频、视频和Flash的最常用的工具软件。RealPlayer的字面意思是“实时播放器”，可以在网络上收听收看Audio、Video和Flash等音频、视频文件，也可离线播放ra（音频）、rm（视频）文件。

最新的RealPlayer 11提供专业的影音播放服务，包括主流格式支持、超低内存占用、一键快速下载并保存在线视频、刻录CD等专业级领先服务与体验。

（1）软件的安装和使用。安装过程中增加了是否在在线视频中显示悬浮的视频下载按钮，如图7-87所示，能帮你方便地下载各类在线视频；相关资讯快捷定制选项，包括是否为RealPlayer 11提供的免费游戏、音乐和电影影片服务创建桌面快捷图标等。

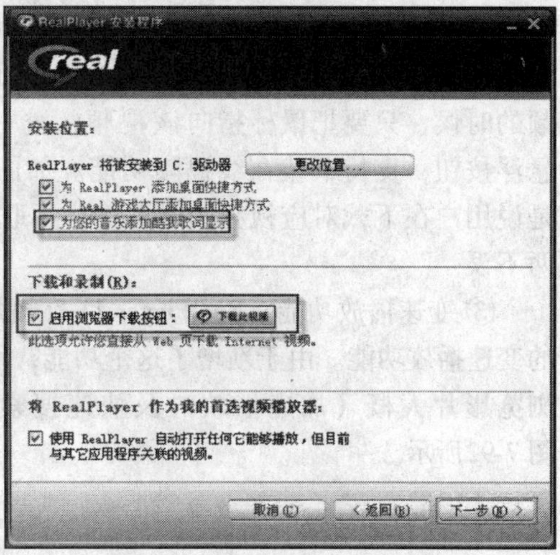

图7-87 安装过程中的选项定制

安装完成后，单击桌面的快捷图标启动RealPlayer，图7-88显示了RealPlayer的主界面。

界面简单清晰，方便用户使用。

无论是播放本地的媒体文件还是网络文件，只需单击主窗口中的“文件”→“打开”命令，弹出“打开”对话框，如图 7-89 所示。在窗口中选择剪辑或网页的位置，RealPlayer 将会打开它。

图 7-88 RealPlayer 的主界面

图 7-89 “打开”对话框

（2）软件的特色功能。

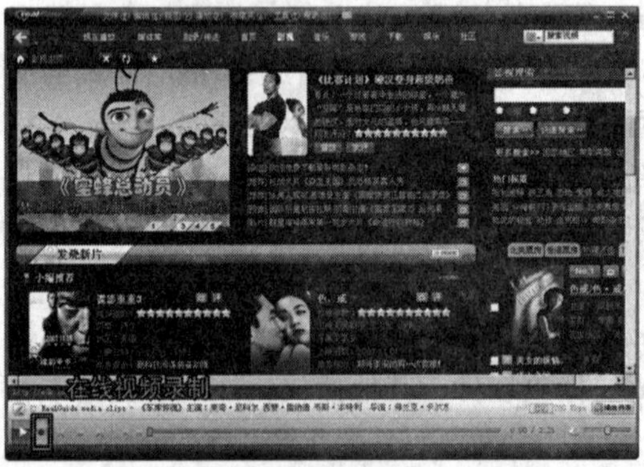

图 7-90 在线视频录制

① 在线视频录制。RealPlayer 11 增加了录制播放中的在线视频的功能，在用 RealPlayer 11 播放在线视频的时候，只需按下录制键就能轻松地把正在播放的在线视频录制下来，如图 7-90所示。需要注意的是不支持本地视频的录制。录制完成后的默认保存路径为“C:\Documents and Settings\sy\Application Data\Real\RealPlayer\Temp\”，保存路径可以在“工具”→“首选项”→“常规”配置界面中修改。

② 一键轻松下载在线视频。在 IE 和 Firefox 网页浏览器中，RealPlayer 11 提供了在线视频的“一键下载”功能，用户观看网页视频的时候，只要把鼠标指向该视频，过一会儿就会出现一个视频下载的“下载此视频”悬浮按钮，支持下载在线视频功能。如图 7-91 所示。该视频下载功能是后台下载，也就是说用户在下载对应视频的过程中，不耽误用户同步在线欣赏视频，“下载”和“观看”两不误。

③ 变速播放功能。RealPlayer 11 在播放视频中增加了变速播放功能，最高可以支持 16X 的变速播放功能。由于新增了这个功能，所以软件对于一些精彩视频的慢速“回放”、快速浏览影片大概（加速播放）及快速搜索定位指定视频片段等，都会提供完美支持，如图 7-92所示。

7.6.4 网络电视

PPLive、PPStream 等都是 P2P 网络电视播放软件。使用 P2P TV 记录器还能记录网络电视工具播放的视频电视节目，并把节目保存到硬盘，实现离线观看电视节目。

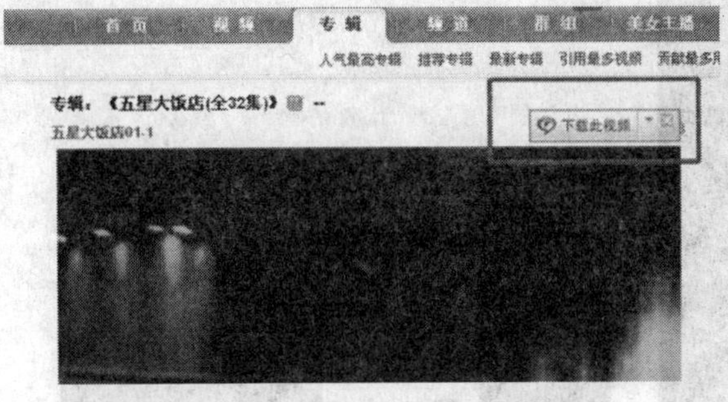

图 7-91 “下载此视频”悬浮按钮

图 7-92 变速播放功能

PPLive 和 PPStream 是两款各有千秋的收看网络电视的软件。PPLive 是一款利用 P2P 技术让用户能在互联网上收看电视节目的软件。该软件最大的优势莫过于丰富的节目内容，使用户可以跨越地域，收看本省市不能收看到的节目：如凤凰卫视、湖南卫视、各省卫视等。更有最热门的电视剧、电影、动漫热播频道。该软件配置要求较低；使用内存缓存数据，不伤硬盘；能破解 Windows XP SP2 的 TCP/IP 数量限制，让节目播放更流畅。

PPStream 与 PPLive 一样，可以收看到很多节目。同样是基于 P2P 技术的流媒体超大规模应用解决方案，采用了 P2P-Streaming 技术，具有用户越多播放越稳定，支持数万人同时在线的大规模访问等特点。在 UDP 无法打开列表的时候，将自动切换到 HTTP 模式。

这两款软件可以分别在 http：//www. pplive. com 和 http：//www. ppstream. com 下载最新版本。因为这两款软件非常类似，下面主要介绍 PPLive 软件。

1. PPLive 的安装

使用 PPLive 的基本配置是要求计算机内存 128 MB 以上，宽带网络 512 Kbps 以上（推荐1 Mbps 以上）即可。

在 www. pplive. com 主页面的“下载软件”的“本地下载”里下载，没有装播放器 Windows Media Player 9 和 Realplayer 10 以上版本的用户，请在相同页面进行下载；下载之后双击，按提示进行安装即可。

如果 PPLive 网视引擎无法启动，往往是由 Windows XP SP2 下任务栏的限制和用户的权限问题造成的。请勾选桌面 PPLive 网视引擎的“属性”→“快捷方式”→“高级”→“选择其他用户身份运行”。

PPLive 流媒体播放器不收费。在 www. pplive. com 下载目前最新的版本后，单击 PPLive 安装包开始安装，不需要什么特别说明，在所有提示窗口中直接单击“下一步”按钮即可安装成功，当安装成功之后，桌面上会有一个快捷方式图标。

2. PPLive 的使用

（1）双击桌面上的“PPLive 网络电视”快捷图标（第一次运行时，如果安装有防病毒软件，防病毒软件会提示是否“允许 PPLive”，请选择“允许”），打开如图 7-93 所示的窗口。

（2）在图 7-93 的右侧，单击频道列表中的⊞标志或双击频道分组，频道列表会展开，选择想要看的频道，播放节目有两种方法：一种是在选择的节目上双击，另一种是右击选择播放。

（3）可使 PPLive 播放窗口始终固定在桌面最前端显示。可以在图 7-94 中选择“视图”→“总在最前端”命令。如果想去除此设置只要去掉以上选项即可。

图 7-93　PPLive 播放器

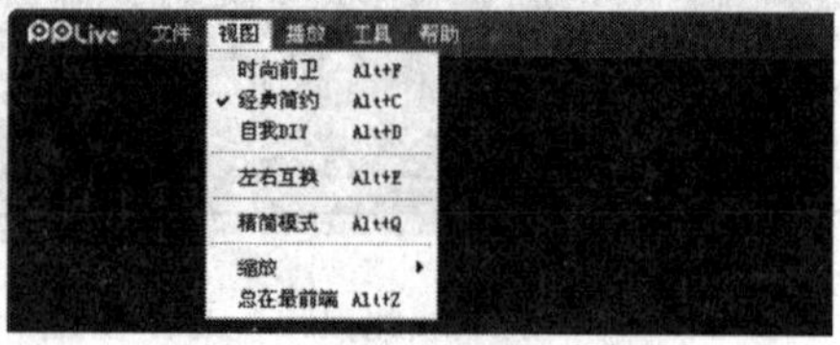

图 7-94　PPLive 菜单栏

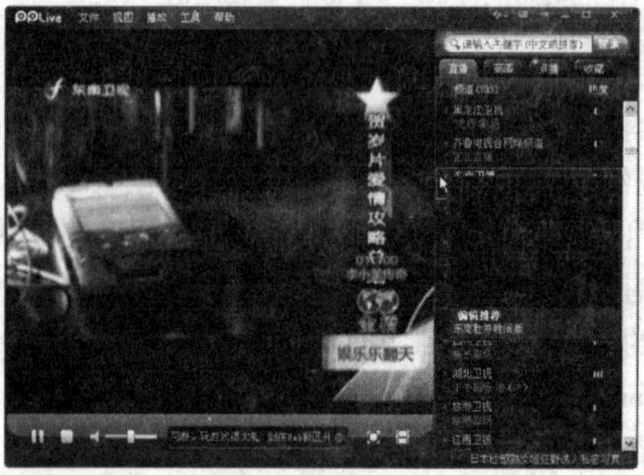

图 7-95　PPLive 的节目预告

（4）在 PPLive 上还可以预览节目截图，如果想查看节目截图，把鼠标停留到想看的节目名称上，就会出现此节目的截图，如图 7-95 所示。

3. PPLive 的设置

（1）网络连接设置。

● 打开“PPLive 网络电视”，选择“工具”→“设置”命令，弹出“端口设置”对话框。

● 选择“网络”，如图 7-96 所示。在“选择网络类型”组合框中选择与网络相应的选项或者修改“每个频道最大连接个数”，单击“确定”按钮。其中“每个频道最大连接个数”可自行设置。

（2）PPLive 的其他设置。

● 打开“PPLive 网络电视”，选择“工具”→“设置”命令。

● 在“端口设置”对话框中选择“基本”，如图 7-97 所示，去掉“只允许运行一个 PPLive”前面的勾选，这样就可以同时打开多个电视频道了。

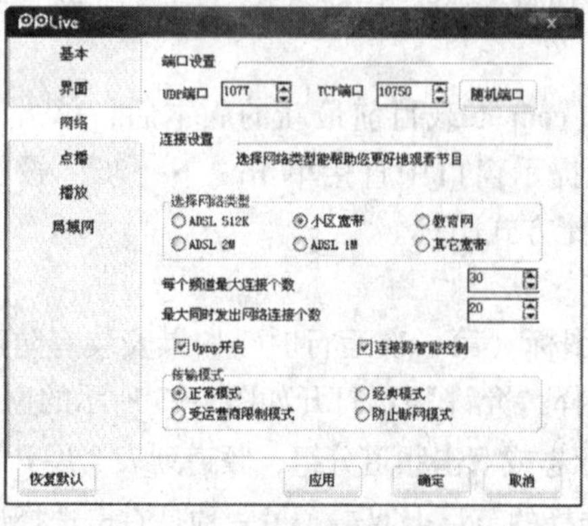

图 7-96　PPLive 网络设置

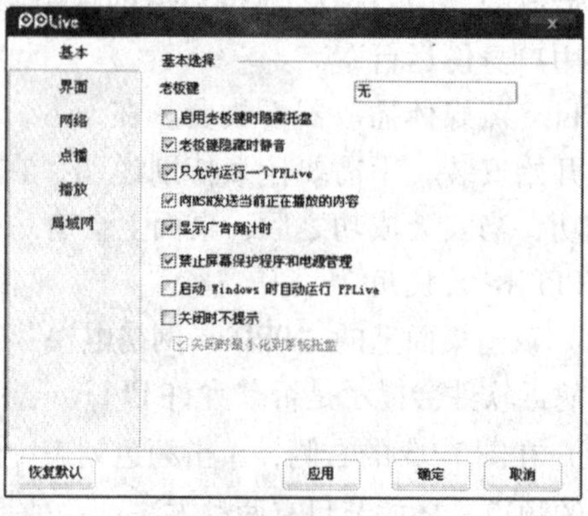

图 7-97　PPLive 基本设置

注意　选择此项功能，网络必须有足够的带宽。

PPLive与QQ直播相似，但不同的是，该软件可以播放更多电视节目内容。另外，bbs. pplive. com是一个关于PPLive的论坛，在使用过程中有任何问题都可以在论坛里寻求帮助。

7.6.5 网络游戏

网络游戏又称“在线游戏”，简称“网游”。网络游戏是依托于Internet、可以多人同时参与的游戏，通过人与人之间的互动达到交流、娱乐和休闲的目的。网络游戏中如《魔兽世界》、《传奇》、《梦幻西游》等游戏都是玩家所推崇的经典游戏。

网络游戏外挂是一种为达到某种目的，修改游戏系统欺骗服务器的作弊程序。它是位于网络游戏主程序以外，直接作用于网络游戏主程序，从而增加游戏原本没有的功能的小程序。打个通俗一点的比喻，就是通过修改工具，直接去修改游戏内容。

7.7 社会性网络服务

社会性网络（Social Networking，SN）是指个人之间的关系网络。社会性网络服务（Social Networking Services，SNS）则专指旨在帮助人们建立社会性网络的Internet应用服务。现在许多Web 2.0网站都属于SNS网站，如网络聊天（IM）、交友、视频分享、博客、播客、网络社区、音乐共享等。另外，不仅现在一些大公司网站开始了一些SNS应用，一些垂直领域的行业站点也开始了SNS的尝试，并且效果不错。

SNS是2008年中国互联网最火暴的现象，无数的SNS网站一夜之间纷纷涌现。

7.7.1 博客和播客

1. 博客

“博客”一词是从英文单词Blog翻译而来。指网络日志，是一种个人传播自己思想，带有知识集合链接的出版方式。

一个Blog就是一个网页，它通常是由简短且经常更新的文章所构成；这些张贴的文章都按照年份和日期排列。Blog的内容和目的有很大的不同，从对其他网站的超级链接和评论，有关公司、个人、构想的新闻到日记、照片、诗歌、散文，甚至科幻小说的发表或张贴都有。许多Blogs的内容是个人心得也可以是一群人基于某个特定主题或共同利益领域的集体创作。Blog好像是对网络传达的实时信息。

Blogger即指撰写Blog的人。Blogger在很多时候也被翻译成“博客”一词，而撰写Blog这种行为，有时候也被翻译成“博客”。因而，中文“博客”一词，既可作为名词，分别指代两种意思Blog（网志）和Blogger（撰写网志的人），也可作为动词，意思为撰写网志这种行为，只是在不同的场合分别表示不同的意思罢了。

目前，国内优秀的中文博客有：搜狐博客、网易博客、新浪博客、Blogcn、和讯博客、QQ空间、天极博客、天涯博客、百度空间等。

博客有许多种类型，例如基本的博客，小组博客，亲朋之间的博客，协作式的博客，公共社区博客，商业、企业、广告型的博客，知识库博客等。但是，要真正了解什么是博客，最佳的方式就是自己马上去实践一下，实践出真知。如果你现在对博客还很陌生，建议直接去找一个博客托管网站，开一个自己的博客账号尝试一下。

2. 播客

（1）播客的定义。“播客”又被称为“有声博客”，是 Podcast 的中文直译。用户可以利用“播客”将自己制作的“广播节目”上传到网上与广大网友分享。“播客”（Podcasting）这个词来源自苹果电脑的“iPod”与“广播”（broadcast）的合成词，指的是一种在 Internet 上发布文件并允许用户订阅以自动接收新文件的方法，或用此方法来制作的电台节目。

播客与其他音频内容传送的区别在于其订阅模式，它使用 RSS 2.0 文件格式传送信息。该技术允许个人进行创建与发布，这种新的传播方式使得人人可以说出他们想说的话。

订阅播客节目可以使用相应的播客软件。这种软件可以定期检查并下载新内容，并与用户的携带型音乐播放器内容同步。播客并不强求使用 iPod 或 iTunes；任何数字音频播放器或拥有适当软件的电脑都可以播放播客节目。

就像博客颠覆了被动接受文字信息的方式一样，播客颠覆了被动收听广播的方式，使听众成为主动参与者。有人说，播客可能像博客（Blog）一样，带来大众传媒的又一场革命。

（2）下载播客 flv 视频文件。在线观看的 flv 视频文件基本都不提供下载，如果想把它下载下来，也很简单，在此介绍两种方法。

① 利用 Internet 临时文件夹。首先，正常观看视频，不要关闭浏览器，其次，等视频加载完毕，进入 Internet 临时文件夹，具体路径为 C：\ Documents and Settings \ 你的用户名 \ Local Settings \ Temporary Internet Files。这个文件夹（有可能要用到文件夹选项中的“显示全部文件”才可看见），然后，查找扩展名为 flv 的文件即可，可以按时间排序查找，也可以按大小排序查找。

② 借助于专门的网站，简单易用！例如，要下载 YouTube 或新浪播客上的某个视频文件，打开播客视频的观看界面后，复制上面的观看地址，然后打开这个网站“http：//www. flvspy. cn”，将观看地址粘贴到 flvspy. cn 网站上的输入框内，单击放大镜的嗅探按钮，稍等几秒就可以嗅探出该博客视频的下载链接，便可用下载工具下载了，YouTube 的视频无扩展名，可以自己改扩展名为 flv，其他的播客网站都自带扩展名 flv，下载下来的就是 flv 格式。

7.7.2 网络视频分享

以下介绍几个主流视频分享网站进行供大家参考。

（1）优酷网 http：//www. youku. com/index/。优酷网是中国领先的视频网站，是较受网友欢迎的视频分享网站。

（2）土豆网 http：//www. tudou. com/。土豆网同样也是中国领先的视频分享网站，其起步较早，2005 年 4 月就开始运营，在网友中拥有较高的知名度。

（3）酷 6 网 www. ku6. com。酷 6 网是基于 web 2. 0 理念的知名视频分享门户，凭借“全”、“快”、“清”的三大视频特色，在国内网络视频领域独树一帜。

（4）六间房 http：//6. cn/。六间房以 Web 2. 0 技术为核心，是国内浏览量很高的视频网站，成立于 2006 年 5 月。

（5）56 网 http：//www. 56. com/。56 网可以说是国内最早的免费网络视频分享平台，网站自 2005 年 4 月创办以来，以“分享视频、分享快乐”为服务理念，已经成为国内人气最旺的视频分享平台之一。

（6）YouTube（http：//www. youtube. com、http：//www. youtube. org. cn）。YouTube 是设立在美国的一个视频分享网站，可下载观看及分享视频短片。

此外，还有 Mofile TV（http：//tv. mofile. com）、新浪宽频（http：//bn. news. sina. com. cn/）、比酷（http：//www. biku. com）、UUME. COM（http：//www. uume. com/）、QQ Video（http：//video. qq. com/home. htm）、新浪播客（http：//v. blog. sina. com. cn/）、偶偶（http：//dv. ouou. com/）等网站。

7.7.3 其他 SNS 社区

1. 校内网

校内网（xiaonei. com）成立于 2005 年 12 月，是中国最早的校园 SNS 社区。2006 年 10 月，千橡公司收购校内网，同年底，完成了千橡公司 5Q 校园网与校内网的合并，并正式命名为校内网，域名为：www. xiaonei. com。至此，校内网成为中国大学生市场具有垄断地位的校园网站。

目前，校内网已经发展成为为整个中国互联网用户提供服务的 SNS 社交网站，通过提供发布日志、保存相册、音乐视频等站内外资源分享等功能，搭建了一个功能丰富高效的用户交流互动平台。

2. Facebook

Facebook 是目前全球第一大社区网站。它于 2004 年 2 月 4 日上线。Facebook 是针对高校学生开放的网站，它严格限制注册以保证用户的纯净，从而形成了校内网的特色，即“真诚”和“信任”——多数用户都使用真姓名、真信息和真照片。

Facebook 的创始人是 Mark Zuckerberg，他是哈佛大学的学生。最初，网站的注册仅限于哈佛学院的学生。在之后的两个月内，注册扩展到波士顿地区的其他高校。第二年，很多其他地区的学校也加入进来。最终，在全球范围内有大学后缀电子邮箱的人（如 . edu，. ac. uk 等）都可以注册。之后，在 Facebook 中也可以建立起高中和公司的社会化网络。而从 2006 年 9 月 11 日起，任何用户输入有效电子邮件地址和自己的年龄段，即可加入。用户可以选择加入一个或多个网络，比如中学的、公司的或地区的。每个用户在 Facebook 上有自己的档案和个人页面。用户之间可以通过各种方式发生互动：留言、发站内评论日志。Facebook 还提供方便快捷的聚合功能，帮用户找到和自己有共同点的人。同时还针对大学生提供其他特色栏目。

Facebook 在所有以服务于大学生为主要业务的网站中，拥有最多的用户同时也是美国排名第一的照片分享站点，每天上传 850 万张照片，这甚至超过其他专门的照片分享站点。

3. MySpace

MySpace. com 成立于 2003 年 9 月，是目前全球第二大社交网站。它为全球用户提供了一个集交友、个人信息分享、即时通信等多种功能于一体的互动平台。经过几年的高速发展，现已拥有超过 2 亿名注册用户，并且正在以每天新增 23 万注册用户的速度继续增长。

习题

一、填空题

1. 根据 P2P 网络结构的特点，P2P 网络可以分为________、________与________三种

类型。

2. 即时通信类 P2P 应用软件有________、________、________、PoPo、GTalk 等。

3. 目前的网络电话一般有三种通话方式：________、________和________。

4. IP 电话系统的基本结构主要包括终端设备、________、IP 网络管理层等部分。

5. 目前的 BBS 一般有多种访问方式，如通过________、________或使用专门的软件 CTerm 等。

6. 社会性网络是指个人之间的关系网络，这种基于社会网络关系系统思想的网站就是社会性网络网站（SNS 网站）。现在许多网站都属于 SNS 网站，如交友、视频分享、________、________、________、网络社区、音乐共享等。

7. 典型 SNS 网络社区包括白社会、________、________和________等。

二、选择题

1. 关于 Telnet 服务，以下说法错误的是（　　）。
   A. Telnet 采用了客户－服务器模式
   B. Telnet 利用 NVT 屏蔽不同终端对键盘命令解释的差异
   C. Telnet 利用 TCP 进行信息传输
   D. 用户使用 Telnet 的主要目的是下载文件

2. 关于 P2P 网络叙述错误的是（　　）。
   A. P2P 网络中一般不依赖于专用的集中式服务器
   B. P2P 网络中的每一台计算机既可以作为网络服务的使用者，也可以向其他提出服务请求的客户提供资源和服务
   C. P2P 网络的工作模式与 C/S 模式相同
   D. P2P 网络中节点之间在共享网络资源与服务上地位是平等的

3. 以下软件不属于文件共享类 P2P 应用的是（　　）。
   A. QQ　　B. BitComet　　C. Emule　　D. Napster

4. IP 电话系统中 IP 电话网关作用描述错误的是（　　）。
   A. 同时连入公用电话交换网 PSTN 和数据网
   B. 实现语音数据与 IP 数据包的互换
   C. 进行路由选择等
   D. 实现文件传输

三、简答题

1. P2P 网络是如何进行定义的？
2. P2P 与传统客户－服务器工作模式的区别有哪些？
3. P2P 网络的主要应用有哪些？
4. 网络交流的方式主要有哪些？
5. BBS 的作用是什么？登录 BBS 的方式有哪些？

四、实验

1. 网络交流软件的使用（QQ、MSN、Skype、CTerm、PPLive 等软件的使用）。
2. 多媒体应用和社会性服务网络的使用。

第 8 章 电子商务技术

8.1 电子商务概述

8.1.1 电子商务及运作流程

商务是涉及买卖商品的事务，传统商务起源于远古时代，当人们对日常活动进行分工时，商务活动就开始了。目前，人们所提及的电子商务多指利用 Internet 及现代通信技术进行任何形式的商务运作、管理或信息交换。

电子商务的流程更加注重买卖双方的业务流程。包括交易前的准备、贸易的磋商、合同的签订及资金的支付等环节。

① 交易前的准备。在电子商务模式中，交易的供需信息都是通过交易双方的网址和网络主页完成的，双方信息的沟通具有快速和高效率的特点。

② 贸易的磋商。电子商务中的贸易磋商过程将纸面单证在网络和系统的支持下变成了电子化的记录、文件和报文在网络上的传递过程，并且由专门的数据交换协议保证了网络信息传递的正确性和安全性。

③ 合同的签订。电子商务环境下的网络协议和电子商务应用系统保证了交易双方所有的贸易磋商文件的正确性和可靠性，并且在第三方授权的情况下，这些文件具有法律效应，可以作为在执行过程中产生纠纷的仲裁依据。

④ 资金的支付。电子商务中交易的资金支付采用信用卡、电子支票、电子现金和电子钱包等形式以网上支付的方式进行。

传统商务与电子商务的比较可以从信息提供、流通渠道、交易对象、顾客方便度、交易时间等几个方面进行，如表 8-1 所示。

表 8-1 传统商务与电子商务的比较

项 目	传统商务	电子商务
信息提供	根据销售商的不同而不同	透明、准确
流通渠道	企业—批发商—零售商—消费者	企业—消费者
交易对象	部分地区	全球
交易时间	规定的营业时间内	24 小时
销售方法	通过各种关系	完全自由购买
顾客方便度	受时间与地点的限制	顾客按自己的方式购物
对应顾客	需要很长时间掌握顾客的需求	能够迅速捕捉顾客的需求、及时应对
销售地点	需要销售空间	虚拟空间

8.1.2 电子商务基本框架

1. 电子商务的基本组成

电子商务的基本组成要素有 Internet、Intranet、Extranet、用户、物流配送、认证中心、银行、商家等，其系统结构示意图如图 8-1 所示。

图 8-1 电子商务的基本组成示意图

(1) 网络。网络包括 Internet、Intranet、Extranet。Internet 是电子商务的基础，是商务、业务信息传送的载体；Intranet 是企业内部商务活动的场所；Extranet 是企业与企业及企业与个人进行商务活动的纽带。

(2) 用户。电子商务用户可分为个人用户和企业用户。个人用户使用浏览器、电话等接入 Internet。企业用户建立企业内联网、外部网和企业管理信息系统，对人力、财力、物力、供应、销售、储存进行科学管理。企业利用 Internet 网页站点发布产品信息、接收订单等，如果要在网上进行销售等商务活动，还要借助于电子报关、电子报税、电子支付系统与海关、税务局、银行进行有关商务、业务处理。

(3) 认证中心。认证中心（CA）是受法律承认的权威机构，负责发放和管理数字证书，使网上交易的各方能互相确认身份。数字证书是一个包含证书持有人、个人信息、公开密钥、证书序号、有效期、发证单位的电子签名等内容的数字文件。

(4) 物流配送。物流配送即接受商家的送货要求，组织运送无法从网上直接得到的商品流向，将商品送到消费者手中。

(5) 网上银行。网上银行即在 Internet 上实现传统银行的业务，为用户提供 24 小时实时服务；与信用卡公司合作，发放电子钱包，提供网上支付手段，为电子商务交易中的用户和商家服务。

2. 物流、资金流和信息流

电子商务的任何一笔交易都包含以下三种基本的“流”，即物流、资金流和信息流。

(1) 物流主要是指商品和服务的配送和传输渠道。对于大多数商品和服务来说，物流可能仍然经由传统的经销渠道，然而对有些商品和服务来说，可以直接以网络传输的方式进行配送，如各种电子出版物、信息咨询服务、有价信息等。

(2) 资金流主要是指资金的转移过程，包括付款、转账、兑换等过程。

(3) 信息流既包括商品信息的提供、促销营销、技术支持、售后服务等内容，也包括诸如询价单、报价单、付款通知单、转账通知单等商业贸易单证，还包括交易方的支付能力、支付信誉、中介信誉等。

3. 企业电子商务的基本框架

企业电子商务的基本框架如图8-2所示。一个企业实体上游连接着供应商，下游连接着客户，因此，供应商管理与客户管理已成为企业不可缺少的内容。企业实体除了本身具有的商业场所外，还应有虚拟商厦、虚拟配送中心、虚拟银行等，虚拟商务将成为传统企业的发展方向。在虚拟商务中交易安全问题是人们普遍关注的问题。物流管理是企业实施电子商务中物流的具体实现。支付结算是企业中资金流的体现。网络技术、数据库技术、网站建设等基础技术是企业实现电子商务、进行信息化管理的基础。

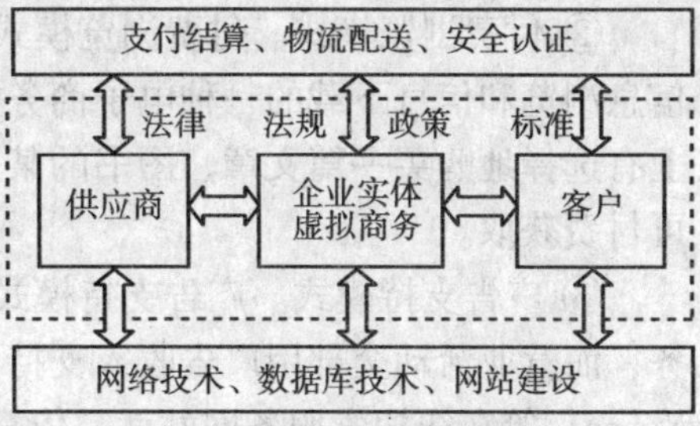

图8-2 企业电子商务的基本框架

8.2 电子商务交易模式和应用

8.2.1 B2C电子商务

B2C电子商务是企业通过Internet向个人网络消费者直接销售产品和提供服务的经营方式，即网上零售。分析家指出，B2C电子商务是普通消费者广泛接触的一类电子商务，也是电子商务应用最普遍、发展最快的领域。

1. B2C电子商务的主要模式

（1）无形产品和劳务的电子商务模式。网络本身具有信息传递的功能，又有信息处理的功能。因此，无形产品和劳务，如信息、计算机软件、视听娱乐产品等，往往就可以通过网络直接向消费者提供。无形产品和劳务的电子商务模式主要有以下4种：网上订阅模式、付费浏览模式、广告支持模式和网上赠与模式。

① 网上订阅模式。网上订阅模式指的是企业通过网页向消费者提供网上直接订阅，消费者直接浏览信息的一种电子商务模式。网上订阅模式主要被商业在线机构用来销售报刊杂志、有线电视节目等。网上订阅模式主要有以下几种。

- 在线服务。在线服务是指在线经营商通过每月向消费者收取固定的费用而提供各种形式的在线信息服务。1996年以前，在线服务商一般都是按实际使用时间向客户收取费用。但从1996年起，一些网络服务商收取固定的费用向消费者提供Internet的接入服务，在线服务商现在也遵从相同的做法，以固定费用的方式提供无限制的网络接入和各种增值服务。在线服务商一般都有自己服务的客户群体。例如，美国在线（AOL）的主要客户群体是家庭使用者；微软网络（MSDN）的主要客户群体是Windows的使用者。
- 在线出版。在线出版指的是出版商通过Internet向消费者提供除传统纸面出版之外的电子刊物。在线出版一般仅在网上发布电子刊物。消费者可以通过订阅来下载刊物的信息。但是，以订阅方式向一般消费者销售电子刊物被证明存在一定的困难，因为一般消费者基本上可以从其他的途径获取相同或类似的信息。因此，此项在线出版模式主要靠广告支持。
- 在线娱乐。在线娱乐是无形产品和劳务在线销售中令人注目的一个领域。一些网站向消费者提供在线游戏，并收取一定的订阅费。目前看来，这一领域还比较成功。鉴于目前这一领域的发展，一些游戏将来很可能会发展为按使用次数或小时来计费。

② 付费浏览模式。付费浏览模式指的是企业通过网页向消费者提供计次收费性的网上信息浏览和信息下载的一种电子商务模式。付费浏览模式让消费者根据自己的需要，在网址上有选择地购买一篇文章、图书的某一章内容或者参考书的一页。在数据库里查询的内容也可付费获取。

③ 广告支持模式。广告支持模式是指在线服务商免费向消费者或用户提供信息在线服务，而营业活动全部用广告收入支持。此模式是目前最成功的电子商务模式之一。例如，像 Yahoo！等在线搜索服务网站就是依靠广告收入来维持经营活动的。信息搜索对于上网人员在信息浩瀚的 Internet 上找寻相关信息是最基础的服务。企业也最愿意在信息搜索网站上设置广告，特别是通过付费方式在网上设置广告图标，有兴趣的上网人员通过单击图标就可直接到达企业的网址。

④ 网上赠与模式。网上赠与模式是一种非传统的商业运作模式，是企业借助于 Internet 用户遍及全球的优势，向 Internet 用户赠送软件产品，以扩大企业的知名度和市场份额。通过让消费者使用该产品，让消费者下载一个新版本的软件或购买另外一个相关的软件。由于所赠送的是无形的计算机软件产品，而用户是通过 Internet 自行下载的，因而企业所投入的成本很低。因此，如果软件确有其实用特点，那么是很容易让消费者接受的。

（2）实物商品的电子商务模式。实物商品指的是传统的有形商品，这种商品和劳务的交付不是通过计算机这一信息载体，而仍然是通过传统的方式来实现。虽然目前在 Internet 上所进行的实物商品的交易仍然不十分普及，但还是取得了很大的进步，网上成交额有增无减。

网上实物商品销售的特点主要是网上在线销售的市场扩大了。与传统的店铺市场销售相比，网上销售可以将业务伸展到世界各个角落。例如，美国的一种创新产品"无盖凉鞋"，其网上销售的订单有 2 万美元是来自南非、马来西亚和日本。一位日本客户向坐落在美国纽约的食品公司购买食品，付出的运费相当于产品的价值。然而，客户却非常满意，因为从日本当地购买相同的产品，其代价更昂贵。

（3）综合模式。实际上，多数企业网上销售并不是仅仅采用一种电子商务模式，而往往采用综合模式，即将各种模式结合起来实施电子商务。Golf Web 就是一家有 3 500 页有关高尔夫球信息的网站。这家网站采用的就是综合模式。其中 40% 的收入来自于订阅费和服务费，35% 的收入来自于广告，还有 25% 的收入是该网址专业零售店的销售收入。该网址已经吸引了许多大公司的广告，如美洲银行、美国电报电话公司等，专业零售店开始两个月的收入就高达 10 万美元。

网上的一些零售商店之所以能吸引广告，就是因为虚拟商店本身的名气很大。而在传统的类似实物商店中，一般商店的广告都是与经营的商品有关，网上虚拟商店上的这种交叉广告并不十分常见。

由此可见，在网上销售中，一旦确定了电子商务的基本模式，企业不妨可以考虑一下采取综合模式的可能性。例如，一家旅行社的网页向客户提供旅游在线预订业务，同时不妨也接受度假村、航空公司、饭店和旅游促销机构的广告，如有可能还可向客户提供一定的折扣或优惠，以便吸引更多的注意。一家书店不仅可以销售书籍，而且可以举办"读书俱乐部”，接受来自于其他行业和其他零售商店的广告。在网上尝试综合的电子商务模式有可能会带来额外的收入。

2. B2C电子商务企业类型

目前已建立或准备建立B2C模式的电子商务的企业大致可分为：经营着离线商店的零售商、没有离线商店的虚拟零售企业和商品制造商。

(1) 经营着离线商店的零售商。这些企业有着实实在在的商店或商场，网上的零售只是作为企业开拓市场的一个渠道，他们并不依靠网上的销售生存。如美国的沃尔玛（Wal-Mart）、上海书城、上海联华超市、北京西单商场等。

(2) 没有离线商店的虚拟零售企业。这类企业是Internet商务的产物，网上销售是他们唯一的销售方式，他们靠网上销售生存。如美国的亚马逊（Amazon）网上书店目前已成为世界上销售量最大的书店。

(3) 商品制造商。商品制造商采取网上直销的方式销售其产品，不仅给顾客带来了价格优势上的好处及商品客户化，而且减少了商品库存的积压。例如，DELL计算机制造商是商品制造商网上销售最成功的例子。由于建立了网上直销，使DELL公司跻身于业内主要制造商之列。中国青岛的海尔集团是中国家电制造业中的佼佼者，海尔通过建立自己的电子商务网站，一方面宣传海尔企业的形象，另一方面通过网上销售，加大了自己产品的市场推销力度。

8.2.2 B2B电子商务

1. B2B电子商务的概念

企业对企业电子商务也称为B2B电子商务，它指的是企业通过Internet、Extranet、Intranet或者私有网络，以电子化方式进行交易。这种交易可能是在企业及其供应链成员间进行，也可能是在企业和任何企业间进行。这里的企业可以指代任何组织，包括私人或者公共的，营利性或者非营利性组织。

B2B电子商务可以在买卖双方间直接进行，也可通过在线中介开展。中介可以是某个组织、个人或者电子系统。

传统的企业间的交易往往要耗费企业的大量资源和时间，无论是销售、分销还是采购都要占用产品成本。通过B2B的交易方式，买卖双方能够在网上完成整个业务流程，从建立最初印象，到货比三家，再到讨价还价、签单和交货，最后到客户服务。B2B使企业之间的交易减少了许多事务性的工作流程和管理费用，降低了企业经营成本。网络的便利及延伸性使企业扩大了活动范围，企业发展跨地区、跨国界，成本更低廉。

B2B不仅仅是建立一个网上的买卖者群体，它也为企业之间的战略合作提供了基础。任何一家企业，不论它具有多强的技术实力或多好的经营战略，要想单独实现B2B是完全不可能的。单打独斗的时代已经过去，企业间建立合作联盟逐渐成为发展趋势。网络使得信息通行无阻，企业之间可以通过网络在市场、产品或经营等方面建立互补互惠的合作，形成水平或垂直形式的业务整合，以更大的规模、更强的实力、更经济的运作真正达到全球运营管理的模式。

2. B2B电子商务交易的优势

B2B电子商务通过Internet进行贸易，贸易双方从贸易磋商、签订合同到支付等均通过

Internet 完成，整个交易完全虚拟化。B2B 交易的优势首先在于交易成本大大降低，具体表现在以下几个方面。

（1）距离越远，网络上进行信息传递的成本相对于信件、电话、传真的成本而言就越低。此外，由于缩短了时间及减少了重复的数据录入，从而也降低了信息成本。

（2）买卖双方通过网络进行商务活动，无须中介者参与，减少了交易的中间环节。

（3）卖方可通过 Internet 进行产品介绍、宣传，避免了在传统方式下做广告、发印刷品等大量费用。

（4）电子商务实行“无纸贸易”，可减少文件处理费用。

（5）Internet 使得买卖双方即时沟通供求信息，使无库存生产和无库存销售成为可能，从而使库存成本显著降低。

B2B 交易减少了交易环节和大量的订单处理，缩短了从发出订单到货物装运的时间，提高了交易效率，促使企业取得了竞争优势。

3. B2B 电子商务交易模式

B2B 电子商务有多种交易模式包括以企业为中心的交易模式和多对多的市场交易模式。

（1）以企业为中心的交易模式。在以企业为中心的交易模式中，由一家企业进行所有的销售，称为卖方市场，由一家企业进行所有的购买，称为买方市场。

① 卖方市场。下面介绍卖方市场两种主要的交易模式。

- 直销。卖方市场是企业通过基于 Web 的私有销售渠道（通常通过 Extranet）向客户提供商品。小型企业一般使用 Internet，并采取一定的加密手段。卖方可以是制造商或中间商（制造商必须是实体，而中间商可以是虚拟的），向批发商、零售商和大企业直接销售，即一个卖家对多个潜在的买家进行销售。

同时企业可以通过在线目录进行直销。可以为所有客户提供一个目录，或者为每位客户定制目录。许多销售商为主要客户提供独立的页面和目录。

直销模式的成功案例包括戴尔、英特尔、IBM 和思科。现在有越来越多的企业在采用这种模式。如果企业在市场上有良好的声誉和足够多的忠诚客户，那么直销模式就有可能取得成功。

- 正向拍卖。一些企业将物品展示在拍卖网站上，以求物品迅速售出，这种拍卖也可称为正向拍卖。如通用公司在自己的网站上通过拍卖的方式出售资本资产。

正向拍卖有多种类型。企业可在自己的网站上进行拍卖，这种方式往往适用于一些资金及技术实力较强的大企业，如通用公司；企业也可通过中介（如一些 B2B 的拍卖网站）来进行拍卖，这种方式比较适用于中小企业，因为它对资源没有要求，且实现时间较短。

② 买方市场。B2B 独有的一项特色是买方市场及其在采购方面的应用。当买方进入卖方市场后，其采购部门必须将订单手工输入到信息系统中。而且，在电子商店或电子商城中搜索和比较供应商及产品的速度慢且成本高。因而，一些大型买方企业开放自己的市场，我们称之为买方市场。在这种模式下，买方企业在自己的服务器上开设电子市场，邀请潜在的供应商对自己所需的产品进行投标。这种模式可以称为反向拍卖、招标或竞标模式。

在大型采购中最常见的模式是反向拍卖。有众多企业采用反向拍卖的模式。如有的企业邀请供应商对网站上的零件进行投标。政府和大企业经常采用这种模式，因为它会节省一笔可观的费用。

(2) 多对多市场模式。与前面提到的以企业为中心的B2B交易模式不同，多对多市场模式包括许多卖家和许多买家。它们都是公开的电子商场，有许多称呼和多样化的功能，如电子商场、交易所、交易社区、B2B门户网站等。

8.2.3 C2C电子商务交易模式

C2C模式即消费者通过Internet与消费者之间相互进行的个人交易。近几年在中国网上C2C交易量激增，C2C已成为电子商务中越来越受关注的模式。

C2C同B2B一样，都是电子商务的几种构成成分之一。二者不同的是：C2C是用户对用户的模式，C2C商务平台就是通过为买卖双方提供一个在线交易平台，使卖方可以主动提供商品上网拍卖，而买方可以自行选择商品进行竞价。C2C模式适合于个人用户。

从理论上来说，C2C模式是最能够体现Internet的精神和优势的，数量巨大、地域不同、时间不一的买方或卖方通过一个平台找到合适的对家进行交易，在传统领域要实现这样大的工程几乎是不可想象的。

目前C2C电子商务的运作模式主要有拍卖平台和店铺平台。

1. 拍卖平台运作模式

这种方式是C2C电子商务企业通过为买卖双方搭建拍卖平台，按比例收取交易费用。

网络拍卖的销售方式保证了卖方的价格不会太低，他们可以打破地域限制把商品卖给地球上任一个角落出价最高的人；同理，买方也可以确保自己不会付出很高的价位。更为重要的是，网络拍卖这个虚拟的大市场克服了传统商店的种种限制：在这里，每个人都站在同一个水平线上。网络拍卖彻底震撼了全球每个商人做生意的方式。同时，它将进一步侵蚀国与国之间的经济障碍，加速整合一个单一的全球化市场。

2. 店铺平台运作模式

这种方式是电子商务企业提供平台方便个人在上面开店铺，以会员制的方式收费，可通过广告或提供其他服务收取费用。这种平台也可称为网上商城。

入驻网上商城开设网上商店不仅依托网上商城的基本功能和服务，而且顾客主要也来自于该网上商城的访问者，因此，平台的选择非常重要，但用户在选择网上商城时往往存在一定的决策风险，尤其是初次在网上开店，由于经验不足及对网上商城了解比较少等原因而带有很大的盲目性。

由于网上商店建设和经营具有一定的难度，需要经验的积累，因此在初次建立网上商店时，最好进行多方调研，选择适合自己产品特点和经营者个人爱好又具有较高访问量的网上商城，同时，在资源许可的情况下，不妨在几个网上商城同时开设网上商店。

8.3 电子货币

8.3.1 电子货币概念

电子货币是指用一定金额的现金或存款从发行者处兑换并获得代表相同金额的数据，通过使用某些电子化方法将该数据直接转移给支付对象，从而能够清偿债务。按支付方式可将电子货币分为储值卡型电子货币、银行卡型电子货币、电子支票和电子现金。

8.3.2 电子货币的发行和运行

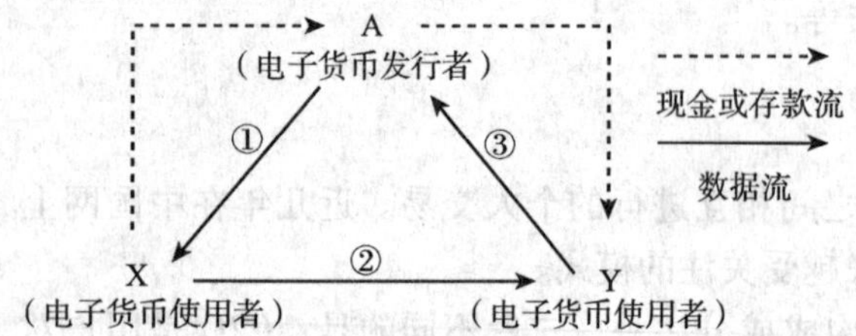

图 8-3 电子货币的发行

电子货币发行和运行的流程分为三个步骤，即发行、流通和回收，如图 8-3 所示。

① 发行：电子货币的使用者 X 向电子货币的发行者 A（银行、信用卡公司等）提供一定金额的现金或存款并请求发行电子货币，A 接受了来自 X 的有关信息之后，将相当于一定金额电子货币的数据对 X 授信。

② 流通：电子货币的使用者 X 接受了来自 A 的电子货币，为了清偿对电子货币的另一使用者 Y 的债务，将电子货币的数据对 Y 授信。

③ 回收：A 根据 Y 的支付请求，将电子货币兑换成现金支付给 Y，或者存入 Y 的存款账户。

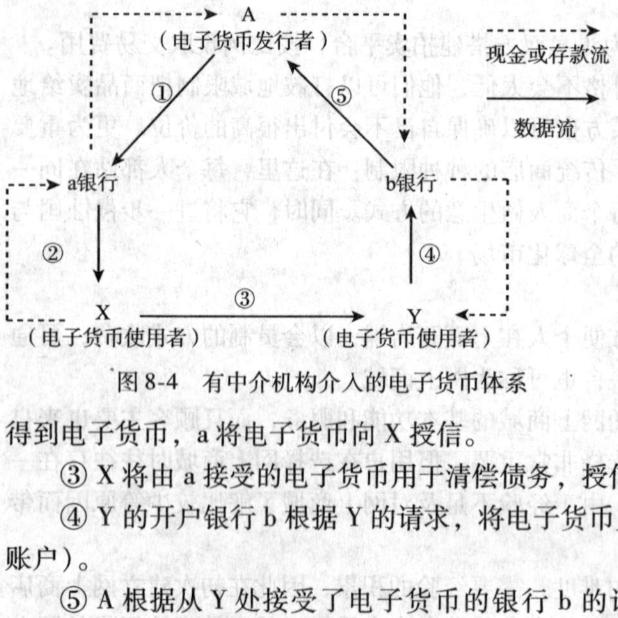

图 8-4 有中介机构介入的电子货币体系

在发行者与使用者之间有中介机构介入的体系是常见的体系。例如，在图 8-4 中的 A、X、Y 三个当事者之外，A、X 之间介入了银行 a，A、Y 之间介入了银行 b，如图 8-4 所示。

有中介机构的电子货币体系的运行分五个步骤，涉及五个当事者。

① A 根据 a 银行的请求，以现金或存款交换发行电子货币。

② X 对 a 提供现金或存款，请求得到电子货币，a 将电子货币向 X 授信。

③ X 将由 a 接受的电子货币用于清偿债务，授信给 Y。

④ Y 的开户银行 b 根据 Y 的请求，将电子货币兑换成现金支付给 Y（或存入 Y 的存款账户）。

⑤ A 根据从 Y 处接受了电子货币的银行 b 的请求，将电子货币兑换成现金支付给 b（或存入 b 的存款账户）。

8.3.3 储值卡型电子货币

储值卡型电子货币就是功能得到进一步提高的储值卡。储值卡是指某一行业或公司发行的可代替现金用的磁卡等。例如，移动通信公司发行的电话充值卡，超市、百货商店发行的购物卡，石油公司发行的加油卡，交通部门发行的交通卡等。

8.3.4 银行卡型电子货币

银行卡型电子货币是实现了电子化应用的信用卡。信用卡 1915 年起源于美国，至今已有 80 多年的历史，目前在发达国家及地区，如美国、日本、英国、法国等，信用卡使用得非常广泛，已成为一种普遍使用的支付工具和信贷工具。它使人们的结算方式、消费模式和消费观念发生了根本性的改变。

信用卡的最大特点是同时具备信贷与支付两种功能。持卡人可以不用现金，凭信用卡购买商品和享受服务，由于其支付款项是发卡银行垫付的，银行便对持卡人发生了贷款关系，而信用卡又不同于一般的消费信贷。一般的消费信贷只涉及银行与客户两者之间的关系，信用卡除银行与客户之外，还与受理信用卡的商户发生关系，这是一个三角关系。按卡的信用性质与功能可分为借记卡（属于广义信用卡）和贷记卡（属于狭义信用卡）。

借记卡的特征是“先存款，后支用”，持卡人必须先在发卡机构存款，用款时以存款余额为限，不允许透支。贷记卡的特征是“先消费，后还款”，持卡人无须先在发卡机构存款，就可享用一定信贷额度的使用权。目前我国发行的信用卡主要是两种功能结合又偏重于“借记”的信用卡。此外，各商业银行也在逐步发行、推广贷记卡。

8.3.5 电子支票

电子支票是将支票的全部内容电子化，然后借助于Internet完成支票在客户之间、银行与客户之间及银行之间的传递，实现银行客户间的资金结算。一个电子支票支付方案包括消费者和他的银行、商户和他的银行、不同银行之间支票的清算处理三个部分。

电子支票中包含有与纸支票完全相同的支付信息，如收款方名称、付款方账户、金额和日期。同时电子支票包含有数字证书和数字签名，它们连同加密解密技术一起，用来防止对银行和银行客户的欺诈，提高电子支票的安全性，以保证信息的真实性、保密性、完整性和不可否认性。

8.3.6 电子现金

电子现金又称为数字现金，是一种表示现金的加密序列数，它可以用来表示现实中各种金额的币值。电子现金带来了纸币在安全和隐私性方面所没有的计算机化的便利，电子现金的丰富性开辟了一个全新的市场和应用，电子现金正在尝试取代纸币作为网上支付的主要手段之一。电子现金是最接近实体现金的电子货币，一旦得到普及，则对国家的货币体系影响很大。

现金货币是在社会信任纸币和辅币等物理实体具有价值的基础上存在的，人们对实体现金信任的基础在于实体现金的稀缺性。那么，现金实现电子化即电子现金的出现，同样必须确保稀缺性的特点，才会得到社会的信任，才能具有普遍接受性。

8.4 网上支付

8.4.1 什么是网上支付

所谓支付（Payment），是指清偿商品交换和劳务活动及金融资产交易所引起的债权债务关系，由银行所提供的金融服务业务。

传统的银行的支付系统都是在银行专用网上进行的，这是一个相对封闭的网络，具有很强的稳定性和安全性。进入Internet时代各银行及其他机构纷纷将业务移到Internet上，这是因为 Internet 是一个开放的网络、自由的网络，在这个网络上有着众多的客户和取之不尽的资源。网上支付指的是客户、商家、网络银行（或第三方支付）之间使用安全电子手段，利用电子现金、银行卡、电子支票等支付工具通过 Internet 传送到银行或相应的处理机构，从而完成支付的整个过程。参与网上支付活动的主要参与者有买卖双方及银行或第三方支付商。第三方支付商是 Internet 时代的产物，例如，支付宝、首信易支付、银联电子支付服务有限公司等。

8.4.2 网络银行

1. 什么是网络银行

相对于有 400 多年历史的银行业，网络银行诞生至今不过短短几年的时间，但它的扩展速度却以几何级数增长，大有取代传统银行业务方式之势，新兴的网络银行无疑是对传统银行的挑战。

网络银行也称为网上银行、在线银行，是指利用 Internet、Intranet 及相关技术处理传统的银行业务及支持电子商务网上支付的新型银行。它实现了银行与客户之间安全、方便、友好、实时的连接，可向客户提供开户、销户、查询、对账、行内转账、跨行转账、信贷、网上证券、投资理财及其他贸易或非贸易的全方位银行业务服务。可以说，网络银行是 Internet 上的虚拟银行柜台。

目前网络银行的运行机制有两种模式：一种是完全依赖于 Internet 发展起来的全新的电子银行，特点是银行的所有业务都是通过 Internet 进行的，如美国的 SFNB；另一种是传统银行在 Internet 上建立的网站，如美国花旗银行，我国的招商银行、中国银行等，利用 Internet 提供传统的银行业务服务，通过其提供家庭银行、企业银行等服务。

2. 网上支付流程

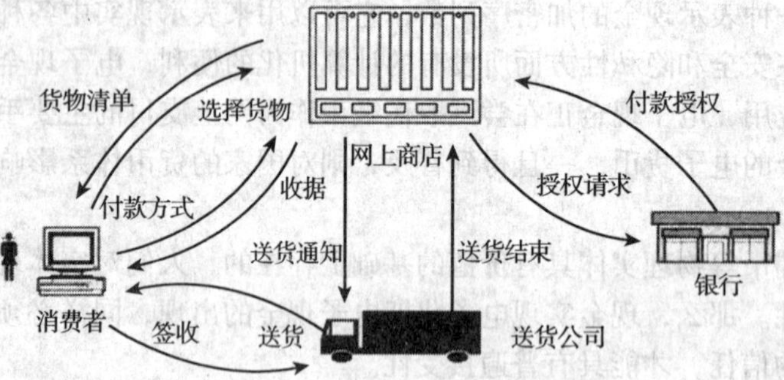

图 8-5 网上购物流程示意图

网上购物的过程与现实生活中的购物流程极其类似。网上购物流程如图 8-5 所示。

（1）持卡人使用浏览器查看商户在 Internet 主页上发布的商品信息。

（2）持卡人决定购买一些商品。

（3）持卡人从该商户站点上下达一个订货单，包括商品名称、单价、总额。

（4）持卡人选择付款方式，即指定要用来付款的信用卡进行网上支付。

（5）持卡人将订货单和付款指令发给商户。

（6）商户将持卡人的账号信息到商户开户银行验证。

（7）商户接收订货合同。

（8）商户接受订单并将商品发给持卡人。

（9）商户要求持卡人开户行将货款通过银行清算网络付给它。

8.4.3　第三方支付

1. 什么是第三方支付

第三方支付平台是指平台提供商通过采用通信、计算机和信息安全技术，在商家和银行之间建立起连接，从而实现从消费者到金融机构、商家的货币支付、现金流转、资金清算、查询统计等问题。为商家开展B2B、B2C交易等电子商务服务和其他增值服务提供完善的支持。第三方支付平台的经营模式大致分为两种：一种是第三方支付平台在具备与银行相连完成支付功能的同时，充当信用中介，为客户提供账号，进行交易资金代管，由其完成客户与商家的支付后，定期统一与银行结算；另一种是第三方支付平台与银行密切合作，实现多家银行数十种银行卡的直通服务，只是充当客户和商家的第三方的银行支付网关。

由于拥有款项收付的便利性、功能的可拓展性、信用中介的信誉保证等优势，第三方网上支付较好地解决了长期困扰电子商务的诚信、资金流等问题，在电子商务支付中发挥着重要的作用。随着电子商务等对网上支付需求的增强，第三方支付平台市场规模增长极其迅速。

2. 第三方支付实例

（1）支付宝。支付宝平台由阿里巴巴公司创办（见图8-6），是支付宝公司针对网上交易而特别推出的安全付款服务，其运作的实质是以支付宝为信用中介，在买家确认收到商品前，由支付宝替买卖双方暂时保管货款的一种增值服务。支付宝的使用步骤如下（以淘宝网交易平台为例）。

① 买家汇款至淘宝网：双方创建支付宝交易后，买家汇款至淘宝网。

② 卖家发货给买家：淘宝网在确认收到足额款项后，通知卖家发货。

③ 淘宝网付款给卖家：买方收货后通知淘宝网，淘宝网将扣除交易费后的所收款支付给卖方。

（2）首信易支付。首信易支付平台（首都电子商城网上支付平台）创建于1999年3月，是中国首家以在线支付、信任机制、中立第三方为特征的服务平台（见图8-7）。它通过独具特色的二次结算模式，最大限度地避免了拒付和欺诈行为的发生，营造出使买卖双方彼此信任的交易环境。支付方式包括：网络银行、电话银行、自助终端、移动终端、会员支付。现支持国内23家银行及全球VISA、MASTER、AE、JCB这4种国际信用卡在线支付，拥有800余家企事业单位、机关团体的中高端客户群。

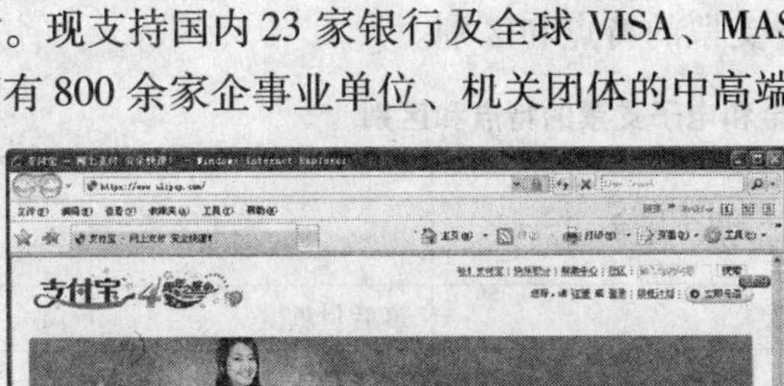

图8-6　支付宝平台

图8-7　首信易支付平台

由于采用了在网站与银行之间的二次结算，使得首信易支付能够成为支付过程中的公正第三方，交易双方在交易过程中的信息传递在支付平台留有存证，交易双方都可方便地查询订单及相关信息，特别是在出现交易纠纷的时候，有关信息可作为仲裁的有力证据。

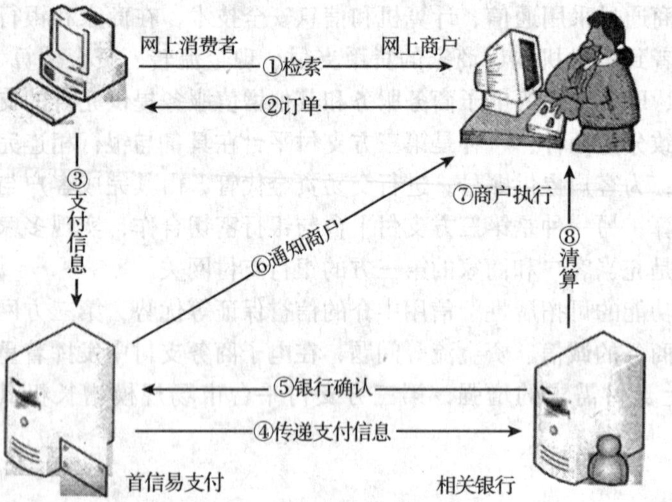

图 8-8　首信易支付 B2C 流程

首信易支付业务平台包含 B2C、C2C 等多种在线支付服务，支持银行卡及电子充值计费系统在社区、Internet、银行柜台、信息亭、手机、电话等多种终端进行支付，并可广泛应用于电子商务、电子政务领域的交易、支付、计费、清算、会员管理等应用系统。下面通过图 8-8 来说明首信易支付 B2C 流程。

① 网上消费者浏览检索商户网页。

② 网上消费者在商户网站下订单。

③ 网上消费者选择支付方式“首信易支付”，直接链接到首信易支付的安全支付服务器（pay. beijing. com. cn）上，在支付页面上选择自己适用的支付方式，单击后进入银行（银联）支付页面进行支付操作。

④ 首信易支付将网上消费者的支付信息，按照各银行（银联）支付网关的技术要求，传递到各相关银行（银联）。

⑤ 由相关银行（银联）检查网上消费者的支付能力，实行冻结、扣账或划账，并将结果信息传至首信易支付和网上消费者本身。

⑥ 首信易支付将支付结果通知商户。

8.4.4 网上支付工具的比较

表 8-2 列出了银行卡支付、电子现金和电子支票的特点和区别。

表 8-2　银行卡支付、电子现金和电子支票的特点和区别

特点 \ 支付类型	银行卡支付系统	电子现金	电子支票
事先/事后付款	事后付款	事先付款	事后付款
使用对象	银行卡持有人	任何人	在银行有账户者
交易风险	由发卡银行承担，当银行卡号被盗，可取消银行卡	由消费者自行承担电子现金丢失、被盗用、出错的风险	付款方可以止付有问题的付款指令或有问题的支票
交易凭据转换	直接由商户向银行查询持卡人账号	自由转换，不需要留下交易参与者的信息	电子支票或付款指令需要经过“背书”方能转让
在线检查	允许在线或离线检查	在线检查电子现金是否重复使用	以在线检查方式运作

续表

特点＼支付类型	银行卡支付系统	电子现金	电子支票
目前普及程度	是在线付款中最普及的形式	电子现金的未来缺乏国际性的金融网络支持	目前缺乏国际性的标准，法律制度有待建立
交易额度	与银行卡额度相同	电子现金的额度通常是固定的	和传统支票相同，即不大于支票账户的现有余额
是否支持小额支付	每笔交易成本相对较高，不适合进行小额支付	可进行不同面额的电子现金交易与找零，适合进行小额支付	有些系统允许商户累计付款指令到一定金额再进行支付，这些系统适合进行小额支付
与银行的关系	交易信息中的银行卡号为持卡人在发卡银行的账号	电子现金从银行提取后，就与银行账号没有关系了	由银行账号进行付款

8.5　电子商务安全

8.5.1　电子商务安全概述

在传统交易过程中，买卖双方是面对面的，因此很容易保证交易过程的安全性和建立起信任关系。但在电子商务过程中，买卖双方是通过网络来联系的，甚至彼此可能远隔千山万水，也可能近在咫尺，因而建立交易双方的安全和信任关系相当困难。电子商务交易双方（卖方和买方）都面临安全问题。

1. 卖方面临的问题

对卖方而言，面临的安全威胁主要有以下几个方面。

① 中央系统安全性被破坏。入侵者假冒成合法用户来改变用户数据（如商品送达地址）、解除用户订单或生成虚假订单、盗用客户资料。

② 竞争对手检索商品递送状况。恶意竞争者以他人的名义来订购商品，从而了解有关商品的递送状况和货物的库存情况。

③ 被他人假冒而损害公司的信誉。不诚实的人建立与卖方服务器名字相同的另一个服务器来假冒卖方。

④ 买方提交订单后不付款。

⑤ 获取他人的机密数据。比如，某人想要了解另一人在卖方处的信誉时，他以另一人的名字向卖方订购昂贵的商品，然后观察卖方的行动。假如卖方认可该订单，则说明被观察者的信誉高，否则，说明被观察者的信誉不高。

2. 买方面临的问题

对买方而言，面临的安全问题主要有以下几个方面。

① 付款后不能收到商品。在要求客户付款后，卖方中的内部人员不将订单和钱转发给执行部门，因而使客户不能收到商品。

② 机密性丧失。客户有可能将秘密的个人数据或自己的身份数据（如账号、口令等）

发送给冒充卖方的机构，这些信息也可能会在传递过程中被窃取。

③ 拒绝服务。攻击者可能向卖方的服务器发送大量的虚假订单来穷竭它的资源，从而使合法用户不能得到正常的服务。

3. 信息传输问题

信息传输问题是指进行网上交易时，因传输的信息失真或者信息被非法窃取、篡改和丢失，而导致网上交易的不必要损失。从技术上看，网上交易的信息传输问题主要来自以下几个方面。

① 冒名偷窃。如“黑客”为了获取重要的商业秘密、资源和信息，常常采用源 IP 地址欺骗攻击。

② 篡改数据。攻击者未经授权进入网络交易系统，使用非法手段，删除、修改、重发某些重要信息，破坏数据的完整性，损害他人的经济利益，或干扰对方的正确决策，造成网上交易的信息传输问题。

③ 信息丢失。交易信息的丢失，可能有三种情况：一是因为线路问题造成信息丢失；二是因为安全措施不当而丢失信息；三是在不同的操作平台上转换操作不当而丢失信息。

④ 信息传递过程中的破坏。信息在网络上传递时，要经过多个环节和渠道。由于计算机技术发展迅速，原有的病毒防护技术、加密技术、防火墙技术等始终存在着被新技术攻击的可能性。计算机病毒的侵袭、“黑客”非法侵入、线路窃听等很容易使重要数据在传递过程中泄露，威胁电子商务交易的安全。此外，各种外界的物理性干扰，如通信线路质量较差、地理位置复杂、自然灾害等都可能影响到数据的真实性和完整性。

⑤ 虚假信息。从买卖双方自身的角度观察，网上交易中的信息传输问题还可能来源于用户以合法身份进入系统后，买卖双方都可能在网上发布虚假的供求信息，或以过期的信息冒充现在的信息，以骗取对方的钱款或货物。现在还没有很好的解决信息鉴别的办法。

4. 信用问题

信用问题主要来自以下三个方面。

① 来自买方的信用问题。对于个人买方来说，可能在网络上使用信用卡进行支付时恶意透支，或使用伪造的信用卡骗取卖方的货物；对于集团购买者来说，存在拖延货款的可能，卖方需要为此承担风险。

② 来自卖方的信用问题。卖方不能按质、按量、按时寄送买方购买的货物，完全履行与集团购买者签订的合同，造成买方的风险。

③ 买卖双方都存在抵赖的情况。传统交易时，交易双方可以直接面对面地进行交易，信用风险比较容易控制。由于网上交易时，物流与资金流在空间上和时间上是分离的，因此如果没有信用保证，网上交易是很难进行的。再加上网上交易一般是跨越时空进行的，交易双方很难面对面地交流，信用的风险就很难控制。这就要求网上交易双方必须有良好的信用，而且有一套有效的信用机制降低信用风险。

8.5.2 电子商务安全管理

电子商务安全管理关键是要落实到制度上。这些制度包括保密制度、系统维护制度、病毒防范制度等。

1. 保密制度

信息的安全级别一般分为三级。

(1) 绝密级。此部分网址、密码不在 Internet 上公开，只限高层管理人员掌握。如公司经营状况报告、订货/出货价格、公司发展规划等。

(2) 机密级。此部分只限公司中层管理人员以上使用。如公司日常管理情况、会议通知等。

(3) 秘密级。此部分在 Internet 上公开，供消费者浏览，但必须保护程序，防止黑客侵入。如公司简介、新产品介绍及订货方式等。

2. 系统维护制度

(1) 硬件的日常管理和维护。用户通过 Internet 参与电子商务，其日常管理和维护非常重要，特别是对那些运行关键任务的企业内部网，如银行、邮电、税务等。

网管人员必须建立系统档案，其内容应包括设备型号、生产厂家、配置参数、安装时间、安装地点、IP 地址、上网目录和内容等。对于服务器和客户机还应记录内存、硬盘容量和型号、终端型号及数量、多用户卡型号、操作系统名、数据库名等。这些内容可存于小型数据库，以方便查询和管理。

对于网络设备，一般都有相应的网管软件，可以做到对网络拓扑结构的自动识别、显示和管理，网络系统节点配置与管理系统故障诊断等，还可以进行网络系统调优、负载平衡等。对于不可管设备，应通过手工操作来检查状态，做到定期检查和随机抽查相结合，以便及时准确地掌握网络的运行状况，一旦有故障发生能及时处理。

对于内部线路，应尽可能采用结构化布线。虽然采用布线系统在初期会增加投资，但可大大降低网络故障率，有故障时也容易排除。

(2) 软件的日常维护和管理。对于支撑软件一般需要进行定期清理日志文件、临时文件，定期整理文件系统，检测服务器上的活动状态和用户注册数，处理运行中的死机情况。

对于应用软件主要是版本控制。设置一台安装服务器，当远程客户机软件需要更新时，可从网络上远程安装。注意选择网络负载较低时进行，以免影响网络的正常运行。

(3) 数据备份制度。对于重要数据，应定期、完整、真实、准确地存储到不可更改的介质上，并要求集中和异地保存，保存期限至少 2 年，以保证系统发生故障时能够快速恢复。重要数据的存储应采用只读式数据记录设备，备份的数据必须指定专人负责保管；数据保管员必须对备份数据进行规范的登记管理，备份数据保管地点应有防火、防热、防潮、防尘、防磁、防盗设施等。

(4) 用户管理。每个系统都设置了若干角色，用户管理的任务就是添加或者删除用户和用户组号。如添加一个用户，需要先在客户机上添加用户并分配组号，然后在服务器数据库上添加用户并分配组号，最后分配该用户的访问权限。

3. 病毒防范制度

病毒对网络交易的顺利进行和交易数据的妥善保存构成了严重的威胁，因此必须做到如下几点。

(1) 给计算机安装防病毒软件。防病毒软件能够在病毒入侵之前，及时阻止病毒侵入。

(2) 不打开陌生电子邮件。电子邮件传播病毒的关键是附件，最好不要在进行网络交易时打开它。

(3) 认真执行病毒定期清理制度。许多病毒都有潜伏期，定期清理制度可以清除处于潜伏期的病毒，防止病毒暴发。

(4) 控制权限。将网络系统中易感染病毒的文件属性（如权限）加以限制，对各终端用户允许只读权限，断绝病毒入侵的渠道。

(5) 高度警惕网络陷阱。对非常诱人的广告和免费使用的承诺，应保持高度警惕。

4. 应急措施

在计算机灾难事件发生时，利用应急计划辅助软件和应急设施排除灾难和故障，保障计算机继续运行。灾难事件有自然灾害直接导致的系统不能运行；发电厂事故、信息服务商的问题导致的系统非正常运行；计算机本身所发生的数据丢失等灾难。其恢复工作包括硬件恢复和数据恢复。一般来讲，数据的恢复更为重要，目前运用的数据恢复技术主要是瞬时复制技术、远程磁盘镜像技术和数据库恢复技术。

5. IE 浏览器的安全设置

Internet Explorer（IE）是使用最广泛的浏览器，它使用方便，功能强大，但由于它支持 JavaScript 脚本和 ActiveX 控件等元素，使得在利用它浏览网页时留下了很多安全隐患。这里简单介绍一下 Internet Explorer 的安全配置手段，注意利用网页进行攻击是很难防范的，没有特别有效的方法，而且安全的配置都是以失去很多功能为代价的。

(1) 管理 Cookie 的技巧。在 IE 中，打开 IE 的“工具”菜单的“Internet 属性”中的“隐私”选项卡，可以管理 Cookie。Cookie 有六个安全级别，分别是“阻止所有 Cookie”、“高”、“中高”、“中”、“低”、“接受所有 Cookie”（默认级别为“中”），分别对应从严到松的 Cookie 策略，可根据需要方便地进行设定。通过 IE 的 Cookie 策略，就能个性化地设定浏览网页时的 Cookie 级别，更好地保护自己的信息，增加使用 IE 的安全性。例如，在默认级别“中”时，IE 允许网站将 Cookie 放入你的计算机，但拒绝第三方的操作。

(2) 禁用或限制使用 Java、Java 小程序脚本、ActiveX 控件和插件。Internet 上经常使用 Java、Java Applet、ActiveX 编写的脚本，它们可能会获取用户的用户标识、IP 地址和口令等信息，影响系统的安全。因此应对 Java、Java 小程序脚本、ActiveX 控件和插件的使用进行限制。

打开 IE 的“工具”菜单的“Internet 属性”中的“安全”选项卡，在这里 Internet Explorer 将分别是 Internet、本地 Intranet、受信任的站点和受限制的站点。用户可以将网站分配到具有适当安全级别的区域。通过“自定义级别”对不同的区域设置不同的安全级别。

安全级别包括“ActiveX 控件和插件”、“Microsoft VM”、“脚本”、“下载”、“用户验证”及“其他”六项，每一项均可展开进行详细配置，对于一些不安全或不太安全的控件或插件及下载操作，应该予以禁止、限制或至少要进行提示。

(3) 调整自动完成功能的设置。默认条件下，用户在第一次使用 Web 地址、表单、表单的用户名和密码后（如果同意保存密码），在下一次再想进入同样的 Web 页及输入密码时，只需输入开头部分，后面的就会自动出现，这给用户带来了便利，但同时也带来了安全问题。

可以通过调整“自动完成”功能的设置来解决该问题。可以做到只选择针对 Web 地址、表单和密码使用“自动完成”功能，也可以只在某些地方使用此功能，还可以清除任何项目的历史记录。为了安全起见，防止泄露自己的一些信息，应该定期清除历史记录。

信息风险对电子商务的损害是双重的，它不仅给商务网站造成了巨大的经济损失，而且更为严重的是，降低了消费者和风险投资机构对电子商务的信心，从而影响到电子商务的长期发展。信息安全已成为制约电子商务发展的瓶颈之一。已从事或准备从事电子商务的企业不得不面对这样一个严峻的事实。

8.6 电子商务的主要应用

8.6.1 网上购物

随着 Internet 在中国的进一步普及应用，网上购物逐渐成为人们的网上行为之一，也成为电子商务最主要的应用之一。

1. B2C 模式

B2C 模式购物网站比较具有代表性的是“卓越亚马逊”购物网站。下面以此为例介绍 B2C 模式下网上购物的基本方式。

“卓越亚马逊”成立于2000年，主要提供各类图书、音像、软件、玩具礼品、百货等商品。诞生以来，迅速成长为国内极具影响力和辐射力的电子商务网站。

（1）注册。首先进入主页 www. amazon. cn，然后单击主页搜索栏下方的“注册”按钮，进入注册页面，如图 8-9 所示。依照表格的要求，输入注册信息，之后单击“完成”按钮。

您好，欢迎光临卓越亚马逊购买图书、影视、音乐、数码、百货，手机等商品。［登录］［注册］［新手上路］

图 8-9 亚马逊注册

（2）选购商品。注册完成之后，即可开始选购自己想要的商品了。单击页面最上方的“首页”，进入“卓越亚马逊”主页，可以先浏览一下主页上推荐的促销商品，如果目标明确的话，可以直接在“搜索栏”输入商品名进行搜索。

以“图书”为例，单击页面上方的“所有20类商品”，进入“图书”页面，如图 8-10 所示。

通过搜索或浏览，找到想买的书籍后，单击书名即可进入详细页面，如图 8-11 所示。

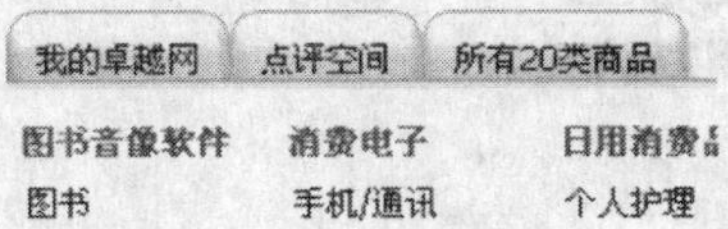

图 8-10 图书页面

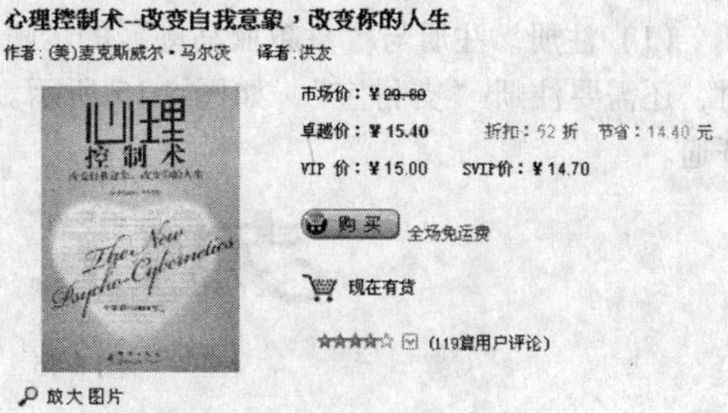

图 8-11 图书详细页面

页面上方显示的是商品价格（市场价、优惠价等）、库存状态、书面封皮等信息。下拉页面可以看到内容简介、作者简介、目录、书摘、用户评论等更为详细的信息，凭借这些信息可以充分了解所要购买的商品。

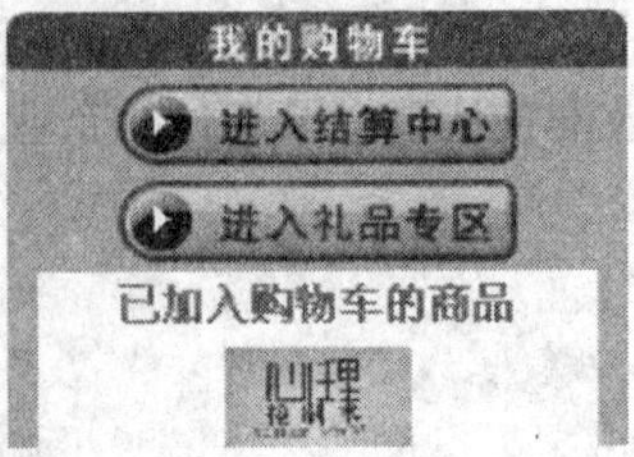

图 8-12　我的购物车

(3) 下订单。如果决定购买，单击页面上方的“购买”按钮就会进入“我的购物车”，如图 8-12 所示。

如果想继续购买商品，可以直接单击浏览器的“后退”按钮返回购买页面；购买完成后，先单击“进入礼品专区”按钮，通常根据所买商品价格和类别的不同，会有相应的礼品或者低价商品供选择。

之后单击“进入结算中心”按钮，输入刚刚注册的用户名和密码，进入“订单确认”页面，如图 8-13 所示。在该页面中，可以修改送货地址、送货方式、是否索要发票等信息，一切检查无误后，即可单击“订单确认”按钮生成订单。

“付款方式”中，如果选择“货到付款”，就可以等快递人员送货上门时再交纳货款；如果选择邮寄的方式，则需要通过“在线付款”等方式完成付款操作。

图 8-13　订单确认

至此，一次网购就完成了。过一段时间，就可以通过“送货上门”或者“邮寄”的方式收到自己订购的商品了。

2. C2C 模式

下面就以亚洲最大的购物网站“淘宝网”为例，如图 8-14 所示。主要介绍一下 B2C 和 C2C 购物模式的不同之处。

图 8-14　淘宝网站

(1) 注册。注册与“卓越亚马逊”的步骤基本相同。不同的是，注册“淘宝网”的同时，还需要注册“支付宝”，如图 8-15 所示。默认情况下注册“淘宝网”时系统会自动开通。

图 8-15　支付宝

C2C 最大的特点就是个人之间的交易，因此信用和安全问题至关重要。所谓“支付宝”，实际上就是一个保障交易安全的中介机构。买家先付款到“支付宝”，就不用担心把款直接付给卖家，卖家不给发货的问题。“支付宝”收到买家付款后即时通知卖家发货，买家收到货物满意后通知“支付宝”付款给卖家。

(2) 购买。“淘宝网”的商品数量早就超过千万大关，因此像在“卓越亚马逊”那样一件件浏览的话，可谓是大海捞针。所以建议通过搜索功能确定想要买的商品。以“IPhone”为例，共搜索到2944件，如图8-16所示。

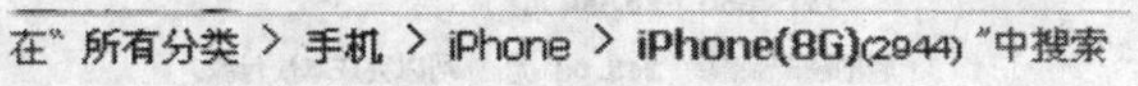

图8-16　搜索IPhone

面对如此庞大的数量，还需要进一步缩小搜索范围，这时可以利用“缩小搜索范围”功能来实现，如图8-17所示。

图8-17　缩小搜索范围

找到了合适的商品后，单击商品名进入“商品页面”，查看商品详情，如图8-18所示。

图8-18　商品页面

商品详情主要包括价格、类型（全新、二手）、所在地等。如果对这些都比较满意的话，还要再注意页面右侧/左侧的“卖家档案”，注意看“卖家信用”和“卖家好评率”，如图8-19所示。一般来讲，信用度和好评率越高，卖家就越可信，如果比较低，就不要考虑了。

之后，也是最重要的一步就是和卖家联系，通过“淘宝网”的聊天软件“阿里旺旺(淘宝版)”可以很方便地与卖家取得联系，如图8-20所示。需要和卖家具体确认的主要有：是否有货、保修政策、颜色、购买数量、邮费等信息，还可以试试砍价，不过一般很难成功。

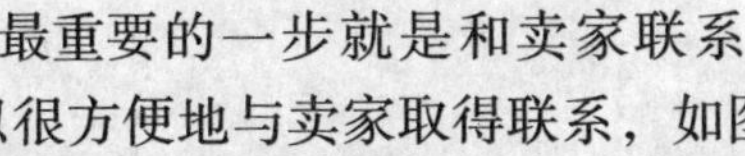

图8-19　卖家信用和卖家好评率

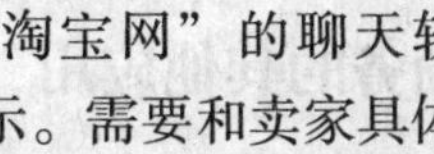

图8-20　阿里旺旺

条件都谈妥后，就可以单击“立刻购买”按钮，之后的步骤与“卓越亚马逊”基本一致。

(3) 付款与确认收货。前面提到过，在“淘宝网”，付款时需要先付给“支付宝”，这点和“卓越亚马逊”略有不同。把钱付给“支付宝”通常都是通过“网上银行”完成支付，如图8-21所示。

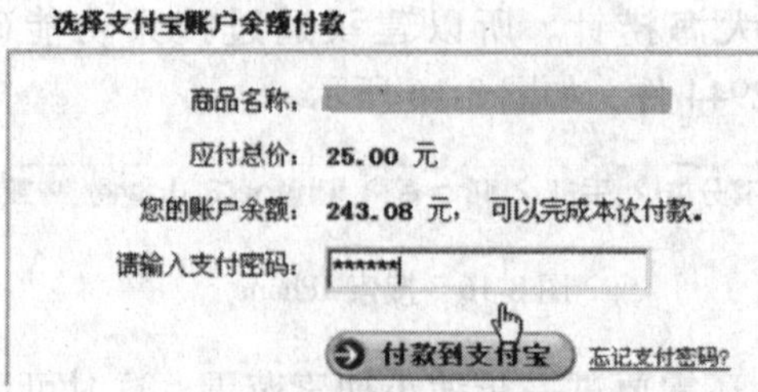

图 8-21　支付宝付款

付款后，“支付宝”会通知卖家发货。等货收到后，一定要仔细检查商品有没有外观或质量上的问题，最好先试用几天。确认无误后，就可以通知“支付宝”把款付给卖家，之后双方互相作出评价，一次交易就完成了。

如果发现收到的商品有问题，要立即联系卖家解决，如果无法协商解决，则可以投诉到“淘宝网”并提供证据，由客服进行仲裁。

3. B2B 模式

目前国内最著名的 B2B 网站就要属“阿里巴巴”了，如图 8-22 所示。

图 8-22　阿里巴巴网站

8.6.2　电子商务的其他应用

电子商务的最主要的应用就是“网上购物”。除此之外，还有网上银行、网上炒股、网上订票、网上交通向导（电子地图）等应用。

中国工商银行“网上银行”如图 8-23 所示。

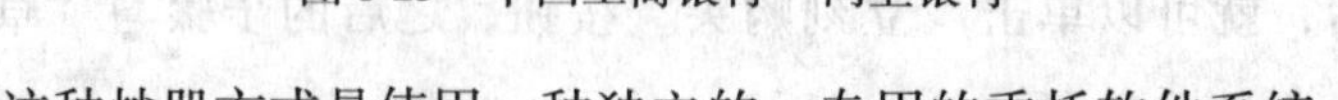

图 8-23　中国工商银行“网上银行”

“网上炒股”这种炒股方式是使用一种独立的、专用的委托软件系统，可与现行的各种股市分析软件配合使用。在办理了相关开通手续并正确安装了该委托软件系统后，依然可以沿用原有的股市分析软件进行行情分析，同时可随时调用本软件系统进行委托下单、查询操作。国泰君安证券的主页如图 8-24 所示。

图 8-24　国泰君安主页

“网上订票”给旅客带来了方便。购票者足不出户就可在计算机上查询航班、火车动态、票价和机票的销售情况，并直接订购机票，免去了奔波之苦。网上订票系统主页如图 8-25所示。

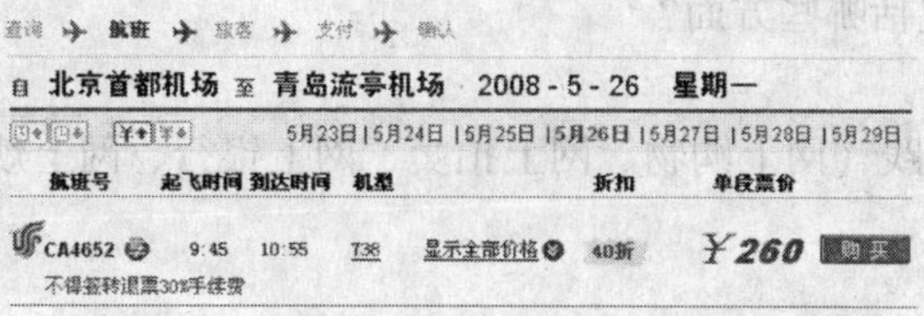

图 8-25　网上订票系统主页

“电子地图”是以地图数据库为基础，在适当尺寸的屏幕上显示的地图。它可以实时地显示各种信息，具有漫游、动画、开窗、缩放、增删、修改、编辑等功能，并可进行各种量算、数据及图形输出打印，便于人们使用。当前在中国最具代表性的就是“Google 地图”和“百度地图”。输入“出发地”和“目的地”，电子地图甚至可以提供“驾车路线”和“公交乘车路线”等，极大地方便了人们的出行，这也是传统地图无法比拟的优势。电子地图界面如图 8-26 所示。

图 8-26　电子地图界面

习题

一、填空题

1. 电子商务分成以下三种类型：________、________和________。

2. 电子商务的基本组成要素有________、________、________、________、银行、商家等。

3. 无形产品和劳务的电子商务模式主要有以下 4 种：________、________、________和网上赠与模式。

4. C2C 电子商务的运作模式主要有________和________。

5. 按支付方式可将电子货币分为________、________、________和电子现金。

6. 网上支付指的是________、________、网络银行（或第三方支付）之间使用安全电子手段，利用电子现金、银行卡、电子支票等支付工具通过 Internet 传送到银行或相应的处理机构，从而完成支付的整个过程。

二、简答题

1. 什么是电子商务，传统商务与电子商务的区别是什么？

2. 电子商务的框架组成包括哪些部分？

3. 电子商务的主要交易模式有哪些，各自的特点是什么？

4. 什么是电子货币，主要类型有哪些，各自的特点是什么？

5. 什么是网上支付？与传统的银行支付系统有什么区别？

6. 什么是第三方支付，支付过程是怎样的？

7. 电子商务安全包括哪些方面？

三、实验

电子商务的应用实践（网上购物、网上拍卖、网上银行、网上炒股等具体应用）。

第9章 Windows 操作系统的网络功能

9.1 Windows XP 操作系统简介

Windows XP 系统有 Windows XP Professional、Windows XP Home Edition、Windows XP Tablet PC Edition、Windows XP 64-Bit Edition 和 Windows XP Media Center Edition 等多个版本。其中，Windows XP Professional 和 Windows XP Home Edition 对准企业和家庭用户，一般常见于台式机和笔记本；Windows XP Tablet PC Edition 的推出是配合微软的 Tablet PC 平台，这是一个便携式的一体机平台，具有许多先进的特性；Windows XP 64-Bit Edition 基于 Intel Itanium 处理器系列，提高了内存存取速度，并具有超级浮点运算能力；Windows XP Media Center Edition 是微软推出的另一产品，它将软硬件集成在一起，构建一个家庭影音中心，包括遥控、影音获取、影音编辑等全套功能。

Windows XP Professional 在系统可靠性与性能表现方面提出了最新标准。Windows XP Professional 的优点之一是其支持 NTFS 文件系统。NTFS 文件系统允许加密文件和文件夹、限制对文件的访问，从而提高了安全性。通常情况下，这个文件系统比 Windows Me、98 和 95 所使用的 FAT16 和 FAT32 文件系统更安全、更可靠，性能也更好。

9.2 创建与管理用户账号

Windows XP Professional 要求用户首先登录到计算机，在登录过程中需要提供合法的用户账号与密码，因此创建与管理用户账号是要重点掌握的内容。

9.2.1 用户账号的概念

如果用户要使用计算机网络中的各种资源，首先要登录到计算机、服务器或网络上。每个登录到 Windows XP 的用户，都必须拥有一个合法的用户账号。用户账号中记录着有关用户的所有信息，包括用户名、密码、组成员与访问权限等。

在 Windows XP 安装成功后，系统自动提供了两个内置的用户账号：Administrator 与 Guest。其中，Administrator 是系统管理员用户账号，是操作系统内拥有最高权限的用户账号；Guest 是供用户临时访问计算机使用的用户账号，它只拥有很少的几种访问权限。Administrator 用户账号名称可以改变，但是它不能被禁用或是删除。Guest 用户账号名称可以改变，它在默认情况下是被禁用的，但是它也不能被删除。

Windows XP 对用户账号的命名有一定的规则。例如，用户账号名称的长度要少于 20 个字符，用户账号不能与其他用户账号或组账号重名，用户账号名称中不能出现句号与空格及运算符等。Windows XP 对用户密码的设定也有一定的规则。例如，用户密码的长度不少于 7 位，用户密码最好不使用常用单词或生日等个人信息，安全的用户密码应同时包含字母与数字。

9.2.2 创建新的用户账户

Windows XP Professional 创建新的用户账户时，自动为其分配一个安全标识码，该标识码在系统内是唯一的。删除用户账户后该安全标识码仍然保留。如果再创建一个相同的用户账户，它也不会拥有已删除的用户账户的权限。

要创建新的用户账户，可以按以下步骤进行操作。

① 在“控制面板”窗口中，单击“用户和账户”图标，将会弹出“用户账户”窗口，如图 9-1 所示。在“本地用户”列表框中，列出了系统创建的两个内置的用户账户。要创建新的用户账户，单击“创建一个新账户”选项。

② 这时，将会弹出“为新账户起名”窗口，如图 9-2 所示。在名称框中，输入用户账户的名称（例如“wjl”）。在完成输入后，单击“下一步”按钮。

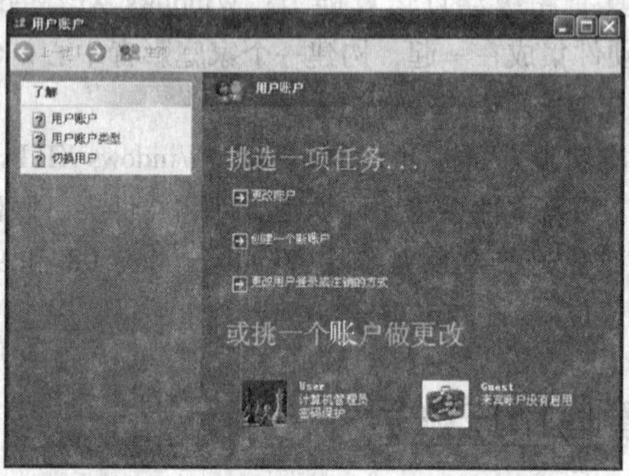

图 9-1 “用户账户”窗口

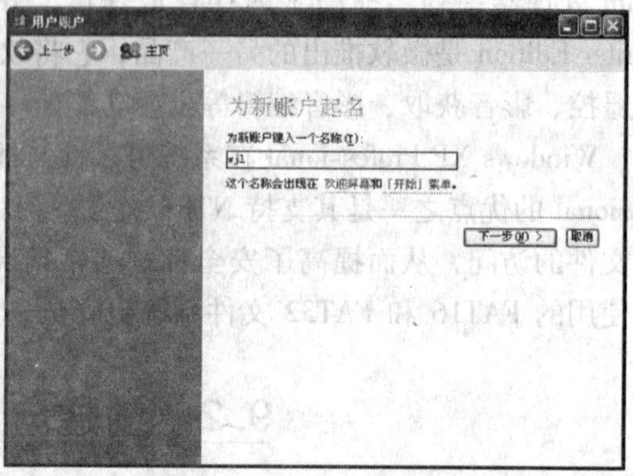

图 9-2 “为新账户起名”窗口

③ 这时，需要选择用户账户类型（如图 9-3 所示）。可以选择“计算机管理员”用户或“受限”用户。选中“受限”单选选钮，单击“完成”按钮，系统将创建这个用户账户。在“用户账户”窗口中将增加这个新用户。

④ 在“用户账户”窗口中单击新建的 wjl 用户，在弹出的 wjl 账户界面中单击“创建密码”选项。在“用户账户”窗口中需要输入并确认用户密码，如图 9-4 所示。在密码框中，输入用户账号相应的密码；在确认密码框中，再次输入用户密码；同时还可以在密码提示框中输入提示单词和短语帮助用户更好地记忆密码。在完成输入后，单击“下一步”按钮，完成用户密码的设置，系统下次登录时将显示这个用户。

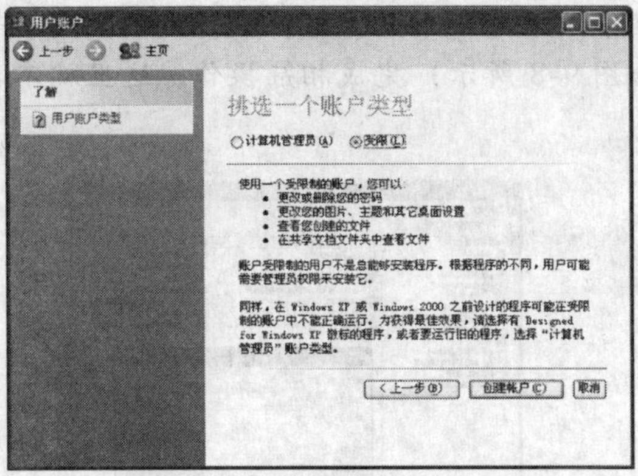

图 9-3 选择用户权限的级别

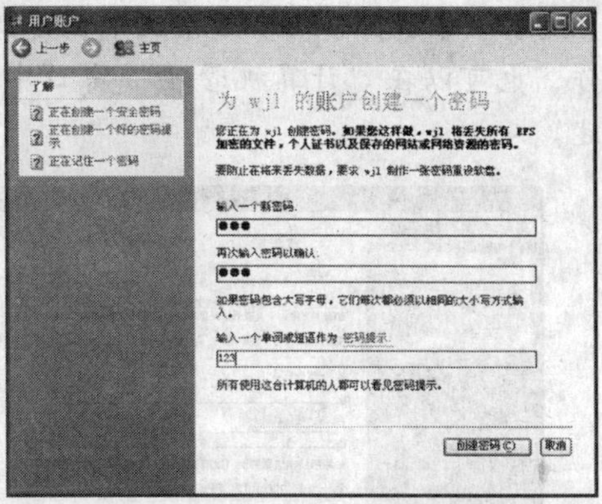

图 9-4 输入并确认用户密码

9.2.3 删除用户账户

我们可以进行删除用户账户的操作，但是这个操作必须具有相应的权限，而且系统创建的内置用户账户不能删除。如果要删除用户账户，可以按以下步骤进行操作。

① 在“控制面板”窗口中，单击“用户账户”图标，将会弹出“用户账户”窗口。在用户列表框中，单击要删除的用户账户（例如“wjl”），单击“删除用户”选项，如图 9-5 所示。

② 这时，将会弹出请确认是否删除用户账户窗口（如图 9-6 所示）。如果要删除用户账户，单击“删除文件”按钮；如果要取消操作，单击“取消”按钮。

图 9-5 更改用户对话框

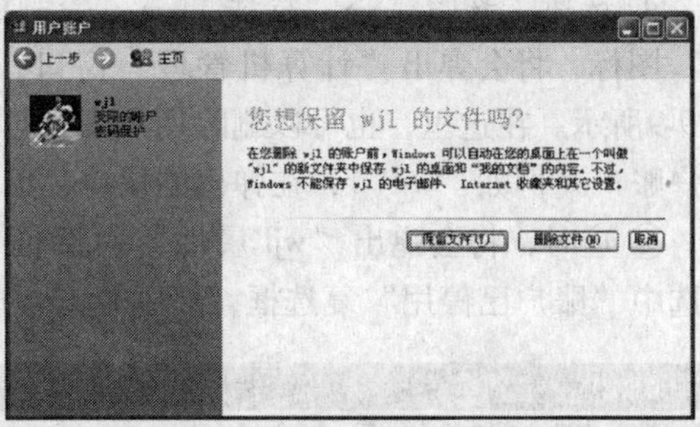

图 9-6 删除用户确认对话框

9.2.4 重新设置用户密码

可以重新设置用户账户的密码，但是这个操作必须具有相应的权限。修改用户密码对保护账户安全很有必要，有时管理员会要求下次登录时必须修改密码。

如果要修改用户账户密码，可以按以下步骤进行操作。

① 在“控制面板”窗口中，单击“用户账户”图标，将会弹出“用户账户”窗口。在“用户”列表框中，单击要重新设置密码的用户账户（例如“wjl”）选项。

② 这时，将会弹出“更改 wjl 的密码”窗口，如图 9-7 所示。在“输入一个新密码”框中，输入新的用户密码；在确认框中，再次输入新的用户密码。

提示 对于在 Windows 系统中创建新的用户账户、删除用户账户、设置用户密码等操作，也可以在“计算机管理”窗口中（如图 9-8 所示）完成相应操作。这里就不再赘述。

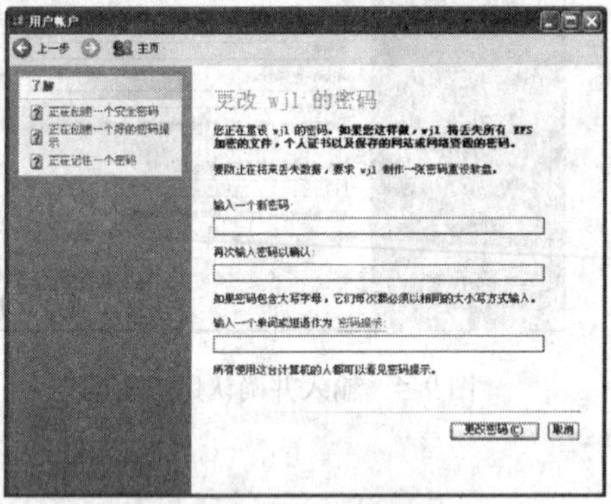

图 9-7 “更改密码”窗口

图 9-8 “计算机管理”窗口创建用户

9.2.5 禁用与启用用户账户

我们可以进行禁用某个用户账户的操作，这样可以暂时剥夺该用户登录网络的权利，在需要时可以重新启用这个用户账户。但是，禁用用户账户必须具有相应的权限，而且 Administrator 用户账户不能被禁用。

如果要禁用用户账户，可以按以下步骤进行操作。

① 选择“开始”→“程序”→“控制面板”→“管理工具”，然后双击“计算机管理”图标，将会弹出“计算机管理”窗口，选择“本地用户和组”→“用户”选项，如图 9-9所示。在这里，也可以删除用户账户与设置密码。在右侧的列表框中，右击要禁用的用户账户（例如“wjl”），在弹出的快捷菜单中选择“属性”选项。

② 这时，将会弹出“wjl 属性”对话框，如图 9-10 所示。如果要禁用这个用户账户，则选中“账户已停用”复选框，然后单击“确定”按钮。

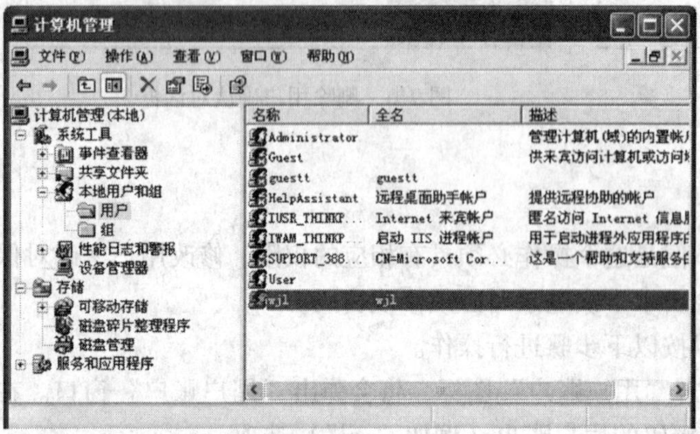

图 9-9 “计算机管理”用户选项

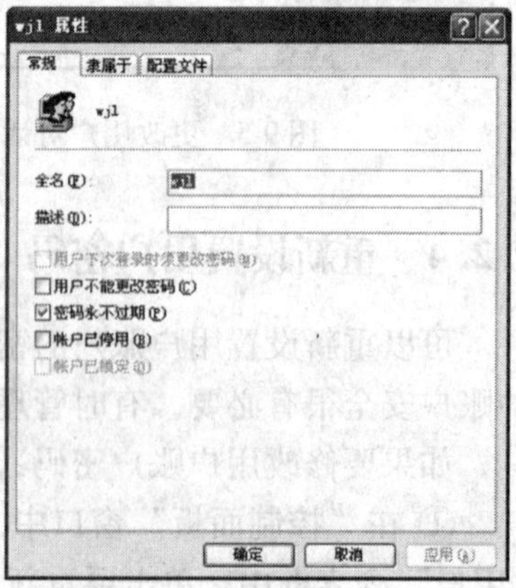

图 9-10 “wjl 属性”对话框

③ 这时，将会返回“本地用户和组”窗口，用户账户“wjl”已经被禁用。图 9-11 表示了用户账户禁用后的变化。如果要再次启用这个用户账户，则需要取消选中“账户已停用”复选框。

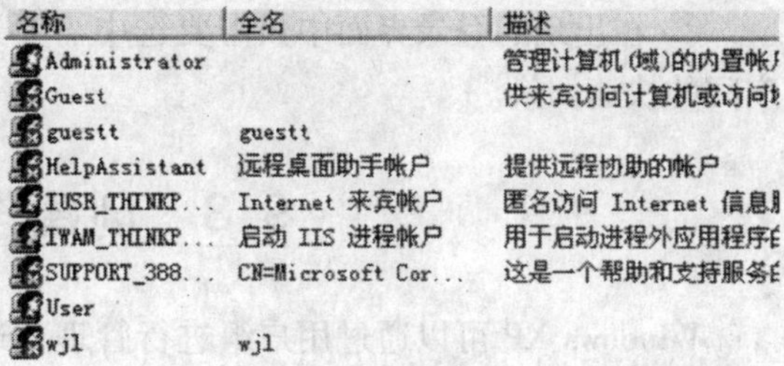

图 9-11 用户账户禁用前后的变化

9.2.6 修改用户账户属性

可以修改某个用户账户属性，将用户账户添加到某个用户组中，这样就可以将用户组拥有的访问权限赋予该用户。

如果要修改用户账户属性，可以按以下步骤进行操作。

① 在“wjl 属性”对话框中，单击“隶属于”标签，将会弹出“隶属于”选项卡，如图 9-12 所示。在“隶属于”组合框中，列出了该账户隶属于的用户组（例如“Users”）。如果要将用户账户添加到其他用户组中，则请单击“添加”按钮。

② 这时，将会弹出“选择组”对话框，如图 9-13 所示。通过查找列出所有可供选择的用户组，如果要将用户账户添加到某个用户组，首先选中该用户组（例如“Guest”），然后单击“添加”按钮。在完成选择后，单击“确定”按钮。

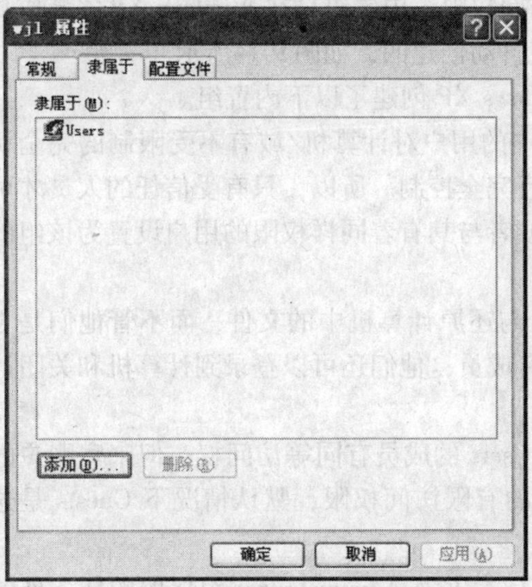

图 9-12 “隶属于”选项卡

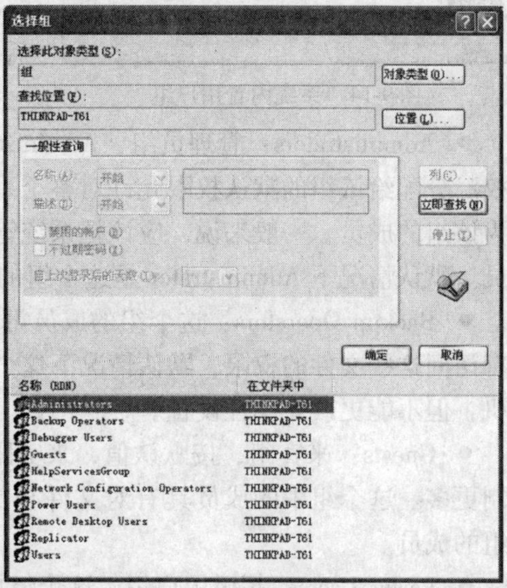

图 9-13 “选择组”对话框

9.2.7 快速用户切换

快速用户切换能让每个用户像拥有自己的计算机一样共用一台计算机。你不必注销其他用户及决定是否中断他们当前运行的应用程序或是保存他们的文档，而快速切换到另一个用户使用。

① 单击“开始”按钮，选择“注销”，在出现的“注销 Windows”对话框中，单击“切换用户”按钮，系统即注销当前用户。

② 在出现的登录界面中只需要选中需要进行切换的用户，输入登录密码便可实现多用户间的快速切换。

9.3 创建与管理用户组

Windows XP 可以通过用户组进行管理，通过将用户账户添加到用户组中，为用户组中的用户赋予相同的访问权限。

9.3.1 用户组的概念

用户组账户是功能相近的用户账户的集合。通过将用户账户添加到某个用户组中，就可以为用户组中的所有用户赋予相同的访问权限。

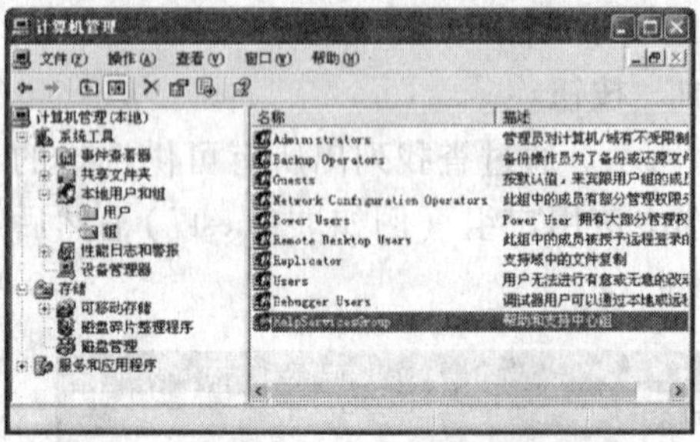

图 9-14 系统内置用户组

Windows XP 提供了两种类型的用户组：本地组与内置组。本地组是在本地计算机的账户数据库中存放的用户组。管理员可以不用单独为每个用户账户设置权限，而是对一组用户账户统一设置访问权限。使用本地组可以在创建该组的计算机上分配对资源的访问权限。内置组是在 Windows XP 安装成功后由系统自动创建的，如图 9-14所示。

Windows XP 创建了以下内置组。

- Administrators：管理员组，Administrators 中的用户对计算机/域有不受限制的完全访问权。分配给该组的默认权限允许对整个系统进行完全控制。所以，只有受信任的人员才可成为该组的成员。一般来说，应该把系统管理员或者与其有着同样权限的用户设置为该组的成员。默认情况下 Administrator 是这个组的成员。
- Backup Operators：这个组的成员可以备份与还原计算机中的文件，而不管他们是否具有访问这些文件的权限，默认情况下这个组没有成员；他们还可以登录到计算机和关闭计算机，但不能更改安全性设置。
- Guests：来宾组，按默认值，来宾跟普通 Users 的成员有同等访问权，但来宾账户的限制更多。这个组中的成员具有对文件与文件夹的有限访问权限，默认情况下 Guests 是这个组的成员。
- Power Users：超级用户组，这个组可以执行除了为 Administrators 组保留的任务外的其他任何操作系统任务。超级用户组的成员可以创建用户账户，但只能修改和删除他们所创建的账户。他们可以创建本地组和从他们已创建的本地组中删除账户。他们还可以从超级用户组、用户组和来宾组中删除用户；但 Power Users 不具有将自己添加到 Administrators 组的权限。在权限设置中，这个组的权限是仅次于 Administrators 的。
- Replicator：这个组的成员可以支持目录复制功能，默认情况下这个组没有成员。
- Users：普通用户组，这个组的用户无法进行有意或无意的改动，但可以执行大部分常见任务，如运行应用程序、使用本地和网络打印机及关闭和锁定工作站。Users 用户可以创建本地组，但只能修改自己创建的本地组。Users 用户不能共享目录或创建本地打印机。Users 组是最安全的组，因为分配给该组的默认权限不允许成员修改操作系统的设置或用户资料。Users 组提供了一个最安全的程序运行环境。在经过 NTFS 格式化的卷上，默认安全设置旨在禁止该组的成员危及操作系统和已安装程序的完整性。

- Everyone：指所有的用户，这个计算机上的所有用户都属于这个组。

其实还有一个组也很常见，它拥有和 Administrators 一样，甚至具有比其还高的权限，但是这个组不允许任何用户的加入，在察看用户组的时候，它也不会被显示出来，它就是 SYSTEM 组。系统和系统级的服务正常运行所需要的权限都是靠它赋予的。由于该组只有这一个用户 SYSTEM，也许把该组归为用户的行列更为贴切。

9.3.2 用户组的设置

可以按照不同用户的操作需求和资源访问需求来创建不同的组，实现对用户的统一配置和管理。用户组是分配用户权限的有效策略，可以根据需要创建新的用户组，并将用户添加到这个用户组中，这样可以为组中的所有用户分配用户权限。

组是强有力的管理工具之一，通过组可以一次性地为一批用户授权，减少需要直接管理的对象数量，从而简化了网络维护与管理。

1. 创建新的用户组

如果要创建新的用户组，可以按以下步骤进行操作。

① 打开“本地用户和组”窗口，如图 9-15 所示。在右侧窗格中列出了系统中所有的用户组，其中包括内置组与本地组。在左侧窗格中，选中“组”选项，然后右击，并在弹出的快捷菜单中选择“新建组”选项。

② 这时，将会弹出“新建组”对话框，如图 9-16 所示。在“组名”框中，输入用户组的名称（例如“netlab”）；在“描述”框中，输入用户组的描述信息。然后单击“创建”按钮，完成工作组的创建。

新建的组此时还没有任何权限，用户可以用组策略编辑器赋予新组一定的权限。

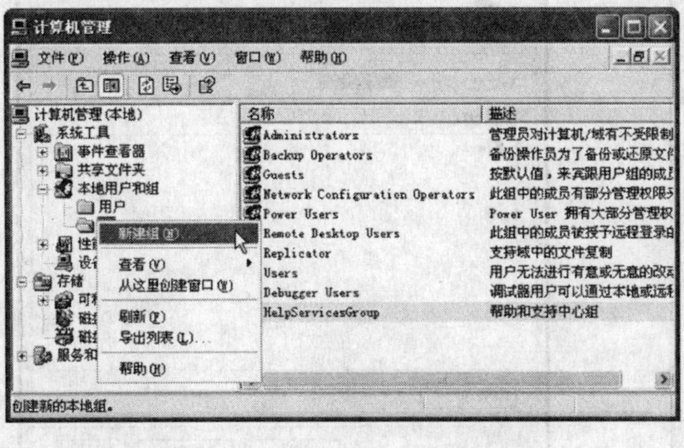

图 9-15 “本地用户和组”窗口

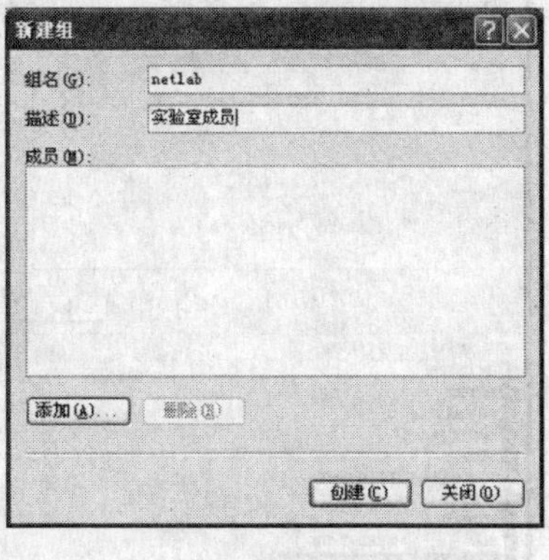

图 9-16 “新建组”对话框

设置本地组的权限，实际上就是设置用户的权限。当管理员授予某个工作组权限时，同时也就将这一权限授予了该组中的所有成员。用户创建的新组可以通过 Windows 操作系统中的组策略管理器进行权限的分配，具体操作在这里不再叙述，感兴趣的读者可登录微软的官方网站进行查阅。

提示 对于个人用户一般不需要创建新组并对其设置相应权限，用户使用目前 Windows 操作系统给定的几个默认组进行用户权限的分配已经够满足日常需求了。

2. 在组中添加用户

在组中添加用户，实际上就是将组的权力赋予组中的用户，一个组中可以包括多个用户，一个用户也可以从属于多个组。在 Windows XP 中，Administrator 组、Power Users 组、Users 组中的用户都有权在本地组中添加用户，其区别在于，Administrator 组中的用户，有权力在所有本地组中添加用户；Power Users 组中的用户只能在 Power Users 组、Users 组、Guests 组中添加用户；Users 组中的用户只能在自己创建的本地组中添加用户。

① 按照上面的方法打开“计算机管理”窗口，并在“本地用户和组”项中展开“组”选项。在右边窗格中将显示出已经创建的组。

② 在右边窗格中，右击想要加入组所赋予的用户 netlab，在弹出的快捷菜单中单击“添加到组”命令，打开 netlab 属性对话框。

③ 如果要将某个用户添加到这个组，单击“添加”按钮。这时，将会弹出“选择用户”对话框，如图 9-17 所示。在下方的列表框中，列出了所有可供添加的用户或组。如果要添加某个用户或组，首先选中该用户或组（例如“wjl”），然后单击“添加”按钮。在完成选择后，单击“确定”按钮返回属性对话框。

④ 此时，在“成员”列表中将显示出所有已加入到当前组中的用户（例如“wjl”）。如图 9-18所示。使用相同的方法可以添加多个用户到当前的组中。添加完毕，单击“确定”按钮。

被添加到组中的用户将具有该组的所有权限，如果该用户从属于多个组，那么它将具有多个组的权限，并以最高的权限组的权限为准。

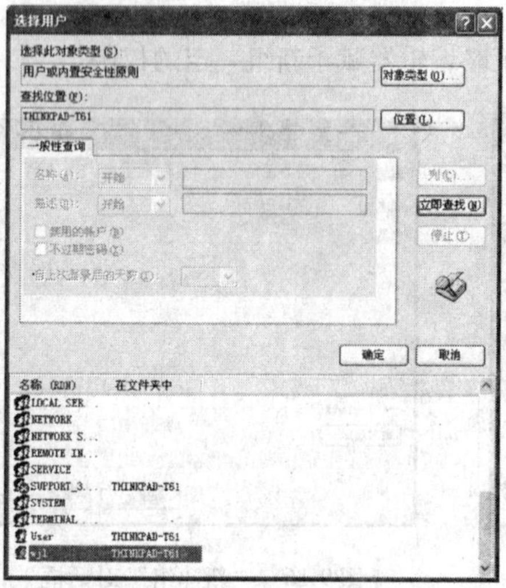

图 9-17 “选择用户”对话框

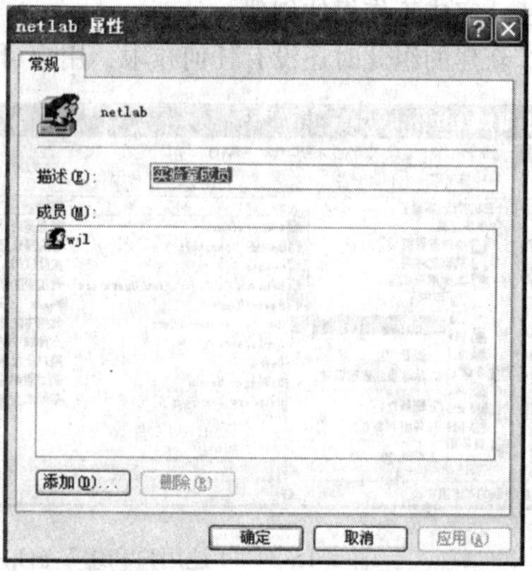

图 9-18 “netlab 属性”对话框

9.3.3 删除与修改用户组

在 Windows XP 中，除了系统默认的组外，其他新创建的本地组都可以被删除。其中，Administrator 组中的用户可以删除任何创建的组，而 Users 组和 Power Users 组中的用户只能删除自己所创建的组。

既可以删除或重命名用户组，也可以修改用户组的属性，但是操作者需要有用户权限。如果要删除与修改用户组，可以按以下步骤进行操作。

① 在“本地用户和组”窗口中，选中要进行操作的用户组（例如“netlab”），然后右击，将会弹出一个快捷菜单，如图 9-19 所示。如果要删除用户组，则选择“删除”选项；如果要重命名用户组，则选择“重命名”选项。这里，要修改用户组的属性，所以选择“属性”选项。

② 这时，将会弹出“netlab 属性”对话框，如图 9-20 所示。在“成员”组合框中，列出了所有属于该组的用户。如果要将某个用户添加到该组，可单击“添加”按钮；如果要将某个用户从组中删除，则单击“删除”按钮。

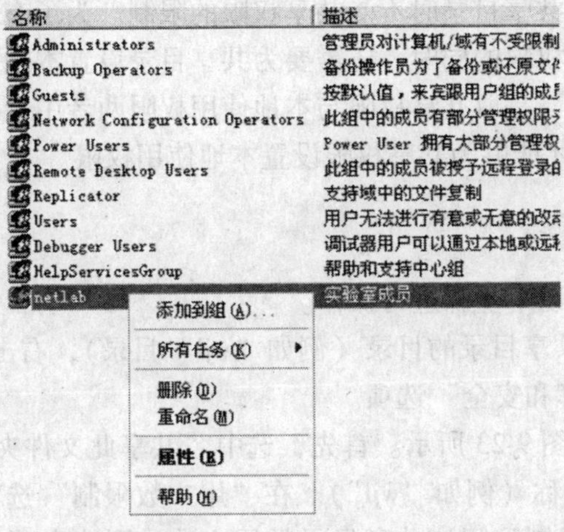

图 9-19　“本地用户和组”窗口

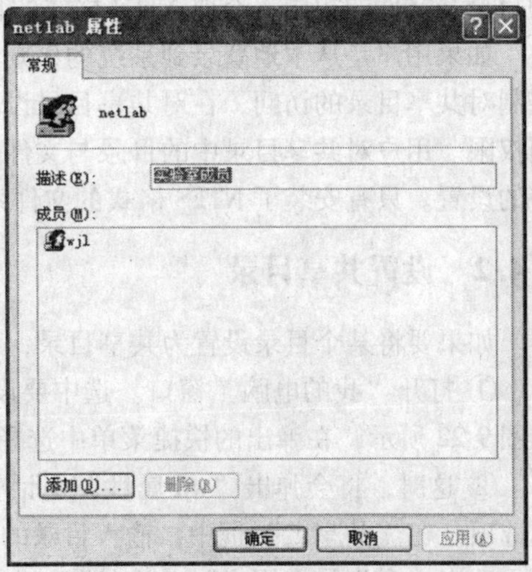

图 9-20　“netlab 属性”对话框

9.4　创建与管理共享目录

计算机网络最大的特点就是资源共享，通过将目录与文件集中存储在服务器中，用户才能够通过工作站登录，连接到该共享目录并访问其中的文件。

9.4.1　用户权限的概念

在 Windows XP 中，如果要将某个目录设置为共享目录，首先需为该目录起一个共享名称，该名称可以与目录本身的名称相同，也可以与目录本身的名称不同。对于网络上的用户来说，可以通过这个共享名称来访问共享目录。只有那些“Administrators”用户组的成员，才有权限将某个目录设置为共享目录。图 9-21 给出了共享目录的例子。

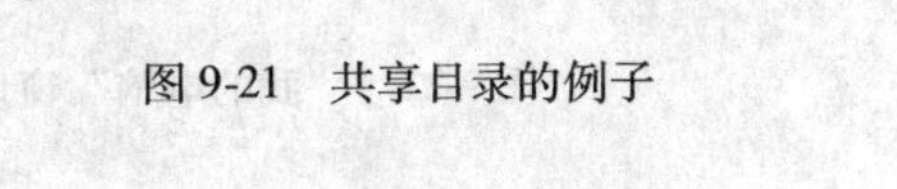

图 9-21　共享目录的例子

用户权限又被称为共享权限，它是指对共享目录访问方式的规则。在将某个目录设置为共享目录时，必须为该目录设置一定的用户权限，以便限制网络用户对该目录的使用方式。共享目录的用户权限包括以下四种。

① 拒绝：不允许用户访问该共享目录，以及其中的子目录与文件。

② 读取：允许用户查看子目录与文件名称，查看文件中的数据，进入子目录并运行应用程序。

③ 更改：允许用户查看子目录与文件名称，查看文件中的数据，进入子目录并运行应用程序，添加子目录与文件，修改文件中的数据，删除子目录与文件。

④ 完全控制：允许用户查看子目录与文件名称，查看文件中的数据，进入子目录并运行应用程序，添加子目录与文件，修改文件中的数据，删除子目录与文件，更改 NTFS 格式的目录与文件的权限，夺取 NTFS 格式的目录与文件的所有权。

如果用户是从本地登录到系统的，则在访问共享目录时不受共享权限的限制。为了有效控制对共享目录的访问，在对共享目录设置共享权限的同时，还需要为共享目录设置本地使用权限。用户对共享目录中的目录与文件的权限，是取共享权限与本地使用权限两者中最严格的设置。只有安装了 NTFS 格式的文件系统，才能够为共享权限设置本地使用权限。

9.4.2 设置共享目录

如果要将某个目录设置为共享目录，可以按以下步骤进行操作。

① 打开“我的电脑”窗口。选中要设置为共享目录的目录（例如“wjl”目录），右击，如图 9-22 所示，在弹出的快捷菜单中选择“共享和安全”选项。

② 这时，将会弹出“wjl 属性”对话框，如图 9-23 所示。首先，选中“共享此文件夹”单选项。在“共享名”框中，输入目录的共享名称（例如“wjl”）。在“用户数限制”选项中，选中“允许最多用户”单选按钮。如果要限制访问该共享目录的用户数，则选中“允许的用户数量”。如果需要为目录设置共享权限，则单击“权限”按钮。

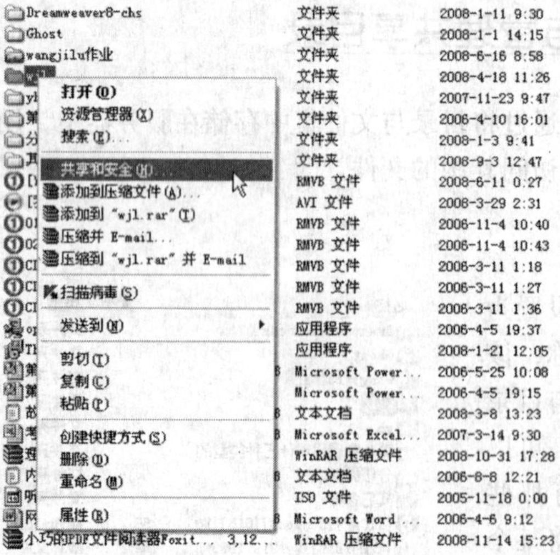

图 9-22 “我的电脑”窗口

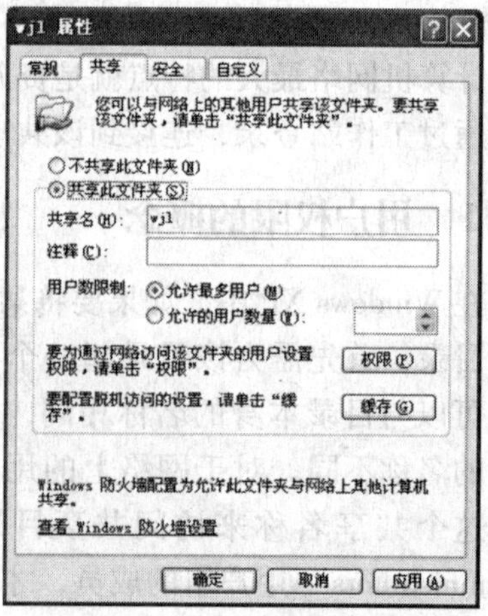

图 9-23 “wjl 属性”对话框

注意　Windows XP 系统默认的是简单文件共享方式，所以在设置文件共享前取消简单文件共享。具体方法是：在 Windows 文件管理窗口中选择“工具”→“文件文件夹”→“查看”，在“查看”选项卡中取消默认选中的“使用简单文件共享（推荐）”复选项，如图 9-24 所示，单击“确定”按钮完成设置。

③ 这时，将会弹出“wjl 的权限”对话框，如图 9-25 所示。系统的默认设置是“Everyone”，所有用户都具有“完全控制”权限，取消所有用户的“完全控制”与“更改”权限。如果要为某个用户设置共享权限，则单击“添加”按钮。

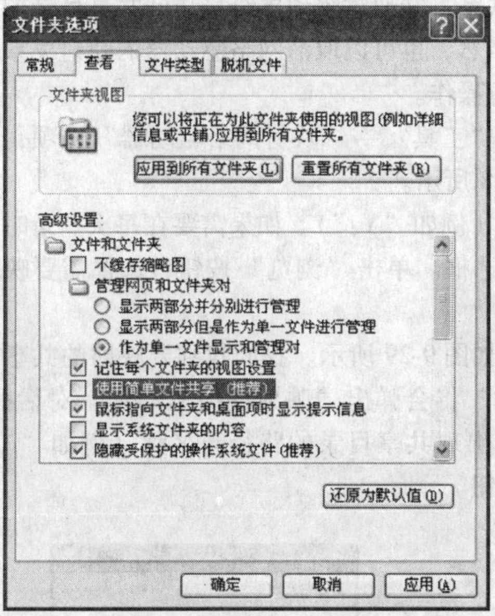

图 9-24　“查看”选项卡

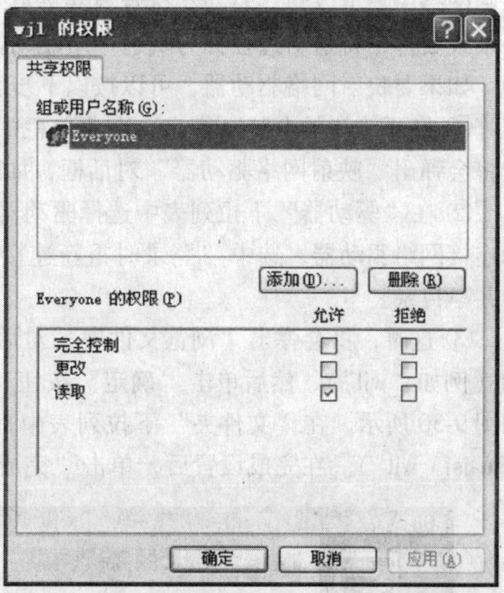

图 9-25　“wjl 的权限”对话框

④ 这时，将会弹出“选择用户或组”对话框，如图 9-26 所示。单击“高级”按钮，查找所有可供添加的用户。如果要添加某个用户，首先选中该用户（例如“wjl”），然后单击“添加”按钮。在完成选择后，单击“确定”按钮。

⑤ 这时，将会返回“wjl 的权限”对话框，如图 9-27 所示。在“组或用户名称”组合

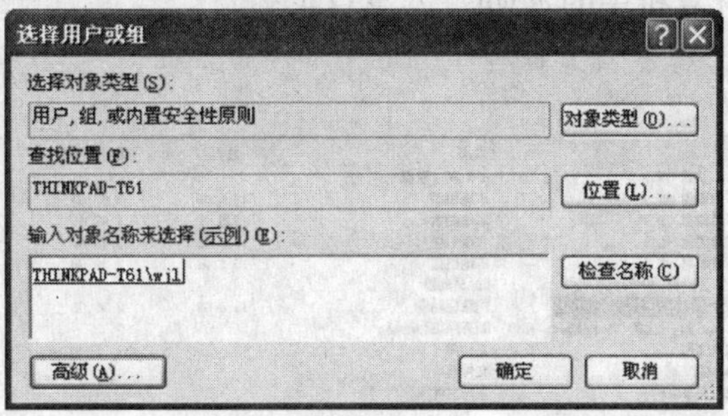

图 9-26　“选择用户或组”对话框

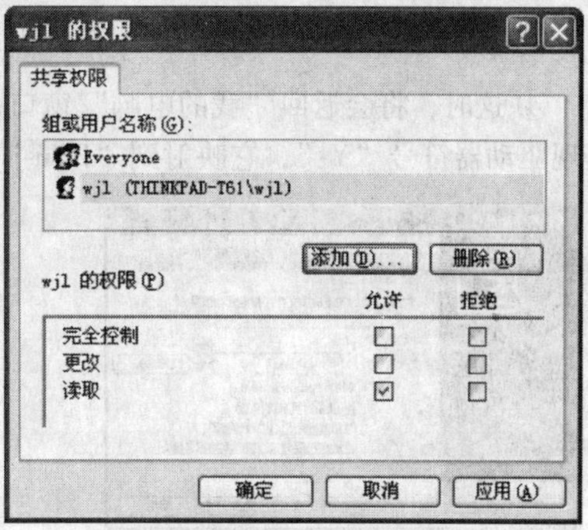

图 9-27　完成添加用户“wjl”

框中，列出了已经添加的用户（例如“wjl”）。在“权限”组合框中，列出了完全控制、更改与读取等权限。如果要为用户设置某种权限，可选中权限名称后的“允许”复选框。在完成设置后，单击“确定”按钮。

9.4.3 连接到共享目录

对于设置好共享目录的计算机，可以通过以下几种方式访问共享的文件夹。

1. 映射网络驱动器

网络用户可以建立驱动器符号与共享目录的联系，并通过驱动器符号访问共享目录的子目录或文件，将这个过程称为映射网络驱动器。当然，也可以取消网络驱动器的映射关系。

如果要映射网络驱动器，可以按以下步骤进行操作。

① 打开“我的电脑”窗口，在菜单栏中选择“工具”→“映射网络驱动器”选项，这时将会弹出“映射网络驱动器”对话框，如图 9-28 所示。

② 在“驱动器”下拉列表中选择驱动器符号（例如“Y:”）。如果需要在每次登录时自动连接网络驱动器，选中“登录时重新连接”复选框。单击“浏览”按钮，选择需要映射的共享目录。

③ 这时，将会弹出“浏览文件夹”对话框，如图 9-29 所示。我们找到要映射的共享目录（例如“wjl”），然后单击“确定”按钮。这时，将会弹出“映射网络驱动器”对话框，如图 9-30 所示。在“文件夹”下拉列表中，将会出现共享目录的路径与名称（例如“\\Bfsu-jsj\wjl”）。在完成设置后，单击“完成”按钮。

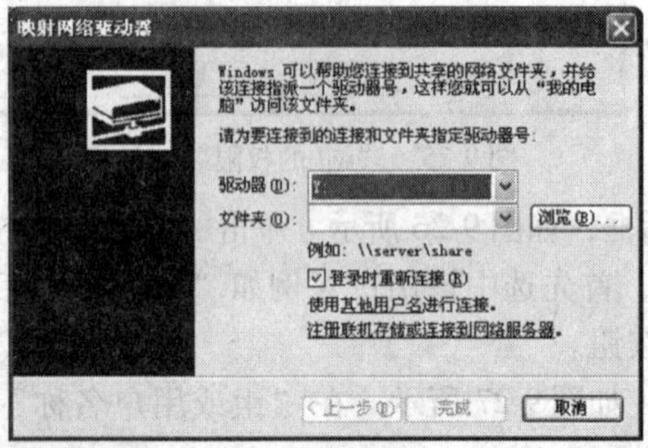

图 9-28 “映射网络驱动器”对话框

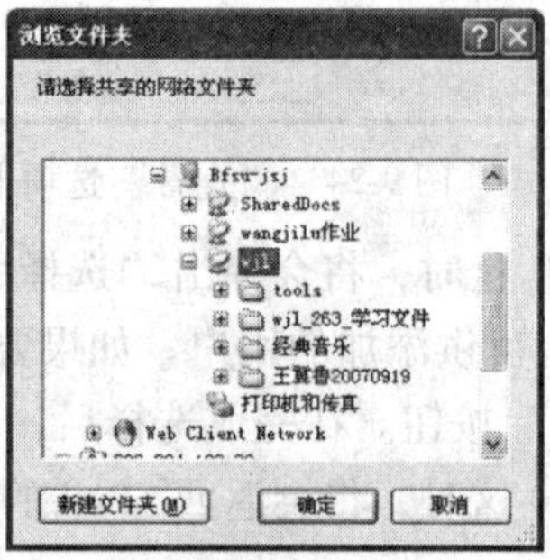

图 9-29 “浏览文件夹”对话框

④ 这时，将会返回“我的电脑”窗口，如图 9-31 所示。在“我的电脑”窗口中，将会出现驱动器符号“Y:”，它映射到“Bfsu-jsj”计算机中的“wjl”共享目录。

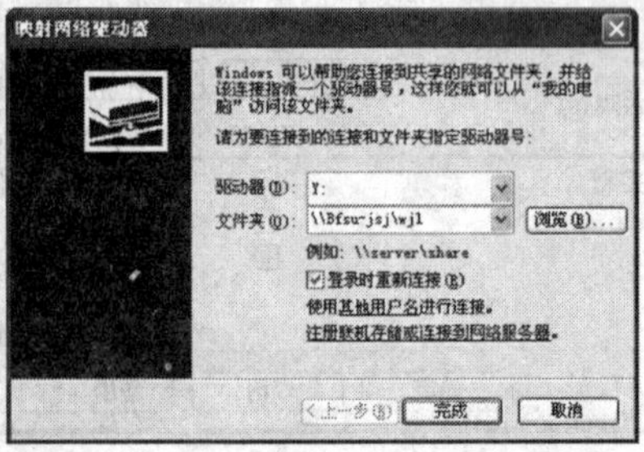

图 9-30 “映射网络驱动器”对话框

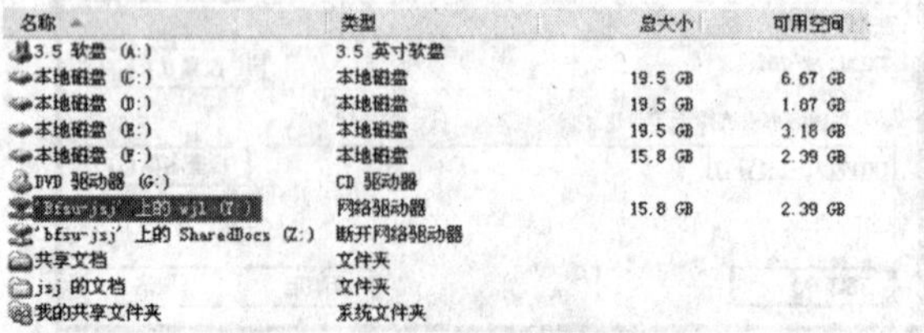

图 9-31 映射网络驱动器设置完成

下面以查找服务器 server（计算机名为 ccss-cit，IP 地址为 192.168.0.1，所在工作组为 Mshome）为例，介绍各种访问共享文件夹的方法。

2. 通过 UNC 名称方式连接 Windows 网络共享资源

- UNC 名称：如果知道网络上某个共享资源的具体名称和路径，可以使用 UNC（Universal Naming Convention）名称直接打开，对于隐藏的共享资源十分方便。UNC 是网络上通用的共享资源名方式，具体形式定义为：

\\ 计算机名称 \ 共享名称 \ 子目录名称 \ 文件名称

- 计算机名称：在网络中提供共享资源的计算机名称。
- 共享名称：共享资源名称，可以是文件夹、磁盘驱动器或打印机等资源。如果共享资源是隐藏的，则必须在共享名称后输入 $ 符号。
- 子目录名称：共享文件夹内的子目录名称。
- 文件名称：文件夹内的文件名称，必须包括文件的扩展名。

在 Windows XP 中，为使用 UNC 功能查看网络资源，可通过“运行”对话框或“资源管理器”窗口对网络共享资源进行访问。

通过“开始”→“运行”，在“运行”对话框中“打开”下拉列表中输入 \\ IP 地址或 \\ 计算机名称，例如 \\ 192.168.0.1（或 \\ ccss-cit），如图 9-32 所示。

在“资源管理”窗口地址栏中输入 \\ IP 地址或 \\ 计算机名称（如：\\ 192.168.0.1 或 \\ ccss-cit），搜索计算机上的共享文件，如图 9-33 所示。

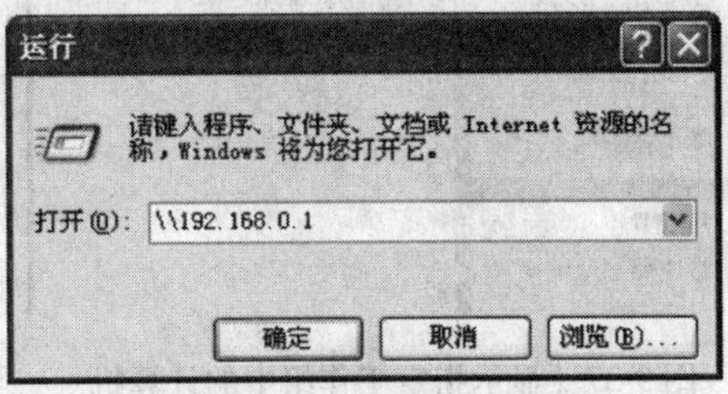

图 9-32 “运行”对话框

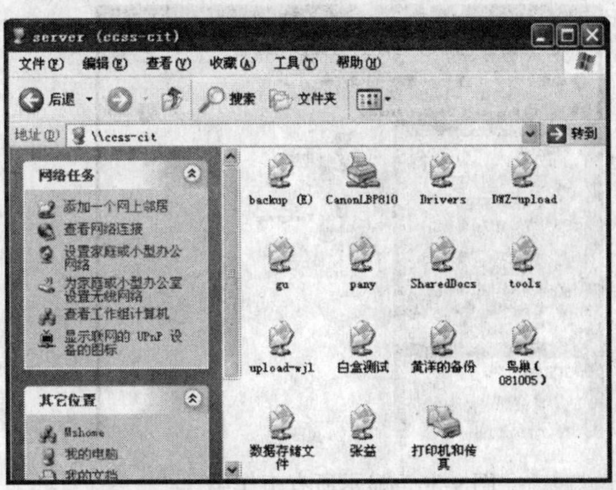

图 9-33 “资源管理”窗口

提示 在计算机 ccss-cit 上有一个名为 c $ 的隐藏共享文件夹，则在“地址”下拉列表框中输入 \\ ccss-cit \ c $，按 Enter 键可以查看网络中隐藏的资源。

3. 通过搜索计算机名称连接 Windows 网络共享资源

单击“网上邻居”中的“搜索计算机”，输入 \\ 计算机名或者 \\ IP 地址（如：\\ 192.168.0.1或 \\ ccss-cit），单击“搜索”，就可以看到你要访问的计算机。直接双击右边计算机名就可以打开它了，如图 9-34 所示。

4. 通过网上邻居连接 Windows 网络共享文件

（1）打开“网上邻居”，选择“查看工作组计算机”，在右侧窗格显示本机所在工作组

（group）的所有存在共享文件的计算机，如图 9-35 所示。

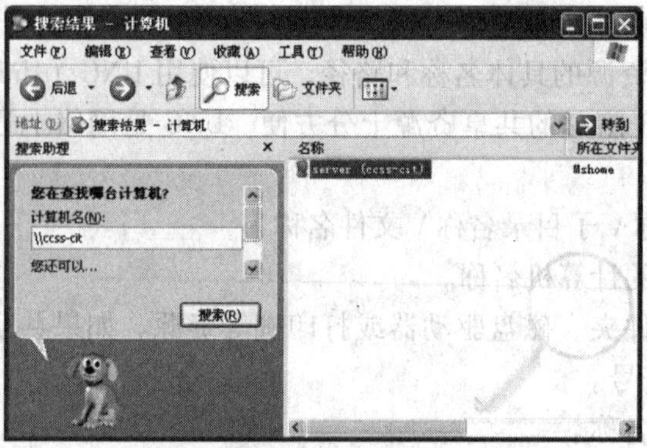

图 9-34　搜索计算机

图 9-35　查看工作组计算机

（2）目标计算机不在此 group 工作组，选择其他位置“Microsoft Windows Network”选项，显示所有工作组，如图 9-36 所示。

（3）双击右侧窗格中的 Mshome 工作组图标，进入该工作组，显示出所有在线计算机，如图 9-37 所示。

（4）双击 server（ccss-cit）图标，进入该计算机共享文件目录，如图 9-38 所示。

图 9-36　显示所有工作组

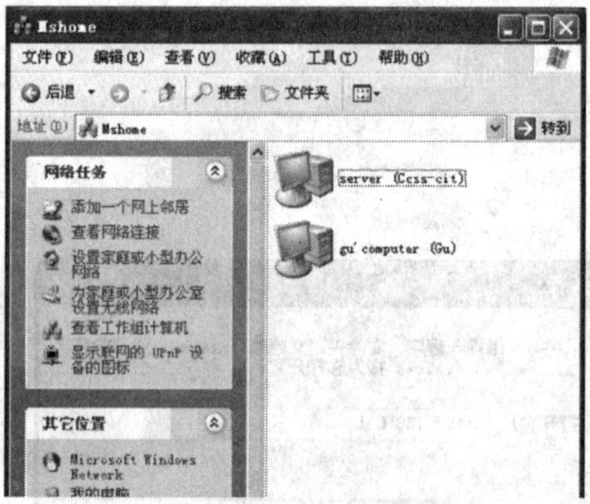

图 9-37　显示指定工作组中的计算机

图 9-38　访问共享目录

5. 通过 net 命令查看网络共享资源

net 命令是一个用于测试局域网的命令集合，其中 net view 和 net share 常用于查看网络共享资源。

net view 重要用途之一就是查看指定计算机中的共享资源。命令格式：net view 计算机名称或 IP 地址。

例如，打开命令提示符窗口，运行 net view 192. 168. 0. 126 命令。该计算机上的共享资源就会以列表的方式显示，如图 9-39 所示。

net share 命令用于显示本地计算机上所有的共享资源，其中包括隐藏的共享资源。方法是在命令提示符窗口，运行 net share 命令，如图 9-40 所示，隐藏的共享资源显示在前面。

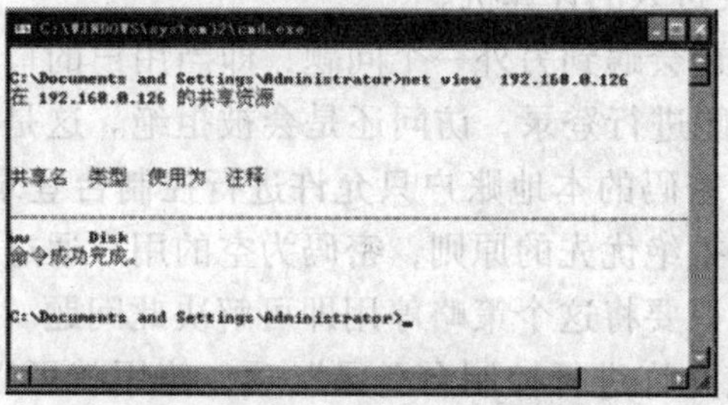

图 9-39 显示指定计算机上的共享资源

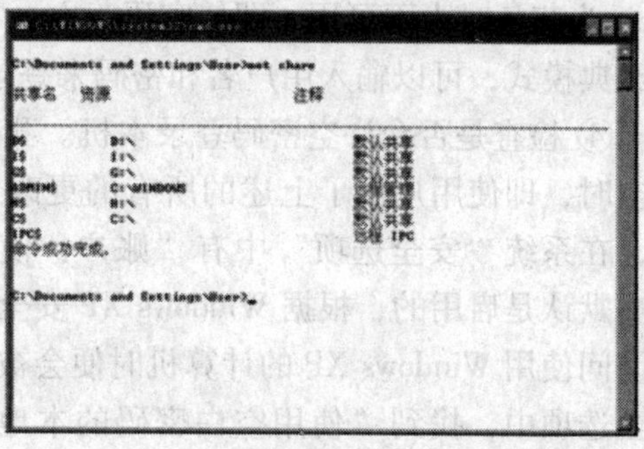

图 9-40 本地计算机上所有的共享资源

注意 如果在共享服务器中设置了共享文件夹，在访问共享服务器时，计算机的“网上邻居”中可以看到共享服务器的名称，但是单击后却无法看到任何共享内容，或者通过其他方式对共享文件进行访问时提示找不到网络路径、无权访问等问题，下面列举了一些解决措施。

首先，这里不考虑物理连接和其他问题，只谈及策略问题。此外，请安装相应的协议并正确设置 IP 地址，同时尽量把计算机设置在一个工作组内且具有相同网段的 IP 地址。其次，网上对于出现的问题描述较多，这里不再赘述。当共享和访问出现问题时请考虑以下的步骤。

① 检查 guest 账户是否开启。Windows XP 默认情况下不开启 guest 账户，因此为了其他人能浏览你的计算机，请启用 guest 账户。同时，为了安全请为 guest 设置密码或相应的权限。当然，也可以为每一台机器设置一个用户名和密码以便实现计算机之间的互相访问。

② 检查是否拒绝 guest 用户从网络访问本机。当用户开启了 guest 账户却还是根本不能访问时，请检查设置是否为拒绝 guest 从网络访问计算机，因为 Windows XP 默认是不允许 guest 从网络登录的，所以即使开了 guest 也一样不能访问。在开启了系统 guest 用户的情况下解除对 guest 账号的限制，可单击“开始”→“运行”，在“运行”对话框中输入 GPEDIT. MSC，打开组策略编辑器，依次选择“计算机配置”→“Windows 设置”→“安全设置”→“本地策略”→“用户权利指派”，双击“拒绝从网络访问这台计算机”策略，删除里面的“guest”账号。这样其他用户就能够用 guest 账号通过网络访问使用 Windows XP 系统的计算机了。

③ 修改网络访问模式。Windows XP 默认情况下把从网络登录的所有用户都按 guest 账户处理，因此即使管理员从网络登录也只具有 guest 的权限，若遇到不能访问的情况，请尝试更改网络的访问模式。打开组策略编辑器，依次选择“计算机配置”→“Windows 设置”→“安全设置”→“本地策略”→“安全选项”，双击“网络访问：本地账号的共享和安全模式”策略，将默认设置“仅来宾—本地用户以来宾身份验证”，更改为“经典：本地用户以自己的身份验证”。

这样即使不开启 guest，用户也可以通过输入本地的账户和密码来登录用户要访问的计算机，本地的账户和密码为用户要访问的计算机内已有的账户和密码。若访问网络时需要账户和密码，可以通过输入用户要访问的计算机内已有的账户和密码来登录。

若不对访问模式进行更改，也许用户连输入用户名和密码都办不到，\\ computername \ guest 为灰色时为不可用。即使密码为空，在不开启 guest 的情况下，用户也不可能登录。改成经典模式，可以输入用户名和密码来登录用户要进入的计算机。

④ 检查是否允许空密码登录本机。我们可能还会遇到另外一个问题，即当用户的口令为空时，即使用户做了上述的所有的更改还是不能进行登录，访问还是会被拒绝。这是因为，在系统“安全选项”中有“账户：使用空白密码的本地账户只允许进行控制台登录”策略默认是启用的，根据 Windows XP 安全策略中拒绝优先的原则，密码为空的用户通过网络访问使用 Windows XP 的计算机时便会被禁止。只要将这个策略停用即可解决此问题。在安全选项中，找到“使用空白密码的本地账户只允许进行控制台登录”项，停用就可以，否则即使开了 guest 并改成经典模式还是不能登录。

⑤ 网上邻居不能看到计算机。如果不能在网上邻居中看到用户要访问的计算机。请按下面的操作解决：启动“计算机浏览器服务”。“计算机浏览器服务”在网络上维护一个计算机更新列表，并将此列表提供给指定为浏览器的计算机。如果停止了此服务，则既不更新也不维护该列表。

⑥ 防火墙设置。关闭 Windows XP 自带的防火墙或者第三方的防火墙产品。如果要开启防火墙，请确保防火墙没有禁止以下端口的通讯：UDP－137、UDP－138、TCP－139、TCP－445。

⑦ 关于共享模式。Windows XP 共享属性默认为简单文件共享，只给予来宾权限或选择允许用户更改“我的文件”。Windows 2000 操作系统中用户在设置文件夹的共享属性时操作非常简便，只需用鼠标右击该文件夹并选择属性，就可以看到共享设置标签。而在 Windows XP 系统中设置文件夹共享时则比较复杂，用户无法通过上述操作看到共享设置标签。具体的修改方法如下：打开“我的电脑”中的“工具”，选择“文件夹属性”，调出“查看”标签，在“高级设置”部分滚动至最底部，将“简单文件共享（推荐）”前面的选择取消。这样修改后用户就可以像使用 Windows 2000 一样对文件夹属性进行修改了。

⑧ 运行网络标识向导。右击“我的电脑”选择“属性”选项，在“系统属性”对话框中单击“计算机名”选项卡，单击“网络 ID”按钮，开始“网络标识向导”，单击“下一步”按钮，选择“本机是商业网络的一部分，用它连接到其他工作着的计算机”；单击“下一步”按钮，选择“公司使用没有域的网络”；单击“下一步”按钮，然后输入用户所在局域网的工作组名，再次单击“下一步”按钮，最后单击“完成”按钮完成设置。

⑨ 启用打印与文件共享。如果在网上邻居中看不到自己的机器，说明用户没有安装打印机与文件共享。在“本地连接－属性”对话框里对“Microsoft 网络的文件与打印机共享”进行设置。

9.4.4 文件的本地访问权限设置

Windows XP Professional 支持 NTFS 文件系统。NTFS 文件系统允许加密文件和文件夹、限制对文件的访问，从而提高了安全性。

Windows 操作系统可以通过设置文件的访问权限来确保文件只能被授权用户访问，这一点与授权访问共享目录是一致的，只是对文件属性的设置有所区别。

用鼠标右击一个 NTFS 卷或 NTFS 卷下的一个目录，选择“属性”→“安全”就可以对一个卷或者一个卷下面的目录进行权限设置，在此可以看到能访问此文件夹的用户和他们所具有的权限，如图 9-41 所示。用户的权限分成以下七种：完全控制、修改、读取和运行、列出文件夹目录、读取、写入和特别的权限。

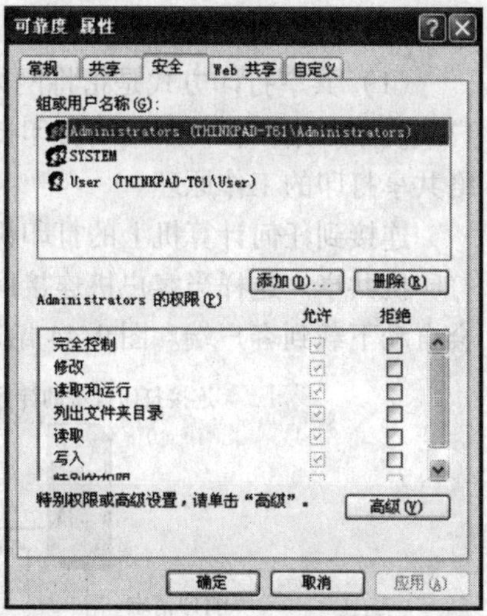

图 9-41　“安全”选项卡

- “完全控制”就是对此卷或目录拥有不受限制的完全访问。地位就像 Administrators 在所有组中的地位一样。选中了“完全控制”，下面的五项属性将自动被选中。
- “修改”则像 Power Users，选中了“修改”，下面的四项属性将自动被选中。下面的任何一项没有被选中时，“修改”条件将不再成立。
- “读取和运行”就是允许读取和运行在这个卷或目录下的任何文件，“列出文件夹目录”和“读取”是“读取和运行”的必要条件。
- “列出文件夹目录”是指只能浏览该卷或目录下的子目录，不能读取，也不能运行。“读取”是能够读取该卷或目录下的数据。“写入”就是能往该卷或目录下写入数据。而“特别的权限”则是对以上的六种权限进行细分，如图 9-42 所示。在“可靠度的高级安全设置”对话框中可以进行权限、审核、所有者和有效权限的设置。

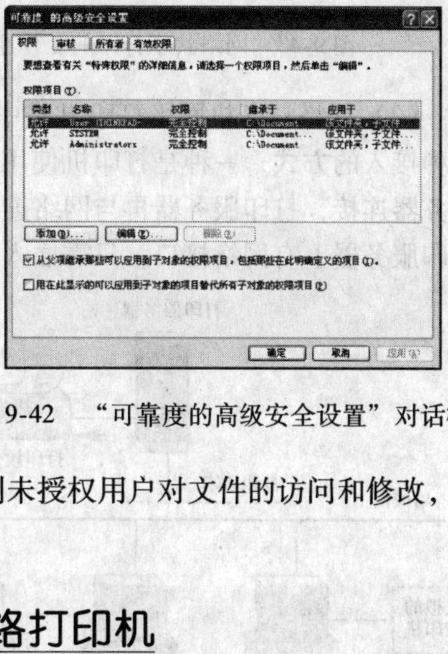

图 9-42　“可靠度的高级安全设置”对话框

通过对文件或卷属性中的安全设置，可以限制有限用户或组对文件的访问，同时还可以对授权访问文件夹或卷的用户进行具体权限设置，使它们拥有不同权限。例如读、写、完全控制等。这样可以限制未授权用户对文件的访问和修改，保证文件的机密性和完整性。

9.5　创建与管理网络打印机

计算机网络最大的特点就是资源共享，除了目录与文件资源可以被共享外，也可以把网络中的打印机作为资源共享，这样可以提高网络中打印机的使用效率。

9.5.1　网络打印的概念

在 Windows XP 提供的服务中，网络打印服务是很重要的功能之一。网络打印机使多个用户共用一台打印机成为可能。用户在部署网络打印时，通常会考虑采用哪种网络打印方式。通常网络打印有两种方式：共享打印方式和网络打印机网络打印方式，前者成本低但效率也低，后者则完全相反。

（1）共享打印方式是指将网络中的打印机设置为共享，将它供所有具有使用权限的用户来使用。用户在使用网络打印机时，可以不必考虑打印机所处的位置。图 9-43 给出了网络共享打印的工作原理。

连接到任何计算机上的打印机都可以设置为共享。通常在连接打印设备的计算机上创建打印机共享。这样当客户机连接网络中设置共享打印的计算机时，相应的打印机驱动程序就会自动下载到客户端。图 9-44 给出了安装好的网络共享打印机的例子。

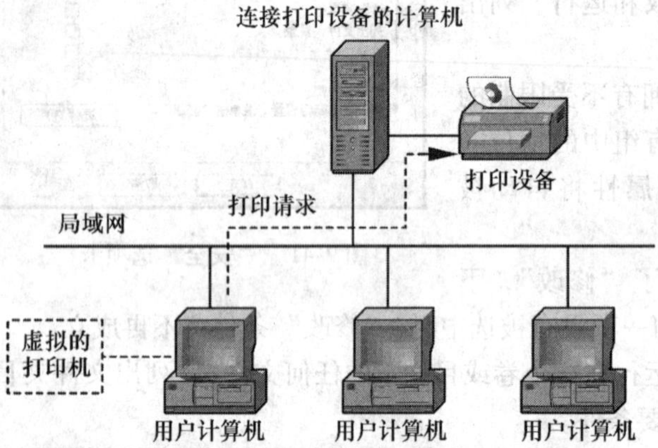

图 9-43　网络共享打印的工作原理

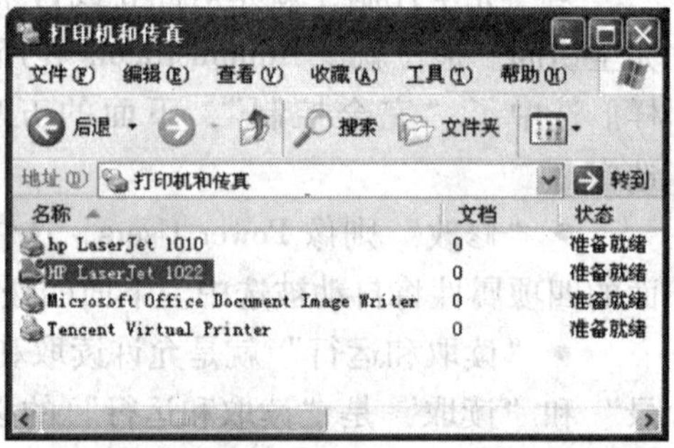

图 9-44　安装好的共享网络打印机的例子

（2）网络打印机网络打印方式中网络打印机要接入网络，一定要有网络接口，目前有两种接入的方式，一种是打印机使用外置的打印服务器，打印机通过并口或 USB 口与打印服务器连接，打印服务器再与网络连接，如图 9-45 所示；另一种是打印机自带打印服务器，打印服务器上有网络接口，只需插入网线分配 IP 地址就可以了，如图 9-46 所示。

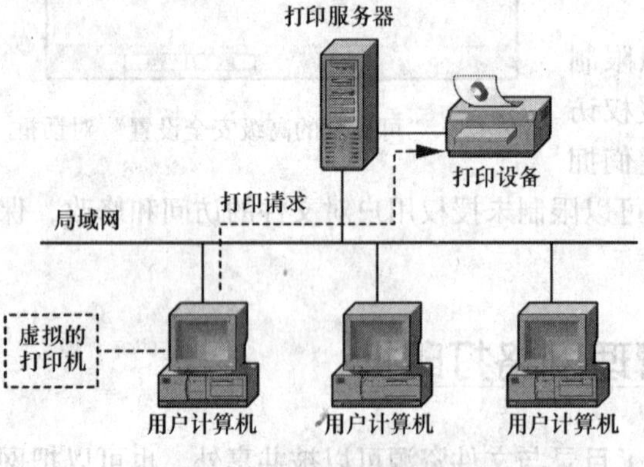

图 9-45　外置式网络打印

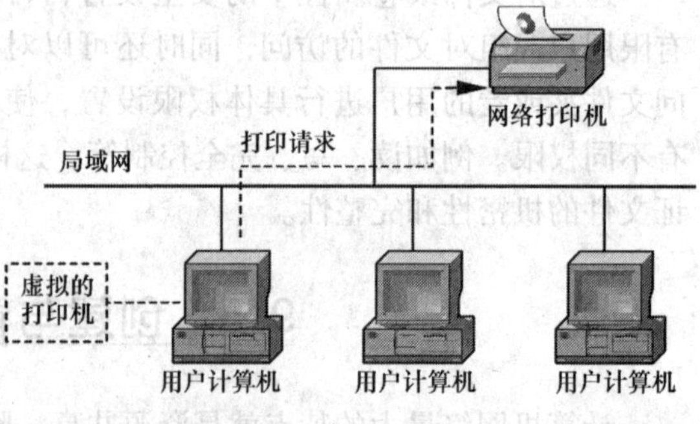

图 9-46　内置式网络打印

共享打印与网络打印之间主要有以下几个方面区别。

（1）打印机角色不同。网络打印不仅仅是共享打印，更重要的是打印机本身可以作为网络的一个节点而存在，而不是像共享打印机那样是作为计算机的外设附加在计算机端口上。虽然两者都有共享属性，但共享打印模式下打印机只是作为一个计算机的外设提供给其他用户使用，而网络打印则是把计算机作为网络中的一个节点，与其他计算机处于同等地位。

（2）打印效率和所能承受的打印负荷不同。共享打印方式下的打印任务是通过连接在计算机的 LPT（或 USB、IEEE 1394 等）端口和连接电缆进行数据传输的，带宽较窄；而网络打印则是把计算机作为网络中的一个节点，数据传输的途径则是网络接口和网线，带宽明显比上述端口要宽。也正因为如此，所以两种打印方式的效率是完全不同的，共享打印方式打印效率低，所能承担的打印负荷也较小，适用于家庭和小型企业选用；而网络打印方式则在打印效率上和所能承担的打印负荷上都明显高于共享打印方式，适用于大中型企业和行业用户选用。

（3）共享的范围不同。现代的网络打印不是传统意义上的局域网打印，而是可以基于 Internet 的网络打印。此时的网络打印机已不再是一个外设，而是作为网络上的一个节点存在于各种不同的网络中。它可单独完成打印任务，而不是像共享打印那样要求所连接的计算机必须开启。

（4）管理能力不同。网络打印与共享打印最大的不同是它具有管理性、易用性和高可靠性，其中最核心的是可管理性，这也是衡量一个厂家打印服务产品最关键的指标。传统共享打印方式在管理性方面非常弱势，只能对不同用户设置不同的打印机使用和管理权限。而管理员不能像网络打印一样实施各种远程管理方式来查看打印机状态、配置打印参数，并对打印任务进行管理，只能亲自到本地打印机旁边才可进行。而在现代的网络打印中，管理软件已经与打印服务器并列为其两个核心部件。网络打印管理软件可提供卓越的管理性能，用户可以远程浏览到打印机的各种信息、打印机设置、硒鼓的使用情况、各个纸盒纸张状况等，而且可以通过网络外设管理软件远程控制打印机。例如，HP Web Jet Admin 是世界上最为领先的网络外设管理软件，采用了基于 Web 的最新技术，获得了更强劲、更灵活、更便捷、更高效的管理能力。这一切都是共享打印所不具备的。

9.5.2 安装共享打印机

1. 安装本地打印机

Windows XP 为用户提供了“添加打印机向导”，使用这个向导程序可以方便地安装打印机，并将该打印机设置为共享打印机。

如果要安装本地打印机，可以按以下步骤进行操作。

① 在“打印机和传真”窗口中，双击“添加打印机”选项，将会弹出“添加打印机向导”对话框，如图 9-47 所示。单击“下一步”按钮，将会进入安装的下一步。

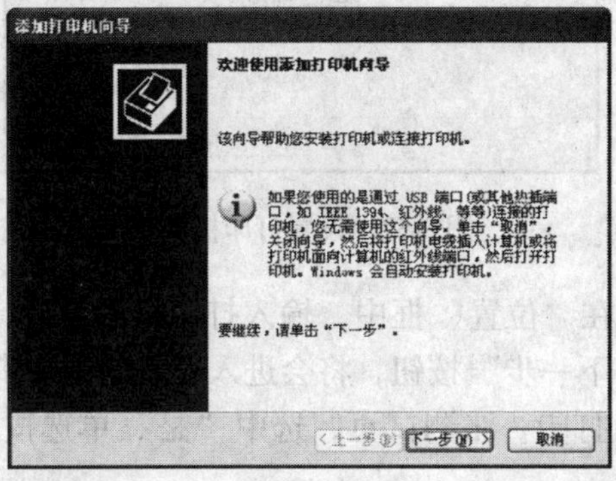

图 9-47 “添加打印机向导”对话框

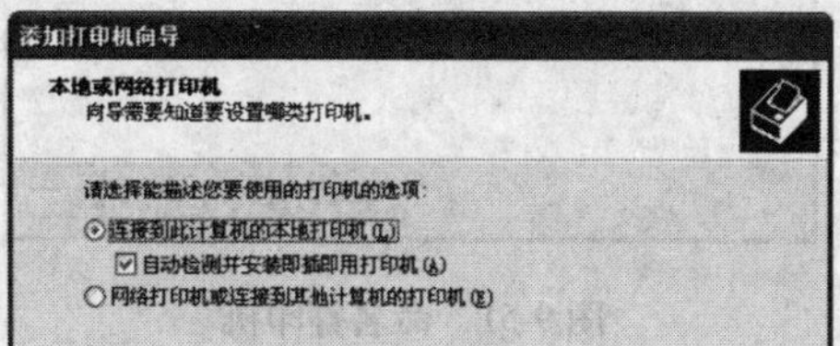

图 9-48 选择打印机安装类型

② 选择打印机的安装类型，如图 9-48 所示。我们想要安装本地打印机，所以选中“本地打印机”单选按钮。单击“下一步”按钮，将会进入安装的下一步。

③ 选择打印机端口，如图 9-49 所示。我们可以选择系统提供的端口，例如“LPT1：打印机端口”。单击“下一步”按钮，将会进入安装的下一步。

④ 选择打印机的型号，如图 9-50 所示。在“制造商”列表框中，选择打印机生产厂商；在“打印机”列表框中，选择打印机的具体型号。单击“下一步”按钮，将会进入安装的下一步。

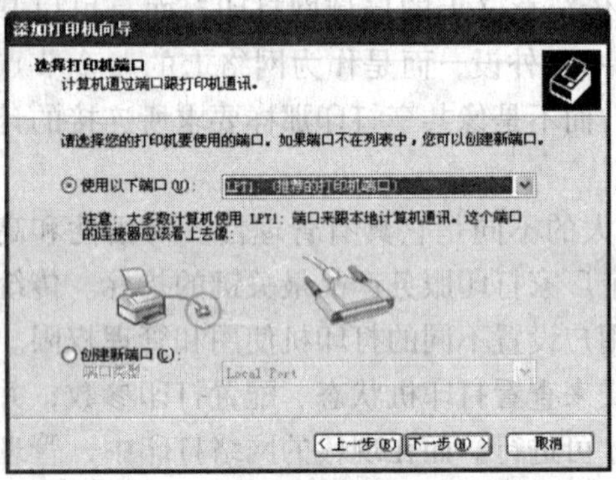

图 9－49　选择打印机端口

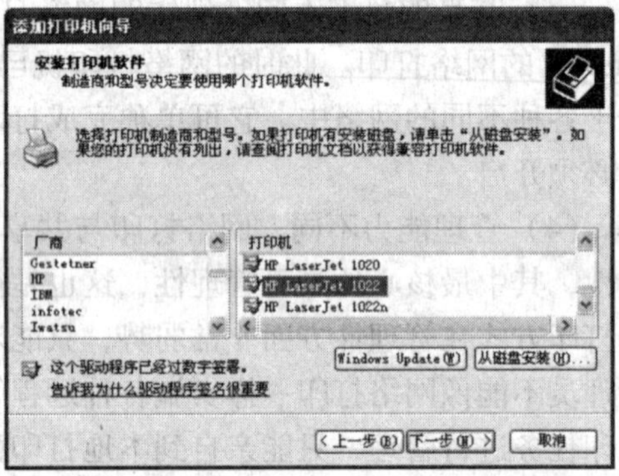

图 9-50　安装打印机软件

⑤ 输入打印机名称，如图 9-51 所示。在“打印机名”框中，输入打印机的名称（例如“HP-Laser-Jet-1022”）。我们希望将这台打印机设为默认打印机，选中“是”单选按钮。单击“下一步”按钮，将会进入安装的下一步。

⑥ 设置打印机共享，如图 9-52 所示。如果希望共享这台打印机，选中“共享为”单选按钮，在后面的框中输入共享名（例如“HPLaserJet-1022”）。单击“下一步”按钮，将会进入安装的下一步。

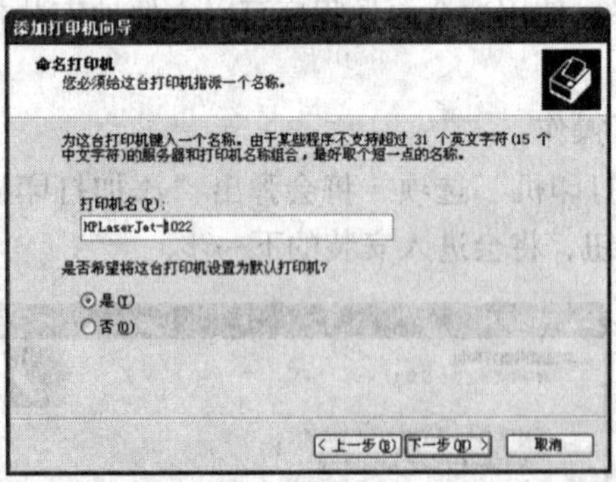

图 9-51　命名打印机

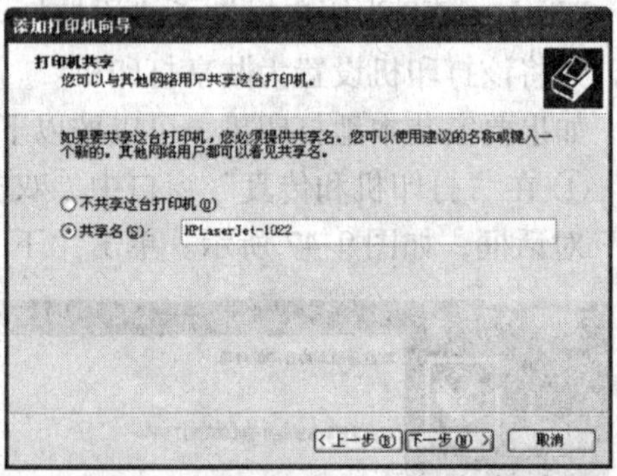

图 9-52　设置打印机共享

⑦ 输入打印机的位置信息，如图 9-53 所示。在“位置”框中，输入打印机的位置；在“注释”框中，输入对打印机的描述信息。单击“下一步”按钮，将会进入安装的下一步。

⑧ 选择打印测试页，如图 9-54 所示。如果想打印一张测试页，选中“是”单选按钮。单击“下一步”按钮，将会进入安装的下一步。

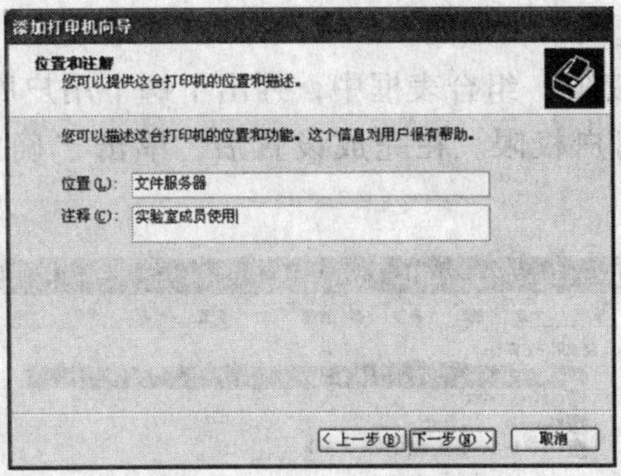

图 9-53 输入打印机的位置信息

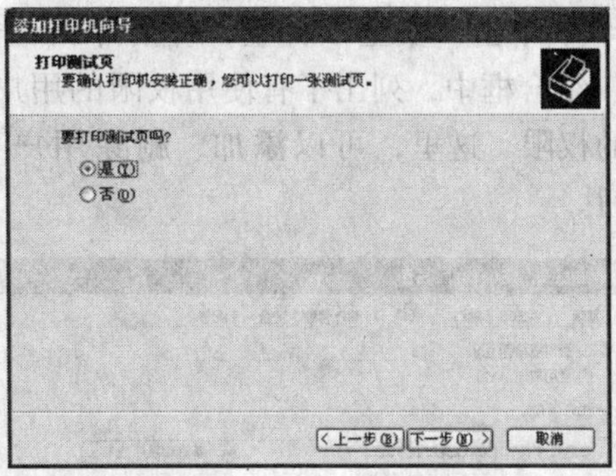

图 9-54 打印测试页

⑨ 这时，系统显示已成功地完成添加打印机向导，如图 9-55 所示。单击"完成"按钮，系统开始安装本地打印机，直至完成安装。

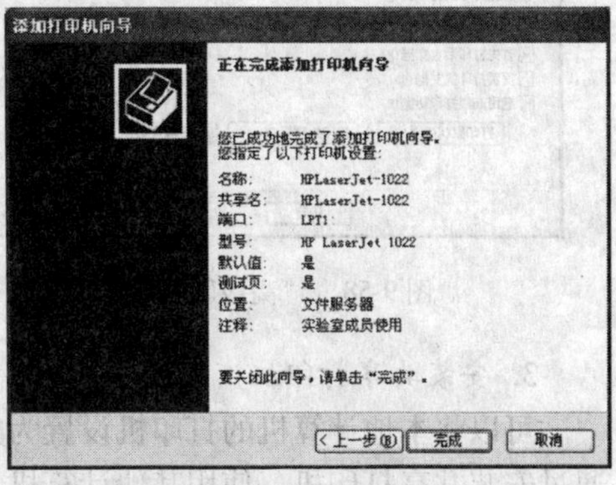

图 9-55 完成添加打印机

2. 设置共享打印机属性

接下来将该打印机设置为共享打印机。可以按以下步骤进行操作。

①打开"打印机"窗口，选中某个共享打印机（例如 HPLaserJet-1022），单击鼠标，在弹出的快捷菜单中选择"属性"选项。这时，将会弹出"HPLaserJet-1022 属性"对话框，如图 9-56 所示。

② 单击"共享"标签，将会弹出"共享"选项卡，如图 9-57 所示。如果要共享该打印机，则选中"共享这台打印机"单选按钮，并在下面框中输入共享名；如果不想共享该打印机，则选中"不共享这台打印机"单选按钮。

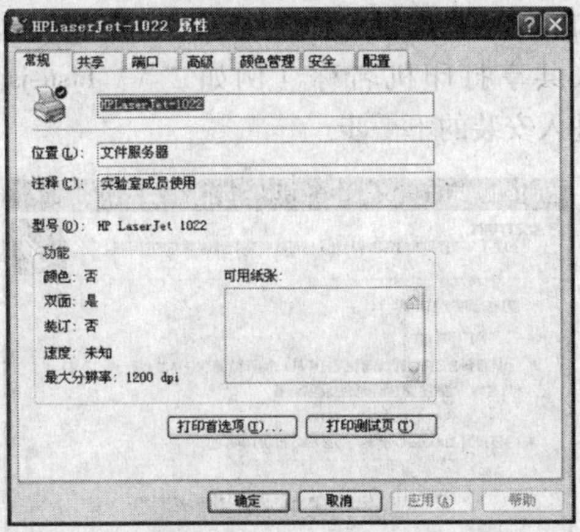

图 9-56 "HPLaserJet-1022 属性"对话框

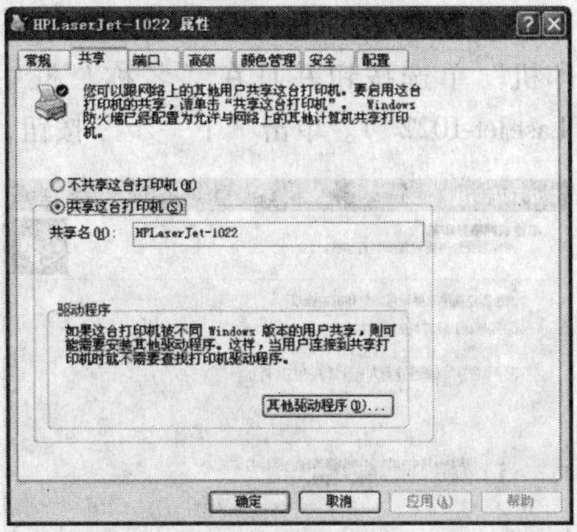

图 9-57 "共享"选项卡

③ 单击"高级"标签，将会弹出"高级"选项卡，如图 9-58 所示。这里，可以设置打印机的使用时间（例如"总可以使用"）、优先级，可以更新打印机的驱动程序，也可以选择是否进行后台打印。

④ 单击“安全”标签，将会弹出“安全”选项卡，如图 9-59 所示。在“组或用户名称”组合框中，列出了有使用权限的用户；在“权限”组合表框中，列出了每个用户所拥有的权限。这里，可以添加、删除用户与修改用户权限。在完成设置后，单击“确定”按钮。

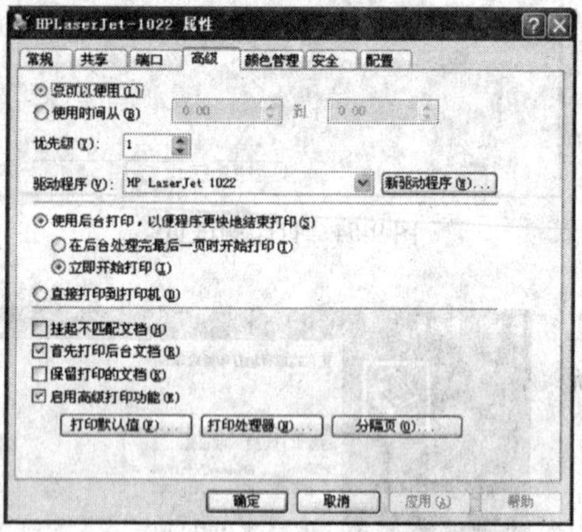

图 9-58 “高级”选项卡

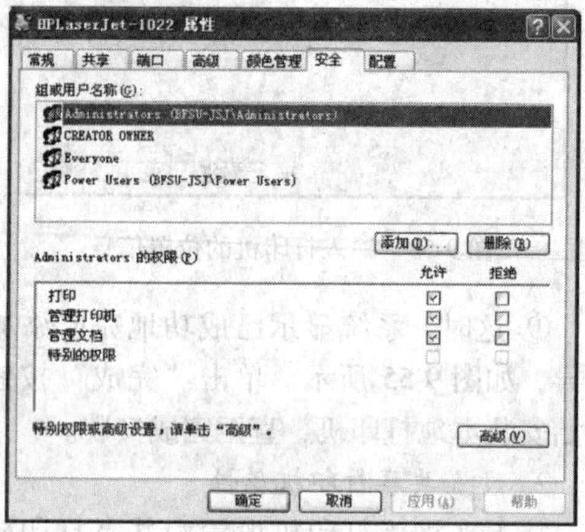

图 9-59 “安全”选项卡

3. 安装共享打印机

可以将本地计算机的打印机设置为共享打印机，供网络中的其他用户打印文档；也可以通过安装共享打印机，使用其他计算机上的共享打印机来打印文档。

如果要安装共享打印机，可以按以下步骤进行操作。

① 打开“打印机和传真”窗口，双击“添加打印机”选项，将会弹出“添加打印机向导”对话框，如图 9-60 所示。要安装共享打印机，选中“网络打印机或连接到其他计算机的打印机”单选按钮。单击“下一步”按钮，将会进入安装的下一步。

② 查找共享打印机，如图 9-61 所示。如果知道网络打印机名称，则选中“连接到这台打印机”单选按钮并且在“名称”框中，输入共享打印机名称（例如“\\ bfsu-jsj \ HPLaseJet-1022”）。单击“下一步”按钮，将会进入安装的下一步。

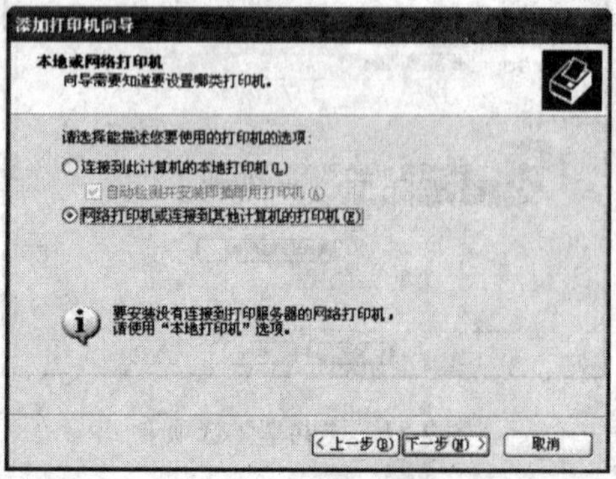

图 9-60 添加共享打印机

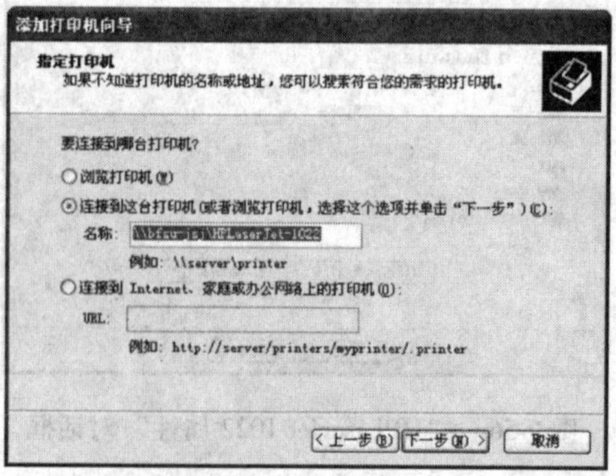

图 9-61 指定网络共享打印机

③ 设置默认的打印机，如图 9-62 所示。如果希望将该打印机设置为默认打印机，选中“是”单选按钮；否则，选中“否”单选按钮。单击“下一步”按钮，将会进入安装的下

一步。

④ 这时，系统显示已完成添加打印机向导，如图9-63所示。单击“完成”按钮，系统开始安装共享打印机，直至完成安装操作。

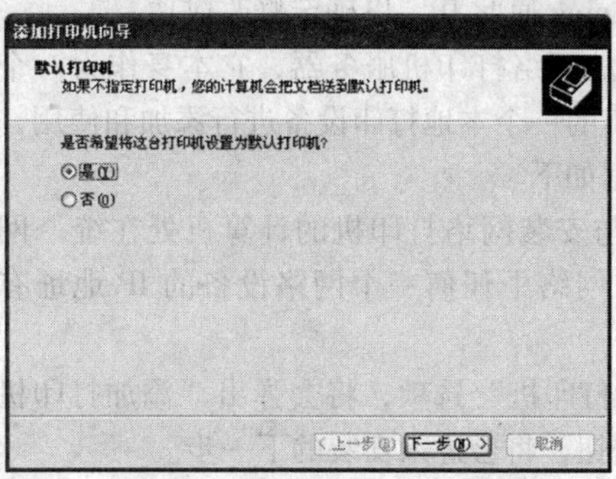

图9-62　设置默认打印机

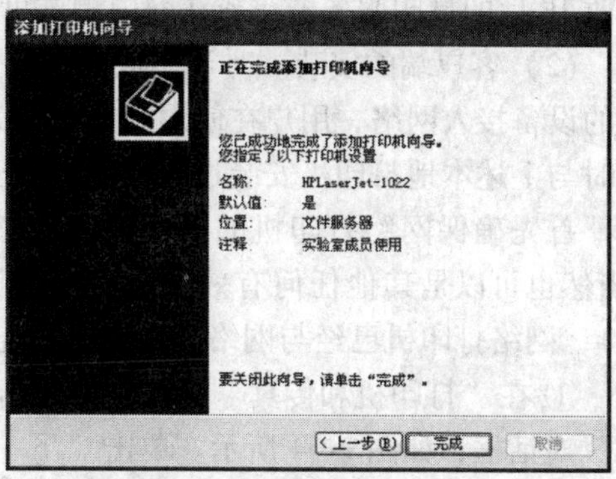

图9-63　共享打印机安装完成

9.5.3　安装网络打印机

1. 网络打印方式的选择

前面介绍了网络打印存在两种方式，在这两种网络连接方式中，通过内置打印服务器所进行的网络打印，由于打印服务器与打印机形成一体化，对打印机的要求非常高，不仅要提供各种高速 I/O 接口，而且还必须具备高速网络打印的各项属性配置，如高容量的打印机内存配置、高速处理器芯片和大容量的打印缓存配置，而且还需要具备全面的自身配置功能(通过控制面板进行)。

而通过外置打印服务器所进行的网络打印，从理论上来讲，对打印机没有任何特别要求，只需一台普通的打印机即可。但是真正应用于大中型企业，或打印任务繁重的部门中，普通的打印机是无论如何都不能适应的。所以现在的打印机厂商所推出的网络打印机也专门针对网络打印的特点进行了优化，提高了硬件配置。但由于它仍是通过并口或 USB 接口与外置打印服务器连接，所以其性能无论如何都不会有很大的发挥余地，特别是并口的。所以，一般来说，一台外围打印服务器会同时连接多台打印机，组成一个打印机池，供用户选用。而这多个打印机组成的打印池实际性能其实就相当于一台带内置打印服务器的网络打印机。

2. 安装网络打印机

(1) 服务器端的安装。

① 将内置打印服务器或外置网络打印服务器与打印机连接，就绪后通过网线连到相应的网络环境内。

② 打印网络打印服务器的配置页，查看服务器各项状态及配置服务器所需的协议状态均为 ready。

③ 使用 TCP/IP 协议配置，通过 IP 打印端口直接输出。请确认刚刚打印出来的服务器配置状态页上显示的 IP 是出厂默认值：192.0.0.192，进入下面软件的配置安装。

④ 可以使用以下措施设置网络打印机的 IP 地址。

在现有的网络中的任意一台计算机上操作。将此计算机的 IP 地址改为 192.0.0. *， *

代表 0～255 的任何数字，然后在浏览器上输入 http：//192. 0. 0. 192，这时会显示打印服务器的内置信息及设置，找到设置 IP 地址的地方，设置用户名、IP 地址和子网掩码。设置好后单击“确定”按钮。然后将本机的 IP 地址改为原来的就可以了。然后再用如上方法进入新改 IP 后的打印服务器，或在网内测试可以正常 ping 通此 IP，以确定修改成功。

（2）客户端的安装。对于完成软、硬件安装的网络打印机服务器，它本身作为一个单独的设备接入网络，用户在使用时把它作为计算机的一个本地打印设备进行添加和使用，安装时与上述本地打印机安装过程类似。其安装过程如下。

首先确保网络打印机的 IP 地址设置完成并与安装网络打印机的计算机处在统一网段（当然也可以是其他任何有效 IP 地址，但不能与网络中任何一个网络设备的 IP 地址有冲突），网络打印机已经与网络交换设备相连接。

① 在“打印机和传真”窗口中，双击“添加打印机”选项，将会弹出“添加打印机向导”对话框，如图 9-64 所示。单击“下一步”按钮，将会进入安装的下一步。

② 选择打印机的安装类型（如图 9-65 所示）。此时要选中“连接到此计算机的本地打印机”单选按钮。单击“下一步”按钮，将会进入安装的下一步。

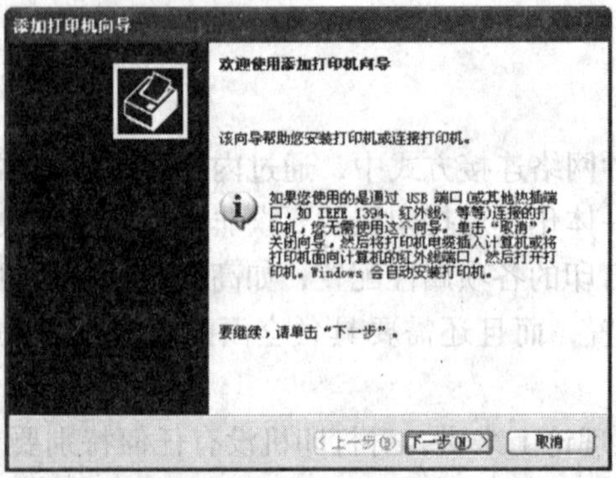

图 9-64 “添加打印机向导”对话框

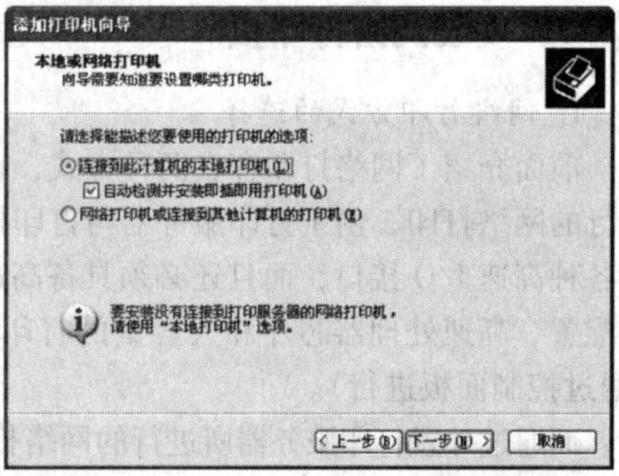

图 9-65 选择打印机安装类型

③ 在如图 9-66 所示窗口中选择打印机端口。与安装本地打印机不同的地方在于应该选择打印机端口。选择“创建新的端口”，“端口类型”选择“Standard TCP/IP Port”，单击“下一步”按钮，将会进入安装的下一步。

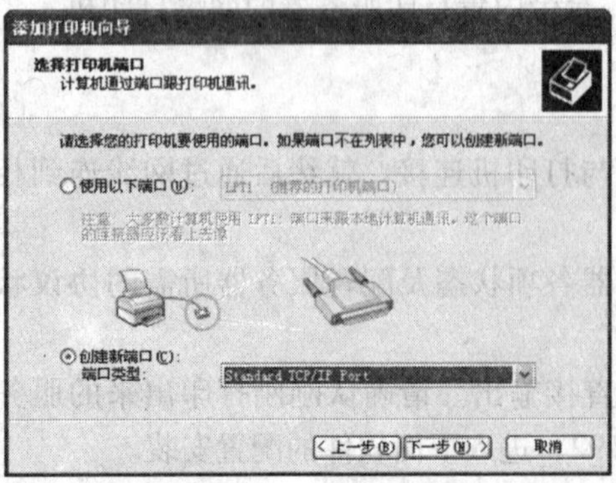

图 9-66 创建新端口

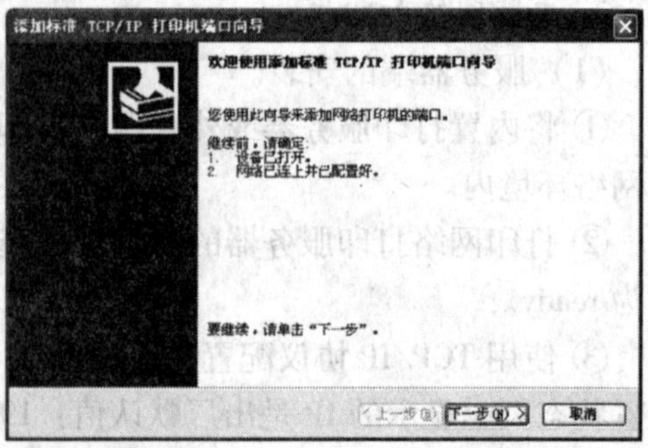

图 9-67 添加标准 TCP/IP 打印机端口向导

④ 单击“下一步”按钮进入“添加标准 TCP/IP 打印机端口向导”对话框，如图 9-67 所示。单击“下一步”按钮，打开如图 9-68 所示对话框，在此对话框中填写打印机名称或 IP 地址，这个地址要根据当前局域网所用的 IP 地址网段来设，否则如果与现有网络的 IP 地址不在同一网段的话，则不能通信。端口名会自动完成配置。完成后单击“下一步”按钮。

⑤ 在如图 9-69 所示对话框中选择设备类型后，单击“下一步”按钮完成网络打印机的配置。最后界面显示出配置端口的参数，如图 9-70 所示。

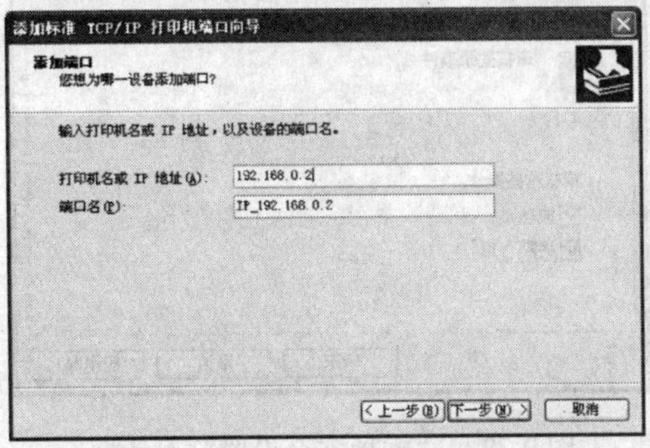

图 9-68　添加打印机 IP 地址和端口

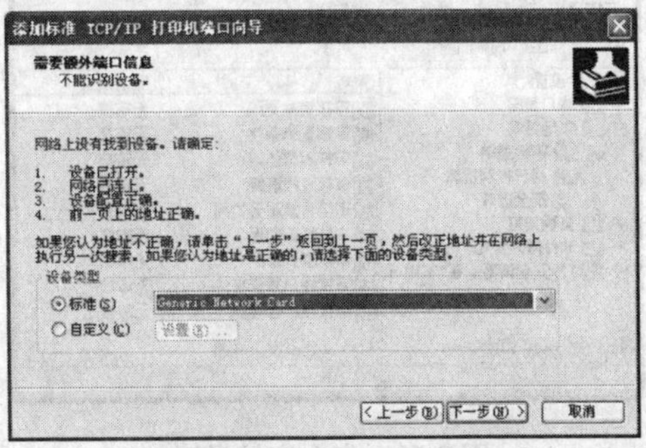

图 9-69　设备类型对话框

⑥ 单击“完成”按钮，随即进入打印机驱动程序的安装过程。这个过程与安装本地打印机驱动程序的过程完全相同，这里就不再赘述。

注意　在打印驱动程序安装过程中，在“打印机共享”窗口中一定不要选择“共享为”单选项，而要选择“不共享这台打印机”单选项。这是许多用户最容易出现错误的地方。因为所采取的网络打印方式是点对点式，而不是像共享打印那样的客户－服务器模式，这本身所进行的就是最终用户的安装，而无须安装打印服务器端。

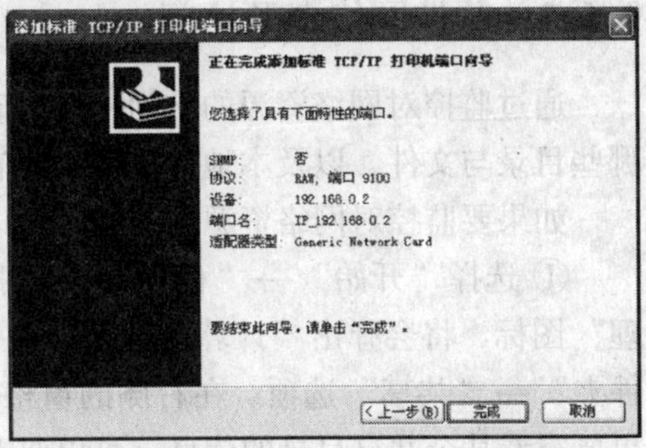

图 9-70　端口特性显示窗口

安装完成后，这台打印机就可以作为网络中一台单独的网络设备被所有安装了网络打印机驱动程序的计算机使用了。

9.6　操作系统的监控功能

在计算机网络的运行过程中，经常需要监视网络共享资源的访问，了解网络中共享资源的安全性，监视网络中的硬件性能与软件运行情况，以便网络管理员更好地管理与维护网络的运行。

9.6.1　设置本地安全审核

审核是跟踪用户活动与监控系统事件的方法。通过设置审核策略跟踪事件的成功与失败，可以将审核结果保存在日志中供管理员查看。审核策略如图 9-71 所示。

如果要设置本地安全审核，可以按以下步骤进行操作。

① 选择“开始”→“程序”→“控制面板”→“管理工具”，然后双击“本地安全策略”图标，将会弹出“本地安全设置”窗口，如图 9-71 所示。在左侧的窗格中，选中“审核策略”选项；在右侧的窗格中，选中“审核登录事件”选项，然后双击鼠标。

② 这时，将会弹出“本地安全设置”对话框，如图 9-72 所示。要审核成功和失败的登录事件，选中“成功”与“失败”复选框，单击“确定”按钮即可。

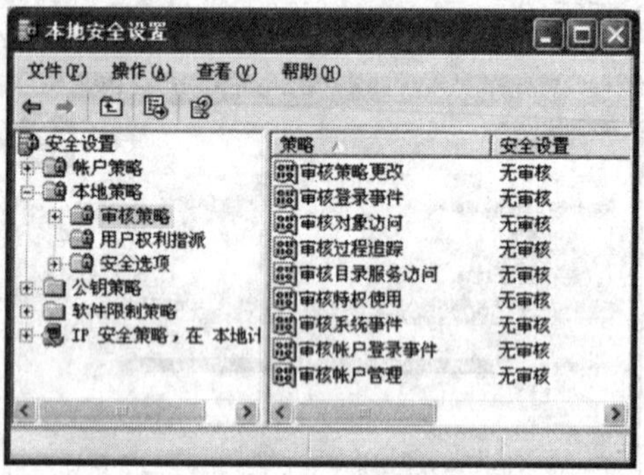

图 9-71　安全审核设置

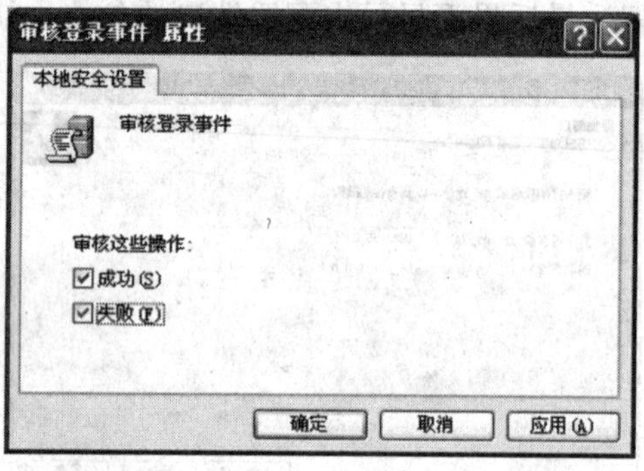

图 9-72　“本地安全设置”对话框

9.6.2 监控网络资源访问

通过监控对网络资源的访问，可以确定有多少个用户连接到共享目录，每个用户打开了哪些目录与文件，以及本地计算机中所有共享、会话与打开文件的相关信息。

如果要监控对网络资源的访问，可以按以下步骤进行操作。

① 选择“开始”→“程序”→“控制面板”→“管理工具”，然后双击“计算机管理”图标，将会弹出“计算机管理”窗口，如图 9-73 所示。在左侧的窗格中选中“共享文件夹”→“共享”选项。在右侧的窗格中，列出了本地计算机中所有共享目录的信息。如果要查看某个共享目录的信息，可以双击要查看的共享目录。

② 打开“计算机管理”窗口，在左侧的窗格中，选中“共享文件夹”→“会话”选项，如图 9-74 所示。在右侧的窗格中，列出了所有连接到本地计算机的用户。如果要查看网络用户的信息，可以双击要查看的用户。

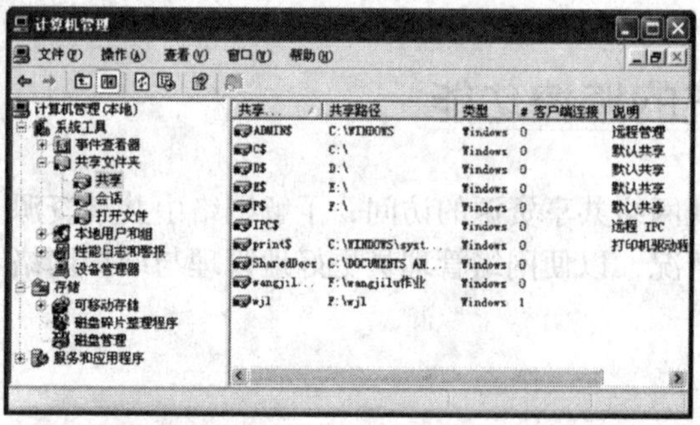

图 9-73　“计算机管理”窗口

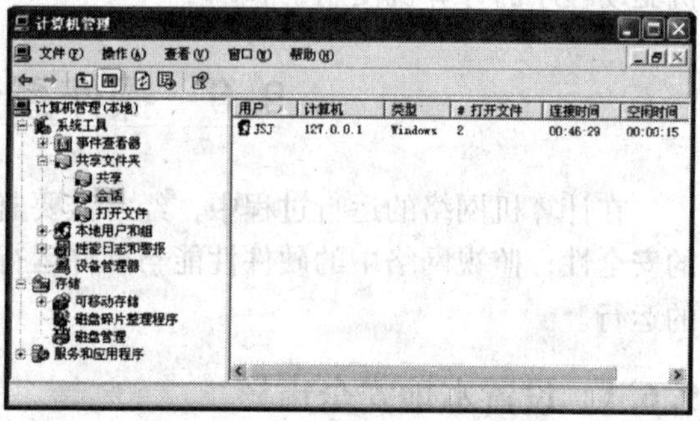

图 9-74　查看网络用户信息

9.6.3 查看网络用户信息

Windows 2000 Professional 提供了三种类型的日志：应用程序日志、安全日志与系统日志。其中，应用程序日志记录了系统中应用程序产生的事件，安全日志记录了使用系统时安全性操作产生的事件，系统日志记录了操作系统组件产生的事件。查看系统日志需要具备一定的用户权限。

事件类型包括以下五种：信息、警告、错误、成功审核与失败审核。其中，信息是描述应用程序、驱动程序或服务操作成功的事件，警告是不非常严重但将来可能出现问题的事件，错误是非常严重的问题，成功审核是审核安全访问尝试成功的事件，失败审核是审核安全访问尝试失败的事件。

如果要查看日志中记录的信息，可以按以下步骤进行操作。

① 选择“开始”→“程序”→“控制面板”→“管理工具”，然后双击“计算机管理器”图标，将会弹出“计算机管理”窗口，如图 9-75 所示。在左侧的窗格中，选中“事件查看器”→“安全性”选项。在右侧的窗格中，列出了所有成功或失败的审核信息。如果要查看某个审核事件的信息，可以双击要查看的审核事件。

② 打开“事件查看器”，在左侧的窗格中，选中“系统”选项，如图 9-76 所示。在右侧的窗格中，列出了操作系统组件产生的所有事件。如果要查看某个系统事件的信息，可以双击要查看的系统事件。

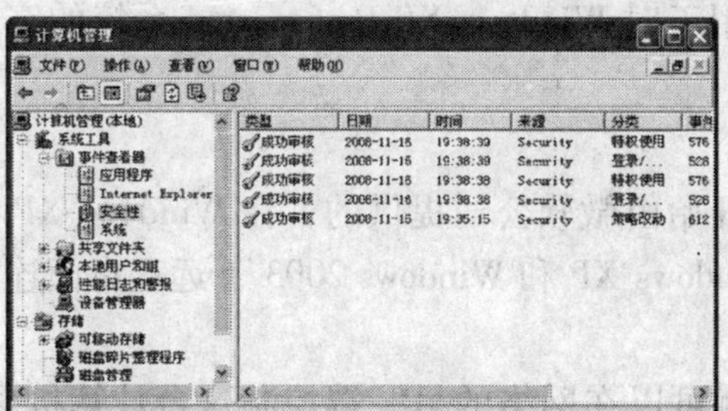

图 9-75 “计算机管理”窗口

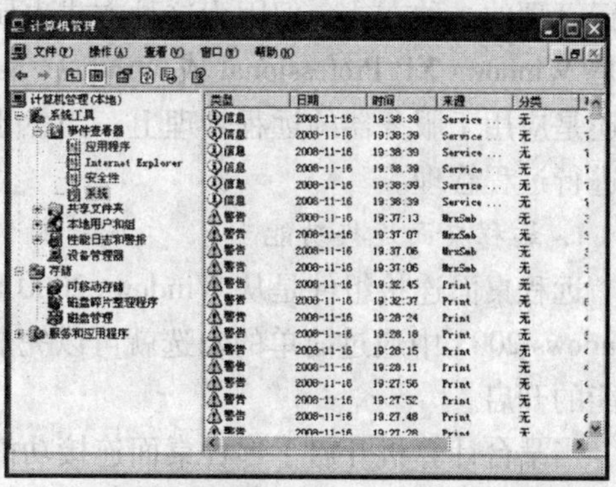

图 9-76 查看日志信息

9.6.4 监控系统性能

Windows 2000 Professional 提供了任务管理器，它可以显示正在运行的程序与进程启动，停止正在运行的应用程序，以及监视计算机内存与 CPU 的使用情况。

如果要用任务管理器监控系统性能，可以按以下步骤进行操作。

① 在操作系统任务栏的空白处右击，在弹出的快捷菜单中选择“任务管理器”选项，将会弹出任务管理器窗口，如图 9-77 所示。在“应用程序”选项卡中，列出了正在运行的应用程序。如果要结束某个应用程序，可选中想要结束的应用程序选项，单击“结束任务”按钮。

② 在“任务管理器”窗口中，单击“性能”标签，将会弹出“性能”选项卡，如

图 9-78所示。其中，显示了计算机 CPU 与内存的使用情况。

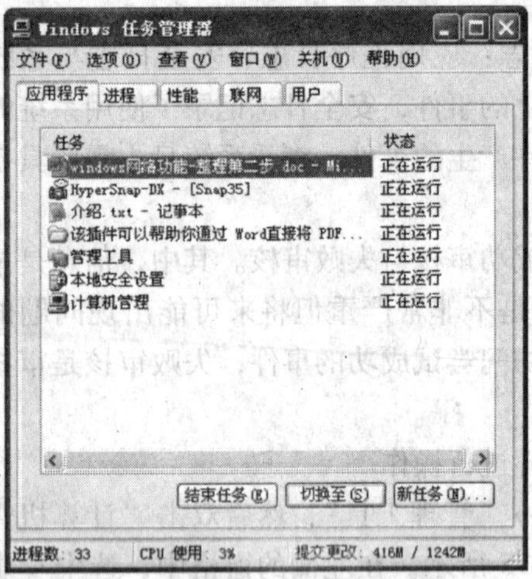

图 9-77 任务管理器窗口

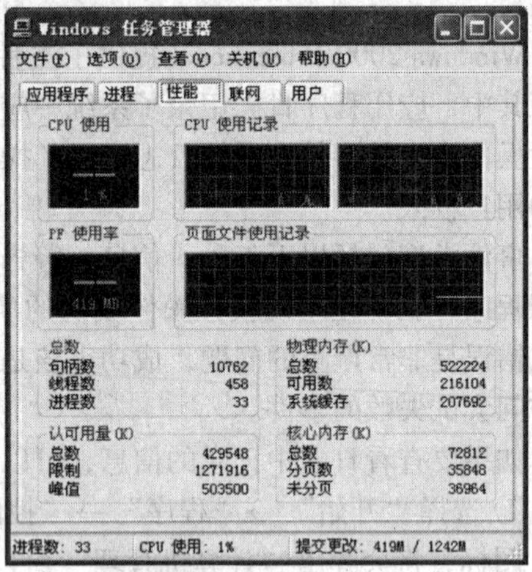

图 9-78 “性能”选项卡

9.6.5 Windows XP 系统远程桌面管理功能

“远程桌面连接”远程管理模式是网络管理员在服务器或其他客户机上通过网络（可以是局域网，也可以是拨号网络、VPN 连接，或其他网络连接方式）对远程计算机或服务器进行管理的一种方式。但因为这种方式也属于C/S（客户－服务器）模式，而且服务器端只能是 Windows XP Professional 或 Windows Server 2003 家族系统，所以这种远程管理方式更多的还是应用于服务器的远程管理上，当然也可以用于对 Windows XP Professional 系统的客户机进行远程管理。

1. *远程桌面连接功能*

远程桌面连接组件是从 Windows 2000 Server 开始由微软公司提供的，在 Windows XP 和 Windows 2003 中通过简单的勾选就可以完成在 Windows XP 和 Windows 2003 下远程桌面连接功能的开启。

当某台计算机开启了远程桌面连接功能后，就可以在网络的另一端控制这台计算机了，通过远程桌面功能可以实时操作这台计算机，在上面安装软件，运行程序，所有的一切都好像是直接在这台计算机上操作一样，而且由于该功能是系统内置的，所以比其他第三方远程控制工具使用更方便、更灵活。

2. *启动远程桌面连接的方法*

微软操作系统发展至今只有以下三个操作系统可以使用远程桌面功能，它们是 Windows 2000 Server，Windows XP 和 Windows 2003。这三个系统启动远程桌面连接的方法各不相同，下面一一介绍。

（1）Windows 2000 Server。在启动远程桌面连接功能之前，需要安装相应的 Windows 组件。方法如下。

① 通过任务栏的“开始”→“设置”→“控制面板”，打开“控制面板”，在其中选择“添加/删除程序”。

② 在左边选择“添加/删除 Windows 组件”。

③ 稍后会出现添加删除 Windows 组件窗口，从中选择“终端服务”，然后单击“下一步”按钮进行安装。注意在安装过程中需要插入 Windows 2000 Server 系统光盘到光驱中。

④ 安装完毕后需要重新启动计算机，重启后就完成了在 Windows 2000 Server 下的远程桌面连接功能的安装工作。

(2) Windows XP。

① 在桌面“我的电脑”上右击，选择“属性”。

② 在弹出的“系统属性”对话框中选择“远程”标签。

③ 在弹出的“远程”选项卡中找到“远程桌面”组合框，勾选“允许用户远程连接到此计算机”后确定，即可完成 XP 下远程桌面连接功能的启用，如图 9-79所示。

(3) Windows 2003。

① 在桌面“我的电脑”上右击，选择“属性”。

② 在弹出的“系统属性”对话框中选择“远程”标签。

③ 在弹出的“远程”选项卡中找到“远程桌面”组合框，勾选“允许用户远程连接到此台计算机”后确定即可完成 Windows 2003 下远程桌面连接功能的启用。

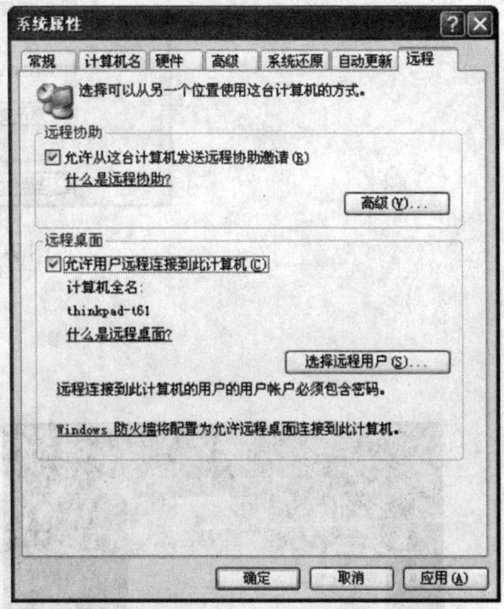

图 9-79　系统属性——“远程”选项卡

3. *使用远程桌面连接的方法*

使用远程桌面连接的方法很简单，因为一旦连接到服务器上就和操作本地计算机一样了。所以唯一要讲解的就是连接操作。如何连接到开启了远程桌面连接功能的计算机呢？我们需要远程桌面连接登录器。

(1) Windows XP 和 Windows 2003 操作系统。这两个系统将远程桌面连接程序内置到附件中，不用安装任何程序就可以使用远程桌面连接功能。

① 通过任务栏的“开始”→“程序”→“附件”→“通讯”→“远程桌面连接”来启动登录程序。

② 在如图 9-80 所示窗口中“计算机”处输入开启了远程桌面功能的计算机 IP 地址和用户名。

③ 单击“连接”按钮后，在弹出的提示框中输入密码，如图 9-81 所示，就可以成功登录到该计算机上了，连接上去后如图 9-82 所示，和操作自己计算机一样方便快捷。

(2) 其他 Windows 操作系统。Windows 2000 及以前的 Windows 系统中没有将登录工具放到附件中，有两个方法获得登录器并实现远程桌面的连接功能。

① 使用 XP 光盘登录程序——msrdpcli. exe。

在 Windows XP 系统光盘盘符下 \ SUPPORT \ TOOLS 目录有一个叫做 msrdpcli. exe 的程序，该程序实际上是一个远程桌面连接登录工具，在 Windows 98/2000 机器上运行 XP 光盘目录下的 msrdpcli. exe，将自动安装远程桌面连接程序。

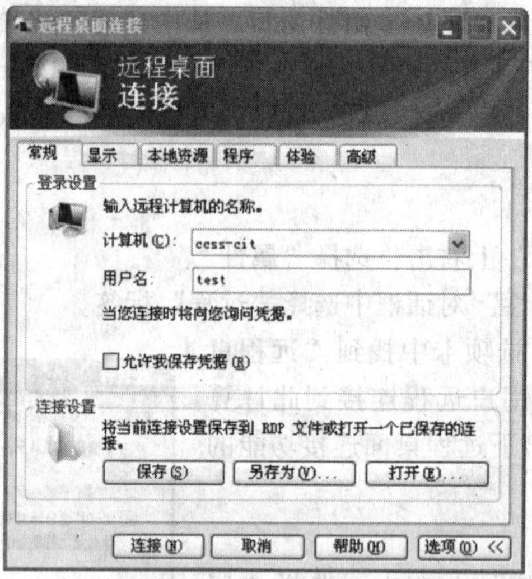

图 9-80　远程桌面连接

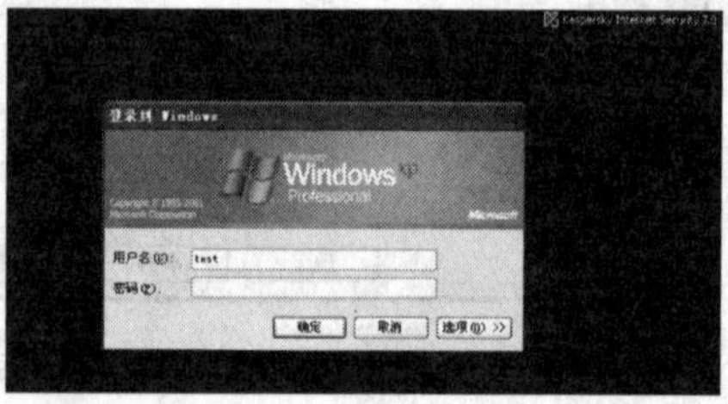

图 9-81　输入密码对话框

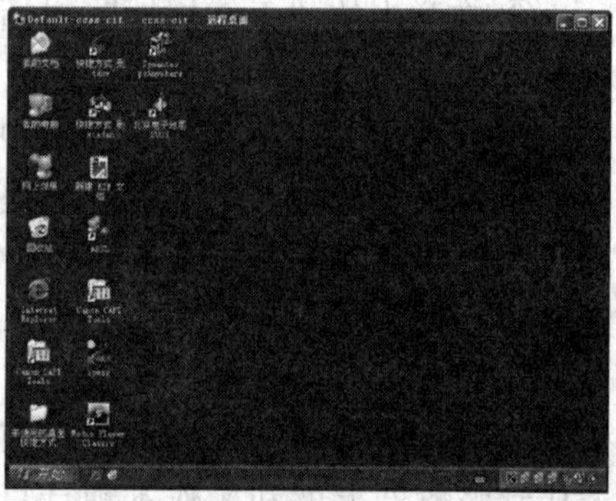

图 9-82　远程桌面已连接

安装过程非常简单，按提示一步一步进行即可。安装完毕后通过选择“开始”→“程序”→“附件”→“通讯”→“远程桌面连接”就可以登录网络上开启远程桌面功能的计算机了。

② 第三方登录工具软件。实际上网络中有很多站点都提供了远程桌面登录工具的下载，在 Windows 98 系统或 Windows 2000 系统上下载该登录工具就可以完成登录远程桌面的功能。

习题

一、填空题

1. 在 Windows XP 安装成功后，系统自动提供了两个内置的用户账号：__________与__________。

2. Windows XP 提供了两种类型的用户组：__________与内置组。Windows XP 创建了以下内置组________、________、________、________、BackupOperators、Replieator 和 PowerUsers 等组。

3. 共享目录的用户权限包括________、________、________和________四种。

4. 取消简单文件共享的具体方法是：在 Windows 文件管理窗口中选择“________”→“________”→“________”标签，取消默认选中的“使用简单文件共享（推荐）”选项，单击“确定”按钮完成设置。

5. 通常网络打印有两种方式：________和网络打印机网络打印方式，前者成本低，但效率也低，后者则完全相反。实现网络打印机网络打印方式目前主要有：________称之为“外置式”和________称之为“内置式”的两种方式。

6. 审核是跟踪用户活动与监控系统事件的方法。通过设置审核策略跟踪事件的________与________，可以将审核结果保存在日志中供管理员查看。

二、简答题

1. Windows 操作系统的网络功能主要有哪些？
2. Windows 操作系统中用户和组的作用是什么？
3. 连接到共享目录的方式有哪些？
4. 网络打印的概念是什么？网络打印的方式是如何进行分类的？
5. 共享打印机与网络打印机的区别是什么？
6. Windows 操作系统的监控功能主要有哪些方面？

三、实验

1. 创建新的用户和组，并对其进行权限的设置。
2. 创建共享目录，对共享目录的权限进行相应设置。
3. 通过不同方式访问共享目录。
4. 创建共享打印机和网络打印机。
5. 使用 Windows 操作系统的监控功能监控系统性能。
6. 建立远程桌面连接。

第10章 计算机网络安全

10.1 计算机网络安全的概述

常见的有关计算机安全的名词有信息安全、网络安全、信息系统安全、网络信息安全、网络信息系统安全、计算机系统安全、计算机信息系统安全等。这些不同的说法归根到底就是要确保计算机网络环境下信息系统的安全运行和在信息系统中存储、处理和传输的信息受到安全保护，这就是通常所说的保证网络系统运行的可靠性，信息的保密性、完整性和可用性。

由于现代的数据处理系统都是建立在计算机网络基础上的，因此计算机网络安全也就是信息系统安全。强调网络安全，可以理解为是由于计算机网络的广泛应用而使得安全问题变得尤为突出的缘故。网络安全包括系统安全运行和系统信息安全保护两方面，即网络安全是对信息系统的安全运行和对运行在信息系统中的信息进行安全保护（包括信息的保密性、完整性和可用性保护）的统称。信息系统的安全运行是信息系统提供有效服务（即可用性）的前提，信息的安全保护主要是确保数据信息的保密性和完整性。

网络安全是一门涉及计算机科学、网络技术、通信技术、密码技术、信息论、应用数学、信息安全技术等的综合性学科。从不同的角度出发，对网络安全的具体理解也有不同，通常“网络安全”可理解为“网络系统不存在任何受威胁状态”。具体地说，网络安全是指利用各种网络管理、控制和技术措施，使网络系统的硬件、软件及系统中的数据资源受到保护，不会因为一些不利因素而使这些资源遭到破坏、更改、泄露，保证网络系统连续、可靠、安全地运行。

为防范诸如病毒的破坏、黑客的入侵、计算机犯罪、其他的主动或被动攻击等威胁，应该采取一些措施，保证网络系统的安全。

10.2 网络面临的不安全因素

影响网络系统安全的因素很多，但不外乎来自网络系统外部的威胁破坏和来自系统内部的脆弱性。下面就从网络系统的脆弱性和网络系统受到的主要威胁两方面进行探讨。

10.2.1 网络系统的脆弱性

网络系统的脆弱性主要表现为以下几方面。

1. 操作系统的脆弱性

网络操作系统体系结构本身就是不安全的，具体表现如下。

- 系统漏洞。由于操作系统本身存在的设计缺陷，使得操作系统从开始应用就存在着这样或那样的漏洞，这些漏洞使攻击和入侵成为可能。
- 动态链接。为了系统集成和系统扩充的需要，操作系统采用动态链接结构，系统的服务和I/O操作都可以补丁方式进行升级和动态链接。这种方式虽然为厂商和用户提供了方便，但同时也为黑客提供了入侵的方便，这种动态链接也是计算机病毒产生的温床。
- 创建进程。操作系统可以创建进程，而且这些进程可在远程节点上被创建与激活，更加严重的是被创建的进程又可以继续创建其他进程。这样，若黑客在远程将"间谍"程序以补丁方式附在合法用户（特别是超级用户）上，就能摆脱系统进程与作业监视程序的检测。
- 空口令和RPC。操作系统为维护方便而预留的无口令入口和提供的远程过程调用（RPC）服务都是黑客进入系统的通道。
- 超级用户。操作系统的另一种安全漏洞就是存在超级用户，如果入侵者得到了超级用户口令，整个系统将完全受控于入侵者。

2. 计算机系统本身的脆弱性

计算机系统的硬件和软件故障会影响系统的正常运行，严重时系统会停止工作。

系统的硬件故障通常有硬盘故障、电源故障、芯片主板故障、驱动器故障等；系统的软件故障通常有操作系统故障、应用软件故障和驱动程序故障等。

3. 电磁泄漏

计算机网络中的网络端口、传输线路和各种处理机都有可能因屏蔽不严或未屏蔽而造成电磁信息辐射，从而造成有用信息甚至机密信息的泄露。

4. 数据的可访问性

进入系统的用户可方便地复制系统数据而不留任何痕迹；网络用户在一定的条件下可以访问系统中的所有数据，并可将其复制、删除或破坏。

5. 通信系统和通信协议的弱点

网络系统的通信线路面对各种威胁时显得非常脆弱，非法用户可对线路进行物理破坏、搭线窃听、通过未保护的外部线路访问系统内部信息等。

通信协议TCP/IP及应用协议FTP、E-mail、NFS、WWW等都存在安全漏洞，如FTP的匿名服务浪费系统资源；E-mail中潜伏着电子炸弹、病毒等，威胁到互联网安全；WWW中使用的通用网关接口（CGI）程序、Java Applet程序和SSI（Supplemental Security Income）等都可能成为黑客的工具；黑客也可采用Sock、TCP预测、远程访问、直接扫描等手段攻击防火墙。

6. 数据库系统的脆弱性

由于数据库管理系统（DBMS）对数据库的管理是建立在分级管理的概念上的，因此DBMS的安全必须与操作系统的安全配套，这无疑是一个先天的不足之处。

黑客通过探访工具可强行登录和越权使用数据库数据，可能会带来巨大损失，而数据加密往往与DBMS的功能发生冲突或影响数据库的运行效率。

由于服务器/浏览器（B/S）结构中的应用程序直接对数据库进行操作；所以，使用B/S

结构的网络应用程序的某些缺陷可能会威胁到数据库的安全。

7. 网络存储介质的脆弱性

各种存储器中存储大量的信息，存储介质很容易被盗窃或损坏，造成信息的丢失；存储器中的信息也很容易被复制而不留痕迹。此外，网络系统的脆弱性还表现为保密的困难、介质的剩磁效应和信息的聚生性等。

10.2.2 网络系统的威胁

网络系统面临的威胁主要来自外部的人为影响和自然环境的影响，它们包括对网络设备的威胁和对网络中信息的威胁。这些威胁主要表现为：非法授权访问、假冒合法用户、病毒破坏、线路窃听、黑客入侵、干扰系统正常运行、修改或删除数据等。这些威胁大致可分为无意威胁和故意威胁两大类。

(1) 无意威胁。无意威胁是在无预谋的情况下破坏系统的安全性、可靠性或信息的完整性等。无意威胁主要是由一些偶然因素引起的，如软、硬件的机能失常，人为误操作，电源故障和自然灾害等。

人为的失误现象有：人为误操作，管理不善而造成系统信息丢失、设备被盗、火灾、水灾，安全设置不当而留下安全漏洞，用户口令不慎泄露，信息资源共享设置不当而被非法用户访问等。

自然灾害威胁是由地震、风暴、泥石流、闪电雷击、虫鼠害及高温、各种污染等构成的威胁。

(2) 故意威胁。故意威胁实际上就是“人为攻击”。由于网络本身存在脆弱性，因此总有某些人或某些组织想方设法利用网络系统达到某种目的，如从事工业、商业或军事情报搜集工作的“间谍”。他们对相应领域的网络信息是最感兴趣的，对网络系统的安全构成了主要威胁。

攻击者对系统的攻击范围从随便浏览信息到使用特殊技术对系统进行攻击，以便得到有针对性的信息。这些攻击又可分为被动攻击和主动攻击。

被动攻击和主动攻击有以下 4 种具体类型，其中 3 种主动攻击类型如图 10-1 所示。

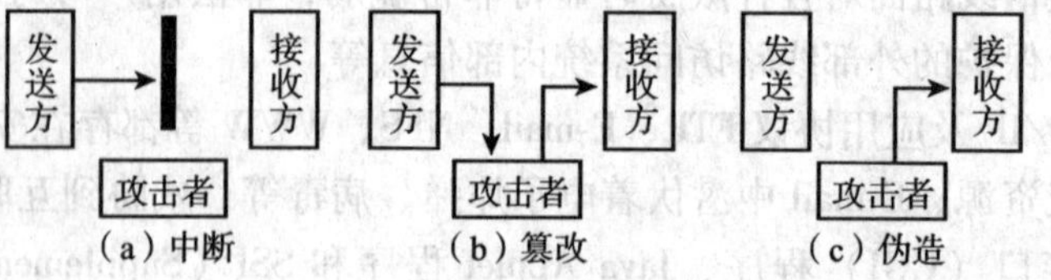

图 10-1 几种主动攻击示意图

- 窃听 (interception)：攻击者未经授权而浏览了信息资源。这是对信息保密性的威胁，如通过搭线捕获线路上传输的数据等。
- 中断 (interruption)：攻击者中断正常的信息传输，使接收方收不到信息，正常的信息变得无用或无法利用。这是对信息可用性的威胁，如破坏存储介质、切断通信线路、入侵文件管理系统等。
- 篡改 (modification)：攻击者未经授权而访问了信息资源，并篡改了信息。这是对信息完整性的威胁，例如，修改文件中的数据、改变程序功能、修改传输的报文内容等。

- 伪造（fabrication）：攻击者在系统中加入了伪造的内容。这也是对数据完整性的威胁，如向网络用户发送虚假信息、在文件中插入伪造的记录等。

10.3 计算机病毒及其防治

10.3.1 计算机病毒概述

1. 计算机病毒的概念

计算机病毒是一种计算机程序，它不仅能破坏计算机系统，而且还能将“病毒”传播、感染到其他系统。计算机病毒通常隐藏在其他看起来无害的程序中，能生成自身的复制品并将其插入到其他的程序中，执行恶意的行动。

我国正式颁布实施的《中华人民共和国计算机信息系统安全保护条例》第 28 条明确指出：“计算机病毒，是指编制或者在计算机程序中插入的破坏计算机功能或者毁坏数据，影响计算机使用，并能自我复制的一组计算机指令或者程序代码。”这个定义具有法律性和权威性。

随着 Internet 技术的发展，计算机病毒的含义也在逐步发生着变化，与计算机病毒特征和危害有类似之处的“特洛伊木马”和“蠕虫”，从广义角度而言也可归为计算机病毒之列。

2. 计算机病毒的特征

任何计算机病毒都是人为制造的、具有一定破坏性的程序。它们与生物病毒有不同点，也有相似之处。概括起来，计算机病毒具有破坏性、传染性、隐蔽性、潜伏性、不可预见性、针对性等特点。

（1）破坏性。任何病毒只要侵入计算机系统，都会对系统及应用程序产生不同程度的影响。良性病毒可能只显示些画面或播出点音乐、无聊的语句，或者根本没有任何破坏动作，只是占用系统资源。恶性病毒则有明确的目的，或破坏数据、删除文件，或加密磁盘、格式化磁盘，有的对数据造成不可挽回的破坏。恶性病毒的危害性很大，严重时可导致系统死机，甚至网络瘫痪。这也反映出病毒编制者的险恶用心。

（2）传染性。计算机病毒的传染性，也叫自我复制或传播性，这是病毒的本质特征。在一定条件下，病毒可以通过某种渠道从一个文件或一台计算机上传染到另外的没被感染的文件或计算机上。当在一台机器上发现病毒时，往往曾在这台计算机上用过的软盘已感染上了病毒，而与这台机器相连网的其他计算机也可能被该病毒感染了。感染的病毒轻则使被感染的文件或计算机数据破坏或工作失常，重则使系统瘫痪。是否具有传染性是判别一个程序是否为计算机病毒的最重要依据。

（3）隐藏性。计算机病毒一般是具有很高编程技巧、短小精悍的程序，通常附在正常程序中或代码中，病毒程序与正常程序是不容易区别开来的。一般在没有防护措施的情况下，计算机病毒程序取得系统控制权后，可以在很短的时间里传染大量程序。而且受到传染后，计算机系统通常仍能正常运行，使用户不会感到任何异常。正是由于这种隐蔽性，计算机病毒才得以在用户没有察觉的情况下扩散到众多的计算机中。大部分的病毒代码之所以设计得非常短小，也是为了便于隐藏。

（4）潜伏性。大部分的病毒感染系统后一般不会马上发作，可在几天、几周、几个月甚至几年内隐藏起来，而不被发现。只有在满足其特定条件（如特定日期）时才会发作。如著名的“黑色星期五”病毒在每逢 13 日的星期五发作。这些病毒在平时会隐藏得很好，只有在发作日才会露出本来面目。

（5）不可预见性。随着计算机病毒的制作技术不断提高，种类也不断翻新，而相比之下，防病毒技术落后于病毒制作技术。新型操作系统、新型软件工具的应用，也为病毒编制者提供了方便。因此，对未来病毒的类型、特点及破坏性等均很难预测。

（6）衍生性。计算机病毒程序可被他人模仿或修改，经过恶作剧者或恶意攻击者的改写，就可能成为原病毒的变种，衍生出多种“同根”病毒。

（7）针对性。很多计算机病毒并非在任何环境下都可起作用，而是有一定的运行环境要求，只有在软、硬件条件满足要求时才能发作。

3. 计算机病毒的传播

病毒传播进入系统的途径主要有以下三种。

（1）网络。计算机网络为现代信息的传输和共享提供了极大的方便，但它也成了计算机病毒迅速传播扩散的“高速公路”。在网络上，带有病毒的文件、邮件被下载或接收后被打开或运行，病毒就会扩散到系统中相关的计算机上。服务器是网络的整体或部分核心，一旦其关键文件被感染，再通过服务器的扩散，病毒将会对系统造成巨大的破坏。在信息国际化的同时，病毒也在国际化，计算机网络将是今后计算机病毒传播的主要途径。

（2）可移动的存储设备。计算机病毒可通过可移动的存储设备（如软盘、磁带、光盘、U 盘等）进行传播。在这些可移动的存储设备中，U 盘是应用最广泛且移动性最频繁的存储介质，在网络中的计算机上使用带有病毒的 U 盘，U 盘所带病毒就很容易被扩散到网络上。大量的计算机病毒都是从这类途径传播的。

（3）通信系统。通过点对点通信系统和无线通信信道也可传播计算机病毒。目前出现的手机病毒就是利用无线信道传播的。目前这种传播途径越来越广泛，很可能成为仅次于计算机网络的第二大病毒扩散渠道。

4. 计算机病毒的危害

提到计算机病毒的危害，人们往往注重病毒对信息系统的直接破坏（如格式化硬盘、删除文件等），并以此来区分恶性病毒和良性病毒。但随着计算机应用的发展和计算机病毒的发展及破坏程度的增加，计算机病毒的危害性越来越严重。计算机病毒的主要危害有以下几种。

（1）攻击系统数据区。大部分病毒在激发时直接破坏系统中的重要数据。病毒攻击的部位包括硬盘主引导扇区、boot 扇区、FAT 表、文件目录等数据区，一般来说，攻击系统数据区的病毒是恶性病毒，受损害的数据不易恢复。

（2）攻击文件。病毒对文件的攻击方式很多，如删除、改名、替换内容、丢失簇和对文件加密等。

（3）抢占系统资源。内存是计算机的重要资源，也是病毒攻击的主要目标。大多数病毒在动态下都常驻内存，这就会抢占部分系统资源。病毒所占用的内存长度与病毒本身长度大致相当。病毒额外地占用和消耗内存资源，可导致一些大程序运行受阻。病毒攻击内存的方式有大量占用、改变内存总量、禁止分配和蚕食内存等。

（4）占用磁盘空间和对信息的破坏。寄生在磁盘上的病毒总是要占用一定的磁盘空间的。

引导型病毒一般是由病毒本身占据磁盘引导扇区，而把原来的引导区转移到其他扇区，即引导型病毒要覆盖一个磁盘扇区。被覆盖的扇区数据将永久性丢失，无法恢复。

文件型病毒利用一些 DOS 功能进行传染，这些 DOS 功能能检测出磁盘的未用空间，把病毒的传染部分写入磁盘的未用部位。所以，文件型病毒在传染过程中一般不破坏磁盘上的原有数据，但非法侵占了磁盘空间。

（5）干扰系统运行，使运行速度下降。病毒的此类行为也花样繁多，如不执行命令、干扰内部命令的执行、虚假报警、打不开文件、内部栈溢出、占用特殊数据区、时钟倒转、重启动、死机、强制游戏、扰乱串/并接口等。病毒激活时，系统延迟程序启动，在时钟中纳入循环计数，迫使计算机空转，运行速度明显下降。

（6）攻击 CMOS。在机器的 CMOS 中，保存着系统的重要数据，如系统时钟、磁盘类型和内存容量等。有的病毒激活时，能够对 CMOS 进行写入动作，破坏 CMOS 中的数据。如 CIH 病毒破坏计算机硬件，乱写某些主板 BIOS 芯片，损坏硬盘。

（7）攻击和破坏网络系统。新型的恶意代码（如蠕虫、特洛伊木马等）的破坏性很强，危害性很大。蠕虫是一种程序或程序系列，通过网络来扩散和传播特定的信息或错误，进而造成网络服务遭到拒绝，并出现死锁现象或使系统崩溃。特洛伊木马是一种潜伏在网络系统中执行非授权功能的技术，它在正常程序中隐藏秘密指令，使系统在仍能完成预定任务的情况下，执行非授权操作。

10.3.2　网络病毒

网络病毒实际上是一个笼统的概念，可以从两方面理解。一是专指在网络上传播并对网络进行破坏的病毒；二是指与 Internet 有关的病毒，如 HTML 病毒、电子邮件病毒、Java 病毒等。

Internet 的开放性成为计算机病毒广泛传播的有利途径，Internet 本身的安全漏洞也为产生新的计算机病毒提供了良好的条件，加之一些新的网络编程软件（如 JavaScript、ActiveX）也为将计算机病毒渗透到网络的各个角落提供了方便。这就是近几年兴起并大肆破坏网络系统的“网络病毒”。

1. 网络病毒的传播

Internet 的飞速发展给防病毒工作带来了新的挑战。Internet 上有众多的软件、工具可供下载，有大量的数据要交换，这给病毒的大面积传播提供了可能和方便。Internet 本身也衍生出一些新一代病毒，如 Java 和 ActiveX 病毒。这些病毒不需要寄主程序，它们可通过 Internet 到处肆虐寄主，可以与传统病毒混杂在一起，不被人们觉察。更有甚者，它们可跨越操作平台，一旦传染，便可毁坏所有操作系统。网络病毒一旦突破网络安全系统，传播到网络服务器，进而在整个网络上传染、再生，就会使网络资源遭到严重破坏。

除了通过电子邮件传播外，病毒入侵网络的途径还有：病毒通过工作站传播到服务器硬盘，再由服务器的共享目录传播到其他工作站；网络上下载带病毒的文件的传播；入侵者通过网络漏洞的传播，等等。Internet 可以作为文件病毒的载体，通过它，文件病毒可以很方便地传送到其他站点。例如，用户在使用网络时，可直接从文件服务器复制已感染病毒的文件；用户在工作站上执行一个带毒操作文件，该病毒就会感染网络上其他可执行文件；用户在工作站上执行带毒内存驻留的文件后，再访问网络服务器时可感染更多的文件。

2. 网络病毒的特点

计算机网络的主要特征是资源共享。一旦共享资源感染了病毒，网络各节点间信息的频繁传输会将计算机病毒传染到所共享的机器上，从而形成多种共享资源的交叉感染。病毒的迅速传播、再生、发作，将造成比单机病毒更大的危害，因此网络环境下计算机病毒的防治就显得更加重要了。

在网络环境中，计算机病毒具有传播方式复杂、传播速度快、传播范围广、病毒变种多、危害大、清除难度大等特点。

10.3.3 恶意代码

恶意代码是一种程序，它通常在不被察觉的情况下把代码寄宿到另一段程序中，从而达到破坏被感染的计算机数据、运行具有入侵性或破坏性的程序、破坏被感染的系统数据的安全性和完整性的目的。常见恶意代码如下所述。

1. 普通病毒

普通病毒一般都具有自我复制的功能，同时，它们还可以把自己的副本分发到其他文件、程序或计算机中去。病毒一般寄宿在主机的程序中，当被感染文件执行操作的时候，病毒就会自我复制（如打开一个文件，运行一个程序，单击邮件的附件，等等）。由于设计者的目的不同，病毒也拥有不同的功能，一些病毒只是用于恶作剧，而另一些则是以破坏为目的，还有一些病毒表面上看是恶作剧病毒，但实际上隐含破坏功能。

2. 木马

（1）木马病毒概述。“特洛伊木马”的英文叫做 Trojan horse，其名称取自希腊神话的特洛伊木马记，它是一种基于远程控制的黑客工具：木马病毒通常寄生于用户的计算机系统中，盗窃用户信息，并通过网络发送给黑客。在黑客进行的各种攻击行为中，木马都起到了开路先锋的作用。

谈到木马，人们就想到病毒，木马也算是一种病毒，但与传统的计算机病毒不同。木马程序是一种恶意代码，它通常并不像病毒程序那样感染文件，木马一般是以寻找后门、窃取密码和重要文件为主，还可以对计算机进行跟踪监视、控制、查看、修改资料等操作，具有很强的隐蔽性、突发性和攻击性。

木马的传播方式主要有三种：一种是通过 E-mail，控制端将木马程序以附件形式附着在邮件上发送出去，收件人只要打开附件就会感染木马；第二种是软件下载，一些非正式的网站以提供软件下载的名义，将木马捆绑在软件安装程序上，程序下载后只要一运行这些程序，木马就会自动安装；第三种是通过会话软件（如 MSN、QQ）的“传送文件”进行传播，不知情的网友一旦打开带有木马的文件就会感染木马。

（2）木马的原理。木马程序作为一种病毒，与其他的病毒程序一样，都需要在运行时隐藏自己的行踪。传统的文件型病毒寄生于正常可执行程序体内，通过寄主程序的执行而执行，与此方式不同的是，大多数木马程序都有一个独立的可执行文件。木马通常不容易被发现，因为它一般是以一个正常应用的身份在系统中运行的。木马的运行可有以下三种模式。

- 潜伏在正常的程序应用中，附带执行独立的恶意操作。
- 潜伏在正常的程序应用中，但会修改正常的应用进行恶意操作。
- 完全覆盖正常的程序应用，执行恶意操作。

特洛伊木马也采用客户-服务器工作模式。它一般包括一个客户端和一个服务器端，客户端放在木马控制者的计算机中，服务器端放置在被入侵的计算机中，木马控制者通过客户端与被入侵计算机的服务器端建立远程连接。一旦连接建立，木马控制者就可以通过对被入侵计算机发送指令来传输和修改文件。攻击者利用一种称为绑定程序的工具将服务器部分绑定到某个合法软件上，诱使用户运行该合法软件。只要用户一运行该软件，特洛伊木马的服务器部分就在用户毫无知觉的情况下完成了安装过程。通常，特洛伊木马的服务器部分都是可以定制的，攻击者可以定制的项目一般包括服务器运行的 IP 端口号、程序启动时机、如何发出调用、如何隐身、是否加密等。另外，攻击者还可以设置登录服务器的密码，确定通信方式。服务器向攻击者通知的方式可能是发送一个 E-mail，宣告自己当前已成功接管的机器；或者可能是联系某个隐藏的 Internet 交流通道，广播被侵占机器的 IP 地址；另外，当特洛伊木马的服务器部分启动之后，它还可以直接与攻击者机器上运行的客户程序通过预先定义的端口进行通信。不管特洛伊木马的服务器和客户程序如何建立联系，有一点是不变的，就是攻击者总是利用客户程序向服务器程序发送命令，达到操控用户机器的目的。

（3）木马的危害。对于众多网络用户来说，对木马也许并不陌生。木马是一种远程控制工具，以简便、易行、有效而深受黑客青睐。木马病毒主要以网络为依托进行传播，窃取用户隐私资料是其主要目的；而且这些木马病毒多具有引诱性与欺骗性，是病毒新的危害趋势。

木马可以说是一种后门程序，它会在你的计算机系统里打开一个“后门”，黑客就会从这个被打开的特定“后门”进入系统，然后就可以随心所欲操纵计算机了。那么黑客通过木马进入到计算机里后能够做什么？答案是用户能够在自己的计算机上做什么，他就同样能做什么。他可以读、写、存、删除文件，可以得到你的隐私、密码，甚至你在计算机上鼠标的每一下移动，他都可以尽收眼底，而且还能够控制你的鼠标和键盘去做他想做的任何事，比如打开你珍藏的好友照片，然后在你面前将它永久删除。也就是说，用户的一台计算机一旦感染上木马，它就变成了一台傀儡机，对方可以在用户的计算机上上传下载文件，偷窥用户的私人文件，窃取用户的各种密码及口令信息，等等。感染了木马的系统，用户的一切秘密都将暴露在别人面前，隐私将不复存在。

特洛伊木马控制者既可以随心所欲地查看已被入侵的机器，也可以用广播方式发布命令，指示所有在他控制下的特洛伊木马一起行动，或者向更广泛的范围传播，或者做其他危险的事情。实际上，只要用一个预先定义好的关键词，就可以让所有被入侵的机器格式化自己的硬盘，或者向另一台主机发起攻击。攻击者经常会用特洛伊木马侵占大量的机器，然后针对某一要害主机发起分布式拒绝服务攻击（DDoS）。

木马在黑客入侵中也是一种不可缺少的工具。国内危害最严重的木马有 QQ 木马、网银木马、MSN 木马、传奇木马、灰鸽子、黑洞木马、广告木马等。这些木马会随着电子邮件、即时通信工具、网页浏览等方式感染用户计算机。系统漏洞就像给了木马一把钥匙，使它能够很轻易地在计算机中埋伏下来，达到其窃取隐私信息的险恶目的。

（4）木马的检测和清除。可以通过查看系统端口开放的情况、系统服务情况、系统任务运行情况、网卡的工作情况、系统日志及运行速度有无异常等对木马进行检测。检测到计算机感染木马后，就要根据木马的特征来进行清除。查看是否有可疑的启动程序、可疑的进程存在，是否修改了 win. ini、system. ini 系统配置文件和注册表。如果存在可疑的程序和进程，就按照特定的方法进行清除。

① 查看开放端口。当前最为常见的木马通常是基于 TCP/UDP 协议进行客户端与服务器端之间通信的。因此，就可以通过查看在本机上开放的端口，看是否有可疑的程序打开了某个可疑的端口。例如，“冰河”木马使用的监听端口是 7626，Back Orifice 2000 使用的监听端口是 54320，等等。假如查看到有可疑的程序在利用可疑端口进行连接，则很有可能就是感染了木马。查看端口的方法通常有以下几种。

- 使用 Windows 本身自带的 netstat 命令。
- 使用 Windows 2000 下的命令行工具 fport。
- 使用图形化界面工具 ActivePorts。

② 查看和恢复 win. ini 和 system. ini 系统配置文件。查看 win. ini 和 system. ini 文件是否有被修改的地方。例如，有的木马通过修改 win. ini 文件中 windows 节的“load = file. exe, run = file. exe”语句进行自动加载，还可能修改 system. ini 中的 boot 节，实现木马加载。例如“妖之吻”病毒，将“shell = explorer. exe”（Windows 系统的图形界面命令解释器）修改成“shell = yzw. exe”，在计算机每次启动后就自动运行程序 yzw. exe；可以把 system. ini 恢复为原始配置，即将“shell = yzw. exe”修改回“shell = explorer. exe”，再删除掉病毒文件即可。

③ 查看启动程序并删除可疑的启动程序。如果木马自动加载的文件是直接通过在 Windows 菜单上自定义添加的，一般都会放在主菜单的“开始、程序、启动”处，在 Windows 资源管理器里的位置是“C: \ windows \ startmenu \ programs \ 启动”处。通过这种方式使文件自动加载时，一般都会将其存放在注册表中下述 4 个位置上：

- HKEY_CURRENT_USER \ software \ microsoft \ windows \ currentversion \ explorer \ shellfolders
- HKEY_CURRENT_USER \ software \ microsoft \ windows \ currentversion \ explorer \ userShellfolders
- HKEY_LOCAL_MACHINE \ software \ microsoft \ windows \ currentversion \ explorer \ userShellFolders
- HKEY_LOCAL_ MACHINE \ software \ microsoft \ windows \ currentversion \ explorer \ shellfolders

检查是否有可疑的启动程序，便很容易查到是否感染了木马。如果查出有木马存在，则除了要查出木马文件并删除外，还要将木马自动启动程序删除。

④ 查看系统进程并停止可疑的系统进程。木马再狡猾，也只是一个应用程序，需要进程来执行。可以通过查看系统进程来推断木马是否存在。在 Windows NT/XP 系统下，按下 Ctrl + Alt + Del键进入任务管理器，就可看到系统正在运行的全部进程。如果对系统非常熟悉，对每个系统运行的进程知道它是做什么的，那么在木马运行时，就能很容易发现哪个是木马程序的活动进程了。

在对木马进行清除时，首先要停止木马程序的系统进程。例如，Hack. Rbot 病毒除了将自身复制到一些固定的 Windows 自启动项中外，还在进程中运行 wuamgrd. exe 程序，修改注册表，以便病毒可随时自启动。在看到有木马程序在运行时，需要马上停止系统进程，并进行下一步操作，修改注册表和清除木马文件。

⑤ 查看和还原注册表。木马一旦被加载，一般都会在以下几处对注册表进行修改：

- HKEY_LOCAL_MACHINE \ software \ microsoft \ windows \ currentversion \ run
- HKEY_LOCAL_MACHINE \ software \ microsoft \ windows \ currentversion \ runonce
- HKEY_LOCAL_MACHINE \ software \ microsoft \ windows \ currentversion \ runservices
- HKEY_LOCAL_MACHINE \ software \ microsoftwindows \ currentversion \ runservicesonce
- HKEY_LOCAL_USER \ software \ microsoft \ windows \ currentversion \ run \ runonce
- HKEY_LOCAL_ USER \ software \ microsoft \ windows \ currentversion \ runservices

此外，在注册表中的 HKEY_CLASSES_ROOT \ exefile \ shell \ open \ command = “”%1 “% *”处，如果其中的“%1”被修改为木马，那么每启动一次该可执行文件，木马就会启动一次。

查看注册表，将注册表中木马修改的部分还原。例如，Hack. Rbot 病毒已向注册表的有关目录中添加键值 MicrosoftUpdate = wuamgrd. exe，以便病毒可随机自启动。这就需要先进入注册表，将键值 MicrosoftUpdate = wuamgrd. exe 删除掉。注意，可能有些木马会不允许执行 . exe文件，这样就要先将 regedit. exe 改成系统能够运行的形式，比如可以改成 regedit. com。

⑥ 使用杀毒软件和木马查杀工具检测和清除木马。最简单的检测和删除木马的方法是安装木马查杀软件。常用的木马查杀工具有 KV、瑞星、TheCleaner、木马克星、木马终结者等，可以进行木马的检测和查杀。此外，还可使用其他木马专杀工具对木马进行查杀，在这里推荐 McAfee 和 Anti-TrojanShield。McAfee 集合了入侵防护及防火墙技术，为个人计算机和文件服务器提供全面的病毒防护；Anti-TrojanShield 是一款享誉欧洲的专业木马检测、拦截及清除软件。

（5）木马的预防。目前木马已对计算机用户信息安全构成了极大隐患，做好对木马的防范工作已经刻不容缓。用户必须提高对此类病毒的警惕，尤其是网络游戏玩家更应该提高对木马的关注。

以下是几种简单适用的木马预防方法和措施。

① 不随便打开来历不明的邮件，阻塞可疑邮件。现在许多木马都是通过邮件来传播的，当你收到来历不明的邮件时，请不要打开，应尽快删除；加强邮件监控系统，拒收垃圾邮件。可通过设置邮件服务器和客户端来阻塞带有可疑附件的邮件，例如，附件的扩展名与恶意代码有关联（如 . pif，. vbs），或是带有复合扩展名的可疑邮件（如 . txt. vbs，. htm. exe 等）。

② 不随意下载来历不明的软件。最好是在一些知名的网站下载软件，不要下载和运行那些来历不明的软件。在安装软件之前最好用杀毒软件查看有没有病毒，之后再进行安装。

③ 及时修补漏洞和关闭可疑的端口。一般木马都是通过漏洞在系统上打开端口留下后门的，在修补漏洞的同时要对端口进行检查，把可疑的端口关闭。

④ 尽量少用共享文件夹。尽量少地使用共享文件夹，如果必须使用，则应设置账号和密码保护。千万不要将系统目录设置成共享，最好将系统下默认共享的目录关闭。Windows 系统默认情况下将目录设置成共享状态，这是要注意的。

⑤ 运行实时监控程序。在上网时最好运行反木马实时监控程序和个人防火墙。

⑥ 经常升级系统和更新病毒库，并定时对系统进行病毒检测。经常关注厂商网站的安全公告，因为这些网站通常都会及时地将漏洞、木马和更新公布出来，并第一时间发布补丁和新的病毒库等。

⑦ 限制使用不必要的具有传输能力的文件。限制使用诸如点对点传输文件、音乐共享文件、实时通信文件等，因为这些程序经常被用来传播恶意代码。

3. 蠕虫

网络蠕虫，作为对 Internet 危害严重的一种计算机程序，其破坏力和传染性不容忽视。与传统的病毒不同，蠕虫病毒以计算机为载体，以网络为攻击对象。

（1）蠕虫的定义和类型。蠕虫也是一种病毒。但是蠕虫病毒和普通病毒有着很大的区别。普通病毒是需要寄生的，它可以通过自己指令的执行，将自己的指令代码寄宿到其他程序的体内，而被感染的文件就被称为“宿主”。宿主程序执行的时候，就可先执行病毒程序，病毒程序运行完之后，再把控制权交给宿主原来的程序指令。由此可见，普通病毒主要是感染文件和引导区，而蠕虫是一种通过网络传播的恶性代码。它具有普通病毒的一些共性，如传播性、隐蔽性、破坏性等；同时也具有一些自己的特征，如不利用文件寄生、可对网络造成拒绝服务、与黑客技术相结合等。蠕虫的传染目标是网络内的所有计算机。在破坏性上，蠕虫病毒也是普通病毒所不能比的，网络的发展使得蠕虫可以在短短的时间内蔓延到整个网络，造成网络瘫痪。蠕虫病毒与一般病毒的区别如表 10-1 所示。

表 10-1　蠕虫病毒与一般病毒的区别

	普通病毒	蠕虫病毒
存在形式	寄存文件	独立程序
传染机制	宿主程序运行	主动攻击
传染目标	本地文件	网络计算机

按其传播和攻击特征，可将蠕虫病毒分为 3 类：漏洞蠕虫、邮件蠕虫和传统蠕虫病毒。其中以利用系统漏洞进行破坏的蠕虫病毒最多，占总体蠕虫病毒数量的 69%；邮件蠕虫居第二位，占蠕虫病毒数量的 27%；其他传统蠕虫病毒占 4%。蠕虫病毒可以造成网络大面积瘫痪，引起邮件服务器堵塞，最主要的症状表现在用户浏览不了网页，或者企业用户接收不了邮件。比如 2004 年爆发的“震荡波”病毒造成了互联网大面积瘫痪，众多用户无法使用互联网，而“五毒虫”蠕虫病毒可以堵塞企业邮件服务器，造成邮件病毒泛滥。

漏洞蠕虫可利用微软的几个系统漏洞进行传播，主要是 SQL 漏洞、RPC 漏洞和 LSASS 漏洞，其中 RPC 漏洞和 LSASS 漏洞最为严重。漏洞蠕虫极具危害性，大量的攻击数据堵塞网络，并可造成被攻击系统不断重启、系统速度变慢等现象。漏洞蠕虫的特性又被集成到黑客病毒，造成的危害就更大了。反病毒专家介绍，每当企业感染了蠕虫病毒后都非常难以清除，需要拔掉网线后将每台机器都查杀干净。如果网络中有一台机器受到漏洞蠕虫病毒攻击，那么整个网络将陷入病毒“泥潭”中。“冲击波”、“震荡波”病毒就是典型的例子。

电子邮件蠕虫主要通过邮件进行传播。邮件蠕虫使用自己的 SMTP 引擎，将病毒邮件发送给搜索到的邮件地址。有时候会发现同事或好友重复不断地发来各种英文主题的邮件，这就是感染了邮件蠕虫。邮件蠕虫还能利用 IE 漏洞，使用户在没有打开附件的情况下感染病毒。最新的 MYDOOM 变种 AH 能利用 IE 漏洞，使病毒邮件不再需要附件就可感染用户。

（2）蠕虫的传播。局域网条件下的共享文件夹、电子邮件和网络中的恶意网页、大量存在着漏洞的服务器等都成为蠕虫传播的途径。网络的发展也使得蠕虫病毒可以在几个小时内蔓延到全球，而且蠕虫的主动攻击性和突然暴发性将使得人们束手无策。

蠕虫程序的一般传播过程如下。

- 扫描。由蠕虫的扫描功能模块负责收集目标主机的信息，寻找可利用的漏洞或弱点。当程序向某个主机发送探测漏洞的信息并收到成功的反馈信息后，就得到一个可传播的对象。扫描采用的技术包括用扫描器扫描主机，探测主机的操作系统类型、主机名、用户名、开放的端口、开放的服务、开放的服务器软件版本等。
- 攻击。攻击模块按步骤自动攻击前面扫描中找到的对象，取得该主机的权限（一般为管理员权限），获得一个 shell。
- 复制。复制模块通过源主机和新主机的交互将蠕虫程序复制到新主机中并启动。

由此可见，实际上传播模块实现的是自动入侵的功能，蠕虫采用的是自动入侵技术，由于受程序大小的限制，自动入侵程序不可能有太强的智能性，所以自动入侵一般都采用某种特定的模式，这种入侵模式是由普通入侵技术中提取出来的。目前蠕虫使用的入侵模式就是：扫描漏洞——攻击并获得 shell——利用 shell。这种入侵模式也就是现在蠕虫常用的传播模式。

（3）蠕虫病毒的防范。与普通病毒不同的一个特征是蠕虫病毒往往能够利用漏洞。这里的漏洞（或者说是缺陷）分为软件缺陷和人为缺陷两类。软件缺陷（如远程溢出、微软 IE 和 Outlook 的自动执行漏洞等）需要软件厂商和用户共同配合，不断地升级软件来解决。人为缺陷主要是指计算机用户的疏忽。这就是所谓的社会工程学，当收到一封带着病毒的求职信邮件时，大多数人都会去单击。对于企业用户来说，威胁主要集中在服务器和大型应用软件上，而对个人用户，主要是防范第二种缺陷。

蠕虫病毒本身除了对网络产生拒绝服务攻击外，并没有别的破坏。但如果病毒编写者在编写病毒的时候加入破坏代码，后果将不堪设想。

① 企业用户蠕虫病毒的防范。2002 年 7 月，微软的安全公告中就对“SQL 蠕虫”病毒利用的漏洞有详细说明，而且微软也提供了安全补丁程序，然而在病毒发作时还有相当多一部分服务器没有安装最新的补丁，其网络管理员的安全防范意识可见一斑。

当前，企业网络主要应用于文件和打印服务共享、办公自动化系统、企业管理信息系统（MIS）、Internet 应用等领域。网络具有便利的信息交换特性，蠕虫病毒也可以充分利用网络快速传播达到其阻塞网络的目的。企业在充分利用网络进行业务处理的同时，也要考虑病毒防范问题，以保证关系企业命运的业务数据的完整性和可用性。

企业防治蠕虫病毒需要考虑病毒的查杀能力、病毒的监控能力和新病毒的反应能力等几个问题。而企业防毒的一个重要方面就是管理策略，建议企业防范蠕虫病毒的策略如下。

- 加强网络管理员安全管理水平，提高安全意识。由于蠕虫病毒利用的是系统漏洞，所以需要在第一时间内保持系统和应用软件的安全性，保持各种操作系统和应用软件的更新。由于各种漏洞的出现，使得安全问题不再是一劳永逸的事，而作为企业用户而言，所经受攻击的危险也是越来越大，要求企业的管理水平和安全意识也越来越高。
- 建立病毒检测系统，能够在第一时间内检测到网络的异常和病毒攻击。
- 建立应急响应系统，将风险减少到最低。由于蠕虫病毒暴发的突然性，可能在病毒发现的时候已经蔓延到了整个网络，所以建立一个紧急响应系统是很有必要的，在病毒暴发的第一时间即能提供解决方案。

- 建立备份和容灾系统，对于数据库和数据系统必须采用定期备份、多机备份和容灾等措施，防止意外灾难下的数据丢失。

② 个人用户蠕虫病毒的分析和防范。对于个人用户而言，威胁大的蠕虫病毒一般采取电子邮件和恶意网页传播方式。蠕虫病毒对个人用户的威胁最大，同时也最难以根除，造成的损失也更大。

对于利用电子邮件传播的蠕虫，通常利用的是社会工程学欺骗，即以各种各样的欺骗手段诱惑用户单击的方式进行传播。

确切地说，恶意网页是一段黑客代码程序，它内嵌在网页中，当用户在不知情的情况下将其打开时，病毒就会发作。这种病毒代码内嵌技术的原理并不复杂，所以会很容易地被利用。在很多黑客网站竟然出现了关于用网页进行破坏的技术论坛，并提供破坏程序代码的下载端口，从而造成了恶意网页的大面积泛滥，也使越来越多的用户遭受损失。

通过上述的分析可知，病毒并不是非常可怕的，网络蠕虫对个人用户的攻击主要还是通过社会工程学，而不是利用系统漏洞，所以防范此类病毒需要注意以下几点。

- 购买合适的杀毒软件。
- 经常升级病毒库。
- 提高防杀病毒意识。
- 不随意查看陌生邮件，尤其是带有附件的邮件。

可以预见，网络蠕虫未来将会给网络带来重大灾难。对蠕虫的网络传播性、网络流量特性等建立相应的数学模型并进行分析，是我们今后有待研究的工作。

4. 其他恶意软件

有许多存在的威胁并不被认为是恶意软件，因为它们不是具有邪恶意图的计算机程序。但是，这些威胁对于一个用户而言仍然具有安全和经济上的影响。

(1) 玩笑软件。玩笑应用程序旨在生成一个微笑，或在最糟糕的情况下浪费某人的时间。这些应用程序自从人们开始使用计算机以来就一直存在。它们不是出于邪恶的目的而被开发的，而且很明白地标识为玩笑。

(2) 恶作剧。与其他形式的恶意软件一样，恶作剧也使用社会工程学来试图欺骗计算机用户执行某些操作。但是，在恶作剧中并不执行任何代码；恶作剧者通常只尝试欺骗受害者。至今恶作剧已经采用了多种形式。但特别常见的一个示例为，某个电子邮件声称发现了一种新的病毒类型，并要你通过转发此邮件来通知您的朋友。这些恶作剧会浪费人们的时间，消耗电子邮件资源并占用网络带宽。

(3) 网络钓鱼。

① 网络钓鱼（Phishing），并不是一种新的入侵方法，但是它的危害范围却在逐渐扩大，成为近期最严重的网络威胁之一。“网络钓鱼”攻击利用欺骗性的电子邮件和伪造的 Web 站点来进行诈骗活动，受骗者往往会泄露自己的财务数据，如信用卡号、账户用户名、口令和社保编号等内容。诈骗者通常会将自己伪装成知名银行、在线零售商和信用卡公司等可信的品牌，在所有接触诈骗信息的用户中，有高达 5% 的人都会对这些骗局作出响应。

② 网络钓鱼常用手段。

- 发送电子邮件，以虚假信息引诱用户中圈套。诈骗分子以垃圾邮件的形式大量发送欺诈性邮件，这些邮件多以中奖、顾问、对账等内容引诱用户在邮件中填入金融账号和密码，或是以各种紧迫的理由要求收件人登录某网页提交用户名、密码、身份证号、信用卡号等信息，继而盗窃用户资金。

- 建立假冒网上银行、网上证券网站，骗取用户账号密码，实施盗窃。犯罪分子建立起域名和网页内容都与真正网上银行系统、网上证券交易平台极为相似的网站，引诱用户输入账号、密码等信息。还有的利用跨站脚本，即利用合法网站服务器程序上的漏洞，在站点的某些网页中插入恶意 HTML 代码，屏蔽住一些可以用来辨别网站真假的重要信息，利用 Cookie 窃取用户信息。
- 利用虚假的电子商务进行诈骗。此类犯罪活动往往是建立电子商务网站，或是在比较知名、大型的电子商务网站上发布虚假的商品销售信息，犯罪分子在收到受害人的购物汇款后就销声匿迹。
- 利用木马和黑客技术等手段窃取用户信息后实施盗窃活动。木马制作者通过发送邮件或在网站中隐藏木马等方式大肆传播木马程序，当感染木马的用户进行网上交易时，木马程序即以键盘记录的方式获取用户账号和密码，并发送给指定邮箱，用户资金将受到严重威胁。
- 利用用户弱口令等漏洞破解、猜测用户账号和密码。不法分子利用部分用户贪图方便设置弱口令的漏洞，对银行卡密码进行破解。

实际上，不法分子在实施网络诈骗的犯罪活动过程中，经常采取以上几种手法交织、配合进行，还有的通过手机短信、QQ、MSN 进行各种各样的“网络钓鱼”不法活动。

③ 防范措施。提高安全意识，加强对网络钓鱼的防范是保证用户免受攻击的最佳方法之一，具体措施如下。

- 不要在网上留下可以证明自己身份的任何资料，包括手机号码、身份证号、银行卡号码等。
- 不要把自己的隐私资料通过网络传输，包括银行卡号码、身份证号、电子商务网站账户等资料不要通过 QQ、MSN、E-mail 等软件传播，这些途径往往可能被黑客利用来进行诈骗。
- 不要相信网上流传的消息，除非得到权威途径的证明。如网络论坛、新闻组、QQ 上往往有人发布谣言，伺机窃取用户的身份资料等。
- 不要在网站注册时透露自己的真实资料。如住址、住宅电话、手机号码、自己使用的银行账户、自己经常去的消费场所等。骗子们可能利用这些资料去欺骗你的朋友。
- 如果涉及金钱交易、商业合同、工作安排等重大事项，不要仅仅通过网络完成，有心计的骗子们可能通过这些途径了解用户的资料，伺机进行诈骗。
- 不要轻易相信通过电子邮件、网络论坛等发布的中奖信息、促销信息等，除非得到另外途径的证明。正规公司一般不会通过电子邮件给用户发送中奖信息和促销信息，而骗子们往往喜欢这样进行诈骗。

另外对个人用户的建议如下。

- 提高警惕，不登录不熟悉的网站，输入网站地址的时候要校对，以防输入错误误入狼窝，细心就可以发现一些破绽。
- 不要打开陌生人的电子邮件，更不要轻信他人说教，特别是即时通讯工具上的传来的消息，很有可能是病毒发出的。

● 安装杀毒软件和防火墙，并及时升级病毒库和操作系统（如 Windows）补丁。

● 将敏感信息输入隐私保护，打开个人防火墙。一旦发现有害网络，要及时在防火墙中屏蔽它。

● 收到不明电子邮件时不要点击其中的任何链接。登录银行网站前，要留意浏览器地址栏，如果发现网页地址不能修改，最小化 IE 窗口后仍可看到浮在桌面上的网页地址等现象，请立即关闭 IE 窗口，以免账号密码被盗。

(4) 垃圾邮件。垃圾邮件是未经请求的电子邮件，用于为某些服务或产品做广告。它通常被认为是讨厌的东西，但是垃圾邮件不是恶意软件。但是，所发送的垃圾邮件数量的飞速增长已经成为 Internet 基础结构的一个问题，这可导致用户工作效率的降低，因为他们每天必须费力查看并删除此类邮件。

(5) 间谍软件和广告软件。ASC（反间谍软件联盟）于 2005 年 8 月起草“间谍软件”这一概念，并将“间谍软件和其他潜在的有害技术”如此定义：它能够“削弱用户对其使用经验、隐私和系统安全的物质控制能力；使用用户的系统资源，包括安装在他们电脑上的程序；或者搜集、使用并散播用户的个人信息或敏感信息。”

“间谍软件”其实是一个灰色区域，所以并没有一个明确的定义。然而，正如同名字所暗示的一样，它通常被泛泛地定义为从计算机上搜集信息，并在未得到该计算机用户许可时便将信息传递到第三方的软件，包括监视击键，搜集机密信息（密码、信用卡号、PIN 码等），获取电子邮件地址，跟踪浏览习惯等。间谍软件还有一个副产品，在其影响下这些行为不可避免地影响网络性能，减慢系统速度，进而影响整个商业进程。

间谍软件之所以称为灰色区域，主要因为它是一个包罗万象的术语，包括很多与恶意程序相关的程序，而不是一个特定的类别。大多数的间谍软件定义不仅涉及广告软件、色情软件和风险软件程序，还包括许多木马程序，如 Backdoor Trojans，Trojan Proxies 和 PSW Trojans 等。这些程序早在 10 年前第一个 AOL 密码盗取程序出现时就已经存在，只是当时还没有“间谍软件”这个术语。

间谍软件的另外一个附属品就是广告软件。此时，间谍软件以恶意后门程序的形式存在，该程序可以打开端口、启动 FTP 服务器或者搜集击键信息并将信息反馈给攻击者。间谍软件可以存在于合法的（并可接受的）商业应用程序中，可以给网络管理员在影响和监视系统方面很大的权力。尽管这些程序并非很新，但近年来有恶意目的的程序却不断增加，引起媒体和反间谍软件开发商的很大关注。

广告软件通常与宿主应用程序组合在一起，只要用户同意接受广告软件即可免费提供宿主应用程序。因为广告软件应用程序通常在用户接受说明应用程序用途的许可协议之后进行安装，因而不会给用户带来任何不快。但是，弹出式广告会非常令人讨厌，并且在某些情况下会降低系统性能。此外，有些用户原来并没有完全意识到许可协议中的条款，这些应用程序收集的信息可能会导致他们担心隐私问题。

如果用户的系统受到间谍软件或广告软件的侵害，可能会出现下列情况。

● 禁止使用电脑。尽管网络流氓们用这一招的不多，但是一旦你中招了，后果非常严重。浏览了含有这种恶意代码的网页其后果是：关闭系统、注销，注册表编辑器、DOS 程序、运行任何程序被禁止，系统无法进入实模式、驱动器被隐藏，等等。如果系统真的被黑成这个样子，只能重新安装操作系统了。

● 格式化硬盘。这类恶意代码的特征就是利用 IE 执行 ActiveX 的功能，让你无意中格式化自己的硬盘。只要你浏览了含有它的网页，浏览器就会弹出一个警告说当前的页面含有不安全的 ActiveX，可能会对你造成危害，问你是否执行。如果你选择“是”的话，硬盘就会被快速格式化，因为格式化时窗口是最小化的，你可能根本就没注意，等发现时已悔之晚矣。

解决办法：除非你知道自己是在做什么，否则不要随便回答是。该提示信息还可以被修改，如改成 Windows 正在删除本机的临时文件，是否继续，所以千万要注意！此外，将计算机上 Format. com、Fdisk. exe、Del. exe、Deltree. exe 等命令改名也是一个办法。

● 下载运行木马程序。在网页上浏览也会中木马，由于 IE 本身的漏洞，使这样的新式入侵手法成为可能，方法就是利用了微软的可以嵌入 EXE 文件的 EML 文件的漏洞，将木马放在 EML 文件里，然后用一段恶意代码指向它。上网者浏览到该恶意网页，就会在不知不觉中下载了木马并执行，其间没有任何提示和警告！

解决办法：第一个办法是升级 IE；此外，安装江民、瑞星、Norton 等病毒防火墙，它会把网页木马当做病毒迅速查杀。

● 注册表的锁定。有时浏览了恶意网页后系统被修改，想要用 Regedit 更改时，却发现系统提示你没有权限运行该程序。

解决办法：能够修改注册表的工具又不止 Regedit 一个，找一个注册表编辑器，将注册表中的 HKEY_CURRENT_USER \ Software \ MicrosoftWindows \ CurrentVersion \ PoliciesSystem 下的 DWORD 值 DisableRegistryTools 键值恢复为 0，即可恢复注册表。

● 篡改 IE 标题栏、修改 IE 默认主页、IE 右键修改、IE 窗口定时弹出。一些网站为了提高自己的访问量和做广告宣传，利用 IE 的漏洞，将访问者的 IE 不由分说地进行修改。导致用户使用时的不便。

解决办法：对于普通用户使用 IE 修复工具软件如 360 安全卫士修复 IE 的设置是个简便易行的好办法。

除去上述的解决办法之外，选择反间谍软件是防范间谍软件和广告软件的一个很好的方式，就像反病毒软件防范病毒和特洛伊木马一样。本质上讲，反间谍软件是扫描你的计算机以检测运行在计算机上的间谍软件的一种软件。大多数反间谍软件通过检测系统上已知间谍软件文件的方式进行工作。识别标识间谍软件的特殊性很困难，正像病毒的识别一样。每一个应用程序都必须与一个已知间谍软件列表进行对比检查。这就意味着必须维持某种类型的订阅服务，以便能够获得反间谍软件定义列表的日常升级。

在今天的网络环境下，运行反间谍软件同运行反病毒软件一样必要。安装防间谍软件如 Windows Defender、AVG Anti-Spyware、SpySweeper、Spyware Doctor 等，是有效防范间谍软件的措施之一。与所有方面的计算机安全一样，必须制定适宜的策略来保护系统，防范间谍软件和广告软件。具体措施如下。

● 决不下载任何应用程序、浏览器皮肤、屏幕保护程序或者网上的应用程序，除非你完全确定它是安全的，否则不要下载它。

● 确定你的浏览器设置为阻止 Cookie，或者最多在非常受限的时间内允许 Cookie。Cookie 存储了来自特定 Web 站点的信息，但是，你访问的任何站点都能读取计算机上的任何 Cookie。

- 应该将浏览器配置为阻止脚本在用户不知情的情况下运行。
- 目前浏览器（Netscape 和 Mozilla）提供了阻止弹出窗口的功能。弹出广告经常是广告软件的载体，阻止这类广告很关键。
- 阻止 Java 小程序，或者至少要求加载之前需要用户手动确认。这将阻止很多间谍软件实用程序。
- 谨慎安装随软件附带的插件。如 3721 科技公司旗下的“上网助手”及“网络实名”、百度插件、划词搜索、网络猪等。
- 对于 Windows 系统需要经常更新，为系统和 Internet Explorer 的漏洞打上补丁。
- 使用可以监视程序通信情况的防火墙，如在 Windows 下可以使用 ZoneAlarm 或者天网防火墙，禁止不明程序访问网络。
- 检查系统中是否还有残存的不明程序，可以使用 IceSword，大部分内核级的恶意程序，都会在 IceSword 中现形，当然也要求用户对 Windows 系统比较熟悉。

10.3.4 病毒的表现症状

计算机一旦被病毒入侵，系统工作将会显示出种种非正常迹象，由此可以判断计算机可能是中了病毒。

- 计算机突然经常性无缘无故地死机或重启。可能是由于病毒程序修改了中断引起的系统不稳定。
- 操作系统无法正常启动。可能由于感染病毒后系统文件结构发生了变化，无法被操作系统加载、引导。
- 运行速度明显变慢。可能由于计算机病毒占用了大量的系统资源，并且自身的运行占用了大量的处理器时间，造成系统资源不足，运行变差。
- 原来正常运行的软件总出现内存不足的错误。可能是计算机病毒驻留后占用了系统中大量的内存空间，使得可用内存空间减小。
- 打印和通信异常。可能由于计算机病毒驻留内存后占用了打印端口、串行通信端口的中断服务程序，使之不能正常工作。
- 应用程序经常发生死机或者非法错误，可能由于计算机病毒破坏了应用程序本身的正常功能。
- 系统文件的时间、日期、大小发生变化，这是最明显的计算机病毒感染迹象。
- 磁盘空间突然迅速减少。
- 自动链接到一些陌生的网站。
- 硬盘灯不断闪烁，病毒使用持续大量的硬盘读写操作。
- Windows 桌面图标发生变化。
- 文件目录发生混乱。一般有两种情况，一种情况是确实将目录结构破坏；另一种情况是将真正的目录区转移到硬盘的其他扇区中。
- 数据丢失。可能是计算机病毒修改了硬盘的关键内容（如文件分配表，根目录区等），或部分文档丢失或被破坏。
- 部分文档自动加密码。可能是某些计算机病毒利用加密算法，将加密密钥保存在计算机病毒程序体内或其他隐蔽的地方。一旦这种计算机病毒被清除，被加密的文档就很难被恢复了。

- 部分软件升级主板的 BIOS 程序混乱，主板被破坏。
- 网络瘫痪，无法提供正常的服务。

注意，一般的系统故障是有别于计算机病毒感染的。系统故障大多只符合上面的一点或几点现象，而计算机病毒感染所出现的现象会有很多。

10.3.5　计算机病毒的防范对策

预防病毒是防治病毒的根本。防毒是从病毒的寄生对象、内存驻留方式、传染途径等病毒行为入手进行动态监测和防范。一方面防止外界病毒向机内传染，另一方面抑制现有病毒向外传染。防毒是以病毒的机理为基础，防范的目标不仅是已知的病毒，而且是以现有的病毒机理设计的一类病毒，包括按现有机理设计的未来新病毒或变种病毒。

下面介绍一些计算机病毒防治的措施。

- 用户应养成及时下载最新系统安全漏洞补丁的安全习惯，从根源上杜绝黑客利用系统漏洞攻击用户计算机的病毒。同时，升级杀毒软件、开启病毒实时监控应成为每日防范病毒的必修课。第一要保持及时升级或更新反病毒软件，使它最有效地防杀最新出现的病毒；第二不要关闭反病毒软件的实时监视功能。
- 请定期做好重要资料的备份，以免造成重大损失。

定期扫描你的系统。通常，防病毒程序都能够设置成在计算机每次启动时扫描系统或者在定期计划的基础上运行。一些程序还可以在你连接到 Internet 上时在后台扫描系统，定期扫描系统是否感染病毒，最好成为你的习惯。

- 不要轻易打开电子邮件中的附件，尤其是可执行文件、Office 文档文件。也不要随便打开来源不明的 Excel 或 Word 文档。
- 上网浏览时一定要开启杀毒软件的实时监控功能，不要随便打开陌生网站，浏览网页（特别是个人网页）时要谨慎——当浏览器出现“是否要下载 ActiveX 控件或 Java 脚本”警告通知框，为安全起见，不要轻易下载，以免遭到病毒侵害。
- 在上网过程中要注意加强自我保护，避免访问非法网站，这些网站往往嵌入了恶意代码，一旦用户打开其页面时，即会被植入木马与病毒。
- 将应用软件升级到最新版本，其中包括各种 IM 即时通讯工具、下载工具、播放器软件、搜索工具条等；更不要登录来历不明的网站，避免病毒利用其他应用软件漏洞进行木马病毒传播。
- 开启杀毒软件“系统漏洞检查”功能，全面扫描操作系统漏洞，及时更新 Windows 操作系统，安装相应补丁程序，以避免病毒利用微软漏洞攻击计算机，造成损失。
- 定义浏览器安全设置。
- 使用免费、共享软件时要注意先查毒。
- 在使用移动介质（如：U 盘、移动硬盘等）之前，建议先进行病毒查杀。
- 禁用系统的自动播放功能，防止病毒从 U 盘、移动硬盘、MP3 等移动存储设备进入计算机。禁用 Windows 系统的自动播放功能的方法：在“运行”中输入“ gpedit. msc”后回车，打开组策略编辑器，依次单击：“计算机配置”→“管理模板”→“系统”→“关闭自动播放”→“已启用”→“所有驱动器”→“确定”。

● 在登录电子银行实施网上查询交易时，尽量选择安全性相对较高的 USB 证书认证方式。不要在公共场所，如网吧，登录网上银行等一些金融机构的网站，防止重要信息被盗。

● 网上购物时也要选择注册时间相对较长、信用度较高的店铺。不要随便点击不安全陌生网站；如果遇到银行系统升级，要求更改用户密码或输入用户密码等，一定要提前确认。如果用户不幸感染了病毒，除了用相应的措施查杀病毒外，也要及时和银行联系，冻结账户，并向公安机关报案，把损失减少到最低。

● 在登录一些金融机构，如银行、证券类的网站时，应直接输入其域名，不要通过其他网站提供的链接进入，因为这些链接可能将导入虚假的银行网站。

需要注意的是，有些病毒已经与被感染文件绑在了一起。如果使用抗病毒软件，该工具就会不问青红皂白地去杀病毒，虽然病毒被杀，该文件也不可使用了，有时就会使系统启动不起来。为此，可以采取如下办法。

（1）一般情况下，不要让查杀病毒软件直接删除染毒文件。

（2）为了保险，可以事先制作重要文件的备份。当可以重新安装被感染文件时，就可以删除它。

（3）如果找不到安装程序，可以根据具体情况，或让防病毒软件采取“不处理”方式，暂时保留该病毒，工作完成或找到“再生”程序后再删除，以免破坏这个系统的工作。或者在杀病毒前，先备份一个，然后清除。

10.3.6 典型杀毒软件简介

目前使用的杀毒软件种类繁多，但功能基本上大同小异，可以根据个人的需求和喜好选择杀毒软件进行安装和使用。常用的反病毒软件有：江民杀毒软件、诺顿防病毒软件、金山毒霸、ESET NOD32、瑞星杀毒软件、卡巴斯基杀毒软件，等等。

1. 瑞星全功能安全软件

（1）瑞星全功能安全软件 2009 简介。瑞星全功能安全软件 2009 是基于瑞星“云安全”（Cloud Security）计划和“智能主动防御”技术开发的新一代信息安全产品，采用了全新的软件架构和最新引擎，全面优化病毒特征库，极大提高了运行效率并降低了资源占用。该软件完全互联网化，并实现了杀毒软件、个人防火墙等产品的无缝集成，针对目前木马病毒和黑客攻击等各种网络威胁，为用户提供集“拦截、防御、查杀、保护”为一体的个人电脑安全整体解决方案。

（2）安装和运行。瑞星杀毒软件安装前请关闭所有其他正在运行的应用程序，然后将瑞星杀毒软件光盘放入光驱，系统会自动显示安装界面，选择“安装瑞星杀毒软件”，软件将以交互的方式一步步安装。安装完成后，重新启动计算机后就可以自动运行瑞星杀毒程序了。

打开瑞星全功能安全软件主程序界面，如图 10－2 所示。瑞星全功能安全软件为用户提供了多种方便快捷的查杀方式，包括：手动查杀、空闲时段查杀、开机查杀、嵌入式查杀。如果用户需要对某一文件杀毒，可以拖曳该文件到瑞星全功能安全软件的主界面上。也可以选中该文件右击鼠标，选择“瑞星全功能安全软件”，此时瑞星全功能安全软件将自动转到开始查杀，并显示杀毒结果。

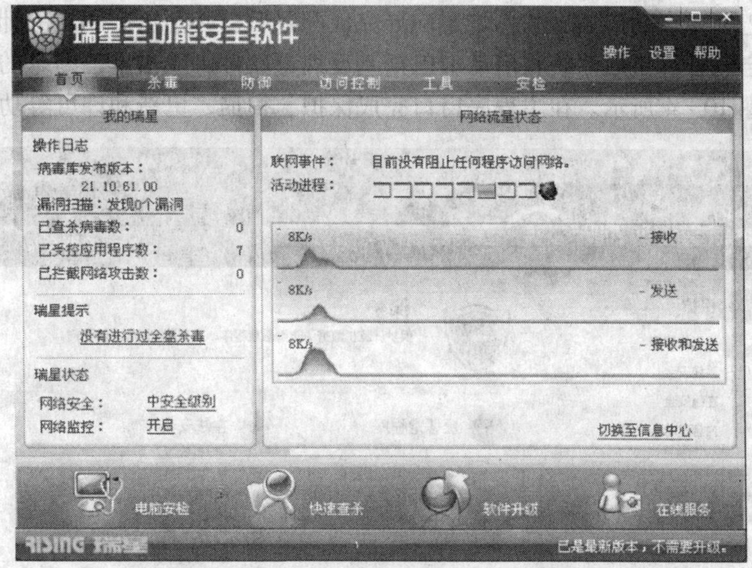

图 10－2　瑞星全功能安全软件主程序界面

2. 卡巴斯基杀毒软件

（1）卡巴斯基全功能安全软件 2009 简介。卡巴斯基全功能安全软件 2009 是一套全新的数据安全保护解决方案。采用全新的杀毒界面，包含应用程序过滤组件及主动防御和防火墙等组件，这些组件共同作用为用户提供全面的系统保护，能够防御目前已知和未知的各种威胁。软件使用了卡巴斯基安全网络技术，卡巴斯基实验室能够更快地响应新威胁。

（2）卡巴斯基 2009 的安装和运行。从卡巴斯基的官方网站 http：//www. kaspersky. com. cn/购买并下载安装程序，双击下载到本地的安装程序，按照向导提示一步步完成安装。软件主程序安装完毕后会提示用户进行“激活”，用户可以选择在线激活、激活使用版、使用授权许可文件激活和稍后激活四种不同的方式进行应用程序的激活，如图 10－3 所示。

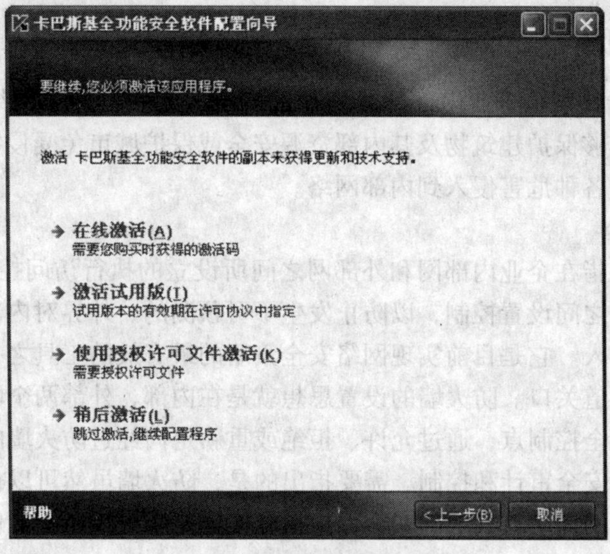

图 10－3　激活方式选择

当按照卡巴斯基全功能安全软件配置向导完成配置后，必须重启用户的计算机来完成安装程序。重新启动计算机后系统将启动卡巴斯基反病毒软件，双击卡巴斯基的图标打开其主程序窗口，如图 10－4 所示。在主程序窗口完成保护、扫描、更新和许可等功能选项。

图 10－4　卡巴斯基主程序窗口

10.4　防　火　墙

10.4.1　防火墙概述

为了保护网络（特别是企业内部网）资源的安全，人们创建了网络防火墙。就像建筑物防火墙或护城河能够保护建筑物及其内部资源安全或保护城市免受侵害一样，网络防火墙能够防止外部网上的各种危害侵入到内部网络。

1. 防火墙的概念

网络防火墙就是指在企业内部网和外部网之间所设立的执行访问控制策略的安全系统。它在内部网和外部网之间设置控制，以防止发生不可预测的、外界对内部网络资源的非法访问或潜在破坏性的侵入。它是目前实现网络安全策略的最有效的工具之一，也是控制外部用户访问内部网的第一道关口。防火墙的设置思想就是在内部、外部两个网络之间建立一个具有安全控制机制的安全控制点，通过允许、拒绝或重新定向经过防火墙的数据流，来实现对内部网服务和访问的安全审计和控制。需要指出的是，防火墙虽然可以在一定程度上保护内部网的安全，但内部网还应有其他的安全保护措施，这是防火墙所不能代替的。

2. 防火墙的局限性

防火墙可使内部网在很大程度上免受攻击，但是许多危险是防火墙所无能为力的，防火墙还存在一些不足之处。

（1）防火墙不能防范内部人员的攻击。防火墙只能提供周边防护，并不能控制内部用户对内部网络滥用授权的访问。内部用户可窃取数据、破坏硬件和软件，并可巧妙地修改程序而不接近防火墙。内部用户攻击网络正是网络安全最大的威胁。

（2）防火墙不能防范绕过它的连接。防火墙可有效地检查经由它进行传输的信息，但不能防止绕过它传输的信息。比如，如果站点允许对防火墙后面的内部系统进行拨号访问，那么防火墙就没有办法阻止攻击者进行的拨号入侵。

（3）防火墙不能防御全部威胁。防火墙可防御已知的威胁。如果是一个很好的防火墙设计方案，可以防御新的威胁，但没有一个防火墙能够防御所有的威胁。

（4）防火墙不能防御恶意程序和病毒。虽然许多防火墙能扫描所有通过的信息，以决定是否允许它们通过防火墙进入内部网络，但扫描是针对源地址、目标地址和端口号的，而不扫描数据的确切内容。因此防火墙不可能查找所有的病毒，也就不能有效地防范像病毒这类程序的入侵。

10.4.2 防火墙的体系结构

一般构成防火墙的体系结构有 4 种：过滤路由器结构、双穴主机结构、主机过滤结构和子网过滤结构。以下介绍基于这 4 种体系结构构建的防火墙应用系统。

1. 过滤路由器结构

过滤路由器结构是最简单的防火墙结构，这种防火墙可以由厂家专门生产的过滤路由器来实现，也可以由安装了具有过滤功能软件的普通路由器实现，如图 10-5 所示。过滤路由器防火墙作为内外连接的唯一通道，要求所有的报文都必须在此通过检查。路由器上可以安装基于 IP 层的报文过滤软件，实现报文过滤功能。许多路由器本身带有报文过滤配置选项，但一般比较简单。单纯由过滤路由器构成的防火墙的危险包括路由器本身及路由器允许访问的主机。过滤路由器的缺点是一旦被攻击并隐藏后很难被发现，而且不能识别不同的用户。

2. 双穴主机结构

双穴（dual homed）主机防火墙是围绕着具有双穴结构的主机而构建的，如图 10-6 所示。在这里双穴主机相当于一个网关。双穴主机具有两个或两个以上接口。双穴主机网关是用一台装有两块网卡的堡垒主机做防火墙。双穴主机的两块网卡分别与受保护的内部子网及 Internet 网络连接，起着监视和隔离应用层信息流的作用，彻底隔离了所有的内部主机与外部主机可能的连接。

堡垒主机上运行着防火墙软件，可以转发应用程序、提供服务等。与过滤路由器相比，作为堡垒主机的系统软件可用于维护系统日志、硬件拷贝日志或远程日志。但弱点也比较突出，一旦黑客侵入堡垒主机并使其只具有路由功能，任何网上用户均可以随便访问内部网。

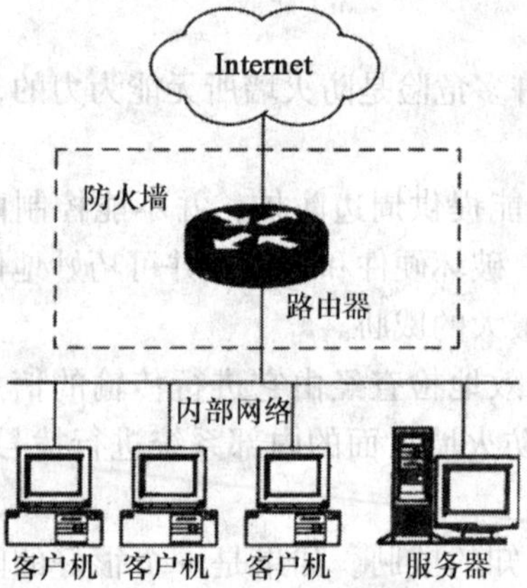

图 10-5　过滤路由器结构防火墙

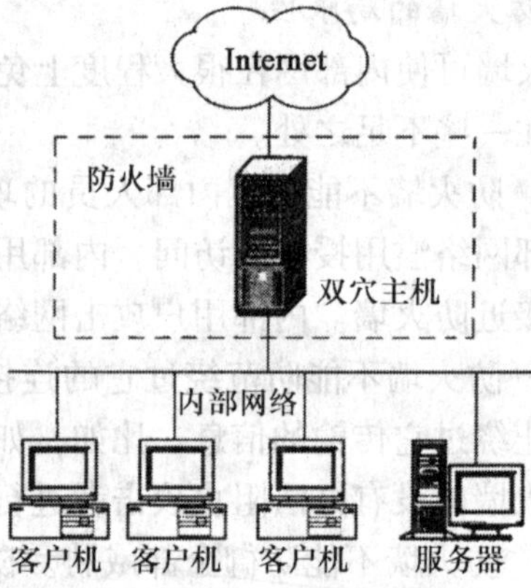

图 10-6　双穴主机结构防火墙

双穴主机可与内部网系统通信，也可与外部网系统通信。借助于双穴主机，防火墙内、外网的计算机便可间接通信了。内、外网的主机不能直接交换信息，信息交换要由该双穴主机“代理”并“服务”，因此该主机也相当于代理服务器。因而，内部子网十分安全。内部主机通过双穴主机防火墙（代理服务器）得到 Internet 服务，并由该主机集中进行安全检查和日志记录。双穴主机防火墙工作在 OSI 的最高层，掌握着应用系统中可用作安全决策的全部信息。

3. 主机过滤结构

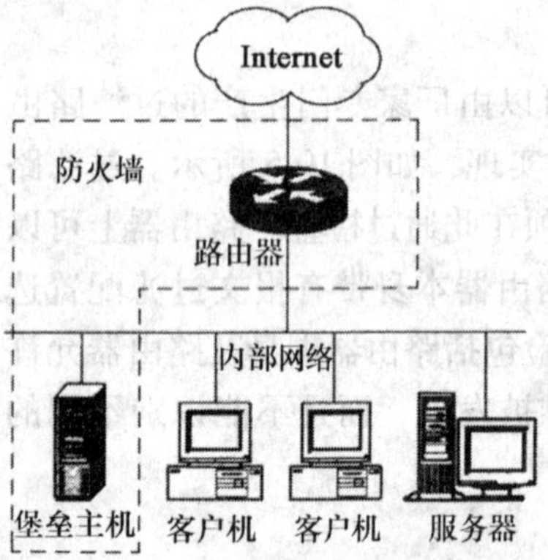

图 10-7　主机过滤防火墙

主机过滤防火墙由一台过滤路由器与外部网络相连，再通过一个可提供安全保护的主机（堡垒主机）与内部网络连接。通常在路由器上设立过滤规则，并使这个堡垒主机成为唯一可从外部网络直达的主机，这确保了内部网络不受未被授权的外部用户的攻击。

来自外部网络的数据包先经过包过滤路由器过滤，不符合过滤规则的数据包被过滤掉；符合规则的数据包被传送到堡垒主机上。堡垒主机上的代理服务器软件将允许通过的信息传输到受保护的内部网络中，如图 10-7 所示。主机过滤防火墙结构中堡垒主机是 Internet 主机连接的桥梁。任何外部系统要访问内部网络系统服务，都必须连接到该主机上，因此该主机要求的级别较高。

4. 子网过滤结构

子网过滤结构是在主机过滤结构中又增加一个额外的安全层次而构成的。在内部网络和外部网络之间建立一个被隔离的子网，用两台过滤路由器将这一子网分别与内部网络和外部网络分开。增加的安全层次包括一台堡垒主机和一台路由器。两路由器之间是一个被称为周边网络或参数网络的安全子网，也叫 DMZ（隔离区或非军事区）。这就使得内部网和外部网之间有了两层隔断。这种结构使用两个过滤路由器和一个周边网络形成了一个复杂的防火墙，以进行安全控制。这是一种比较复杂的结构，它提供了比较完善的网络安全保障和较灵活的应用方式。

周边网络中的堡垒主机通过内部、外部两个路由器与内部、外部网络隔开，这样可减少堡垒主机被侵袭的影响。被保护的内部子网的主机置于内部包过滤路由器内，堡垒主机被置于内部和外部包过滤路由器之间。子网过滤体系结构的最简单形式为两个过滤路由器，每一个都连接到周边网络上，其中一个位于周边网与内部网之间，另一个位于周边网与外部网之间，如图10-8所示。

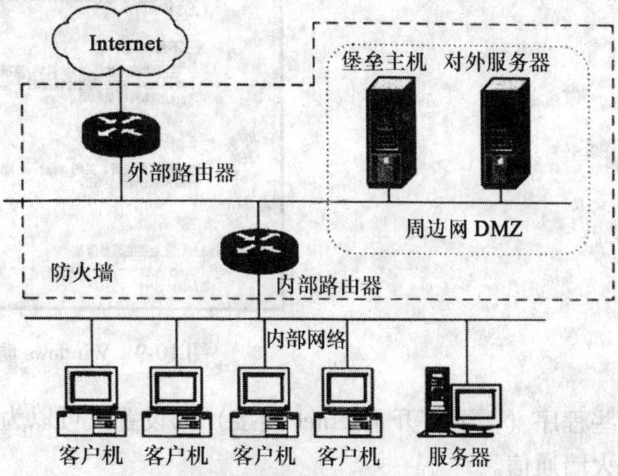

图10-8 子网过滤结构防火墙

周边网络是在内部和外部两网络之间另加的一层安全保护层，它相当于一个应用网关，堡垒主机上运行代理服务器软件。同时，企业的对外信息服务器（如WWW、FTP服务器等）也可设置在周边网络内。

如果入侵者成功地闯过外层保护网到达防火墙，周边网络就能在入侵者与内部网之间再提供一层保护。如果入侵者仅仅侵入到周边网络的堡垒主机，他只能看到周边网络的信息流而看不到内部网的信息。周边网络的信息流仅往来于外部网到堡垒主机。在周边网络中没有内部网主机间的信息流流动，所以即使堡垒主机受到损害也不会破坏内部网的信息流。

在内、外部两个路由器上建立的包过滤都设置了包过滤规则，两者的包过滤规则基本上相同。内部路由器完成防火墙的大部分包过滤工作，它允许某些站点的包过滤系统认为符合安全规则的服务在内、外部网之间互传。内部路由器的主要功能就是保护内部网免受来自外部网与周边网络的侵扰。外部路由器既可保护周边网络，又可保护内部网。实际上，在外部路由器上仅做一小部分包过滤，它几乎让所有周边网络的外向请求通过。外部路由器的包过滤主要对周边网络上的主机提供保护。

10.4.3 防火墙的选用

1. Windows 系统自带的防火墙

Windows XP 随身携带了 Internet 连接防火墙（Internet Connection Firewall，ICF）。Windows XP SP2 之前，该防火墙默认被关闭。现在它默认为打开。这个防火墙设计用于阻塞入站数据包。它是一个包过滤防火墙。

启用ICF后如果未进行任何设置，则该服务器的所有端口将被禁用，相应的服务也将被停止，我们需要对ICF进行必要的设置。ICF防火墙的使用如下。

（1）打开或关闭 Windows 防火墙。要打开“Windows 防火墙”，请单击“开始”，指向“设置”，单击“控制面板”，然后双击“Windows 防火墙”。图10-9显示了一个ICF主界面。

（2）Windows 防火墙例外设置。Windows 防火墙阻止与用户的计算机程序建立未经请求的连接。因为防火墙将限制用户的计算机和 Internet 之间的通信，所以用户可能需要调整某

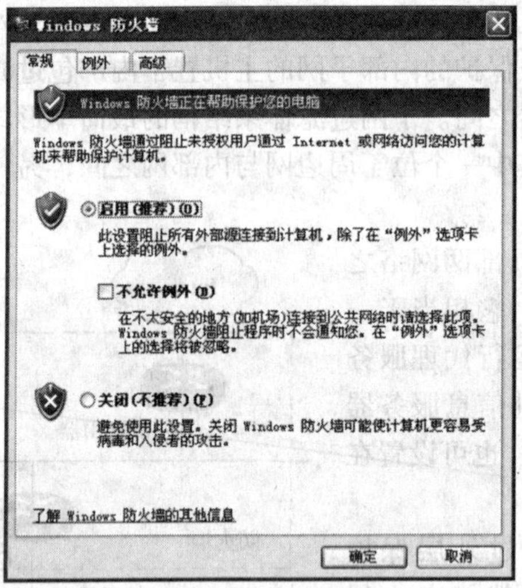

图 10-9　Windows 防火墙窗口

些程序（需要打开 Internet 连接）的设置。可以为这些程序创建例外，这样它们即可通过防火墙通信。

要允许与用户的计算机程序建立未经请求的连接，请使用 Windows 防火墙中的“例外”选项卡。如图 10-10 所示。如果要允许例外的程序或服务未列在“例外”选项卡上，那么可以通过单击“添加程序”来添加它。如果在要添加的程序列表中找不到该程序，那么请单击“浏览”进行查找。

如果用户清楚某些例外程序和服务的端口号，也可以通过“添加端口”添加例外。但是需要注意的是向例外列表中添加程序和服务时，必须以管理员身份登录计算机才能完成该过程。

（3）Windows 防火墙高级选项。高级用户可以打开个别连接的端口或者配置个别连接的作用域，以便尽可能减少入侵者连接计算机或网络的机会。为此，打开“Windows 防火墙”，单击“高级”选项卡，然后使用“网络连接设置”下面的设置。同时还可以进行安全日志记录、ICMP 和默认设置的配置，如图 10-11 所示。

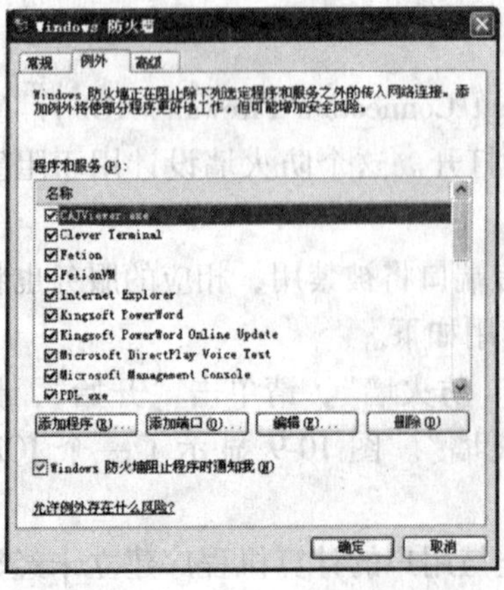

图 10-10　Windows 防火墙“例外”选项卡

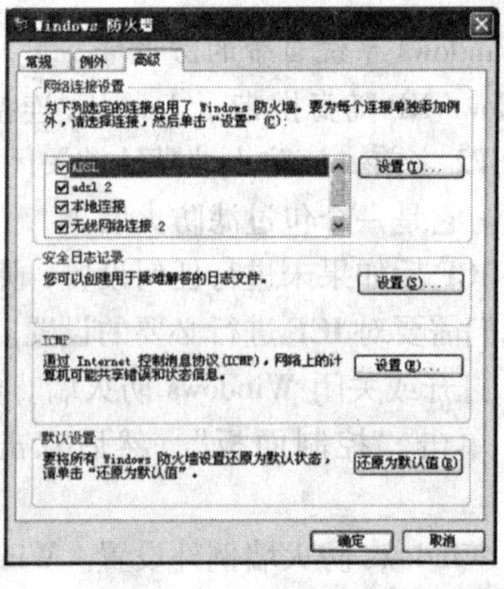

图 10-11　Windows 防火墙“高级”选项卡

ICF 的优点是：ICF 与操作系统一起提供，设置简单，在 Windows XP SP2 中，ICF 自动打开，不需要时可随时关闭。同时 ICF 具备日志特性，并能够阻塞入站 ICMP 数据包。缺点主要体现在 ICF 根本不阻塞任何出站流量，这意味着使用 ICF 的机器上的木马能够广播出站流量。而且 ICF 仅仅使用了包过滤，这是健壮性最低的防火墙类型。ICF 随 Windows 操作系统一起提供给用户，是一种低端的、基本的防火墙。

2. 天网防火墙

（1）天网个人版防火墙的功能。天网个人版防火墙是目前国内外针对个人用户最好的软件防火墙之一，它根据管理者设定的安全规则防守网络，提供强大的访问控制、信息过滤等功能，帮助用户抵挡网络入侵和攻击，防止信息泄露。

（2）天网个人版防火墙的安装和运行。

- 天网个人版防火墙的安装。最新版本的天网个人版防火墙可在天网安全阵线（http://pfw.sky.net.cn/）下载，下载并保存后，如果系统已装有老版本的天网防火墙，请先卸载，然后直接运行安装文件即可。

安装完成后，按提示重启计算机系统。同时天网个人版防火墙提供了自动卸载程序，直接运行卸载天网防火墙个人版即可顺利卸载。

- 天网个人版防火墙的运行。重启计算机后，软件将新增“天网防火墙个人版”程序组，请执行这一程序组下的“天网防火墙个人版”。在第一次运行天网个人版防火墙时，会弹出一个注册码的窗口，请用户按弹出窗口的提示填写注册码。注册成功后，就可以正常运行天网个人版防火墙了。一般天网防火墙运行后会自动缩为托盘上的一个小图标。

（3）天网个人版防火墙的设置。运行天网个人版防火墙后，可以看到一款非常漂亮简洁的界面，如图 10-12 所示。这时，可以根据自己的安全需要进行设置。天网个人版防火墙提供了应用程序规则设置、自定义 IP 规则设置、系统设置、安全级别设置等功能。

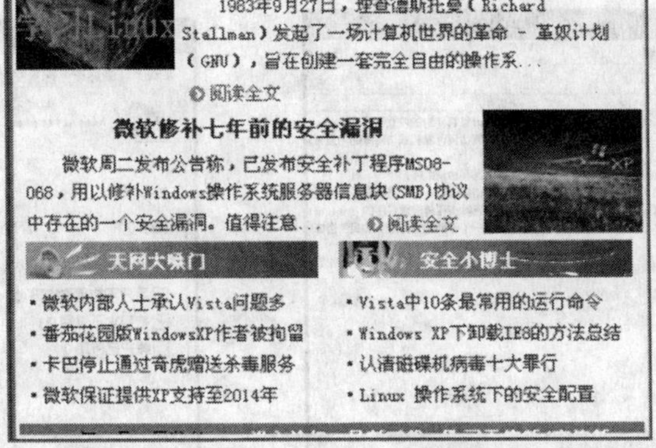

图 10－12　天网防火墙个人版主窗口

在获得天网个人版防火墙注册码的同时也就自动成为天网网站的注册用户，天网网站除了提供对天网防火墙个人版的升级、下载等服务，还提供在线的系统检测服务。具体包括信息泄露检测、系统安全性检测、网络端口扫描和 DDoS Slave 扫描，等等。用户可以充分利用其在线检测功能对自己系统进行在线检测，提供类似功能的网站还有赛门铁克公司（http：//www. symantec. com/zh/cn/）。

除了以上介绍的两款防火墙之外，用户还可以选择其他防火墙软件，例如，费尔个人防火墙、comodo firewall pro、瑞星个人防火墙、Outpost Firewall Pro、ZoneAlarm、卡巴斯基防火墙、江民防火墙，等等。

10. 5 Windows 系统安全设置

通过防火墙、代理服务器（或者支持 NAT 的主机）和入侵检测系统保护系统边界和子网的安全仅仅是实现网络安全的一部分。即使安装反病毒软件和反间谍软件也不能完全保证网络的安全。要实现一个完全的安全网络，还必须对操作系统进行安全配置，这是一个正确配置每一台机器最适宜的安全设置的过程。使用最适宜的而不是最大的原因是，最大的安全也可能是可用性最差的安全，最适宜的安全达到了易用性和安全之间的平衡。

1. 账户、用户、组和口令

任何版本的 Windows 操作系统都拥有一些默认的用户账号和组。这些账号和组经常成为入侵者的攻击点。入侵者希望通过破解这些账号的口令，然后获得进入服务器或者网络的权限。简单的改名或者禁用一些默认的账户可以改善系统的安全性。

在 Windows 2000 或者 Windows XP 中，通过选择“开始”→“设置”→“控制面板”→“用户和组”命令来查找用户账号。图 10-13 显示了用户和组的界面。

在这里可以修改、禁用或者添加账户。下面演示如何使用这个实用程序来调整各种默认账户。

● 管理员账户：默认的管理员账户拥有管理员权限，黑客经常寻求获取管理员账户的登录信息。猜测登录是一个两步的过程，首先确定用户名，然后确定口令。默认账户让黑客绕过了这个过程的前半部分。管理员应该禁用这个账户。如果在管理员账户上双击，将会看到如图 10-14 所示的界面。在这里可以禁用默认的管理员账户。

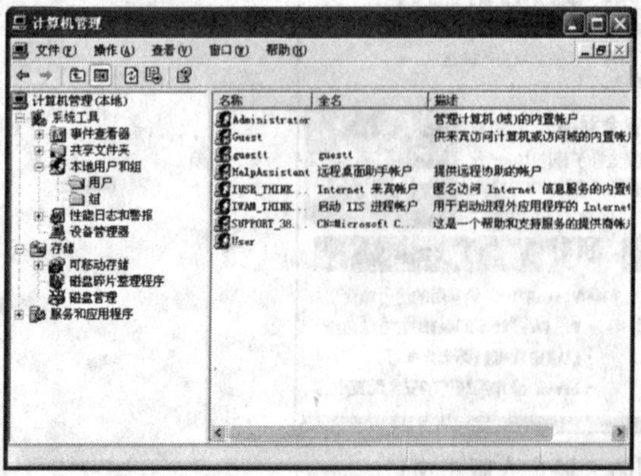

图 10-13 用户和组管理窗口

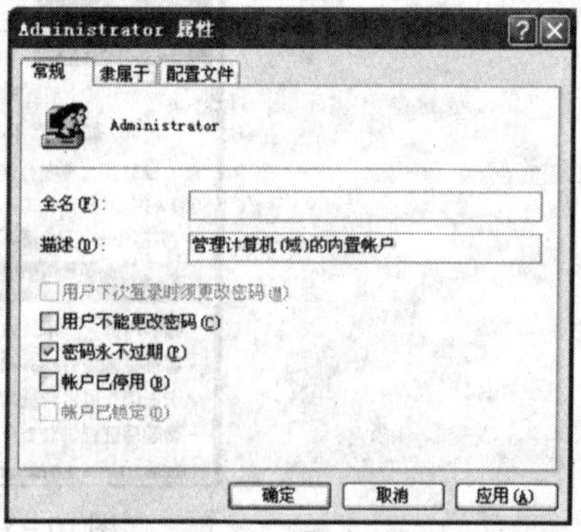

图 10-14 用户属性窗口

保留一个拥有管理员权限的账户对于维护服务器是必需的。可以添加一个新的账户，账户名选用一个平淡无味的名字，并赋予这个账户管理员权限。这样做就使得黑客攻击变得更加困难，因为在他们试图危及这个账户安全之前，首先要查明什么账户拥有管理员权限。

● 其他账户：管理员账户之所以重要是因为管理员账户是黑客最常攻击的目标之一，但 Windows 也包括其他默认账户。对所有默认账户都使用严格的处理方式是一个很好的办法，任何默认账户都可能是黑客危及系统安全的网关。应该格外关注的账户包括以下几个。

● IUSR_主机名——当运行 IIS 时，一个默认的用户账户被创建，名称是 IUSR_和你的主机名。这是一个黑客试图攻入系统的常用账户。使用给管理员账户提出的建议来修改这个账户是明智的措施。

● ASP. NET——如果你的主机运行 ASP. NET，那么将创建一个用于 Web 应用的默认账户。熟悉 . NET 的黑客将以此账户为目标。

● 数据库账户——很多关系数据库管理系统，比如 SQL Server，也创建默认账户。入侵者，尤其是想获得你的数据的入侵者，会以这些账户为目标。

另一个安全选项是保持默认管理员账户的激活状态，但应把这个账户从管理员组的成员修改为受限的用户账户，然后确保没有管理员使用这个账户。如此设置的话，你可以简单地监视服务器的日志，查看此用户试图登录的信息。在短时间内的重复登录尝试意味着有人在试图突破你的系统的安全防护。保持管理员账户激活而将其权限降低，从而监视试图使用此账户的行为，这种方法为你提供了一个捕获黑客的有效陷阱。

当然，必须拥有用于所有不同类型服务的账户。对此，建议确保这些账户的名称不能过于直截了当，而且不使用默认账户。

(1) 账号安全设置。对于用户、组和口令的安全设置措施如下。

① 取消系统默认账号。对于 Windows 2000/XP 系统默认账号，如 Administrator，Guest 等都必须改名；对于其他一些账号，比如 IUSR 机器名是在安装 IIS 后产生的，也必须改名。改变 Administrator 账户的名字，可以防止黑客对默认命名的账户进行攻击，一旦账号被他人窃取或攻破，整个网络系统便无任何安全性可言了。这个措施可以解决一系列的安全漏洞。因此要为系统管理员和备份操作员创建特殊账户，系统管理员在进行特殊任务时必须用这个特殊账户注册，然后注销。

所有的账户只能具有 User 或者 Power User 组的权限。绝对不能使用具有 Administrator 和备份特权的账户浏览 Web。对于 Guest 账户，默认是无口令的，最好能停止使用 Guest 账户。但要注意，停用 Guest 账户，可能会给 Windows 9x 用户通过网上邻居访问服务器带来“无权限访问”的错误。解决方法是在服务器中添加 Windows 9x 机器上的用户名或者启用 Guest 账号。为了保险起见，最好给 Guest 加一个复杂的密码，方法是打开记事本，在里面输入一串包含特殊字符、数字、字母的长字符串，然后把它作为 Guest 账号的密码复制进去。

② 账户要尽可能少。去掉所有的 duplicate user 账户、测试用账户、共享账户、普通部门账户等。这些账户常常是黑客们入侵系统的突破口，系统的账户越多，黑客们得到合法用户权限的可能性一般也就越大。资料表明，如果系统账户超过 10 个，一般都能找出一两个弱口令账号。因此，按用户组策略设置相应权限，并且经常检查系统的账户，删除已经不再使用的账户，是保证系统安全的一项措施。要经常用一些扫描工具查看系统账户、账户权限及密码。删除停用的账户。

③ 启用账户策略。启用账户策略，增加了登录的难度，对系统的安全大有好处。方法为：打开“控制面板”→“管理工具”→“本地安全策略”，选择“账户策略”，进行下面的操作。

● 在“密码策略”中设定“密码必须符合复杂性要求”、“密码长度最小值”、“密码最长存留期”、“密码最短存留期”、“强制密码历史”、“为域中所有用户使用可还原的加密来存储密码”。密码策略如图 10-15 所示。

● 在“账户锁定策略”中设定“账户锁定阈值”、“账户锁定时间”、“复位账户锁定计数”等。账户锁定策略如图 10-16 所示。

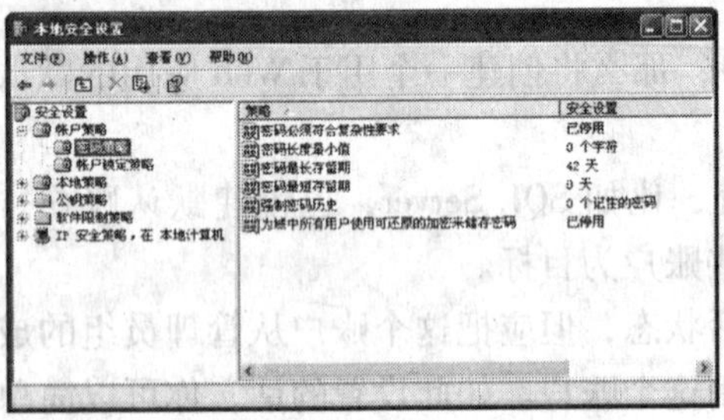

图 10-15 密码策略

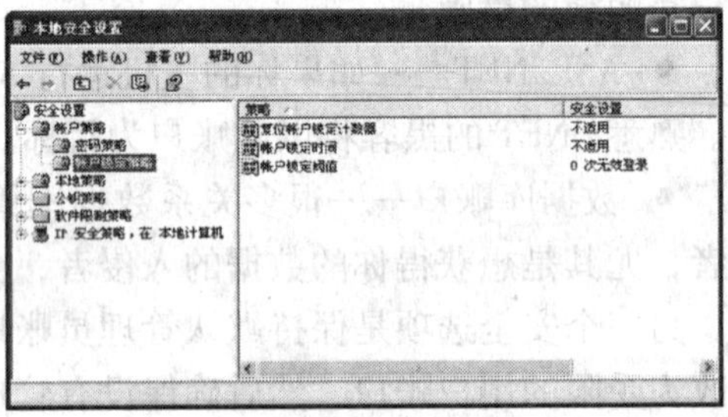

图 10-16 账户锁定策略

密码复杂性要求密码要有一定长度，同时含有数字、大小写字母及数字的上挡键混用，使之较难破译。

④ 创建两个管理员账号。创建一个一般权限用户用来收信及处理一些日常事物，另一个拥有 Administrator 权限的用户只在需要的时候使用。可以让管理员使用 Runas（允许用户用其他权限运行指定的工具和程序，而不是用户当前登录提供的权限）命令来执行一些需要特权才能做的工作，以方便管理。

⑤ 创建一个陷阱用户。陷阱用户是一个没有什么用途，只用来吸引攻击者并拖延其攻击时间的账号。例如，创建一个名为 Administrator 的本地用户，把它的权限设置成最低，什么事也干不了，并加上一个超过 10 位的超级复杂密码，耗费攻击者的精力，借此发现他们的入侵企图。

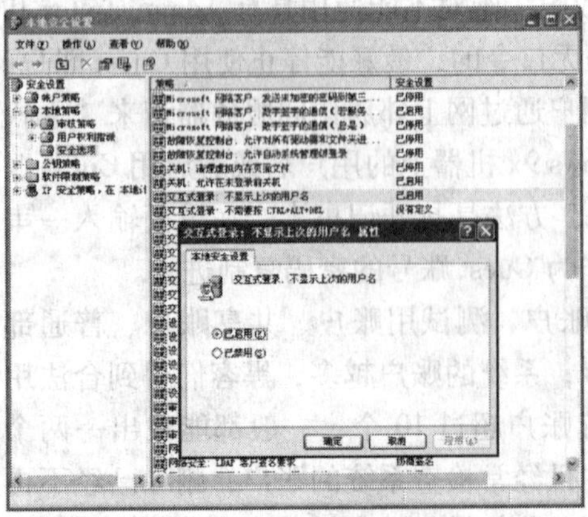

图 10-17 交互式登录对话框

⑥ 不让系统显示上次登录的用户名。默认情况下，登录文本框中会显示上次登录的用户名。这使得别人可以很容易地得到系统的一些用户名，进而作密码猜测。可以通过打开“控制面板”，选择“管理工具”→“本地安全策略”→“本地策略”→“安全选项”，在右边窗格双击“交互式登录：不显示上次的用户名”，如图 10-17 所示，选中“已启用”单选项，单击“确定”按钮退出，这样，下次登录的时候就不会在用户名框上显示上次登录过的用户名了。

也可以通过修改注册表的方法实现上述效果。注册表修改方法如下。

从“开始”→“运行”，输入 regedit 进入注册表，依次打开：HKEY_LOCAL_MACHINE \ SOFTWARE \ Microsoft \ Windows NT \ CurrentVersion \ Winlogin，在右边窗格中新建一个字符串值 DontDisplayLastUserName（如果没有的话），把 REG_SZ 键值改为 1，将计算机注销。再次登录就完成了配置。

（2）密码安全设置。

① 启动密码的设置。在 Windows XP 中单击“开始”→“运行”命令，在输入框中输入 Syskey，运行系统密码设置程序，在弹出“保证 Windows XP 账户数据库的安全”（如图 10-18所示）对话框中单击“更新”按钮，进入如图 10-19 所示的密码设置对话框。选择“密码启动”单选按钮，然后在下面“密码”和“确认”文本框中依次输入同样的密码，保存设置后就完成了系统启动密码的设置。若想取消系统启动密码，只需在“启动密码”窗口中选择“在本机上保存启动密码”单选按钮，单击“确定”按钮后，系统会让用户输入设定的系统启动密码，完成后系统密码就保存到硬盘上了，下次启动时就不再有系统启动密码窗口出现了。

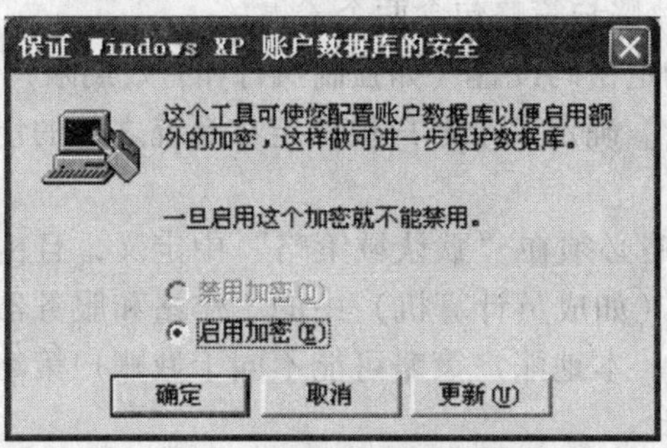

图 10-18 “保证 Windows XP 账户数据库的安全”对话框

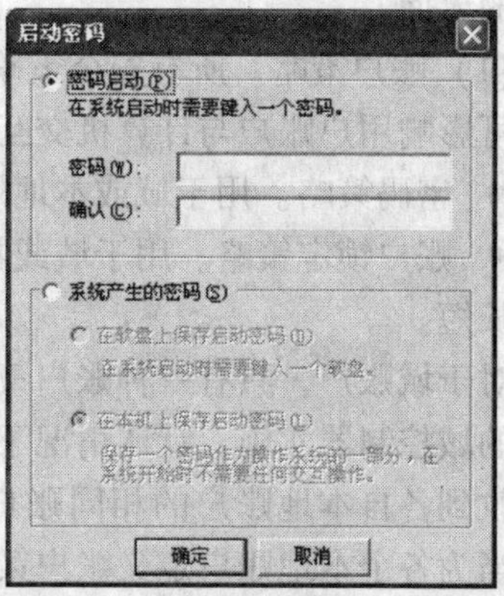

图 10-19 “启动密码”对话框

② 使用安全账号和密码。账号和密码对于网络用户非常重要，但它也容易被忽略。简单地说，好的密码就是安全期内无法破解出来的密码。具体地说，好的密码要求如下。

- 不要使用公司名、计算机名、使用者的名字等容易猜到的单词或短语（如 welcome，iloveyou，letmein 等）作为账号密码。
- 启用密码复杂性要求，设置密码长度最小值为 6 位。
- 要经常修改密码，例如设置强制密码历史为 5 次，周期为 42 天。

③ 设置屏幕保护密码。这是一个很简单也很有必要的操作。设置屏幕保护密码也是防止内部人员破坏服务器的一个屏障。

④ 考虑使用智能卡来代替密码。对于密码，总是使安全管理员进退两难，密码设置简单，容易受到黑客的攻击，密码设置复杂又容易忘记。如果条件允许，用智能卡来代替复杂的密码是一个很好的解决方法。

2. 设置本地安全策略

本地安全策略是影响计算机上安全性的安全设置的组合。用于配置本地计算机的安全设置。这些设置包括密码策略、账户锁定策略、审核策略、IP 安全策略、用户权利指派、加密数据的恢复代理及其他安全选项。“本地安全策略”只有在非域控制器的计算机上才可用。如果计算机是域的成员，这些设置将被从域接收到的策略覆盖。可以利用“本地安全策略”编辑本地计算机上的账户策略和本地策略。通过“本地安全策略”可以控制：

- 访问计算机的用户；
- 授权用户使用计算机上的什么资源；
- 是否在事件日志中记录用户或组的操作。

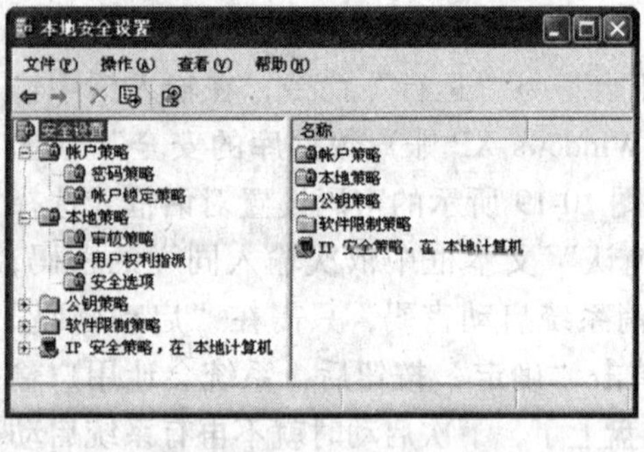

图 10-20　本地策略和账户策略

设置适宜的安全策略是加固 Windows 服务器的下一步工作。这并不是指需要写下一份单位应该拥有的、与安全标准和过程相关的策略。在这种情况下，安全策略指的是单台计算机的策略。选择“开始”→“设置”→“控制面板”→“管理工具”命令，在“管理工具”窗口将会看到本地安全策略。选择该实用程序，就会看到如图 10-20 所示的界面。

（1）账户策略。所有安全策略都是基于计算机的策略。账户策略定义在计算机上，然而却可影响用户账户与计算机交互作用的方式。账户策略包含两个子集。

- 密码策略。用于域或本地用户账户。确定密码设置（如强制执行和有效期限）。
- 账户锁定策略。用于域或本地用户账户。确定某个账户被锁定在系统之外的情况和时间长短。

对于域账户，只有一种账户策略。账户策略必须在“默认域策略”中定义，且由组成该域的域控制器实施。默认情况下，加入到域（如成员计算机）中的工作站和服务器也同样接收到各自本地账户的相同账户策略。然而，本地账户策略可能不同于域账户策略，例如，当为各个本地账户定义账户策略时即是如此。

（2）本地策略。这些策略应用于计算机，且包含 3 个子集。

- 审核策略。开启安全审计是 Windows 系统最基本的入侵检测方法。确定是否将安全事件记录到计算机上的安全日志中，多种入侵都会被安全审计记录下来。同时也确定是否记录登录成功或登录失败，或二者都记录。（“安全”日志是事件查看器的一部分。）
- 用户权利指派。确定哪些用户或组具有登录计算机的权利或特权。
- 安全选项。启用或禁用计算机的安全设置，例如，数据的数字信号、Administrator 和 Guest 的账户名、软盘驱动器和光盘的访问、驱动程序的安装及登录提示。

由于一台计算机可以应用多个策略，所以有可能存在安全策略设置的冲突。从高到低的优先顺序依次为部门、域和本地计算机。详细信息请参阅应用安全策略，访问 Microsoft Windows 操作系统安全指南获得更多关于安全策略的设置建议。

3. 数据文件安全设置

从 Windows 2000 开始，Windows 操作系统已经提供了加密文件系统（Encryption File System，EFS），加密文件系统以公钥加密体系为基础，充分利用了 Windows 2000 的 CryptoAPI 结构。使用加密文件系统，每个文件都使用一个随机产生的文件加密密钥来加密，这个密钥独立于用户的公钥/私钥对。这种方法使得加密对多种形式的基于加密分析的攻击拥有很强的抵抗力。

默认的 EFS 配置使用户开始加密文件而不需要管理员的参与。EFS 自动产生公开密钥对，以及当第一次用户加密文件时用于对加密的文件加密证书。

支持单个文件或者整个文件夹的文件加密和解密。文件夹加密是强制透明的。在标记为加密的文件夹中创建的所有文件和目录都被自动加密。每个文件都有独立的文件加密密钥，以便保证它能够安全地改名。如果在同一卷下从加密的文件夹将文件更名到另一个不加密的文件夹，则这个文件依然保持加密。然而，如果将一个未加密的文件复制到加密文件夹下，则文件的状态将被修改。这个文件变成了加密文件。对高级用户和恢复代理，提供了命令行工具和管理界面。

EFS 为管理员提供了一种方法来恢复用来加密文件的加密密钥，从而解密文件。EFS 允许恢复代理配置公共密钥，如果用户离开公司的话，利用可配置的公共密钥，管理员可以恢复加密数据。只有文件加密密钥可以使用恢复密钥，而用户的私钥却不可以，这确保了没有其他的私有信息暴露给恢复代理。

EFS 是对用户真正的透明。打开和使用加密文件时不必解密它。EFS 自动检测加密文件，并从系统的密钥库中自动定位用户文件的加密密钥。然而，如果文件从发起加密的计算机移动到另一台计算机上，用户试图打开该文件时，就会发现该文件被加密。下面的步骤完成任何文件的加密。

- 定位到要加密的文件或者文件夹（使用“Windows 资源管理器”或者“我的计算机”），然后单击文件，选择“属性”命令，就会看到文件属性对话框，类似于图 10-21 所示。
- 打开“高级”选项卡，选中“加密内容以保护数据”复选框。如图 10-22所示。

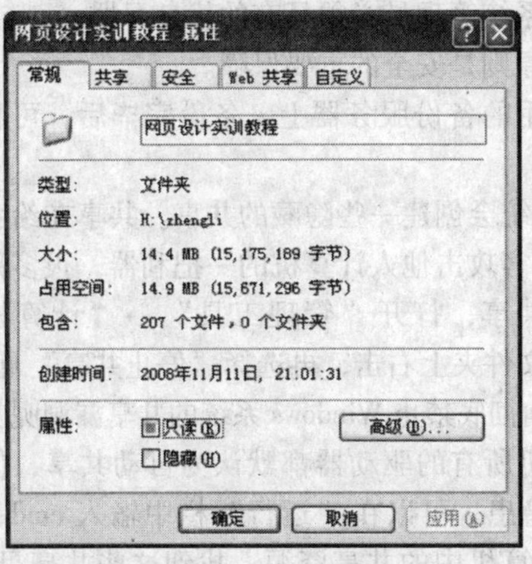

图 10-21 文件属性

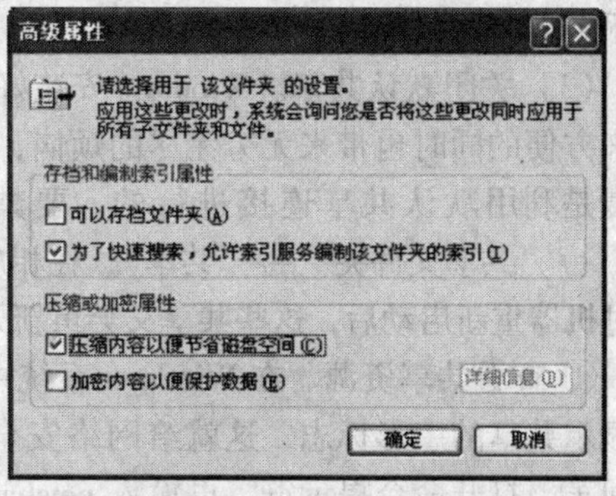

图 10-22 加密文件

一旦完成了这些操作，文件或者文件夹就被加密了。只有在同一个主机上的同一个用户打开这个文件时，它才自动解密。将这个文件传送到自己系统上的黑客（或试图成为商业间谍的雇员，他将该文件存到磁盘上带回家）将发现该文件被加密。由于 EFS 内置在 Windows 中，因而不需要额外的花费，而且方便易用。

当需要对加密文件取消加密时，（用户自己而不是其他人）只需将文件“高级”属性中的“加密内容以保护数据”选项取消即可。

数据文件系统其他的安全措施如下。

（1）目录和文件权限安全管理。为了控制好服务器上用户的权限，也为了预防可能的入侵和溢出，还必须非常小心地设置目录和文件的访问权限。Windows 系统的访问权限分为：读取、写入、读取及执行、修改、列目录、完全控制文件夹属性对话框。如图 10-23 所示。在默认情况下，大多数的文件夹对所有用户（Everyone 这个组）是完全控制的，需要根据应用的需要重新设置权限，对访问文件夹的用户进行选择和响应权限的设置。在进行权限控制时，应考虑如下几个原则。

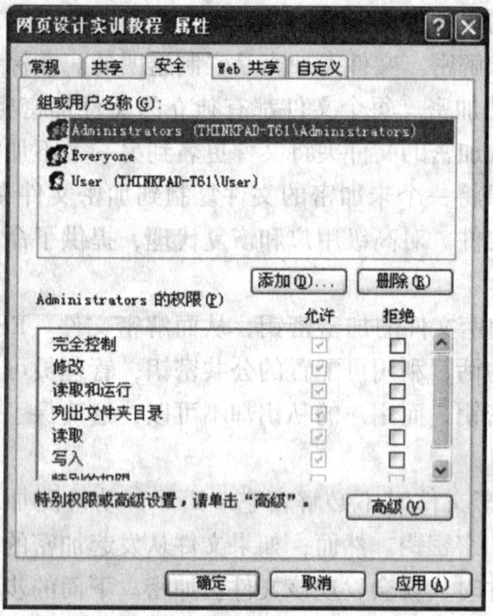

图 10-23　文件夹属性对话框中的“安全”选项卡

- 权限是累加的，如果一个用户同时属于两个组，那么他就有了这两个组所允许的所有权限。
- 拒绝的权限要比允许的权限高（拒绝策略会先执行）。如果一个用户属于一个被拒绝访问某个资源的组，那么无论其他的权限设置给他开放了多少权限，他一定不能访问这个资源。
- 文件权限比文件夹权限要高。
- 利用用户组来进行权限控制是一个成熟的系统管理员必须具有的优良习惯。
- 只给用户真正需要的权限，权限的最小化原则是安全的重要保障。

（2）经常备份。要经常把重要数据备份到专用的备份服务器上。备份完毕后，可将备份服务器与网络隔离。

（3）关闭默认共享。Windows 安装好以后，系统会创建一些隐藏的共享。共享在给我们带来方便的同时也带来无穷无尽的烦恼，它成为黑客攻击他人计算机的一把利器，很多黑客入侵是利用默认共享连接进行的。要禁止这些共享，打开“管理工具”→“计算机管理”→“共享文件夹”→“共享”，在相应的共享文件夹上右击，再选择“停止共享”即可。不过机器重新启动后，这些共享又会重新开启。如何彻底禁止 Windows 系统的共享漏洞呢？

① 查看共享资源。在 Windows 系统中，计算机所有的驱动器都默认为自动共享，但不会显示共享的手形标志，这就给网络安全留下了隐患。可以在“运行”栏中输入 cmd，然后回车，打开命令提示符，再输入 netshare 查看计算机中的共享资源，找到这些共享目录。默认共享目录路径和功能如下所示。

- C$、D$、E$：每个分区的根目录，Windows 2000 professional 版中，只有 Administrator 和 Backup Operators 成员才可连接，Windows 2000 Server、Windows Server 2003 版本中 Server Operators 组也可以连接到这些共享目录。
- ADMIN$：远程管理用的共享目录。它的路径永远都指向 Windows 的安装路径，比如 C:\ winnt。
- FAX$：在 Windows 2000 Server 中，FAX$ 在 fax 客户端发传真的时候会用到。
- IPC$：空连接，IPC$ 共享提供了登录到系统的能力。

- Net Login：在 Windows 2000 Server 的 Net Login 服务处理登录域请求时要用到。
- PRINT$：用户远程管理打印机。

如果对“命令提示符”的界面不习惯，可以依次打开“控制面板”→“管理工具”→“计算机管理”→“共享文件夹”，查看计算机中所有共享的资源。

② 清除共享漏洞。首先确保以 Administrator 或 Power Users 组的成员身份登录系统，然后通过以下 3 种方法清除共享的漏洞。

- 选择“开始”→“控制面板”→“管理工具”→“服务”命令，找到 Server 服务，停止该服务，并且在“属性”中将“启动类型”设置为“手动”或“已禁用”。
- 修改注册表。选择“开始”→“运行”命令，输入 regedit，进入“注册表编辑器”。找到 HKEY_LOCAL_MACHINE \ SYSTEM \ CurrentControlSet \ Services \ LanmanServer \ Paramaters 子键，在右侧的窗格中分别新建一个名为 AutoShareWks 和一个名为 AutoShareServer 的双字节键值，并且将值设置为 0。
- 使用命令提示符下的 net share 命令也可以消除这一隐患；打开 Windows 自带的记事本，输入如下内容。

```
net share admin$/del
net share ipc$/del
net share c/del
```

接下来将该文件保存为一个扩展名为 . bat 的批处理文件。最后，用 Windows 的“任务计划”功能让该批处理文件在每次开机时都自动运行。

（4）正确设置文件的共享权限。在 Windows 操作系统中，everyone 意味着任何有权进入网络的用户都能够获得这些共享资料。设置共享文件时，要注意把共享文件的权限从 everyone 组改成“授权用户”。对于打印共享等默认属性就是 everyone 组的资源，也要改为授权用户访问。可以更改文件夹共享权限的用户来限制文件夹的共享访问权限。图 10-24 和图 10-25显示了文件夹共享设置和共享权限用户的设置。

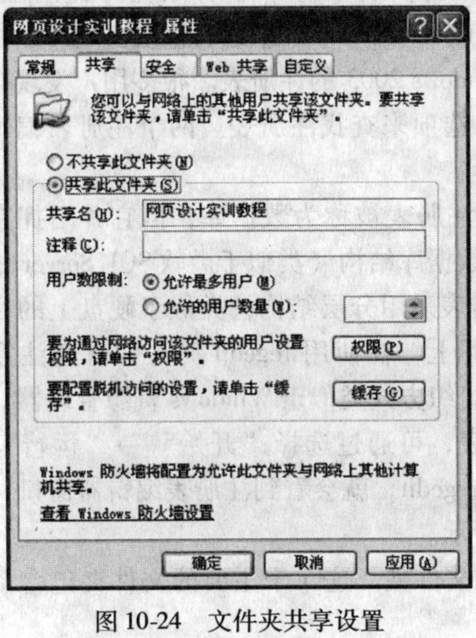

图 10-24　文件夹共享设置

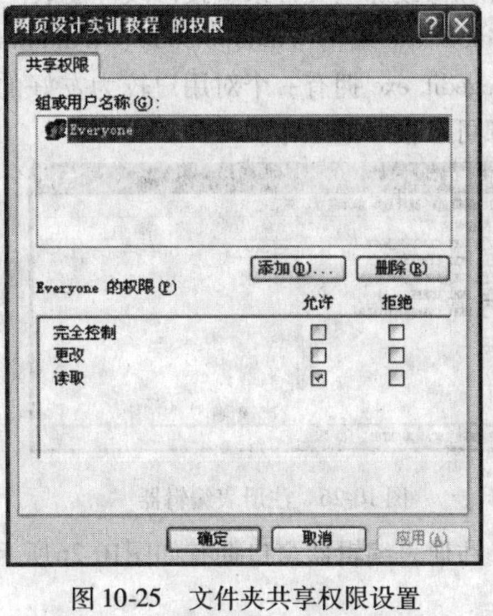

图 10-25　文件夹共享权限设置

（5）把敏感文件存放在另外的文件服务器中。应该考虑是否有必要把一些重要的用户数据（文件、数据表、项目文件等）存放到另外一个安全的服务器中，并且经常备份它们。

（6）防止文件名欺骗。显示所有文件名、文件夹及文件类型扩展名可以有效地防止文件名欺骗，如防止以 . exe 为扩展名的恶意文件被显示为 . txt 文件。简单的方法是，双击“我的电脑”→“工具”→“文件夹选项”→“查看”，选择“显示所有文件和文件夹”属性设置，去掉“隐藏已知文件类型扩展名”属性设置。

（7）消除默认安装目录风险。Windows NT/2000 默认安装路径是在系统主分区的 \ WINNT 目录下，在安装时可以修改它的安装路径，如 C：\ WINNT 可以改为 C：\ WINDOW 或 D：\ WINNT 等；改变默认安装目录对合法用户不会造成任何影响，但对于那些企图通过类似 Web 服务器的漏洞或者缺陷来远程访问文件的攻击者来说就极大地增加了难度。

4. 系统安全设置

（1）使用 NTFS 格式分区。最好把磁盘的所有分区都改成 NTFS 格式。

（2）运行防毒软件和防火墙。杀毒软件不仅能杀掉多数病毒，还能查杀大量木马和蠕虫。因此要经常运行防毒软件并升级病毒库。

（3）到微软公司网站下载最新的补丁程序。经常访问微软公司和一些安全站点，下载最新的 Service Pack 和漏洞补丁是保障服务器长久安全的首选方法。

（4）维护注册表安全。Windows 注册表是一个用于存储 Windows 操作系统设置和选项的数据库。这个数据库包含了相应计算机上所有硬件、软件、用户和使用偏好的关键信息和设置。当添加用户、安装软件或者对系统做任何其他改变（包括安全策略）时，相应信息都被存放到注册表中。

构成注册表的物理文件依据使用何种类型的 Windows 操作系统而存储在不同的位置。老的 Windows 版本（比如 Windows 95、Windows 98）将注册表存放到 Windows 目录的两个隐藏文件中，名称是 user. dat 和 system. dat，Windows 98 以后的版本（比如 Windows 2000 和 Windows XP）将注册表存放到一个单独的目录中：% systemroot% \ system32 \ config 目录。Windows XP 对应的文件名是 ntuser. dat。无论使用哪一种版本的 Windows 操作系统，都不能通过打开和修改那些文件来直接修改注册表。必须使用工具 regedit. exe 来进行修改。也可以使用 regedt32. exe 编辑 Windows 2000、Windows XP 和 Windows 2003 的注册表。很多用户发现较老的 regedit. exe 拥有一个对用户较为友好的“查找”选项来查找注册表。两个注册表编辑工具都可以很好地工作。

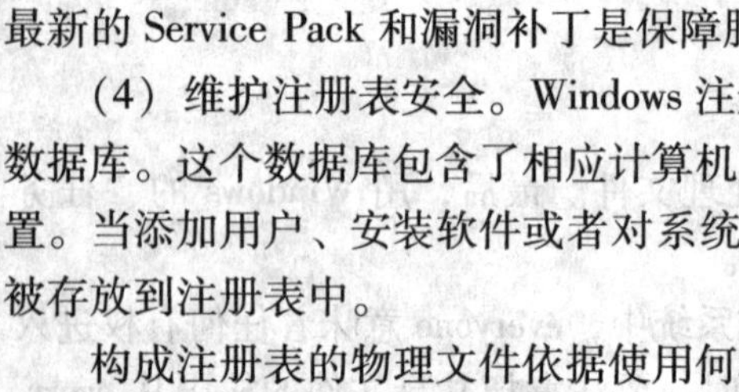

图 10-26 注册表编辑器

尽管注册表被称为数据库，但它并不拥有实际的关系数据库结构（类似于微软 SQL Server 中的表）。注册表采用分层结构，类似于硬盘上的目录结构。实际上，在使用 regedit 时，你就会注意到注册表的组织方式类似于 Windows 资源管理器。要查看注册表，可通过选择“开始”→“运行”命令，输入 regedit，就会看到注册表编辑器窗口，如图 10-22所示。

注册表编辑器窗口拥有如图10-26所示的 5 个主文件夹。这 5 个主要的文件夹包含系统运行的必要信息。注册表的每一个主要分支大体描述如下。

- HKEY_CLASSES_ROOT：这个分支包含所有文件的关联类型、OLE 信息、快捷方式。
- HKEY_CURRENT_USER：这个分支链接到适当 HKEY_USERS 中当前登录到 PC 上的用户的部分。
- HKEY_LOCAL_MACHINE：这个分支包含计算机的特定信息，包括指定 PC 的硬件、软件和其他方面的参数。
- HKEY_USERS：这个分支包含计算机中每一个用户的个人配置。
- HKEY_CURRENT_CONFIG：这个分支链接到适当的 HKEY_LOCAL_MACHINE 中当前的硬件配置的部分。

如果通过双击将分支展开，将会看到它的子目录。多数子目录下还有更多子目录。在 Windows 注册表中，特定的项称之为键。键是包括了系统特定键设置的项。如果修改注册表，实际上就是修改了特定键的设置。

注册表中的参数直接控制着 Windows 的启动、硬件驱动程序的装载及一些 Windows 应用程序的运行，从而在整个系统中起着核心作用。如果注册表权限没有设置好，整个 Windows NT/2000 的系统就不安全。因此必须控制注册表的访问权。

为了系统的安全，应严格限制只能在本地进行注册，不能被远程访问，限制对注册表编辑工具的访问。具体可以利用文件管理器设置只允许管理员使用注册表编辑工具 regedit. exe 或 regedt32. exe，其他任何用户不得使用；还可使用第三方工具软件，比如 Enterprise Administrator（Mission Critical Software）来锁定注册表，或者把对注册表默认的所有用户都能“完全控制”的权利改成“只能读取”。

（5）利用 Windows 2000 的安全配置工具来配置安全策略。微软提供了一套基于 MMC（管理控制台）的安全配置和分析工具，利用它们可以很方便地配置服务器以满足要求。具体内容请参考微软网站首页。

5. 网络服务安全设置

（1）关闭不需要的服务。Windows 中有许多用不着的服务自动处于激活状态，它们中可能存在的安全漏洞使攻击者甚至无须账户就能控制机器。为了系统的安全，应把该关闭的功能服务及时关闭，从而极大地减少安全风险。具体操作方法为：单击“控制面板”→“管理工具”，打开“服务”菜单，选取不必要的服务进行禁止。

（2）关闭不用的端口。只开放服务需要的端口与协议。

具体方法为：按顺序打开“网上邻居”→“属性”→“本地连接”→“属性”→“Internet 协议”→“属性”→“高级”→“选项”→“TCP/IP 筛选”→“属性”，添加需要的 TCP、UDP 端口及 IP 协议即可。

根据服务开设端口，常用的 TCP 端口有：80 口（Web 服务）、21 口（FTP 服务）、25 口（SMTP）、23 口（Telnet 服务）、110 口（POP3）；常用的 UDP 端口有：53 口（DNS 域名解析服务）、161 口（SNMP 简单网络管理协议）、8 000/4 000 口（QICQ，服务器用 8 000 来接收信息，客户端用 4 000 发送信息）。

另外，也可通过 Windows 操作系统自带的防火墙关闭不用的端口。

（3）修改终端服务默认端口。终端服务的默认端口为 3389，可考虑修改为其他端口。

修改方法如下。

服务器端打开注册表，在 HKEY_LOCAL_MACHINE \ SYSTEM \ CurrentControlSet \ Control \ TerminalServer \ Win Stations 处找到类似 RDP-TCP 的子键，修改 PortNumber 值。

客户端按正常步骤建立一个客户端连接，选中这个连接，在“文件”菜单中选择导出，在指定位置会生成一个后缀为 . cns 的文件。打开该文件，修改 ServerPort 值为与服务器端的 PortNumber 相对应的值，然后再导入该文件（方法为：单击“菜单”→“文件”→“导入”）。

（4）禁止建立空连接。默认情况下，任何用户可以通过空连接连上服务器，枚举账号并猜测密码。空连接用的端口是 139，通过空连接，可以复制文件到远端服务器。下面两种方法可以禁止建立空连接。

① 在注册表中，修改 HKEY_LOCAL_MACHINE \ SYSTEM \ CurrentControlSet \ Control \ LSA-RestrictAnonymous 的值为 1。

② 修改 Windows 2000 的本地安全策略。设置“本地安全策略”→“本地策略”选项中的 RestrictAnonymous（匿名连接的额外限制）为“不容许枚举 SAM（安全账户管理）账号和共享”。

（5）删除不必要的 IIS 扩展名映射。在 IIS 信息服务窗口中右击“默认 Web 站点”→“属性”→“主目录”→“配置”，打开应用程序窗口，去掉不必要的应用程序映射。若用不到其他映射，则只保留 . asp、. asa 两映射即可。

6. *启用安全模板*

Windows 系统中的安全设置项目繁多，为了提高系统安全性设置的简易性，Windows 提供了不同级别的安全模板，不同安全级别的模板包含了不同安全性的配置项目。用户只需简单地根据需要选择启用相应的模板，系统即可自动完成相应的属性配置。所有这些模板都放置在 C：\ Windows \ Security \ Templates 文件夹下。

这些安全模板都拥有微软设计的默认设置。下面是在这个文件夹中可以找到的安全模板的部分列表。依赖于操作系统的版本和已安装的 Service Pack 数量，预制安全模板的数量也可能不同。

- conmpatws 这个模板将系统的 NTFS 和 ACL 设置成安全层次较低的设置。
- Hisecdc. inf 这个模板设计用来增加同域控制器之间的安全和通信。
- Hisecws. inf 这个模板设计用来增加客户端计算机和成员服务器之间的安全和通信。
- Securedc. inf 这个模板设计用来增加同域控制器之间的安全和通信，但不是高安全 DC 安全模板的等级。
- Securews. inf 这个模板设计用来增加客户端计算机和成员服务器之间的安全和通信。

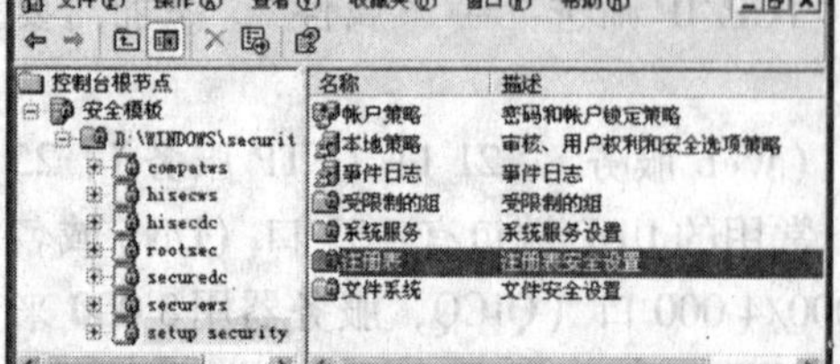

图 10-27　系统控制台

- Setup security. inf 这个模板设计用来对新装的计算机重新使用默认的安全设置，同样可以用来恢复一个被错误配置的系统到默认设置。

启用安全模板的方法如下：

单击“开始”→“运行”，在“运行”文本框中输入 mmc，打开系统控制台，如图 10-27 所示；在“控制台 1”窗口中的“文件”菜单中，选择“添加/删除管理单元”，单击“添加”按钮，弹出“添加/删除管理单元”窗口：找到系统控制台的根节点下的“安全模板”和“安全配置分析”两个文件夹。分别右击之，就可以创建需要的安全模板，进行安全配置分析。

7. 安全检查

微软公司提供了一个可用于自动检查 Windows 系统漏洞的安全审计工具——MBSA（Microsoft Baseline Security Analyzer），它可以从微软公司的升级服务器中下载最新的补丁包文件，检查 Windows 系统中是否安装了最新安全补丁。还可以对系统进行漏洞扫描，检查系统的各项配置是否符合安全性要求。

用户还可以选择专用的漏洞扫描工具，例如 Nessus、Nmap、X-scan 对系统进行漏洞检查，另外目前一些杀毒软件也具备系统漏洞扫描功能。

用户也可以使用在线扫描工具对系统进行安全检查，对检查到的漏洞及时修复，保证系统安全。

10.6　网络安全应用实例

本节介绍几个典型的网络安全实例，这些实例的应用性和可操作性很强。通过学习和实践相关实例，可使读者了解和掌握网络安全软件（工具）的应用和操作技能。

1. 反间谍软件——Spyware Doctor（带防毒组件包）

比斯图杀毒软件可以在它的官方网站 www. pctools. com 上进行下载，下载到本地计算机后启动安装程序，按照提示一步步完成安装和注册。

安装完成后启动比斯图软件，打开如图 10-28 所示的窗口。在窗口中可马上使用比斯图杀毒软件的主要功能。

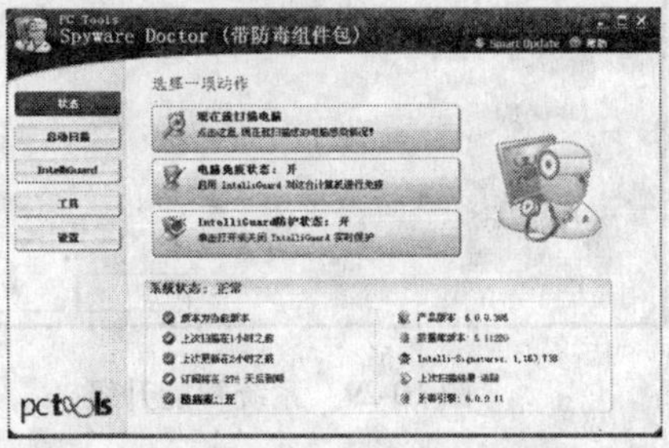

图 10-28　比斯图杀毒软件主界面

- “状态”窗口各部分功能描述如表 10-2 所示。

表 10-2　主要功能介绍

	对在用户计算机上出现的恶意软件立即展开扫描
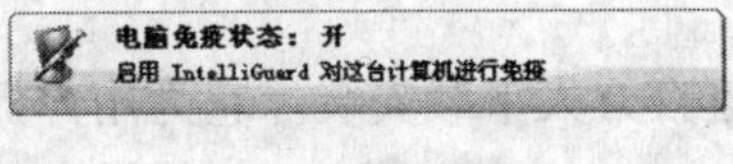	激活或取消比斯图杀毒软件的免疫保护功能。当“免疫状态”打开时，系统可以自动防止在后续数据库更新中定义的任何恶意 ActiveX 新对象的入侵。 如果用户的计算机没有免疫功能或“免疫状态”处于关闭状态，那么，在访问 Internet 时，就会增加感染这些恶意 ActiveX 对象的风险
	激活或取消具有实时保护功能的比斯图杀毒软件的智能防护套件

- 系统状态区域用于显示当前产品版本、当前正在使用的比斯图杀毒软件数据库版本、“数据库”中“智能签名”的数量及上次扫描结果等的有关信息。此部分还显示了是否正在运行最新版本的比斯图杀毒软件、上次扫描和智能更新的时间以及比斯图杀毒软件订阅到期时间的有关信息。

● Spyware Doctor 各功能窗口功用如表 10-3 所示。

表 10-3　系统工具选项介绍

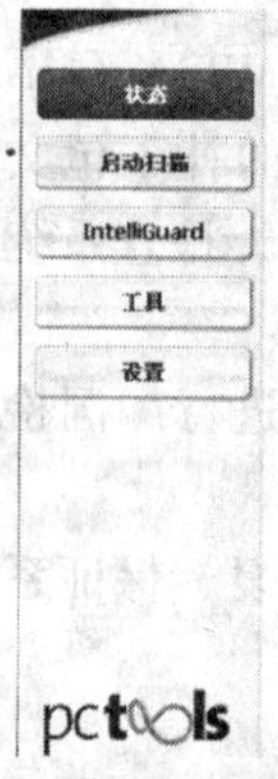	显示主窗口，在此用户可以开始扫描恶意软件、免疫用户的电脑，使其远离恶意软件；激活或关闭智能防护（实时）保护；以及查看比斯图杀毒软件的当前系统状态
	显示“系统扫描”窗口，用户可以在此执行“Intelli-Scan”、“全面扫描”或“自定义扫描”，以检查计算机是否受恶意软件的感染
	显示智能防护窗口，在此用户可以查看当前状态和智能防护的每个实时保护工具行为，并更改它们的设置。包括浏览器防护、Cookie 防护、E-mail 防护、文件防护、网络防护、进程防护和网站防护等
	Spyware Doctor 使用程序允许用户查看和更改可能受恶意软件感染的系统区域
	可访问所有比斯图杀毒软件设置类别，其中包括“常规”产品功能、“高级”、“历史”、“扫描设置”和“安全社区”等安全设置。比斯图杀毒软件的所有功能和扫描方式可以使用每个设置类别中的可用选项进行调整

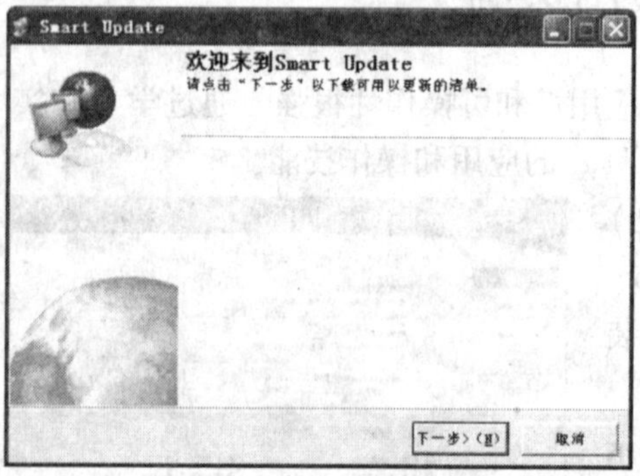

图 10-29　系统智能升级

● 智能升级的功能可以随时展开，只需在产品主界面的上方单击 Smart Update 即可进行智能升级，如图 10-29 所示。注意，比斯图杀毒软件的主要应用软件会在下载和安装更新时临时关掉。比斯图杀毒软件将在此过程完成时马上重启。

网络上还有众多反间谍软件供用户选择使用，主要有以下几种。

● Spybot Search & Destroy 是一个很流行的反间谍软件。这款软件能扫描出用户计算机中的间谍软件、恶意广告程序、劫持程序和其他一些恶意软件。目前可检测恶意软件 10 000 多种并可对1 000多种恶意软件进行免疫处理。有中文补丁包，支持 Server 及 VISTA 操作系统。

● Spyware Terminator 提供了实时防护功能，可有效地移除间谍软件、广告软件、木马、键盘记录、主页劫持和其他恶意攻击的威胁。它简单易用，可定时扫描。

● Windows Defender 是来自微软的一款产品，如果你的计算机变慢了，经常有弹出窗口等症状，可以用一下它。注意，此款软件不支持 Windows 2000，在运行之前它会检查你的 Windows 操作系统是否通过了正版验证。

● Ad-Aware 是当前最流行的反间谍软件之一，每周有近百万人下载安装。它为用户提供了先进的保护措施，可以将那些盗号的间谍木马、恶意弹出窗口小程序等一网打尽。它的功能强大，扫描速度相当快，能够生成详细的报告。但免费版本不支持实时监控。

● WinPooch 是 Windows 的看护狗，是一款免费、开源的反间谍、反木马软件，它能够为你的计算机提供全面的实时防护。它占用系统资源很少，你还可以对不同的防护设置不同的级别，也可以自定义一些专业防火墙才有的规则。

● Webroot Spy Sweeper 为用户提供 360 度的保护，提供最先进的间谍软件检测、拦截及清除现有危险的间谍软件。提供实时保护，阻断已知和新出现的间谍软件威胁，用先进发现方法找到并彻底摧毁恶意间谍软件。

- AVG Anti-Spyware 致力于确保数据安全，保护用户的隐私，抵御间谍软件、广告软件、木马、拨号程序、键盘记录程序和蠕虫的威胁。

2. 加密软件——PGP 的应用

PGP（Pretty Good Privacy）是一个广泛应用于电子邮件和文件加密的软件，推出后受到众多用户的欢迎。PGP 可以用来对文件或邮件进行加密，以防止非授权者阅读。它还能对用户的文件或邮件加上数字签名，从而可以让收件人能确认发信人的身份，也可以防止发信人的抵赖行为。

（1）PGP 软件的下载及安装。在网上很多站点都可以自由下载到免费版本的 PGP 软件，比较权威的地址是 http://www.pgpi.org。这里以 PGP 8.1.0 版本为例介绍它的安装和使用。

PGP 软件下载后，双击"安装文件"按钮开始安装。出现 Welcome 界面、文档说明和 ReadMe 等窗口。随后可按提示输入用户名和机构名，选择安装路径。如果是第一次使用 PGP，则在如图 10-30 所示对话框中选择"No，I'm a New User"选项。接下来一直确认（单击 Yes 或 Next 按钮）即可。安装完毕后重新启动系统，系统会自动缩为托盘上的一个小锁头。

PGP 使用 IDEA 算法加密数据，IDEA 的密钥使用 RSA 或 DH 算法进行加密。重启后进入密钥选取阶段。按提示给出用户全名和邮件地址后，选取密钥并再次确认该密钥，如图 10-31所示；密钥选取后单击"下一步"按钮。这次选取的是对称密钥（即加密数据用的 IDEA密钥）。

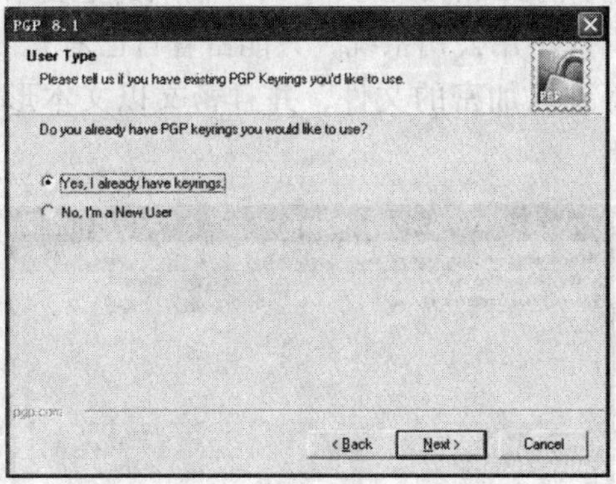

图 10-30 用户类型设置

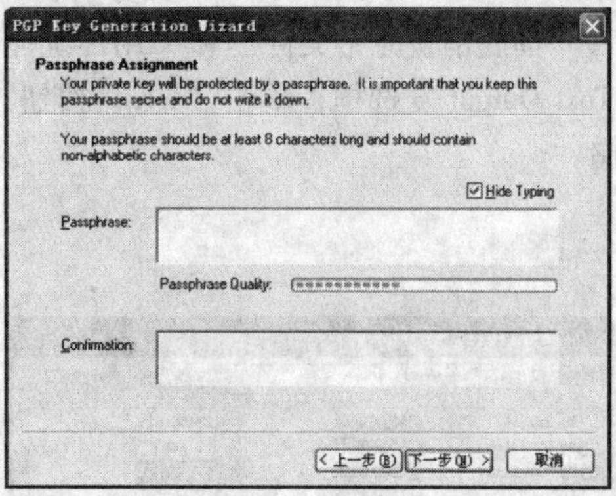

图 10-31 选取密钥

RSA 和 DH 都是公钥密码系统算法，它们的密钥都有两个，即公钥和私钥对。下面来选取公钥和私钥。

PGP 软件包中有 Documentation、PGPdisk、PGPkeys 和 PGPmail 4 项。从"开始"→"程序"→PGP 找到 PGP 软件包，从中选择 PGPkeys，可看到如图 10-32 所示的窗口。选择该窗口工具栏最左端的密钥对的工具项，可得到相应的 PGP 加密和签名用的公钥（pubring）和私钥（secring），如图 10-33 所示。选取公钥和私钥对后，用户要小心保管自己的私钥，把公钥通过朋友的签名发送给其他朋友，或发到网上公共的 PGP 管理服务器上。

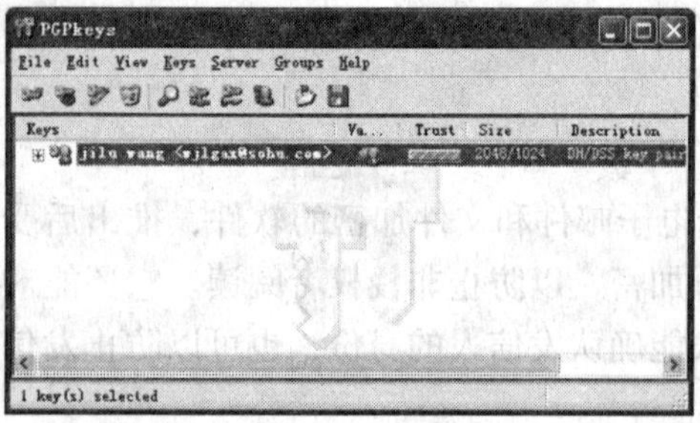

图 10-32　PGPkeys 窗口

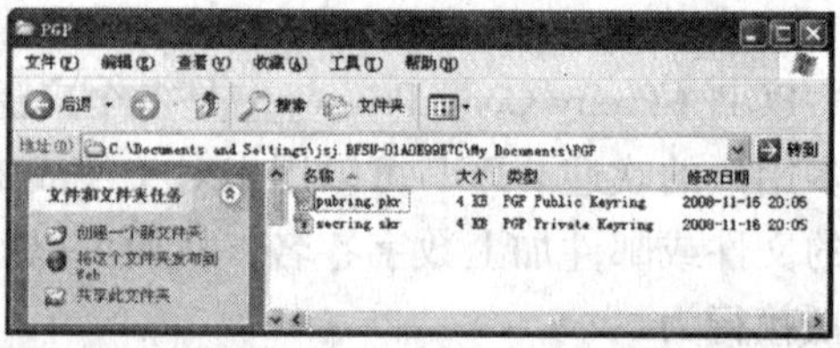

图 10-33　公钥与私钥

（2）加密。选择“开始”→“程序”→PGP，找到 PGP 软件包，从中选择 PGPmail，可得到如图 10-34 所示的工具箱。该工具箱的图标从左到右依次为 PGPkeys、Encrypt、Sign、ncrypt&Sign、Decrypt/Verify，Wipe 和 FreespaceWipe。

图 10-34　工具箱

选择工具箱中的 Encrypt，可进行文件加密。首先单击 Encrypt 工具，在出现的窗口中选择要被加密的文件，如图 10-35 所示。单击“打开”按钮后出现如图 10-36 所示的对话框。在对话框中选择要加密文件的阅读者（中间栏带有邮件地址的部分，可以是别人的，也可以是自己的）。该对话框中的选项 Text Output、Input Is Text、Wipe Original 和 Conventional Encryption 分别表示“输出文本形式的加密文件”、“输入的是文本文件”、“彻底销毁原始文件”和“用传统体制加密”（不用公钥系统，只能留着自己看）。勾选 Text Output 复选框，单击“OK”按钮，即可得到已加密的文件，并且密文以文本形式存储。

图 10-35　选择要加密的文件

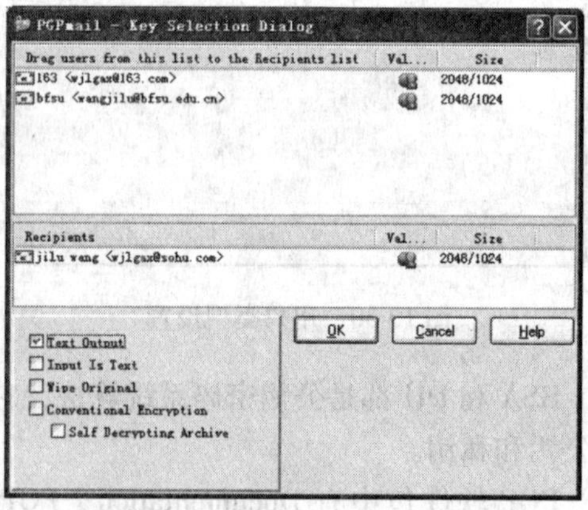

图 10-36　选择加密文件的接收人

（3）签名。选择工具箱中的 Sign，可进行文件签名。首先在单击 Sign 工具后出现的窗口中选择要被签名的文件，如图 10-35 所示。然后，单击“打开”按钮后出现如图 10-37 所示要求输入密码的对话框。输入密码后单击“OK”按钮，即可得到签过名的文件。签名后会出现如图 10-38 所示的记录窗口，该记录包括用户名、签名者、密钥 ID 号、有效（有法律效力）状态和日期。

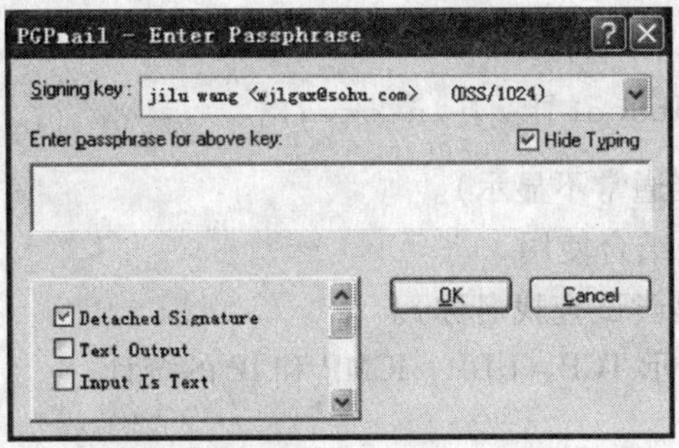

图 10-37 输入加密密钥

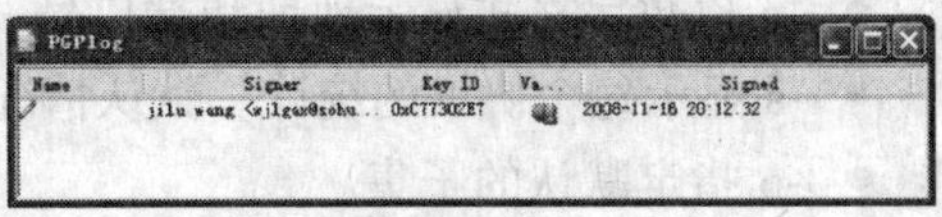

图 10-38 验证密钥

选择工具箱中的 Encrypt&Sign，可对文件进行加密并签名。首先单击 Encrypt&Sign 工具，在出现的窗口中选择要加密和签名的文件，单击“打开”按钮在出现的对话框中，勾选 Text Output 后单击“OK”按钮（此时表示加密过程完成）；然后又出现要求输入密码的对话框，输入签名密码后单击“OK”按钮（此时表示签名过程完成）。即可得到被加密和签名的文件，这些文件被加上较形象的标记，如图 10-39 所示。

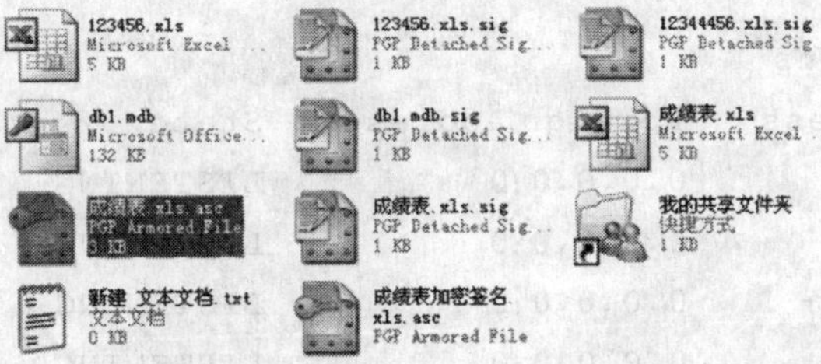

图 10-39 已加密和签名的文件

（4）解密和验证。选择工具箱中的 Decrypt/Verify，可对被加密和签名的文件进行解密和验证。首先在单击 Decrypt/Verify 工具后出现的窗口中选择要被解密的文件，按照要求输入密钥后，系统会提示解密后的文件要存储的路径和文件名，输入后单击“保存”按钮，就得到了解密过的文件。

如果该文件是被加密后又进行了签名，那么在解密该文件后会再出现要求输入密码的窗口，用户输入密码后就完成了反签名（验证）过程，得到了原文件。

（5）文件销毁。文件销毁操作很简单，单击工具箱中的 Wipe 后，在出现的窗口中，选择要被销毁的文件后，单击“打开”按钮，再确认（单击 Yes 按钮），至此这个文件就被销毁了。

3. 查看开放端口——判断木马的方法

当前最为常见的木马通常是基于 TCP/UDP 协议进行客户端与服务器端之间通信的。这就不可避免地要在服务器端（就是中了木马的机器）打开监听端口来等待连接。例如，冰河木马使用的监听端口是 7626，Back Orifice 2000 使用的端口是 54320，Netspy 使用的端口为 7306 等。可以利用查看本机开放端口的方法来检查自己是否中了木马或其他黑客程序。以下是详细查看开放端口的方法。

（1）Windows 本身自带的 netstat 命令。netstat 命令可显示协议统计和当前的 TCP/IP 网络连接。该命令只有在安装了 TCP/IP 协议后才可以使用。

命令格式：netstat[-a][-e][-n][-s][-p protocol][-r][interval]

- -a 显示所有连接和侦听端口（服务器连接通常不显示）。
- -e 显示以太网统计，该参数可以与-s 选项结合使用。
- -n 以数字格式显示地址和端口号（而不是尝试查找名称）。
- -s 显示每个协议的统计。默认情况下，显示 TCP、UDP、ICMP 和 IP 的统计。
- -p 指定默认的子集。
- -p protocol 显示由 protocol 指定协议的连接；如果与-s 选项一同使用，则显示每个协议的统计，protocol 可以是 TCP、UDP、ICMP 或 IP。
- -r 显示路由表的内容。
- -interval 重新显示所选的统计，在每次显示之间暂停 interval 秒。按 Ctrl + B 键停止重新显示统计。如果省略该参数，netstat 将打印一次当前的配置信息。
- -o 显示每个连接所属进程 PID。

```
C:\>netstat -ano
Active Connections
Proto Local Address       Foreign Address    State        PID
TCP 0.0.0.0:80            0.0.0.0:0          LISTENING    1520
TCP 0.0.0.0:21            0.0.0.0:0          LISTENING    1347
TCP 0.0.0.0:7626          0.0.0.0:0          LISTENING    1469
UDP 0.0.0.0:445           0.0.0.0:0          LISTENING    475
UDP 0.0.0.0:1046          0.0.0.0:0          LISTENING    628
UDP 0.0.0.0:1047          0.0.0.0:0          LISTENING    2356
```

Active Connections 是指当前本机的活动连接，Proto 是指连接使用的协议名称，Local Address 是本地计算机的 IP 地址和连接正在使用的端口号，Foreign Address 是连接该端口的远程计算机的 IP 地址和端口号，State 则是表明 TCP 连接的状态。后面三行的监听端口是 UDP 协议，所以没有 state 表示的状态。机器的 7626 端口已经开放，正在监听等待连接。像这样的情况极有可能是已经感染了冰河木马，应该断开网络，用杀毒软件进行查杀。或者根据 Windows 操作系统自带的 Ntsd 命令进行终止后手动查杀。

（2）工作在 Windows 2000 下的命令行工具 fport。使用 Windows 2000 的用户可以使用 fport 程序来显示本机开放端口与进程的对应关系。fport 是一个可以列出系统中所有打开的 TCP 和 UDP 端口，它们对应应用程序的完整路径、PID 标识、进程名称等信息的软件。在命令行下使用下面的例子。

```
D:\>fport.exe
FPort v1.33 - TCP/IP Process to Port Mapper
Copyright 2000 by Foundstone,Inc
PID Process Port Proto Path
748 tcpsvcs -> 7    TCP  C:\WINNT\System32\tcpsvcs.exe
748 tcpsvcs -> 9    TCP  C:\WlNNT\System32\tcpsvcs.exe
```

```
748 tcpsvcs -> 19   TCP  C:\WlNNT\System32\tcpsvcs.exe
416 svchost -> 135  TCP  C:\WINNT\System32\svchost.exe
```

如此看来，各个端口究竟是什么程序打开的就一目了然了。

fport 的最新版本在很多网站都提供下载，但是为了安全，最好还是到官方网站（http：//www. foundstone. com/）去下载。

（3）与 fport 功能类似的图形化界面工具 Active Ports。Active Ports 工具软件可以用来监视计算机打开的所有 TCP、UDP 端口，不但可以将所有的端口显示出来，还显示所有端口对应的程序所在的路径，以及本地 IP 和远端 IP（试图连接用户的计算机的 IP）是否正在活动。

它还提供了一个关闭端口的功能。在用户发现木马开放的端口时，用它可以立即将端口关闭。这个软件工作在 Windows NT/2000/XP 平台下。用户可以从 http：//www. smartline. ru 下载。

其实，使用 Windows XP 的用户无须借助其他软件即可以得到端口与进程的对应关系，因为 Windows XP 所带的 netstat 命令比以前的版本多了一个 O 参数，使用这个参数就可以得到端口与进程的对应关系。Active Ports 软件工作状态如图 10-40所示。

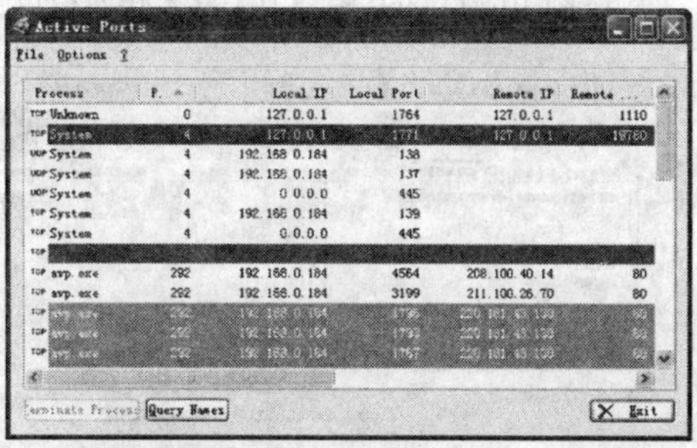

图 10-40　Active Ports 工作状态

4. 360 安全卫士

360 安全卫士是国内最受欢迎的免费安全软件，它拥有查杀流行木马、清理恶评及系统插件、管理应用软件、系统实时保护、修复系统漏洞等数个强劲功能，同时还提供系统全面诊断、弹出插件免疫、清理使用痕迹及系统还原等特定辅助功能，并且提供对系统的全面诊断报告。360 安全卫士的官方网站是 www. 360. cn。

软件简单使用方法介绍如下。

① 基本状态。如图 10-41 所示是 360 安全卫士启动之后所显示的“基本状态”界面，主要分为“系统状态”、“升级设置”、“版本信息”、“个人版信息”四个区域，如果你的软件不是定制的个性版，那就没有“个人版信息”。

② 查杀流行木马。木马查杀是安全卫士 V3. 5 以上版本中推出的功能，能查杀出目前网络上流行的绝大部分木马。

选择“常用”→“查杀流行木马”，第一次运行的时候，建议你在“扫描方式”中选择“全盘扫描”，全面检查系统中是否存在木马，然后单击“开始扫描”，耐心等待扫描完毕。扫描结果将显示在界面下方的列表中，在扫描结果中全选或者只选择某几项，然后单击“立即查杀”按钮清除选定的木马。如图 10-42 所示。

③ 清理恶评插件。清理恶意软件和恶意插件可以说是安全卫士最大的特色。

选择“常用”→“清理恶评及系统插件”，单击“开始扫描”，如图 10-43 所示。

等待扫描结束，如图 10-44 所示，扫描结果会根据网友的评价形成的综合评分及恶评率分为“恶评插件”和“好评插件”，你还可以根据需要把选中的插件列为信任插件。

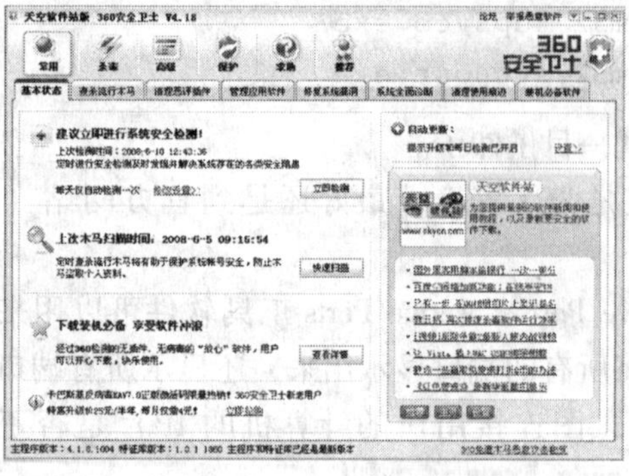

图 10-41　360 安全卫士基本状态窗口

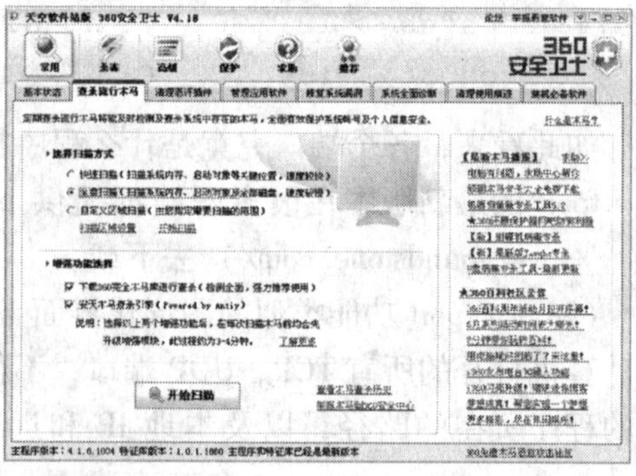

图 10-42　查杀流行木马窗口

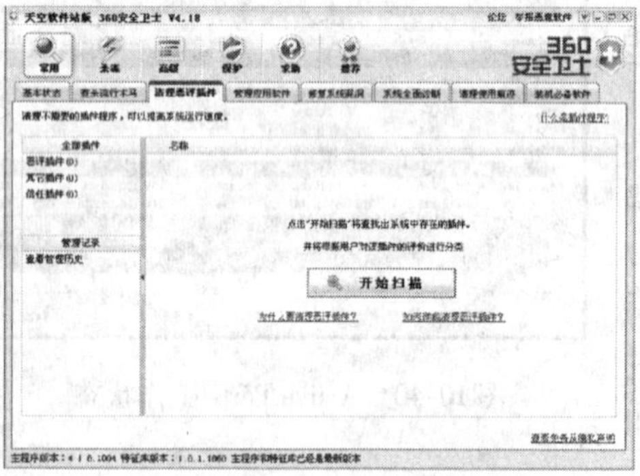

图 10-43　清理恶评插件

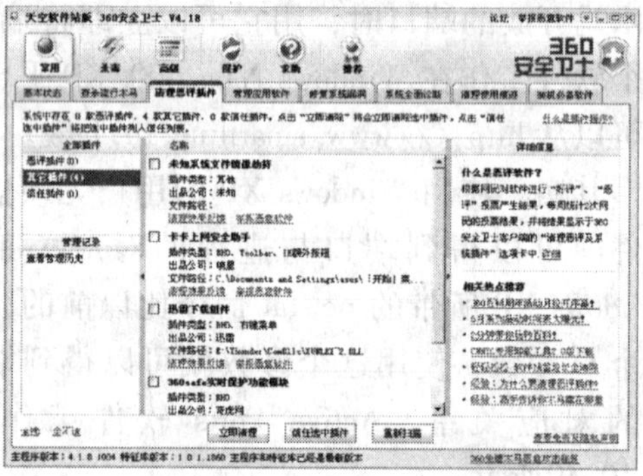

图 10-44　恶评结果

要清除不需要的插件可进行如下操作：把列表中插件名称前的复选框打上钩，选中，然后单击“立即清理”按钮即可。操作简单方便。需要注意的是有些比较顽固的插件程序在卸载之后需要重新启动计算机。

④ 应用软件管理。这个功能类似于系统自带的“添加/删除程序”，可以方便地管理系统中的应用程序，这里就不对它的使用进行详细解说了。

⑤ 修复系统漏洞。360 安全卫士提供的漏洞扫描可以针对 Windows 2000 及 Windows XP 系统进行漏洞扫描，检测出机器中存在哪些漏洞，缺少哪些补丁，并且给出漏洞的严重级别，提供相应补丁的下载和安装。

以下介绍该功能的使用方法。

- 选择“常用”→“修复系统漏洞”，切换到系统漏洞补丁模块，如图 10-45 所示。单击“查看并修复漏洞”，系统将短时间内将为用户扫描出系统中的所有漏洞。
- 扫描的漏洞中将根据微软发布漏洞补丁时间排序，并且标明各种漏洞的严重程度。单击则能查看该条漏洞详细信息，如图 10-46 所示。
- 选择用户想进行安装的补丁，单击“修复选中的漏洞”，即会开始下载用户选择的补丁，下载完毕后会自动开始安装，如图 10-47 所示。
- 同时还可以扫描出系统中存在的安全风险，如图 10-48 所示，如管理员权限账号密码为空、系统默认防火墙没有打开等安全风险。安全卫士详细列出了系统安全风险对系统可能存在的威胁，而且简洁明了地指导用户如何操作以避开这些风险。

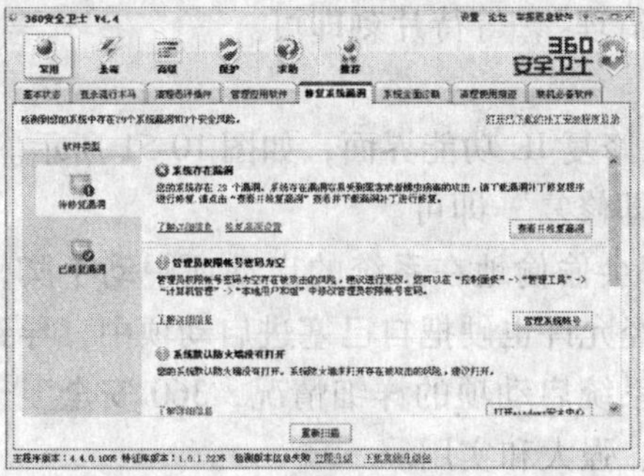

图 10-45　修复系统漏洞

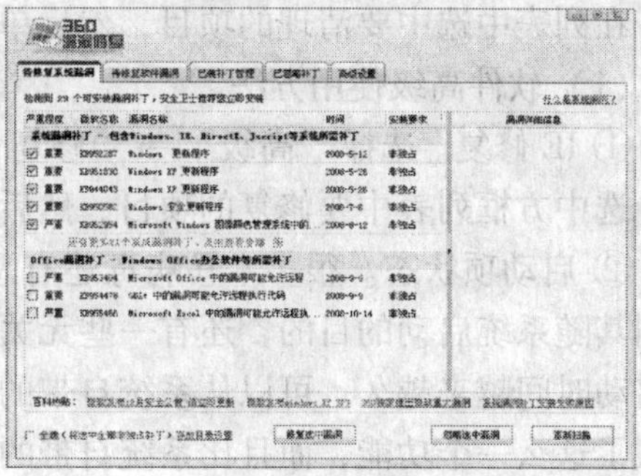

图 10-46　漏洞信息

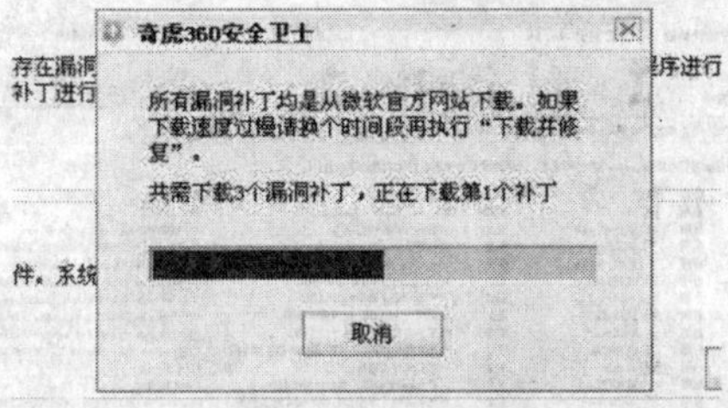

图 10-47　下载漏洞

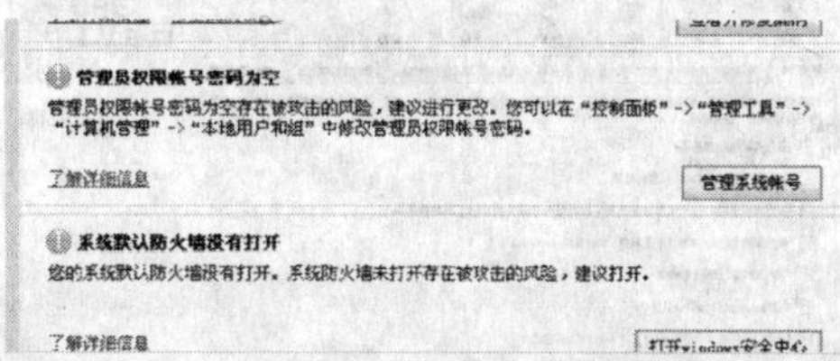

图 10-48　安全风险

⑥ 系统全面诊断。系统全面诊断是 360 安全卫士提供的对系统进行全面诊断的功能。它将会扫描系统中 190 多个可疑位置，提供很详细的系统诊断结果信息。

以下介绍该功能的使用方法。

● 选择“常用”→“系统全面诊断”，切换到系统全面诊断模块。等待片刻扫描出系统中的可疑位置。如图 10-49 所示，不但显示了扫描结果的详细结果，还在左边窗格对诊断结果进行分类，便于用户分类查看。

● 在扫描结果详细列表中选中要修复的项目，然后单击“修复选中项”按钮即可。还可以单击“导出诊断报告”把诊断报告导出到本机，或者剪贴到网上，寻求高手一起帮助进行判断。也可以将自己的诊断报告上传给 360 安全卫士，让 360 安全卫士来进行分析，将未知项的信息进行调查填充到知识库中，更好地为用户提供服务。

⑦ 清理使用痕迹。这个功能可是所有上网助手类软件不可缺少的，可以快捷方便地帮助你清理使用机器和上网时产生的痕迹，极大程度上保护了你的隐私，如图 10-50 所示。

图 10-49　系统全面诊断

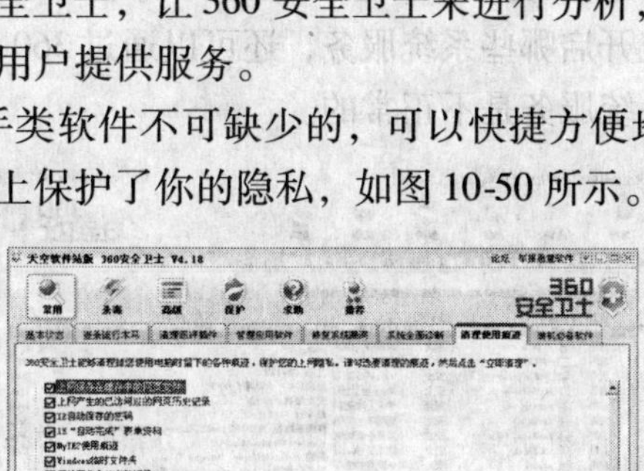

图 10-50　清理使用痕迹

在列表中选中要清理的项目，然后单击“立即清理”，等待片刻即可。

（1）软件高级使用方法。

① IE 修复。选择“高级”→“修复 IE”，进入修复 IE 功能界面，如图 10-51 所示。选中方框列表中要修复的项目，然后单击“立即修复”即可。

② 启动项状态。很多木马病毒还有恶意软件都会偷偷地在系统的启动项中动手脚，以达到其随系统启动的目的，还有一些无关的程序未经允许也硬把自己塞进启动项中，导致系统启动时间越来越久。可以从系统自带的工具查看系统启动项的详细情况，360 安全卫士也提供了这么一个功能，而且比系统自带的更加方便、强大和实用。

● 选择“高级”→“启动项状态”，进入启动项状态界面，等待程序读取和显示完所有的启动项。如图 10-52 所示。

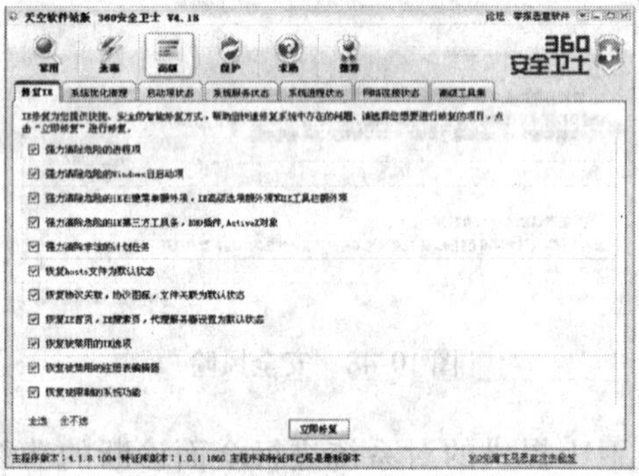

图 10-51　修复 IE

图 10-52　系统启动项状态

● 检查列表中显示的启动项，单击选中一个选项，则可以查看该项的详细信息，如图 10-53所示。如果该项属于不必要的启动项目，可以单击详细信息页下方的“删除此项”，把该启动项删除。

● 选中单个或者多个项，然后单击列表下方的“禁用选中项”即可把所选项列入禁用列表。

③ 系统服务状态。通过 360 安全卫士查看系统服务状态，可以方便快速地知道自己的系统开启哪些系统服务，还可以通过 360 安全卫士提供的服务项说明和推荐操作快速判断哪些系统服务是不正常的。

图 10-53　查看启动项和单项删除启动项

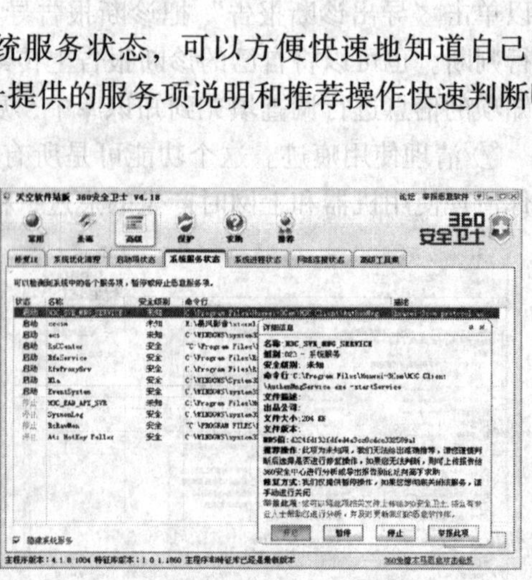

图 10-54　系统服务状态

● 选择“高级”→“系统服务状态”，进入系统服务状态界面，等待程序读取完所有的系统服务状态，可以通过选中或不选中界面左下方的“隐藏系统服务”来决定是否显示操作系统自带的服务，如图 10-54 所示。

● 选中某一单项，然后单击鼠标，即可查看该服务项的详细信息及安全卫士对该项的操作建议。使用该详细信息页下方的“开启”、“暂停”、“停止”这三个按钮对该服务项进行对应的操作。

④ 系统进程状态。查看系统进程的详细情况，可以了解当前系统中是否存在可疑进程，360 安全卫士还提供显示了进程所加载的 DLL 等所有模块，从而给用户判断系统当前安全状态提供了更多的帮助和依据。

选择“高级”→“系统进程状态”，进入系统进程状态界面，等待程序读取完所有的系统进程状态。如图 10-55 所示。

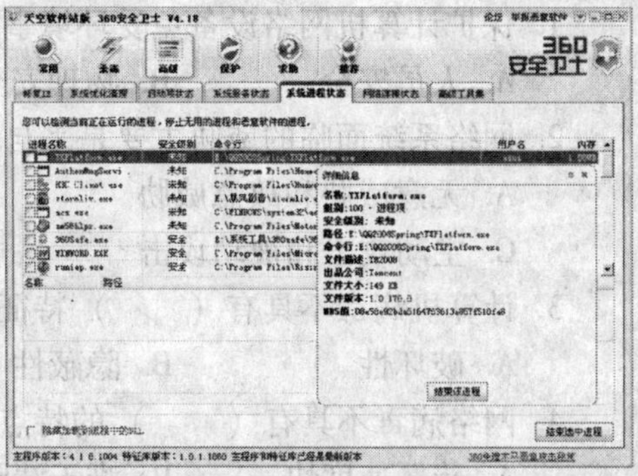

图 10-55 系统进程状态

⑤ 求助。通过 360 安全卫士的论坛求助功能，可以把修复系统时无法解决的疑难发到 360 安全论坛上获取更多的帮助，前提是需要注册一个 360 安全论坛的账户。

(2) 360 使用误区。

① 使用误区一：360 安全卫士可以防病毒。目前最新版本的 360 安全卫士提供了系统实时保护功能，共包含恶评插件入侵拦截、网页防漏及钓鱼网站拦截、系统关键位置保护及 U 盘病毒免疫四大部分。很多电脑新手误认为该功能等同于传统杀毒软件的实时监控功能。

② 使用误区二：360 安全卫士可以杀病毒。由 360 的官方介绍可知，360 仅提供了查杀流行木马、清理恶评及系统插件等为数不多的准杀毒功能。

③ 使用误区三：使用 360 安全卫士就不需要网络防火墙了。

● 从运行原理上来说，360 只能事后删除大部分恶意软件及少量木马，也就是说 360 只能在木马已经进入你的计算机后才会有反应，防火墙却能主动防止恶意软件、病毒进入你的系统，所以 360 不能代替防火墙 。

● 从功能上来说，真正的防火墙至少需要具备网络层的访问控制和应用层的访问控制功能，否则就不能称其为防火墙。从最新版本的 360 安全卫士的功能简介上来看，它暂时还不能代替传统的防火墙。

● 从防护范围上来说，真正的防火墙至少应该建立起防止病毒、特洛伊木马及网络黑客的三防机制，而 360 安全卫士目前仅仅对大部分的恶意软件和少部分的木马起作用。

因此综上所述，360 安全卫士目前不能代替网络防火墙。

习题

一、填空题

1. 网络系统的________是指保证网络系统不因各种因素的影响而中断正常工作。

2. 网络系统面临的威胁主要来自外部的________和自然环境的影响，它们包括对网络设备的威胁和对________的威胁。

3. 计算机病毒传播的途径一般有________、________和________三种。

4. 计算机病毒具有________、________、________、________、不可预见性和针对性等特征。

5. 恶意代码有________、________、________、移动代码和复合型病毒 5 类。

二、选择题

1. 保护计算机网络设备免受环境事故的影响属于信息安全的（　　）方面。
A. 人员安全　　B. 物理安全　　C. 数据安全　　D. 操作安全

2. 网络系统面临的威胁主要是来自（　　）。
A. 无意威胁和故意威胁　　B. 人为和自然环境
C. 主动攻击和被动攻击　　D. 软件系统和硬件系统

3. 计算机病毒不具有（　　）特征。
A. 破坏性　　B. 隐蔽性　　C. 传染性　　D. 无针对性

4. 网络病毒不具有（　　）的特点。
A. 传播速度快　　B. 难于清除　　C. 传播方式单一　　D. 危害大

5.（　　）是一种基于远程控制的黑客工具，它通常寄生于用户的计算机系统中，盗窃用户信息，并通过网络发给黑客。
A. 文件病毒　　B. 木马　　C. 引导型病毒　　D. 蠕虫

6.（　　）是一种可以自我复制的完全独立的程序，它的传播不需要借助被感染主机的其他程序。它可以自动创建与其功能完全相同的副本，并在没人干预的情况下自动运行。
A. 文件病毒　　B. 木马　　C. 引导型病毒　　D. 蠕虫

7. 木马的传播方式主要有（　　）。
A. 通过 E-mail
B. 软件下载
C. 通过会话软件（如 MSN、QQ）的“传送文件”进行传播
D. 自我复制

8. 以下关于防火墙技术的描述中错误的是（　　）。
A. 防火墙不能防备完全新的威胁
B. 防火墙可以控制外部用户对内部系统的访问
C. 防火墙可以阻止内部人员对外部的攻击
D. 防火墙对不通过它的连接难有作为

三、简答题

1. 计算机网络安全的定义是什么？
2. 网络系统的脆弱性表现在哪些方面？
3. 什么是计算机病毒？有什么危害？计算机染毒后有什么症状？
4. 常见的恶意代码有哪些，木马和蠕虫的特点是什么？
5. 什么是网络钓鱼？如何进行防范？
6. 间谍软件和广告软件的定义是什么？如何对其进行防范？

7. 什么是防火墙？典型防火墙的类型有哪些？
8. 防火墙的局限性有哪些？
9. 计算机的安全使用措施有哪些？
10. 列举 Windows 操作系统的安全设置。

四、实验

1. 典型杀毒软件、防火墙的安装、配置和使用。
2. 反间谍软件 Spyware Doctor 的安装与使用。
3. 360 安全卫士的设置与使用。
4. 查看网络的连接状态。
5. Windows 操作系统安全设置。

第 11 章 Dreamweaver 网页设计

11.1 网站的规划

网站建设的基本流程是：网站规划、网页设计、网上安家以及网站维护与管理。

11.1.1 网站规划

网站规划是指在网站建设前对市场进行分析，确定网站的目的和功能，并根据需要对网站建设中的技术、内容、费用、测试、维护等作出规划，网站规划对网站建设起到计划和指导的作用，对网站的内容和维护起到定位作用。

11.1.2 网站设计技巧

网站规划好后，即可根据网站建设的需求分析进行设计。设计一般自顶向下进行。这意味着首先设计主页，再设计子页，最后是设计网页的内容。

只有明确了具体的设计内容之后，设计者才能以具体事例、具体方法来选择最合适的技术与表现手法。而且，在网站制作过程中要着重考虑以下几点。

1. 网页风格要统一

网站的结构及网页上所有的图像、文字，包括背景颜色、区分线、字体、标题、脚注等，都要统一风格，贯穿全站。这样会使网页看起来舒服、顺畅，使网站给人留下一个“很专业”的印象。

2. 网站导航要清晰

所有的超级链接应被清晰无误地标识出来，所有导航性质的设置，如图像按钮等，都要有清晰的标识，让人看得明白，千万别只重视视觉效果，而让浏览者不知东西南北。

3. 网页应易读

网站设计需要复杂的色彩组合，可这往往使浏览者看起网页来很费劲。注意不要让背景的颜色冲淡了文字的视觉效果。一般来说，浅色背景下用深色文字为佳，默认的字体为宋体。

另外，最好让文本左对齐，而不是居中。按中文的阅读习惯，文本大都是居左的。当然，标题一般应该居中，因为这符合读者的阅读习惯。

4. 网站 Logo 要有代表性

建设网站，站标的设计是必不可少的。站标是形象的缩影，是人类社会中具有标识和传达信息作用的象征性视觉符号，并以深刻的理念、优美的形象和完整的构图，给浏览者留下深刻的印象和记忆。要使自己的网站在茫茫“网”海中脱颖而出，除了要有丰富的信息外，设计一个富有特色的网站 Logo 也是必不可少的。

5. 设计网站的标准色彩

网站给人的第一印象来自于视觉冲击，确定网站的标准色彩是相当重要的一步。一般来说，一个网站的标准色彩不超过 3 种，太多则会让人眼花缭乱。标准色彩要用于网站的标志、标题、主菜单和主色块，给人以整体统一的感觉。

6. 页面容量越小越好，不要超过 75 KB

有研究显示，如果一个网站页面的主体在 15 秒之内显现不出来，访客会很快失去对该网站的兴趣。当然也有例外，比如内容实在太精彩，以至于浏览者非要访问不可。要限定页面的大小，就得从各个角度考虑节省问题。

11.1.3 网页组成与布局

一个网站的内容固然重要，但是如果没有精美而吸引人的外观，哪怕内容再好也不能吸引人，这就意味着，必须要花心思来规划文字与背景颜色的搭配方案。

1. 网页组成

Internet 上的网页多种多样，内容千差万别，但都是由标题、网站标志、页眉、导航栏、内容板块和页脚等部分组成，如图 11-1 所示。

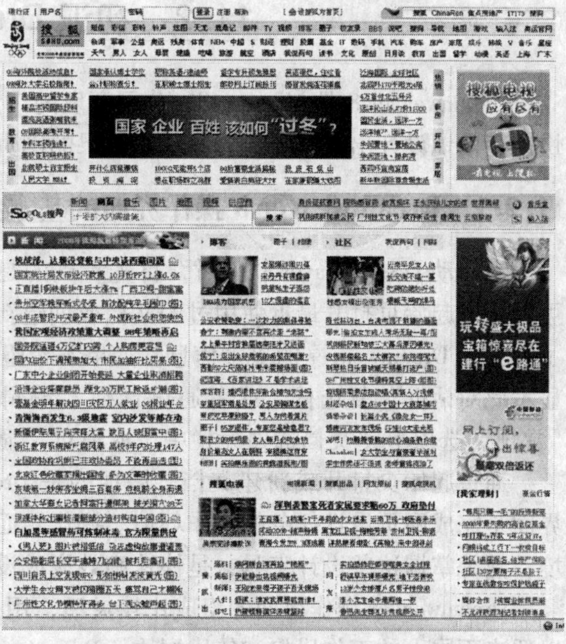

图 11-1 sohu 网站首页

（1）网页标题。每个网页都有一个标题，用于指示网页的主要内容。网页标题显示在浏览器窗口的标题栏中。在设计网页时，网页制作软件一般会自动给网页指定“Untitled Document”或“无标题”作为网页的默认标题。显然，这样的标题是毫无意义的。在设计网页时，应该养成给网页指定标题的习惯，使浏览者看到标题就能了解网页包含的大体内容。

（2）站标。站标即网站的标志，是一个网站的特色和内涵的集中体现。一个好的站标，可以给浏览者留下深刻的印象，在网站和企业的宣传推广方面起着十分重要的作用。

（3）页眉。页眉指页面的上部，通常位于水平放置的导航栏上面。页眉的设计风格应该与页面的整体风格协调一致。设计独到的页眉也可以像站标一样，起到标识网站的作用。

（4）导航栏。导航栏是网页的重要组成元素，它的任务是帮助浏览者在站点内快捷地查找信息。好的导航系统应该能够“带领”浏览者“尽情浏览”而不会迷失方向。导航栏在页面中的位置相对固定，一般分布在页面的上、下、左、右，但以在页面上部居多。设计自由的页面，导航栏的摆放则比较灵活。

（5）内容板块。内容板块是页面的主体，往往根据内容的多少划分为几个栏目。每个栏目中放置内容标题作为链接或内容摘要，具体内容包括文字、图像、动画等。页面的内容才是浏览者关注的根本目标。只有拥有丰富的内容，才能吸引众多的浏览者。因此，对于内容板块应该合理安排、精心设计。

（6）页脚。页脚是指页面的下面部分，通常放置版权信息、联系方法，有时也把导航栏、友情链接安排在这里。

2. 网页布局

网页布局设计就是把网页的基本组成元素在页面中合理地安排起来。可以把网页看做一张报纸、一本杂志来进行布局设计。这与传统的报纸、杂志的编辑一样，其基本原理是相同的。

网页的布局设计由于受到硬件条件（如显示器的大小和分辨率）和技术的限制，不能像平面设计那样“自由发挥”。页面布局需要经过构思构图、绘制草图、草图细化和方案确定、量化描述和方案实施等步骤确定后使用网页编辑软件（Dreamweaver）和图像处理软件（Photoshop 和 Fireworks）进行布局设计。

11.2 初识 Dreamweaver 8

Dreamweaver 8 是 Macromedia 公司开发的“所见即所得”的网页编辑工具，使用它可以快速高效地设计出极具吸引力和动态效果的网页。

11.2.1 Dreamweaver 8 操作界面的基本组成

当启动 Dreamweaver 软件时，首先看到的是 Dreamweaver 的起始页面，如图 11-2 所示。可以通过起始页打开最近使用过的文档或创建新文档，还可以通过起始页的产品介绍或教程了解关于 Dreamweaver 的更多信息。如果不希望显示起始页，可以选中该页左下方的“不再显示此对话框”复选框，或者通过选择“编辑”→“首选参数”命令，在打开的对话框“常规”选项卡“文档选项”栏中，取消对“显示起始页”复选框的选择。

通过起始页打开或新建文档，展现的是 Dreamweaver 的操作界面。Dreamweaver 的操作界面是完成网页设计任务的工作环境。操作界面的组件是进行页面设计的工具；熟悉工作环境，熟练掌握这些设计工具，是快速高效完成设计任务的基础。

Dreamweaver 操作界面的组成比较灵活，用户可以根据自己的喜好来定制。因此，它可以适应不同人的工作风格和使用层次。Dreamweaver 操作界面一般有下面一些常用组件，如图 11-3 所示。

- “插入”栏：包含用于将各种类型的“对象”（如图像、表格和层）插入到文档中的按钮。每个对象都是一段 HTML 代码，使用户在插入时设置不同的属性。例如，可以在“插入”栏中单击“表格”按钮，插入一个表格。也可以不使用“插入”栏而使用“插入”菜单插入对象。
- “文档”工具栏：包含各种按钮，它们提供各种“文档”窗口视图（如“设计”视图和“代码”视图）的选项、各种查看选项和一些常用操作（如在浏览器中预览）。
- “文档”窗口：用于显示创建或编辑当前文档。

图 11-2　Dreamweaver 的起始页面

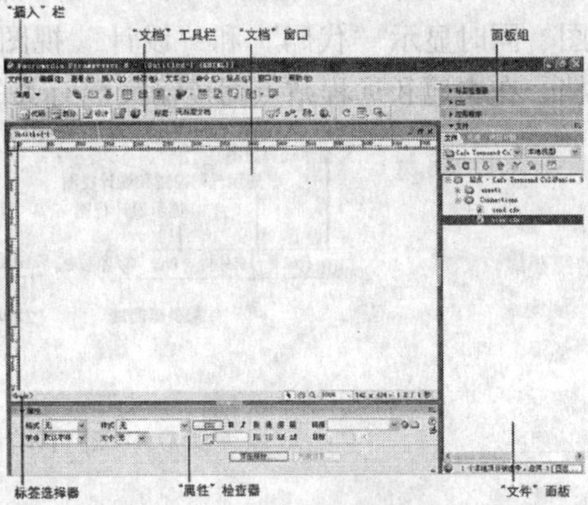

图 11-3　Dreamweaver 操作界面的基本组成

- 标签选择器：位于“文档”窗口底部的状态栏中，它显示环绕当前选定内容的标签的层次结构。单击该层次结构中的任何标签可以选择该标签及其全部内容。
- 面板组：是组合在一个标题下面的相关面板的集合。
- 属性检查器：显示选定对象或文本的属性，并可以用它来修改这些属性。
- “文件”面板：用于管理文件和文件夹，也可以通过它访问本地磁盘上的全部文件。

11.2.2　界面组件的操作方法

本节主要介绍“文档”窗口、“插入”栏和“属性检查器”的使用和操作方法。其他组件将在下一节中介绍。

1. “文档”窗口

“文档”窗口就是用来编辑网页的地方。因为 Dreamweaver 是一种可视化网页编辑器，所以，在“文档”窗口中的显示效果大体上就像在浏览器中一样，也就是平时提到的“所见即所得”。“文档”窗口的标题栏显示的是页面标题，如果文件中包含未保存的修改，则标题栏中还将在圆括号中显示文件名和星号。

(1) 三种视图的切换。在“文档”窗口中可以通过“代码”视图、“设计”视图或“代码和设计”视图查看文档。

在“设计”视图中，可以“可视化”设计网页，能够直观地看到页面元素在页面中的布局情况。这种编辑排版方式即所谓的“所见即所得”方式。在代码视图中，看到的是网页代码，可以以编码方式设计网页，或对代码进行编辑修改，但看不到页面元素在页面中的布局情况。在“代码和设计”视图中，Dreamweaver 把文档窗口划分为上下两部分，这样既可以看到网页代码，也可以看到页面元素的布局情况。在设计网页时，可以根据设计需要选择一种视图来工作，或随时在这些视图之间切换。

要在“文档”窗口中切换视图，可以使用“查看”菜单：选择“查看”→“代码”命令，或者选择“查看”→“设计”命令，或者选择“查看”→“代码和设计”命令。也可以使用“文档”工具栏，单击“显示代码视图”按钮，单击“显示代码视图和设计视图”按钮，或者单击“显示设计视图”按钮来实现文档不同视图间的快速切换。

(2)“文档”工具栏。“文档”工具栏中除了包含前面提到的“代码”视图、“设计”视图、同时显示“代码”和“设计”视图的“拆分”视图等按钮以外，还包含一些与查看文档、在本地和远程站点间传输文档有关的常用命令和选项，如图 11-4 所示。

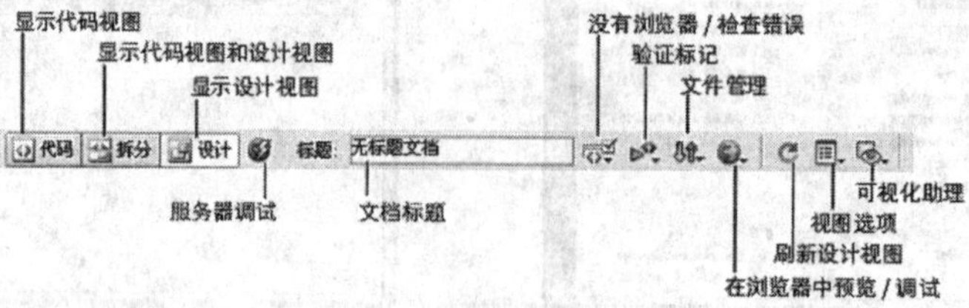

图 11-4 “文档”工具栏

“文档”工具栏中各选项作用如下。

- 显示代码视图：仅在“文档”窗口中显示“代码”视图。
- 显示代码视图和设计视图：在“文档”窗口的一部分显示“代码”视图，而在另一部分显示“设计”视图。当选择了这种视图时，单击“视图选项”，在弹出的菜单中“在顶部查看设计视图”选项变为可用。使用该选项指定在“文档”窗口的顶部显示哪种视图。
- 显示设计视图：仅在“文档”窗口中显示“设计”视图。
- 服务器调试：显示一个报告，帮助调试当前 ColdFusion 页。该报告包括页面中的错误（如果有的话）。
- 文档标题：允许为文档输入一个标题，它显示在浏览器的标题栏中已经有了一个标题。
- 没有浏览器/检查错误：使用户可以检查跨浏览器兼容性。
- 验证标记：允许用户验证当前文档或选定的标签。
- 文件管理：显示“文件管理”弹出菜单。
- 在浏览器中预览/调试：允许用户在浏览器中预览或调试文档。从弹出菜单中选择一个浏览器。
- 刷新设计视图：当用户在“代码”视图中进行更改后刷新文档的“设计”视图。在执行某些操作如保存文件或单击该按钮之前，在“代码”视图中所做的更改不会自动显示在“设计”视图中。
- 视图选项：允许用户为“代码”视图和“设计”视图设置选项，其中包括对哪个视图显示在上面进行选择。该菜单中的选项用于当前视图：“设计”视图、“代码”视图或两者。
- 可视化助理：允许用户使用不同的可视化助理来设计页面。

(3) 文档状态栏。“文档”窗口底部的状态栏提供与正在创建的文档有关的其他信息，如图 11-5 所示。

- 缩放工具和设置缩放比率菜单：允许用户为文档的大小设置缩放级别。
- 标签选择器：显示环绕当前选定内容的标签的层次结构。单击该层次结构中的任何标签以选择该标签及其全部内容。单击 <body> 可以选择文档的整个正文。
- 手形工具：允许用户单击文档并将其拖曳到“文档”窗口中。单击选取工具可禁用手形工具。

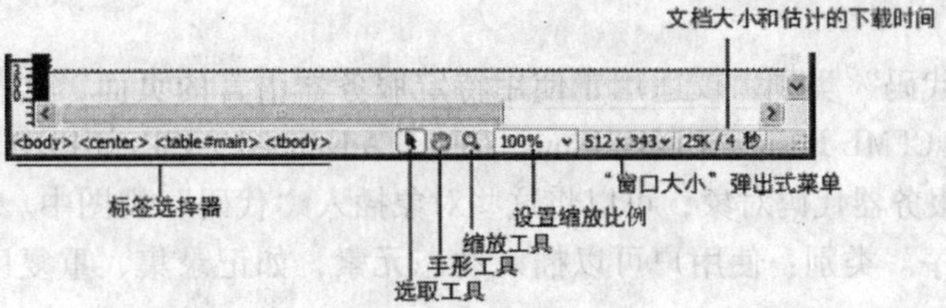

图 11-5 文档状态栏

● “窗口大小”菜单：允许用户将“文档”窗口的大小调整到预定义或自定义的尺寸。

● 文档大小和估计下载时间：估计文档大小和页面的下载时间（包括全部相关的文件，如图像和其他媒体文件）。下载时间默认是以 28. 8 Kbps 估算的。

需要特别指出的是，可以通过“窗口大小”弹出菜单改变“文档”窗口的大小。因为设计网页往往需要考虑大多数浏览者的显示屏大小。例如，如果以 17 英寸显示器设计页面的宽度，浏览者使用的显示器为 14 英寸，浏览时网页就会“超宽”，必须左右拖动滚动条，才能查看所有内容，给浏览者带来极大的不便。

“文档”窗口的当前大小（以像素为单位）显示于状态栏中。单击“窗口大小”，弹出一个菜单，如图 11-6所示，通过此菜单可以设置窗口的大小，使之与常用的显示器大小相适应，设计外观较好的网页。

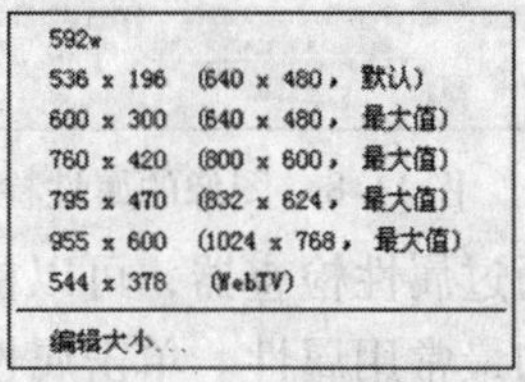

图 11-6 “窗口大小”弹出菜单

窗口的大小是指浏览器窗口的内部尺寸，不包括边界。显示器的大小列在圆括号中。例如，如果网页访问者使用的是 Internet Explorer 或 Netscape Navigator 浏览器的默认配置——640 × 480（像素）显示器，此时窗口的大小就要选用“536 × 196（640 × 480，默认）”选项。

要调整“文档”窗口的大小，单击文档窗口底部的“窗口大小”，弹出“窗口大小”菜单，从菜单上选择一种尺寸即可。

2. “插入”栏

选择“查看”→“工具栏”→“插入”，打开“插入”栏。“插入”栏包含用于创建和插入对象（如表格、层和图像）的按钮，如图 11-7 所示。

图 11-7 “插入”栏

“插入”栏主要按以下的类别进行组织。

● “常用”类别：使用户可以创建和插入最常用的对象，如图像和表格。

● “布局”类别：使用户可以插入表格、div 标签、层和框架，还可以从三个：“标准”（默认）、“扩展表格”和“布局”表格视图中进行选择。当选择“布局”表格视图后，可以使用 Dreamweaver 布局工具，“绘制布局节格”和“绘制布局表格”。

● “表单”类别：包含用于创建表单和插入表单元素的按钮。

● “文本”类别：使用户可以插入各种文本格式。

● “HTML”类别：使用户可以插入用于生成水平线、头内容、表格、框架和脚本的

HTML 标签。

- “服务器代码”类别：仅适用于使用特定服务器语言的页面，这些服务器语言包括 ASP、ASP. NET、CFML Basic、CFML Flow、CFML Advanced、JSP 和 PHP。使用这些类别中的每一个都提供服务器代码对象，可以将这些对象插入“代码”视图中。
- “应用程序”类别：使用户可以插入动态元素，如记录集、重复区域及记录插入和更新表单。
- “Flash 元素”类别：使用户可以插入 Macromedia Flash 元素。
- “收藏夹”类别：使用户可以将“插入”栏中最常用的按钮分组和组织到某位置。

3. 属性检查器

图 11-8　图像的属性检查器

选择“窗口”→“属性”命令，可以打开属性检查器。属性检查器显示当前选定的页面元素（如页面上的文本、图像、表格、层等）的属性值。

使用属性检查器，当选取的页面元素不同时，属性检查器的显示内容也会跟着变化。

例如，当在页面中选定一幅图像时，属性检查器的显示如图 11-8 所示。检查器中显示图像的缩图、大小、源文件名等。

通过属性检查器，可以检查和修改当前选定页面元素的属性。属性检查器初始显示选定元素的最常用属性。单击属性检查器右下角向下的箭头，可以看到选定元素更多的属性，如图 11-8 所示。单击右下角向上的箭头，属性检查器恢复原来的大小。要了解属性检查器中当前显示的各项属性的详细信息，可单击右上角的帮助图标。

Dreamweaver 操作界面的组成包括菜单栏、“文档”工具栏、“文档”窗口、“插入”栏、属性检查器等。“文档”窗口是设计页面的空间，“插入”栏是向页面添加各种元素的常用工具，属性检查器是检查修改页面元素属性最常用的面板。

同时，Dreamweaver 提供的“设计”视图、“代码”视图、“代码和设计”视图，可以满足设计网页的不同要求。在一般情况下，使用“设计”视图设计网页，比较直观、方便。当需要修改代码或要添加一些在设计视图中不能实现的功能时，就要使用代码视图，手工修改代码。当网页代码较长时，在“代码”视图中往往较难定位到要处理的代码段，这时可以使用“代码和设计”视图。在“设计”视图窗口定位光标，“代码”视图窗口中的光标就会跟着移动到相应的代码上。在代码视图中输入的内容可以在设计视图中正确反映，同时在设计视图中输入的内容也能够在代码视图中正确反映。

11.3 创建站点

11.3.1 规划站点结构

站点是用来存储一个网站的所有文件的，这些文件包括网页文件、图片文件、服务器端处理程序和 Flash 动画等多种文件。

在定义站点之前，首先要做好站点的规划，包括站点的目录结构和链接结构等。

1. 目录结构

站点的目录结构与站点的内容多少有关。创建目录结构的基本原则是方便站点的管理和维护。目录结构创建是否合理，对浏览者似乎没有什么影响，但对于网站的上传、更新、维护、扩充和移植等工作却有很大的影响。

2. 链接结构

站点的链接结构就是指站点内各文档之间的相互链接关系。链接结构建立在目录结构基础之上。链接结构不同于目录结构，目录结构只是影响网站维护人员的管理维护工作，而链接结构直接影响到浏览者的浏览。

内容不多的小型网站，链接结构比较简单，如图 11-9 所示。这种链接结构，可以称为树状结构。这种站点就像一个小小的县城，只有一两条公共汽车线路，线路之间也没有什么交叉。

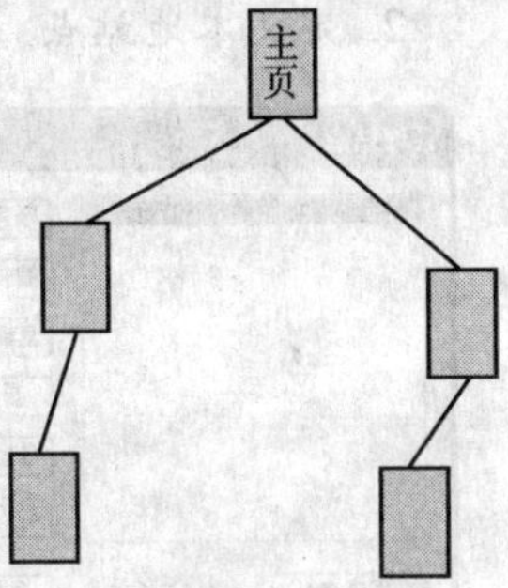

图 11-9　树状链接结构

内容比较丰富的中型网站，链接结构稍为复杂一点，它的链接关系往往采用星状结构，如图 11-10 所示。这种网站就像一个中小型城市，有一个公共汽车总站和多条线路，线路之间有一定的交叉，乘客可以从一条线路的某个站点转到另一条线路的某个站点，经过“转车”到达目的地。

内容丰富、信息量巨大的大型网站，链接结构就会非常复杂，往往采用树状结构与星状结构结合，可以称为综合型结构，如图 11-11 所示。在实际设计中，很多页面还设计有直接返回主页的“线路”。这种网站就像一个大城市一样，公共汽车线路四通八达，相互交叉。乘客可以经过多次“转车”，到达目的地。

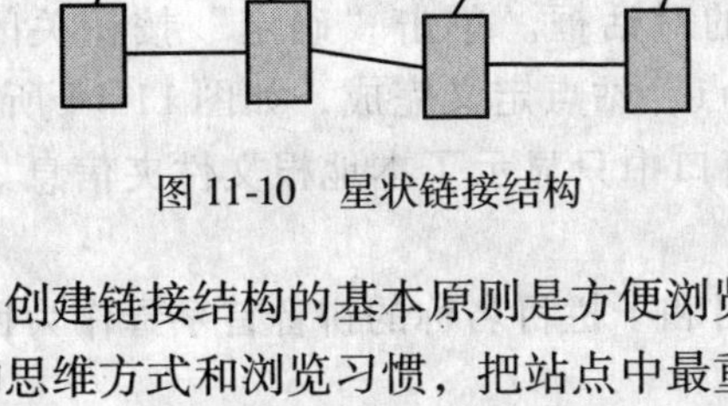

图 11-10　星状链接结构

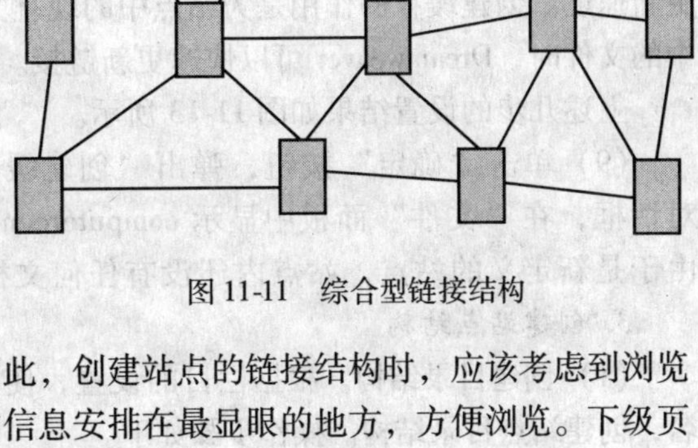

图 11-11　综合型链接结构

创建链接结构的基本原则是方便浏览。因此，创建站点的链接结构时，应该考虑到浏览者的思维方式和浏览习惯，把站点中最重要的信息安排在最显眼的地方，方便浏览。下级页面也要适当安排返回主页的链接，以免浏览者“迷路”。

11.3.2　定义站点

下面就以 http：//www. computercenter. edu. cn 站点为例，动手设计站点的结构和定义本地站点。

1. 栏目设置

根据站点的内容，设置如下 6 个栏目，其中包含 19 个子栏目。包括：中心概览、教学管理、学术科研、师资队伍、信息速递、资源下载和相关子栏目。

2. 定义本地站点

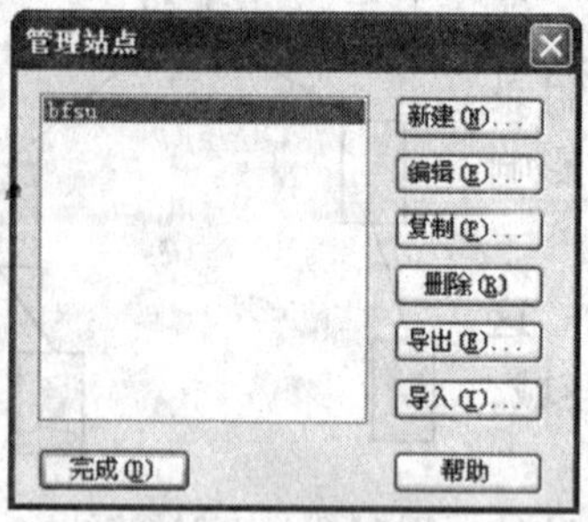

图 11-12 “管理站点”对话框

定义本地站点的具体操作步骤如下。

(1) 使用资源管理器的创建文件夹功能，在本地硬盘中创建一个目录 w1。

(2) 启动 Dreamweaver，选择“站点”→“新建站点”命令，打开“管理站点”对话框，如图 11-12 所示。

(3) 在“管理站点”对话框中单击“新建”按钮，弹出站点定义对话框。在“分类”列表框中，确保“本地信息”被选择。

(4) 在“站点名称”文本框中输入一个站点名。

(5) 单击“本地根文件夹”文本框右边的文件夹图标，从本地硬盘中选择用于存放所用站点文件的文件夹（第一步创建的文件夹 w1），作为站点的根文件夹。也可以在该文本框中直接输入路径和文件夹名。当 Dreamweaver 解析相对根的连接时，它就建立相对于此文件夹的链接。

注意 不要使用驱动器作为站点的根，也不要使用 Dreamweaver 的文件夹。

(6) 保持“自动刷新本地文件列表”复选框的选择。此选项用来指明当把文件复制到本地站点时是否自动刷新本地文件列表。取消对此项的选择，可以提高 Dreamweaver 复制文件的速度，但站点窗口的本地视图（站点窗口的下方区域）无法自动刷新。要手工刷新站点窗口，单击站点窗口的“刷新”按钮。

(7) 在“HTTP 地址”文本框中，输入远程站点的 URL，如 http：//www. computercenter. edu. cn，以便 Dreamweaver 能够检查使用绝对 URL 的站点外部链接是否正确。

(8) 保持“启用缓存”复选框的选择。此选项用来指明是否建立本地缓存来提高链接更新速度。创建缓存的作用是为站点中的现有文件建立一个记录，当移动、更名或删除站点中的文件时，Dreamweaver 可以快速更新链接。

上述几步的设置结果如图 11-13 所示。

(9) 单击“确定”按钮，弹出“创建缓存”的对话框。单击“确定”按钮关闭该对话框，在“文件”面板中显示 computercenter 站点，站点定义完成，如图 11-14 所示。由于是新定义的站点，站点内还没有任何文档，窗口中只显示了本地根文件夹信息。

3. 创建站点结构

(1) 创建目录结构。根据栏目的设置，使用栏目和子栏目名称的拼音首字母作为目录名，创建站点目录结构。操作步骤如下。

① 在站点窗口中右击，从弹出的快捷菜单中选择“新建文件夹”，然后输入文件夹名，如 jxgl，为最新动态栏目创建文件夹，如图 11-15 所示。

② 选择 w1 文件夹，然后按上一步的操作方法为其他栏目创建文件夹。

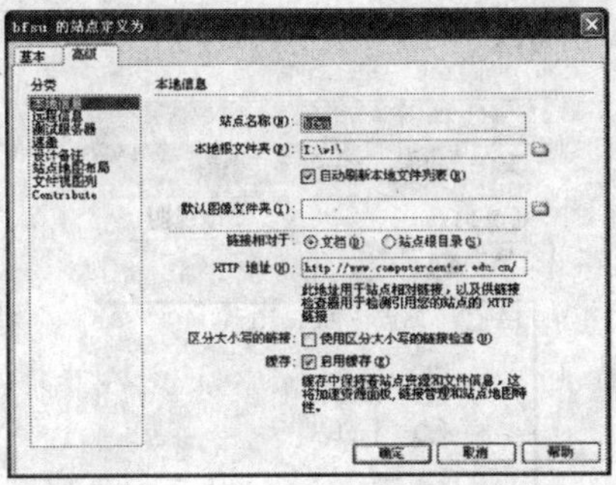

图 11-13 站点定义对话框的设置

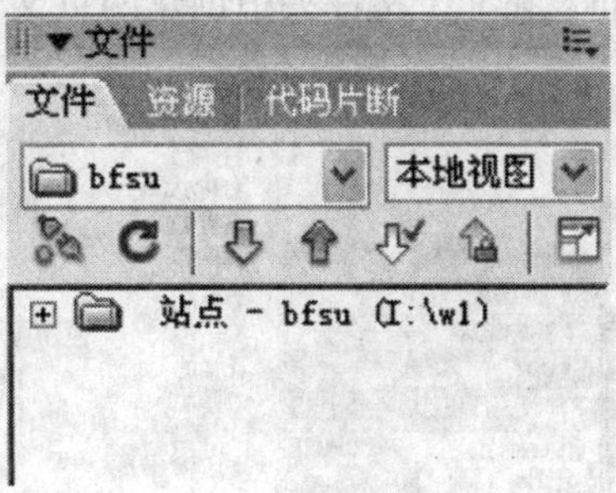

图 11-14 computercenter 站点窗口

注意 选择 w1 文件夹的目的是要在其下面创建子文件夹是 jxgl 的文件夹，如果选择的是 jxgl 文件夹，则是在 jxgl 下面创建子文件夹。

③ 考虑到要让网站管理起来方便，还要创建 images、news 目录等，分别用于存放整个站点公用的图像文件（如网站的标志等）、一些临时的或短期使用的文件（如站点的公告）等。

（2）创建链接结构。创建链接结构应该依据站点的规划进行。在创建链接结构之前先创建网页文档站点窗口。创建网页文档和链接的操作方法如下。

① 在站点窗口选择 w1 文件夹，然后右击，从弹出的快捷菜单中选择“新建文件”选项，然后输入文件名 index. html，如图 11-16 所示。

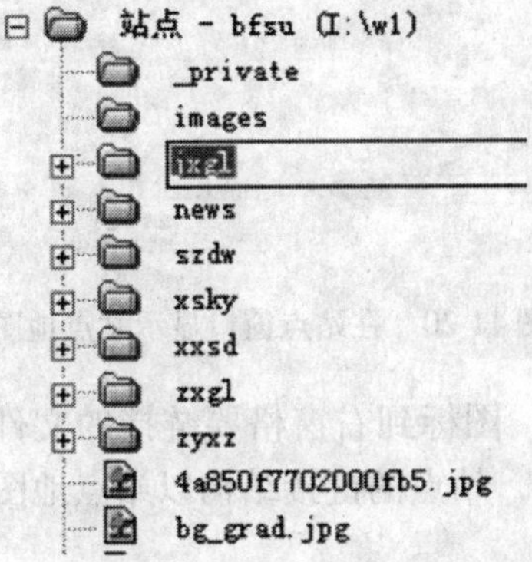

图 11-15 创建新文件夹

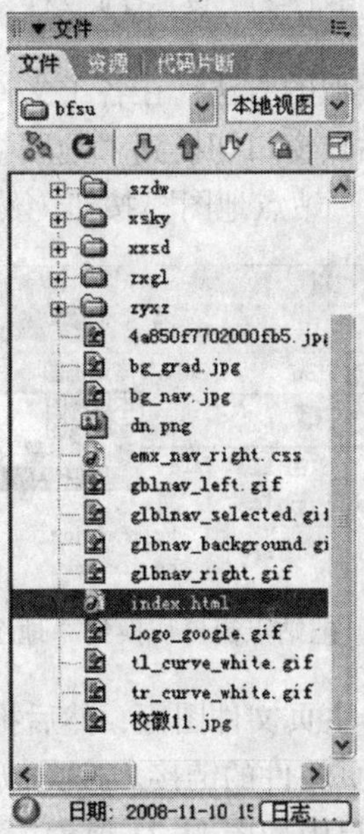

图 11-16 创建网页文件

② 选择刚才创建的文件然后右击，从弹出的快捷菜单上选择“设成首页”，如图 11-17 所示，创建主页文件。

③ 选择 jcjx 并右击，从弹出的快捷菜单中选择“新建文件”选项，然后输入文件名

jcjx. html，在 jcjx 文件夹中创建网页文件，如图 11-18 所示。

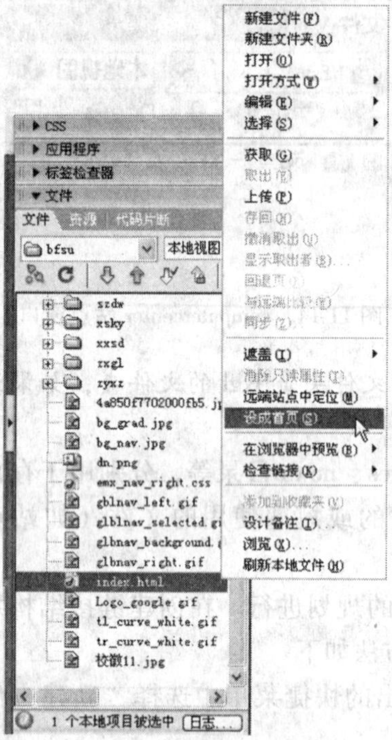

图 11-17　设置首页文件

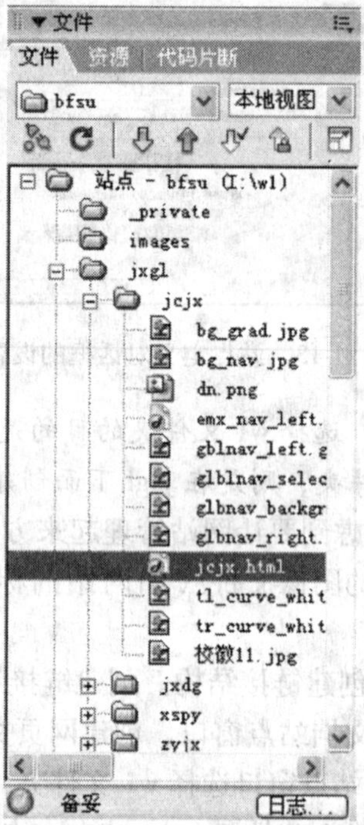

图 11-18　在子文件夹中创建网页文件

④ 按类似的方法，在各子文件夹中创建网页文件。

⑤ 把站点窗口切换到“地图视图”，如图 11-19 所示，在展开的“文件”面板中，单击工具栏中的“站点地图”按钮，然后选择“仅地图”或“地图和文件”，如图 11-20 所示。

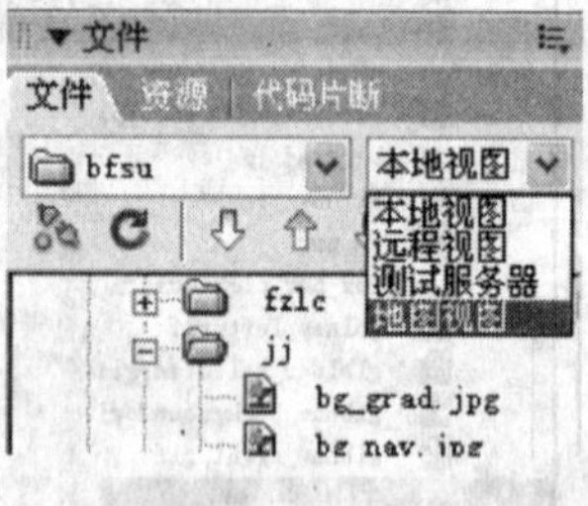

图 11-19　把站点窗口切换到“地图视图”

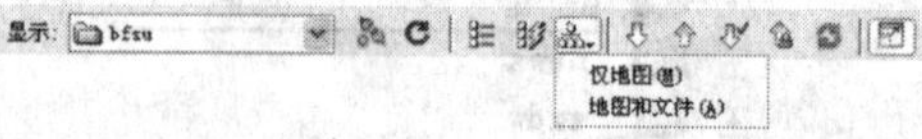

图 11-20　在站点窗口显示站点地图

⑥ 单击主页文件图标，然后拖曳它的“指向文件”图标到右窗格要链接的文件上，创建主页与网页文件的链接。按类似的方法创建其他链接，站点的链接结构以站点地图方式显示在站点窗口中如图 11-21 所示。

站点结构规划是创建网站的重要一环，但必须以明确的网站主题和内容为基础。如果网站的主题和大体内容都没有确定，是不可能做出合理的站点结构规划的。因此，在进行站点结构规划之前，应该对网站的目标有准确的定位。根据目标搜集资料，然后对资料进行分类，确定网站设置的栏目。以栏目的设置作为网站导航系统和站点结构的依据。这些工作完成之后，就可以进行站点的定义和目录结构、链接结构的设计了。

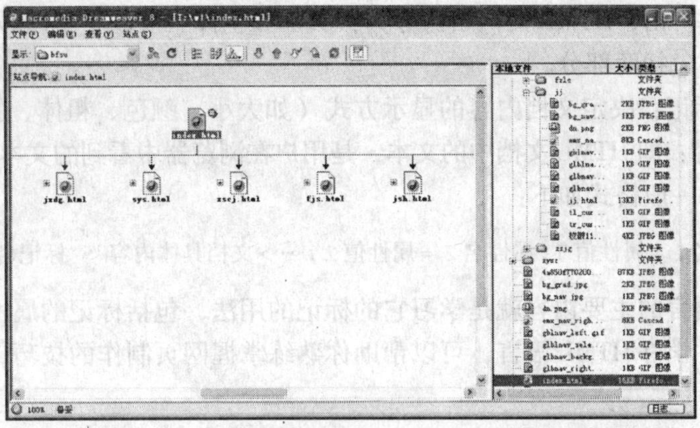

图 11-21　在站点窗口显示站点地图

11.4　网页与 HTML

WWW 站点由很多网页组成，并且以网页的形式来显示网站的内容。图 11-22 列举了“北京外国语大学”主页的例子，网页中可以包含各种各样的元素，如文本、图像、链接、表格、动画、标志、导航栏、框架、表单等。

Internet 上的网页是用一种被称为 HTML 的标记语言书写的。当浏览器接收到 HTML 文件后，就解释 HTML 文件内的标记符，根据标记符去执行相应的显示功能或实现某些功能。无论使用何种操作系统，只要有相应的浏览程序，就可以运行 HTML 文档。

11.4.1　HTML 语言的结构

HTML 语言使用“〈标记〉…〈/标记〉”的结构描述所有内容，包括头部信息、段落、列表与超链接等。

通过 Dreamweaver 的“设计”视图制作好一个网页时，切换到“代码”视图下可发现 Dreamweaver 已经将网页中添加的内容及其体现风格自动生成了 HTML 代码。先来看看最简单的 HTML 文档结构，在 Dreamweaver 中新建一个 HTML 基本页，再切换到“代码”视图，可看到一个与图 11-23 类似的基本结构。

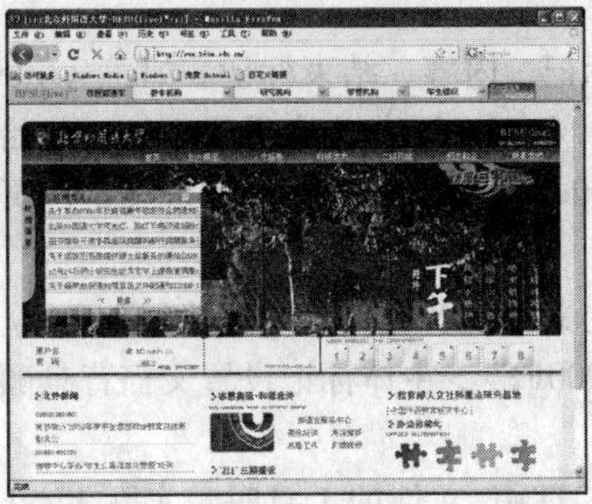

图 11-22　“北京外国语大学”的主页

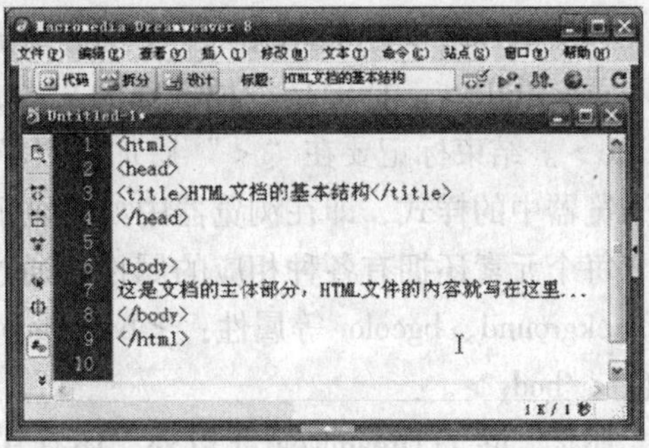

图 11-23　HTML 文档的基本结构

从图 11-23 可看出，HTML 文档结构分为：头部和主体（正文）两部分。而从语言结构来看，HTML 文件包括两部分。

（1）HTML 标记：决定文档内容的显示方式（如大小、颜色、粗体、斜体、表格等）。

（2）文档内容：即 HTML 文档中的文本，是用户在浏览器中看到的文本内容。

HTML 语法的一般格式如下：

<标记名 属性名 1 =属性值 1，属性名 2 =属性值 2，… >文档具体内容 </标记名 >

学习 HTML 语言的主要内容就是学习它的标记的用法，包括标记的属性、属性值及使用这些标记的技巧。学好 HTML 语言，可以帮助你熟练掌握网页制作的技巧，起到事半功倍的作用。

11.4.2 HTML 的常用标记

（1）<html>… </html>称为文档类型标记，表明位于这一对标记内的内容是用超文本标记语言编写的。当浏览器遇到起始标记 <html>时，就会按照 HTML 的标准解释后面的文本，直到遇到结束标记 </html>时为止。首标记和尾标记分别位于文档的最前面和最后面。

（2）<head>… </head>称为文档头部标记，用来规定文档的标题和文档的其他一些属性。写在头部标记中的内容不在浏览器窗口中显示。

（3）<title>… </title>称为文档标题标记，用于规定 HTML 文档的标题。每个 HTML 文档都要有一个标题，该标题显示在浏览器的标题栏中。<title>必须写在 <head>… </head>之中。<title>标记不能包含其他标记。

（4）<body> … </body> 称为文档主体标记，网页主体内容就写在本标记之间。<body>标记必须位于 <html>… </html>标记之内。

（5）<p>… </p>称为段落标记。使用段落标记给文本分段，段与段之间留一空行。

（6）
称为换行标记。使用本标记可以换行。如果文本中使用了换行标记，文本将从
之后开始新的一行。段与段之间没有空行。

（7）<hn>… </hn>称为章节标题标记（n=1，2，…，6），用来区分内容的不同章节 HTML 定义了 6 级章节标题，<h1>… </h1>最大，<h6>… </h6>最小。

11.4.3 其他标记

构成 HTML 文档的元素由三个部分组成：起始标记、内容、结束标记。如：<title>我的网页 </title>。标记是一种特殊的文本，用“ < ”和“ > ”作为定界符。如：起始标记 <title>。结束标记要在“ < ”后加上“/”，如 </title>。HTML 的标记用来规定网页内容在浏览器中的样式，即在浏览器中如何显示。

每个元素还拥有各种相应的属性，通过属性可定义各种各样的元素风格。如 body 元素有 background、bgcolor 等属性：<bodybgcolor = “#0000FF”>主体标记设置文档背景颜色为蓝色 </body>。

那么，除了 Dreamweaver 以外，还有其他可生成 HTML 文件的工具吗？实际上，HTML 属于纯文本文件。除了通过 Dreamweaver 生成 HTML 文件外，还可以用任何一种文本编辑器

（如 Windows 系统自带的记事本）打开和编辑 HTML 文件。只要把用 HTML 编写的文本文件存为以 . html 或 . htm 为扩展名的文件，同样可以制作出精美的网页。以下介绍几个常见网页元素的标记。

1. 文本

常用 <font> 标记对文本进行设置，通过 <font> 标记的 size、color 等属性可以设置文本的字号大小、字体颜色。例如，<font size = “2” color = “red” >今天天气真好！</font>

可以显示红色，字号为 2 号的文本效果。除此以外，还可以通过 <b> 标记和 <i> 标记设置字体风格。<b> 标记表示粗体，<i> 标记表示斜体。HTML 代码及浏览效果如图 11-24所示。

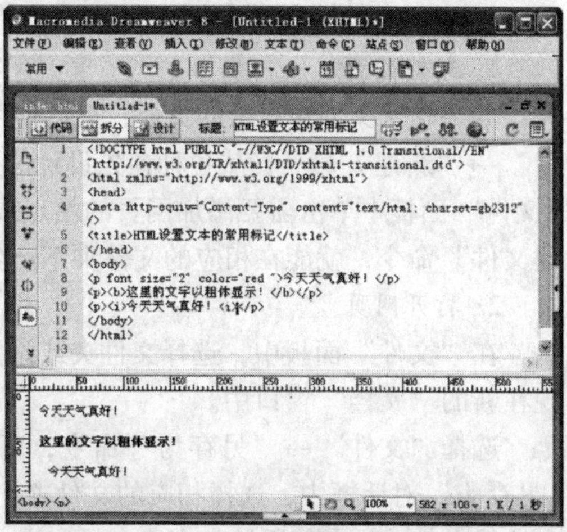

图 11-24　设置文本的常用标记和浏览效果

2. 图像

图像是网页中的重要元素，HTML 语言专门提供了 <img> 标记来处理图像。<img> 标记最重要的属性是 src。用 src 属性来指定图像文件名及路径。<img> 标记的两个属性 height 和 width 被用来设定图像的高度和宽度（以像素为单位）。使用 <img> 标记的 border 属性可以给图像加一个边框。若 border 属性默认或取值为 0，则图像没有边框。

例如在 HTML 代码的 <body>… </body> 之间添加此句代码：

```
<img src =“images/shinubi2.jpg” width =“100” height =“100” border =“1”>
```

表示在页面中插入一幅来源于根目录下即 images 文件夹中名为 shinubi2. jpg 的图片，图片的宽和高均为 100px，外加 1px 的边框。

3. 超链接

链接标记为 <a>… </a>。利用链接标记，可以在两个 HTML 文件（主链接文件和被链接文件）之间建立链接，实现从一个文件跳转到另一个文件。实现的方法是在链接标记的 href 属性中加上被链接文件名：<a href = “被链接文件名” >… </a>。

4. 表格

在网页布局设计中，表格是常用的工具。表头、表行、节格是表格的基本元素。基本语法如下：

```
<table>… </table>   定义表格
<th>… </th>   定义表头
<tr>… </tr>   定义表行
<td>… </td>   定义节格
```

完整的 HTML 规则完全可以写成一本几百页的书，在这里仅通过讲述 HTML 中最重要的一些标记使读者加以了解。在今后的学习中还将接触到更多的 HTML 语言知识。

11.5 Dreamweaver 基本操作

11.5.1 新建并保存网页

设置站点后就可以创建填充站点的网页了。在 Deamweaver 中，可以轻松快速地创建网页。

1. 新建网页

如果是从头创建自己的页面，可以使用 Dreamweaver 起始页创建新页，也可以选择“文件”→“新建”命令，从各种预先设计的页面布局中选择一种（如基本页），同样也可以在“文件”面板中单击需要添加网页的站点或者文件夹，右击，在弹出的快捷菜单中选择“新建文件”命令，就能在相应的文件夹下产生新的基本页文件。

2. 打开网页

在“文件”面板中，选择文件夹或站点，然后双击需要打开的文件。选中的网页将出现在新的“文档”窗口中。

选择“文件”→“另存为”命令，可以打开“另存为”对话框，如图 11-25 所示。在“另存为”对话框中，选择相应的文件夹，并在“文件名”栏中输入相应的文件名称。其中本地根文件夹是在使用站点定义向导定义本地文件夹中设置站点时创建的文件夹。输入文件名 index. html，单击“保存”按钮，将文件保存到站点的相应文件夹中。

3. 页面标题设置

可以设置页面的多种属性，包括其标题、背景颜色、文本颜色等。若要设置页面属性，可以选择“修改”→“页面属性”命令，在弹出的如图 11-26 所示的对话框中设置。但是如果只想设置页面标题（显示在浏览器标题条中的标题），则可以在“文档”工具栏中完成该操作。

图 11-25 “另存为”对话框

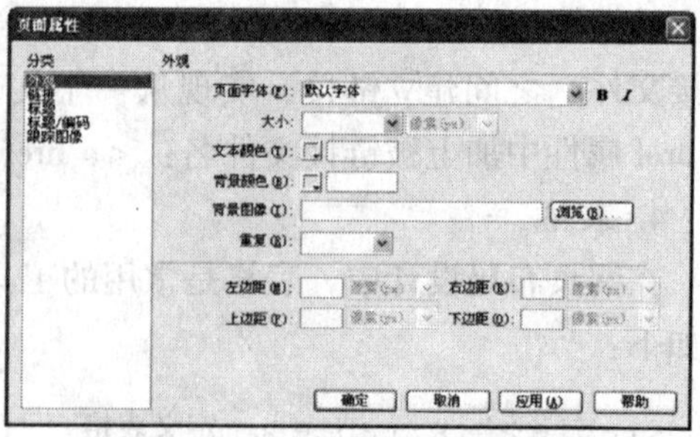

图 11-26 “页面属性”对话框

设置页标题的步骤如下。

(1) 如果“文档”工具栏未显示，选择“插入”→“工具栏”→“文档”命令，如图 11-27所示的“文档”工具栏将出现在“文档”窗口的顶部。

图 11-27　“文档”工具栏

（2）在“标题”文本框中，选择“无标题文本”文本，然后按 Delete 键，接着输入该页的标题，如“我的主页”。然后按 Enter 键，查看“文档”窗口标题条中页标题的更新。也可以单击“文档”工具栏上的浏览按钮进行浏览。完成后单击“文档”工具栏上的“保存”按钮保存页面。

11.5.2　在网页中输入文本

（1）直接在“文档”窗口中输入文本。这种添加文本的方式非常简单，在页面需要插入文本的地方单击，出现输入光标，就可以像在 Word 等文字编辑软件中那样进行文字输入了。

（2）从其他应用程序中复制文本。Dreamweaver 的编辑菜单上有两个粘贴命令：粘贴和选择性粘贴。当选择“编辑”→“选择性粘贴”时，将出现一个包含几个粘贴格式设置选项的对话框，如图 11-28 所示。

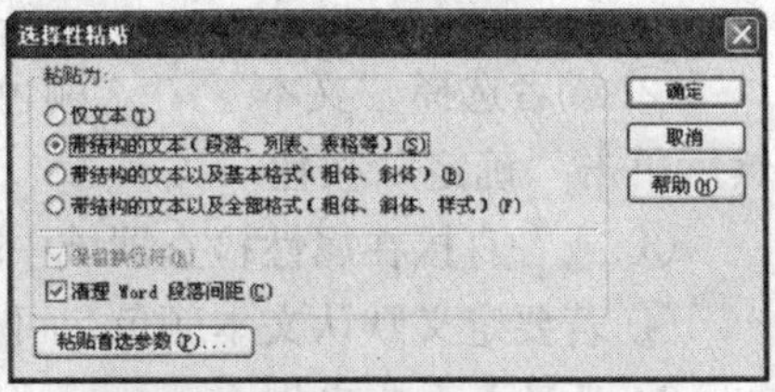

图 11-28　“选择性粘贴”对话框

例如，可以从某个 Word 文档中复制一段编辑好格式的文章（见图 11-29），然后分别应用选择性粘贴的不同格式设置选项把它粘贴到页面中。

“仅文本”可以插入无格式文本。如果原始文本带格式，所有格式将被删除。以“仅文本”粘贴的结果如图 11-30 所示。

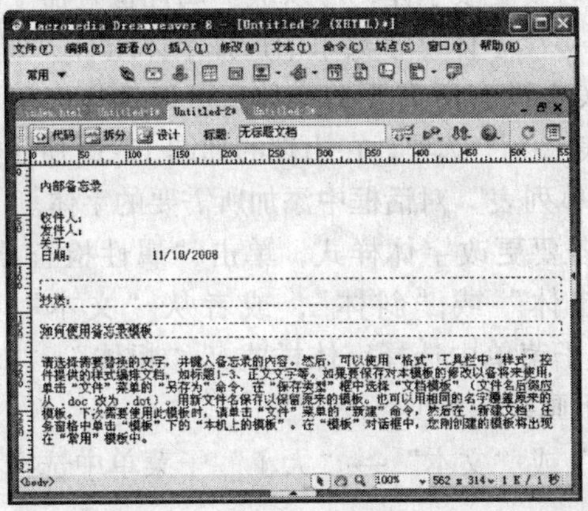

图 11-29　复制 Word 文档中的文字

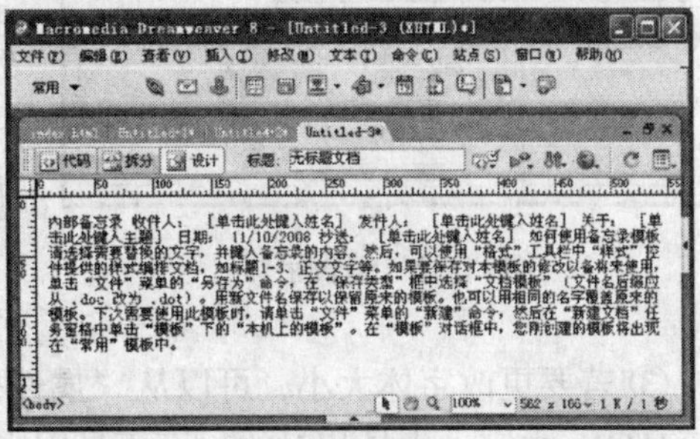

图 11-30　以“仅文本”粘贴的结果

（3）导入 Word 或 Excel 文档。Dreamweaver 可以将 Microsoft Word 或 Excel 文档的完整内容插入到新的或现有的 Web 页面中。将 Word 或 Excel 文档插入到新的或现有的 Web 页面中，可按以下操作步骤进行。

① 打开要插入 Word 或 Excel 文档的 Web 页面，任选以下两种操作之一执行，Word 或 Excel 文档的内容将出现在页面中。

② 将文件从当前位置拖放到要在其中显示内容的页面中。当“插入文档”对话框出现

时，根据格式的需要设置选项并单击“确定”按钮。

③ 选择“文件”→“导入”→“Word 文档”或“文件”→“导入”→“Excel 文档”。在“导入文档”对话框中，浏览到要添加的文件，在对话框底部选择格式设置选项，然后单击“打开”按钮。

1. 文本颜色设置

设置文字颜色的步骤如下。

（1）选择文本。使用鼠标定位一串需要设置颜色的文本信息。

（2）选择颜色。

① 单击“属性检查器”中的颜色选择器，如图 11-31 所示，从调色板中选择一种颜色。

图 11-31　属性栏

② 或者选择“文本”→“颜色”命令，出现系统颜色选择器对话框。选择一种颜色，然后单击“确定”按钮。

③ 或者直接在属性检查器域中输入颜色名称或十六进制数字。

④ 若要定义默认文本颜色，可以使用“修改”→“页面属性”命令。

2. 设置或更改字体

设置或更改字体的步骤如下。

（1）选择文本。如果未选择文本，更改将应用于随后输入的文本。

（2）从选项中选择。

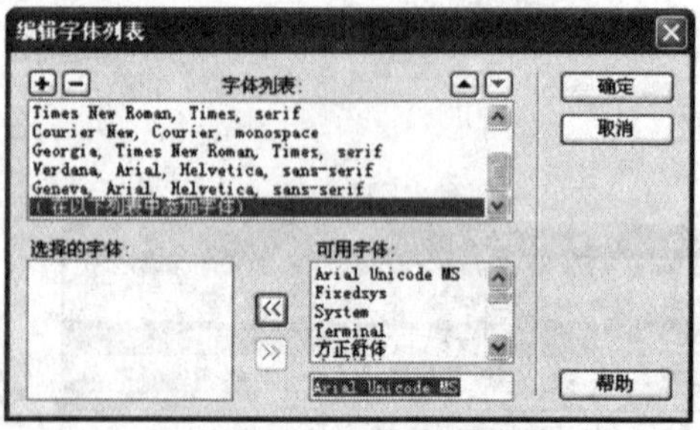

图 11-32　编辑字体

① 若要更改字体，可以从“属性检查器”或“文本”→“字体”子菜单中选择字体组合。如果字体列表中没有所需要的字体，可以选择“编辑字体列表……”选项，在出现的如图 11-32 所示的“编辑字体列表”对话框中添加所需要的字体。

② 若要更改字体样式，单击“属性检查器”中的“粗体”或“斜体”，或者从“文本”→“样式”子菜单中选择字体样式（“粗体”、“斜体”、“下画线”等）。

③ 若要更改字体大小，可以从“属性检查器”或“文本”→“大小”子菜单中选择大小。HTML 文字大小是相对的，而不是固定的。

11.5.3　在网页中插入图像

1. 常见图像文件格式

常见的图像文件格式分为两大类：点阵图像（又称位图图像）文件格式和矢量图像文件格式。点阵图是把不同颜色的点（称为像素）排列在网格中构成的图像，它显示的质量与分辨率有关，当把点阵图放大时图像的边缘呈现出明显的锯齿状。常见点阵图像文件格式有 BMP、GIF、JPG/JPEG、PNG 和 ICO。矢量图就是指用直线和曲线描述的图，对矢量图进行移动、缩放、变形和改变颜色等操作，不会改变它的外观质量。矢量图的质量与屏幕的分辨率无关，因此可以在不同分辨率的显示器中显示而不影响显示质量。常见的矢量图像文件格式有 WMF、EMF、CDR 和 EPS。

在网页中，常见的图像格式是 GIF 和 JPG/JPEG 格式，大部分的浏览器都支持这两种图像格式。Dreamweaver 在导入图像文件方面，除了 GIF 及 JPG/JPEG 格式外，也支持 PNG 格式。

2. 插入图像占位符

图像占位符顾名思义是在准备好将最终图形添加到 Web 页之前使用的临时图形。使用它可以在没有理想的图形的情况下先行制作 Web 页面。

插入步骤如下。

(1) 将光标定在需要插入图形的地方；选择插入图像占位符按钮，即出现“图像占位符”对话框，如图 11-33所示。

(2) 设定好各项参数后，单击“确定”按钮，即将占位图形插入到了页面中。查看源代码发现增加了一个包含空 src 属性的图像标签。

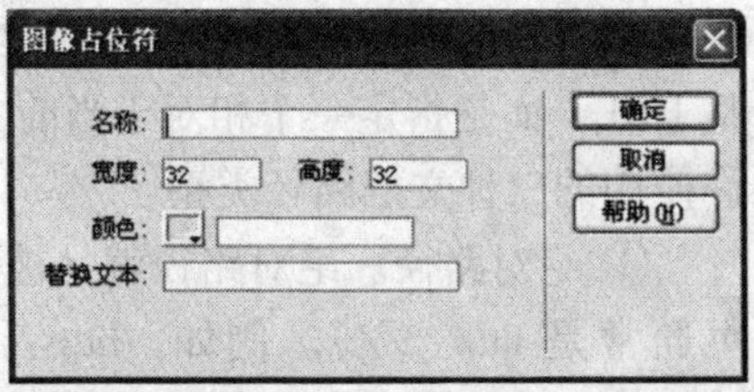

图 11-33 “图像占位符”对话框

3. 替换占位符并插入图像

当页面设计好以后，就需要使用适当的图形来替换占位符。可以直接在占位符处插入图像，但最常用的是使用 Fireworks 制作图片替换占位符。在 Dreamweaver 8 中可以选中占位符并打开“属性”面板，单击“创建”按钮，就会启动 Fireworks 8 并自动建立好一个和占位图形同样大小的空白画布，等待图形设计者的设计。在 Fireworks 8 中制作好所需的图形后，单击画布上边的“完成”按钮，在出现的“另存为”对话框中给存档的 png 文件取一个文件名，然后保存；在弹出的“导出”对话框中做好相关设定后，保存该文件。当设计者切换至 Dreamweaver 8 后，占位图形就被替换成图片了。

4. 直接插入图像

可以从工具栏中单击“图像”按钮，在弹出的如图 11-34 所示的插入图像对话框中选择图像的文件，并插入图像。

5. 调整图像

对于插入页面中的图像，可以使用属性检查器检查和修改图像的各种属性。选择页面中插入的图像，然后选择“窗口”→“属性”命令，打开“属性检查器”。调整图像常常是对图像进行重新取样、裁剪、亮度/对比度调整、锐化等，这些操作往往可以通过属性窗口中的按钮快速完成。

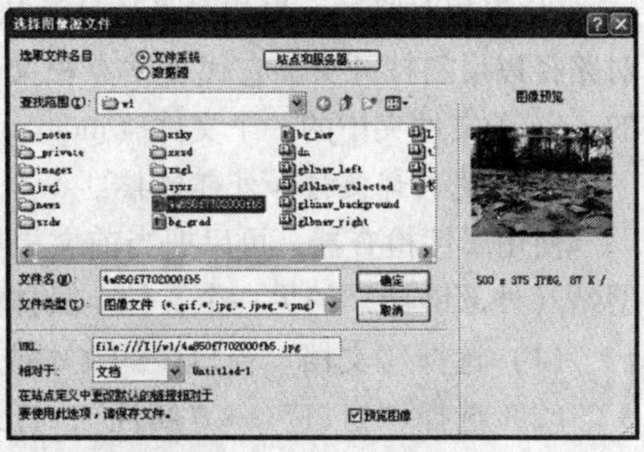

图 11-34 插入图像对话框

11.5.4 创建链接

所谓的超链接是指从一个网页指向一个目标的连接关系，这个目标可以是另一个网页，也可以是相同网页上的不同位置，还可以是一个图片，一个电子邮件地址，一个文件，甚至是一个应用程序。

1. 关于链接

要在网页中创建链接，需要了解网页中链接的类型和文档的路径的概念。

（1）链接的类型。

- 内部链接：在同一网站文档之间的链接。
- 外部链接：不同网站文档之间的链接。
- 锚记链接：同一网页或不同网页的指定位置的链接。
- 邮件链接：打开填写电子邮件表格的链接。

（2）关于文档路径。要正确创建链接，必须了解链接与被链接文档之间的路径。每个网页都有一个唯一的地址，URL。然而，当创建内部链接时，一般不是指定被链接文档的完整URL，而是指定一个相对于当前文档或站点根文件夹的相对路径。下面是Dreamweaver允许使用的三种文档路径类型。

① 绝对路径。绝对路径就是被链接文档的完整URL，包括所使用的传输协议（对于网页通常是http：//）。例如，http：//www.computercenter.edu.cn/zxdx/wysj/index.html就是一个绝对路径。在创建外部链接时，必须使用绝对路径。

② 文档相对路径。以当前文档所在位置为起点到被链接文档经由的路径。这是适宜用于本地链接的路径。例如，wysj/index.html就是一个文档相对路径。当要把当前文档与处在相同文件夹中的另一文档链接，或把同一网站下不同文件夹中的文档相互链接时，应该使用相对路径。

指定文档相对路径时，省去了当前文档和被链接文档的绝对URL中相同的部分，只留下不同的部分。例如，要把当前文档与处在相同文件夹中的另一文档链接，只要提供被链接文档的文件名即可；要把当前文档与一个位于当前文档所在文件夹中的子文件夹里的文件链接，需要提供子文件夹名、反斜杠和文件名；要把当前文档与一个位于当前文档所在文件夹的父文件夹里的文件链接，在文件名前加上../（..表示上一级文件夹）。

③ 根相对路径。根相对路径是指从站点根文件夹到被链接文档经由的路径。一个根相对路径以反斜杠开头，它代表站点根文件夹。例如，/zxdx/index.html就是站点根文件夹下的zxdx子文件夹中的一个文件（index.html）的根相对路径。

2. 创建内部链接和外部链接

使用属性检查器，可以把当前文档中的文本或图像链接到本网站（内部链接）或其他网站（外部链接）的另一个文档。具体的操作步骤如下。

（1）选择“文档”窗口中的文本或图像。

（2）选择“窗口”→“属性”，打开“属性检查器”，如图11-35所示。

（3）选择以下两种方式中的一种进行操作。

① 打开“选择文件”对话框。在该对话框中浏览并选择一个文件。URL文本框中显示被链接文档的路径。在“相对于”下拉列表中，选择“文档”或“站点根目录”选项，然后单击“确定”按钮（见图11-36）。

图 11-35 属性检查器

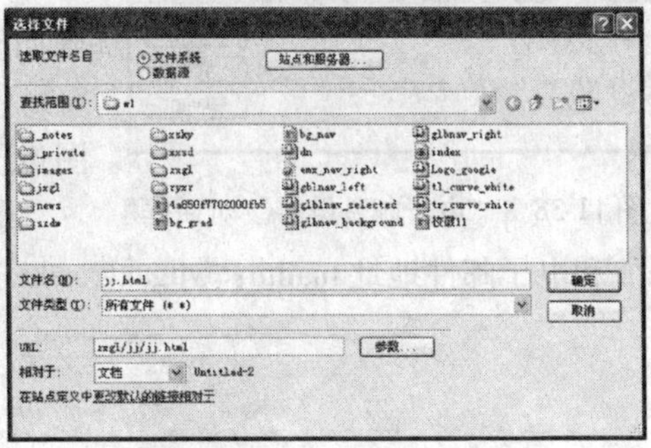

图 11-36 “选择文件”对话框

② 在属性检查器的“链接”下拉列表框中，直接输入要链接文档的路径和文件名。要链接到当前站点中的另一个文档（内部链接），输入文档相对路径或根相对路径，如 zxgl/jj/jj. html；要链接到当前站点以外的文档（外部链接），输入包含协议类型的绝对路径，如 http://www. gxjz. com/jsjx/index. html。

（4）选择打开被链接文档的窗口或框架。在默认情况下，被链接文档在当前窗口或当前框架中。要使被链接的文档显示在其他窗口或框架中，需要从属性检查器的“目标”下拉列表中选择一个选项，如图 11-37 所示。

图 11-37 选择目标窗口或框架

- -blank：将被链接文档载入新的浏览器窗口中。
- -parent：将被链接文档载入父框架集或包含该链接的框架窗口中。
- -self：将被链接文档载入与该链接相同的框架或窗口中（本选项是默认的，通常无须指定）。
- -top：将被链接文档载入整个浏览器窗口并取消所有框架。

3. 创建邮件链接

在网页上创建电子邮件链接，方便用户意见反馈。当单击电子邮件链接时，可及时打开浏览器默认的电子邮件处理程序，收件人邮件地址被电子邮件链接中指定的地址自动更新，无须浏览者手工输入。

（1）使用“插入”栏创建电子邮件链接的操作步骤如下。

① 把光标置于“文档”窗口希望显示电子邮件链接的地方，或选定希望显示为电子邮件链接的文本，然后在“插入”栏中选择“常用”类别，单击“电子邮件链接”按钮。

② 在“电子邮件链接”对话框的“文本”文本框中输入作为电子邮件链接显示在文档中的文本，如：联系我们；在 E-mail 文本框中输入邮件应该送达的 E-mail 地址，如 wjlgax@sohu. com，如图 11-38 所示。

③ 单击“确定”按钮。

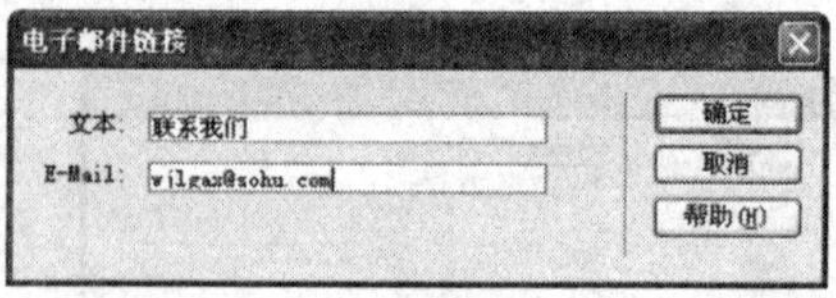

图 11-38 “电子邮件链接”对话框

（2）使用属性检查器创建电子邮件链接的操作步骤如下。

① 在“文档”窗口选择要创建的邮件链接文本或图像。

② 在属性检查器的“链接”文本框中输入“mailto:”和电子邮件地址 mailto：wjlgax@ sohu. com，如图 11-39 所示。

图 11-39 用属性检查器创建邮件链接

③ 在属性检查器外单击鼠标，完成邮件链接创建。

4. 创建锚记链接

要创建锚记链接，首先要在网页中创建命名锚记，然后建立指向命名锚记的链接。创建命名锚记（简称锚记）就是在文档中设置位置标记，并给该位置一个名称，以便引用。通过创建锚记，可以使链接指向当前文档或不同文档中的指定位置。锚记链接常常被用来跳转到特定的主题或文档的顶部，使访问者能够快速浏览到选定的位置，加快信息的检索速度。

（1）设置锚记的操作步骤如下。

① 把光标置于“文档”窗口想要设置锚记的地方。

图 11-40 “命名锚记”对话框

② 选择“插入”栏“常用”类别的“命名锚记”按钮。

③ 在“命名锚记”对话框的“锚记名称”文本框中输入锚记名，锚记名是区分英文大小写的，如图 11-40所示。

④ 单击“确定”按钮之后可以发现在需要插入锚记的地方出现一个书签形状的标记，表示已创建好锚记。

如果不希望在插入点看到锚记，通过选择“查看”→“可视化助理”命令，在弹出的下拉菜单中取消对“不可见元素”的选择。

（2）创建锚记链接的操作步骤如下。

① 在“文档”窗口选择要建立锚记链接的文本或图像。

② 在属性检查器的“链接”下拉列表中输入一个号码符号“#”和锚记名。例如，要链接到当前文档中称为“#part5”的锚记，输入：#part5。要链接到同一文件夹不同文档中的锚记，输入：文件名#锚记名。例如，如果同一文件夹中有一个网页文件 text. html，其中已经创建了一个锚记 part8，输入：text. html#part8，如图 11-41 所示。

图 11-41 创建锚记链接

5. 创建其他特殊的超链接

除了以上提到的四种主要链接形式外，还有一些特殊的超链接在网页中也很常见。

(1) 空链接。空链接就是创建一个链接，但没有链接的指向。空链接主要用于向页面上的对象或文本附加行为，以便当鼠标指针滑过该链接时，出现一些交换图像或显示层的效果。

创建空链接的操作步骤如下。

① 选择要创建超链接的文本、图像或其他对象。

② 在属性检查器中的"链接"文本框中输入"javascript:;"(javascript 一词后依次接一个冒号和一个分号)，或者直接输入"#"号。

(2) 脚本链接。脚本链接执行 JavaScript 代码或调用 JavaScript 函数，这非常有用，能够在不离开当前网页的情况下为访问者提供有关某项的附加信息。脚本链接还可用于在访问者单击特定项时，执行计算、表单验证和其他处理任务。

创建脚本链接的操作步骤如下。

① 选择要创建超链接的文本、图像或其他对象。

② 在属性检查器的"链接"文本框中，输入"javascript:"后，后面再跟一些 JavaScript 代码或函数调用。

例如，在"文档"窗口输入"关闭窗口"四个字并选中，在属性检查器的"链接"文本框中，输入"javascript: close ( )"，存盘后，通过浏览器访问该网页，当单击"关闭窗口"链接时，则会关闭当前窗口。

(3) 链接其他非网页文件。许多网站都有下载中心，提供各类软件的下载。软件下载，也是通过超链接实现的，只不过超链接指向的对象，不是一般 HTML 网页文档，而是 .exe 类型的可执行文件或 .zip、.rar 类型的压缩文件。如图 11-42 所示，制作一个链接指向网络应用基础知识 . PPT 的文件，通过浏览器访问该网页，当单击"课件下载"时，会出现一个如图 11-43 所示的对话框，这正是许多网站提供软件下载的效果。

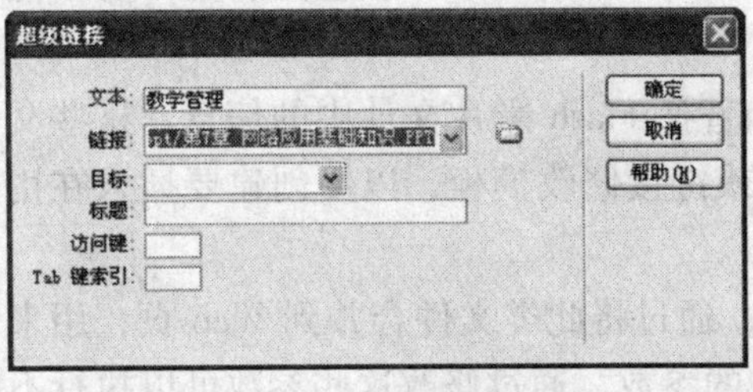

图 11-42　"超级链接"对话框

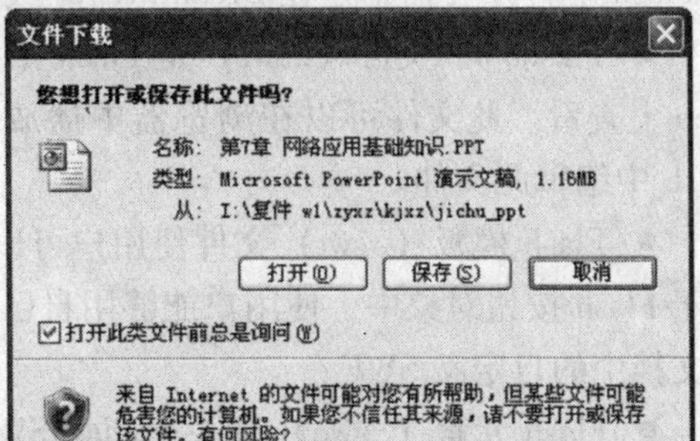

图 11-43　"文件下载"对话框

(4) 为图片设置超级链接。图像地图是指已被分为多个区域（或称"热点"）的图像；当用户单击某个热点时，会发生某种操作（如打开一个新文件）。创建图像地图的步骤如下。

① 在"文档"窗口中，选择图像。

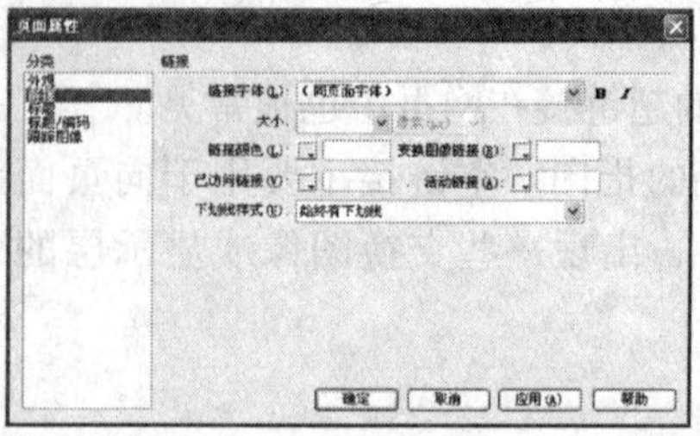

图 11-44　图像地图

② 在属性检查器中，单击右下角的展开箭头，查看所有属性，如图 11-44 所示。

③ 在“地图名称”文本框中为该图像地图输入唯一的名称。注意，如果在同一文档中使用多个图像地图，要确保每个地图都有唯一名称。

④ 若要定义图像地图区域，需执行下列操作之一。

- 选择圆形工具，并将鼠标指针拖至图像上，创建一个圆形热点。
- 选择矩形工具，并将鼠标指针拖至图像上，创建一个矩形热点。
- 选择多边形工具，在各个顶点上单击一下，定义一个不规则形状的热点。然后单击箭头工具，封闭此形状。

⑤ 创建热点后，出现热点属性检查器。完成热点属性检查器中的有关内容。

（5）链接字体显示。设置网页中的超级链接的字体，可以选择“修改”→“页面属性”→“链接”命令，在弹出的页面属性对话框中设置颜色，如图 11-45 所示。这样通过设定的超级链接的文字，可以明确标示出已经访问过的链接、活动的链接等。

图 11-45　超级链接颜色设置

11.5.5　插入 Flash

Dreamweaver 附带了 Flash 对象，无论计算机上是否安装了 Flash，都可以使用这些对象。Flash 文件有以下几种不同的文件类型。

- Flash 文件（.fla）是所有项目的源文件，在 Flash 程序中创建。此类型的文件只能在 Flash 中打开（而不是在 Dreamweaver 或浏览器中打开）。
- FlashSWF 文件（.swf）是 Flash（.fla）文件的压缩版本，已进行了优化以便于在 Web 上查看。此文件可以在浏览器中播放并且可以在 Dreamweaver 中进行预览，但不能在 Flash 中编辑此文件。
- Flash 模板（.swt）文件使用户可以修改和替换 Flash 影片文件中的信息。这些文件用于 Flash 按钮对象中，使用户能够用自己的文本或链接修改模板，以便创建要插入在用户的文档中的自定义 SWF。
- Flash 元素（.swc）是一种 FlashSWF 文件，通过将此类文件合并到 Web 页，用来创建丰富的 Internet 应用程序。Flash 元素有可自定义的参数，通过修改这些参数可以执行不同的应用程序功能。

1. 创建和插入 Flash 按钮

在“设计”视图或“代码”视图中工作时，可以在文档中创建和插入 Flash 按钮对象，步骤如下。

（1）在“文档”窗口中，将插入点放置在要插入 Flash 按钮的位置。

（2）打开“插入 Flash 对象”对话框。在工具栏的“插入”栏的“常用”类别中，选择“媒体”，然后单击“Flash 按钮”图标。如图 11-46 所示。或者选择“插入”→“媒体”→“Flash 按钮”命令，即会出现如图 11-47 所示的“插入 Flash 按钮”对话框。

（3）在对话框中选择合适的样式，填写文本及按钮将要链接的网页地址等信息，如图 11- 48所示。然后单击“应用”或“确定”按钮，将 Flash 按钮插入“文档”窗口中。

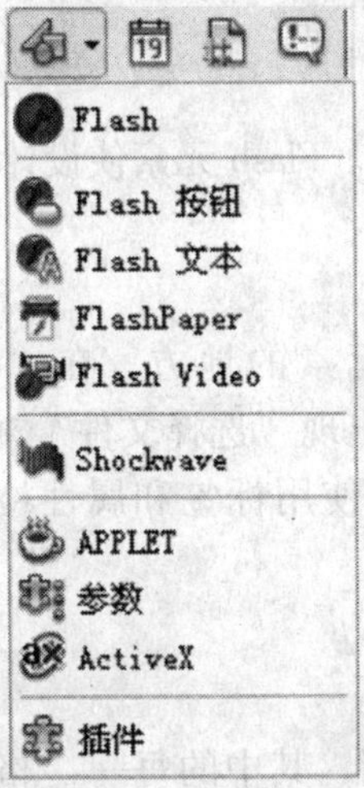

图 11-46 插入 Flash 按钮

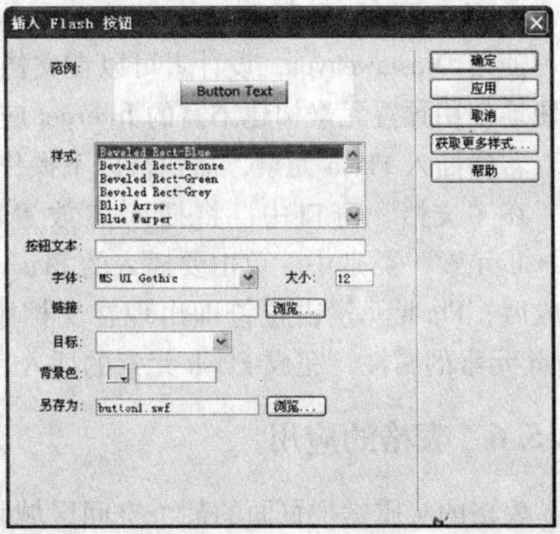

图 11-47 “插入 Flash 按钮”对话框

2. 插入 Flash 文本对象

插入 Flash 文本对象就是在网页中创建和插入只包含文本的 Flash 影片。插入 Flash 文本对象的步骤如下。

（1）在“文档”窗口中，将插入点放置在要插入 Flash 文本的地方。

（2）在“插入”栏的“常用”类别中，选择“媒体”，然后单击“Flash 文本”图标。或者选择“插入”→“媒体”→“Flash 文本”命令。

（3）在出现的“插入 Flash 文本”对话框中（如图 11-48 所示），选择字体、字号、对齐方式等，设置颜色和翻转颜色（这样当鼠标滑动到文本时将会有颜色变化），然后单击“应用”或“确定”按钮，将 Flash 文本插入“文档”窗口中。单击浏览器中的预览/调试按钮查看效果。

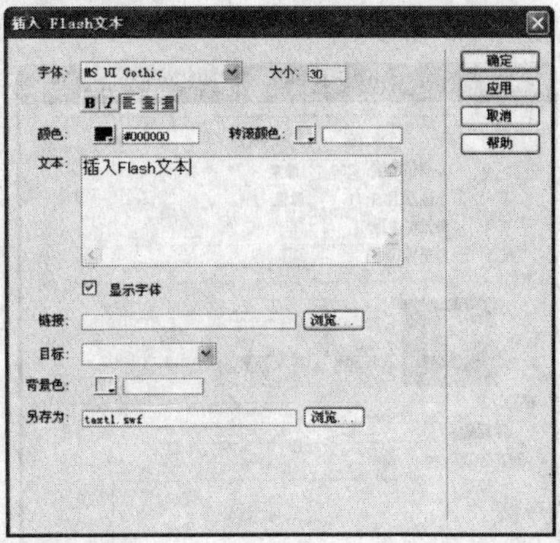

图 11-48 “插入 Flash 文本”对话框

3. 插入 Flash 动画

可以使用 Dreamweaver 将 Flash 影片插入到页面中。

插入 SWF 文件的步骤如下。

（1）在“文档”窗口的“设计”视图中，将插入点放置在需要插入影片的地方。

（2）在“插入”栏的“常用”类别中，选择“媒体”选项，然后单击“插入 Flash”

图标。或者选择“插入”→“媒体”→Flash 命令。

(3) 在显示的对话框中，选择需要加入的 Flash 文件 (.swf)。Flash 占位符随即出现在“文档”窗口中。

(4) 在“文档”窗口中，单击 Flash 占位符以选择要预览的 Flash 影片。

用户可以在 Flash 动画的属性检查器中，单击“播放”按钮 ▶ 播放 进行播放，单击“停止”按钮 ■ 停止 可以结束预览。

4. 插入 Flash 元素

使用 Dreamweaver，设计者可以在文档中插入 Flash 元素。Flash 元素使设计者可以快速、方便地使用预置元素构建丰富的 Internet 应用程序。

若要插入 Flash 元素，需执行以下操作。

在“文档”窗口中，将插入点放置在要插入 Flash 元素的地方，在“插入”栏的“Flash 元素”类别中，单击要插入的 Flash 元素的图标，将出现“选择文件”对话框。设置完成后，Flash 元素占位符即出现在文档中。这时，就可以使用标签和属性检查器来修改 Flash 元素的属性，完成 Flash 元素的插入。

11.5.6 表格的应用

表格的实质是把页面的某个空间区域划分为若干行和列，其中的每一“格”称为表格节。在网页设计中，表格除了可以用来存放表格化的数据外，它还是重要的页面布局工具，可以用来定位页面元素，如设计页面分栏，定位页面上的文本和图像等。表格和表格节均拥有多种属性，如边框、大小、颜色、背景图像等，通过设置表格和节格的属性，可以获得更好的页面排版效果。

创建表格的步骤如下。

(1) 选择常用工具栏中的“插入”按钮，打开“插入”栏，在“插入”栏中单击插入表格按钮，或直接选择“插入”→“表格”命令。

(2) 在弹出的“表格”对话框中，各项参数默认为上次设置的值，这里输入新值，如图 11-49 所示。

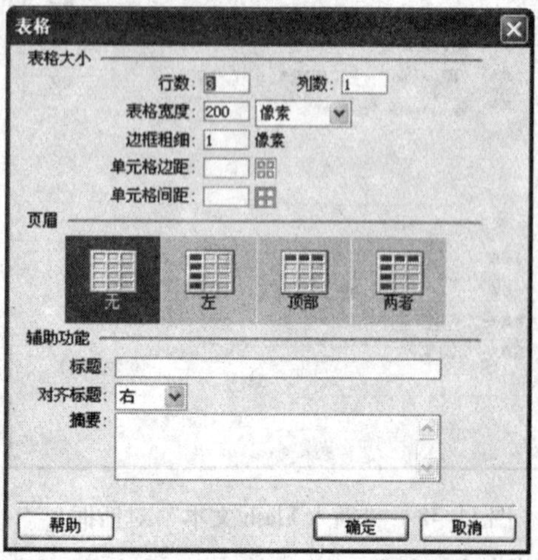

图 11-49 输入表格各属性值

相关的参数说明如下所示。

- 行数：指定表格行数。
- 列数：指定表格列数。
- 表格宽度：指定以像素为单位或按占浏览器窗口宽度的百分比指定表格的宽度。
- 边框粗细：指定以像素为单位的表格边框宽度。当没有明确指定边框粗细时，大多数浏览器默认边框宽度为 1 像素。如果不需要边框，则输入 0。
- 节格边距：指定节格内容与节格边框线之间的距离，默认间距为 1 像素，如果不需要边距，则输入 0。

● 节格间距：指定节格与节格之间的距离，默认间距为 2 像素，如果不需要间距，则输入 0。

● 无：对表格不启用任何表头样式。

● 左：将表格的第一列作为标题列，以便为表中的每一行输入一个标题。

● 顶部：将表格的第一行作为标题行，以便为表中的每一列输入一个标题。

● 两者：将表格中第一行和第一列都作为标题栏。

● 标题：用于设置在表格外头部显示的整个表格的标题。

● 对齐标题：用于指定表格标题相对于整个大表格的显示位置。

● 摘要：作为表格的说明，但该文本不会在浏览器中显示。

(3) 设置完成后单击“确定”按钮，即可在文档中创建一个表格，如图 11-50 所示。

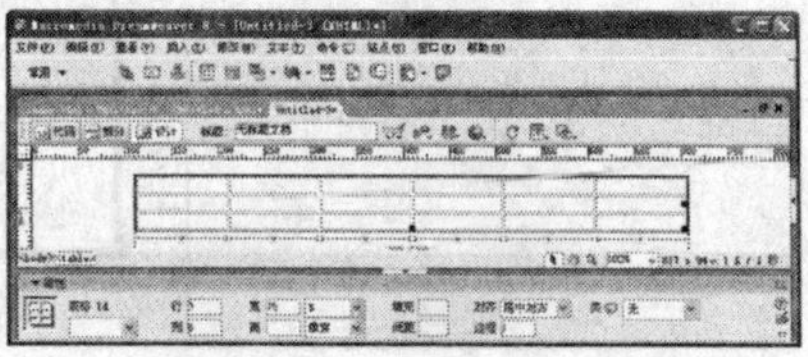

图 11-50 创建表格示例

在创建表格之后，常常需要对表格进一步处理，如改变表格大小、扩充表格、合并或拆分节格等，以便更好地定位页面元素。同时可以选择整个表格，也可以选择一行、一列或多行、多列，还可以选择表格中的连续或不连续的多个节格。选定表格或节格之后，可以设置或修改选定表格或节格的属性，也可以复制和粘贴连续节格（但不能复制或粘贴非连续节格），可以删除选定的行、列，可以合并和拆分选定的节格。为了使表格页面布局更加美观整齐，有时还需要对表格和节格的一些属性（如背景、颜色）等进行设置。

11.5.7 使用层定位页面元素

在设计网页时，除了可以使用表格对页面元素进行定位外，还可以使用层进行页面元素的定位。使用层可以以像素为单位精确定位页面元素。把页面元素放入层中，除可以对页面元素进行定位外，还可以控制哪个元素显示在前面，哪个显示在后面；哪个显示，哪个隐藏。配合时间轴的使用，可同时移动一个或多个层，轻松制作出动态效果。

IE 4.0 及更高版本的浏览器都支持使用 DIV 或 SPAN 标记建立的层。低版本的浏览器不支持层，因此需要把层转化为表格。

使用表格定位页面元素虽然可行，但在页面中不能自由移动表格。然而，层却可以在页面中随意移动和定位，比使用表格更加灵活方便。

1. 创建层

创建层有下列 4 种方法。

(1) 插入层：把光标置于文档窗口中想插入层的位置，然后选择“插入”→“布局对象”→“层”命令。

(2) 拖放层：把“绘制层”按钮从“插入”栏拖到“文档”窗口中。

(3) “绘制层”：在“插入”栏中单击“绘制层”按钮，在“文档”窗口中拖曳鼠标画出层，如图 11-51 所示。

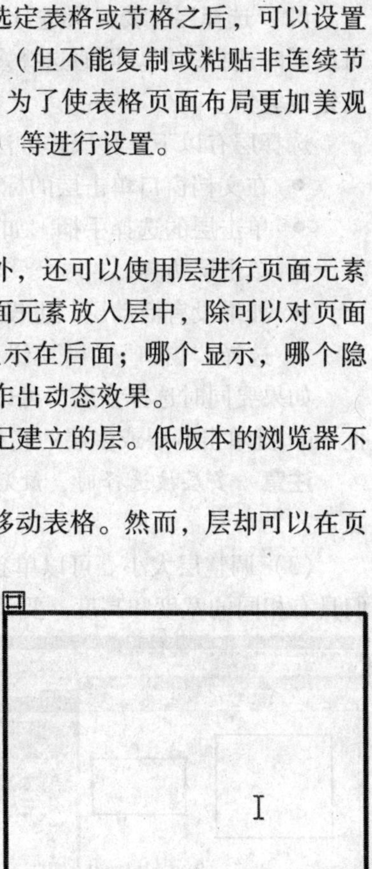

图 11-51 在文档窗口中绘制层

(4) 画多层：单击“插入”栏中的“绘制层”按钮，按下 Ctrl + Shift 键，在“文档”窗口中画出一个层。只要不释放 Ctrl + Shift 键，就可以连续画新的层。

注意 对于所创建的每一层，都有一个层标志显示在“文档”窗口页面的左上部。如果在“文档”窗口添加段落回车之后添加层，层标志将显示在页面的其他位置。如果层标志不可见，选择“查看”→“可视化助理”→“不可见元素”菜单命令可显示层标志。

2. 层的基本操作

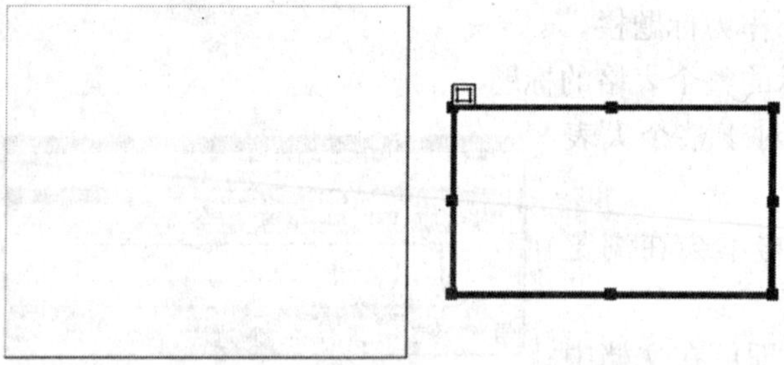

图 11-52 激活的层和没有激活的层

层的基本操作主要包括层的激活、选择、调整大小、移动、对齐等。

(1) 激活层。要在层中插入文字、图像等，首先要激活层。把鼠标指针移至层内任何位置单击，即可激活层。此时，插入点被置于层内，就可以在层中输入文字或插入图像了。被激活层的边界突出显示，选择手柄也同时显示出来，如图 11-52 所示。

注意 激活层的操作并不是选择层，要选择层请参考下面的介绍来选择层。

(2) 选择层。要对层进行移动、调整大小等操作，首先要选择层。可以选择一层，也可以同时选择多层。同时选择多层时，可进行对齐层操作，使它们的宽度和高度相同，或重新定位它们。

选择层有以下几种操作方法。

- 在文档窗口单击层的标志。
- 单击层的选择手柄。如果手柄没有显示，单击层内任何位置可以使它显示出来。
- 单击层边界。
- 如果没有活动层，也没有层被选择，在层内按住 Shift 键单击。
- 选择“窗口”→“层”，打开层面板，在层面板中单击层的名称。

如果要同时选择多层，可以在两层或多层内或边界上按住 Shift 键单击；或在层面板按住 Shift 键单击两层或多层的名称。

注意 多层被选择时，最后选择的层的手柄以黑色突出显示，其他层的手柄以白色突出显示。

(3) 调整层大小。可以单独调整一个层的大小，也可以同时调整多个层的大小，使它们具有相同的宽度和高度。要调整一层的大小，首先选择层，然后拖曳它的控制手柄。

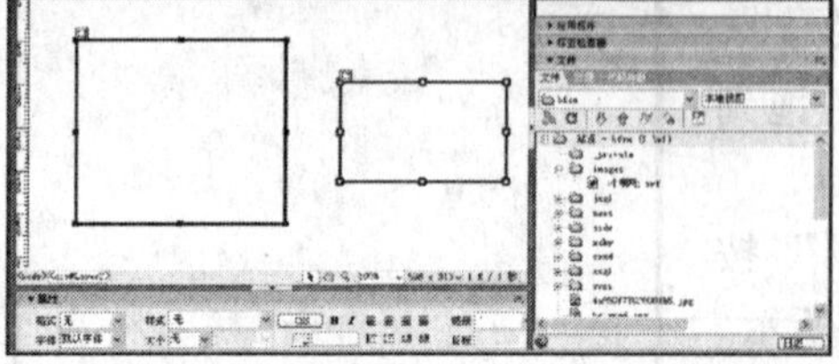

图 11-53 同时调整多层的大小

注意 也可以在属性检查器中输入宽度和高度值，调整层的大小。

要同时调整多层的大小，首先在“文档”窗口选择两层或多层，然后选择“窗口”→“属性”命令，打开属性检查器，在属性检查器中输入宽度和高度值，如图 11-53 所示。

(4) 移动层。在文档窗口中移动层，可移动一层，也可以同时移动多层。方法是：选择层，把选择的层拖到想放置的位置。如果同时选择了多层，拖曳最后选择的层（以黑色突出显示）左上角的选择手柄。

（5）对齐层。当页面上有多个层时，可以使用对齐命令对齐层。要对齐两到多层，首先选择要对齐的层，然后选择“修改”→“对齐”命令，再从弹出的下级菜单中选择一个对齐。例如，选择“修改”→“对齐”→“下方”命令，所有选择的层的下边将为最后选择的那一层。

注意　在对齐层时，没有选择的子层会因父层移动而移动。要防止这种情况出现，请不要使用嵌套层。

3. 使用层定位页面元素

在设计网页的过程中，随时可以在页面中添加层，用它来定位文字、图像等页画元素。下面介绍使用层定位页面元素的具体操作。

（1）新建一个网页文件。选择“窗口”→“插入”命令，打开“插入”栏。

（2）单击“插入”栏中的“绘制层”按钮，然后在文档窗口中绘制一个层。

（3）把光标定位在层内，插入图片。从弹出的对话框中选择一幅图像，单击“选择”按钮，在层内插入图像。

（4）用鼠标拖曳层选择手柄，把层移动到想要的位置，实现使用层定位页面元素。

（5）单击“插入”栏中的“绘制层”按钮，然后在文档窗口中绘制另一层。

（6）把光标定位在层内，输入一段文字。

（7）用鼠标拖曳层选择手柄，移动层到想要的位置。

（8）按 F12 键，在浏览器中预览用层定位页面元素的效果，如图 11-54 所示。

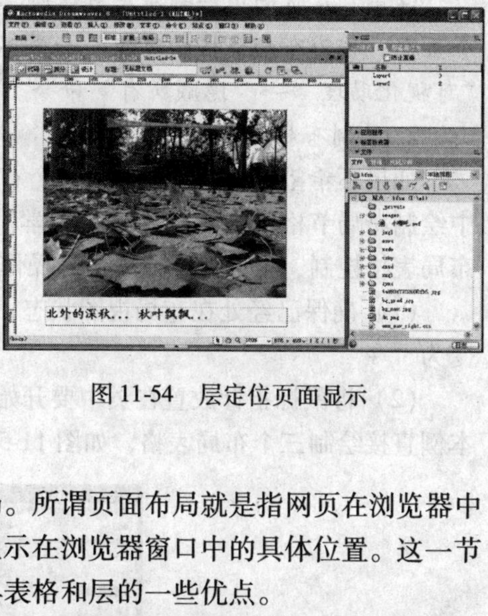

图 11-54　层定位页面显示

11.5.8　使用布局视图设计页面布局

在前面两节中介绍了使用表格和层设计页面布局。所谓页面布局就是指网页在浏览器中的表现方式，即页面中的菜单、文字、图像等元素显示在浏览器窗口中的具体位置。这一节介绍一种更加灵活的布局工具——布局视图，它兼具表格和层的一些优点。

在前面的各节中都是在标准视图中设计页面。要从标准视图切换到布局视图，可选择“窗口”→“插入”命令打开“插入”栏，单击“插入”栏中的“布局”模式按钮，如图 11-55所示。在弹出的“从布局视图开始”对话框中单击“确定”按钮即可切换到布局视图。

图 11-55　“插入”栏中的布局视图按钮

使用布局视图设计页面布局，需要在页面中绘制布局节格和布局表格，然后在节格中添加页面元素，并作必要的调整。

1. 绘制布局节格

切换到布局视图就可以使用“绘制布局节格”工具设计页面布局了，操作步骤如下。

（1）单击“插入”栏中的“布局模式”按钮，切换到布局视图。

（2）单击“插入”栏中的“绘制布局节格”按钮，鼠标指针变为“+”。

（3）将鼠标指针放置在页面中要开始绘制布局节格的位置，然后拖动鼠标以创建节，如图 11-56所示。

图 11-56　在布局视图中绘制布局节格

注意　在页面中绘制布局节格时，Dreamweaver 会自动插入布局表格，该表格将占据整个页面，作为布局节格的容器。如果不希望显示“布局表格”标签，可以选择“查看”→“可视化助理”→“隐藏所有”命令。

2. 绘制布局表格

如果不希望把整个页面作为一个布局表格，就需要先绘制布局表格，然后再在布局表格中绘制布局节格。例如“北京某大学”网站把页面分为上、中、下三个部分，分别由三个布局表格控制，可以按下面的步骤操作。

（1）确保已经处在布局视图状态，单击“插入”栏中的“布局表格”按钮，鼠标指针变为“+”。

（2）将鼠标指针放置在页中要开始绘制布局表格的位置，然后拖动鼠标创建布局表格，本例直接绘制三个布局表格，如图 11-57 所示。

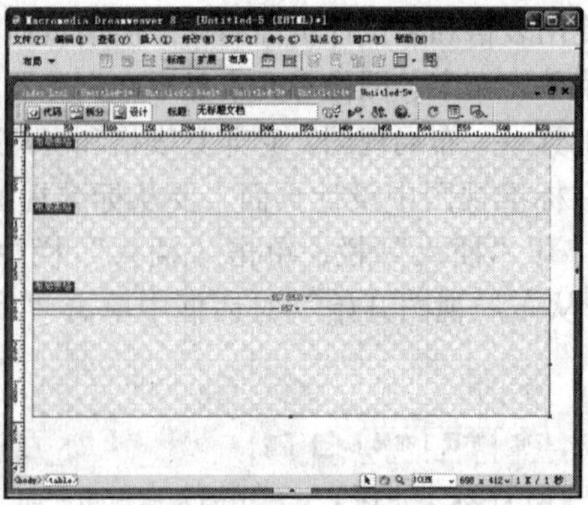

图 11-57　在布局视图中绘制布局表格

（3）绘制好节格之后，就可以像使用表格定位页面元素一样，向布局节格中添加内容了，如文本、图像、动画等。

注意　页面中的灰色区域还不能添加内容，要在这些区域中插入内容，必须先在其中插入一个布局节格。

3. 布局表格、节格的调整

表格的宽度和高度可以通过拖曳鼠标来直接改变，也可以直接在属性检查器上的“宽”和“高”文本框中输入具体数值来设置，操作步骤如下。

（1）如果要改变表格的高度，可把鼠标指针置于要调整的布局表格边框线上，当指针变为上下箭头时，直接向上或向下拖曳。

（2）同理，如果要改变表格的宽度，则当光标变为水平方向上的左右箭头时，直接向左或向右拖曳即可。

（3）在边框线上单击，选择该布局表格，此时其属性检查器上将显示“宽”和“高”文本框，通过直接输入具体的数值同样可以达到目的。

注意　对于布局节格的调整也可以按类似的方法操作。

4. 返回标准视图

（1）布局设计完成后，可以单击“插入”栏上的“标准”模式按钮返回标准视图如图 11-58 所示，进行页面内容设计。

注意　必要时可以在标准视图与布局视图之间来回切换。在布局视图和标准视图中均可向节格中添加内容，但唯一的不同是在标准视图下，表格的属性检查器上有可直接插入背景图像选项。

（2）在标准模式与布局模式之间反复切换，从而继续向页面中添加页面元素。

（3）按 F12 键启动浏览器，可以看到使用布局视图定位页面元素的效果。

图 11-58　返回标准视图

11.5.9　创建框架页面

框架在网页中的应用是比较广泛的。在浏览网页的时候，常常会遇到这样的一种导航结构，单击页面左侧的超级链接，链接的目标出现在右侧；或者单击上侧链接，链接的目标出现在下侧。这就是框架技术中最常用的导航窗口。

框架页面就是把浏览器窗口划分为若干个子窗口，这些子窗口称为框架。一个框架显示一个网页文件，但整个框架集却存在于同一个浏览器窗口中。框架页面可以把不同类别的信息显示在不同的框架中，有利于分类管理和控制。

1. 创建步骤

在 Dreamweaver 中有两种创建框架集的方法，既可以从若干预定义的框架集中选择，也可以自己设计框架集。

（1）创建新的空预定义框架集。

① 选择菜单“文件”→“新建”命令。

② 在“新建文档”对话框中，选择“框架集”类别，如图 11-59 所示。

③ 从“框架集”列表框中选择框架集。

④ 单击“创建”按钮，完成新的空预定义框架集的创建。

(2) 设计框架集。用户也可以通过对框架的修改，在 Dreamweaver 中设计自己定义的框架集，步骤如下。

① 选择“修改”→“框架页”命令，然后从子菜单选择拆分项（例如“拆分左框架”或“拆分右框架”等选项）。如果要继续拆分，可以将鼠标指针放置在框架的边缘，拖动鼠标进行拆分。

② 单击菜单栏的“窗口”，选择框架，将显示如图 11-60 所示的框架面板。用户选择需要进行拆分的框架部分，然后用鼠标在文档窗口中拖动要调整的框架边框，完成对某一框的拆分操作。

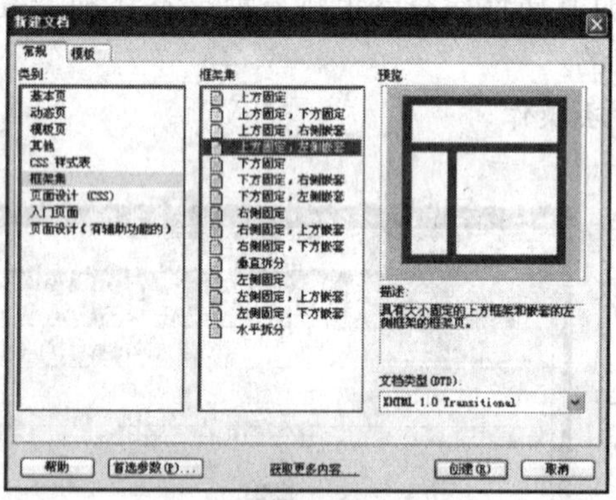

图 11-59　新建空预定义框架集

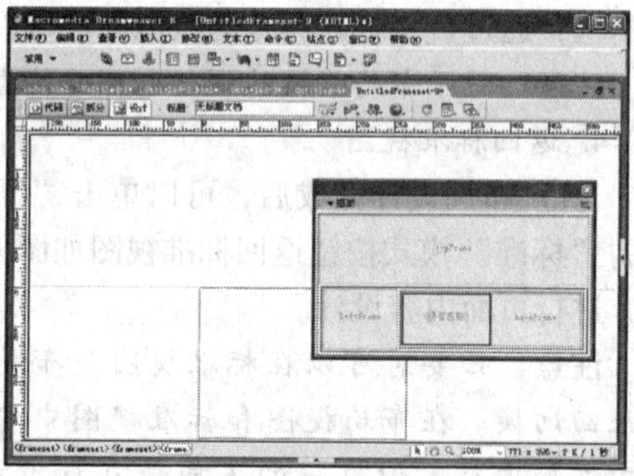

图 11-60　拆分后的框架面板

如果要删除一个框架，只需使用鼠标将边框框架拖离页面或拖到父框架的边框上。如果要删除的框架中的文档有未保存的内容，则 Dreamweaver 将提示保存该文档。

2. 具有控制链接的框架内容的设置

要在一个框架中使用链接以打开另一个框架中的文档，必须设置链接目标。链接的 target 属性指定在其中打开链接的内容的框架或窗口。

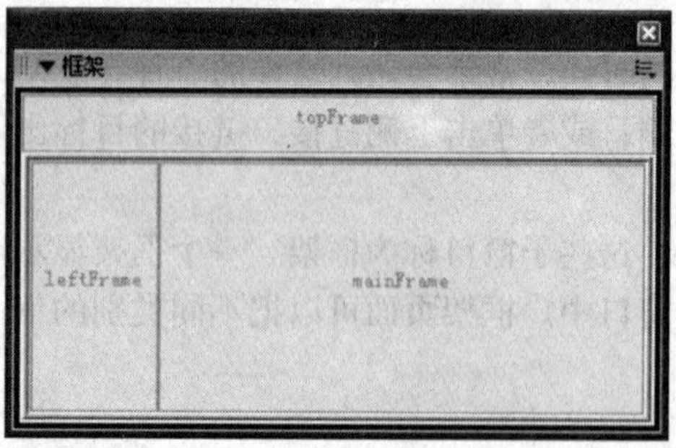

图 11-61　命名后的框架面板

例如，如果超级链接位于左框架，并且希望链接的材料显示在右侧的主要内容框架中，则必须将主要内容框架的名称指定为每个导航条链接的目标。当访问者单击导航链接时，将在主框架中打开指定的内容。

设置具有控制链接的框架内容步骤如下。

(1) 单击框架面板的各个部分，为每一个框架命名，即在框架的属性窗口中输入框架的名称。在本例中三个部分分别命名为 leftFrame、topFrame、mainFrame，框架面板如图 11-61所示。

(2) 在左侧的框架（图 11-61 中的 left 框架）中的文本的超级链接上设置超级链接属性（如图 11-62 所示）。在链接栏上输入链接的 URL 例如 http：//www. sohu. com，在目标栏上的下拉列表框中选择 mainFrame 框，完成设置，可以在浏览器中预览效果。

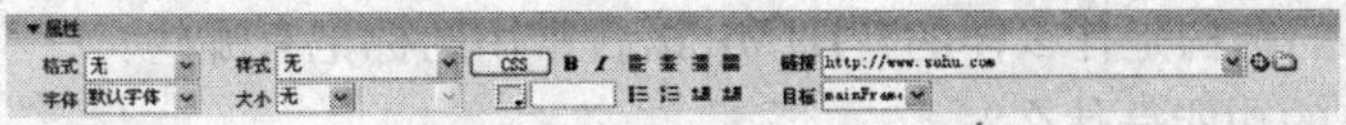

图 11-62 超级链接属性

当单击左侧的框架上的超级链接时，在网页的 main 框架中将显示搜狐的主页。

习题

一、填空题

1. 网站建设的基本流程是：________、________、网上安家及网站维护与管理。

2. 站点是用来存储一个网站的所有文件的，这些文件包括________、图片文件、服务器端处理程序和 Flash 动画等多种文件。

3. HTML 是通过利用各种________来标识文档的结构及标识超链接信息的，HTML 文档结构分为________和________两部分。

4. 常见的图像文件格式分为两大类：________文件格式和________文件格式。

二、选择题

1. WWW 网页的最大特色是它有链接到其他网页的功能，即（　　）。

A. 动画功能　　B. 视频功能
C. 超文本链接功能　　D. 呼叫功能

2. 超文本的含义是（　　）。

A. 该文本中包含有图像
B. 该文本中包含有声音
C. 该文本中包含有二进制字符
D. 该文本中有链接到其他文件的链接点

3. HTML 的正式名称是（　　）。

A. 主页制作语言　　B. 超文本标记语言
C. WWW 编程语言　　D. Internet 编程语言

4. 下面是一些 Internet 上常见的文件类型，其中（　　）一般代表 Web 页面文件。

A. htm 或 html　　B. txt 或 text　　C. gif 或 jpeg　　D. wav 或 au

5. 在 Dreamweaver 中可以为链接设立目标，表示在新窗口打开网页的是（　　）。

A. _blank　　B. _parent　　C. _self　　D. _top

6. 超链接是网站中不可缺少的元素，它可以指向的目标是（　　）。

A. 同一文件的另一部分
B. 动画
C. 世界另一端的一个文件
D. 音乐
E. 图片

三、简答题

1. 网站建设流程是怎样的，网站设计需要注意哪些方面？

2. Dreamweaver 8 的功能和特点有哪些？

3. HTML 语言的结构是什么样的？HTML 语言常用的标记有哪些？
4. 图像占位符的功能是什么？
5. 超链接有几种形式，各自有什么的特点？
6. 页面定位的措施有几种，各自的特征是什么？

四、实验

使用 Dreamweaver 8 网页设计技术建立一个个人网站并通过 IIS 服务器进行发布。

参考文献

[1] TANENBAUM. A S 计算机网络．潘爱民，译．4 版．北京：清华大学出版社，2005.

[2] 王冀鲁，李志，何胜利．计算机网络应用技术．北京：北京交通大学出版社，2006.

[3] 吴功宜．计算机网络．2 版．北京：清华大学出版社，2007.

[4] 谢希仁．计算机网络．5 版．北京：电子工业出版社，2008.

[5] 刘四清，龚建萍．计算机网络技术教程．2 版．北京：清华大学出版社，2008.

[6] 李东．计算机网络实用技术教程．北京：清华大学出版社，2006.

[7] 杨天路，刘宇宏，张文，等．P2P 网络技术原理与系统开发案例．北京：人民邮电出版社，2007.

[8] 刘兵，石伟，刘冬，等．Internet 技术与应用技术教程．2 版．北京：中国水利水电出版社，2007.

[9] 张基温．信息安全实验与实践教程．北京：清华大学出版社，2007.

[10] 尚晓航，张姝，郭正昊．Internet 技术与应用．北京：中国铁道出版社，2006.

[11] 宋文官．电子商务实用教程．北京：高等教育出版社，2007.

[12] 刘远生．计算机网络安全．北京：清华大学出版社，2008.

[13] 莫治雄，李捷，沈力贤，等．网页设计实训教程．北京：清华大学出版社，2007.

[14] 杨青，崔建群，郑世珏．计算机网络技术与应用教程．北京：清华大学出版社，2007.

[15] 吴功宜，吴英．Internet 基础．3 版．北京：清华大学出版社，2006.

[16] EASTTOM C. 网络防御与安全对策：原理与实践．张长富，等译．北京：清华大学出版社，2008.

[17] 陈强，叶兵，朱玉娥．Internet 应用教程．北京：清华大学出版社，2008.

[18] 符彦惟．计算机网络安全实用技术．北京：清华大学出版社，2008.

[19] 吴功宜．计算机网络与互联网技术研究、应用和产业发展．北京：清华大学出版社，2008.

[20] 石良武．计算机网络与应用．北京：清华大学出版社，2008.

[21] 刘瑞新，孙士保，赵子江，等．网页设计与制作教程．3 版．北京：机械工业出版社，2006.